北大社·“十三五”普通高等教育本科规划教材
高等院校机械类专业“互联网+”创新规划教材

特种加工
(第2版)

南京航空航天大学　刘志东　主编

内容简介

本书结合作者在特种加工、精密加工及微细加工领域近三十年的教学、科研及生产经验，阐述了特种加工工艺方法的原理、基本规律、设备构成、加工特点及主要应用。全书共分为8章，包括绪论、电火花加工、电火花线切割加工、电化学加工、高能束流加工、增材制造技术、微细特种加工技术和其他特种加工方法。

本书为高等工业院校机械专业特种加工课程教材，也可供机械制造、精密仪器、机电一体化、模具设计与制造等专业的本科生和研究生选用，同时可供从事特种加工生产方面的工程技术人员及技术工人作为培训、学习的参考。

本书配套了100多段特种加工视频，并以扫描二维码形式呈现，可利用移动设备扫描后在线观看，视频介绍了特种加工方法在实际生产中的最新应用。此外，为方便教师授课，北京大学出版社网站还提供了一套参考教学课件。

图书在版编目(CIP)数据

特种加工/刘志东主编. —2版. —北京：北京大学出版社，2017.5
(高等院校机械类专业“互联网+”创新规划教材)
ISBN 978-7-301-27285-5

Ⅰ.①特… Ⅱ.①刘… Ⅲ.①特种加工—高等学校—教材 Ⅳ.①TG66

中国版本图书馆CIP数据核字(2016)第170067号

书　　名　特种加工(第2版)
TEZHONG JIAGONG
著作责任者　刘志东　主编
策划编辑　童君鑫
责任编辑　李娉婷
数字编辑　刘志秀
标准书号　ISBN 978-7-301-27285-5
出版发行　北京大学出版社
地　　址　北京市海淀区成府路205号　100871
网　　址　http://www.pup.cn　新浪微博：@北京大学出版社
电子信箱　pup_6@163.com
电　　话　邮购部010-62752015　发行部010-62750672　编辑部010-62750667
印 刷 者　北京虎彩文化传播有限公司
经 销 者　新华书店
787毫米×1092毫米　16开本　24.5印张　566千字
2013年1月第1版
2017年5月第2版　2021年8月第4次印刷
定　　价　54.00元

第 2 版前言

制造业是国民经济的主体，是立国之本、兴国之器、强国之基。作为制造技术重要方法之一的特种加工技术目前已经在工业生产中获得了广泛应用；特种加工的新技术、新工艺不断涌现，尤其是近年来电加工技术(包括电火花成形加工、电火花高速穿孔加工、电火花线切割加工及电化学加工)作为先进制造技术中的新工艺、新技术，在航天、航空等国防工业和汽车、模具等民用工业部门，乡镇企业及民营企业中得到广泛应用，增材制造技术目前已经被认为是推动新一轮工业革命的重要契机，已引起全世界的广泛关注。为适应特种加工技术的迅速发展和应用的需求，本书以尽可能全面、专业、直观的角度介绍各种特种加工方法的机理、工艺规律及工程应用，力求做到基础理论与工程实践相结合，国外与国内特种加工研究与应用的成果相结合，微观机理分析与宏观加工应用相结合。

本书的主要内容包括电火花成形加工、电火花高速穿孔加工、电火花线切割加工、电化学加工、高能束流加工、增材制造技术、微细特种加工、超声加工及最新出现的喷射电沉积、短电弧加工、电火花诱导烧蚀加工等特种加工方法的基本原理、工艺规律、工艺特点和应用范围。本书在第 1 版基础上，根据最新技术的进展对相关章节进行了修改及补充。本书将 100 多段视频内容以扫描二维码的形式呈现，读者只需要利用移动设备扫描对应知识点边的二维码即可在线观看对应的视频内容，其目的在于增强读者对特种加工工艺方法的感性认识，从而进一步加深对这些工艺方法的理性认识，以达到提高教学效果及授课质量的目的。此外，为方便教师授课，在北京大学出版社网站上还结合本书教学内容，提供了一套教学参考课件。

本书还配套出版了“交互式数字教材”，以方便读者购买学习，读者可以登陆网址 http://www.mosobooks.cn 查询。

本书为高等工科院校机械制造工艺与设备专业或其他相近专业的“特种加工”课程教材及“放电加工技术”“高能束流及增材制造技术”选修课程教材，也可以作为研究生课程教材，同时也可供相关工程技术人员参考和学习使用。

本书由中国机械工程学会特种加工分会常务理事、电火花线切割专业委员会副主任委员、江苏省特种加工学会理事长、南京航空航天大学博士生导师刘志东教授主编，具体章节编写分工如下：刘志东教授编写第 1～第 3 章；赵建社副教授编写第 4 章电解加工部分；沈理达副教授编写第 4 章电沉积部分及第 5 章；田宗军教授编写第 6 章；邱明波副教授编写第 7～第 8 章。全书由刘志东教授统稿并进行多媒体资源的收集及编辑。

在本书的编写过程中，编者参阅了国内外同行有关资料，得到了特种加工界许多专家和朋友的支持与帮助，电光制造团队的博士研究生王祥志、陈浩然、谢德巧、梁绘昕及其他研究生们也参与了大量的编辑和整理工作，在此表示衷心的感谢。

由于本书涉及的内容广泛，但编者收集的资料有限及水平所限，以及技术的迅速发展，书中难免有不妥之处，望读者批评指正。

编者的电子信箱：

刘志东：liutim@nuaa. edu. cn

电光制造团队网址：http：//edmandlaser. com/

编　者

2017 年 2 月

第 1 版前言

随着特种加工工艺方法在工业生产中的广泛应用，特种加工新技术、新工艺不断涌现，尤其是近年来电加工技术(包括电火花成形加工、电火花高速穿孔加工、电火花线切割加工及电化学加工)作为先进制造技术中的新工艺、新技术在航天、航空等国防工业和汽车、模具等民用工业部门、乡镇企业和民营企业中的广泛应用，以及微细特种加工技术在 MEMS 及硅半导体加工方面的广泛应用。为适应特种加工技术的迅速发展和应用的需求，本书尽可能以全面、专业、直观的角度介绍了各种特种加工方法的机理、工艺规律及工程应用。力求做到：基础理论与工程实践相结合；国外与国内特种加工研究与应用的成果相结合；微观机理分析与宏观加工应用相结合。

本书的主要内容包括电火花成形加工、电火花高速穿孔加工、电火花线切割加工、电化学加工、高能束流加工、快速成形技术、微细特种加工、超声加工以及最新出现的喷射电沉积、短电弧加工、电火花诱导烧蚀加工等特种加工方法的基本原理、工艺规律、工艺特点及应用范围。本书配套发行了一张多媒体 DVD 光盘，收集了国内外先进的特种加工工艺方法的应用实例，对于提高学生、读者对特种加工的感性认知和深化理性认识，加深对特种加工方法应用的了解，丰富教师的教学内容，提高教学效果均可起到积极的作用。此外为方便教师授课，DVD 光盘中还结合本书教学内容，提供了一份参考课件。

本书为高等工科院校机械专业或其他相近专业的特种加工课程教材，也可以作为研究生课程教材，同时也可作为相关工程技术人员及技术工人培训和学习的参考用书。

本书由中国机械工程学会特种加工分会电火花线切割专业委员会副主任委员、江苏省特种加工学会第六届理事长、南京航空航天大学博士生导师刘志东教授主编，具体章节编写如下：刘志东教授(第 1～3 章)；赵建社副教授(第 4 章电解加工部分)；沈理达副教授(第 4 章电沉积部分及第 5 章)；田宗军教授(第 6 章)；邱明波讲师(第 7、8 章)；全书由刘志东教授统稿并进行多媒体光盘资料的收集及编辑。

本书编写过程中，参阅了国内外同行有关资料，得到了特种加工界许多专家和朋友的支持与帮助，刘志东教授课题组的研究生们也参与了大量的书稿编辑和整理工作，在此表示衷心的感谢。

由于本书涉及的内容广泛，但编者收集的资料有限及水平所限，以及技术的迅速发展，书中难免有不少疏漏和不妥之处，望读者批评指正，编者的电子邮箱为 liutim@nuaa. edu. cn。

编　者

2012 年 11 月

二维码资源索引

序号	页码	内容主题
第1章		
1	p2	特种加工定义和分类
2	p5	高速往复走丝电火花线切割加工
3	p5	低速单向走丝电火花线切割加工
4	p5	电火花成形加工
5	p5	激光加工
第2章		
1	p12	电火花加工定义及特点
2	p15	电火花穿孔成形加工原理
3	p16	电火花加工机理
4	p28	电火花加工表面变质层
5	p29	大型电火花成形加工机床在汽车模具上的应用
6	p29	台式小型电火花成形机
7	p29	便携式电火花加工机在超大型零件加工中应用
8	p32	直线电机驱动电火花加工
9	p42	电火花成形加工控制系统
10	p42	平动工作原理
11	p44	复杂型腔数控联动加工
12	p46	电火花加工工具电极
13	p47	石墨电极铣销
14	p54	电火花加工工件
15	p55	电火花加工过程
16	p55	电火花成形加工键盘

17	p60	电火花机床自动灭火装置
18	p61	高速穿孔
19	p61	球面及发动机叶片数控电火花高速小孔加工
20	p61	电火花高速小孔加工
21	p66	电火花共轭回转加工
22	p72	短电弧切削加工
23	p73	放电诱导可控烧蚀加工

第 3 章

1	p78	电火花线切割加工零件
2	p79	高速往复走丝电火花线切割
3	p79	低速单向走丝电火花线切割
4	p79	高速往复走丝简介
5	p79	低速单向走丝电火花线切割加工
6	p85	往复走丝电火花线切割运丝系统
7	p92	高精度随动导丝及喷水四连杆大锥度机床
8	p94	高速往复走丝电火花线切割复合工作液
9	p96	低速单向走丝电火花线切割总结
10	p96	世界最大低速单向走丝电火花线切割机床
11	p96	低速单向走丝电火花线切割多次切割
12	p96	低速单向走丝电火花线切割浸水式加工
13	p98	大锥度机床演示
14	p98	低速单向走丝电火花线切割大锥度多次切割
15	p100	低速单向走丝断丝后原地自动穿丝
16	p100	低速单向走丝电火花线切割自动穿丝
17	p100	低速走丝热熔断后自动穿丝
18	p100	低速单向走丝电火花线切割 0.1mm 细丝自动穿丝
19	p101	双丝全自动切换走丝系统
20	p101	低速单向走丝精密切割视觉系统
21	p102	低速单向走丝去离子水过滤

22	p108	步进电动机控制方式对比
23	p143	低速单向走丝电火花线切割工件装夹
24	p151	多轴旋转联动加工
第4章		
1	p154	电化学加工
2	p154	电化学加工原理
3	p162	电解加工应用
4	p162	电解磨削
5	p162	电化学磨削
6	p162	电化学加工典型零件
7	p163	电解加工原理
8	p190	混气电解加工对比
9	p200	叶片型面、机匣及壳体电解加工
10	p201	孔电解加工
11	p204	竹节孔加工
12	p206	整体叶轮电解加工
13	p206	发动机整体叶盘型面精密电解加工
14	p206	变截面扭曲叶片整体叶轮展成电解加工
15	p214	电铸加工
16	p221	电刷镀加工
第5章		
1	p240	激光打孔
2	p243	激光切割
3	p247	激光焊接
4	p248	激光点焊
5	p250	激光表面改性
6	p254	激光熔覆
7	p255	激光成形

8	p256	激光冲击强化
9	p260	激光清洁
10	p260	激光雕刻加工
11	p267	电子束焊接
12	p269	离子束加工
13	p271	离子束刻蚀
第 6 章		
1	p277	增材制造技术简介
2	p282	光固化成形工艺
3	p285	激光选区烧结
4	p289	叠层实体制造工艺
5	p292	熔融沉积成形工艺
6	p295	三维印刷成形工艺
7	p298	其他增材制造工艺
8	p301	激光熔化沉积
9	p302	激光选区熔化
10	p305	电子束增材制造技术
11	p306	超声波增材制造技术
12	p308	复合制造
13	p308	增材制造技术的应用
第 7 章		
1	p326	微机电系统
2	p327	MEMS 的应用
3	p328	光刻技术
4	p330	集成电路芯片制造流程
5	p330	化学刻蚀工艺过程
6	p336	LIGA 技术的工艺流程
7	p339	微细电火花加工

第 8 章

1	p353	超声加工
2	p358	火焰切割
3	p361	等离子切割技术
4	p362	等离子喷涂
5	p364	液体喷射加工
6	p368	磁性磨料研磨加工
7	p369	磨料流加工
8	p370	激光预热辅助加工
9	p371	爆炸成形加工

目　　录

第 1 章　绪论 …………………………… 1

1.1　特种加工的产生 …………………… 2

1.2　特种加工的分类 …………………… 5

1.3　特种加工对机械制造工艺技术的影响及发展 …………………… 8

思考题 ………………………………… 10

第 2 章　电火花加工 …………………… 11

2.1　电火花加工的概念及分类 ……… 12

2.2　电火花放电的微观过程 ………… 16

2.3　电火花加工的基本规律 ………… 20

2.4　电火花成形加工机床 …………… 29

2.5　电火花成形加工工艺 …………… 46

2.6　电火花加工方法 ………………… 55

2.7　电火花加工安全防护 …………… 60

2.8　其他电火花加工及复合加工方法 ………………………… 61

思考题 ………………………………… 75

第 3 章　电火花线切割加工 …………… 76

3.1　电火花线切割基本原理、特点及应用范围 ………………………… 77

3.2　电火花线切割机分类 …………… 79

3.3　数控电火花线切割机床主机 …… 80

3.4　数控电火花线切割机床控制系统 ………………………………… 102

3.5　数控电火花线切割加工脉冲电源 ………………………………… 113

3.6　典型高速走丝机控制系统 ……… 120

3.7　线切割编程方法及仿形编程 …… 122

3.8　电火花线切割加工基本规律 …… 126

思考题 ………………………………… 152

第 4 章　电化学加工 ………………… 153

4.1　概述 ……………………………… 154

4.2　电解加工 ………………………… 163

4.3　电沉积加工 ……………………… 208

思考题 ………………………………… 225

第 5 章　高能束流加工 ……………… 226

5.1　激光加工 ………………………… 228

5.2　电子束加工 ……………………… 262

5.3　离子束加工 ……………………… 269

思考题 ………………………………… 274

第 6 章　增材制造技术 ……………… 276

6.1　增材制造技术概述 ……………… 277

6.2　增材制造技术的典型工艺与应用 ………………………………… 282

6.3　金属增材制造技术 ……………… 301

6.4　增材制造技术的应用 …………… 308

思考题 ………………………………… 324

第 7 章　微细特种加工技术 ………… 325

7.1　MEMS 系统简介 ………………… 326

7.2　光刻技术 ………………………… 328

7.3　硅微结构加工技术 ……………… 330

7.4　LIGA 技术 ……………………… 336

7.5　微细电火花加工 ………………… 339

7.6　微细电火花线切割技术 ………… 346

7.7　微细电解加工 …………………… 347

思考题 ………………………………… 351

第 8 章　其他特种加工方法 ………… 352

8.1　超声复合加工 …………………… 353

8.2 气体切割 …… 358
8.3 等离子体加工 …… 360
8.4 液体喷射加工 …… 364
8.5 磁化切削 …… 366
8.6 磁性磨料研磨加工 …… 368
8.7 磨料流加工 …… 369
8.8 激光预热辅助加工 …… 370
8.9 爆炸成形加工 …… 371
思考题 …… 372

参考文献 …… 373

第1章 绪 论

知识要点	掌握程度	相关知识
特种加工的产生	掌握特种加工的特点	“电火花加工”方法的发明及特种加工产生的历史背景
特种加工的分类	熟悉主要特种加工方法采用的能量形式	一般按能量来源、形式以及作用原理划分特种加工的分类
特种加工对制造工艺技术的影响及发展	掌握特种加工对机械制造和零件结构工艺性产生的影响	特种加工对机械制造和结构工艺性产生的重大影响、不足及发展趋势

导入案例

同学们在金工实习时接触到的车、铣、刨、磨通常称为传统加工，传统加工必须以比加工对象硬的刀具，通过刀具与加工对象的相对运动以机械能的形式完成加工，图 1.1 所示的用高速钢车刀对碳钢零件进行车削加工就属于传统加工。但目前难切削加工的材料越来越多，如硬质合金、淬火钢甚至目前世界上最硬的金刚石，那么如何对它们进行加工？而对于这些难加工材料的加工正是特种加工的主要应用范畴之一。特种加工可以用比加工对象硬度低的工具甚至没有成形的工具，通过电能、化学能、光能、热能等形式对材料进行加工，并且特种加工的形式也很多，这就是本书要介绍的内容。

图 1.1　车削加工

1.1　特种加工的产生

特种加工在国外也称为“非传统加工”(Non－Traditional Machining，NTM)或“非常规机械加工”(Non－Conventional Machining，NCM)，是指那些不属于传统加工工艺范畴的加工方法。它不同于使用刀具、磨具等直接利用机械能切除多余材料的传统加工方法，泛指用电能、热能、光能、电化学能、化学能、声能及特殊机械能等能量达到去除或增加材料的加工方法，从而实现材料的去除、变形、改变性能或被镀覆等工艺。特种加工中以采用电能为主要能量形式的电火花加工和电解加工，其应用较广，泛称电加工。

【特种加工定义和分类】

特种加工目前公认的起源是 20 世纪 40 年代，以莫斯科大学教授拉扎连科夫妇(Professors Dr. Boris Lazarenko and Dr. Natalya Lazarenko)发现电火花放电原理为标志。当时随着电气化和自动化的快速发展，接触器、开关及继电器等许多电气产品都遇到了触点电腐蚀问题，严重影响了电气产品的可靠性和寿命，于是他们进行了“研究触点的电腐蚀机理及寻找解决的途径”这一课题的研究。拉扎连科进行了大量的研究工作，并在实验中把触点浸入油中(图 1.2)，希望可以减少火花导致的电蚀现象。实验虽未获成功，但拉扎连科发现浸入油中的触点产生的火花电蚀凹坑比空气中的更加一致并且大小可控，由此联想到可利用这种现象采用火花放电的方法进行材料的放电腐蚀。经过大量实验，一个崭新的“电火花加工”方法诞生了。1943 年，拉扎连科夫妇正式获得了政府的发明证书。这一发明首先应用于取折断的钻头和丝锥方面。因为在苏德战争期间，许多武器装备的加工由于钻头或丝锥折断而报废，而用电火花加工方法取折断的钻头或丝锥则轻而易举，有效地解决了难题。由此，拉扎连科夫妇在 1946 年还获得了政府颁发的最高奖章——斯大林奖章。

而几乎与此同时，美国一家公司的三个电器工程师 Harold Stark、Victor Harding 和 Jack Beaver 也发明了一种用电火花加工方法以去除在铝制水阀上折断的钻头和丝锥的机

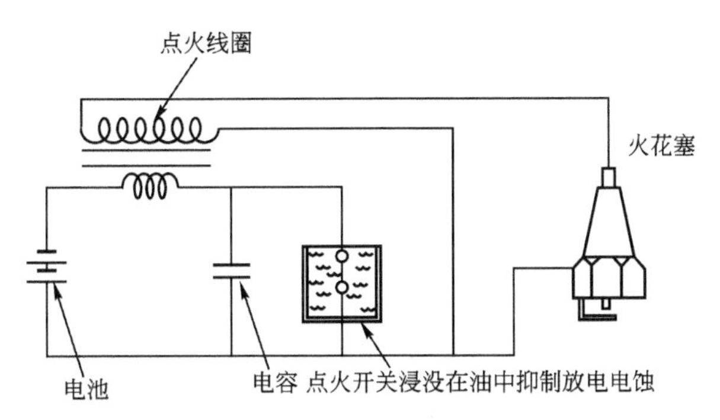

图1.2 拉扎连科夫妇试验用的钨开关自动点火系统

器，而后他们又对这种方法进行不断地改进并申请了专利。

“电火花加工”方法的发明，使人类首次摆脱了传统的以机械能和切削力并且利用比加工材料硬度高的刀具来去除多余金属的历史，进入了利用电能和热能进行“以柔克刚”加工材料的时代。

第二次世界大战以后，特别是进入20世纪50年代以来，由于材料科学、高新技术的发展和激烈的市场竞争、发展尖端国防产品及科学研究的急需，不仅新产品更新换代日益加快，而且产品要求具有很高的强度重量比和性能价格比，并正朝着高速度、高精度、高可靠性、耐腐蚀、高温高压、大功率、尺寸大小两极分化的方向发展。为此，各种新材料、新结构、形状复杂的精密机械零件大量涌现，对机械制造业提出了一系列迫切需要解决的新问题。例如，各种难切削材料的加工；各种结构形状复杂、尺寸或微小或特大、精密零件的加工；薄壁、弹性元件等低刚度、特殊零件的加工等。对此，采用传统加工方法十分困难，甚至无法加工。于是，人们一方面通过研究高效加工的刀具和刀具材料、自动优化切削参数、提高刀具可靠性和在线刀具监控系统、开发新型切削液、研制新型自动机床等途径，进一步改善切削状态，提高切削加工水平，并解决了一些问题；另一方面，则冲破传统加工方法的束缚，不断地探索、寻求新的加工方法。于是一种本质上区别于传统加工的特种加工便应运而生，并不断获得发展。人们就从广义上来定义特种加工，即将电能、光能、化学能、电化学能、声能、热能及机械能或其组合施加在工件的被加工部位上，从而实现材料被去除、变形、改变性能或被镀覆等的非传统加工方法，统称为特种加工。

因此特种加工有别于传统加工的特点体现在以下几个方面。

(1) 加工时主要用电、化学、电化学、声、光、热等能量形式去除多余材料，而不是主要靠机械能量切除多余材料。

(2)“以柔克刚”，特种加工的工具与被加工零件基本不接触，加工时不受工件的强度和硬度的制约，故可加工超硬脆材料和精密微细零件，甚至工具材料的硬度可低于工件材料的硬度。

(3) 加工机理不同于一般金属切削加工，不产生宏观切屑，不产生强烈的弹、塑性变形，故可获得很低的表面粗糙度，其残余应力、冷作硬化、热影响度等也远比一般金属切削加工小。

(4) 适合微细加工，有些特种加工，如超声、电化学、水喷射、磨料流等不仅可加工尺寸微小的孔或狭缝，而且能获得高精度、极低粗糙度的加工表面。

(5) 两种或两种以上的不同类型的能量可相互组合形成新的复合加工形式，加工能量易于控制和转换，加工范围广，适应性强。

特种加工技术的广泛应用主要始于20世纪50年代。当时出现了第一台商业化的电火花加工机床，并且也相继发明了能满足零件几何尺寸、几何形状和精度要求的电解、电解磨削及电铸成型等工艺技术。到60年代，随着半导体工业的振兴为电火花加工的发展提供了良机，提高了电火花成形机床的可靠性，而且加工表面质量也得到改善。在这个时期，电火花线切割开始起步。到60年代末70年代初，数控技术的介入使加工更加精确，同时使电火花线切割加工技术前进了一大步。通过几十年的努力，电火花加工的电源技术、自动化技术，以及控制功能都得到了极大提高。

中国第一台电火花加工机床诞生于1954年。1958年研制成功的DM5540型电火花机床具有效率高、电极损耗小的优点，从而开始了电火花加工机床进入以模具加工为主的时期。1965年出现的晶体管脉冲电源D6140型电火花成形机床，拓宽了电火花加工在型腔模具加工中的应用。晶闸管电源和晶体管电源的电火花加工机床，在20世纪70年代得到较大的发展，它们与不断完善的平动头相结合，使型腔模电火花加工平动工艺日趋成熟。

约在1960年，苏联科学院中央电工实验室首先研制出第一台低速单向走丝靠模仿形电火花线切割机床，以后二三年中，从靠模仿形又发展到光电跟踪，1962年前后瑞士阿奇公司开始研究电火花线切割加工的数字控制技术，五六年后达到了实用化程度。我国科学院电工研究所于1964年研制出光电跟踪电火花线切割机床，较大地提高了切割速度，缩短了制造周期并降低了加工成本，增加了切割更复杂型面的可能性，提高了工艺的适应性和“柔性”。

第一代电火花线切割机床的走丝速度很低，在煤油介质中切缝较窄，排屑不畅，所以切割速度也很低，只有2～5mm^2/min，而且电极丝一次性使用也很浪费。我国上海电表厂张维良工程师对此做了创新性改进，在阳极机械切割工艺和机床的基础上，采用了往复、高速走丝和乳化液为加工介质的方式，使切割速度获得成倍、数十倍提高，并且可进行大厚度切割。此后上海机床电器厂又和复旦大学数学系联合研制出线切割简易数控系统，后经用户、生产厂、科研院所、高校等技术工人和科技人员多方面改进和完善，形成了具有我国自主知识产权和中国特色的数控高速往复走丝电火花线切割机床。

目前电火花加工机床在发达国家的生产企业主要分布在日本及欧洲地区，而美国及美洲其他地区很少，其主要原因是因为日本在第二次世界大战中基础工业设施遭受到毁灭性的重创，因此对于电火花加工这种新型的加工方式十分愿意接纳，同时也投入了相当多的精力促成了电火花加工业在日本的发展；同样在欧洲的电火花加工业借助于苏联研究成果也迅速进行了推广；而对于美国而言由于第二次世界大战并没有触及其工业基础，因此直到现在对电火花加工产业的接受仍然需要一定的过程。

在我国经济持续发展的背景下，作为特种加工最重要工艺方法的电火花加工在生产中已日益获得广泛的应用，发展极为迅速，在航空航天、军工、家电、建材等相关行业尤其是乡镇工业和家庭作坊式个体企业获得广泛的应用，应用领域已经从传统的模具加工及特殊零件的试制加工发展到中小批量零件的加工生产。近年来电火花加工机床产量有了飞速的增长。20世纪末，我国各种电火花加工机床年总产量在1万台左右，目前年产量已经增长到5万台左右，产量及拥有量均居世界前列。其中，电火花线切割机床(Wire-cut Electrical Discharge Machining，WEDM)产量占到电火花加工机床的90%以上，已成为国内外冲压模具制造及零部件生产中不可缺少的重要装备。在我国，电火花线切割机床分高速往复走丝电火花线切割机床（High Speed Wire - cut Electrical Discharge Machining，HSWEDM）和低速单向走丝电火花线切割机床（Low Speed Wire - cut Electrical Discharge Machining，LSWEDM）两大类。在高速往复走丝电火花线切割机床的性能提升方面，20 世纪 80 年代上海医用电子仪器厂杜炳荣高级工程师及南京航空学院（南京航空航天大学前身）金庆同教授带领的课题组率先对其多次切割的可行性及实践进行了深入研究，随着计算机软硬件及控制技术的发展，结合 21 世纪初刘志东教授提出并研制的复合工作液的广泛应用，业内俗称“中走丝”的高速往复走丝电火花线切割多次切割技术于 21 世纪初在浙江、江苏迅速推广，目前已成为一种实用的改善加工表面质量及切割精度的工艺方法。我国电火花加工机床的生产企业目前主要集中在江苏、浙江及北京地区，大部分生产的产品仍然是技术含量低、售价和利润也很低的高速往复走丝电火花线切割机床，但“中走丝”的份额正在高速增长，而高档及精密的低速单向走丝电火花线切割机床和数控电火花成形机床还需要从国外进口。

【高速往复走丝电火花线切割加工】

【低速单向走丝电火花线切割加工】

1.2 特种加工的分类

特种加工的分类目前还没有明确的规定，一般按能量来源和形式及作用原理进行划分，常用特种加工方法分类见表 1 - 1。

表 1 - 1 常用特种加工方法分类表

特种加工方法		能量来源及形式	作用原理	英文缩写
电火花加工	电火花成形加工【电火花成形加工】	电能、热能	熔化、气化	EDM
	电火花高速穿孔加工	电能、热能	熔化、气化	EDM - D
	电火花线切割加工	电能、热能	熔化、气化	WEDM
	短电弧加工	电能、热能	熔化	
	放电诱导烧蚀加工	电能、化学能、热能	燃烧、熔化、气化	EDM - IAM
电化学加工	电解加工	电化学能	金属离子阳极溶解	ECM
	电解磨削	电化学、机械能	阳极溶解、磨削	EGM(ECG)
	电解研磨	电化学、机械能	阳极溶解、研磨	ECH
	电铸	电化学能	金属离子阴极沉积	EFM
	涂镀	电化学能	金属离子阴极沉积	EPM
激光加工【激光加工】	激光切割、打孔	光能、热能	熔化、气化	LBM
	激光打标	光能、热能	熔化、气化	LBM
	激光处理、表面改性	光能、热能	熔化、相变	LBT

(续)

特种加工方法		能量来源及形式	作用原理	英文缩写
电子束加工	切割、打孔、焊接	电能、热能	熔化、气化	EBM
离子束加工	蚀刻、镀覆、注入	电能、动能	原子撞击	IBM
等离子弧加工	切割(喷涂)	电能、热能	熔化、气化(涂覆)	PAM
超声加工	切割、打孔、雕刻	声能、机械能	磨料高频撞击	USM
化学加工	化学铣削	化学能	腐蚀	CHM
	化学抛光	化学能	腐蚀	CHP
	光刻	光、化学能	光化学腐蚀	PCM
增材制造	光固化快速成形	光、化学能	增材法加工	SLA
	选择性激光烧结	光、热能		SLS
	叠层实体制造	光、机械能		LOM
	熔融沉积成形	电、热、机械能		FDM
	三维打印	电、热、机械能		3DP

特种加工在发展过程中也形成了某些介于常规机械加工和特种加工工艺之间的过渡性工艺。例如，在切削过程中引入超声振动或低频振动切削，在切削过程中通以低电压大电流的导电切削、加热切削及低温切削等。这些加工方法是在切削加工的基础上发展起来的，目的是改善切削的条件，基本上还属于切削加工。在特种加工范围内还有一些属于减小表面粗糙度或改善表面性能的工艺，前者如电解抛光、化学抛光、离子束抛光等，后者如电火花表面强化、镀覆、刻字，激光表面处理、改性，电子束曝光，离子镀、离子束注入掺杂等。

随着半导体大规模集成电路生产发展的需要，上述提到的电子束、离子束加工就是近年来提出的超精微加工，即所谓原子、分子单位的纳米加工方法。

此外，还有一些不属于尺寸加工的特种加工，如液中放电成形加工、电磁成形加工、爆炸成形加工及放电烧结等等，本书只是进行了简单介绍。

本书主要讲述电火花、电解、激光、超声、电子束、离子束、增材制造及微细特种加工等加工方法的基本原理、基本设备、基本工艺规律、主要特点及适用范围，表1-2为上述加工方法的综合比较。

表1-2 常用特种加工方法的综合比较

加工方法	可加工材料	工具损耗率(%)最低/平均	材料去除率/($mm^3 \cdot min^{-1}$)平均/最高	加工尺寸精度/mm平均/最高	加工表面粗糙度 *Ra*/μm 平均/最高	主要适用范围
电火花成形加工	导电金属材料	0.1/10	30/3000	0.03/0.003	10/0.04	(1) 穿孔加工：加工各种冲模、挤压模、粉末冶金模、各种异形孔及微孔等 (2) 型腔加工：加工各类型腔模及各种复杂的型腔零件 (3) 约占电火花机床总数的20%
电火花高速穿孔加工		30/50	30～60①mm/min	孔径 ϕ0.02～3		(1) 线切割穿丝预孔 (2) 深径比很大的小孔，如喷嘴等 (3) 约占电火花机床总数的5%
电火花线切割加工		0.01/5～30万$mm^2$②	50/500②mm^2/min	0.02/0.002	5/0.01	(1) 切割各种冲模和具有直纹面的零件 (2) 中小批量零件生产，下料、截割和窄缝加工 (3) 约占电火花机床总数的70%
短电弧加工	导电材料		1500g/min	IT12	50	加工各种硬度大于HRC45的导电材料，适合于外圆、内圆、平面、端面、各种异形面及开槽、切割等
放电诱导烧蚀加工	可燃烧金属					最新发明的利用金属可燃性进行可控烧蚀加工的技术，可结合电火花、电解、机械进行修整加工
电解加工	导电金属材料	不损耗	100/10000	0.1/0.01	1.25/0.16	从细小零件到1t以上的超大型工件及模具。如仪表微型小轴、齿轮上的毛刺，蜗轮叶片、炮管膛线，螺旋花键孔、各种异形孔，锻造模、铸造模，以及抛光、去毛刺等
超声加工	任何脆性材料	0.1/10	1/50	0.03/0.005	0.63/0.16	加工、切割脆硬材料。如玻璃、石英、宝石、金刚石、半导体单晶锗、硅等。可加工型孔、型腔、小孔、深孔、切割等

（续）

<table>
<tr><th>加工方法</th><th>可加工材料</th><th>工具损耗率(%)/最低/平均</th><th>材料去除率/(mm^3/min)平均/最高</th><th>加工尺寸精度/mm平均/最高</th><th>加工表面粗糙度 Ra/μm 平均/最高</th><th>主要适用范围</th></tr>
<tr><td>激光加工</td><td rowspan="4">任何材料</td><td rowspan="4">不损耗</td><td rowspan="2">瞬时去除率很高；受功率限制，平均去除率不高</td><td rowspan="2">0.01/0.001</td><td>10/1.25</td><td>精密加工小孔、窄缝及成形切割、刻蚀。如金刚石拉丝模、钟表宝石轴承、化纤喷丝孔，镍、不锈钢板上打小孔，切割钢板、石棉、纺织品、纸张，还可焊接、热处理</td></tr>
<tr><td>电子束加工</td><td>1.25/0.2</td><td>在各种加工材料上打微孔、切缝、蚀刻，曝光以及焊接等，现常用于制造中、大规模集成电路微电子器件</td></tr>
<tr><td>离子束加工</td><td>可实现原子级去除</td><td>/0.01μm</td><td>/0.01</td><td>对零件表面进行超精密、超微量加工、抛光、蚀刻、掺杂、镀覆等</td></tr>
<tr><td>水射流切割</td><td>>300</td><td>0.2/0.1</td><td>20/5</td><td>下料、成形切割、剪裁</td></tr>
<tr><td>增材制造</td><td>增材加工，无可比性</td><td></td><td></td><td>0.3/0.1</td><td>10/5</td><td>快速制造样件、模具</td></tr>
</table>

注：① 电火花高速穿孔加工考核的指标主要是单位时间的穿孔深度。

② 线切割加工的金属去除率按惯例均用 mm^2/min 为单位。电火花线切割分为单向低速走丝机床和高速往复走丝机床两大类，但加工指标差异较大，一般只有后者考虑工具电极损耗，详见第3章。

1.3 特种加工对机械制造工艺技术的影响及发展

1. 特种加工对机械制造工艺技术的影响

由于特种加工与传统机械加工不同的工艺特点，对机械制造工艺技术产生了显著的影响。例如，对材料的可加工性，工艺路线的安排，新产品的试制过程及周期，产品零件设计的结构，零件结构工艺性好坏的衡量标准等，都产生了一系列的影响。特种加工对机械制造和结构工艺性产生的重大影响主要包括以下几点。

(1) 提高了材料的可加工性。以往认为金刚石、硬质合金、淬火钢、石英、玻璃、陶瓷等是很难加工的，现在已对广泛采用的金刚石、聚晶(人造)金刚石和硬质合金等制造的刀具、工具、拉丝模具等，均可用电火花、电解、激光等多种方法进行加工。材料的可加工性不再与硬度、强度、韧性、脆性等成比例关系。对电火花、线切割加工而言，一般淬火钢比未淬火钢更易加工。特种加工方法使材料的可加工范围从普通材料发展到硬质合金、超硬材料和特殊材料。

(2) 改变了零件的典型工艺路线。工艺人员都知道：除磨削外，其他切削加工、成形加工等都应在淬火热处理之前加工完毕。但特种加工的出现，改变了这种典型的工艺模式。因为特种加工基本不受工件硬度的影响，而且为免除加工后淬火热处理的变形，一般都先淬火后加工。例如，电火花线切割加工、电火花成形加工和电解加工等都宜在零件淬火后进行。

(3) 缩短了新产品的试制周期。在新产品试制时，如采用电火花线切割，便可直接加工出各种标准和非标准直齿轮(包括非圆齿轮、非渐开线齿轮)、微电机定子、转子硅钢片、各种变压器铁心、各种特殊或复杂的二次曲面体零件，从而省去设计和制造相应的刀、夹、量具、模具及二次工具，大大地缩短了试制周期。

(4) 影响产品零件的结构设计。例如，花键孔与轴的齿根部分，为了减少应力集中应设计并制成小圆角。但拉削加工时刀齿做成圆角对切削和排屑不利，容易磨损，只能设计与制成清棱清角的齿根。而用电解加工时由于存在尖角变圆现象，可以采用圆角的齿根。又如各种复杂冲模(山型硅钢片冲模)，常规制造方法由于不易制造，往往采用镶拼结构。而采用电火花线切割加工后，即使是硬质合金的刀具、模具，也可以制成整体结构。

(5) 重新衡量传统结构工艺性的好坏。由于特种加工的应用而需要重新衡量过去对方孔、小孔、弯孔和窄缝等被认为是工艺性很差，在结构上尽量避免的设计。特种加工的采用改变了这种现象。对于电火花穿孔、电火花线切割工艺来说，加工方孔和加工圆孔的难易程度是一样的。喷油嘴小孔、喷丝头小异形孔，涡轮叶片大量的小冷却深孔、窄缝，静压轴承、静压导轨的内油囊型腔，采用电加工后均由难变易了。

(6) 特种加工已经成为微细加工和纳米加工的主要手段。如大规模集成电路、光盘基片、微型机械机器人零件、细长轴、薄壁零件、弹性元件等低刚度零件加工均是采用微细加工和纳米加工技术进行的，而借助的工艺手段主要是电子束、离子束、激光、电火花、电化学等电物理、电化学特种加工技术。

目前特种加工已经成为难切削材料、复杂型面、精细零件、低刚度零件、模具加工、增材制造及大规模集成电路等领域不可缺少的重要工艺手段，并发挥着越来越重要的作用。

2. 特种加工技术的不足之处

(1) 一些特种加工技术的加工机理尚需进一步研究，如电熔爆技术，加工过程比较复杂，不容易控制。

(2) 加工过程会对环境产生污染。如电化学加工，在加工过程产生的废渣和有害气体会对环境和人体健康产生影响。

(3) 加工精度和生产率还有待提高。特种加工技术普遍存在加工效率较传统机械加工偏低的问题。

(4) 一些特种加工设备复杂，设备成本高，使用维修费用高。

3. 从制造业发展的眼光看特种加工技术发展趋势

(1) 向多功能、精密化、智能化方向发展，力求达到标准化、系列化、模块化目的。

(2) 扩大应用范围，向复合加工方向发展，开发由不同特种加工技术复合而成的加工方法，如电解电火花加工、电解电弧加工、放电诱导烧蚀加工等复合加工，以扬长避短。

(3) 应着重于特种加工方法的机理研究及工艺方法的研究，从根本上解释其内在的工艺规律并不断提高加工工艺水平。

(4) 解决某些特种加工技术对环境的污染问题，向“绿色”及可持续发展转化。

思考题

1-1 从特种加工的发生和发展来举例分析科学技术中有哪些事例是“物极必反”?(提示：如高空、高速飞行时，螺旋桨推进器被喷气推进器所取代)有哪些事例是“坏事有时会变为好事”?(提示：如开关触头金属的电火花腐蚀转变为电火花加工，金属锈蚀转变为电化学加工)

1-2 试举出几种因采用特种加工工艺之后，对材料的可加工性和结构工艺性产生重大影响的实例。

1-3 常规加工工艺和特种加工工艺之间有何关系？应该如何正确处理常规加工和特种加工之间的关系。

第2章 电火花加工

知识要点	掌握程度	相关知识
电火花加工的概念及分类	了解电火花加工的基本概念、类型及适用范围，掌握电火花加工的特点及其应具备的条件	电火花加工相比传统加工的优点与缺点，电火花加工应具备的条件
电火花放电的微观过程	掌握电火花加工放电的微观过程	电火花放电微观过程的四个阶段
电火花加工的基本规律	掌握电火花加工的基本规律	电火花加工的极性效应，影响电火花加工蚀除速度的因素，蚀除速度和电极损耗的关系，影响电火花加工精度的主要因素及其表面质量
电火花成形加工机床	熟悉电火花成形加工机床的组成及各部件的作用	电火花成形加工机床主机、脉冲电源、自动进给系统、伺服控制系统等加工过程中的参数控制
电火花成形加工工艺	熟悉电火花成形加工的基本工艺	电极的制作、工件准备及装夹定位、冲抽油方式的选择、加工规准的选择、电极缩放量的确定及平动(摇动)量的分配
电火花加工方法	了解几种常见的电火花加工方法	电火花穿孔加工、电火花型腔加工、电火花铣削加工
电火花加工安全防护	熟悉电火花加工的安全防护方法	电火花加工的电气安全及火灾的防止和有害气体的防护
其他电火花加工的方法	了解一些其他电火花加工的方法及复合加工方法	电火花高速小孔加工、电火花小孔及深孔磨削、电火花共轭回转加工与跑合加工、金属电火花表面强化和刻字、非导电材料电火花加工、电火花机械复合磨削、短电弧加工技术、放电诱导可控烧蚀及电火花修整

导入案例

提到电火花加工必然会联想到模具制造，这是因为电火花加工与模具制造有着密不可分的联系，如人们日常生活中用到的塑料制品都是采用注塑模具生产的，其模具加工过程基本上是采用机械切削加工模具的外表及粗铣型腔，而对于采用刀具精铣困难或无法精铣的部位则采用电火花成形加工的方式用纯铜(俗称“紫铜”)或石墨成形电极进行拷贝式加工，将电极的形状拷贝到工件表面，因此电火花成形加工是模具加工的必要手段。图 2.1 所示的显示器注塑模具就是采用上述方法加工的。什么是电火花加工？其加工的微观过程有什么特征和规律？其用于成形加工的电火花成形加工机床的主要组成有哪几部分？加工的工艺及规律如何？加工过程需要注意什么？除了电火花成形加工外，还有哪些电火花加工的方式？这就是本章要叙述的内容。

图 2.1　显示器注塑模

2.1　电火花加工的概念及分类

【电火花加工定义及特点】

2.1.1　电火花加工的基本概念

电火花加工(Electrical Discharge Machining，EDM)是指在介质中，利用两极(工具电极与工件电极)之间脉冲性火花放电时的电腐蚀现象对材料进行加工，使零件的尺寸、形状和表面质量达到预定要求的加工方法。如图 2.2 所示，在电火花放电时，火花通道内瞬时产生的大量热致使电极表面的金属产生局部熔化甚至气化而被蚀除。不同于普通金属切削表面具有规则的切削痕迹，电火花加工表面是由无数个不规则的放电凹坑组成，图 2.3(a)所示为磨削加工表面、图 2.3(b)所示为电火花成形加工表面、图 2.3(c)所示为电火花线切割表面。

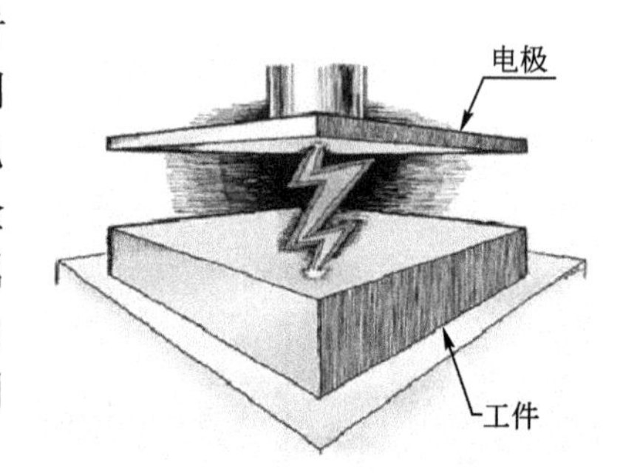

图 2.2　电火花加工原理图

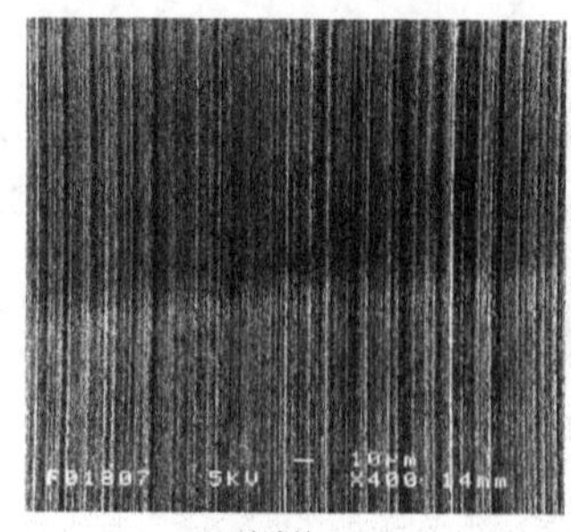

(a) 磨削加工

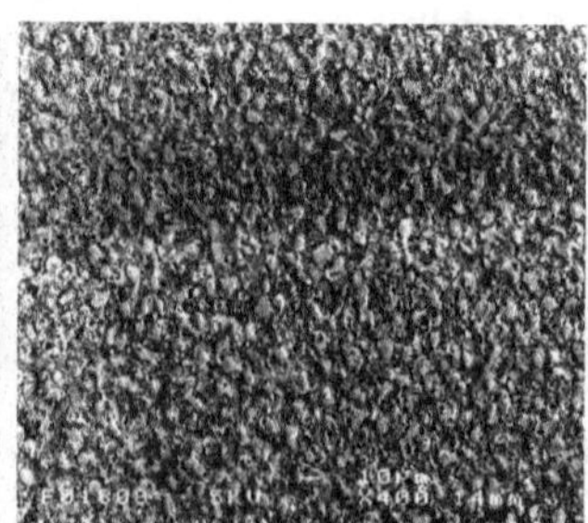

(b) 电火花成形加工

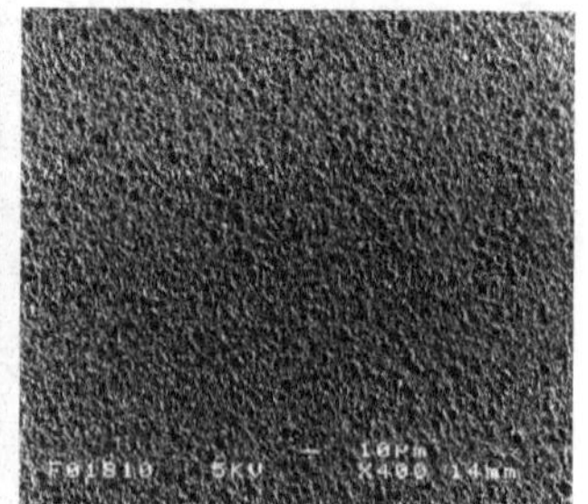

(c) 电火花线切割加工

图 2.3　不同加工方式表面微观形貌照片

2.1.2 电火花加工的特点

电火花加工与机械加工相比有其独特的加工特点，再加上数控水平和工艺技术的不断提高，其应用领域日益扩大，已经覆盖到机械、宇航、航空、电子、核能、仪器、轻工等部门，用以解决各种难加工材料、复杂形状零件和有特殊要求的零件制造，成为常规切削、磨削加工的重要补充和拓展。其中模具制造是电火花加工应用最多的领域。

1. 电火花加工的优点

(1) 适合于难切削材料的加工。由于加工中材料的去除是靠放电时的电、热作用实现的，材料的可加工性主要与材料的导电性及热学特性，如电阻率、熔点、沸点(气化点)、比热容、热导率等有关，而几乎与其力学性能(硬度、强度等)无关。因此可以突破传统切削加工中对刀具的限制，实现用软的工具加工硬、韧的工件，甚至可以加工像聚晶金刚石、立方氮化硼一类的超硬材料。目前电极材料多采用纯铜(俗称紫铜)或石墨制造。

(2) 可以加工特殊及复杂形状的零件。由于加工中工具电极与工件不直接接触，没有机械加工的切削力，因此适宜加工低刚度工件及进行微细加工。因为可以简单地将工具电极的形状复制到工件上，因此特别适用于复杂表面形状工件的加工，如复杂型腔模具加工等。另外，数控技术的采用使得用简单电极加工复杂形状工件也成为可能。

(3) 易于实现加工过程自动化。由于是直接利用电能加工，而电能、电参数较机械量易于实现数字控制、适应控制、智能化控制和无人化操作等。

(4) 可以通过改进结构设计，改善结构的工艺性。可以将拼镶结构的硬质合金冲模改为用电火花加工的整体结构，减少了加工和装配工时，延长了使用寿命。如喷气发动机中的叶轮，采用电火花加工后可以将拼镶、焊接结构改为整体叶轮制造，既大大提高了工作可靠性，又可减小体积并提高质量。

(5) 脉冲放电持续时间短，放电时产生的热量传导范围小，材料受热影响范围小。

2. 电火花加工的局限性

(1) 一般只能加工金属等导电材料。电火花加工不像切削加工那样可以加工塑料、陶瓷等绝缘的非导电材料，但近年来研究表明，在一定条件下也可加工半导体和聚晶金刚石等非导体超硬材料。

(2) 加工速度一般较慢。因此通常安排工艺时多采用切削方法以去除大部分余量，然后进行电火花加工，以求提高生产率。但最近研究表明，采用特殊水基不燃性工作液进行电火花加工，其粗加工生产率基本接近于切削加工。

(3) 存在电极损耗。由于电火花加工靠电、热来蚀除金属，电极也会产生损耗，而且电极损耗多集中在尖角或底面，影响成形精度。但近年来粗加工时已能将电极相对损耗率降至0.1%，甚至更小。

(4) 最小角部半径有限制。一般电火花加工能得到的最小角部半径略大于加工放电间隙(通常为0.02～0.03mm)，若电极有损耗或采用平动头加工，则角部半径还要增大。但近年来的多轴数控电火花加工机床，采用 X、Y、Z 轴数控摇动加工，可以棱角分明地加工出方孔、窄槽的侧壁和底面。

(5) 加工表面有变质层甚至微裂纹。

2.1.3 电火花加工应具备的条件

实现电火花加工应具备以下条件。

(1) 工具电极和工件电极之间在加工中必须保持一定的间隙，一般是几个微米至数百微米。若两电极距离过大，则脉冲电压不能击穿介质而形成火花放电；若两极短路，则在两电极间没有脉冲能量消耗，也不可能实现电蚀加工。因此，加工中必须采用自动进给调节系统来保证加工间隙随加工状态而变化，如图 2.4 所示。

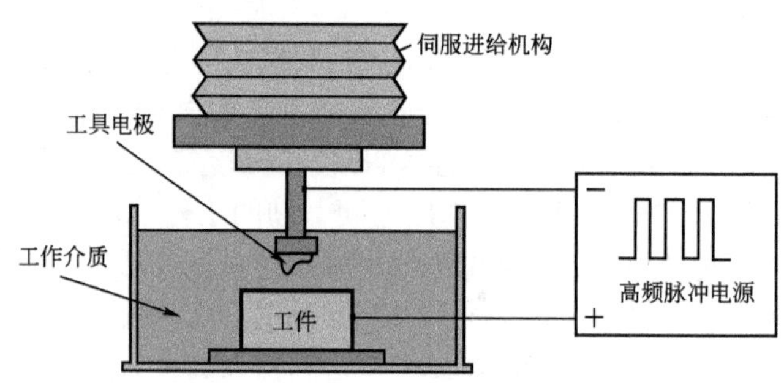

图 2.4 电火花加工系统原理示意图

(2) 火花放电必须在有一定绝缘性能的液体介质中进行，如火花油、水溶性工作液或去离子水等。液体介质有压缩放电通道的作用，同时液体介质还能把电火花加工过程中产生的金属蚀除产物、炭黑等从放电间隙中排出去，并对电极和工件起到较好地冷却作用。

(3) 放电点局部区域的功率密度足够高，即放电通道要有很高的电流密度(一般为 $10^5 \sim 10^6 A/cm^2$)。放电时所产生的热量足以使放电通道内金属局部产生瞬时熔化甚至气化，从而在被加工材料表面形成一个电蚀凹坑。

(4) 火花放电是瞬时的脉冲性放电，放电持续时间一般为 $10^{-7} \sim 10^{-3}$ s。由于放电时间短，放电时产生的热量来不及扩散到工件材料内部，能量集中，温度高，放电点可集中在很小范围内。如果放电时间过长，就会形成持续电弧放电，使工件加工表面及电极表面的材料大范围熔化烧伤而无法保障加工中的尺寸精度。

(5) 在先后两次脉冲放电之间，需要有足够的停歇时间排除极间电蚀产物，使极间介质充分消电离并恢复绝缘状态，以保证下次脉冲放电不在同一点进行，避免形成电弧放电，使重复性脉冲放电顺利进行。

脉冲电源的放电电压及电流波形如图 2.5 所示。

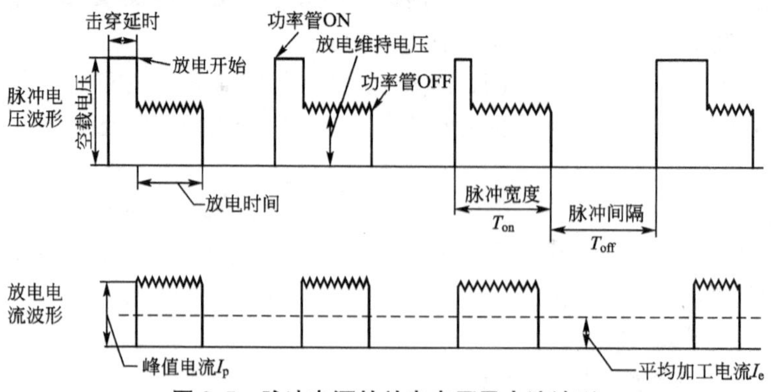

图 2.5 脉冲电源的放电电压及电流波形

2.1.4 电火花加工的类型及适用范围

按工具电极和工件相对运动的方式和用途不同，电火花加工大致可分为电火花穿孔成形加工、电火花线切割加工、电火花同步共扼回转加工、电火花高速小孔加工、电火花表面强化与刻字六大类。前五类属于电火花成形、尺寸加工，是用于改变工件形状和尺寸的加工方法；后者则属于表面加工方法，用于改善或改变零件表面性能。目前以电火花穿孔成形和电火花线切割应用最为广泛。表 2-1 为电火花加工的分类情况及各加工方法的特点及适用范围。

表 2-1 电火花加工的分类特点及适用范围

类别	工艺类型	特点	适用范围	备注
1	【电火花穿孔成形加工原理】电火花穿孔成形加工	(1) 工具电极和工件间有一个相对的伺服进给运动 (2) 工具为成形电极，与被加工表面有相对应的形状	(1) 穿孔加工：各种冲模、挤压模、粉末冶金模、异形孔及微孔等 (2) 型腔加工：加工各类型腔模及各种复杂的型腔工件	约占电火花加工机床总数的 20%，典型机床有 DK7125、D7140 等电火花成形机床
2	电火花线切割加工	(1) 工具电极为移动的线状电极 (2) 工具与工件在两个水平方向同时有相对伺服进给运动	(1) 切割各种冲模和具有直纹面的零件 (2) 下料、截割和窄缝加工	约占电火花机床总数的 70%，典型机床有 DK7725、DK7632 等数控电火花线切割机床
3	电火花内孔、外圆和成形磨削	(1) 工具与工件有相对的旋转运动 (2) 工具与工件间有径向和轴向的进给运动	(1) 加工高精度、表面粗糙度值小的小孔，如拉丝模、挤压模、微型轴承内环、钻套等 (2) 加工外圆、小模数滚刀等	占电火花机床总数的 2%～3%，典型机床有 D6310 电火花小孔内圆磨床等
4	电火花同步共轭回转加工	(1) 成形工具与工件均作旋转运动，但二者角速度相等或成整倍数，相对应接近的放电点可有切向相对运动速度 (2) 工具相对工件可作纵、横向进给运动	以同步回转、展成回转、倍角速度回转等不同方式，加工各种复杂型面的零件，如高精度的异形齿轮，精密螺纹环规，高精度、高对称度、表面粗糙度值小的内、外回转体表面等	一般为专用机床，目前已很少生产，典型机床 JN-2、JN-8 内外螺纹加工机床等
5	电火花高速小孔加工	(1) 采用细管(通常直径为 ϕ0.3～3mm) 电极，管内冲入高压水 (2) 细管电极旋转 (3) 穿孔速度高(30～60mm/min)	(1) 线切割预穿丝孔 (2) 深径比很大的小孔，如喷嘴等	占电火花加工机床总数的 5%，典型机床有 D703A 电火花高速小孔加工机床等

（续）

类别	工艺类型	特点	适用范围	备注
6	电火花表面强化、刻字	(1) 工具在工件表面上振动，在空气中火花放电 (2) 工具相对工件移动	(1) 模具刃口，刀、量具刃口表面强化和镀覆 (2) 电火花刻字、打印记	占电火花机床总数的1%～2%，典型设备有D9105电火花强化机等

2.2 电火花放电的微观过程

【电火花加工机理】

每次电火花放电的微观过程都是电场力、磁力、热力、流体动力、电化学和胶体化学等综合作用的过程。这一过程大致可分以下四个连续阶段：极间介质的电离、击穿，形成放电通道；介质热分解、电极材料熔化、气化热膨胀；电极材料的抛出；极间介质的消电离。

2.2.1 极间介质的电离、击穿，形成放电通道

任何物质的原子均是由原子核与围绕着原子核并且在一定轨道上运行的电子组成，而原子核又由带正电的质子和不带电的中子组成，如图 2.6 所示。极间的介质也一样，当极间没有施加放电脉冲时，两电极的极间状态如图 2.7 所示。当脉冲电压施加于工具电极与工件之间时，两极间立即形成一个电场。电场强度与电压成正比，与距离成反比，随着极间电压的升高或极间距离的减小，极间电场强度也将随之增大。由于工具电极和工件的微观表面凸凹不平，极间距离又很小，因而极间电场强度是很不均匀的，两极间离得最近的突出或尖端处的电场强度最大。当电场强度增加到一定程度后，将导致介质原子中绕轨道运行的电子摆脱原子核的吸引成为自由电子，而原子核则成为带正电的离子，并且电子和离子在电场的作用下，分别向正极与负极运动，形成放电通道，如图 2.8所示。

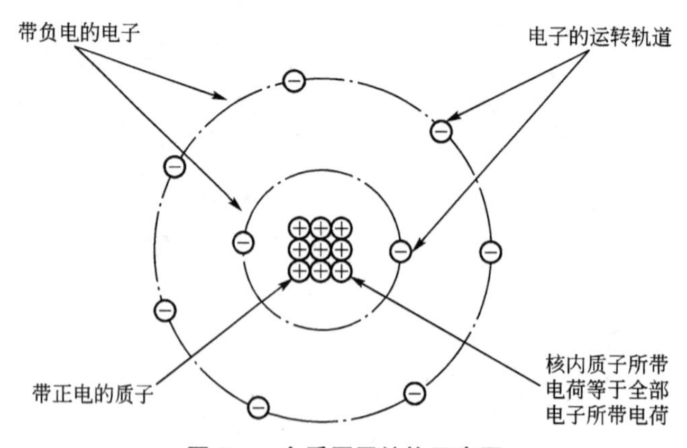

图 2.6 介质原子结构示意图

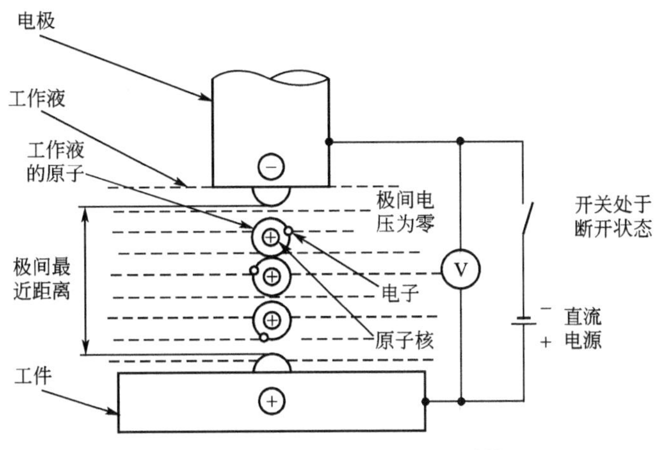

图 2.7　极间未施加放电脉冲时的情况

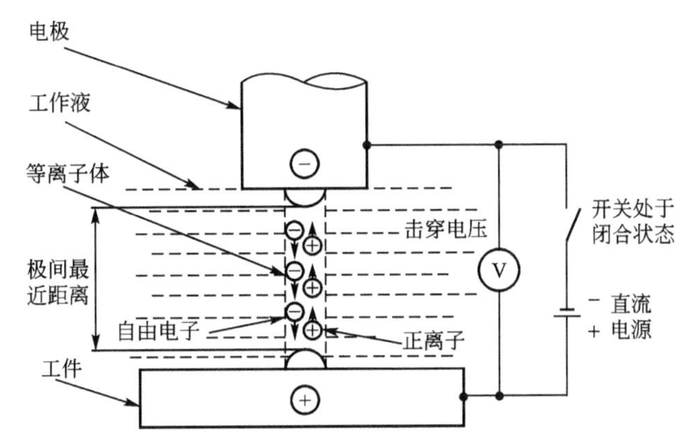

图 2.8　极间施加放电脉冲形成放电通道的情况

2.2.2　介质热分解、电极材料熔化、气化热膨胀

极间介质一旦被电离、击穿，形成放电通道后，脉冲电源建立的极间电场使通道内的电子高速奔向正极，正离子奔向负极，使电能变成动能，动能通过带电粒子对相应电极材料的高速碰撞转变为热能，使正负极表面产生高温。高温除了使工作液气化、热分解外，也使金属材料熔化甚至气化，这些气化的工作液和金属蒸气，瞬间体积猛增，在放电间隙内成为气泡，迅速热膨胀，就像火药、爆竹点燃后具有爆炸的特性一样。观察电火花加工过程，可以看到放电间隙内冒出气泡，工作液逐渐变黑，并可听到轻微而清脆的爆炸声。

2.2.3　电极材料的抛出

通道内的正负电极表面放电点瞬时高温使工作液气化并使得两电极对应表面金属材料产生熔化、气化，如图 2.9 所示，通道内的热膨胀产生很高的瞬时压力，使气化了的气体体积不断向外膨胀，形成一个扩张的“气泡”，进而将熔化或气化的金属材料推挤、抛出，而使其进入工作液中，抛出的两极带电荷的材料在放电通道内汇集后进行中和及凝聚，如图 2.10 所示，最终形成了细小的中性圆球颗粒，成为电火花加工的蚀除产物，如图 2.11

所示。实际上熔化和气化了的金属在抛离电极表面时，向四处飞溅，除绝大部分抛入工作液中收缩成小颗粒外，还有一小部分飞溅、镀覆、吸附在对面的电极表面上。这种互相飞溅、镀覆及吸附的现象，在某些条件下可以用来减少或补偿工具电极在加工过程中的损耗。

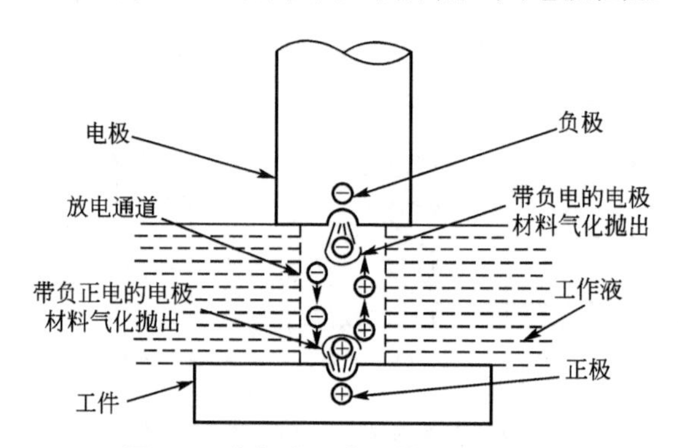

图 2.9　电极表面产生熔化甚至气化

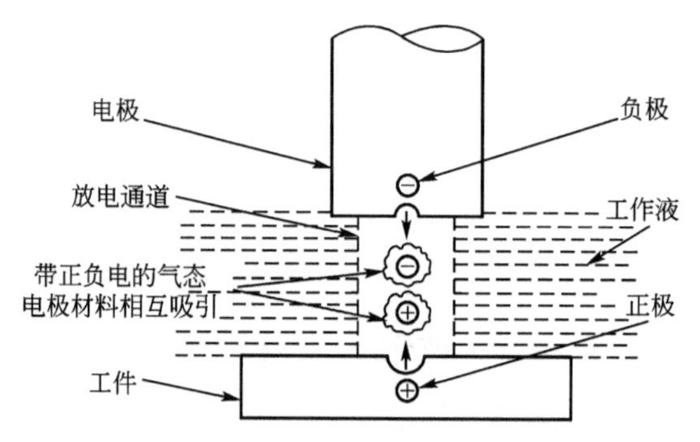

图 2.10　两电极被蚀除的材料在放电通道内汇集

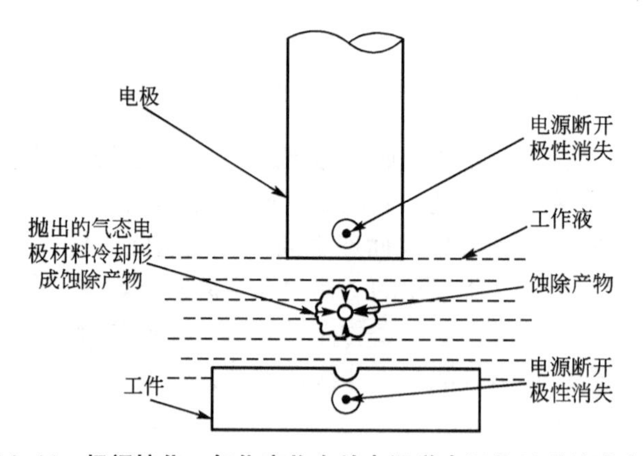

图 2.11　极间熔化、气化产物在放电通道内汇集形成蚀除产物

2.2.4　极间介质的消电离

随着脉冲电压的关断，脉冲电流也迅速降为零，但此后仍应有一段间隔时间，使极间介质消除电离，即放电通道中的正负带电粒子复合为中性粒子(原子)，并且将通道内已经

形成的放电蚀除产物及一些中和的微粒尽可能排出通道，恢复本次放电通道处极间间隙介质的绝缘强度，并降低电极表面温度等，从而避免了由于此放电通道绝缘强度较低，下次放电仍然可能在此处击穿而导致的总是重复在同一处击穿产生电弧放电现象的出现，进而保证在别处按两极相对最近处或电阻率最小处形成下一放电通道，以形成均匀的电火花加工表面。

因此结合上述微观过程的分析，在放电加工过程中，实际得到的典型放电加工波形如图 2.12 所示。

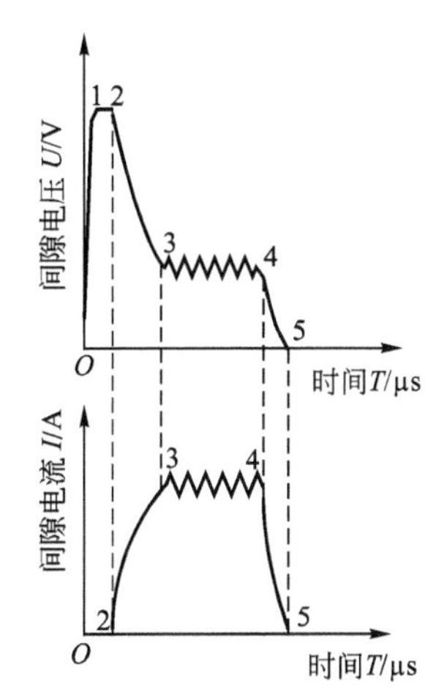

0—1：电压上升阶段；1—2：击穿延时；
2—3：介质击穿，放电通道形成；
3—4：火花维持电压和电流；
4—5：电压、电流下降沿

图 2.12 极间电压和电流波形

0—1 阶段：当脉冲电压施加于两极间时，极间电压迅速升高，并在两极间形成电场。

1—2 阶段：由于极间处于间隙状态，因此极间介质的击穿需要有延时时间。

2—3 阶段：介质在 2 点开始击穿后，直至 3 点建立起一个稳定的放电通道，在此过程中极间间隙电压迅速降低，而极间电流则迅速升高。

3—4 阶段：放电通道建立后，脉冲电源建立的极间电场使通道内电离介质中的电子高速奔向正极，正离子奔向负极。电能变为动能，动能又通过碰撞转变成热能，因此在通道内使正极和负极对应表面达到很高的温度。正负极表面的高温使金属材料产生熔化甚至气化，工作液及电极材料气化形成的爆炸气压将蚀除产物推出放电凹坑，形成工件的蚀除及电极的损耗。稳定放电通道形成后，放电维持电压及放电峰值电流基本维持稳定。

4—5 阶段：4 点开始，脉冲电压的关断，通道中的带电粒子复合为中性粒子，逐渐恢复液体介质的绝缘强度，极间电压、电流随着放电通道内绝缘状态的逐步恢复，回到零位 5。

当然极间介质的冷却、洗涤及消电离的完全恢复还需要通过后续的脉间进行。

电火花放电加工中，极间的放电状态一般分为五种类型，如图 2.13 所示。

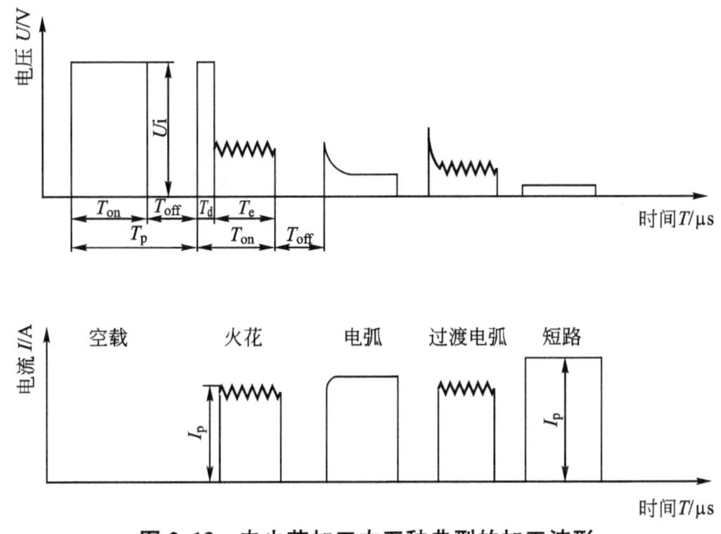

图 2.13 电火花加工中五种典型的加工波形

(1) 空载或开路状态。放电间隙没有击穿，极间有空载电压，但间隙内没有电流流过。

(2) 火花放电。极间介质被击穿产生放电，有效产生蚀除，图 2.12 即为一正常火花放电波形，其放电波形上有高频振荡的小锯齿。

(3) 短路。放电间隙直接短路，间隙短路时电流较大，但间隙两端的电压很小，极间没有材料蚀除。

(4) 电弧放电(稳定电弧放电)。由于排屑不良，放电点不能形成转移而集中在某一局部位置，由于放电点固定在某一点或某一局部，因此称为稳定电弧，常使电极表面积炭、烧伤，电弧放电的波形特点是没有击穿延时，并且放电波形中高频振荡的小锯齿基本消失。

(5) 过渡电弧放电(不稳定电弧放电，或称不稳定火花放电)。过渡电弧放电是正常火花放电与稳定电弧放电的过渡状态，是稳定电弧放电的前兆，其波形中击穿延时很少或接近于零，仅成为一尖刺，电压电流波形上的高频分量成为稀疏的锯齿形。

2.3 电火花加工的基本规律

2.3.1 电火花加工的极性效应

由电火花放电的微观过程可知，在电火花加工过程中，无论是正极还是负极，都会受到不同程度的电蚀，即使是相同材料(如钢加工钢)，其正、负电极的电蚀量也不同。这种单纯由于正、负极性不同而彼此电蚀量不一样的现象称为极性效应。如果两极材料不同，则极性效应更加复杂。在我国，通常把工件接脉冲电源的正极(工具电极接负极)时，定义为“正极性”加工；反之，工件接脉冲电源的负极(工具电极接正极)时，定义为“负极性”加工，又称“反极性”加工。

产生极性效应的原因很复杂，对这一问题的原则性解释是：在火花放电过程中，正、负电极表面分别受到负电子和正离子的轰击和瞬时热源的作用，在两极表面所分配到的能量不一样，因而熔化、气化抛出的电蚀量也不一样。因为电子的质量和惯性均小，容易获得很大的加速度和速度，在击穿放电的初始阶段就有大量的电子奔向正极，把能量传递到正极表面，使其迅速熔化和气化；而正离子则由于质量和惯性较大，起动和加速较慢，在击穿放电的初始阶段，大量的正离子来不及到达负极表面，到达负极表面并传递能量的只有一小部分正离子。所以在用短脉冲加工时，负电子对正极的轰击作用大于正离子对负极的轰击作用，因此正极的蚀除速度大于负极的蚀除速度，这时工件应接正极；当采用长脉冲(即放电持续时间较长)加工时，质量和惯性大的正离子将有足够的时间加速，到达并轰击负极表面的离子数将随放电时间的延长而增多；由于正离子的质量大，对负极表面的轰击破坏作用强，故长脉宽时负极的蚀除速度将大于正极，这时工件应接负极。因此，当采用窄脉冲(如纯铜电极加工钢时，$T_{on}<10\mu s$)精加工时，应选用正极性加工；当采用长脉冲(如纯铜加工钢时，$T_{on}>100\mu s$)粗加工时，应采用负极性加工，以得到较高的蚀除速度和较低的电极损耗。

能量在两极的分配对两电极电蚀量的影响是一个极为重要的因素，而电子和正离子对电极表面的轰击则是影响能量分布的主要因素，因此，电子轰击和正离子轰击无疑是影响极性效应的重要因素。但是近年来的生产实践和研究结果表明，正电极表面能吸附油性工作介质因放电高温而分解游离出来的碳微粒，形成炭黑保护膜，从而减小电极损耗。因此极性效应是一个较为复杂的问题。它除了受脉宽、脉间的影响外，还要受到正极吸附炭黑保护膜和脉冲峰值电流、放电电压、工作液及电极对材料等因素的影响。

从提高加工生产率和减少工具损耗的角度来看，极性效应愈显著愈好，故在电火花加工过程中必须充分利用极性效应。当用交变的脉冲电压加工时，单个脉冲的极性效应便会相互抵消，增加了工具的损耗。因此，电火花加工一般都采用单向脉冲电源(低速单向走丝的抗电解电源除外)。

除了充分地利用极性效应、正确地选用极性、最大限度地降低工具电极的损耗外，还应合理选用工具电极的材料，根据电极对材料的物理性能和加工要求选用最佳的电参数，使工件的蚀除速度最大，工具损耗尽可能小。

2.3.2 影响电火花加工蚀除速度的因素

1. 电参数的影响

研究结果表明，在电火花加工过程中，无论正极或负极，单个脉冲的蚀除量与单个脉冲能量在一定范围内均成正比关系，而工艺系数与电极材料、脉冲参数、工作介质等有关。某一段时间内的总蚀除量约等于这段时间内各单个有效脉冲蚀除量的总和，因此正、负极的蚀除速度与单个脉冲能量、脉冲频率成正比。

按形象描述，假设放电击穿延时时间相等，则放电脉宽决定了放电凹坑直径的大小，如图 2.14 所示；放电的峰值电流则决定了放电凹坑的深浅，如图 2.15 所示。

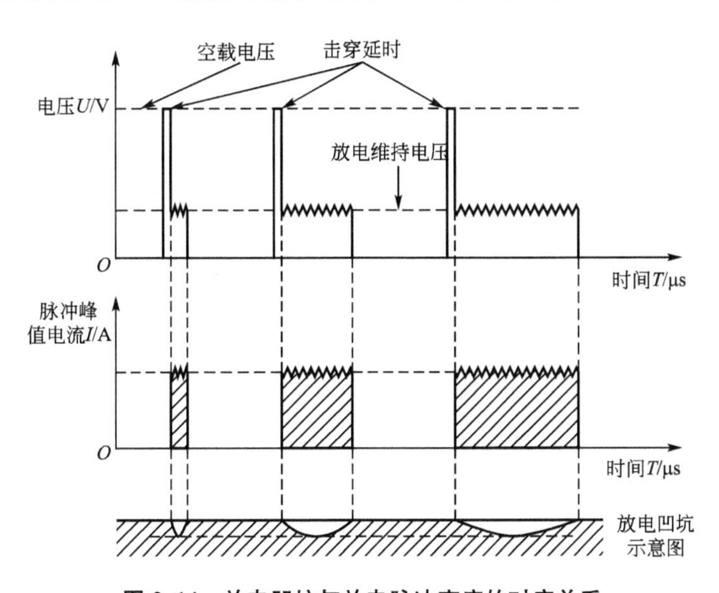

图 2.14 放电凹坑与放电脉冲宽度的对应关系

近期的研究还发现放电的蚀除量不仅与脉冲能量的大小有关，而且与蚀除的形式有关，对于窄脉宽高峰值电流放电产生的蚀除形式主要是以材料的气化为主，而大脉宽低峰

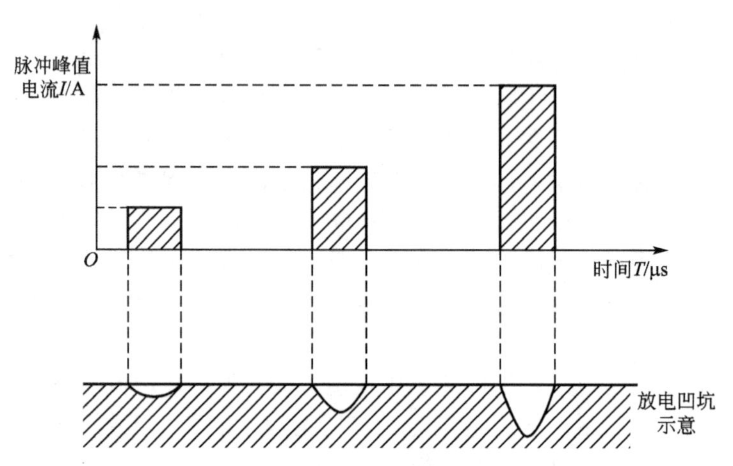

图 2.15　放电凹坑与放电脉冲峰值电流的对应关系

值电流主要产生的蚀除形式是熔化方式，气化形式的蚀除效率比熔化的要高 30%～50%，并且表面残留的金属及表面质量有明显差异，如图 2.16 所示。

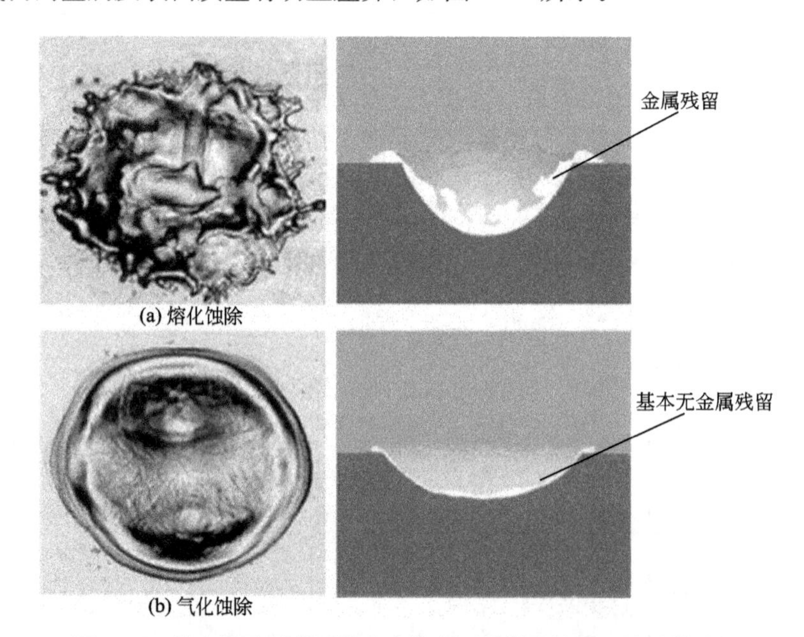

图 2.16　放电蚀除形式不同产生的表面质量及蚀除凹坑形状差异

由上述分析可知，如果要提高蚀除速度，可以采用提高脉冲频率，增加单个脉冲能量，或者说增加平均放电电流(或脉冲峰值电流)和脉冲宽度，减小脉间的方式获得。此外，还可以通过增加脉冲峰值电流，采用小脉宽、高脉冲峰值电流的放电方式，以获得气化的蚀除方式，从而达到既提高蚀除速度，同时又改善表面质量和降低变质层厚度的目的。

当然，实际加工时要考虑到这些因素之间的相互制约关系和对其他工艺指标的影响，例如，脉冲间隔时间过短，将产生电弧放电；随着单个脉冲能量的增加，加工表面粗糙度值也随之增大等。

2. 金属材料热学物理常数的影响

金属热学物理常数是指熔点、沸点(气化点)、热导率、比热容、熔化热、气化热等。显然，当脉冲放电能量相同时，金属的熔点、沸点、比热容、熔化热、气化热愈高，电蚀量将愈少，愈难加工；另一方面，热导率愈大，瞬时产生的热量容易传导到材料基体内部，也会降低放电点本身的蚀除量。

钨、钼、硬质合金等的熔点、沸点较高、所以难以蚀除；纯铜的熔点虽然比铁(钢)的低，但因导热性好，所以耐蚀性也比铁好；铝的导热系数虽然比铁(钢)的大好几倍，但其熔点较低，所以耐蚀性比铁(钢)差。石墨的熔点、沸点相当高，导热系数也不太低，故耐蚀性好，适合于制作电极。表2-2列出了几种常用材料的热学物理常数。

表2-2 常用材料的热学物理常数

热学物理常数	材料				
	铜	石墨	钢	钨	铝
熔点 T_r/℃	1083	3727	1535	3410	657
比热容 c/[J/(kg·K)]	393.56	1674.7	695.0	154.91	1004.8
熔化热 q_r/(J/kg)	179258.4	—	209340	159098.4	385185.6
沸点 T_f/℃	2595	4830	3000	5930	2450
气化热 q_q/(J/kg)	5304256.9	46054800	6290667	—	10894053.6
热导率 λ/[J/(cm·s·K)]	3.998	0.800	0.816	1.700	2.378
热扩散率 a/(cm^2·s)	1.179	0.217	0.150	0.568	0.920
密度 ρ/(g·cm^3)	8.9	2.2	7.9	19.3	2.54

3. 工作介质对电蚀量的影响

在电火花加工过程中，工作介质的作用是：被电离击穿后形成放电通道，并在放电结束后迅速恢复极间的绝缘状态；对放电通道产生压缩作用；帮助电蚀产物的抛出和排除；对电极、工件起到冷却作用，所以它对电蚀量也有较大的影响。介电性能好、密度和黏度大的工作液有利于压缩放电通道，提高放电的能量密度，强化电蚀产物的抛出效果；但黏度大，不利于电蚀产物的排出，影响正常放电。目前，电火花成形加工主要采用油类作为工作介质，粗加工时采用的脉冲能量大、加工间隙也较大、爆炸排屑抛出能力强，往往选用介电性能、黏度较大的机油，且机油的燃点较高，大能量加工时着火燃烧的可能性小；而在中、精加工时放电间隙比较小，排屑比较困难，故一般均选用黏度小、流动性好、渗透性好的煤油作为工作液。因此，综合考虑到实际加工的方便性，一般整个加工均采用火花油或煤油作为工作介质。

由于油类工作液有味、易燃烧，尤其在大能量粗加工时工作液高温分解产生的烟气很大，故寻找一种像水那样流动性好、不产生炭黑、不燃烧、无色无味、价廉的工作液一直是人们努力的目标。水的绝缘性能和黏度较低，在同样加工条件下，和煤油相比，水的放电间隙较大、对通道压缩作用差、蚀除量较少、易锈蚀机床，但经过选用各种添加剂，可以改善其性能。最新的研究结果表明，水基工作液加工时的蚀除速度可大大高于煤油，甚至接近切削加工，但在大面积精加工方面较煤油还有一定距离。而对于电火花线切割而言，低速单向走丝选用去离子水作为工作介质，而高速往复走丝则采用乳化液、水基工作液或复合工作液等水溶性工作介质。

4. 影响电蚀量的其他因素

影响电蚀量的还有其他一些因素。首先是加工过程的稳定性，加工过程不稳定将干扰以致破坏正常的火花放电，使有效脉冲利用率降低，加工深度、加工面积的增加或加工型面复杂程度的增加，都不利于电蚀产物的排出，会影响加工稳定性，降低加工速度，严重时将产生积碳拉弧，使加工难以进行。为了改善排屑条件，提高加工速度和防止拉弧，常采用强迫冲油和工具电极定时抬刀等措施。

如果加工面积较小，而采用的加工电流较大，也会使局部电蚀产物浓度过高，放电点不易分散转移，放电后的余热来不及扩散而积累，造成过热，形成电弧，破坏加工的稳定性。

2.3.3 蚀除(加工)速度和电极损耗的关系

电火花加工时，电极和工件同时遭到不同程度的电蚀，单位时间内工件的蚀除量称为蚀除(加工)速度，亦即生产率；单位时间内工具电极的蚀除量称为损耗速度。

1. 加工速度

电火花成形加工的加工速度一般采用体积加工速度 v_w(mm³/min)来表示，即单位时间被加工掉的体积

$$v_w=\frac{V}{t}$$

有时为了测量方便，也采用质量加工速度 v_m来表示，单位为 g/min。

提高加工速度的途径在于增加单个脉冲能量，提高脉冲频率，提高工艺系数，同时还应考虑这些因素间的相互制约关系和对其他工艺指标的影响。

单个脉冲能量的增加，即增大脉冲峰值电流和增加脉冲宽度可以提高加工速度，但同时会使表面粗糙度变坏并降低加工精度，因此一般只用于粗加工和半精加工的场合。

提高脉冲频率可有效地提高加工速度，但脉冲停歇时间过短，会使加工区放电通道内工作介质来不及消电离、不能及时排出电蚀产物及气泡以恢复其介电性能，因而易形成破坏性的稳定电弧放电，使电火花加工过程不能正常进行。

提高工艺系数的途径很多，如合理选用电极材料、电参数和工作液，改善工作液的循环过滤方式等，从而提高有效脉冲利用率，达到提高工艺系数的目的。

电火花成形加工速度分别为：粗加工(加工表面粗糙度为 Ra10～20μm)时可达 200～300mm³/min；半精加工(Ra2.5～10μm)时降低到 20～100mm³/min；精加工(Ra0.32～2.5μm)时一般都在 10mm³/min 以下。随着表面粗糙度值的减小，加工速度显著下降。加工速度与平均加工电流 I_e 有关，对于电火花成形加工，一般条件下，每安培平均加工电流的加工速度约为 10mm³/min。

2. 工具电极相对损耗速度和相对损耗比

在生产中用来衡量工具电极是否损耗，不只是看工具损耗速度 v_e，还要看同时能达到

的加工速度 v_w。因此，一般采用相对损耗或称损耗比 θ 作为衡量工具电极损耗的指标，即

$$\theta = \frac{v_e}{v_w} \times 100\%$$

式中的加工速度和损耗速度如均以 mm^3/min 为单位计算时，则 θ 为体积相对损耗比；如均以 g/min 为单位计算，则 θ 为质量相对损耗比。

为了降低工具电极的相对损耗，必须充分利用好电火花加工过程中的各种效应。这些效应主要包括极性效应、吸附效应、传热效应等，这些效应又相互影响、综合作用。

1）正确选择极性

一般来说，在短脉冲精加工时采用正极性加工(即工件接电源正极)，而长脉冲粗加工时则采用负极性加工。对不同脉冲宽度和加工极性的关系，试验得出了如图 2.17 所示的曲线。试验用的工具电极为 ϕ6mm 的纯铜，加工工件为钢，工作介质为煤油，矩形波脉冲电源，加工脉冲峰值电流为 10A。由图 2.17 可见，负极性加工时，纯铜电极的相对损耗比随脉冲宽度的增加而减少，当脉冲宽度大于 120μs 后，电极相对损耗比将小于 1%，可以实现低损耗加工。如果采用正极性加工，不论采用哪一档脉冲宽度，电极的相对损耗比都难以低于 10%。然而在脉宽小于 15μs 的窄脉宽范围内，正极性加工的工具电极相对损耗比小于负极性加工。

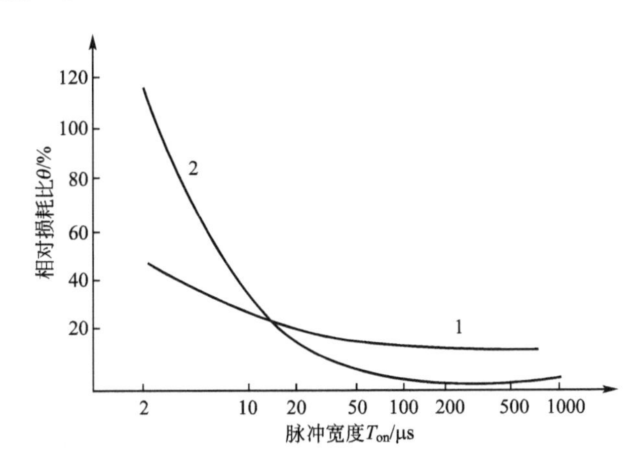

1—正极性加工；；2—负极性加工

图 2.17　电极相对损耗比与极性、脉宽的关系

2）利用吸附效应

用煤油之类的碳氢化合物做工作介质时，在放电过程中将发生热分解，而产生大量游离的碳微粒，还能和金属蚀除产物结合形成金属碳化物微粒，即胶团。胶团具有负电性，在电场作用下会向正极移动，并吸附在正极表面，形成一定强度和厚度的化学吸附碳层，通常称为炭黑膜。由于碳的熔点和气化点很高，可对电极起到保护和补偿作用。

由于炭黑膜只能在正极表面形成，因此，要利用炭黑膜的补偿作用实现电极的低损耗必须采用负极性加工。试验表明，当脉冲峰值电流、脉冲间隔一定时，炭黑膜厚度随脉宽的增加而增厚；而当脉宽和脉冲峰值电流一定时，炭黑膜厚度随脉冲间隔的增大而减薄。这是由于脉冲间隔加大，将引起放电间隙中介质消电离作用增强，胶粒扩散，放电通道分

散，电极表面温度降低，使“吸附效应”减少。反之，随着脉冲间隔的减少，电极损耗随之降低。但过小的脉冲间隔将使放电间隙来不及消电离和使电蚀产物扩散，容易造成拉弧烧伤。

影响“吸附效应”的除上述电参数外，还有冲、抽油的影响。采用强迫冲、抽油，有利于间隙内电蚀产物的排除，使加工稳定；但强迫冲、抽油会使吸附、镀覆效应减弱，因而增加了电极的损耗。所以，加工过程中采用冲、抽油时，应在稳定加工的前提下，注意控制其冲、抽油的压力，不使其过大。

3）利用传热效应

在放电初期限制脉冲电流的增长率(di/dt)对降低电极损耗是有利的，可使电流密度不至于太高，也就使电极表面温度不至于过高而遭受较大的损耗，脉冲电流增长率太高时，对在热冲击作用下易脆裂的工具电极(如石墨)的损耗，影响尤为显著。另外，由于一般采用的工具电极的导热性能比工件好，如果采用较大的脉冲宽度和较小的脉冲峰值电流进行加工，导热作用将使电极表面温度升高较低而损耗减少，而工件表面上温度仍较高而得到蚀除。

4）选用合适的电极材料

钨、钼的熔点和沸点较高，损耗小，但其机械加工性能不好，价格又贵，所以除电火花线切割用钨、钼丝外，其他电火花加工很少采用。纯铜的熔点虽较低，但其导热性好，因此损耗也较少，又方便制成各种精密、复杂的电极，常作为中、小型腔加工的工具电极。石墨电极不仅热学性能好，而且在长脉冲粗加工时能吸附游离的碳补偿电极的损耗，所以相对损耗很低，目前已广泛用作型腔加工的电极。铜碳、铜钨、银钨合金等复合材料，不仅导热性好，而且熔点高，因而电极损耗小，但由于其价格较贵，制造成形比较困难，所以一般只在精密电火花加工时采用。

上述诸因素对电极损耗的影响是综合作用的，应根据实际加工经验，进行必要的试验和调整。

2.3.4 影响电火花加工精度的主要因素

与传统的机械加工一样，机床本身的各种误差，以及工件和工具电极的定位、安装误差都会影响到加工精度，但是，电火花加工精度主要还是取决于与电火花加工工艺相关的因素。

影响加工精度的主要因素有：放电间隙的大小及其一致性；工具电极的损耗及其稳定性。

电火花加工时，工具电极与工件之间存在着一定的放电间隙，如果加工过程中放电间隙能保持不变，则可以通过修正工具电极的尺寸对放电间隙进行补偿，以获得较高的加工精度。然而，放电间隙的大小实际上是变化的，影响着加工精度。

除了间隙能否保持一致性外，间隙大小对加工精度也有影响，尤其是对复杂形状的加工表面。棱角部位电场强度分布不均，间隙越大，影响越严重。因此，为了减少加工误差，应该采用较小的加工规准，缩小放电间隙，这样不但能提高仿形精度，而且放电间隙越小，可能产生的间隙变化量也越小；另外，还必须尽可能使加工过程稳定。电参数对放电间隙的影响是非常显著的，精加工时的放电间隙一般只有0.01mm(单面)，而在粗加工时则达到0.5mm左右。

工具电极的损耗对尺寸精度和形状精度都有影响。电火花穿孔加工时，电极可以贯穿型孔而补偿电极的损耗，型腔加工时则无法采用这一方法，精密型腔加工时一般可采用更换电极的方法保障加工精度。

影响电火花加工形状精度的因素还有“二次放电”，二次放电是指在已加工表面上由于有电蚀产物的介入而再次进行的非正常放电，集中反映在加工深度方向产生斜度和加工棱角棱边变钝等方面。

加工过程中，由于工具电极下端部加工时间长，绝对损耗大，而电极入口处的放电间隙则由于电蚀产物的存在，“二次放电”的概率大而扩大，因而产生了如图 2.18 所示的加工斜度。

电火花加工时，工具电极的尖角或凹角很难精确地复制在工件上，这是因为当工具电极为凹角时，工件上对应的尖角处放电蚀除的机率大，容易遭受电蚀而成为圆角，如图 2.19(a)所示。当工具为尖角时，一是由于放电间隙的等距性，工件上只能加工出以尖角顶点为圆心、放电间隙为半径的圆弧；二是工具电极上的尖角本身因尖端放电蚀除的机率大而损耗成圆角，如图 2.19(b)所示。采用高频窄脉宽精加工，放电间隙小，圆角半径可以明显减少，因而提高了仿形精度，可以获得圆角半径小于 0.01mm 的尖棱，这对于加工精密小模数齿轮等冲模是很重要的。

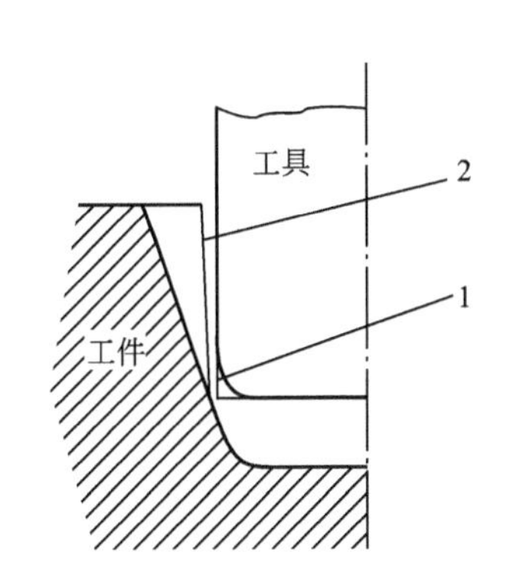

图 2.18 电火花加工时的加工斜度

1—电极无损耗时的工具轮廓线；2—电极有损耗而不考虑二次放电时的工件轮廓线

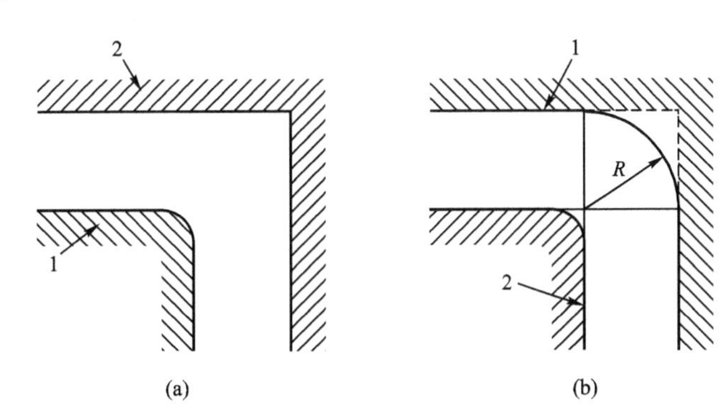

图 2.19 电火花加工时尖角变圆

1—工件；2—工具电极

目前，电火花加工的精度可达 0.01～0.05mm，在精密光整加工时可小于 0.005mm。

2.3.5 电火花加工的表面质量

电火花加工的表面质量主要包括表面粗糙度、表面变质层和表面机械性能三部分。

1. 表面粗糙度

电火花加工表面和机械加工的表面不同，它是由无方向性的无数放电凹坑和硬凸边叠加而成，有利于保存润滑油；而机械加工表面则存在着切削或磨削刀痕，具有方向性。两者相比，在相同的表面粗糙度和有润滑油的情况下，其表面的润滑性能和耐磨损性能均比机械加工表面好。

对表面粗糙度影响最大的因素是单个脉冲能量，因为脉冲能量大，每次脉冲放电的蚀除量也大，放电凹坑既大又深，从而使表面粗糙度恶化。

电火花穿孔、型腔加工的表面粗糙度可以分为底面粗糙度和侧面粗糙度，同一规准加工出来的侧面粗糙度因为有二次放电的修光作用，往往要稍好于底面的粗糙度。要获得更好的侧壁表面粗糙度，可以采用平动头或数控摇动工艺来修光。

电火花加工的表面粗糙度和加工速度之间存在着很大的矛盾，如从 $Ra2.5\mu m$ 提高到 $1.25\mu m$，加工速度要下降十多倍。为获得较好的表面粗糙度，需要采用很低的加工速度。因此，一般电火花加工到 $Ra2.5\sim1.25\mu m$ 后，通常采用研磨方法改善其表面粗糙度，这样比较经济。

工件材料对加工表面粗糙度也有影响，熔点高的材料(如硬质合金)，在相同能量下加工的表面粗糙度要比熔点低的材料(如钢)好。当然，加工速度会相应下降。

精加工时，工具电极的表面粗糙度也将影响到加工粗糙度。由于石墨电极很难加工到非常光滑的表面，因此用石墨电极的加工表面粗糙度较差。

虽然，影响表面粗糙度的因素主要是脉宽与脉冲峰值电流的乘积，亦即单个脉冲能量的大小。但实践中发现，即使单脉冲能量很小，但在电极面积较大时，Ra 也很难低于 $0.32\mu m$，而且加工面积愈大，可达到的最佳表面粗糙度愈差。这是因为在火花油介质工作中的工具电极和工件相当于电容器的两个极，具有“潜布电容”(寄生电容)，相当于在放电间隙上并联了一个电容器。当小能量的单个脉冲到达工具和工件时，由于能量太小，不能击穿介质形成放电，因此电能被此电容“吸收”，只能起“充电”作用而不会引起火花放电。只有当多个脉冲充电到较高的电压，积蓄了较多的电能后，才能引起介质击穿形成放电，此时的能量总释放将会加工出较大较深的放电凹坑。这种由于潜布电容使加工较大面积时表面粗糙度恶化的现象，称作“电容效应”。

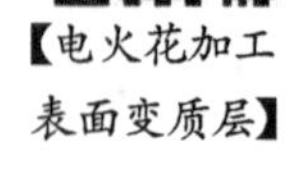

【电火花加工表面变质层】

2. 表面变质层

电火花加工过程中，在火花放电的瞬时高温和工作介质的快速冷却作用下，材料的表面层化学成分和组织结构会发生很大变化，其改变了的部分称为表面变质层，它又包括熔化层和热影响层，如图 2.20 所示。

1) 熔化层

熔化层处于工件表面最上层，被放电时的瞬时高温熔化后而又滞留下来，受工作介质快速冷却而凝固。对于碳钢，熔化层在金相照片上呈现白色，故又称为“白层”，它与基体金属完全不同，是一种晶粒细小的树枝状淬火铸造组织。

图 2.20　电火花加工表面变质层

1—熔化层；2—热影响层；3—基体金属

2) 热影响层

热影响层处于熔化层和基体之间。热影响层的金属材料并没有熔化，只是受到高温的影响，使材料的金相组织发生了变化。对淬火钢，热影响层包括再淬火区、高温回火区和低温回火区；对未淬火钢，热影响层主要为淬火区。因此，淬火钢的热影响层厚度比未淬火钢厚。

熔化层和热影响层的厚度随着脉冲能量的增加而加厚，一般变质层厚度有几十微米。

3) 显微裂纹

电火花加工表面由于受到瞬时高温作用并迅速冷却而产生拉应力，往往出现显微裂纹。实验表明，一般裂纹仅在熔化层内出现，只有在脉冲能量很大的情况下(粗加工时)才有可能扩展到热影响层。

脉冲能量对显微裂纹的影响是非常明显的，能量越大，显微裂纹越宽越深。不同工件材料对裂纹的敏感性也不同，硬脆材料更容易产生裂纹。工件预先的热处理状态对裂纹产生的影响也很明显，加工淬火材料要比加工淬火后回火或退火的材料容易产生裂纹，因为淬火材料脆硬，原始内应力也较大。

3. 表面机械性能

1）显微硬度及耐磨性

电火花加工后表面层的硬度一般均比较高，但对某些淬火钢，也可能稍低于基体硬度。对未淬火钢，特别是含碳量低的钢，热影响层的硬度都比基体材料高；对淬火钢，热影响层中的再淬火区硬度稍高或接近于基体硬度，而回火区的硬度比基体低，高温回火区又比低温回火区的硬度低。因此，一般情况，电火花加工表面最外层的硬度比较高，耐磨性好。但对于滚动摩擦，由于是交变载荷，特别对于干摩擦，则因熔化凝固层和基体的结合不牢固，容易剥落而加快磨损。所以，有些要求高的模具需把电火花加工后的表面变质层研磨掉。

2）残余应力

电火花加工表面存在着由于瞬时先热胀后冷缩作用而形成的残余应力，而且大部分表现为拉应力。残余应力的大小和分布，主要和材料在加工前的热处理状态及加工时的脉冲能量有关。因此，对表面层要求质量较高的工件，应尽量避免使用较大的放电加工规准加工。

3）抗耐疲劳性能

电火花加工表面存在着较大的拉应力，还可能存在显微裂纹，因此其抗耐疲劳性能比机械加工的表面低许多倍。采用回火、喷丸处理等有助于降低残余应力，或使残余拉应力转变为压应力，从而提高其抗耐疲劳性能。

【大型电火花成形加工机床在汽车模具上的应用】

试验表明，当表面粗糙度值在 $Ra0.32\sim0.08\mu m$ 时，电火花加工表面的抗疲劳性能将与机械加工表面相近。这是因为电火花精微加工表面所使用的加工规准很小，熔化凝固层和热影响层均非常薄，不易出现显微裂纹，而且表面的残余拉应力也较小。

【台式小型电火花成形机】

2.4 电火花成形加工机床

【小马拉大车——便携式电火花加工机在超大型零件加工中的应用】

2.4.1 电火花成形加工机床的结构及组成

电火花成形加工设备一般由机床主机、脉冲电源、控制系统三部分组成。机床本体的作用是使电极与工件的相对运动保持一定的精度，并通过工作液循环过滤系统强化蚀除产物的排除，使加工正常进行，其主要由床身、立柱、主轴头、工作台及工作液槽等部分组成；脉冲电源的作用是为电火花成形加工提供放电能量；控制系统的作用是控制机床按指令运动、控制脉冲电源的各项参数及监控加工状态等，最典型的C型结构机床组成如图2.21所示。C型结构适合中、小型机床采用，此外还有龙门式结构、滑枕式结构、摇臂式结构、台式结构、便携式结构等。随着模具制造业的发展，目前已有各种结构形式的三轴(或多于三轴)数控电火花成形加工机床及带工具电极库按程序自动更换电极的电火花加工中心。

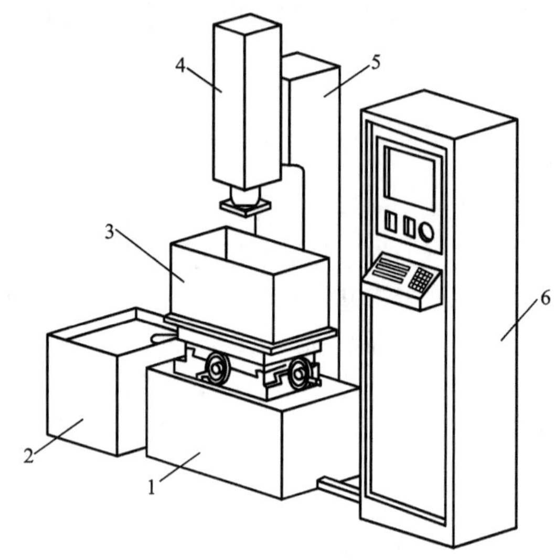

图2.21　电火花成形机床主要组成

1—床身；2—工作液箱；3—工作台及工作液槽；4—主轴头；5—立柱；6—控制柜

2.4.2　电火花成形机床主机各部分的结构及其作用

电火花成形机床主机是由床身、立柱、主轴头、工作台、工作液槽等组成。

下面以比较流行的C型三轴数控电火花成形加工机床主机为例介绍各部分的结构。

1. 床身、立柱及数控轴

床身、立柱是基础结构件(图2.22中的1、2)，其作用是保证电极与工作台、工件之间的相互位置，立柱上承载的横向(X)、纵向(Y)及垂直方向(Z)轴(图2.22中的3、4、5)的运动对加工精度起到至关重要的作用。这种C型结构使得机床的稳定性、精度保持性、刚性及承载能力较高。

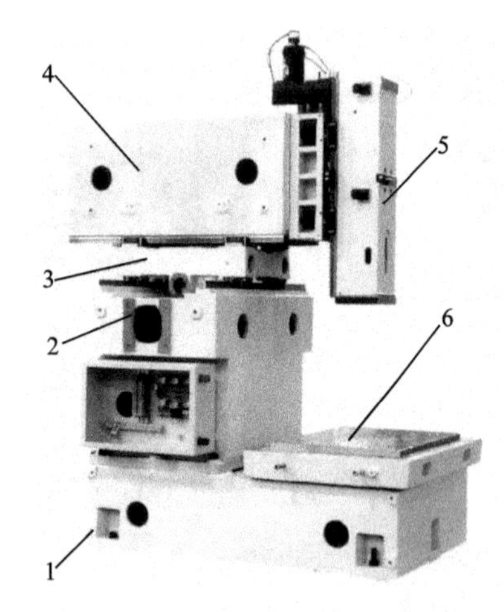

图2.22　C型三轴数控电火花成形加工机床主机

1—床身；2—立柱；3—X拖板；4—Y拖板；5—主轴头；6—固定工作台

2. 工作台

固定工作台(图2.22中的6)结构使工件及工作液的重量对加工过程没有影响，加工更加稳定，同时方便大型工件的安装固定及操作者的观察。

目前数控电火花成形加工机床均采用精密滚珠丝杠、滚动直线导轨和高性能伺服电机等部件及结构，以满足精密模具的加工要求。

X、Y轴的伺服进给一般采用伺服电机(或手轮)

通过联轴器带动丝杠转动，进而带动螺母及拖板移动。双向推力球轴承和单列向心球轴承起支撑和消除反向间隙的作用，丝杠副多采用消间隙结构，其传动原理如图 2.23 所示。也有伺服进给运动由伺服电动机经同步带带动同步带轮减速，再带动丝杠副转动的。

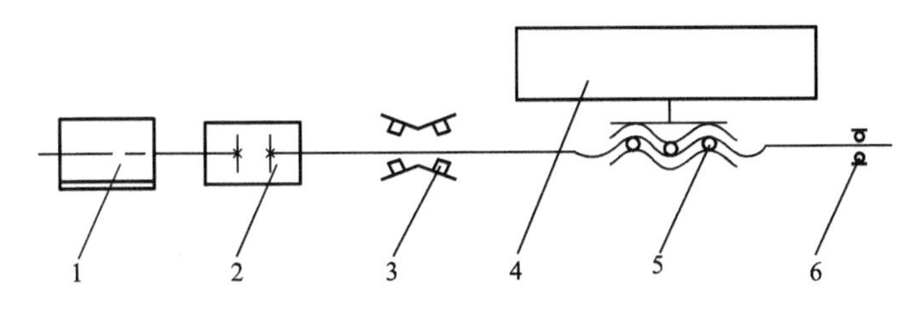

图 2.23 *X*、*Y* 轴方向的传动系统原理示意图

1—伺服电动机(或手轮)；2—联轴器；3—双向推力球轴承；
4—中拖板(*Y* 向为上拖板)；5—丝杠副；6—单列向心球轴承

精密机床工作台的传动部分采用精密滚珠丝杠来实现，导向部分采用两根承载大、刚度高的滚动直线导轨来实现，安装形式如图 2.24 所示。

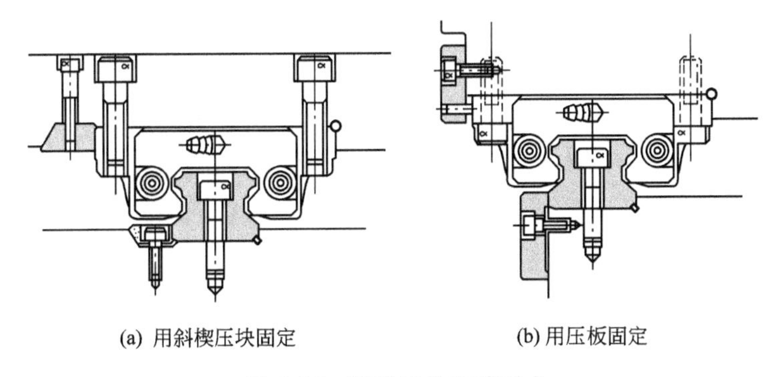

(a) 用斜楔压块固定　　(b) 用压板固定

图 2.24 滚动导轨安装形式

3. 主轴头

主轴头是电火花成形加工机床的一个最为关键的部件，可实现上、下方向的 *Z* 轴运动。主轴头由伺服进给机构、导向和防扭机构、辅助机构三部分组成。它控制工件与工具电极之间的放电间隙。

主轴头的好坏直接影响加工的工艺指标，如加工效率、几何精度以及表面粗糙度。

主轴头的伺服进给一般采用伺服电动机经同步带带动齿轮减速，再带动丝杠副转动，进而驱动主轴作上下(*Z* 向)移动，结构如图 2.25 所示。其导向和防扭是由矩形贴塑导轨或“平—V”形贴塑导轨构成，导轨结合面应施加一定的预紧力以消除间隙，保证运动精度。结构如图 2.26 所示。

主轴伺服电动机内应装有抱闸装置。通电时，抱闸松开，主轴头可以实现伺服控制；断电时，抱闸吸合，主轴锁定。

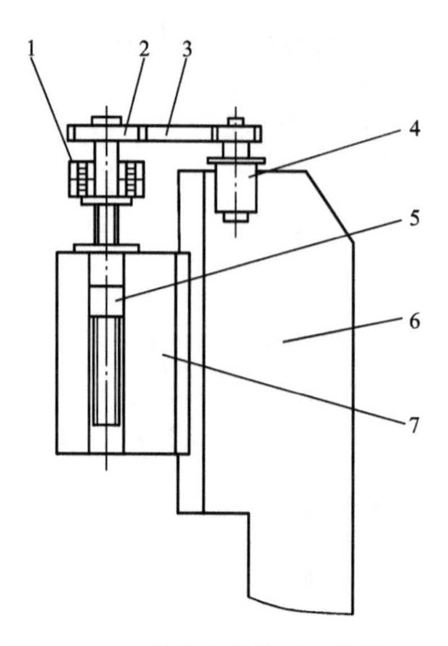

图 2.25 *Z* 轴方向的传动系统原理图

1—双向推力球轴承；2—带轮；3—同步带；4—伺服电动机；
5—丝杠副；6—立柱；7—主轴头

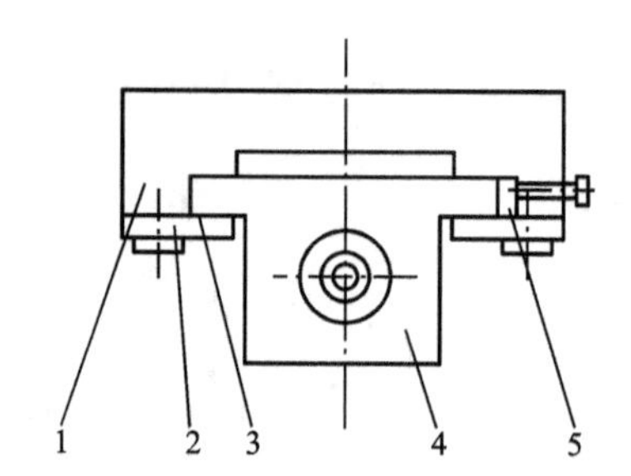

图 2.26 导向和防扭结构示意图

1—立柱；2—压板；3—矩形贴塑导轨；
4—主轴体；5—调整块

4. 工作液循环及过滤系统

工作液循环系统一般包括工作液箱、电动机、泵、过滤器、管道、阀、仪表等。工作液箱可以放入机床内部成为一体，也可以与机床分开，单独放置。

对工作液进行强迫循环，是加速电蚀产物的排除、改善极间加工状态的有效手段。工作液循环系统原理如图 2.27 所示。

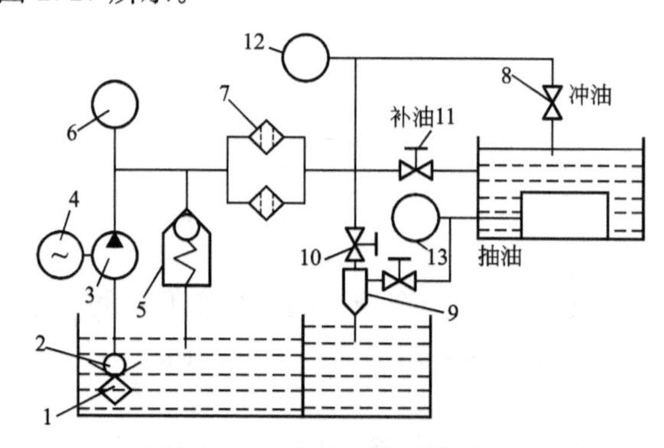

图 2.27 工作液循环系统原理图

1—粗过滤器；2—单向阀；3—涡旋泵；4—电动机；5—安全阀；6—压力表；
7—精过滤；8—压力调节阀；9 —射油抽吸管；10—冲油选择阀；
11—快速进油控制阀；12—冲油压力表；13—抽油压力表

【直线电动机驱动电火花加工】

5. 直线电动机结构

直线电动机原理如图 2.28 所示，直线电动机是将传统圆筒型电动机的初级展开拉直，变初级的封闭磁场为开放磁场，而旋转电动机的定子部分则变为直线电动机的初级，旋转电动机的转子部分变为直线电动机的次级。在电动机的三相绕组中通入三相对称正弦电流后，在初级和次级间产生气隙磁场，气隙磁场的分布情况与旋转电动机相似，沿展开的直线方向呈正弦分布。当三相电流随时间变化时，使气隙磁场按定向相序沿直线移动，这个气隙磁场称为行波磁场。当次级的感应电流和气隙磁场相互作用时便产生了电磁推力，如果初级是固定不动的，次级就能沿着行波磁场运动的方向做直线运动。把直线电动机的初级和次级分别直接安装在机床的工作台与床身上，即可实现直线电动机直接驱动工作台的进给方式。由于这种进给传动方式的传动链缩短为零，被称为机床进给系统的“零传动”。图 2.29 为采用直线电动机的主轴头及驱动轴结构示意图，其中主轴头是由直线电动机的陶瓷溜板(主轴)、电枢线圈、永久磁铁构成执行机构；由平衡汽缸、直线滚动导轨构成导向和防扭机构；由光栅尺进行位置检测，并输出检测信号；还配有冷却系统，以减少因热变形而造成的精度误差。

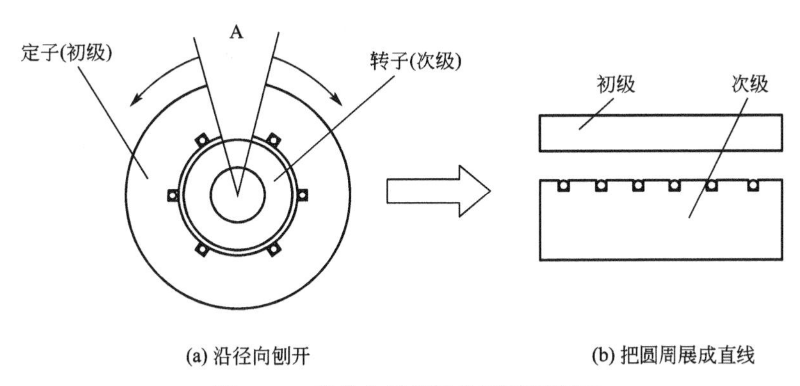

图 2.28 直线电动机结构原理示意图

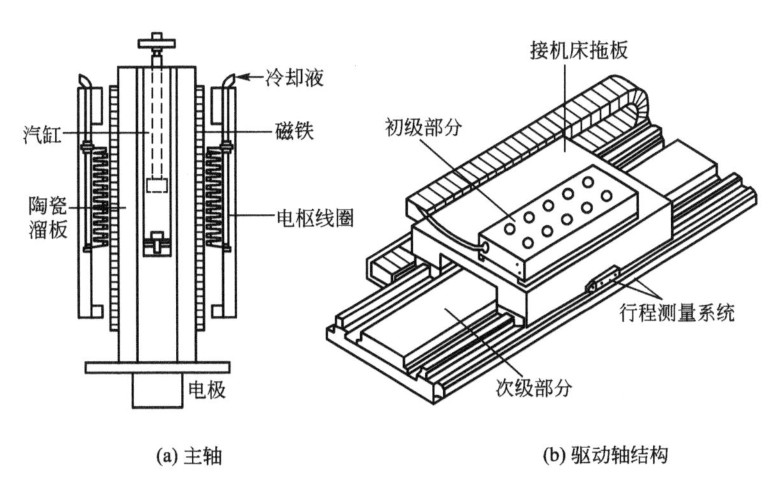

图 2.29 采用直线电动机的主轴头结构及驱动轴示意图

普通旋转电动机伺服方式是通过编码器的信号来控制位置和速度，同时，还必须采用滚珠丝杠把旋转运动转换成直线运动。另外，还要通过检测放电间隙的电压来保持一定的加工电压。由于放电间隙极小，只有几微米至几十微米，所以主轴的往复运动很容易受到传动间隙误差的影响，如图 2.30(a)所示。而直线电动机，由于电动机本身就是一个直接的驱动体，所以光栅尺的信号能直接传递到电动机上，无间隙的影响。而且，由于工具电极能直接安装在电动机的主体上，因此可以把两者的动作视为一个整体。即使把放电间隙电压加在反馈系统上也能达到良好的跟踪性，并能实现高速、高响应性以及高稳定的加工，如图 2.30(b)所示。

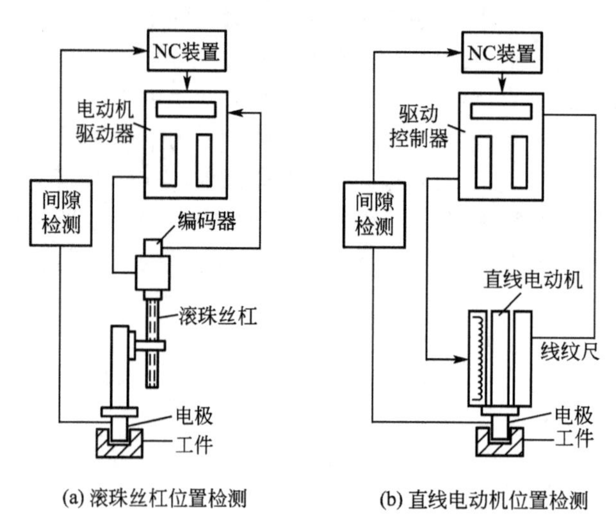

(a) 滚珠丝杠位置检测　　(b) 直线电动机位置检测

图 2.30　伺服电动机及直线电动机驱动位置检测对比

直线电动机最大的优点，首先是避免了把旋转变换成直线进给的滚珠丝杆所引起的诸多问题(如间隙等)；其次就是传递效率较高，在电动机驱动系统中驱动滚珠丝杠与电动机本身的旋转运动中，因有摩擦阻力而使能量损失，而直线电动机加速所需要的电能，能全部被转换成动能。

2.4.3　脉冲电源

电火花加工脉冲电源的作用是在电火花加工过程中提供能量。它的功能是把工频正弦交流电转变为适应电火花加工需要的脉冲电源。脉冲电源输出的各种电参数对电火花加工的加工速度、表面粗糙度、工具电极损耗及加工精度等各项工艺指标都具有重要的影响。

1. 对脉冲电源的要求及其分类

1) 要求

为在电火花加工中做到高效低耗、稳定可靠和兼作粗精加工之用，一般对脉冲电源有以下要求。

(1) 脉冲电压波形的前后沿应该很陡，即脉冲电流及脉冲能量的变化较小，减小因电极间隙的变化或极间介质污染程度等引起工艺过程的波动。

(2) 脉冲是单向的，即没有负半波或负半波很小，这样才能最大限度地利用极性效应，实现高效低耗的加工。

(3) 脉冲电流的主要参数如脉冲峰值电流、脉冲宽度、脉冲间隔等应能在很宽的范围内调节，以满足粗、中、精加工的不同要求。

(4) 工作稳定可靠，操作维修方便，成本低，寿命长，体积小。

2）分类

脉冲电源可以按构成脉冲电源的主要元件、输出脉冲电源波形、受间隙状态影响和工作回路数目等进行分类。

(1) 按主要元件分类，包括弛张式脉冲电源、电子管式脉冲电源、闸流管式脉冲电源、脉冲发电机式脉冲电源、可控硅式脉冲电源和晶体管式脉冲电源。

(2) 按输出波形分类，包括矩形波脉冲电源、矩形波派生脉冲电源和非矩形波脉冲电源(如正弦波、三角波等)。

(3) 按受间隙状态影响分类，包括非独立式脉冲电源、独立式脉冲电源和半独立式脉冲电源。

(4) 按工作回路数目分类，包括单回路脉冲电源和多回路脉冲电源。

2. 弛张式脉冲电源

这类脉冲电源的工作原理是利用电容器充电存储电能，而后瞬时放出，形成火花放电来蚀除金属。因为电容器时而充电，时而放电，一弛一张，故称“弛张式”脉冲电源。

RC 线路是弛张式脉冲电源中最简单最基本的一种，图 2.31 是其工作原理图。该 *RC* 电路由两个回路组成：一个是充电回路，由直流电源 *U*、充电电阻 *R*(可调节充电速度，同时限流以防电流过大及转变为电弧放电，故又称为限流电阻)和电容器 *C*(储能元件)所组成；另一个回路是放电回路，由电容器 *C*、工具电极和工件及其间的放电间隙组成。

当直流电源接通后，电流经限流电阻只向电容 *C* 充电，电容 *C* 两端的电压按指数曲线逐步上升，因为电容两端的电压为工具电极和工件间隙两端的电压，因此当电容 *C* 两端的电压 U_C 上升到等于工具电极和工件间隙的击穿电压 U_d 时，间隙就被击穿，此时极间电阻变得很小，电容器上储存的能量瞬时放出，形成较大的脉冲电流，如图 2.32 所示。电容上的能量释放后，电压下降到接近于零，间隙中的工作液又迅速恢复绝缘状态。此后电容器再次充电，又重复前述过程。

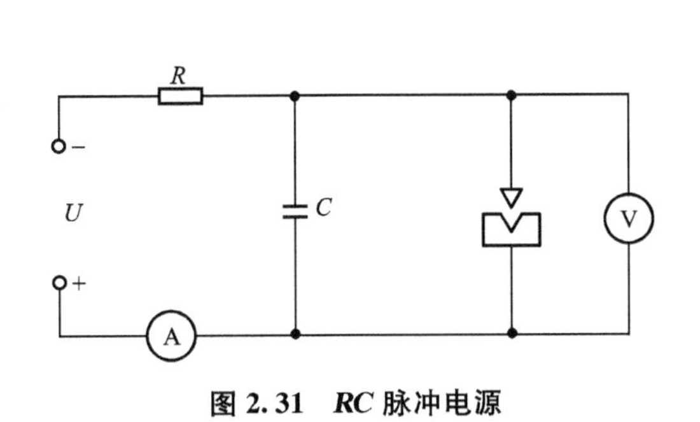

图 2.31　*RC* 脉冲电源

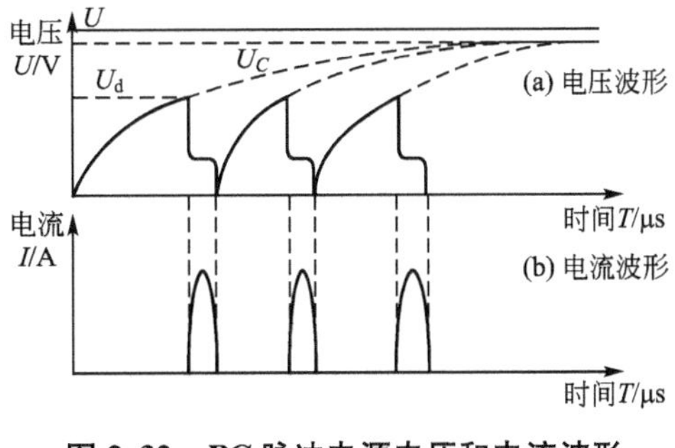

图 2.32　*RC* 脉冲电源电压和电流波形

如果间隙过大，则电容器上的电压 U_C 按指数曲线上升到接近直流电源电压 *U*。

弛张式脉冲电源是电火花加工中使用最早、结构最简单的脉冲电源。充放电回路的阻抗可以是电阻 *R*、电感 *L*、非线性元件(二极管)及其组合。除最基本的 *RC* 电路外，还包括 *RLC*、*RLCL*、*RLC*－*LC* 电路形式。其优点是加工精度高、加工表面光洁、工作可靠、装置简单、操作维修方便等；其缺点是脉冲参数受到间隙状态制约，故被称为非独立式脉冲电源，它加工速度低，工具电极损耗大。

3. 晶闸管脉冲电源

晶闸管元件具有功率大、效率高、有较好的频率特性、承受电压和电流冲击的性能强等特点。因此，晶闸管脉冲电源具有电参数调节范围大、功率大、过载能力强等优点。尤其是因晶闸管元件的耐压高，允许在回路中使用电感，因此晶闸管脉冲电源的回路电流上升率低，非常有利于提高石墨电极材料的电火花成形加工性能。晶闸管脉冲电源在中、大型电火花加工设备中应用甚为广泛。

晶闸管脉冲电源的缺点是高频性能仍不如晶体管脉冲电源。在直流逆变式的晶闸管脉冲电路中，晶闸管元件的关断及关断的可靠性是制作和使用时较为复杂和困难的问题。

4. 晶体管脉冲电源

晶体管式脉冲电源的输出功率及生产率不易做到像晶闸管式脉冲电源那样大，但它具有脉冲频率高、脉冲参数可调范围广、脉冲波形也易于调整、并易于实现多回路加工和自适应控制，所以应用范围非常广泛。特别是在中小型脉冲电源中几乎都采用晶体管式脉冲电源。

晶体管式脉冲电源是利用功率晶体管作为开关元件而获得单向脉冲电流。晶体管式脉冲电源的线路也较多，但其主要部分都是由主振级、前置放大、功率输出和直流电源等几部分组成。图 2.33 所示为晶体管式脉冲电源工作原理。主振级是脉冲电源的主要组成部分，用以产生脉冲信号，电源的参数(如脉冲宽度、间隔、频率等)可用它来调节。主振级输出的脉冲信号比较弱，不能直接推动末级功率管，因此要用前置放大级将主振级产生的脉冲信号放大，最后推动末级功率管导通或截止。为了加大功率，常采用多管分路并联输出的方法来提高输出功率，在精加工时，可只用其中一或二路输出。

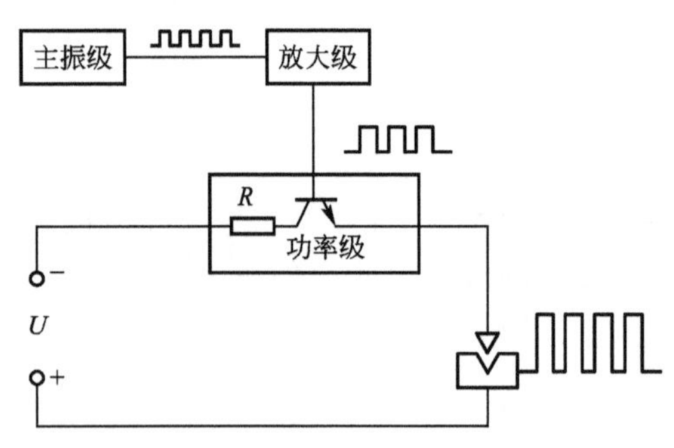

图 2.33　晶体管式脉冲电源工作原理

随着电火花加工技术的发展，为进一步提高有效脉冲利用率，达到高速、低耗、稳定加工以及一些特殊需要，在晶体管式脉冲电源的基础上，派生出不少新型电源和线路，如高、低压复合脉冲电源，多回路脉冲电源及多功能脉冲电源等。

5. 高低压复合脉冲电源

高低压复合回路脉冲电源示意如图 2.34 所示。放电间隙并联两个供电回路：一个为高压脉冲回路，其脉冲电压较高(300V 左右)，平均电流很小，主要起击穿间隙的作用；另一个为低压脉冲回路，其脉冲电压比较低(60～80V)，电流比较大，起着蚀除金属的作

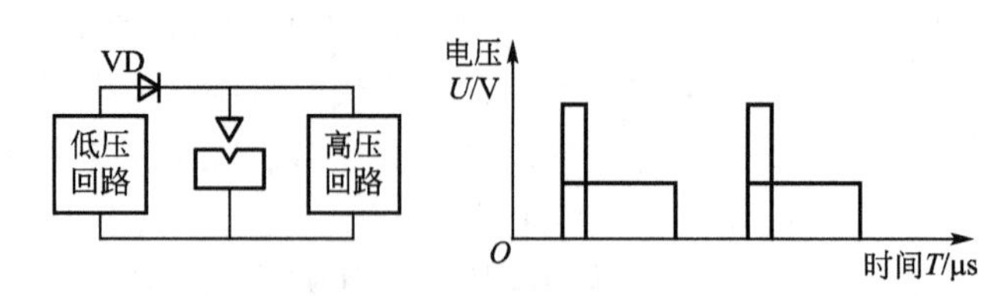

图 2.34　高低压复合脉冲电源

用，所以称为加工回路。二极管VD用于阻止高压脉冲进入低压回路。高低压复合大大提高了脉冲的击穿率和利用率，并使放电间隙变大，排屑良好，加工稳定，在“钢打钢”时显出很大的优越性。

6. 多回路脉冲电源

多回路脉冲电源即在加工电源的功率级并联分割出相互隔离绝缘的多个输出端，可以同时供给多个回路进行放电加工。这样不依靠增大单个脉冲放电能量，即不使表面粗糙度值变大而可以提高生产率，适用于大面积、多工具和多孔加工，如图2.35所示。

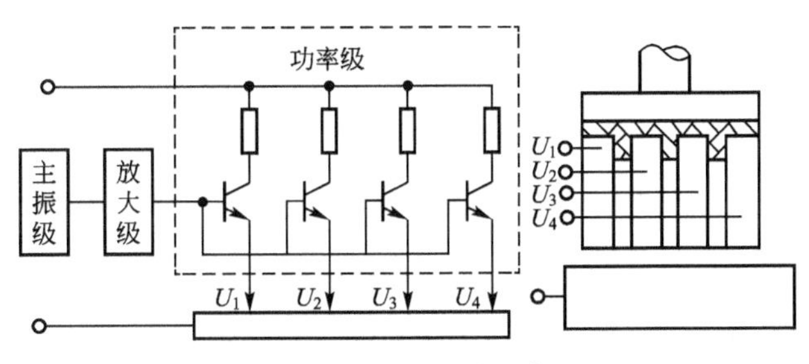

图2.35 多回路脉冲电源

多回路电源总的生产率并不与回路数目完全成正比，因为当某一回路放电间隙短路时，电极回升，全部回路都得停止工作。因此，回路数必须选取得当，一般常采用2～4个回路，加工越稳定，回路数可取得越多。多回路脉冲电源中，同样还可采用高低压复合脉冲电流。

7. 等能脉冲电源

等能脉冲电源是指每个脉冲在介质击穿后所释放的单个脉冲能量相等。对于矩形波脉冲电流来说，由于每次放电的电流幅值基本相同，也即意味着每个脉冲放电电流持续时间相等。等能脉冲电源能自动保持脉冲电流宽度相等，用相同的脉冲能量进行加工，从而可以在保证一定表面粗糙度的情况下，提高加工速度。

获得等脉冲电流宽度的方法，通常是在间隙加上直流电压后，利用火花击穿信号(击穿后电压突然降低)来控制脉冲电源主振级中的延时电路，令其开始延时，并以此作为脉冲电流的起始时间。延时结束后，发出信号关断导通着的功率管，使其中断脉冲输出，切断火花通道，从而完成一次脉冲放电。经过一定的脉冲间隔，发出下一个信号使功率管导通，开始第二个脉冲周期，这样所获得的极间放电电压和电流波形如图2.36所示，每次的脉冲电流宽度都相等，而电压脉宽则不一定相等。

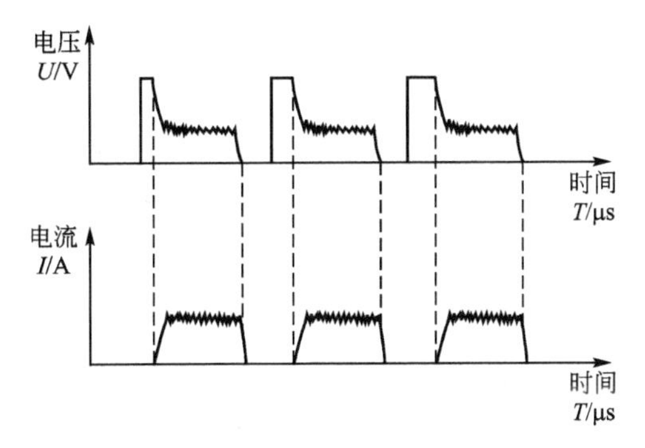

图2.36 等能脉冲电源电压和电流波形

其他派生的电源还有高频分组脉冲电源、梳形波脉冲电源等，对进一步提高加工速度和加工精度、改善加工表面完整性、降低电极损耗、扩大工艺应用范围等方面均起到了很好的作用。

随着新技术的不断出现，电火花加工的脉

冲电源系统也在不断地创新和完善。同时，为了满足自动化加工的需要，已将自适应控制(Adaptive Control，AC)系统引入脉冲电源。自适应控制系统在加工过程中可连续地检测电火花加工状态，根据预先设定的优化自适应控制(ACO)或约束自适应控制(ACC)模式，自动地调节有关的脉冲参数，保持理想的工作状态。

此外，模糊控制(Fuzzy Control)技术也已用于脉冲电源系统，可以控制更复杂的加工过程。

2.4.4 自动进给机构

为了维持适宜的放电条件，在加工过程中，电极与工件之间的间隙必须保持在很小的变化范围内。如间隙过大，则不易击穿，形成开路；如间隙过小，又会引起拉弧烧伤或短路。

为保持恒定的间隙，电极的进给速度应与该方向上材料的蚀除速度相等。由于材料的蚀除速度常受加工面积、排屑、排气条件等的影响而不可能为定值，因此采用恒速进给系统是不合适的，必须通过自动进给调节机构来控制电极的进给。

自动进给调节系统的任务在于维持一定的“平均”放电间隙 S，保证电火花加工正常而稳定地进行，以获得较好的加工效果。

和其他任何一个完善的调节装置一样，放电加工用的自动调节进给装置也是由测量环节、比较环节、信号放大环节和执行环节组成的。图 2.37 所示为自动进给调节系统基本组成的方框图。实际上根据放电加工机床的完善程度，其组成部分可能略有增减。

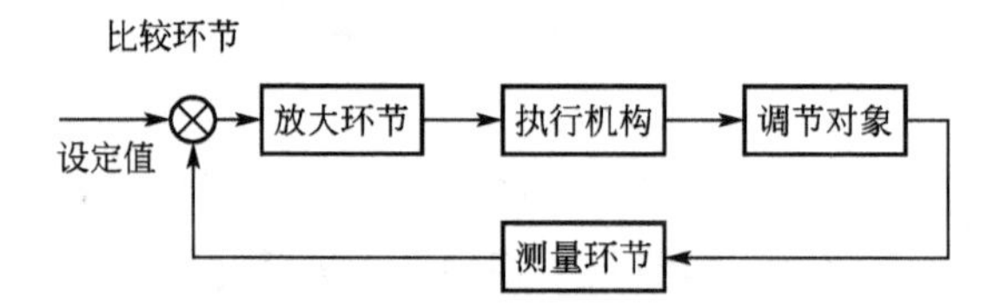

图 2.37 自动进给调节系统基本组成的方框图

1. 测量环节

由于放电加工过程的放电间隙很小，而且在不断地变化，所以直接测量间隙值是很困难的。但放电间隙的大小和放电电压(或电流之间)有一定的内在联系，可以测量这些电参数来间接测量间隙值的大小和变化。

具体的测量环节可按电极间隙的电压、电流或电压及电流这三种方式取得信号其本质是相同的。例如，当放电间隙由零变大时，电压信号也由零变大，而电流信号由大变零，且两者变化相位相反。当取电压及电流双信号时，可以获得多一倍的信号源，且可以取长补短，更真实地反映间隙状态的变化，常用的放电状态检测方法有如下两种。

1) 平均间隙电压测量法

如图 2.38(a)所示，图中间隙电压经电阻 R_1，由电容器 C 充电滤波后，成为平均值，又经电位器 R_2分压取其一部分，输出的 U 即为表征间隙平均电压的信号。图中充电时间常数 R_1C 应略大于放电时间常数 R_2C。图 2.38(b)所示为带整流桥的检测电路，其优点是工具电极、工件的极性变换不会影响输出信号 U 的极性。

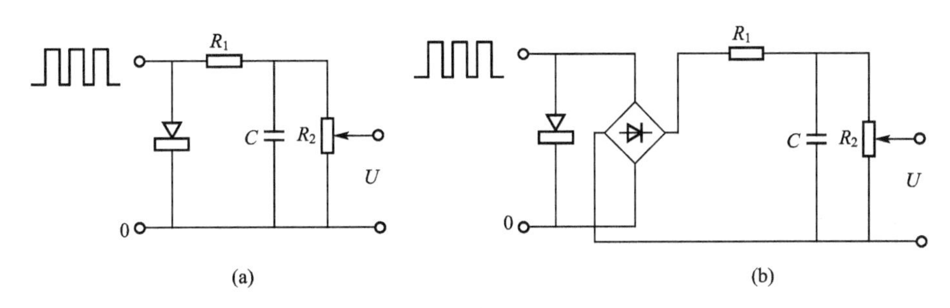

图 2.38 平均间隙电压检测电路

2）利用稳压管来测量脉冲电压的峰值信号

如图 2.39 所示，图中的稳压管选用 30～40V 的稳压值，它能阻止和滤除比其稳压值低的火花维持电压(约 25V)，只有当间隙上出现大于 30～40V 的空载、峰值电压时，才能通过 VS 及二极管 VD，向电容器 C 充电，滤波后经电阻 R 及电位器分压输出。此电路突出了空载峰值电压的控制作用，常用于需加工稳定，尽量减少短路率，宁可欠进给的场合。

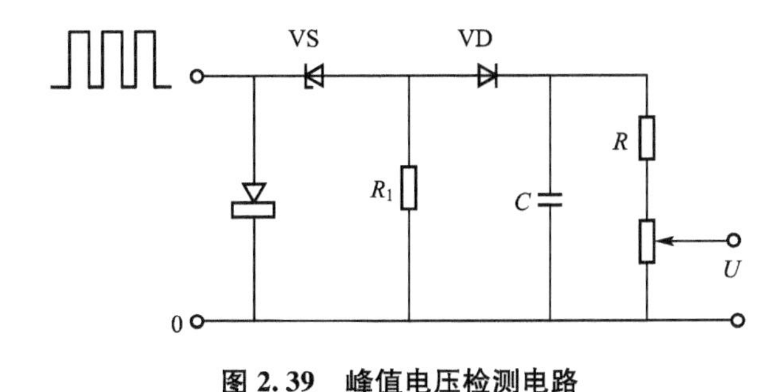

图 2.39 峰值电压检测电路

2. 比较环节

比较环节用于根据“设定值”来调节进给速度，以适应粗、中、精不同的加工规准。实质上是把从测量环节得来的信号和“设定值”的信号进行比较，再按此差值来控制加工过程。大多数比较环节包含或合并在测量环节之中。

3. 放大驱动器

由测量环节获得的信号，一般都很小，难于驱动执行元件，必须要有一个放大环节，通常称它为放大器。为了获得足够的驱动功率，放大器要有一定的放大倍数，但若放大倍数过高，将会使系统产生过大的超调，即出现自激现象，使工具电极时进时退，调节不稳定。

4. 执行环节

执行环节也称执行机构，它根据控制信号的大小及时地调节工具电极的进给量，以保持合适的放电间隙，从而保证电火花加工正常进行。目前，电火花加工自动进给调节系统的执行机构的种类很多，大致可分为以下几种。

(1) 电液压式(喷嘴-挡板式)：企业中仍有应用，但已停止生产。

(2) 步进电动机：价廉，调速性能稍差，用于中小型电火花成形加工机床及数控电火花线切割机床。

(3) 宽调速力矩电动机：价高，调速性能好，用于高性能电火花成形加工机床。

(4) 直流伺服电动机：用于大多数电火花成形加工机床。

(5) 交流伺服电动机：无电刷，力矩大，寿命长，用于大、中型电火花成形加工机床。

随着数控技术的发展，国内外的高档电火花加工机床均采用了高性能直流或交流伺服电动机，并采用直接拖动丝杠的传动方式，再配以光电编码盘、光栅、磁尺等作为位置检测环节，因而大大提高了机床的进给精度、性能和自动化程度。

5. 调节对象

调节对象是指工具电极与工件间的放电间隙，应控制在 0.1～0.01mm。

2.4.5 伺服控制系统的类型

1. 直流、交流伺服电动机伺服控制系统

1) 半闭环直流、交流伺服电动机位置伺服系统

半闭环位置伺服系统的位置检测器与伺服电动机同轴相连，可通过它直接测出电动机轴旋转的角位移，进而推知当前执行机械(如机床工作台)的实际位置。由于位置检测器不是直接装在执行机械上，位置闭环只能控制到电动机轴为止，所以被称为半闭环。数控机床进给驱动最常用的半闭环位置伺服系统，如图 2.40 所示。半闭环位置伺服系统中一般采用伺服电动机(交流伺服电动机或直流伺服电动机)作执行元件，与普通电动机相比，它具有调速范围宽和短时输出力矩大的特点。这样，系统设计时不必再为保证低速性能和增大力矩而使用减速齿轮，可将电动机轴与丝杠(一般采用滚珠丝杠)直接连接，使传动链误差和非线性误差(齿轮间隙)大大减小，在机床导轨几何精度和润滑良好时，一般可以达到微米数量级的位置控制精度。另外，系统还可以采用节距误差补偿和间隙补偿的方法来提高控制精度。因此，这种结构是当前国内外数控机床进给驱动位置伺服系统中最普遍采用的方案。

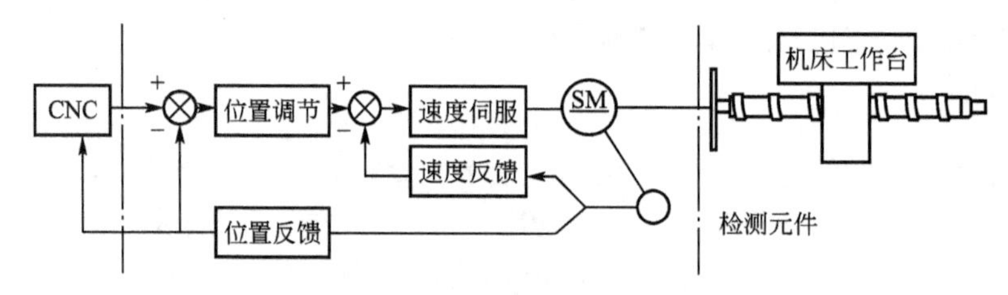

图 2.40 半闭环位置伺服系统

2) 全闭环位置伺服系统

全闭环位置伺服系统典型构成方法如图 2.41 所示。它将位置检测器件直接安装在机床工作台上，从而可以获取工作台实际位置的精确信息，通过反馈闭环实现高精度的位置控制。理论上，这是一种最理想的位置伺服控制方案。

3) 直线电动机伺服控制系统

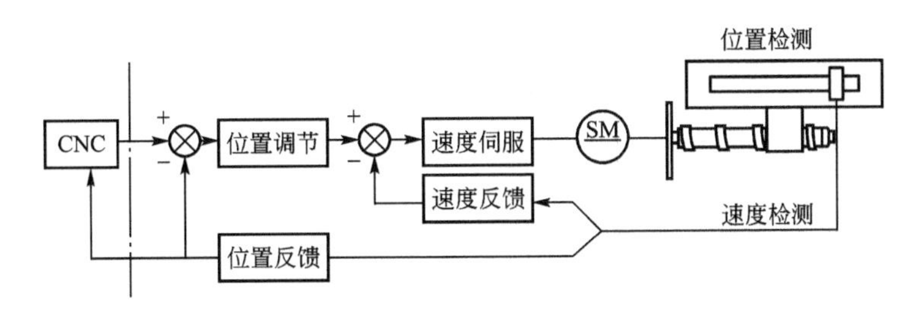

图 2.41 全闭环位置伺服系统典型构成示意

电火花成形机床的伺服驱动经历了电液压伺服、力矩电动机、步进电动机、直流电动机和交流电动机的发展。就在交流电动机细分取得成功，并且大量代替步进电动机和直流电动机的伺服、驱动应用于数控机床时，又出现了直线电动机及伺服、驱动技术。直线电动机首先被应用在高速铣床上，进给速度最高可达 75m/min，加速度可达 1.5g。在电火花机床上，直线电动机的最高移动速度为 36m/min，最大加速度为 1.2g，额定力矩 1000N，瞬时最大力矩 3000N。

在旋转电动机方式下，由于电动机、编码器、联轴器、丝杠螺母、工作台的传动链较长，因而存在滞后问题，使其刚性和响应速度不能达到理想状态。

在直线电动机方式下，把电动机直接安装在工作台上作为一个整体，直接做直线运动，光栅尺安装在电动机上，即直接安装在工作台上；同样主轴头上的电极也直接安装在电动机上，可以实现和电动机一同动作。这样，使伺服系统的跟踪性能得到提高，能实现高速度、快响应。

2. 双向伺服控制系统

加工对开模时，需要工具电极既能做向下又能做向上的伺服进给功能，如图 2.42(a)所示。有时还需要在型腔模的两个侧壁上加工出花纹或文字商标，这样又需要横向(左右或前后)伺服进给功能，如图 2.42(b)所示。

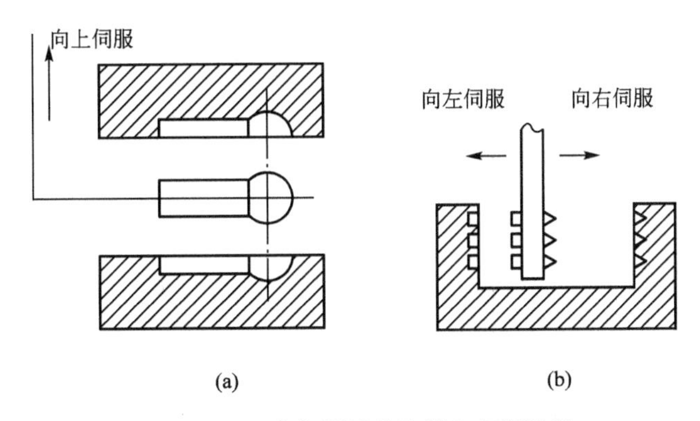

图 2.42 双向伺服进给和横向伺服进给

3. 旋转轴伺服控制系统

旋转轴伺服控制是旋转运动的正反向伺服进给，即旋转进给和旋转回退，也即 C 轴分度加工、利用 A 轴(辅助轴)的零件加工、C 轴和 Z 轴联动的螺旋齿轮加工等，如图 2.43 所示。

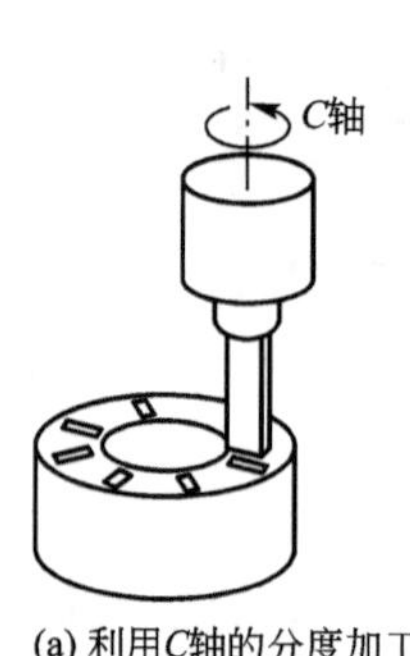

(a) 利用C轴的分度加工

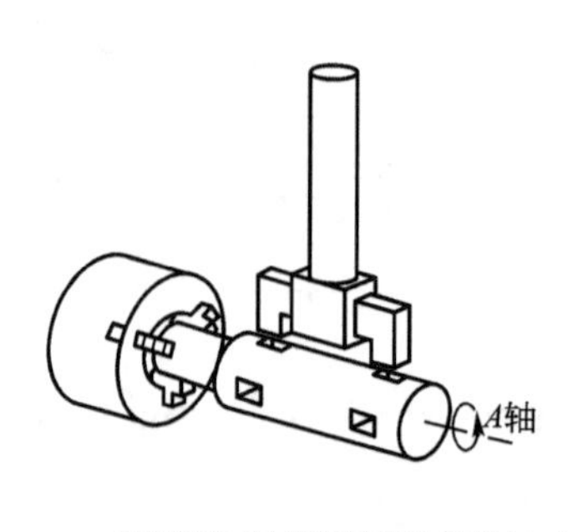

(b) 利用A轴(辅助轴)的零件加工

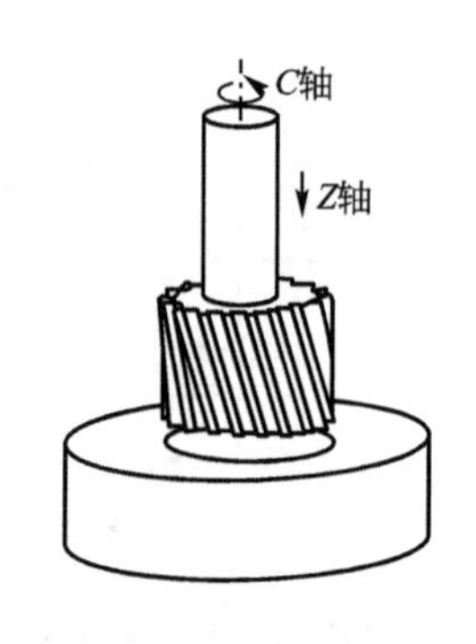

(c) 利用C轴+Z轴的螺旋加工

图 2.43　旋转轴伺服进给

2.4.6　电火花成形加工控制系统

电火花成形加工控制系统和车削、铣削、磨削加工类似，其机床都有 X、Y、Z 三个坐标系统，可以使之成为数字控制(数控)进给系统或数控伺服进给系统。数控系统规定除了三个直线移动的 X、Y、Z 坐标轴系统外，还有三个转动的坐标轴系统，其中绕 X 轴转动的称 A 轴，绕 Y 轴转动的称 B 轴，绕 Z 轴转动的称 C 轴。C 轴运动可以是数控连续转动，也可以是不连续的分度转动或某一角度的转动。有些机床主轴 Z 轴可以连续转动，但不是数控的，这不能称作 C 轴，只能称作 R 轴。

【电火花成形加工控制系统】

1. 平动头一般型腔加工

一般冲模和型腔模，采用单轴数控和平动头附件即可进行加工，由于电火花加工时粗加工的火花间隙比中加工的要大，而中加工的火花间隙比精加工的又要大一些。当用一个电极进行粗加工，将工件的大部分余量蚀除后，其底面和侧壁四周的表面粗糙度很差，为了将其修光，就得转换规准逐挡进行修整，由于后挡规准的放电间隙比前挡小，对工件底面可通过主轴进行修光，而四周就无法修光了。平动头就是为解决修光侧壁和提高尺寸精度而设计的。

【平动工作原理】

平动头是一个能使装在其上的电极产生向外机械补偿动作的附件，它在电火花成形加工采用单电极加工型腔时，可以补偿前后两个加工规准之间的放电间隙差和表面粗糙度之差，以达到型腔侧面修光的目的。

平动头的工作原理是：利用偏心机构将伺服电动机的旋转运动通过平动轨迹保持机构，使电极上每一个质点都能围绕其原始位置在水平面内做平面小圆周运动，许多小圆的外包络线形成加工表面，如图 2.44 所示。

如果不采用平动加工，如图 2.45(a)所示，在用粗加工电极对型腔进行粗加工之后，型腔四周侧壁留下很大的放电间隙，而且表面粗糙度很差；如图 2.45(b)所示，此时再用精加工规准已无法进行加工；必要时只好更换一个尺寸较大的精加工电极，如图 2.45(c)所示，费时又费钱。如果采用平动(摇动)加工，如图 2.45(d)和图 2.45(e)所示，只要用一个电极向四周平动，逐步地由粗到精改变规准，就可以较快地加工出型腔来。

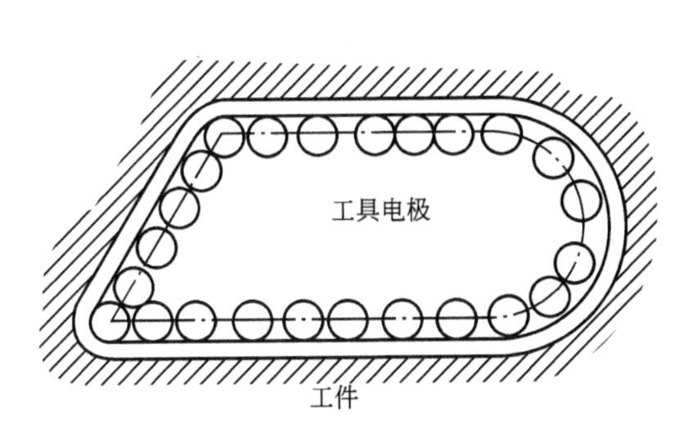

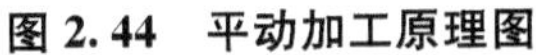

图 2.44 平动加工原理图

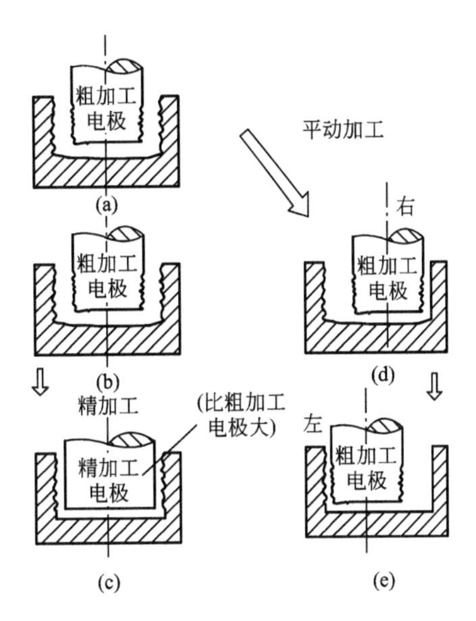

图 2.45 更换电极与平动加工过程对比

单电极平动法最大的优点是只需要一个电极一次装夹定位，便可达到±0.05mm 的加工精度；其缺点是很难加工出清棱、清角的型腔模，一般清角圆弧半径大于偏心半径。

随着电火花成形机床计算机数控化，平动头的作用正在被数控工作台与机床主轴由程序控制的轨迹运动功能所取代，从而得更好的工艺效果。

2. 数控摇动加工

平动头使工具电极向外逐步扩张运动称为平动，工作台和工件向外逐步扩张运动称为摇动。摇动加工的作用如下。

(1) 可以逐步修光侧面和底面的表面。

(2) 可以精确控制加工尺寸精度。

(3) 可以加工出清棱、清角的侧壁和底边。

(4) 变全面加工为局部面积加工，有利于排屑和稳定加工。

摇动的轨迹除像平动头只能是小圆形轨迹外，数控摇动的轨迹还有方形、棱形、叉形和十字形等。图 2.46 所示为电火花三轴数控摇动加工立体示意图。图 2.46(a)所示为摇动加工修光六角型孔侧壁和底面；图 2.46(b)所示为摇动加工修光半圆柱侧壁和底面；图 2.46(c)所示为摇动加工修光半圆球柱的侧壁和球头底面；图 2.46(d)所示为摇动加工修光四方孔壁和底面；图 2.46(e)所示为摇动加工修光圆孔孔壁和孔底；图 2.46(f)所示为摇动加工三维放射进给对四方孔底面修光并清角；图 2.46(g)所示为摇动加工三维放射进给修清圆孔底面、底边；图 2.46(h)所示为用圆柱形工具电极摇动展成加工出任意角度的内圆锥面。

对于一般的冲模和型腔模，采用单轴数控加平动头附件或摇动模式即可进行加工。

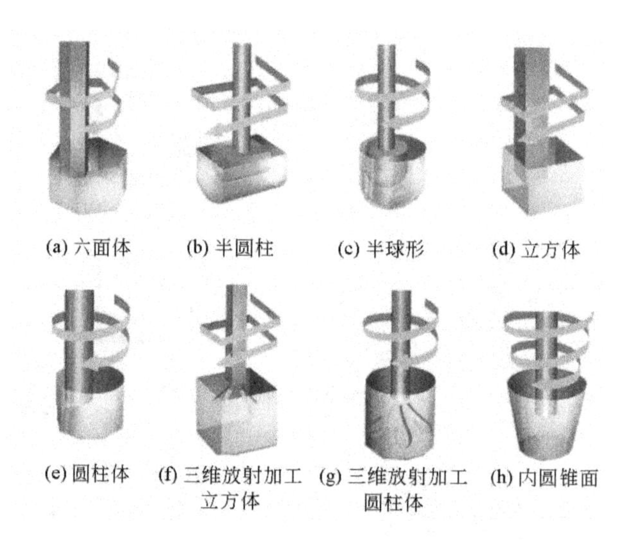
(a) 六面体　(b) 半圆柱　(c) 半球形　(d) 立方体

(e) 圆柱体　(f) 三维放射加工立方体　(g) 三维放射加工圆柱体　(h) 内圆锥面

图 2.46　数控摇动加工功能示意图

3. 复杂型腔数控联动加工

复杂的型腔模，需采用 X、Y、Z 三轴数控联动加工。常见的联动插补功能如图 2.47 所示。具体又分为三轴三联动和三轴两联动加工(也称两轴半或 2.5 轴数控加工，即三个数控轴中，只有两个轴如 X、Y 轴有走斜线和走圆弧的数控插补联动功能，但是可以选择、切换三种不同的插补平面 XY、XZ、YZ，故称为“两轴半”)。

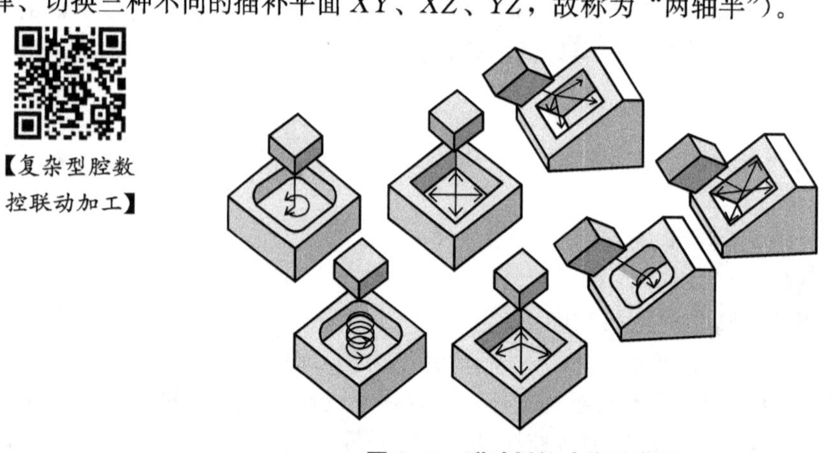

图 2.47　联动插补功能示意图

加工在圆周上分度的模具或加工有螺旋面的零件或模具，需采用 X、Y、Z 轴和 C 轴四轴多轴联动的数控系统。有些航空、航天发动机中的带冠和扭曲叶片的整体叶轮，就需用 X、Y、Z、C、A、B 六轴或五轴数控联动加工(A、B 轴往往采用数控回转台附件的形式安置在数控机床的工作台上)。

2.4.7　电火花加工过程中的参数控制

电火花加工中经常有各种各样的干扰，除了正常火花放电外，还有短路、拉弧和空载等，这类干扰经常会大大加剧电极损耗或使加工速度降到零，而且常常会烧伤工件和电极，严重时导致报废。单靠伺服进给系统常常不能避免这类情况的出现，因此需要对加工过程不断地检测和在干扰严重时做出极快速的响应。不安全的加工情况主要表现为拉弧和短路两种方式。

所谓“拉弧”，是指放电连续地发生在电极表面的同一位置上，形成稳定电弧放电，其脉冲电压波形的特征通常是没有击穿延时或放电维持电压稍低且高频分量少。拉弧在最初几秒钟就表现出很大的危害性，电极和工件上会烧蚀出一个深坑，产生严重的热影响区，可深达几毫米，并可能以1mm/min以上的速度增长，使工件和工具电极报废。

短路虽然本身既不产生材料蚀除，也不损伤电极，但在短路处会造成一个热点，而在短路多次后，自动调节系统使工具电极回退消除短路时，易引发拉弧。

拉弧是对加工表面质量与电极最严重的一种破坏性的放电方式，应竭力避免。一旦出现拉弧现象后，可采用以下步骤给予补救。

(1) 增大脉冲间隔。

(2) 调大伺服参考电压(加工间隙)。

(3) 引入周期抬刀运动，加大电极上抬和加工的时间比。

(4) 减小放电电流(峰值电流)。

(5) 暂停加工，清理电极和工件(如用细砂纸轻轻研磨)后再重新加工。

(6) 试用反极性加工一段时间，使积碳表面加速损耗掉。

电火花加工的速度虽不算快，但脉冲放电却是个快速复杂的过程，多种干扰对加工效果的影响很难掌握。

为了实现加工过程的充分自动化，进行适应控制是完全必要的。适应控制比传统的开环、闭环控制系统都前进了一大步，它能按照预定的评估指标(即反映控制效果的准则)，随着外界条件的变化自动改变加工控制参数和系统的特性(结构参数)，使之尽可能接近设定的目标。

在电火花加工机床上采用的适应控制，一般可分为两类：一类是约束适应控制，它是通过一些约束条件来实现的。如保证异常放电脉冲、短路脉冲等不超过一定的范围，相对击穿延时(t_d/T_{on})不低于某一值(如10%)等。这种方式已在多种机床上用硬件实现，对保证加工安全很有效果，但并不能发挥加工设备的最大潜力，有时人工控制反而能达到较高的工艺指标；另一类更完善的方式称为最佳适应控制，它具有使系统设法达到评估指标极值的能力，从而引导加工过程达到所需的最优特性，如实现高生产率、高精度(低电极损耗)、低成本等。为此，加工过程要进行多种输出量的检测，然后进行分析、计算，根据控制策略以决定新的控制参数值和调整系统的特性。所以最佳适应控制的作用不仅在于自动化，而且还可使加工过程优化。依靠计算机、电子技术和机床本身质量的提高，加上工艺知识的积累及对参数间相互关系的深入了解，使适应控制有了坚实的基础。目前在许多机床上已装备不同水平的适应控制系统(单参数或多参数调整的，硬件式或软件式的)。

图2.48所示为一典型的控制系统，其参数的控制可以通过几种不同的反馈环节来实现。

(1) 加工间隙(伺服进给)控制环：所有电火花加工机床都具备的基本环节。

(2) 安全控制环：常用一种快速响应的附加回路，以防止加工过程的恶化。例如，拉弧时加大脉冲间隔、减小电流，在紧急情况下快速回退电极，甚至切断电源，自动关机。

第四反馈环(人工操作)
适应控制系统
第三反馈环
安全控制系统
第二反馈环
第一反馈环
伺服控制系统
进给运动
EDM机床
电极
脉冲电源
电脉冲
工件
过程检测
显示装置
工作液回路
冲液

图 2.48　不同功能的控制环节

(3) 适应控制环：对加工过程进行几乎是连续的控制，以实现自动化和最佳化。

(4) 人工控制环：由操作人员自己评估加工情况，作出适当的判断来调整控制参数。近代的机床常配备各种显示装置(如放电状态分析仪等)，可帮助操作人员了解加工情况。在处理突发事件时，也需人工处理操作。

2.5　电火花成形加工工艺

电火花成形加工的基本工艺包括：电极的制作、工件准备及装夹定位、冲抽油方式的选择、加工规准的选择、电极缩放量的确定及平动(摇动)量的分配等。

2.5.1　电极的制作

1. 电极材料的选择

【电火花加工工具电极】

在电火花加工中，工具电极材料应满足高熔点、低热胀系数、良好的导电导热性能和力学性能等基本要求，从而在使用过程中具有较低的损耗率和抵抗变形的能力。电极具有微细结晶的组织结构对于降低电极损耗也比较有利，一般认为减小晶粒尺寸可降低电极损耗率。此外，工具电极材料应使电火花加工过程稳定、生产率高、工件表面质量好，且电极材料本身应易于加工、来源丰富及价格低廉。

目前在研究和生产中已经使用的工具电极材料主要有紫铜、铜钨合金、银钨合金及石墨电极等。由于铜钨合金和银钨合金的价格高，机械加工比较困难，故选用的较少，常用的为紫铜和石墨，这两种材料的共同特点是在宽脉冲粗加工时都能实现低损耗。

1) 铜电极

纯铜电极(电解铜，俗称紫铜)质地细密、加工稳定性好，相对电极耗损较小，适应性广，适于加工贯通模和型腔模，若采用细管电极可加工小孔，也可用电铸法作电极加工复杂的三维形状，尤其适用于制造精密花纹模的电极。纯铜电极的缺点为精车、精密机械加工困难。

黄铜电极最适宜于中小规准情况下加工，稳定性好，制造也较容易，但缺点是电极的耗损率较一般电极大，不容易使被加工件一次成形，所以只用在简单的模具加工或通孔加工、取断丝锥等。

铜的熔点较低，精加工电极损耗率较大，因此需要引入另一种高熔点材料来降低电极损耗率。铜钨合金兼有铜的高导热性和钨的高熔点、低热胀系数和耐电火花侵蚀能力的特点，使其成为一种高性能的工具电极材料。铜钨合金电极主要用于加工模具钢和碳化钨工件，其中的铜、钨含量比一般为 25：75。

铜钨合金材料在通常加工中很少采用，只有在高精密模具及一些特殊场合的电火花加工中才用到。由于含钨量高，可有效地抵御电火花加工时的损耗，能保证极低的电极损耗，在极困难的加工条件下也能实现稳定的加工。铜钨合金电极的缺点是价格昂贵，材料来源困难。

(2) 石墨

石墨具有良好的导电导热性和可加工性，是电火花加工中广泛使用的工具电极材料。石墨电极材料分为埃米级、特细级、超细级、精细级中等级和粗糙级，如图 2.49 所示。可根据加工的精度、效率要求选择。市场上供应的石墨等级平均颗粒大小在 20μm 以下，选用时主要取决于电极的工作条件(粗加工、半精加工或精加工)及电极的几何形状。工件加工表面粗糙度与石墨粒子的大小有直接关系，通常颗粒平均尺寸在 1μm 以下的石墨等级专门用于精加工。

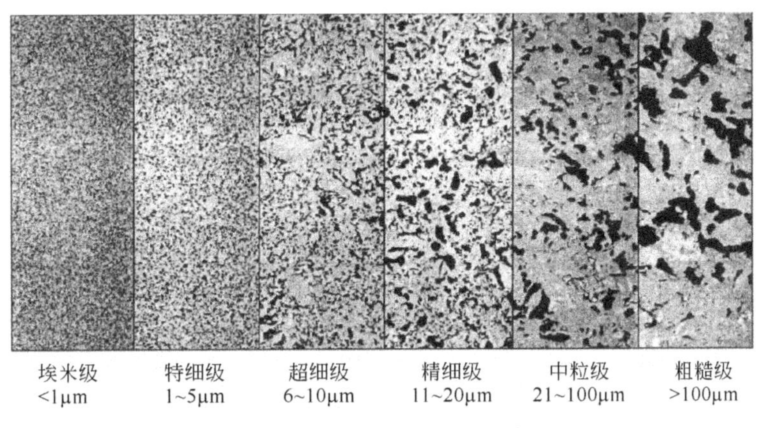

【石墨电极铣销】

图 2.49　石墨的颗粒度分类

与其他电极材料相比，石墨电极可采用较大的放电电流进行电火花加工，因而生产率较高，粗加工时电极的损耗率小，但精加工时电极损耗增大，加工表面粗糙度较差。

3) 铸铁电极

铸铁电极的主要特点是制造容易、价格低廉、材料来源丰富，放电加工稳定性也较好，其机械加工性能好，与凸模粘接在一起成形磨削也较方便，特别适用于复合式脉冲电源加工，电极损耗一般达 20%以下，对加工冷冲模具最适合。

4) 钢电极

钢电极和铸铁电极相比，加工稳定性差，效率也较低，但钢电极可以把电极和冲头合为一体，一次成型，精度易保证，可减少冲头与电极的制造工时。钢电极的电极耗损与铸铁电极相似，适合“钢打钢”冷冲模加工。

2. 电极的设计

1）穿孔加工

穿孔加工时，由于凹模的精度主要决定于工具电极的精度，因而对它有较为严格的要求，要求工具电极的尺寸精度和表面粗糙度比凹模高一级，一般精度不低于IT7，表面粗糙度 $Ra<1.25\mu m$，且直线度、平面度和平行度在100mm长度上不大于0.01mm。

工具电极应有足够的长度，要考虑端部损耗后仍有足够的修光长度。

若加工硬质合金时，由于电极损耗较大，电极还应适当加长。

工具电极的截面轮廓尺寸除考虑配合间隙外，还要考虑比预定加工的型孔尺寸均匀地缩小一个加工的火花放电间隙。

2）型腔模电极设计

加工型腔模时的工具电极尺寸，与模具的大小、形状、复杂程度有关，而且与电极材料，加工电流、深度、余量及间隙等因素有关；当采用平动法加工时，还应考虑所选用的平动量。

与主轴头进给方向垂直的电极尺寸称为水平尺寸，如图2.48 (a)所示，计算时应考虑放电间隙和平动量，任何有内、外直角及圆弧曲型腔，可用式(2-1)确定。

$$a=A\pm Kb \tag{2-1}$$

式中，a——电极水平方向尺寸；

A——型腔图样上的名义尺寸；

K——与型腔尺寸标注有关的系数，直径方向(双边)$K=2$，半径方向(单边)$K=1$；

b——电极单边缩放量(包括平动头偏心量，一般取0.5～0.9mm)。

$$b=S_L+H_{max}+h_{max} \tag{2-2}$$

式中，S_L——电火花加工时单面加工间隙；

H_{max}——前一规准加工后表面微观不平度最大值；

h_{max}——本规准加工后表面微观不平度最大值。

式(2-1)中的“±”号按缩放原则确定，如图2.50(a)中计算 a_1 时用“－”号，计算 a_2 时用“＋”号。

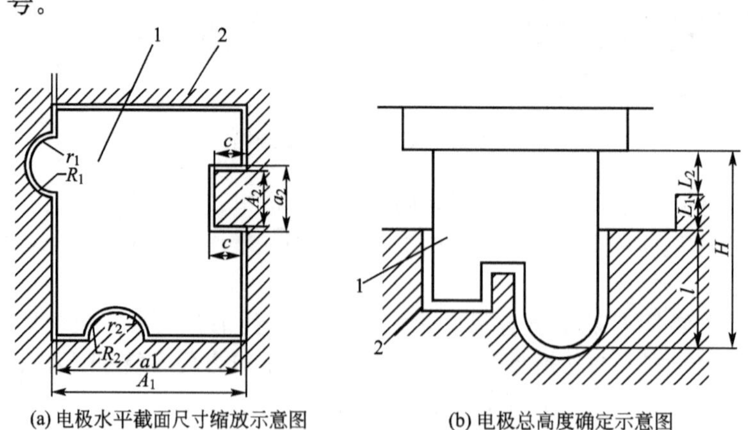

(a) 电极水平截面尺寸缩放示意图

(b) 电极总高度确定示意图

图2.50　型腔模具工具电极设计

1—工具电极；2—工件型腔

电极在垂直方向总高度的确定，如图 2.50 (b)所示，可按式(2-3)计算

$$H = l + L \tag{2-3}$$

式中，H——除装夹部分外的电极总高度；

l——电极每加工一个型腔，在垂直方向的有效高度，包括型腔深度和电极端面损耗量，并扣除端面加工间隙值；

L——考虑到加工结束时，电极夹具不和夹具模块或压板发生接触，以及同一电极需重复使用而增加的高度。

3）电极缩放量的选取

电极缩放量的选取要考虑多方面的因素。电火花加工有平动加工和不平动加工两种方式，数控电火花机床一般都可采用平动加工，而传统电火花机床如果没有安装平动头就不能进行平动加工。这两种加工方式电极缩放量的选取是有区别的。

在不采用平动加工时，如果所产生的火花间隙小于电极缩放量，加工出来的尺寸将小于标准值；相反，电极缩放量比实际火花间隙小时会使加工后的尺寸大于标准值。因此，正确确定电极缩放量的大小是保证加工尺寸合格的前提。确定电极缩放量大小，要视加工部位的不同而合理选用。

塑胶模具加工部位一般分为结构性部位和成型部位。

结构性部位在模具中起配合、定位等作用。这些部位的加工表面粗糙度无严格要求，但要求尺寸一次加工到位，保证加工后的尺寸符合要求。在确定这些部位火花间隙大小时取加工时实际产生的火花间隙的大小。

成型部位是用来直接成型塑件的部位。此类部位的加工尺寸和表面粗糙度都有相应的要求。电火花加工的成型部位一般在加工完成后采用抛光的方法去除火花痕迹达到预定表面粗糙度要求，所以在确定这类成型部位电极缩放量时应准确确定抛光余量。一般抛光余量取 $4Ra + 0.005$mm 左右，在计算电极缩放量时取实际火花间隙和抛光余量之和。

电火花加工工艺一般是用不同尺寸的电极采用不同的电规准由粗到精完成加工。加工后的尺寸主要取决于精加工的控制。确定精加工火花间隙大小时应先考虑好为达到预定表面粗糙度要选用的电参数条件，明确该条件火花间隙的大小再确定电极缩放量。成型部位精加工的火花间隙一般取单侧 0.04～0.08mm，结构部位取单侧 0.02～0.06mm。确定粗加工火花间隙大小时以考虑加工速度和为精加工预留适当余量为标准，一般取单侧 0.15～0.25mm。

在采用电极平动加工时，加工的尺寸精度取决于对放电间隙、电极缩放量和平动量的控制。由于平动量的大小是可控的，所以可根据放电间隙的大小调节平动量，能够较容易地控制加工的尺寸，电极缩放量的大小也就可以相对大一些，尤其是对精加工还可以根据一些具体情况灵活选取。一般在粗加工中不用平动加工，电极缩放量取单侧 0.15～0.3mm；精加工采用多段加工条件用平动的方法来改善排屑状况，达到稳定的加工，可获得侧面与底面更均匀的表面粗糙度，电极的缩放量一般取 0.05～0.15mm。普通加工中因平动量并不是很大，对加工仿形精度不会有影响；但在精密加工中，由于选用平动方式的形状与加工形状有差别，为了提高仿形精度，电极缩放量不能太大，一般取单边 0.05mm 以下。

确定电极缩放量的大小时还应详细考虑加工部位的加工性能。如在通孔类排屑良好的情况下，不容易形成二次放电，电极缩放量可取小些；而盲孔类加工因排屑不是很顺畅，二次放电的机会比较多，电极缩放量应取大一些；大面积加工时为了获得较快的加工速度，电极缩放量可取大些；混粉加工中的放电间隙比采用普通工作液加工的放电间隙要大些，电极缩放量可取大些；精密加工较通常加工的电极缩放量要小一些。但要注意，对于薄、尖形状的电极，缩放量要选小些，因为这类加工不能选择大的加工条件，否则会使电极在加工中发生变形，另外较大的电极缩放量也降低了电极的强度。

3. 电极制造

纯铜电极可采用电火花线切割、电火花磨削、一般机械加工、数控铣、电铸等方式来制造。

石墨电极应采用质细、致密、颗粒均匀、气孔率小、灰粉少、强度高的高纯石墨制造。

由于石墨是一种在加压条件下烧结而成的碳素材料，因此有一定程度的各向异性。使用中应采用石墨坯块的非侧压方向的面作电极端面，否则加工中易剥落、损耗大。电极制造方法有机械加工、加压振动成型、成型烧结、镶拼组合、超声加工、砂线切割等，目前石墨电极的制作有专门的石墨 CNC 高速加工机。

4. 电极的装夹与校正

电极装夹与校正的目的是使电极正确、牢固地装夹在机床主轴的电极夹具上，使电极轴线和机床主轴轴线一致，保持电极与工件的垂直和相对位置。电极的装夹主要由电极夹头来完成。

电极装夹后，应进行校正，主要检查电极的垂直度，使其轴线或轮廓线垂直于机床工作台面。

电极安装在机床主轴上，应使电极轴线与主轴轴线方向一致，保证电极与工件在垂直的情况下进行加工。电极的装夹方式有自动装夹和手动装夹两种：自动装夹电极是先进数控电火花加工机床的一项自动功能，它是通过机床的电极自动交换装置(ATC)和配套使用电极专用夹具(EROWA、3R)来完成电极换装的。使用电极专用夹具可实现电极的自动校正，无需对电极进行校正或调整，能够保证电极与机床的正确位置关系，大大减少了电火花加工过程中装夹、重复调整的时间；手动装夹电极是指使用通用的电极夹具，通过可调节电极角度的夹头来校正电极，由人工完成电极装夹、校正操作。

2.5.2 工件的准备及装夹定位

电火花加工前，工件型腔部分要进行预加工，并留适当的电火花加工余量。余量的大小应能补偿电火花加工的定位、找正误差及机械加工误差。对形状复杂的型腔，余量要适当加大，对需要淬火处理的型腔，根据精度要求安排热处理工序。

电火花加工时将工件安装于工作台，并要对工件进行校正，以保证工件的坐标系方向与机床的坐标系方向一致。当工件和电极装夹、校正完成后，就需要将电极对准工件的加工位置，才能在工件上加工出准确的型腔。模具制造电火花加工最常用的定位方式是利用电极基准中心与工件基准中心之间的距离来确定加工位置，这种定位方式称为“四面分中”。利用电极基准中心与工件单侧之间的距离确定加工位置的定位方式也比较常用，这种定位方式称为“单侧分中”。另外，还有一些其他的定位方式。目前的数控电火花加工机床都具有自动找内中心、找外中心、找角、找单侧等功能，这些功能只要输入相关的测量数值，即可方便地实现加工的定位，比手动定位要方便得多。

2.5.3 冲抽油方式的选择

工作液强迫循环可分为冲油式和抽油式两种型式，如图2.51所示。图2.51(a)所示为冲油式，排屑能力强，但电蚀产物通过已加工区，可能产生二次放电，影响加工精度；图2.51(b)所示为抽油式，电蚀产物从待加工区排出，不影响加工精度，但加工过程中分解出的可燃气体容易积聚在抽油回路的死角处而引起“放炮”现象。

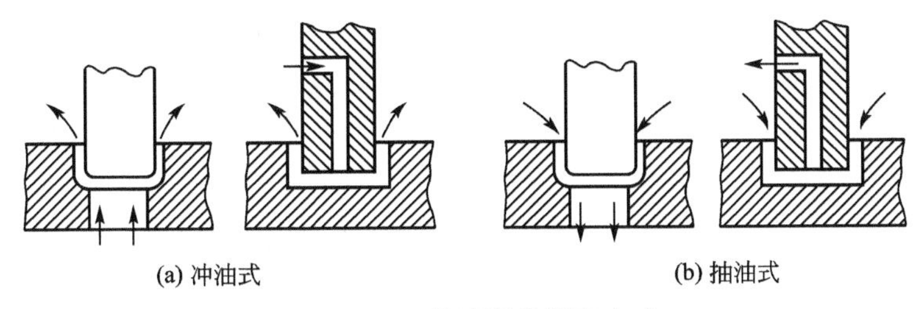

图2.51 工作液强迫循环方式

为了防止工作液越用越脏，影响加工性能，必须不断净化、过滤，目前通常采用纸芯过滤法，特别适合中、大型电火花成形加工机床。

2.5.4 加工规准的选择

电规准是指电火花加工过程中的一组电参数，如电压、电流、脉宽、脉间等。电规准选择正确与否，将直接影响型腔加工工艺指标。应根据工件的要求、电极和工件的材料、加工工艺指标和经济效果等因素来确定电规准，并在加工过程中及时转换。

在粗加工时，要求较高的加工速度和低电极损耗，这时可选用宽脉冲、高脉冲峰值电流的粗规准进行加工，电流要根据工件而定。刚开始加工时，接触面积小，电流不宜过大，随着加工面积的增大，可逐步加大电流；当粗加工进行到接近的尺寸时，应逐步减小电流，改善表面质量，以尽量减少中加工的修整量。

在单电极加工的场合，从中规准起就应利用平动运动来补偿前后两个加工规准间放电间隙差和表面粗糙度差。中规准为粗、精之间的过渡，与粗规准之间并没有明显界限，选用的脉冲宽度、电流应比粗规准相应小些。

精加工时，采用窄脉宽、小电流的精规准，将表面粗糙度改善到优于$Ra2.5\mu m$的范围。这种规准下的电极相对损耗相当大，可达10%～25%，但因加工量很少，所以绝对损耗并不大。

在中、精规准加工时，有时还要根据工件尺寸和复杂性适当转换几挡数。

为了得到较高的加工速度和尽可能低的电极损耗，要求每挡规准加工的凹坑底部刚能达到(或稍深，以去除上次加工的表层)上挡加工的凹坑底部，达到既能修光，又使中、精加工的去除量最少。

下面具体阐述加工规准与工艺指标的关系。

1. 加工速度

电火花成形加工的加工速度是指在单位时间内，工件被蚀除的体积或质量。一般用体积表示。影响加工速度的关键参数是电流密度、脉冲宽度、间隙电压。电流密度就是单位面积通过的电流，可以通过加大脉冲峰值电流或减小间隔来实现。电流密度与加工速度成正比关系，电流密度越大，加工速度就越快。但须注意，电流密度不可以无止境的任意加大，它有一个范围，超出这个范围，电极损耗会急促增加；并且当电流过大、电蚀产物的产生超过了排除速度时，会产生严重积炭，加工速度反而会下降，严重时会产生拉弧，烧伤电极和工件。而且随着脉冲峰值电流的增大，放电间隙、表面粗糙度也随之增加，且型腔加工的 R 角也随之增大。所以粗加工时，要求增加加工速度，但对其他的因素也要加以充分考虑，把脉冲峰值电流控制在合理的范围之内(一般纯铜电极小面积加工时电流密度为 3～5A/cm^2，大面积加工时为 1～3 A/cm^2，石墨由于耐热性和抗冲击性要强于纯铜，电流密度可大些)，否则损耗过大，仿形精度无法保证。过大的间隙和粗糙度对下一步精修也增大了难度。

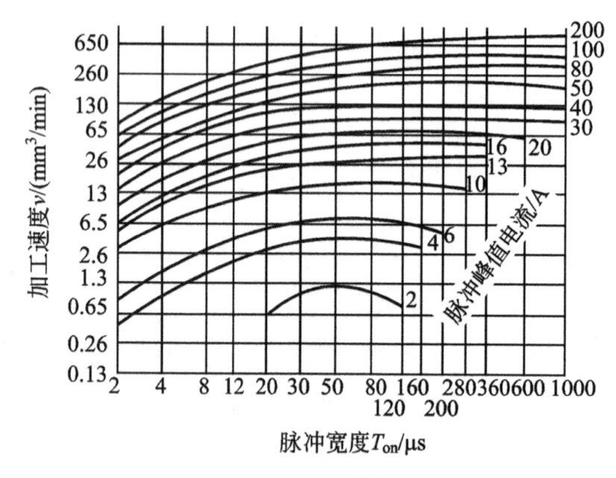

图 2.52　铜打钢时加工速度与脉冲宽度和脉冲峰值电流的关系曲线

适当减小脉冲间隔，改变脉宽、脉间的占空比，提高脉冲频率，也可以达到增加平均电流密度的目的。这种方法也可以提高加工速度，但不如加大脉冲峰值电流明显。脉间的选择原则：长脉冲时一般取脉宽的 1/5～1/3，精加工时取脉宽的 5～10 倍，或更大些。

改变脉宽可提高加工速度。在加工中，选择不同的脉冲电流，都对应一个最佳的脉冲宽度。它随脉冲电流的大小而改变，随着脉冲峰值电流的增加，最佳脉冲宽度也随着变宽。图 2.52 所示为铜打钢时加工速度与脉冲宽度和脉冲峰值电流的关系曲线。

2. 电极损耗

在电火花成形加工中，工具电极的损耗直接影响仿形精度，特别是对于型腔加工，电极损耗这一工艺指标较加工速度更为重要。为了减小电极的损耗必须很好地利用电火花加工中的各种效应(极性效应、吸附效应、热传导效应等)，使电极表面形成炭黑膜，利用炭黑膜的补偿作用来降低电极损耗，并且这些效应又互相影响互相制约。

(1) 加大脉冲宽度对减小损耗有明显的效果，随着脉冲宽度的增加，损耗逐步减小，呈一条下降的曲线。但也并非越宽越好，因为过大的脉宽会使间隙、粗糙度都受影响，尤其是截面积很小时，过大的脉宽造成间隙温度过高，放电点不易转移，造成积炭或烧伤，损耗增加；宽脉宽也会使加工棱角变钝、R 角增大。

(2) 电流密度过高会造成电极损耗加大，电流密度过高也会使放电点不易转移，放电后的余热来不及扩散而积累起来造成过热，形成电弧，破坏了炭黑膜生成的条件，覆盖效应减弱，损耗增加。图 2.53 所示为铜打钢时电极损耗率与脉冲宽度和脉冲峰值电流的关系曲线。

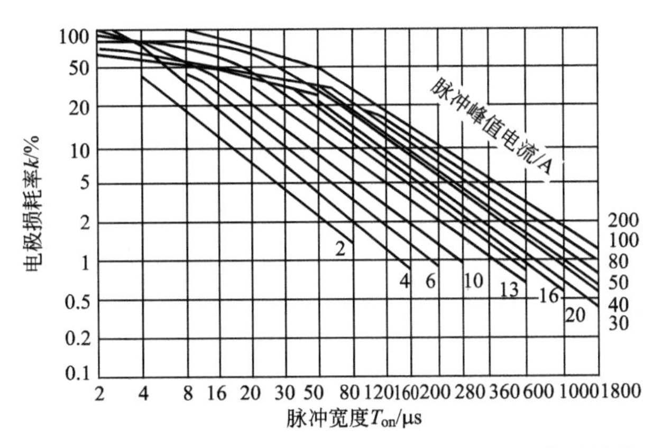

图 2.53 铜打钢时电极损耗率与脉冲宽度和脉冲峰值电流的关系曲线

3. 表面粗糙度

表面粗糙度是指加工表面上的微观几何形状误差。它由无方向性的无数小坑和硬凸所组成。国家标准规定：加工表面粗糙度用 Ra（微观轮廓平面度的平均算术偏差值）或 Rz（微观轮廓不平度平均高度值）来评定，单位为 μm。另外，还有用微观轮廓平面度的最大高度值 R_{max} 来表示的。

工件的电火花加工表面粗糙度直接影响其使用性能，如耐磨性、接触刚度、疲劳强度等。尤其对于高速高压条件下工作的模具和零件，表面粗糙度往往是决定其使用性能和寿命的关键。图 2.54 所示为铜打钢时粗糙度与脉冲宽度和脉冲峰值电流的关系曲线。

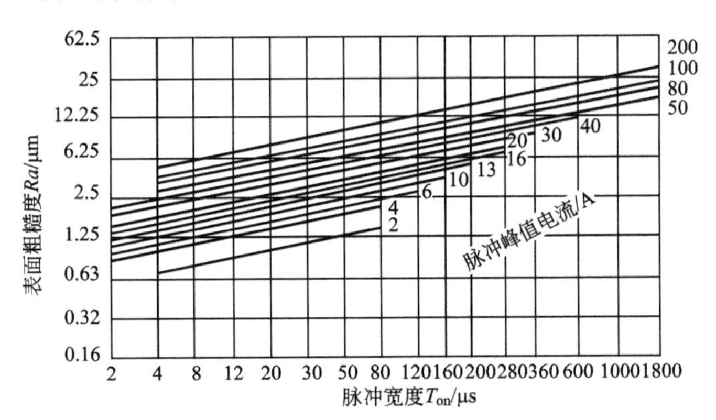

图 2.54 铜打钢时表面粗糙度与脉冲宽度和脉冲峰值电流的关系曲线

总之，要协调好电参数，处理好效率与低损耗、放电间隙、表面粗糙度之间的关系，才能快速、低损耗、高精度的完成工件的加工。

在 2.3.5 节中已经叙述过，在电火花成形加工中即使单脉冲能量很小，但在加工面积较大时、Ra 也很难低于 0.32μm，即产生了“电容效应”。为解决此问题，20 世纪末日本首先出现了“混粉加工”工艺，该工艺可以较大面积地加工出 Ra0.05～0.1μm 的光亮表面。该工艺的方法是在煤油工作液中混入 1～2μm 的硅或铝等导电微粉，使工作液的电阻率降低，放电间隙成倍扩大，潜布、寄生电容成倍减小，如图 2.55 所示。同时每次从工具到工件表面的放电通道，被微粉颗粒分割形成多个小的火花放电通道，到达工件表面的脉冲能量被“分散”减少，相应的放电痕也就变小，如图 2.56 所示，可以稳定获得大面积的光整表面，如图 2.57 所示。

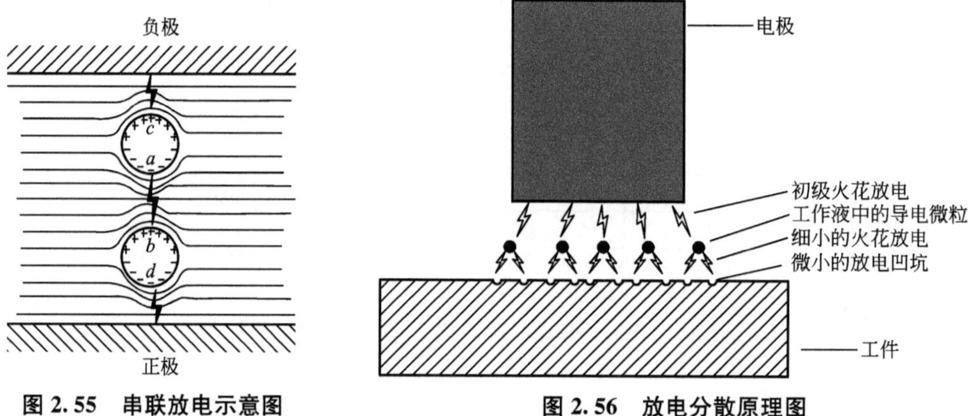

图 2.55　串联放电示意图

图 2.56　放电分散原理图

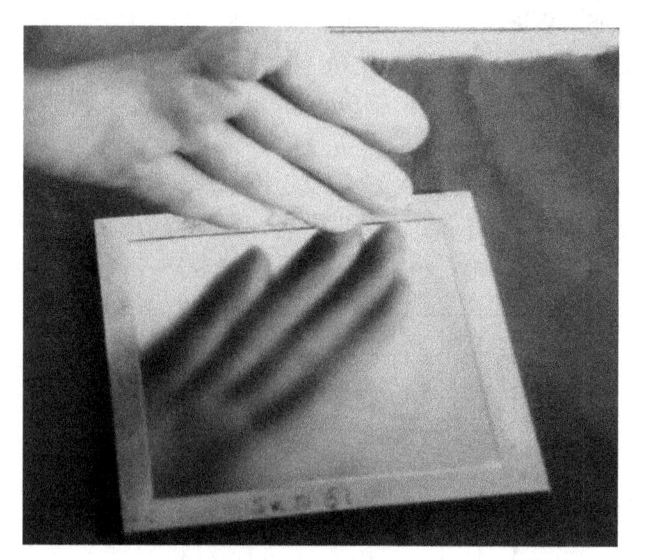

图 2.57　混粉加工的大面积镜面加工表面

【电火花加工工件】

4. 加工精度

电火花加工精度主要包括尺寸精度和形状精度。

1）尺寸精度

尺寸精度又包括形状尺寸精度和位置尺寸精度。形状尺寸精度是指电火花加工完成后各个部位尺寸值的准确度，如加工深度的尺寸精度等。满足尺寸精度的条件是要符合加工尺寸公差要求。由于电火花加工的表面是由一层微小的放电痕组成，对于型腔模，还要对其进行抛光处理，所以，在考虑这些部位的尺寸精度时要计算抛光余量。

位置尺寸精度是指电火花加工的形状相对工件上某几何参照系的尺寸准确度，如加工位置有无偏位、加工位置对基准的平行度、垂直度等。

2）形状精度

形状精度是指电火花加工完成部位的形状与加工要求形状的符合情况。

2.5.5 平动量的分配

平动量的分配是单电极平动加工法的一个关键问题。粗加工时，电极不平动。中间各挡加工时平动量的分配，主要取决于被加工表面由粗变细的修光量，此外还和电极损耗、平动头原始偏心量、主轴进给运动的精度等有关。

数控电火花加工机床有许多配置好的最佳成套电参数。自动选择电参数时，只要把所需要输入的条件准确输入，即可自动配置好电参数。机床配置的电参数一般能满足加工要求，操作简单，避免了加工过程中人为的干预。而传统电火花加工机床要求操作者具有丰富的加工作经验，能够根据加工要求灵活配置电参数。

2.6 电火花加工方法

【电火花加工过程】

电火花成形加工是利用火花放电蚀除金属的原理，用工具电极对工件进行复制的工艺方法。成形加工实际上是穿孔和成形加工两大类的统称。

2.6.1 电火花穿孔加工方法

【电火花成形加工键盘】

电火花穿孔加工时的电极损耗可由进给来补偿，而成形加工时的电极损耗将直接影响仿形精度。

冲模加工是电火花穿孔加工的典型应用。冲模加工主要是冲头和凹模加工，冲头可用机械方法加工，而凹模往往只能用电火花加工，否则不但加工很困难，工作量很大，质量也不易保证，在有些情况下用机械加工方法加工凹模甚至是不可能的。

凹模的质量指标主要是尺寸精度、冲头与凹模的单边配合间隙、刃口斜角、刃口高度和落料角。凹模的尺寸精度主要靠工具电极来保证，电极的精度和表面粗糙度应符合要求。冲模加工主要有以下几种加工方法。

1. 直接加工法

直接加工法是将凸模直接作为电极加工凹模形孔的工艺方法。此法适用于形状复杂，凸、凹模配合间隙在0.03～0.08mm的多形孔凹模加工。它的特点是工艺简单，加工后的凸、凹模配合间隙均匀，在加工时，不需要做电极，但放电加工性能较差。模具常用于对电机的定、转子片及各种硅钢片冲孔，其冲孔所用的冲模，就是采用直接加工法来加工凹模。具体作法是先将凸模长度适当加长，非刃口端作为电极端面，加工凹模后，再按图样尺寸将凸模加长部分割去。

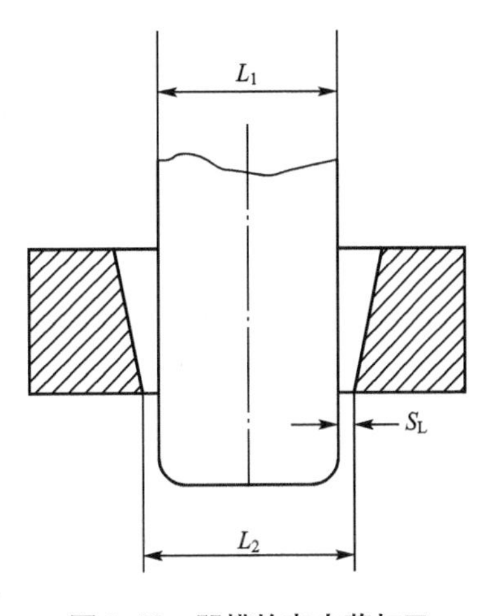

图2.58 凹模的电火花加工

此法是用钢凸模作为电极直接加工凹模，加工时将凹模刃口端朝下，加工后形成向上的“喇叭口”，如图2.58所示。加工后将工件翻过来使“喇叭口”(此喇叭口有利于冲模落料)向下作为凹模。

2. 间接加工法

间接加工法是将凸模与加工凹模的电极分开制造：即根据凹模尺寸设计电极，并加工制造电极，然后对凹模进行放电加工，再按冲裁间隙配制凸模。此法适用于凸、凹模配合间隙大于0.12mm或小于0.02mm(双面)的凹模加工，加工后的凸、凹模间隙值可由下述公式计算：凸、凹模配合间隙值＝电极尺寸/2＋放电间隙－凸模尺寸/2。它的特点是：电极材料可以自由选择，不受凸模的限制，但凸、凹模间隙会受到放电间隙的限制，又由于凸模单独制造，故间隙不易保证均匀。

3. 混合加工法

混合加工法是电极与凸模选用的材料不同，通过焊锡或其他粘合剂，将电极与凸模粘接在一起加工成形，然后对凹模进行加工，加工后，将电极与凸模分开。此法有直接加工法的工艺效果，可提高生产率。若电极采用较好材料，放电加工性能会更好，质量和精度都比较稳定、可靠。

电规准的选择直接影响着模具加工工艺指标，通常选择粗、中、精三种规准，粗规准用于去除大部分材料，剩留小部分加工余量。中规准用于过渡性加工，以进一步减少精加工时的加工余量，提高加工速度。精规准用来最终保证模具所要求的配合间隙、表面粗糙度、刃口斜度等质量指标，同时尽可能提高加工速度。有时电规准的选择可只分为粗、精两种规准，这时粗规准加工应留有足够少的精加工余量。

2.6.2 电火花型腔加工方法

电火花型腔加工工艺方法较多，主要有单电极平动法、多电极更换法、分解电极加工法等，选择时要根据工件成形的技术要求、复杂程度、工艺特点、机床类型及脉冲电源的技术规格、性能特点而定。

1. 单电极平动加工法

单电极平动加工法在型腔模的电火花成形加工中应用最广泛。它是用一个电极按照粗、中、精的顺序逐级改变电规准，与此同时，依次加大电极的平动量，以补偿前后两个加工规准之间型腔侧面放电间隙差和表面微观不平度差，实现型腔侧面仿型修光。所谓平动，是指工具电极在垂直于型腔深度方向的平面内相对于工件做微小的平移运动，是由机床附件“平动头”来实现的。

这种方法的优点是只需一个电极，一次装夹定位，便可达到较好的加工精度。另外，平动加工可使电极损耗均匀、改善排屑条件，加工容易稳定。但用普通平动头难以获得高精度的型腔模，特别是难以加工出内清角，因为平动时，电极上的每一个点都按平动头的偏心半径做圆周运动，清角半径由偏心半径决定。此外，电极损耗的不均匀性和电极表面的剥落会使尺寸精度和表面质量降低，有时在型腔表面上还会产生“波纹”。

采用数控电火花加工机床时，是利用工作台按一定轨迹做微量移动来修光侧面的，为区别于夹持在主轴头上的平动头的运动，通常将其称为“摇动”。由于摇动轨迹是靠数控系统产生的，所以具有更灵活多样的模式，除了小圆轨迹运动外，还有方形、十字形运动，因此更能适应复杂形状的侧面修光的需要，尤其可以做到尖角处的“清根”，这是平动头所无法做到的。采用工作台做变半径圆形摇动，主轴上下数控联动，可以修光或加工出锥面、球面。

2. 多电极更换加工法

多电极更换成形加工是采用分别制造的粗、中(半精)、精加工用电极依次更换来加工同一个型腔。

如图 2.59 所示，先用粗加工电极去除大量金属，然后换半精加工电极完成粗加工到精加工的过渡，最后用精加工电极进行精加工。每个电极加工时，必须把上一规准的放电痕迹去掉。一般用两个电极进行粗、精加工就可以满足要求。当型腔模的精度和表面质量要求很高时，才采用粗、中(半精)、精加工电极进行加工；必要时还要采用多个精加工电极来修正精加工的电极损耗。

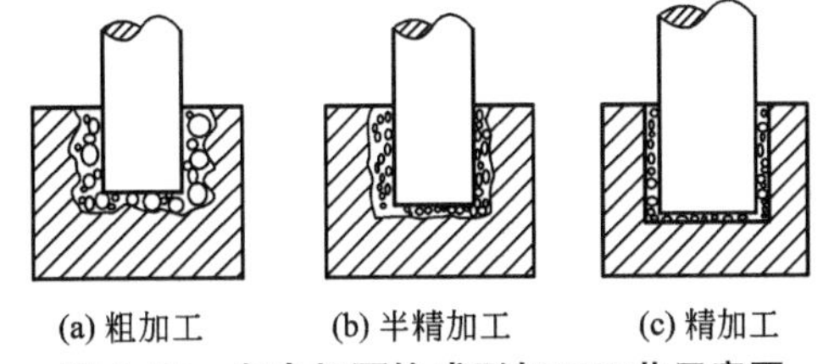

图 2.59　多电极更换成形加工工艺示意图

这种方法的优点是仿形精度高，尤其适用于尖角、窄缝多的型腔加工；缺点是需要用精密机床制造多个电极。另外，电极更换时要有高的重复定位精度，需要附件和夹具来配合，因此一般只用于精密型腔加工。

3. 分解电极加工法

分解电极加工法是单电极平动加工法和多电极更换加工法的综合应用，其工艺灵活性强，仿形精度高，适用于尖角窄缝、沉孔、深槽多的复杂型腔模具加工。根据型腔的几何形状，把电极分解成主型腔电极和副型腔电极分别制造：先用主型腔电极加工出主型腔，再用副型腔电极加工尖角、窄槽、异形盲孔等部位，如图 2.60 所示。图 2.61 所示为一复杂型腔采用分解电极加工的实例。

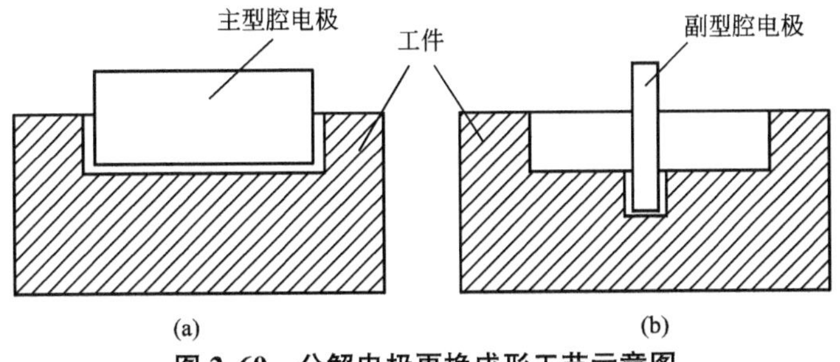

图 2.60　分解电极更换成形工艺示意图

这种方法的优点是可根据主、副型腔不同的加工条件，选择不同的电极材料和加工规准，有利于提高加工速度和改善表面质量，同时还可简化电极制造、便于电极修整；缺点是主型腔和副型腔间的定位精度要求高。当采用高精度的数控机床和完善的电极装夹附件时，这一缺点是不难克服的。近年来国外已广泛采用类似加工中心那样具有电极库的 3～5 坐标数控电火花成形加工机床，事先把复杂型腔分解为简单表面和相应的简单电极，编制好程序，加工过程中自动更换电极和转换规准，实现复杂型腔的加工。同时配合一套高精度辅助工具、夹具系统，可以大大提高电极的装夹定位精度，使采用分解电极法加工的模具精度大为提高。

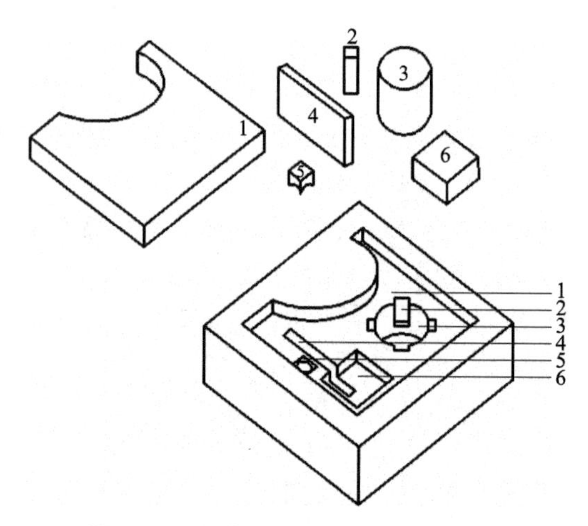

图 2.61　复杂型腔分解电极加工实例

4. 集束电极加工法

针对传统电火花成形加工中电极制造成本高、加工效率低等问题，研究人员提出了一种利用空心管状电极组成的集束电极进行电火花加工的新方法，该方法把三维复杂电极型面离散化成由大量微小截面单元组成的近似曲面，每一个截面单元对应一个长度不等的空心管状电极单元，这些电极单元组合后即形成端面与原曲面形状近似的集束电极，如图2.62所示。这样就把一个复杂三维成型电极型面的加工问题转化为单个微小截面管状电极的长度截取和排列问题，大大降低了电极的加工难度和制造成本。每个微小电极均为中空结构，可将工作液介质强迫冲出，再辅以电极摇动功能，就可以获得一种经济、高效的电火花加工新方法，尤其适用于进行工件材料大去除的粗加工。若将电极单元进行分组绝缘并采用多组脉冲并联供电的方式，相当于多台脉冲电源同时投入工作，可以成倍提高加工效率。实践证明，集束电极加工法不仅能显著降低电极制造成本和制备时间，而且可进行具有充分、均匀冲液效果的多孔内冲液，从而实现传统实体成形电极所无法达到的大峰值电流高效加工效果，总加工工时大幅度缩短，电极成本也大幅下降。

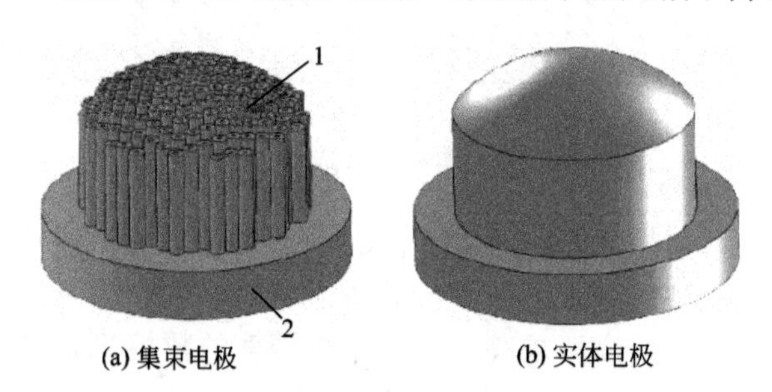

(a) 集束电极　　(b) 实体电极

图 2.62　成形与集束电极转化原理图

1—单元电极；2—电极座

2.6.3　电火花铣削加工

电火花铣削加工是20世纪90年代发展起来的电火花成形加工技术，它克服了传统的电火花成形加工需要依照加工工件形状制造复杂的工具电极的缺点，利用简单电极(也称为标准电极)，如棒状电极在多轴联动电火花数控机床上对三维型腔或型面进行展成加工，如图 2.63 所示。这种加工借鉴数控铣削加工方式，通过简单电极与工件之间在不同相对位置的放电，加工出所需要工件形状。电火花铣削加工的运动方式与铣削加工相类似，能够进行孔、平面、斜面、沟槽、曲面、螺纹等典型零件的加工。

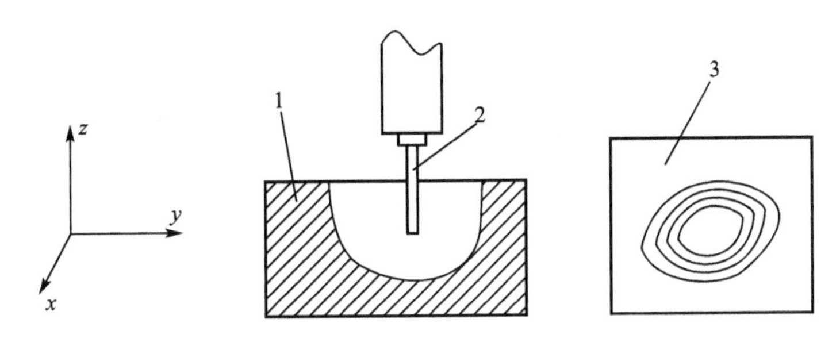

图 2.63　电火花铣削加工示意图

1—工件；2—圆柱电极；3—走刀轨迹

图 2.64 所示为电火花铣削加工的几种形式。

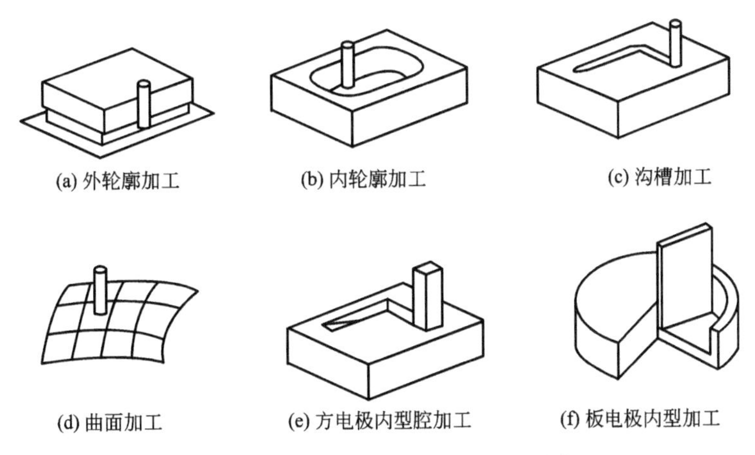

图 2.64　电火花铣削加工的几种形式

与普通电火花成形加工相比，电火花铣削加工具有明显的优势。电火花成形加工必须事先制作成形电极，这对于简单二维型腔比较容易制作，但三维复杂型腔电极的制作则较为困难。另外，由于加工中电极损耗的不均匀，往往需要制作多个电极以满足粗、中、精加工的要求，加工成本高、加工周期长。电火花铣削在加工前不需事先准备成形电极，缩短了生产周期，降低了制造成本，提高了加工柔性。但电火花铣削加工又与数控铣削有很大差别。电火花铣削加工是靠电蚀除加工去除金属，虽然不受工件材料硬度、强度限制，工具制造极为简单，成本很低，但是在加工过程中不断地产生径向和长度方向上的损耗，因而其“刀具补偿”是动态的，规律复杂程度远超过铣削加工，加上由于加工效率较低，同时又受到高速铣削的冲击，因此目前距商业化应用仍有差距。电火花铣削的加工实物如图 2.65 所示。

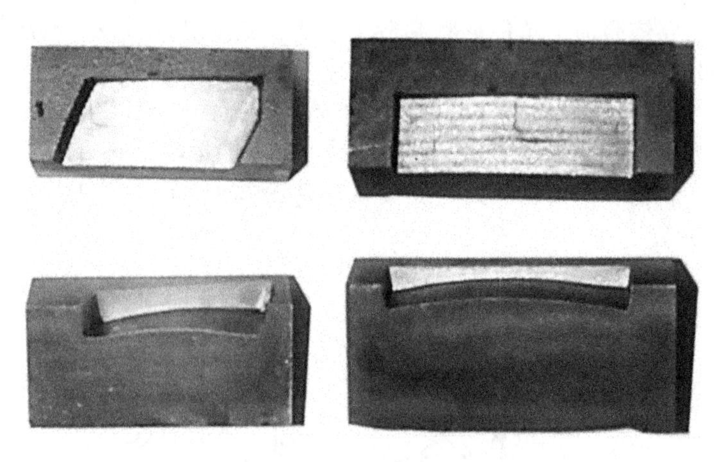

图 2.65　电火花铣削的加工实物

2.7　电火花加工安全防护

2.7.1　电气安全

电火花加工是直接利用电能使金属蚀除的工艺，使用的机床及电源上设有强电及弱电回路，除与一般机床相同的用电安全要求外，对接地、绝缘、稳压还有一些特殊需求。

【电火花机床自动灭火装置】

电源(或控制柜)外壳、油箱外壳要妥善接地，防止人员触电，并起到抗干扰、电磁屏蔽的作用。

经常检查电极(主轴头)及工作台与电源连接线的绝缘完好，防止连接线的破损引起短路，造成电源故障或引起火灾。加工中，禁用裸手接触加工区任何金属物体，若调整冲液装置必须停机进行，保障操作人员及电极、工件的安全。不在工作箱内放置不必要或暂不使用的物品，防止意外短路。

稳压电源进线加装稳压及滤波环节，提高抗干扰能力，减少对外电磁污染。

2.7.2　火灾的防止

当进行电火花加工时，工作液(通常是火花油、煤油)或加工中产生的可燃气体在空气中被放电火花点燃时，就有引起火灾的危险。电火花加工时，工作液面要高于工件一定距离(30～100mm)，如果液面过低，加工电流较大，很容易引起火灾。由于操作不当，可能导致意外发生火灾的情况，如图 2.66 所示。因此，除非电火花加工机床上装有烟火自动检测和自动灭火装置，否则，操作人员不能较长时间离开。

电火花加工过程中，万一发生火灾，在最初的短暂时间内，着火范围一般局限在工作液槽内，火势容易控制，直至扑灭。如果发生火灾，首先应切断电源，即切断总电源或近处机床电源；然后用机床旁配备的灭火器材扑救，必要时向消防部门报警；在处理完事故、解除现场保护后，尽早清除灭火器材喷洒后的残留物，并检查损失，减少灭火药品对

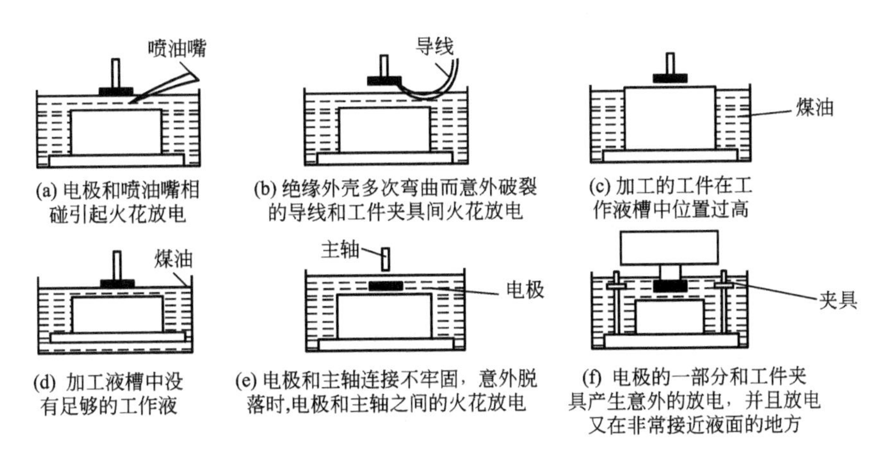

(a) 电极和喷油嘴相碰引起火花放电　(b) 绝缘外壳多次弯曲而意外破裂的导线和工件夹具间火花放电　(c) 加工的工件在工作液槽中位置过高

(d) 加工液槽中没有足够的工作液　(e) 电极和主轴连接不牢固，意外脱落时，电极和主轴之间的火花放电　(f) 电极的一部分和工件夹具产生意外的放电，并且放电又在非常接近液面的地方

图 2.66　意外发生火灾的原因

机床造成的腐蚀等作用。

鉴于电火花加工中的灭火对象包括油类、电气设备及其他可燃物(如油漆、橡皮、塑料等涂层及零部件)，所以灭火剂只能选用二氧化碳灭火剂、卤代烷灭火剂、干粉灭火剂等，不允许用水灭火剂及泡沫灭火剂。

2.7.3　有害气体的防护

电火花加工时，现场空气中存在火花油或煤油的蒸发气体，加工后产生的一氧化碳、丙烯醛、低碳氢化合物、氰化氢等对人体有害气体。在一般加工情况下，各种有害气体均应低于国家规定的最高容许浓度。但由于工作液属于石油分馏产物，所产生的烟气对人有一定刺激并产生某些症状，仍需采取防护措施，主要是通风净化。电火花加工时的通风一般采用局部吸(排)气即可达到防护目的。

2.8　其他电火花加工及复合加工方法

【高速穿孔】

2.8.1　电火花高速小孔加工

【球面及发动机叶片数据电火花高速小孔加工】

电火花高速小孔加工是近三十年来新发展起来的电火花加工技术。电火花加工过程易于控制；加工过程中没有常规加工中的切削力；可以加工任何硬度的金属材料、导电材料，包括硬质合金和导电陶瓷、导电聚晶金刚石等。因此可以利用电火花加工方法解决微孔加工、群孔加工、深小孔加工、异形小孔加工、特殊超硬材料的小孔加工等难题。典型的电火花小孔加工机床如图 2.67 所示。

【电火花高速小孔加工】

图 2.68 所示为电火花高速小孔加工机床外观，由六部分组成：电气柜、坐标工作台、主轴头、旋转头、高压工作液系统、光栅数显装置。

机床主轴头安装在立柱上，立柱安装在床身机座上。主轴头的作用是完成加工过程中工具电极的伺服进给功能。旋转头安装在主轴头的滑

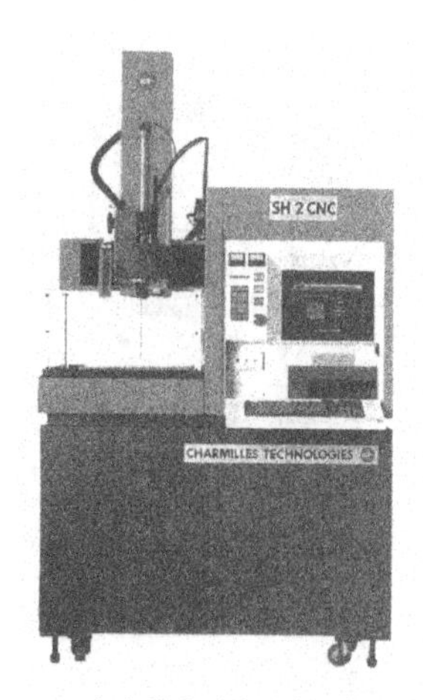

(a) 电火花高速小孔加工

(b) 电火花高速斜孔加工

(c) 电火花高速群孔加工

图 2.67　电火花高速小孔加工机床

块上，由主轴滑块带动上下运动。旋转头可以实现工具电极的装卡、旋转、导电及旋转时高压工作液的密封等功能。

机床电控系统位于床身内的底座上，装有脉冲电源、主轴进给伺服系统、机床电器等控制系统。机床操作箱安装在立柱上，操作箱的面板上有各种操作开关、电器按钮和数显装置。高压工作液系统是对工作液进行储存、过滤并将高压工作液输送到工具电极内的组件，由工作液箱、过滤器、高压泵、调节阀、高压管道几部分组成。高压工作液系统放置在床身内部。机床的机械传动结构如图 2.69 所示。工作台装在机床底座上，一般由上拖板、下拖板及接液盘等组成。拖板运动由导轨导向和丝杠螺母传动。坐标工作台的 X、Y 运动方向装有数显尺、可使工作台精确定位。通过注油器，可给导轨面加油润滑。考虑到机床的防锈性能，工作台通常由黑色大理石制成，工作台下装有不锈钢接液盘，并配有机玻璃防护罩。

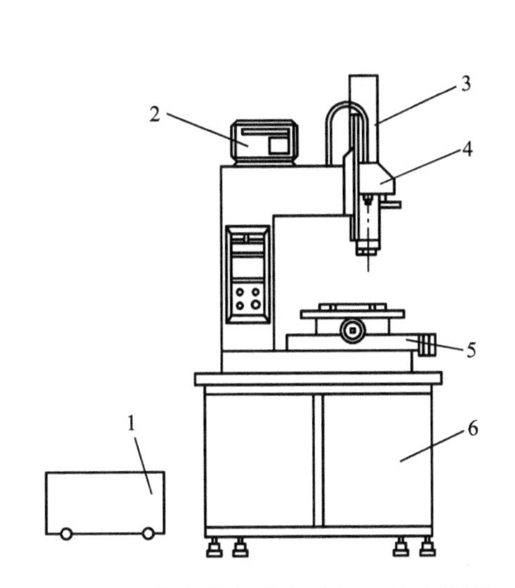

图 2.68 电火花高速小孔加工机床外观

1—高压工作液系统；2—数显表；3—主轴头；4—旋转头；5—坐标工作台；6—电气柜

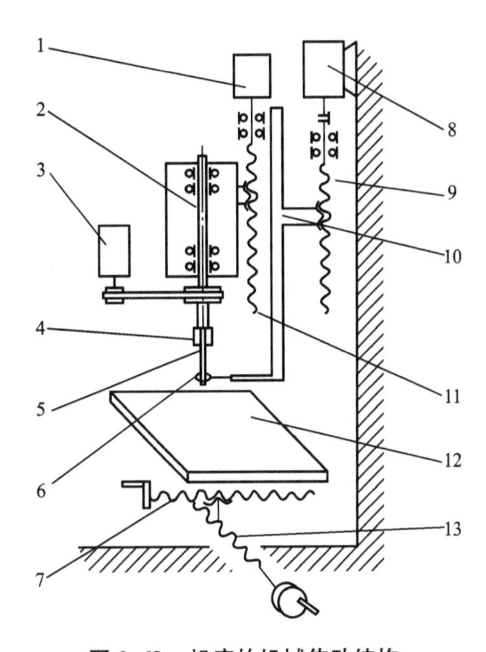

图 2.69 机床的机械传动结构

1—伺服电动机；2—主轴；3—旋转电动机；4—电极夹头；5—工具电极；6—导向器；7—X 轴丝杠；8—主轴升降电动机；9—升降丝杠；10—升降滑台；11—伺服进给丝杠；12—坐标工作台；13—Y 轴丝杠

电火花高速小孔加工除了要遵循电火花加工的基本机理外，还有别于一般电火花加工方法，其主要的特点有：一是采用中空的管状电极；二是管状电极中通有高压工作液，以强制冲走加工蚀除产物；三是加工过程中电极要做旋转运动，可以使管状电极的端面损耗均匀，不致受到电火花的反作用力而产生振动倾斜，而且，高压高速流动的工作液在小孔壁按着螺旋线的轨迹排出小孔外，类似液静压轴承的原理，使得管状电极稳定保持在小孔中心，不易产生短路故障，可以加工出直线度和圆柱度很好的小深孔。从原理上，小深孔的深径比取决于管状电极的长度，只要有足够长的管状电极，就能加工出极深的小孔。加工时管状电极做轴向进给运动，管状电极中通入 1～7MPa 的高压工作液(自来水、去离子水、蒸馏水、乳化液、或煤油)，其加工原理如图 2.70(a)所示，加工区域的微观示意如图 2.70(b)所示。

由于高压工作液能够迅速强制将放电蚀除产物排出，而且能够强化电火花放电的蚀除作用，因此电火花高速小孔加工的最大特点是加工速度很高。一般电火花小孔加工速度可以达到 30～60mm/min 左右，比机械加工钻削小孔快得多。电火花高速小孔加工最适于加工直径为 ϕ0.3～3mm 左右的小孔，而且深径比可以超过 200∶1。

用一般空心管状电极加工小孔，即使电极进行旋转也容易在工件上留下毛刺料芯，料芯会阻碍工作液的高速流通，且过长过细时会歪斜，以致引起短路。为此电火花高速加工小孔时通常采用专业厂生产的特殊冷拔的双孔、三孔甚至四孔管状电极，其截面上有多个月形孔，如图 2.71 中断面放大图所示。这样，在加工中电极转动时，在工件上不会留下毛刺料芯。

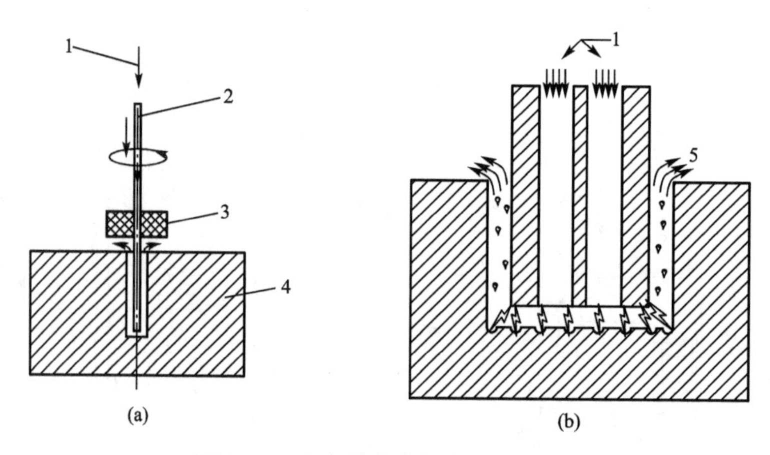

图 2.70　电火花高速小孔加工原理图

1—高压工作液；2—管状工具电路；3—导向器；4—工件；5—工作液及蚀除产物

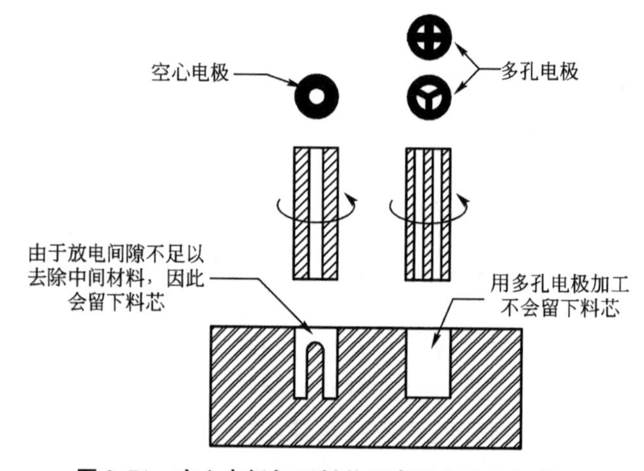

图 2.71　空心电极加工料芯示意及多孔电极截面

由于电火花高速小孔加工时放电区域很小，因此从放电加工机理分析其放电中含有电弧放电的成分，同时虽然有高压冲液及电极旋转，其放电的极间条件还是比较恶劣的，这也是造成电火花高速小孔加工电极相对损耗很高的主要原因，正常加工中其电极的相对损耗超过20%，对于直径小于ϕ0.5mm的小孔而言，其加工中电极的相对损耗超过50%，并且由于电极的损耗规律受到诸多因素的影响，使得盲孔的深度精确控制十分困难。因此，目前该种工艺主要用于通孔加工。

电火花高速小孔加工方法还可以在斜面和曲面上打孔，已被广泛应用于线切割零件的预穿丝孔、喷嘴及耐热合金等难加工材料的小孔加工中，并且已经应用在航空、航天工业产品中的小孔、深孔、斜孔等零件的加工方面。其打孔用电极及典型的穿孔应用如图2.72所示。

电火花高速小孔加工属于高速、粗加工、微蚀除量的加工方法。加工的特点是孔的直径在ϕ0.3～3mm的范围内，孔的深径比很大，极限情况下，有可能达到1∶(300～500)左右。因此，若加工过程中的金属蚀除产物不能顺利排出孔外，就会造成短路，使加工不能顺利进行。由于油类工作液有挥发异味、容易燃烧，尤其在大能量粗加工时工作液高温

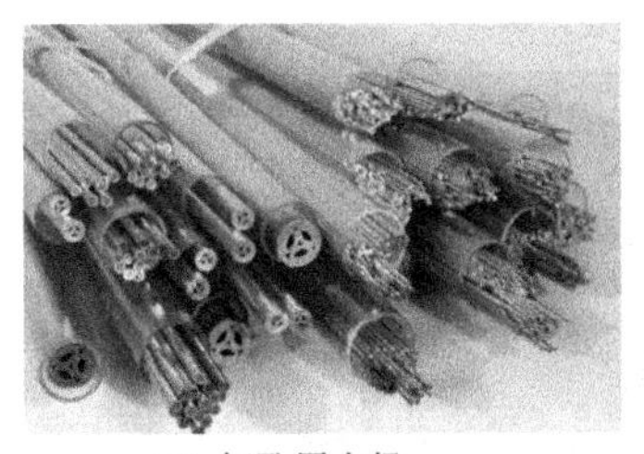
(a) 打孔用电极

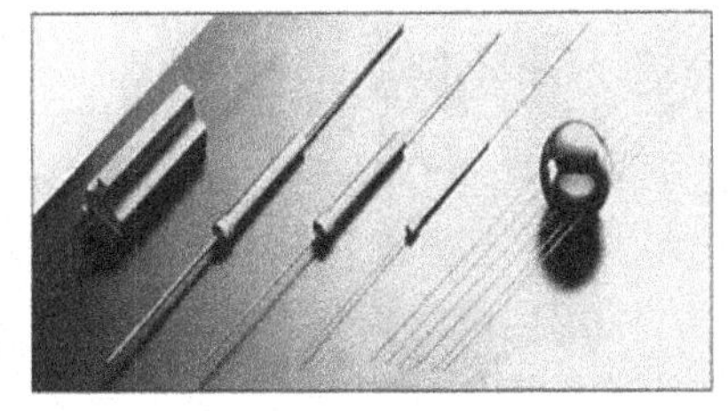
(b) 典型穿孔应用

图 2.72 电火花高速小孔加工用电极及典型应用

分解产生的烟气很大，故电火花高速小孔加工一般使用纯净水作为工作液，和煤油相比，水的放电间隙较大，有利于深孔排屑，使加工能够持续稳定进行。

电火花高速小孔加工使用黄铜管作为工具电极，在黄铜管工具电极中通以纯净水或水基工作液。由于黄铜管工具电极内径很小，工作液在管内流动的阻力比较大，因此，必须采用工作液高压强迫排渣来维持间隙正常放电状态，使穿孔加工能够高速稳定地进行。在加工直径 $\phi0.3$mm 的小孔时，通入黄铜管加工电极中工作液的压力需要达到 5～7MPa 才能正常进行加工。

电火花高速小孔加工电极直径 $\phi0.3$～3mm，长度 400mm。加工时电极做旋转运动，转速为 20～120r/min。

传统的电火花高速小孔加工由于加工过程中蚀除产物与孔壁的侧向二次放电，加工出的小孔一般均呈现上大下小的“正锥形”孔径形状。但在实际应用中，有一些场合需要“倒锥形”形状，如图 2.73 所示的柴油机喷油嘴，其微细喷孔不仅要求孔径小于 $\phi0.2$mm，且要求孔径沿喷射方向逐渐变小形成 0.2°锥角的“倒锥孔”，此时就需要利用微细倒锥角推摆机构加工倒锥形微细小孔，其运动原理如图 2.74 所示。利用误差缩小原理，在锥角顶点“O”的确定距离上采用电极丝偏心量连续可调方法，精确调控微细倒锥角大小；通过控制微细电极丝绕偏心圆轨迹的摇摆运动形成加工倒锥孔包络面。当然，该功能实现的前提是机床的主轴系统具有很高的制造及装配精度。

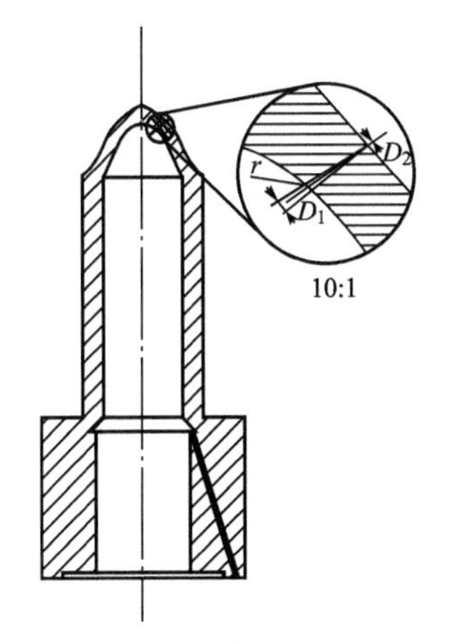

图 2.73 喷油嘴微孔倒锥示意图($D_1>D_2$)

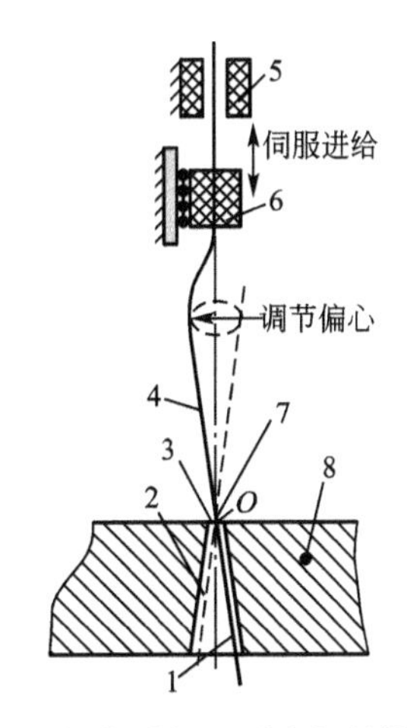

图 2.74 倒锥孔加工时电极丝摇摆运动

1—加工出口；2—倒锥孔；3—加工入口；4—电极丝；5—常开夹丝；6—常闭夹丝；7—锥角顶点；8—工件

2.8.2 电火花小孔及深孔磨削

生产中往往遇到一些小孔甚至是深孔(孔深/孔径>10)，并且工件材料(如磁钢、硬质合金、耐热合金等)加工困难，且精度和表面粗糙度要求较高。这些孔采用研磨方法加工时，生产率太低，采用内圆磨床磨削也很困难，因为内圆磨削小孔时砂轮轴很细，刚度很差，砂轮转速也很难达到要求，因而磨削效率下降，表面粗糙度变大，而采用电火花磨削能较好地解决这些问题。

电火花小孔磨削时工件和工具电极(电极丝)组成的电极对有三种运动：工件自身的旋转运动、工件或工具电极的轴向往复运动及工件或工具电极的径向进给运动，如图2.75所示。

在小孔磨削时，工具电极与工件不直接接触，不存在机械力，不会产生因切削力引起的变形，因此工件的加工精度和表面粗糙度得以保证。生产中如对于小孔径弹簧夹头工作部分的硬质合金加工，就可以采用电火花磨削的方式进行，如图2.76所示。电火花磨削可在穿孔、成形机床上附加一套磨头来实现，使工具电极作旋转运动，如工件也附加一旋转运动，则磨得的孔可更圆。

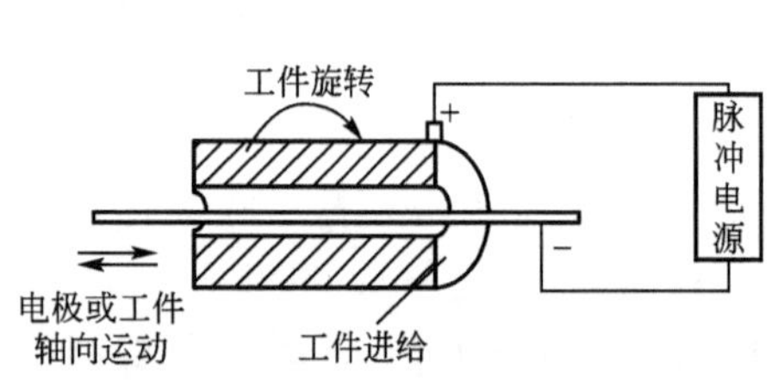

图2.75 电极对运动示意图

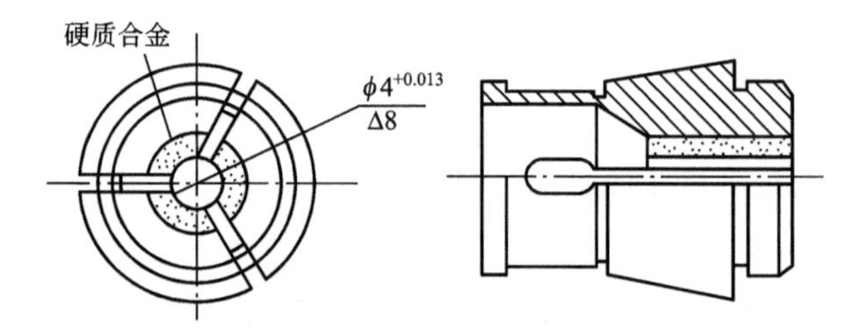

图2.76 弹簧夹头磨削

2.8.3 电火花共轭回转加工与跑合加工

1. 电火花共轭回转加工

【电火花共轭回转加工】

电火花共轭回转加工的主要特点：在加工过程中，电极与工件具有特殊的相对运动形式。

共轭回转加工包括同步回转式、展成回转式、倍角速度回转式、差动比例回转式、相位重合回转式等不同方法，这些方法的共同特性是工件与工具电极之间的切向相对运动线速度的值很小，几乎接近于零。所以在放电加工区域内，工件和工具电极近于纯滚动状态。例如，同步回转式加工内外齿轮，特别是加工非标准齿轮(图2.77)时，在加工过程中，工件与带有齿轮的工具电极始终保持同步回转，两者之间没有轴向位移，工具电极不断作径向进给，使工具电极与工件维持在能产生火花放电的距离内。这样就可在工件上得到与电极齿形相同的内齿轮或外齿轮。

电火花共轭回转加工方式目前主要适用于加工具有渐开线、摆线、螺旋面等复杂形面的工件，并且由于电极对运动的特点，有利于蚀除产物的排除，可使工件获得较高的加工速度、良好的加工精度和表面粗糙度。工件的尺寸精度一般能达到几微米，表面粗糙度值

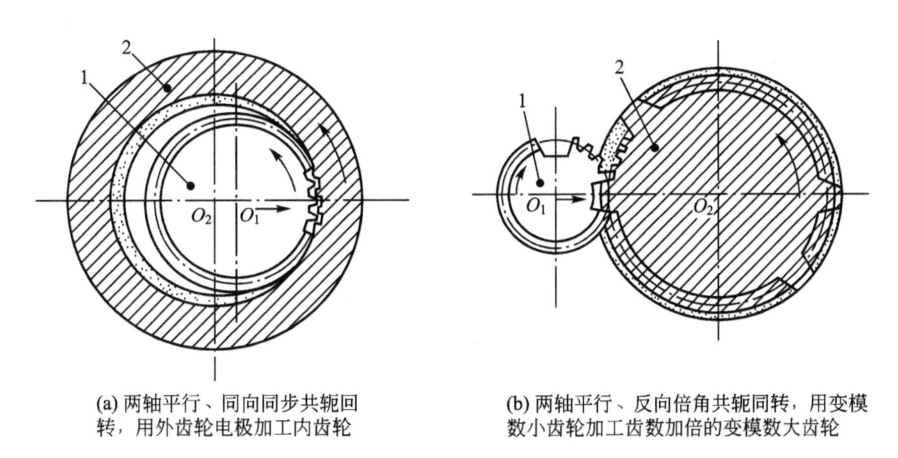

(a) 两轴平行、同向同步共轭回转，用外齿轮电极加工内齿轮

(b) 两轴平行、反向倍角共轭同转，用变模数小齿轮加工齿数加倍的变模数大齿轮

图 2.77 电火花共轭回转加工精密内齿轮和变模数非标齿轮

1—电极；2—工件

低于 $Ra0.05\mu m$。

2. 电火花跑合加工

电火花跑合加工的工作原理是：在相互绝缘的工件与工具电极(或工件与工件)之间，加上交变的脉冲电压和电流，使其对磨跑合放电加工。一般采用多点、电刷(碳刷)进电的方式。由于是对磨放电加工，因而不需要考虑极性效应和损耗。这种加工采用最简单的 *RC* 线路就可得到良好的效果。

电火花跑合加工能有效地消除毛刺及不规则的棱边、拐点等，有效地降低表面粗糙度。由于电极对运动，有利于蚀除产物的排出，可使加工件达到较高的精度和平行度。跑合加工适用于加工压辊、轧辊、高速齿轮、重载齿轮包括直齿轮、锥齿轮及圆弧锥齿轮等工件。

2.8.4 金属电火花表面强化和刻字

1. 电火花表面强化工艺

电火花表面强化也称电火花表面合金化，是利用工具电极与工件表面之间在气体中放电，使金属表面产生物理化学变化，借以提高工件表面硬度、强度、耐磨性等性能的金属表面处理方法。图 2.78 所示为金属电火花表面强化的加工原理示意图，在工具电极和工件之间接上电源，由于振动器 *L* 的作用，使电极与工件之间的放电间隙开路、短路频繁变化，工具电极与工件间在空气中不断产生火花放电，从而实现对金属表面的强化。

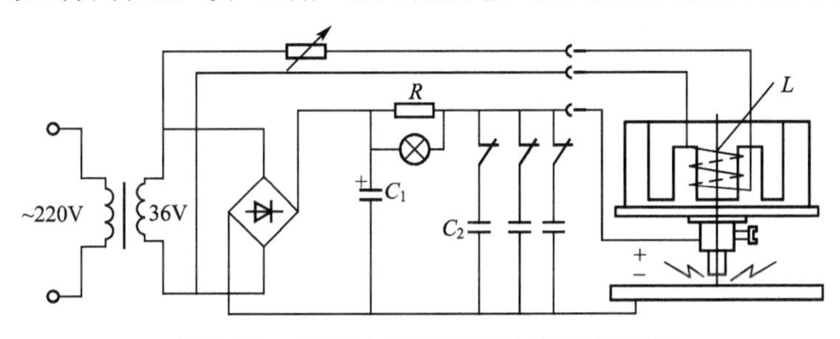

图 2.78 金属电火花表面强化加工原理图

电火花表面强化过程原理如图2.79所示。当电极与工件之间距离较大时，如图2.79(a)所示，电源经过电阻R对电容C_2充电，同时工具电极在振动器的驱动下向工件运动；当间隙接近到某一距离时，间隙中的空气被击穿，产生火花放电，如图2.79(b)所示，使电极和工件材料局部熔化，甚至气化；当电极继续接近工件并与工件接触时，如图2.79(c)所示，在接触点处流过短路电流，使该处继续加热，并以适当压力压向工件，使熔化了的材料相互粘结、扩散形成熔渗层；图2.79(d)所示为电极在振动作用下离开工件，由于工件的热容比电极大，使熔渗在工件的熔化层首先急剧冷凝，从而使工具电极的材料被粘结，覆盖在工件上。

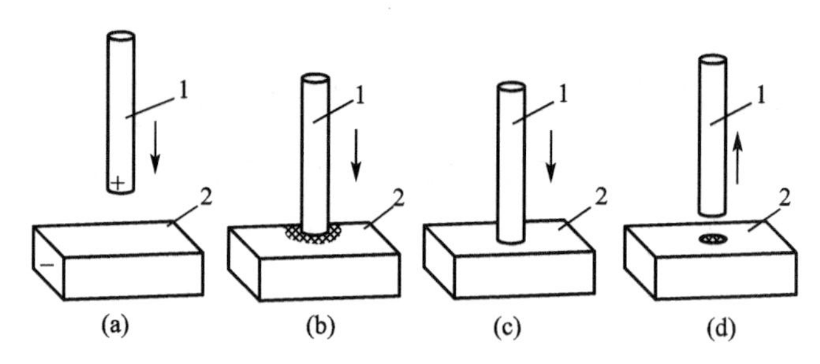

图2.79 电火花表面强化过程原理图

1—工具电极；2—工件

金属表面层能够强化是由于在脉冲放电作用下，金属表面发生了物理化学变化过程，主要包括超高速淬火、渗氮、渗碳、工具电极材料的转移四个方面。

由于电火花放电使得工件表面极小面积的金属在很短的时间内被加热到很高温度，并在金属基体的吸热作用下很快冷却，因此这个过程对金属表面层而言是一个超高速淬火的过程；在电火花放电通道区域内，空气中的氮分子与受高温熔化的金属相关元素化合成高硬度的金属氮化物，如氮化铁、氮化铬等；如果采用石墨电极或周围介质的碳元素溶解再加热而熔化的铁中，形成金属的碳化物，如碳化铁、碳化铬等；如果采用优质的工具电极材料，在电极压力和电火花放电条件下，工具电极将部分接触材料转移到工件金属熔融表面，有关金属合金元素(钨、钛、铬等)迅速扩散在金属的表面层。

电火花表面强化层具有如下特性。

(1) 采用硬质合金作电极材料时，硬度可达HV1100～1400 (约HRC70以上)或更高。

(2) 使用铬锰、钨铬钴合金、硬质合金作工具电极强化45钢时，其耐磨性比原表层提高2～5倍。

(3) 使用石墨作电极材料强化45钢，用食盐水做腐蚀性试验时，其耐腐蚀性提高90%，用WC、CrMn作电极强化不锈钢时，耐腐蚀性提高3～5倍。

(4) 耐热性大大提高，提高了工件使用寿命。

(5) 抗疲劳强度提高2倍左右。

(6) 强化层厚度为0.01～0.03mm。

电火花表面强化工艺方法简单、经济、效果好，因此广泛应用于模具、刃具、量具、凸轮、导轨、水轮机和涡轮机叶片的表面强化。

2. 电火花刻字工艺及装置

目前在产品上刻字或打标普遍采用激光的方法。但对于小批量的量具、刃具上刻字和打印记，采用电火花刻字打印的方法，工艺简单，设备投入不大，具有优越性。刻字打印原理为用铜片或铁片制成字头图形，使之与工件在气体中脉冲放电，而实现刻字打印，如图 2.80 所示。图中工具电极(字头)和工件均置于空气之中，靠自重，两者相互接触，当同时按下 K_1 和 K_2 时，两极短路，这时电磁铁中通过电流吸引字头向上。在字头瞬时离开工件时，由 R_2 和 C_1 等组成的弛张式脉冲电源使字头与工件间产生放电。当 K_1 和 K_2 打开时，字头复位仍和工件相接触。如此重复，字头上下振动，反复短路开路，便将放电蚀出产物镀覆在工件表面，与字头图形相仿。一般每打一个印记 0.5～1s。如果不用成形字头而用铁丝、钨丝等作工具电极，仿形刻字，每打一件需 2～5s。

为了刻字方便，可制成手刻字的电笔，如图 2.81 所示。为操作安全，电源电压取 36V。但使用低电压工作，刻字的清晰度差。

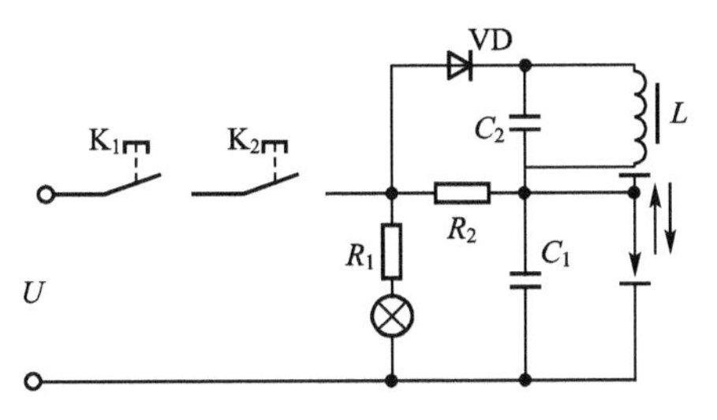

图 2.80 刻字打印工作原理图

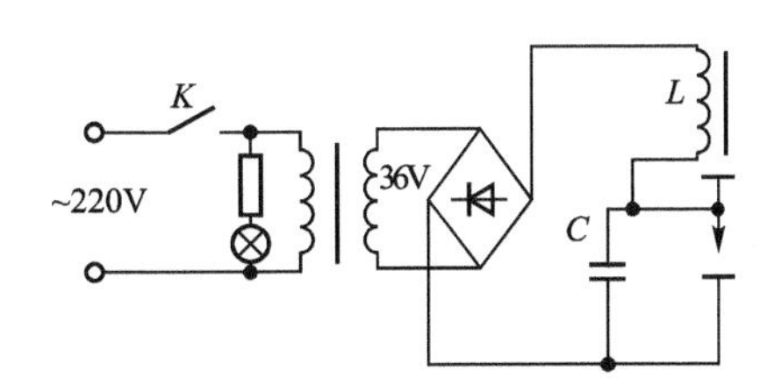

图 2.81 刻字电笔工作原理图

2.8.5 非导电材料电火花加工

随着非导电工程陶瓷材料如氧化铝、氧化锆、氮化硅、高电阻率的聚晶金刚石及立方氮化硼等超硬材料的广泛应用，以及其形状的复杂化，使得研究对这些材料进行电火花加工已经成为该领域的新趋势之一。非导体材料因不具有导电性，故不能将其直接作为电极对的一极进行电火花加工。一般采用高压辉光放电加工法、电解电火花放电复合加工法、辅助电极法进行加工。

1. 高压辉光放电加工法

在尖电极与平板电极间放入绝缘的工件(图 2.82)，两极加以高压直流或工频交流电压，则尖电极附近部分绝缘被破坏，发生辉光放电；但辉光电流小，加工效果差。由于两极间存在寄生电容，把电源变为高频或脉冲性，可以流过相当多的辉光电流。一般使用高压高频电源，其电压为 5000～6000V，最高电压 12000V，频率为数十千赫兹到数十兆赫兹。

图 2.83 所示为尖电极加工金刚石工件示意图。当尖电极以自重压力约 0.5gf($1gf=9.80665\times10^{-3}N$)压在金刚石上，两极接上 50Hz 交流电源，电压逐渐升高，当到达 1200V 时开始放电，到 5000V 时引起强烈地放电，在加工间隙得到频率非常高的重复放电［图 2.83(a)］；再提高电压会使电极烧红，且加工速度低。这种放电加工在加工浅坑时尚可，在加工深坑时将发生侧面放电，使加工不能进行［图 2.83(b)］。此方法加工的坑形状粗糙，要用机械加工修研达到加工要求。但作为粗加工，加工速度快，也比较经济。

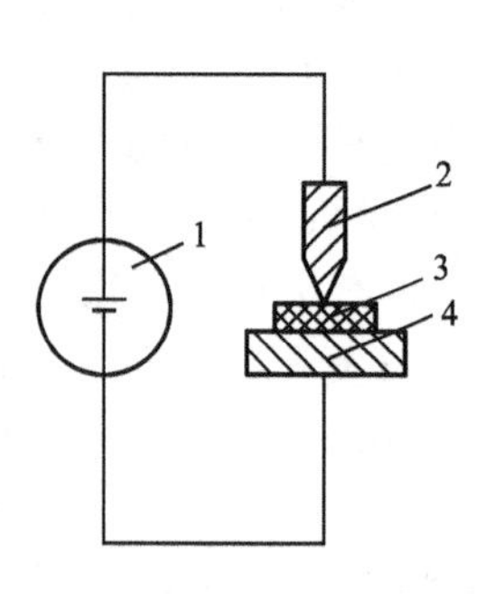

图 2.82　高电压法加工原理图

1—高压电源；2—尖电极；

3—绝缘材料；4—平板电极

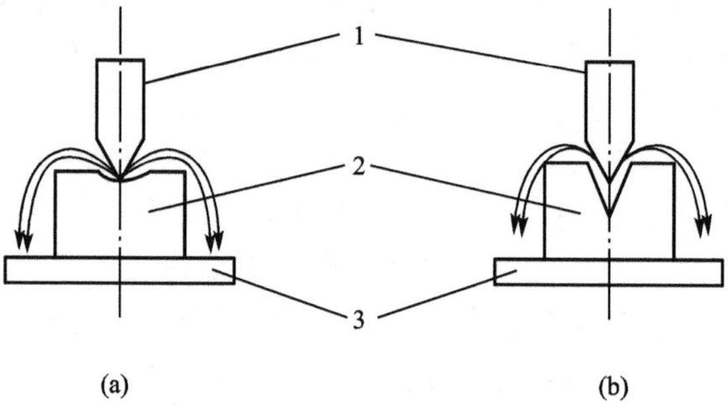

图 2.83　尖电极加工金刚石工件示意图

1—尖电极；2—金刚石；3—平电极

2. 电解电火花放电复合加工

电解电火花放电复合加工法：借助于电解液中火花放电作用来蚀除非导电工件的电加工方法。加工时工具电极接负极，辅助电极接正极，当两极间加上脉冲电压时，由于电化学作用，在电极表面产生气泡，通过气泡使工具电极表面与导电的工作液间形成高的电位梯度，引起火花，靠放电时的瞬时高温及冲击波等作用来达到蚀除工件材料的目的。其放电过程原理如图 2.84 所示。

(a) 两极未加电压　(b) 两极间施加电压初期

(c) 两极间施加电压中期　(d) 火花放电

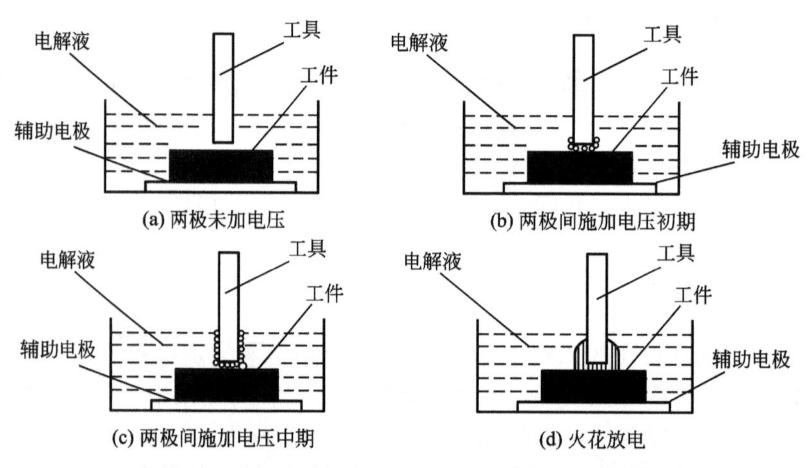

图 2.84　电解电火花复合加工的火花放电过程原理图

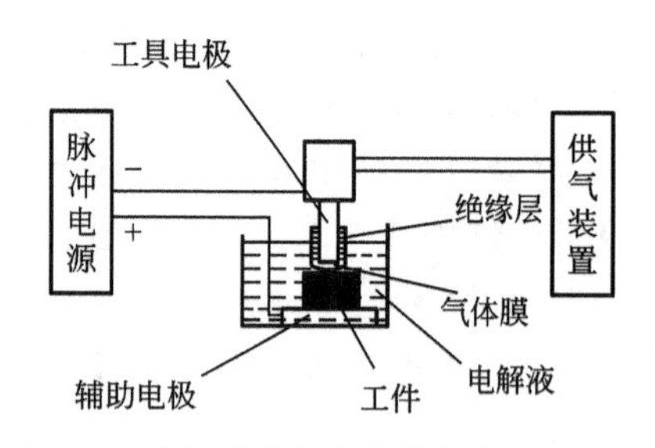

图 2.85　充气式电解电火花复合加工原理图

因为加工是由于电极表面因电化学作用产生了气泡，从而在工具电极与电解液之间产生较高的电位梯度，通过击穿气泡而产生的放电，因此可以通过主动在工具电极与电解液间产生气泡的方法来节省电化学能量，并提高放电的利用率。由此发明了如图 2.85 所示的充气式电解电火花复合加工。

充气式电解电火花复合加工的基本原理是：加工时由气压可调的供气装置，通过电极的内孔向工具电极与工件间充气，为限制放电区域，以提高放电的利用率，在工具电极上套上绝缘层，使其只能在工具电极的端面形成一层气体膜。此时若脉冲电压加到工具电极与辅助电极之间，便在工具电极表面气体层产生电场强度。当某处电场强度达到击穿强度，便在该处产生火花放电，靠放电时的瞬时高温及冲击波等作用来达到蚀除工件材料的目的。

电解电火花放电复合加工方法实质放电是在工具电极—气膜—电解液之间进行的，因此大部分放电的热量被电解液所吸收，实际传递到绝缘体工件上的热量十分有限，因此加工效率极低。目前研究的热点集中在如何尽量减少工作液对放电热量的吸收方面，因此有研究人员提出一种采用雾化电解液的方法，尽可能切断放电热量在工作液中的连续传送，并采用极性交换的方法，在电极附近产生氢氧混合气体，利用氢氧气体在放电作用下的燃烧，增加加工区域的微量爆炸，从而起到对加工区域的绝缘体产生冲击作用。

3. 辅助电极法电火花加工

辅助电极法电火花加工的原理如图 2.86 所示，直接在绝缘陶瓷表面紧压金属板、金属网等导电材料，或通过蒸镀、涂覆等方法在绝缘陶瓷表面形成金属、碳素等导电层，并以煤油为工作液，利用火花放电瞬间产生的高温作用使煤油热分解出来的碳、工具电极溅射出来的金属及其化合物在绝缘陶瓷表面形成新的导电层，从而在绝缘陶瓷与工具电极之间一直能形成放电的回路，使得电火花加工能连续进行下去。其加工过程如图 2.87 所示。

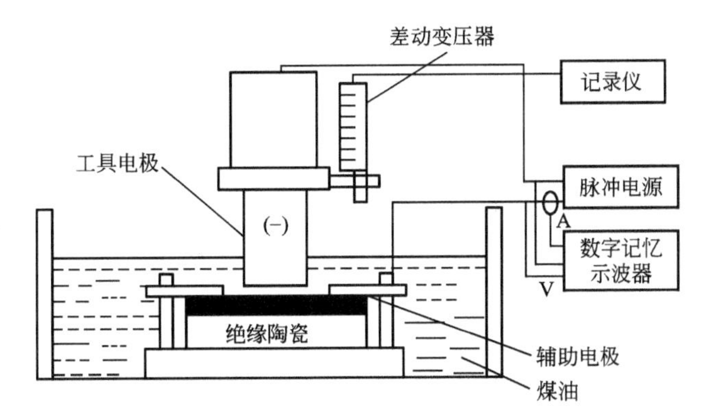

图 2.86 绝缘陶瓷辅助电极法电火花加工原理图

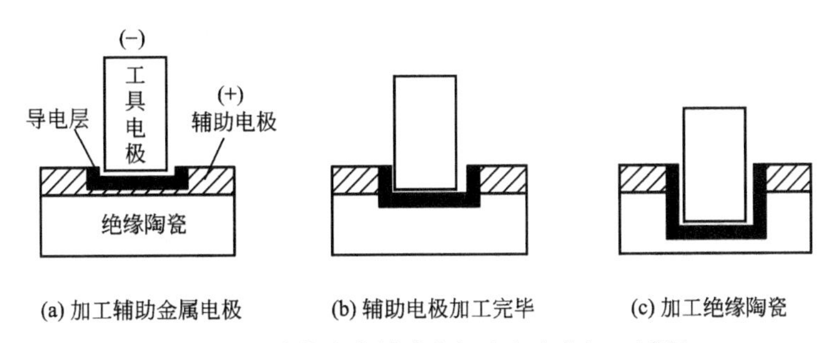

图 2.87 绝缘陶瓷辅助电极法电火花加工过程

2.8.6 电火花机械复合磨削

双电极同步伺服电火花机械复合磨削技术加工原理如图 2.88 所示，将高速旋转的导电砂轮接脉冲电源正极，紧贴工件表面并将向导电砂轮做伺服进给运动的铜片接负极，利用导电砂轮和铜片电极之间产生的火花放电形成的热能作用蚀除或软化非导电陶瓷材料，同时伴随着砂轮产生的机械磨削综合作用将绝缘陶瓷材料去除。

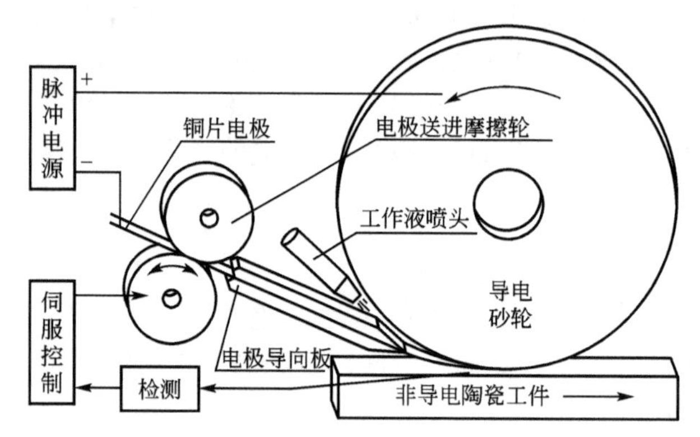

图 2.88 双电极同步伺服电火花机械复合磨削加工原理图

2.8.7 短电弧加工技术

短电弧加工过程类似于焊接过程的反过程，即对正负电极通电，高密度的强电子流达到很高的能量密度，在电弧通道中瞬时产生很高的温度和热量，使工件表层局部迅速熔化，在高速工作液的冲击下，熔化金属热胀冷缩，爆离工件基体，以达到零件加工要求的尺寸精度和表面粗糙度，从而达到加工的目的，因此业内也称其为电熔爆加工。短电弧加工技术是一种非接触强电加工方式，属于特种加工行业电加工技术范畴的方法。短电弧加工作为一种新型的高效加工方法，其内在的加工机理还有待于进一步深入研究。

【短电弧切削加工】

短电弧加工技术的原理如图 2.89 所示。工具电极接负极，被加工的工件作为正极。短电弧切削机床其工作电压 $U \leqslant 12V$ 时，为短电弧微小电弧放电切削；工作电压 12V<

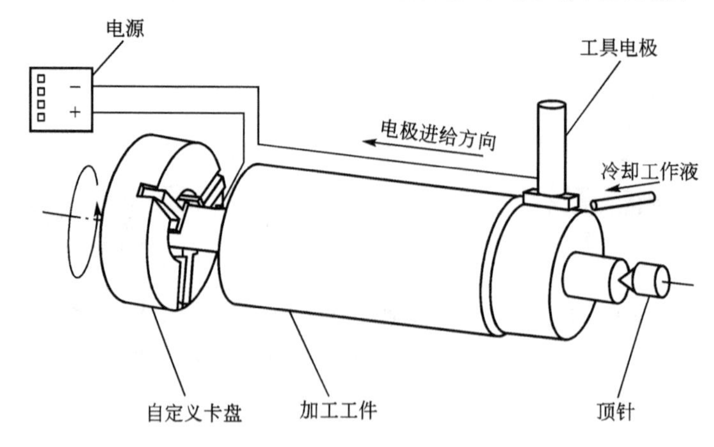

图 2.89 短电弧加工原理图

$U \leqslant 60V$ 时，为非接触强短电弧放电切削。短电弧切削机床正极装置完成工件的回转、往复直线运动并使工件带正电；负极装置完成工具电极的静止、回转和机械往复间歇运动，并使工具电极带负电。工具电极运动速度 $v \leqslant 2m/s$ 时，电极材料可以选择石墨、金属石墨或表面镀铜石墨；速度 $2m/s < v \leqslant 10m/s$ 时，电极材料可以选择金属、高速钢、硬质合金。工具电极或工件在切削过程中可以是静止、转动或直线往复运动。该加工方法采用大电流(可大于 3000A)非接触脉冲直流放电，配以良好的工作液冷却，使得工件表面局部的高温和热量来不及过多地传导和扩散到其他部分，不会使整个工件发热，也不会像持续电弧放电那样，使工件表面烧伤。

短电弧加工技术是一种新型难加工金属材料的高效加工方法，主要用于切削加工各种硬度大于 HRC45 导电材料，适合于外圆、内圆、平面、端面、各种异形面以及开槽、切割等加工。可广泛地应用于冶金轧辊、矿山机械、水泥磨辊、水泥立磨辊、磨煤辊、航空航天、船舶、军工、汽车、石油机械等加工。如对于冶金行业里的高消耗零件——轧辊，由于其在使用的过程中，表面一旦产生开裂及剥落现象，修复就相当困难，目前通常的修复方法是采用高硬度、高耐磨焊丝进行堆焊处理，但堆焊后表面材料的硬度很高，甚至 HRC>60，采用常用的机械加工方法效率很低。而电熔爆加工因不受材料硬度的限制，为在轧辊修造中采用高硬度耐磨药芯焊丝创造了条件，对堆焊后高低不平的表面有很高的加工效率。

对于一般的导电材料的高效率粗加工，机床单边切深超过 20mm，金属去除率可达 900～1500g/min。但由于加工的金属材料是爆离基体的，因此加工过程中噪声较大。轧辊短电弧加工现场如图 2.90 所示。

图 2.90 轧辊短电弧加工现场

短电弧加工和电火花加工相比，既有相同之处，也有不同的地方。相同之处都是脉冲性放电，都是在电场作用下，局部、瞬时使金属熔化和气化而形成蚀除；不同之处是短电弧电源的脉冲宽度、脉冲峰值电流、单个脉冲能量和平均能量远比电火花加工大得多，因此具有很高的材料去除率，但一般也难以获得较好的加工精度和表面粗糙度及表面质量。短电弧加工目前已经形成了 DHC 系列的短电弧切削机床产品。

2.8.8 放电诱导可控烧蚀及电火花修整

【放电诱导可控烧蚀】

放电诱导可控烧蚀加工(EDM - Induced Ablation Machining，EDM - IAM)是由南京航空航天大学刘志东教授提出的一种原创性的特种加工新型模式，该加工模式可以通过电极与工件相对位置及运动形式的变换，形成包括车、铣、刨、磨、钻及成型加工等一系列新型加工方法。应用于电火花铣削加工的原理如图 2.91 所示，其工作原理是在常规电火花铣削过程中，向加工区域间歇性通入氧气，使加工处于放电诱导可控烧蚀与常规电火花加工交替进行状态。该过程实现的本质在于利用电火花放电诱导氧气与金属(钛合金、铁基合金等)在通氧阶段产生可控烧蚀以蚀除表面大量金属材料，显著提高蚀除效率；而在氧气关闭阶段则通过电火花加工对已燃烧表面进行质量及精度修整。因此，该方法与传统电火花铣削相比可以获得很高的蚀除加工效率与类似的表面质量。

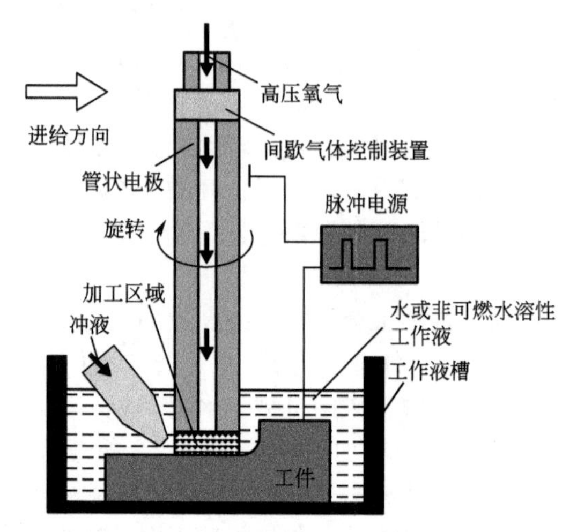

图 2.91　放电诱导可控烧蚀及电火花修整铣削原理图

放电诱导可控烧蚀及电火花修整高效加工模式具有以下特点：首先，缓解了难加工材料切削难度高与电火花加工效率低之间的矛盾，尤其适合钛合金、高温合金、高强度钢等难切削材料的加工；其次，该加工模式宏观上仍属于无切削力加工方式，适合复杂型面、薄壁件及大型零件的加工，对设备刚性要求可适当降低；第三，由于电火花加工只起到诱导燃烧及表面修整作用，在加工中所占比重较小，且电极受到气体冷却作用，电极损耗较低，加工精度及表面质量容易得到保障；第四，采用了非可燃性工作液，不存在常规电火花加工中产生的有害气体污染及火灾隐患等问题，具有绿色制造的优点。

该加工方式微观过程主要分为如图 2.92 所示的三个主要阶段。

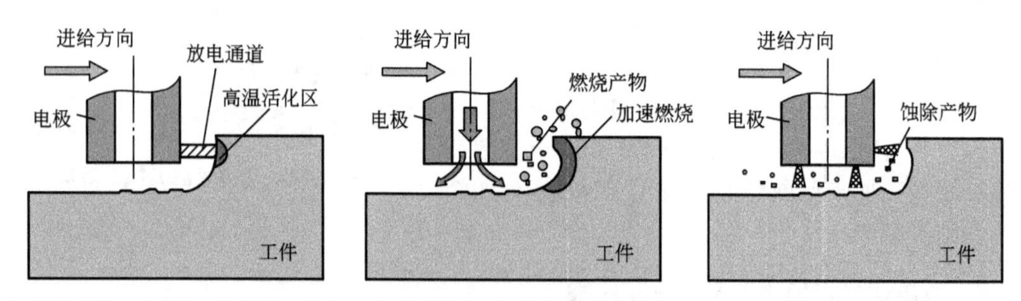

(a) 通氧初期，常规放电形成高温活化区　(b) 持续通氧，活化区燃烧放热并扩大　(c) 氧气关断，常规放电修正

图 2.92　放电诱导可控烧蚀及电火花修整原理图

如图 2.92(a)所示，通氧初期及放电引燃阶段，电极与工件发生常规火花放电，产生高温活化区。

如图 2.92 (b)所示，通氧持续阶段，活化区与氧气发生反应，释放出大量热量，形成烧蚀产物，加工以燃烧为主并在冲液作用下形成高效蚀除。

如图 2.92(c)所示，氧气关闭阶段，由于该阶段没有氧气，并处在工作介质及冲液环境中，为常规的电火花加工，可以采用精参数对工件进行表面修整，保障加工表面的质量与精度，并减少电极损耗。

重复上述过程直至加工结束。

目前围绕着放电诱导可控烧蚀及电火花修整高效加工的各种加工形式，如烧蚀成形加工、烧蚀铣削加工、雾化烧蚀深孔加工及烧蚀/机械(车、铣、磨)复合加工已经全面展开。

思考题

1. 电火花加工为什么要使用直流脉冲电源？但在某些工具与工件有高速相对运动的加工条件下却能使用直流电源代替直流脉冲电源，请问为什么？并举例说明。

2. 电火花加工为什么不能采用恒速进给系统？采用恒速进给系统有可能产生什么问题？

3. 电火花成形加工通常选用紫铜或石墨为电极，请说明为什么？在什么加工条件下选择紫铜为电极？什么条件下选择石墨为电极？并阐述加工中降低电极损耗的一般原则。

4. 电火花成形加工与电火花高速小孔加工的加工基本原理是相同的，但为什么电火花高速小孔加工具有比电火花成形加工高得多的电极损耗？请从加工的微观过程加以分析并提出降低电火花高速小孔加工电极损耗的措施。

5. 放电诱导可控烧蚀及电火花修整加工与一般电火花加工的本质差异在什么方面？

第3章 电火花线切割加工

知识要点	掌握程度	相关知识
电火花线切割基本原理、特点及应用范围	掌握电火花线切割的基本工作原理，熟悉其特点及应用范围	电火花线切割的加工原理，工艺特点及应用范围
电火花线切割机床分类	掌握电火花线切割机床的分类及特点	高速往复走丝电火花线切割机、低速单向走丝电火花线切割机
电火花线切割机床主机	了解电火花线切割机床各部分的组成及功能	高速走丝机及低速走丝机的组成及各部分的功能
电火花线切割机床控制系统	熟悉电火花线切割机床控制系统	电火花线切割加工轨迹、伺服进给及机床电气的控制系统
电火花线切割脉冲电源	熟悉电火花线切割加工脉冲电源的分类及特点	高速走丝机及低速走丝机脉冲电源
典型高速走丝机控制系统	了解典型高速走丝机控制系统的分类及特点	单片机、PC
线切割编程方法及仿形编程	了解线切割编程方法及仿形编程	线切割编程方法、仿形编程系统工作过程
电火花线切割加工基本规律	熟悉电火花线切割加工基本规律	切割速度、表面粗糙度、加工精度等对电火花线切割加工性能的影响；电火花线切割加工的工艺及应用的拓展

导入案例

上一章我们已经知道电火花成形加工是通过工具电极相对于工件做进给运动，把工具电极的形状和尺寸反拷在工件上，从而加工出所需要的零件。其主要用于塑料模、锻模、压铸模、挤压模、胶木模等各种曲面零件的加工。而对于各类冲裁模(图 3.1)、跳步模等凸模与凹模的加工，完全可以用一根移动的线状电极丝按预定的轨迹进行电火花切割加工，将整块材料掏掉，这样可以大大提高加工效率，同时也可以节省工件材料，这就是电火花线切割加工。那么电火花成形加工与电火花线切割加工有什么区别？电火花线切割是如何完成对工件切割加工的？其机床的主要组成部分有哪些？其加工的基本规律如何？这些就是本章要介绍的内容。

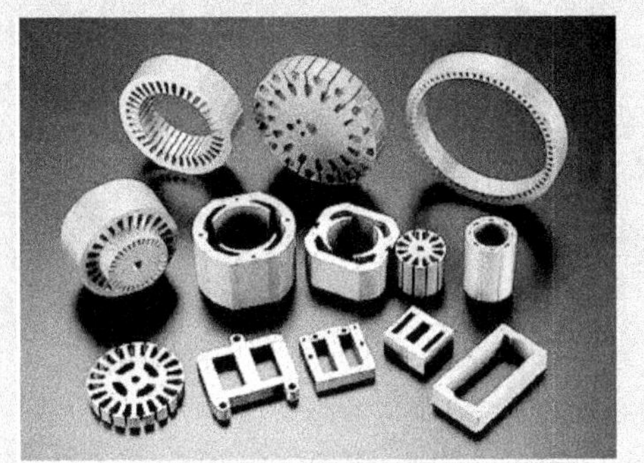

图 3.1 冲裁模具

3.1 电火花线切割基本原理、特点及应用范围

3.1.1 电火花线切割加工原理

电火花线切割加工(Wire cut EDM，WEDM)是在电火花加工基础上，于 20 世纪 50 年代末最先在苏联发展起来的一种用线状电极(铜丝或钼丝)靠火花放电对工件进行切割的工艺形式，故称为电火花线切割，简称线切割。目前，国内外的线切割机床已占电火花加工机床的 70%以上。

电火花线切割加工与电火花成形加工一样，都是基于电极间脉冲放电时的电腐蚀现象。所不同的是，电火花成形加工必须事先将工具电极做成所需的形状并保证一定的尺寸精度，在加工过程中将它逐步复制在工件上，以获得所需要的零件。电火花线切割加工则是用一根细长的金属丝做电极，并以一定的速度沿电极丝轴线方向移动，不断进入和离开切缝内的放电加工区。加工时，脉冲电源的正极接工件，负极接电极丝，并在电极丝与工件切缝之间喷注液体介质；同时，安装工件的工作台由控制装置根据预定的切割轨迹控制电动机驱动，从而加工出所需要的零件。控制加工轨迹(加工的形状和尺寸)是由控制装置完成的。随着计算机技术的发展，目前电火花线切割加工都是采用 CNC(计算机数字控制)系统。图 3.2 所示为电火花线切割机床组成图。

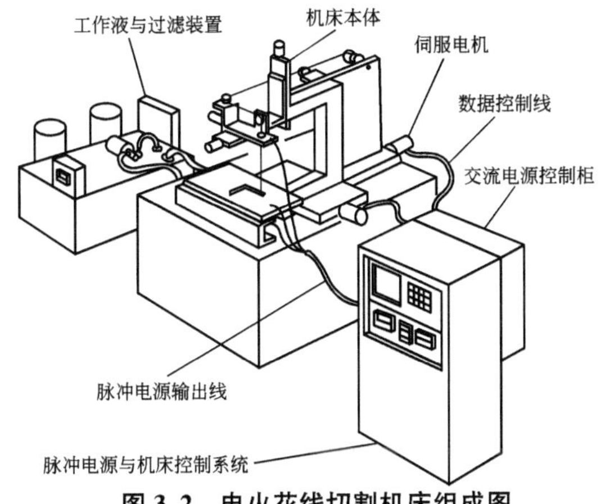

图 3.2 电火花线切割机床组成图

3.1.2 电火花线切割加工的特点

电火花线切割具有电火花加工的共性。
金属材料的硬度和韧性并不影响切割速度，常用来加工淬火钢和硬质合金，其工艺特点如下。

(1) 电火花线切割不需像电火花成形加工那样制造特定形状的电极，只要输入控制程序。

(2) 电火花线切割加工对象主要是贯穿的平面形状，当机床加上能使电极丝做相应倾斜运动的功能后，也可加工锥面。

(3) 电火花线切割利用数字控制的多轴合成运动，可方便地加工复杂形状的直纹表面，如上下异型面。

(4) 电火花线切割电极丝直径较细(ϕ0.02～0.3mm)，切缝很窄，有利于材料的利用，还适合加工细小零件，例如采用ϕ0.03mm的钨丝作电极丝时，切缝可小到0.04mm，内角半径可小到R0.02mm。

(5) 电火花线切割电极丝在加工中是移动的，不断更新(低速单向走丝机)或往复使用(高速往复走丝机)，可以完全或短时间内不考虑电极丝损耗对加工精度的影响。

(6) 电火花线切割依靠计算机对电极丝轨迹的控制和偏移轨迹的计算，可方便地调整凹凸模具的配合间隙，依靠锥度切割功能，有可能实现凹凸模一次同时加工。

(7) 电火花线切割常用去离子水(低速单向走丝机)、乳化液、复合工作液和水基工作液(高速往复走丝机)作工作介质，不会着火，可连续运行。

(8) 电火花线切割自动化程度高、操作方便、加工周期短、成本低(尤其对于高速往复走丝机)。

3.1.3 电火花线切割加工的应用范围

电火花线切割加工已广泛应用于国民经济各个领域的生产制造部门，并成为一种必不可少的工艺手段。其适用范围见表3-1，目前主要用于冲模、挤压模、拉伸模、塑料模、电火花成形用的工具电极及各种复杂零件加工等。对于低速单向走丝机切割而言，由于其切割效率、表面质量、精度的迅速提高，已达到可与坐标磨床相竞争的程度，加上它所能加工的内角半径很小，使许多采用镶拼结构和曲线磨削加工的复杂模具和零件，现都改用电火花线切割加工，而且制造周期缩短3/4～4/5，成本降低2/3～3/4。高速往复走丝机除了应用于传统的模具制造领域外，由于其较高的性价比，已被广泛地应用于中小批量的零件加工生产。

【电火花线切割加工零件】

表3-1 电火花线切割加工的适用范围

分类	适用范围
二维形状模具	冷冲模(冲裁模、弯曲模和拉伸模)，粉末冶金模，挤压模，塑料模
三维形状模具	冲裁模，落料凹模，三维型材挤压模，拉丝模
电火花成形加工电极	微细形状复杂的电极，通孔加工用电极，带斜度的型腔加工用电极
微细精密加工	化学纤维喷丝头，异形窄缝、槽，微型精密齿轮及模具
试制品及零件加工	试制品直接加工，多品种、小批量加工几何形状复杂的零件，材料试件
特殊材料零件加工	半导体材料、陶瓷材料，聚晶金刚石、非导电材料、硬脆材料微型零件

3.2 电火花线切割机分类

电火花线切割机按其电极丝移动方式不同，可以分为两类：高速往复走丝电火花线切割机(High Speed Wire - cut Electrical Discharge Machining，HSWEDM)，简称高速走丝机；低速单向走丝电火花线切割机(Low Speed Wire - cut Electrical Discharge Machining，LSWEDM)，简称低速走丝机。

1. 高速走丝机

【高速往复走丝电火花线切割】

【低速单向走丝电火花线切割】

【高速往复走丝机床操作】

高速走丝机是我国在20世纪60年代末研制成功的。由于其结构简单，性价比较高，在我国得到迅速发展，并出口到世界各地。目前年产量已达 5×10^4 台，整个市场的保有量已接近 6×10^5 台。高速走丝机外观如图3.3所示，走丝原理如图3.4所示，电极丝从周期性往复运转的储丝筒输出经过上线臂、上导轮，穿过上喷嘴，再经过下喷嘴、下导轮、下线臂，最后回到储丝筒，完成一次走丝。带动储丝筒的电机周期反向运转时，电极丝就会反向送丝，实现电极丝的往复运转。高速走丝机走丝速度一般为8～10m/s；电极丝为 ϕ0.08～0.2mm的钼丝或钨钼丝；工作液为乳化液、复合工作液或水基工作液等。这类机床目前所能达到的加工精度一般为±0.01mm，表面粗糙度为 Ra2.5～5.0μm，可满足一般模具的加工要求，但对于要求更高的精密加工就比较困难。

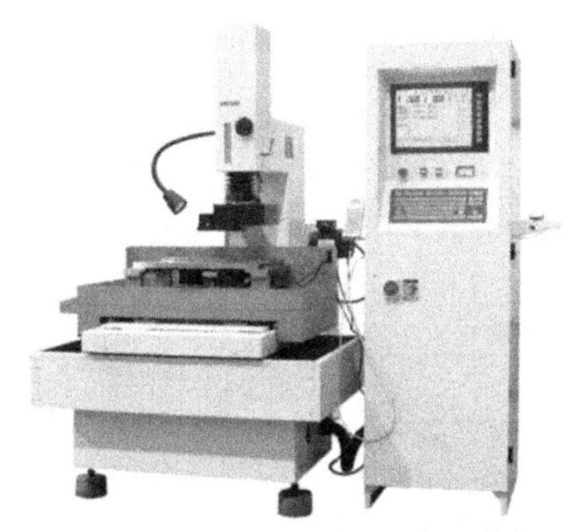

图3.3 高速往复走丝电火花线切割机床外观照片

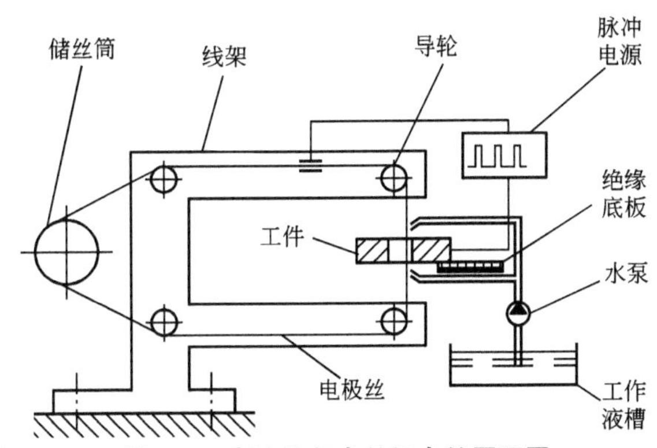

图3.4 高速往复走丝机走丝原理图

【低速单向走丝电火花线切割加工】

目前，业内俗称的“中走丝”实际上是对具有多次切割功能的高速走丝机的俗称，其通过多次切割可以提高表面质量及切割精度。目前能达到的指标一般为经过三次切割后(又称割一修二)表面粗糙度值小于 Ra1.2μm，切割精度可达±0.008mm左右，最佳表面粗糙度值小于 Ra0.6μm，最佳切割精度可达±0.005mm。

2. 低速走丝机

低速走丝机外观如图3.5所示。电极丝通过走丝系统以低速(0.25m/s以下)通过切缝单向移动，其收丝筒控制电动机控制电极丝走丝速度，供丝筒控制电极丝的张力。电极丝为黄铜丝、镀锌铜丝等，直径一般为 ϕ0.15～0.35mm，在微细加工时采用细钨丝，直径为 ϕ0.02～0.03mm。工作介质用去离子水，特殊情况下用煤油。低速走丝系统运行平稳，电极丝的张力容易控制，加工精度比较高，一般可达±0.005mm，最高可达±0.001mm；低速走丝的排屑条件较差，因此必须采用高压喷液加工，加工大厚度工件时比较困难，目前最大切割厚度一般在500mm以内。而且低速走丝机因单向走丝，电极丝消耗量很大，运行成本较高，其运行成本一般是高速走丝机的数十倍甚至近百倍。低速走丝机通常用于精密模具和零件的加工。低速走丝机也分为普通型、精密型、超精密型。

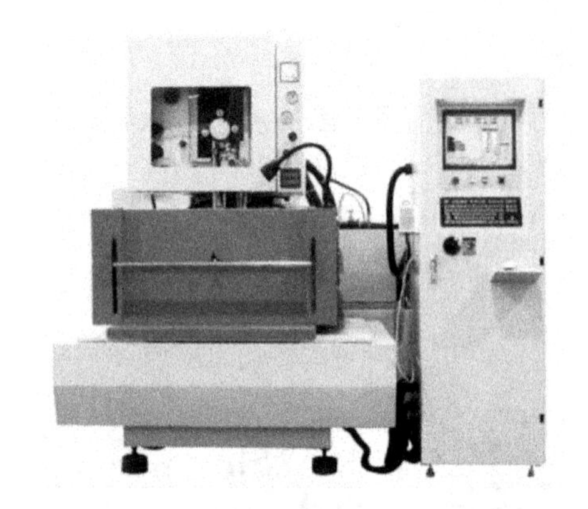

图 3.5 低速单向走丝电火花线切割机床外观

高速走丝机与低速走丝机的性能比较见表3-2。

表 3-2 高速走丝机与低速走丝机的性能比较

比较内容	高速走丝机	低速走丝机
走丝速度/(m/s)	8～10	0.01～0.25
走丝方向	往复	单向
工作液	乳化液、复合工作液(浇注冷却)	去离子水(高压喷液)
电极丝材料	钼丝、钨钼丝	黄铜丝、镀锌丝
切割速度/(mm^2/min) 最高切割速度/(mm^2/min)	60～150 350	120～200 500
加工精度/mm 最高加工精度/mm	±0.01～0.02 ±0.005	±0.005～±0.01 ±0.001～±0.002
表面粗糙度 Ra/μm 最佳表面粗糙度 Ra/μm	2.5～5.0 0.6	0.63～1.25 0.05
最大切割厚度/mm	>1500	500
参考价格(中等规格)/万元	RMB 2～10	RMB 40～200

3.3 数控电火花线切割机床主机

3.3.1 高速往复走丝电火花线切割机床基本组成

高速往复走丝电火花线切割机床一般由机床主机、控制系统和脉冲电源三大部分组成。机床的运动原理如图3.6所示。

【高速往复走丝简介】

高速往复走丝电火花线切割机床由于线架形式的不同又分为音叉式［图3.7(a)］和C型结构［图3.7(b)］。由于C型结构具有较好的线架刚性及操

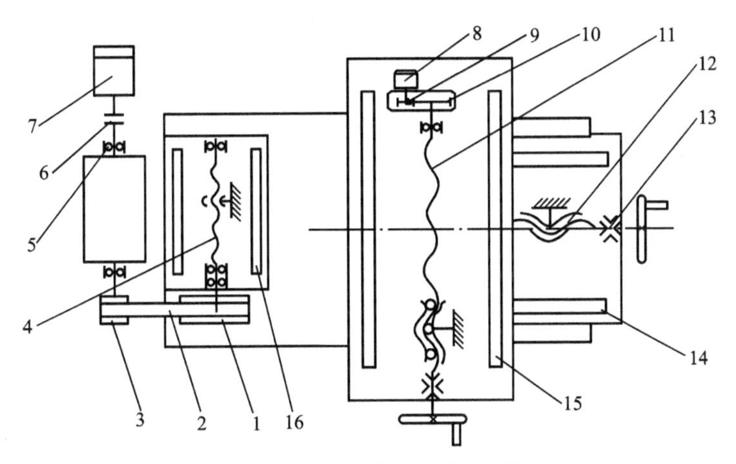

图 3.6 高速走丝机运动原理图

1—大同步带轮；2—同步带；3—小同步带轮；4—三角牙丝杠副；
5—单列向心球轴承；6—联轴器；7—丝筒电动机；8—步进电动机；9—小齿轮；
10—双片齿轮；11—Y 轴滚珠丝杠副；12—X 轴滚珠丝杆副；13—单列向心推力球轴承；
14—X 拖板导轨；15—Y 拖板导轨；16—丝筒拖板导轨

作的方便性，已经成为目前大多数“中走丝”机床所选择的机型。

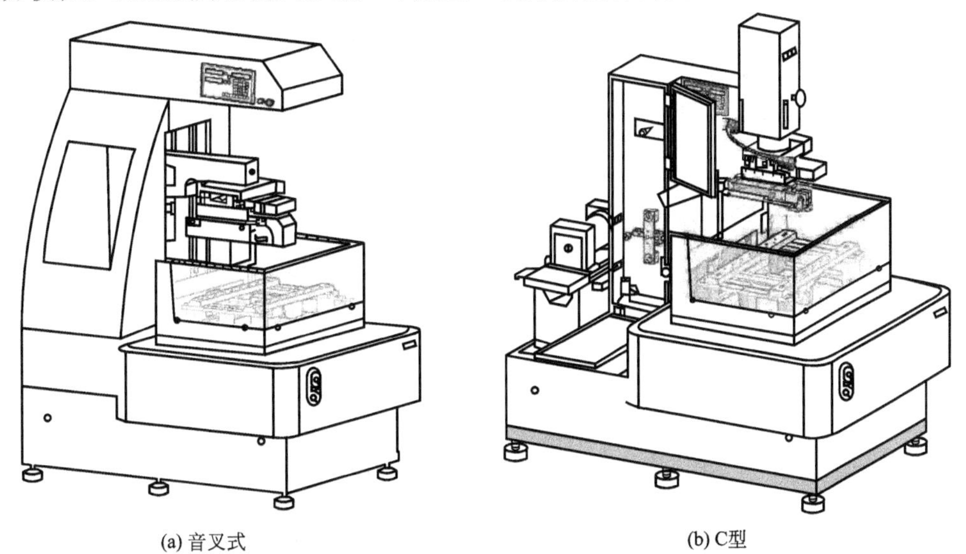

(a) 音叉式　　(b) C型

图 3.7 高速往复走丝电火花线切割机床机型

1. 床身

床身是机床的基础部件，是 X、Y 拖板及工作台、丝筒部件、线架的支撑座。床身一般采用铸铁制造，箱型结构，以保持高强度、高刚性及较小的变形，从而长期保持机床精度。床身三维结构如图 3.8 所示。

2. 上下拖板及工作台

在机床使用过程中上拖板主要受压，所以在其内表面可以布置方型加强筋，而下拖板既要受压又要受弯，因而在其内表面布置了斜加强筋，其三维结构如图 3.9 所示。

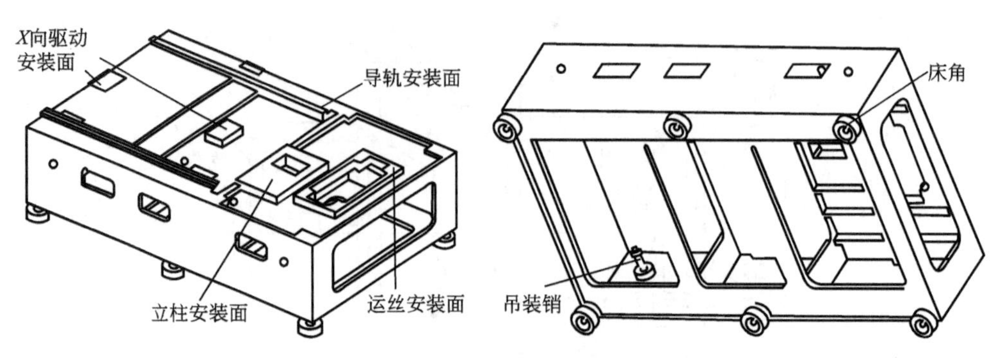

图 3.8　床身三维结构图

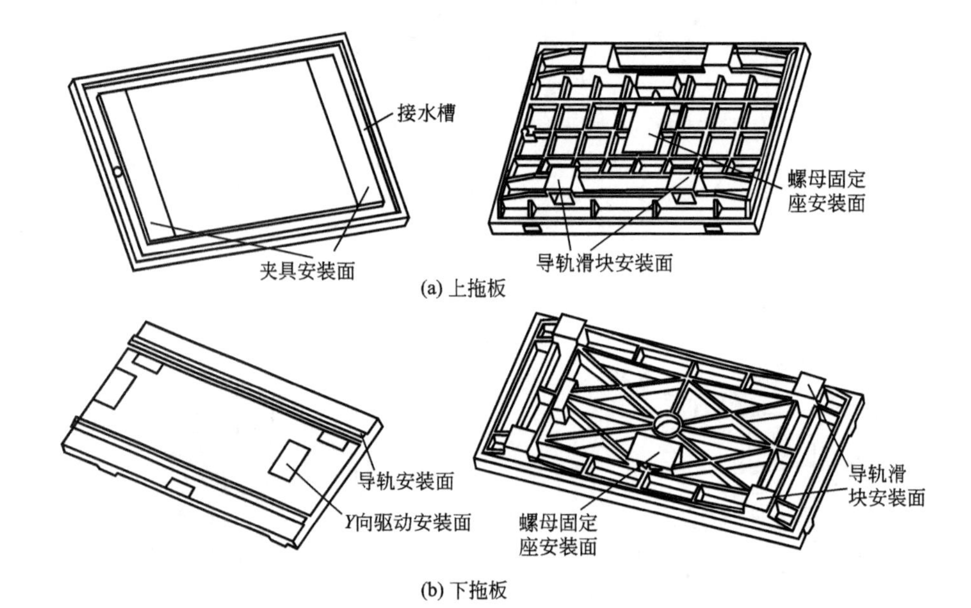

图 3.9　拖板三维结构图

目前高速走丝机工作台大多采用反应式步进电动机或混合式步进电动机作为驱动元件，电动机通过齿轮箱减速，驱动丝杠，从而带动工作台运动，图 3.10 所示为步进电动机驱动工作台的原理图。近年来，随着技术的进步，在精密级的机床，特别是“中走丝”机床上已有采用交流伺服电动机作为驱动元件，由电动机直接驱动滚珠丝杠的直拖结构，减少了齿轮箱的齿轮间隙传动误差，并且可通过与电动机连在一起的精密编码器构成半闭环检测控制系统，将滚珠丝杠螺距误差，反向间隙输入 NC 装置进行实时补偿，提高了坐标工作台的运动精度。图 3.11 所示为交流伺服电动机驱动工作台的原理图。

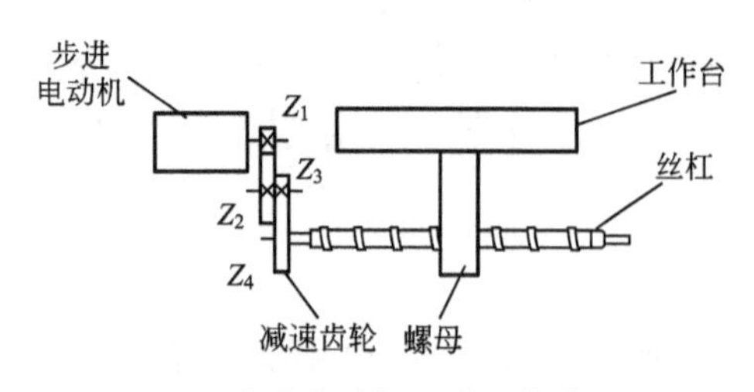

图 3.10　步进电动机驱动工作台原理图

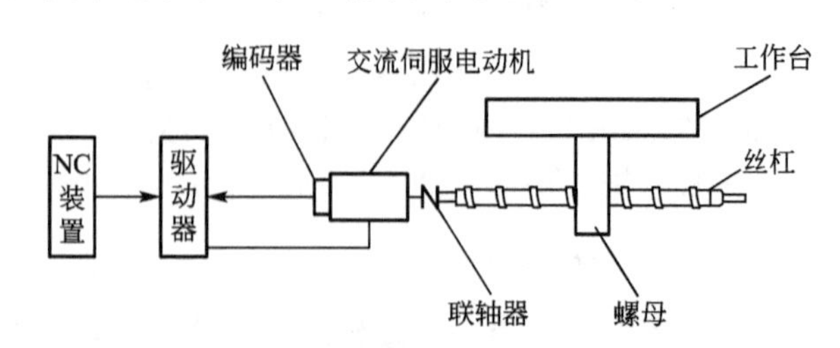

图 3.11　交流伺服电动机驱动工作台原理图

用步进电动机驱动工作台移动时，要求的脉冲当量是0.001mm。因此，一般需要通过齿轮减速才能达到，在设计时要计算齿轮的减速比。

图3.12所示为用步进电动机驱动的工作台结构图，主要由拖板、导轨、丝杠副、齿轮副四部分组成。图3.13所示为工作台驱动机构三维爆炸图。

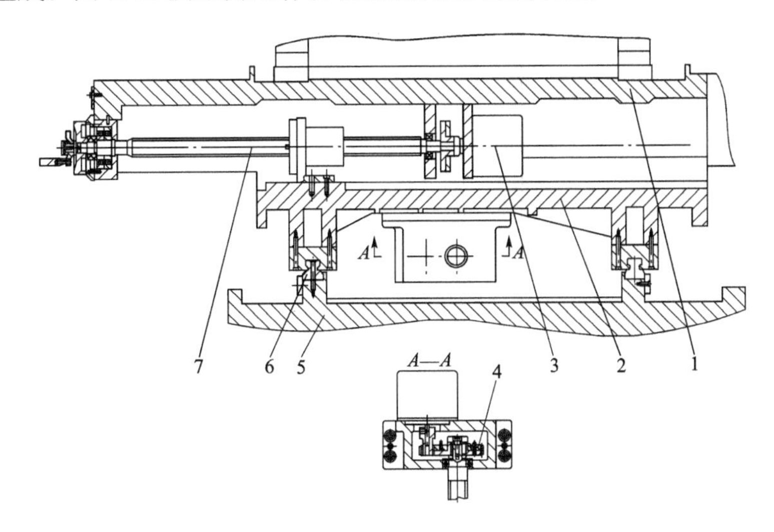

图3.12　用步进电动机驱动的工作台结构图

1—上拖板(Y轴)；2—下拖板(X轴)；3—步进电动机；4—双片齿轮；5—床身；6—直线导轨；7—滚珠丝杠

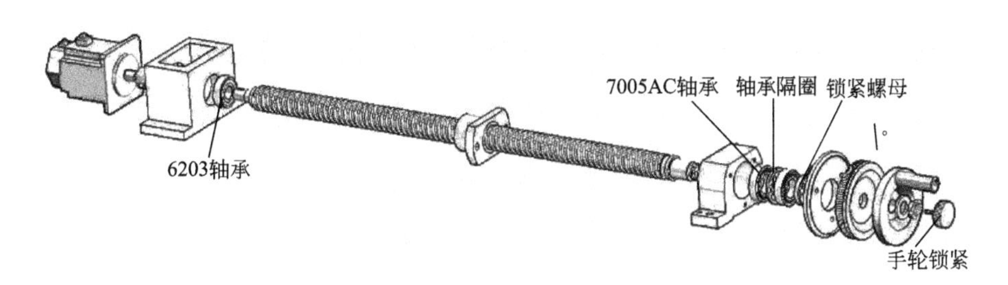

图3.13　工作台驱动机构三维爆炸图

工作台的X、Y拖板是沿着两条导轨进行运动的，导轨主要起导向作用，因此对导轨的精度、刚度和耐磨性要求较高。电火花线切割机床普遍采用滚动导轨副，因为滚动摩擦系数小，需用的驱动力小，运动轻便，反应灵敏，定位精度和重复定位精度高。滚动导轨有滚珠导轨、滚柱导轨和直线滚动导轨等几种形式。目前直线导轨由于运动精度高，刚性强，承载能力大，能够承受多方向载荷，具有抗颠覆力矩，是数控机床导轨的主要选择。直线滚动导轨副由滑块、导轨、滚珠或滚柱、保持器、自润滑块、返向器及密封装置组成，图3.14为直线滚动导轨结构图，在导轨与滑块之间装有滚珠或滚柱，使滑块与导轨之间的摩擦变成滚动摩擦。当滑块与导轨作相对运动时，滚珠沿着导轨上经过淬硬和精密磨削加工而成的四条滚道滚动，在滑块端部滚珠又通过返向器进入返向孔后再循环进入导轨滚道，返向器两端装有防尘密封垫，可有效地防止灰尘、屑末进入滑块体内。直线导轨的特点是能承受垂直方向上下和水平方向左右四个方向额定相等的载荷，额定载荷大，刚性好，抗颠覆力矩大；还可根据使用需要调整预紧力，在数控机床上可方便地实现高的定位精度和重复定位精度。图 3.15 是工作台与直线滚动导轨在机床上的安装图。

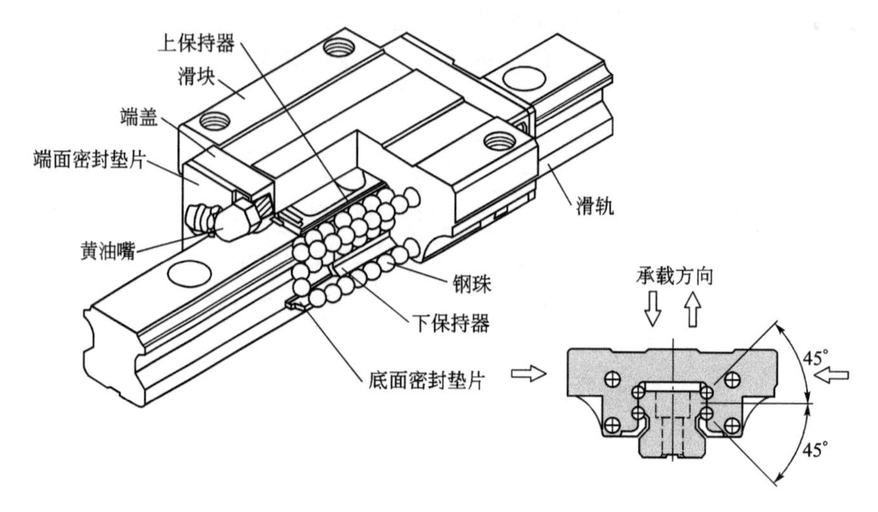

图 3.14　直线滚动导轨结构图

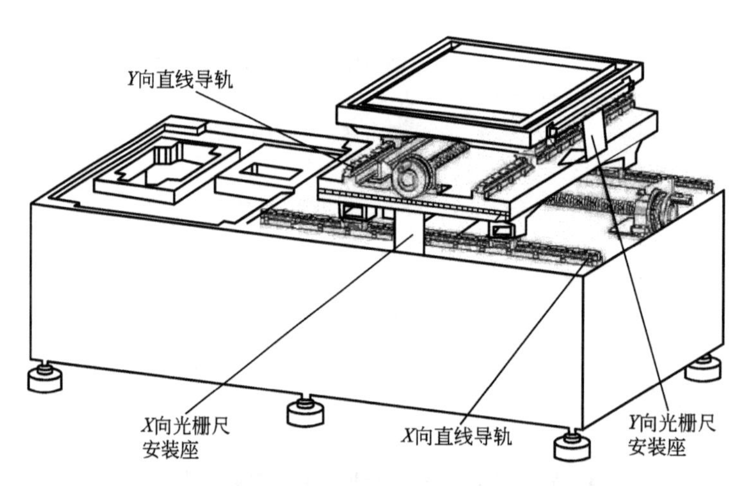

图 3.15　工作台与直线滚动导轨在机床上的安装图

丝杠传动副是由丝杠和螺母组成的。丝杠传动副的作用是将电机的旋转运动变为拖板的直线运动。丝杠副分为滑动丝杠副和滚珠丝杠副两种形式。目前常用的滚珠丝杠副是由丝杠、螺母、钢球、返向器、注油装置和密封装置组成。图 3.16 所示为滚珠丝杠副结构示意图。螺纹为圆弧形，螺母与丝杠之间装有钢球，使滑动摩擦变为滚动摩擦。返向器的作用是使钢球沿圆弧轨道向前运行，到前端后进入返向器，返回到后端，再循环向前。返向器有外循环与内循环两种结构，螺母有单螺母与双螺母两种结构。

步进电动机与丝杠间的传动一般通过齿轮箱里的齿轮来实现，以达到降速增扭的作用。齿轮采用渐开线圆柱齿轮，由于齿轮啮合传动时有齿侧间隙，故当步进电动机改变转动方向时，就会出现传动空行程，为了减少和消除齿轮侧隙，可采用齿轮副中心距可调整结构或双片齿轮弹簧消除齿轮侧隙结构(图 3.12 中的双片齿轮 4)。

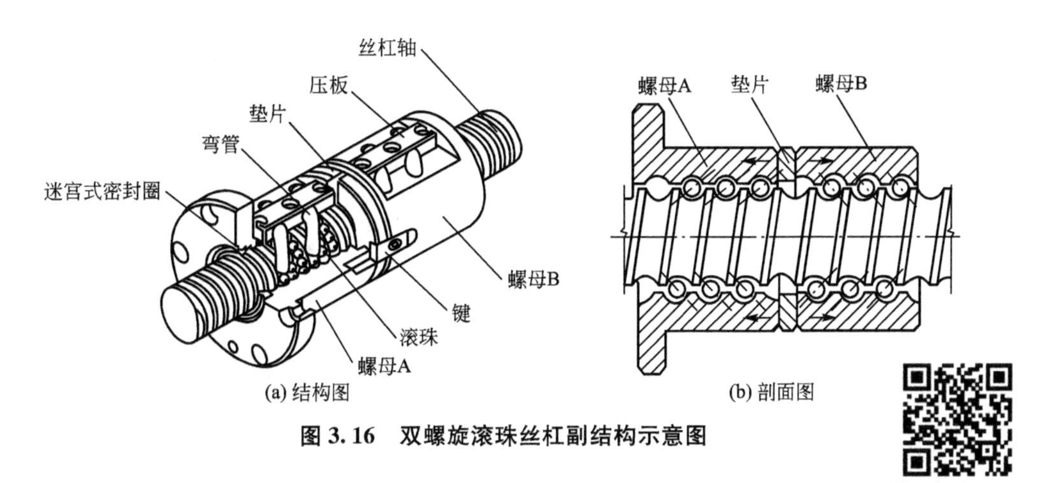

图 3.16 双螺旋滚珠丝杠副结构示意图

【往复走丝电火花线切割运丝系统】

3. 运丝机构

运丝机构的功能是带动电极丝按一定的线速度周期往复走丝，并将电极丝螺旋状排绕在储丝筒上。图 3.17 所示为运丝系统机构示意图。运丝机构由丝筒电动机、联轴器、储丝筒、丝筒座、齿轮副(或同步带)、丝杠副、拖板、导轨、底座等部件组成。图 3.18 所示为运丝系统三维爆炸图，电动机通过弹性联轴器驱动储丝筒，储丝筒转动带动电极丝运行，并通过齿轮副或同步带机构减速驱动丝杠副，丝杠副带动拖板做轴向移动，使电极丝螺旋状排列在储丝筒上。

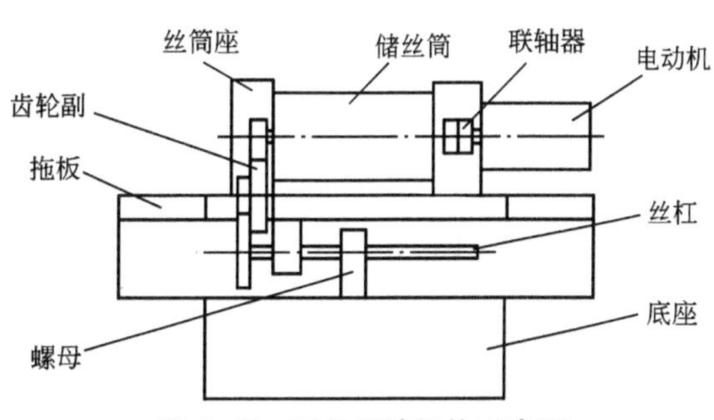

图 3.17 运丝系统机构示意图

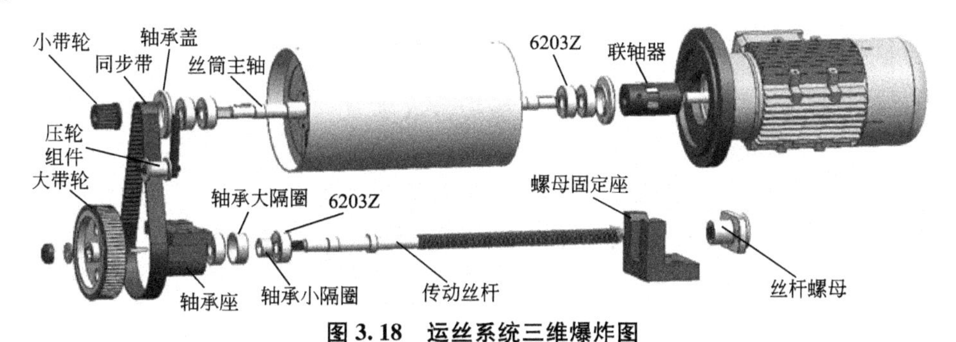

图 3.18 运丝系统三维爆炸图

图 3.19 所示为采用同步带传动的运丝系统及实物图，为了调整同步带的张紧度，中间用了一个调整压轮。

4. 线架、进电、导轮及导丝器结构

线架的主要功用是对电极丝起支撑作用，并使电极丝工作部分与工作台平面保持垂直或一定的几何角度。线架按功能可分为固定式、升降式和锥度线架三种类型；按结构形式分为音叉式和C形结构。

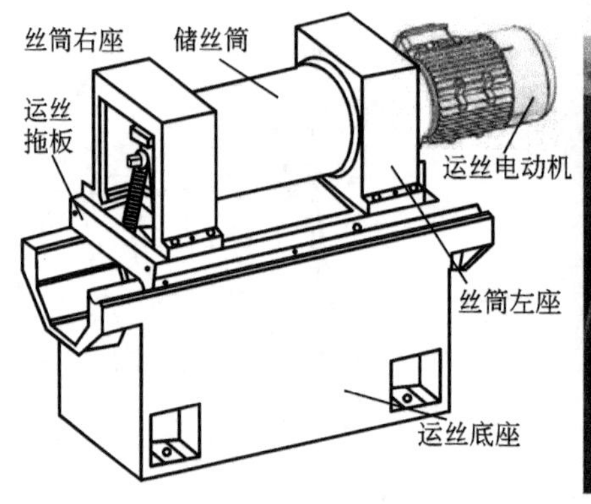

图 3.19 同步带传动的运丝系统及实物图

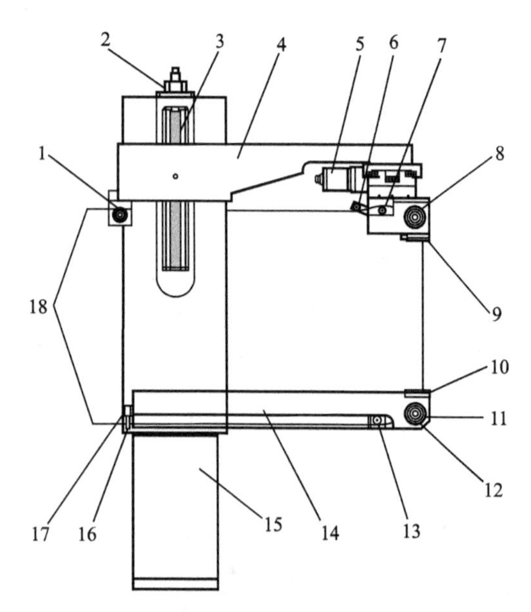

图 3.20 音叉升降式活动线架

1—后导轮；2—丝杠轴承座；3—升降丝杆；4—上线臂；5—电动机；6—断丝保护；7—上进电块；8—上导轮；9—上出水口；10—下出水口；11—下导轮套；12—下导轮；13—下进电块；14—下线臂；15—线架立柱；16—挡丝棒；17—挡丝棒座；18—电极丝

图 3.20 所示为目前普遍使用的可调音叉式线架结构。该结构采用电流通断式断丝保护系统，上线臂两个触点。下线臂一个进电触点。上线臂两个触点一个用于断丝保护，一个作为进电，且为了减少电极丝跳动导致的断丝误判，采用上线臂两触点与电极丝一上一下接触方式。进电之所以采用双触点，主要是为了减少正反向走丝切割时电极丝从进电点至加工区，由于电极丝自身电阻而引起的压降差异，并且为了减少高频脉冲电源的波形畸变，尤其是窄脉宽小能量条件下的波形畸变，在进电传输线上利用“集肤效应”，可以选择多股细线绞合的“辫线”作为传输线。上线臂的断丝保护 6 与上进电块 7 均与机床绝缘，它们作为断丝信号检测点，只有在两者与电极丝同时接触的情况下才能形成通路。将断丝保护和上进电块两检测点接入断丝保护电路，此时电极丝就相当于断丝保护电路中的导线，这样，电极丝的通断就会在断丝保护电路中形成电流通断信号，上进电块和断丝保护之间的电极丝就相当于断丝保护电路中的“开关”，一旦断丝，断丝保护电路就会立刻切断机床电源，停止高频电源输出并关停运丝电动机及水泵，同时使计算机停止插补计算，并记下断丝点坐标位置等待后续处理。

导轮组件是高速走丝机床的关键部件，对切割精度、切割表面粗糙度都起到至关重要的作用。

导轮组件结构主要有两种：单支承结构和双支承结构。图 3.21(a)所示为单支承导轮结构图。此结构上丝方便，且导轮套可做成偏心结构，便于电极丝垂直度的调整。因为导轮是单支承悬臂梁结构，电极丝张力大时，会引起导轮轴弹性变形，使运动精度下降，切割工件表面粗糙度会受到影响。图 3.21(b)所示为双支承分体导轮结构图。此结构导轮两端用轴承支撑，导轮居中，结构合理、刚性好、不易发生变形和跳动，因此目前被广泛采用。

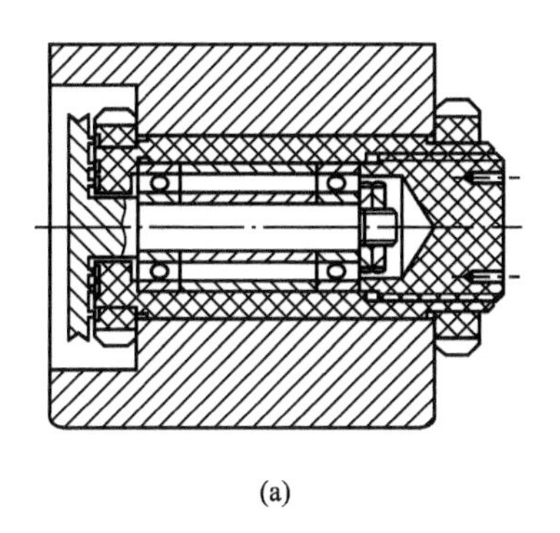
(a)

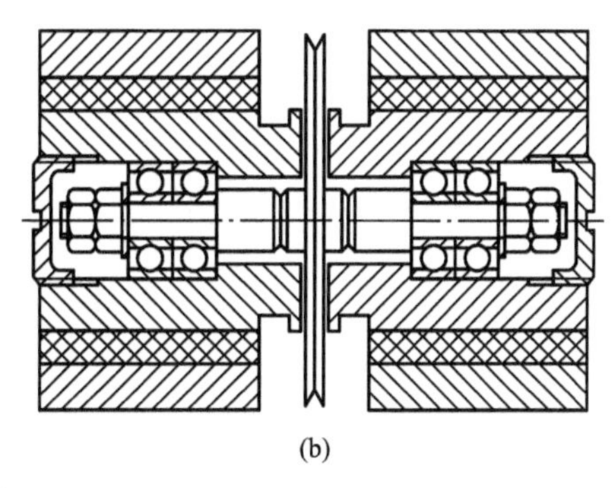
(b)

图 3.21 导轮结构图

导轮要求使用硬度高、耐磨性好的材料制成(如 Cr12、GCr15、W18Cr4V)，也可选用硬质合金或陶瓷材料制成导轮的圆环镶件来增强导轮 V 形槽工作面的耐磨性和耐蚀性。

人造宝石(蓝宝石)导轮具有很高的硬度和耐磨性，但其缺点是比较脆，此外如果工作面遇到骤冷骤热也易产生崩裂，在装配时要十分注意。

由于高速走丝机床加工时导轮的转速可以达到 6000～8000r/min，同时混有高硬度蚀除产物的工作液一旦进入导轮组件内部的轴承，其寿命很快会降低，因此导轮组件内轴承的防水问题至关重要。图 3.22 所示为刘志东设计的防水导轮的结构示意图，其轴承内置于导轮内部，并采用多迷宫堵头结构，利用油脂和工作液本身具有一定张力的特性，封堵了工作液进入导轮组件内部的通道，取得了很好的防护效果，从而大大提高了导轮组件的使用寿命。

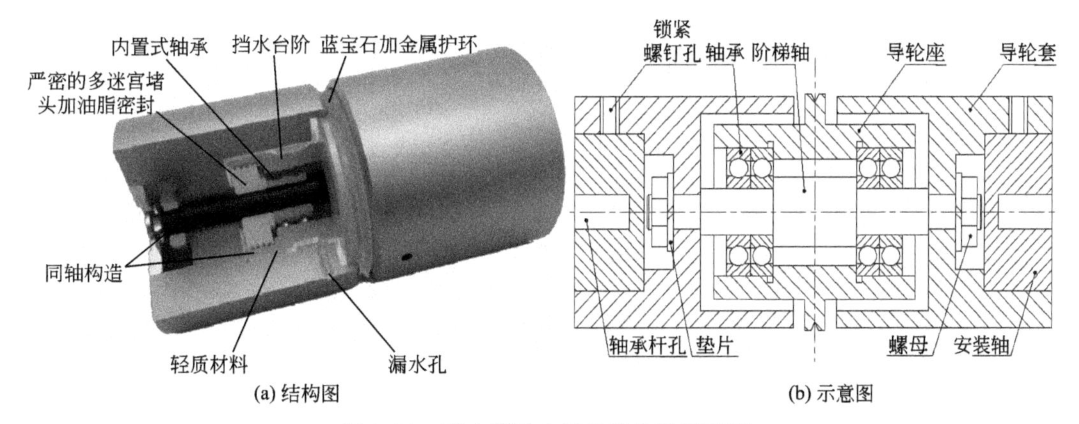

(a) 结构图 (b) 示意图

图 3.22 双支撑防水导轮结构及示意图

高速走丝机加工过程中由于电极丝高速运行及定期的换向，使得电极丝空间位置的稳定性不易保证，从而影响到加工精度及表面质量，导丝器是解决这一问题的关键部件。以往采用的导丝器主要有如图 3.23(a)所示的限位棒和图 3.23(b)所示的圆环形导丝器两种结构。限位棒由于电极丝与棒的包角较小，限位效果较差，并且不能做到全方位限位。圆环形导丝器虽然可以对电极丝进行全方位限位，但在电极丝高速摩擦下，孔径会逐步增大，限位效果逐渐降低，另外一般只能对于某一直径的电极丝进行限位，并且由于孔径只比电极丝大 10μm，因此穿丝极不方便。

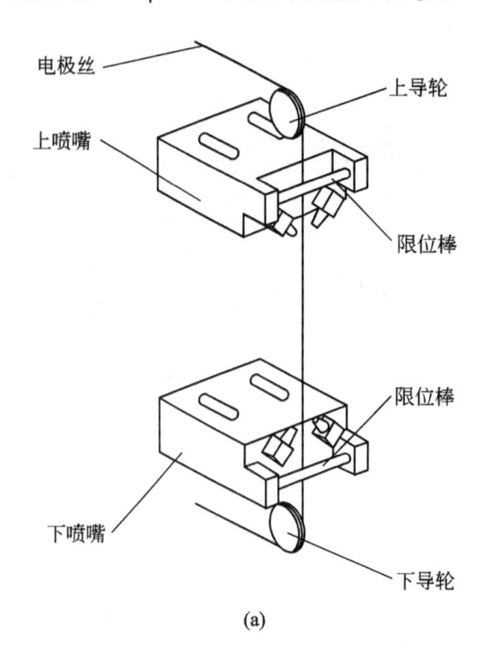

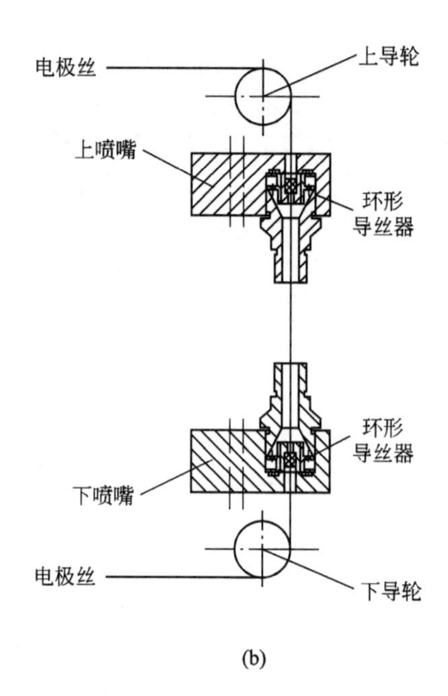

图 3.23　高速往复走丝机传统导丝器结构

图 3.24 所示为刘志东设计的一种开合式导丝器结构，其采用开合方式，挂丝方便，V 形及平面两块硬质材料形成对电极丝全方位限位，外喷水嘴使喷水不易堵塞。

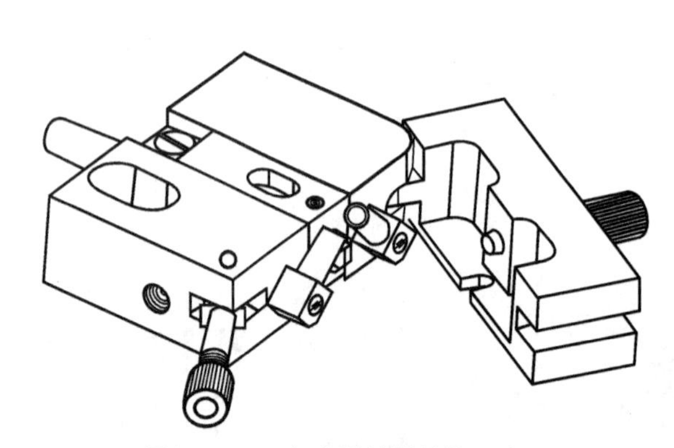

图 3.24　开合式导丝器结构示意图

5. 恒张力机构

电火花线切割在加工过程中，电极丝处在高温状态，会受热延伸、损耗变细，所以电极丝随着加工时间的延续，会伸长而变松弛，从而影响加工的稳定性及工艺指标。目前，普遍采用人工紧丝的办法，一般工作一个班次(8 小时)就需要进行一次人工紧丝。因此安装一套恒张力机构，对加工稳定性及工艺效果均会有较大改善。

目前，普遍采用重锤张紧机构，主要分两种：单边张紧机构和双边张紧机构。图 3.25(a)所示为单边张紧机构工作原理图；图 3.25(b)所示为双边张紧机构工作原理图。两种方法都能有效地使电极丝保持恒张力。但由于存在电极丝与导电块等接触区域的摩擦作用，因此重锤式张紧机构仍存在正反向走丝时电极丝存在紧边与松边问题产生的“单边松丝”问题。

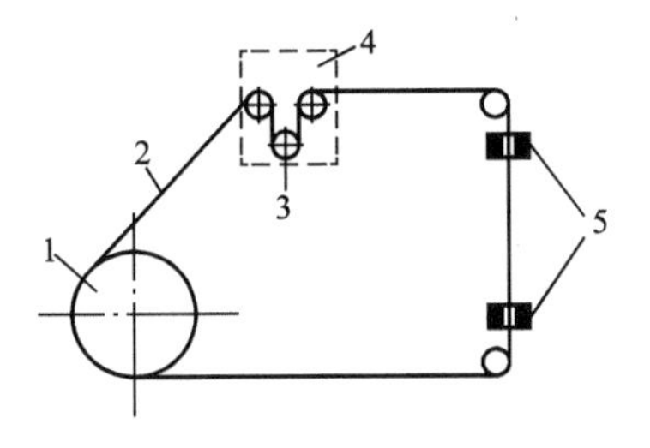

(a) 单边张紧机构工作原理图

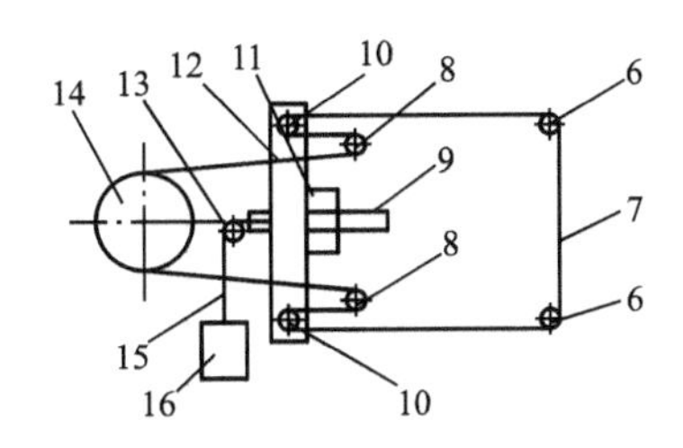

(b) 双边张紧机构工作原理图

图 3.25　电极丝恒张力机构

1—储丝筒；2—电极丝；3—重锤；4—重锤式恒张力机构；5—电极丝导丝器；
6—主导轮；7—电极丝；8—辅助导轮；9—直线导轮；10—张紧导轮；11—导轮滑块；
12—移动板；13—定滑轮；14—储丝筒；15—绳索；16—重锤

为进一步解决电极丝张力不均匀问题，具有张力检测及电动机张力调整的闭环张力调节系统已经进入实际应用，如图 3.26 所示。电极丝运行时，安装在定换向轮处的力传感器把电极丝张力转化成电信号，经电子电路处理放大，控制电动机，再经丝杆、螺母控制动换向轮运动，调整从储丝筒上拽引出环状封闭电极丝的周长，利用电极丝的弹性变形来调整其张力，从而实现对电极丝张力的闭环控制。

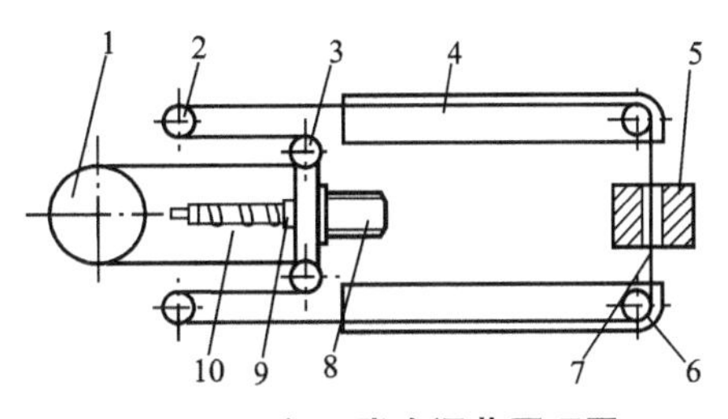

图 3.26　闭环张力调节原理图

1—储丝筒；2—定换向轮；3—动换向轮；
4—线架臂；5—工件；6—导轮；7—电极丝；
8—电动机；9—丝杆螺母；10—丝杆

6. 锥度机构

为切割有落料角的冲模和某些有锥度或斜度的内外表面，部分线切割机床具有锥度切割功能。锥度切割加工是基于 X、Y 平面和 U、V 平面四轴联动来完成的，根据上下线架运动形式的不同，锥度切割线架分为两大类：一是单动式锥度线切割机；二是双动式锥度线切割机。具体形式根据线架结构不同又可分为单臂移动式、双臂移动式、摆动式、四连杆式等结构。单动式锥度机构一般采用上导轮移动或摆动进行锥度切割；双动式锥度机构是指上、下定位导轮均进行移动或摆动形成锥度切割。在锥度切割中选用导轮对电极丝进行定位后，当机构进行锥度运动时导轮的定位切点将发生变化，如图 3.27 所示，导致电极丝实际位置偏离理论位置，造成误差，并且切割的锥度愈大，导轮直径愈大，误差愈严重。当电极丝垂直时，电极丝在导轮上的切点在 A、B 点上；当电极丝倾斜后，切点变到 A'、B'位置。电极丝理想位置应是 DE 线，但实际变到了 $A'B'$线，DE 线到 $A'B'$线之间在刃口面的差距就是产生的交切误差 δ。交切误差理论

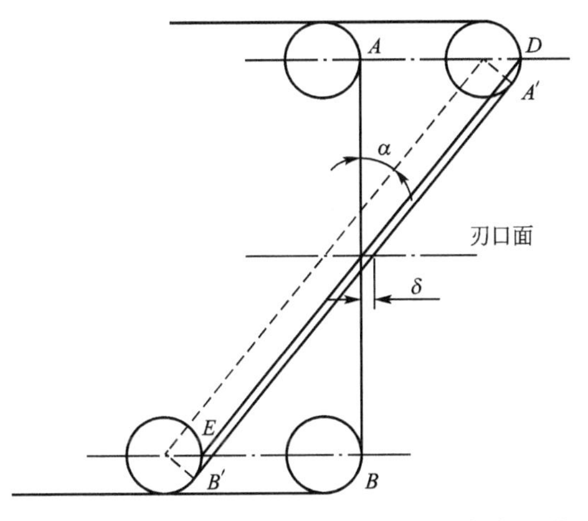

图 3.27　*U* 向运动导轮半径引起的锥度切割误差

上是可以通过数学模型来进行误差补偿的，但在实际切割过程中，由于大锥度机构并不能达到理论模型要求的精度，且无规律可循，因此按建立的数学模型进行误差补偿往往达不到预期效果，有时反而补偿后误差更大。

三种移动式线架的运动简图如图 3.28 所示。

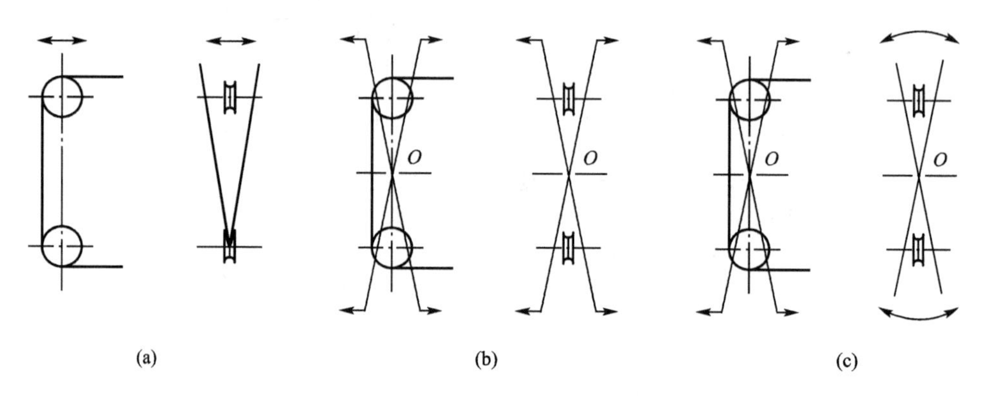

图 3.28　移动式丝架锥度加工的方法

1）单臂移动式锥度线架

如图 3.28(a)所示，下导轮中心轴线固定不动，上导轮通过步进电动机驱动 U、V 十字拖板，带动其沿四个方向移动，使电极丝与垂直线偏移角度，并与 X、Y 轴按轨迹运动实现锥度加工，即四轴联动。此方法锥度不宜过大，否则电极丝会从轮槽中跳出或拉断，导轮易产生侧面磨损，工件上有一定的加工圆角。单臂移动式锥度机构适于±3°(工件厚度 50mm)以下小锥度切割。对于一般冷冲模具，落料斜度不超过 1.5°，在进行小锥度加工时，电极丝的拉伸量很小，一般不会引起跳槽或造成不稳定的现象。目前这种结构方式是小锥度机床最通用和普及的形式。

图 3.29 所示为上导轮 U、V 方向平移简图。下导轮固定不动，上导轮在 U 方向前后平移，移动的距离越大，角度 α 变化就越大。导轮向前移动，电极丝会被拉长；向后移动，电极丝会失去张力变松。目前普遍使用的音叉式小锥度线架结构如图 3.20 所示。图 3.30 是小锥度头原理图，其机构三维图如图 3.31 所示。在小锥度切割时，电极丝的伸缩量处在弹性变形范围内，电极丝的弹性拉长可复原，对正常切割影响很小。

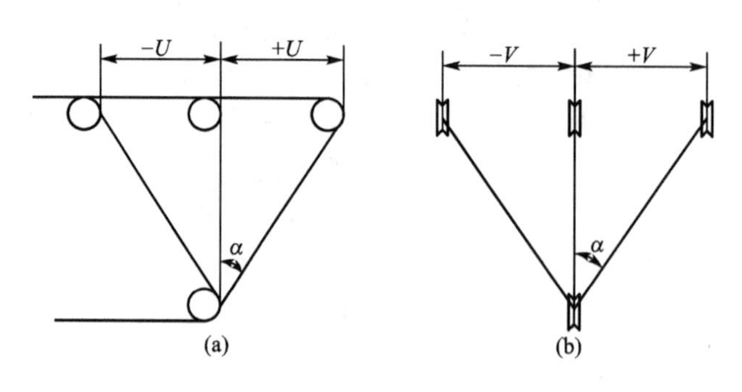

图 3.29　上导轮 U、V 方向平移简图

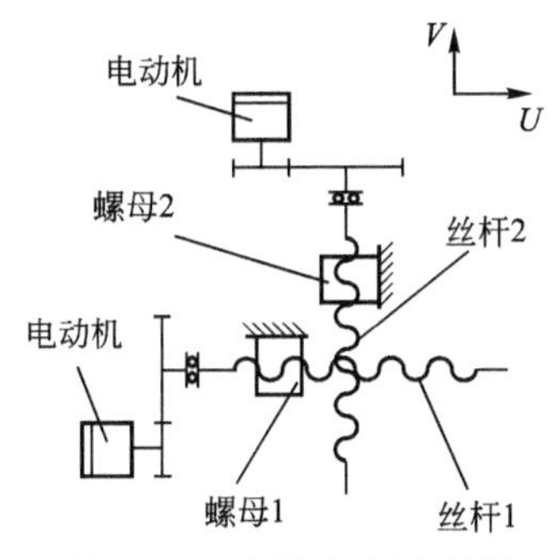

图 3.30　小锥度头原理图

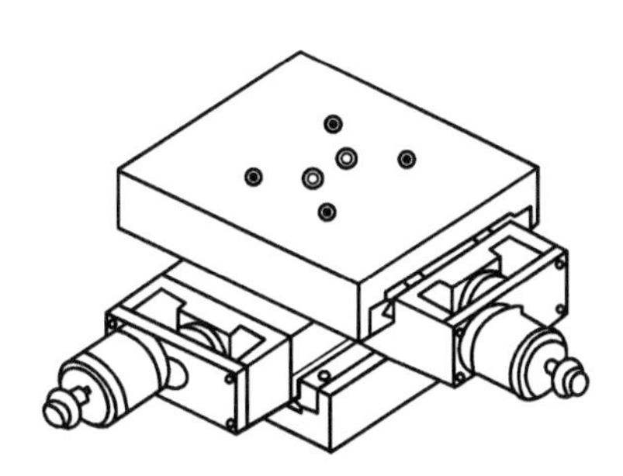
图 3.31　小锥度头三维结构图

2）双臂移动式锥度线架

如图 3.28(b)所示，其上、下线臂同时绕一中心点“O”移动，此时如果模具刃口在中心“O”上，则加工圆角近似为电极丝半径，此法加工锥度也不宜过大，一般也在±3°范围内。此结构构造复杂，由四个步进电动机驱动两副小十字拖板，难以制造、装配和调试，控制系统复杂，所以该结构已不用于生产。

3）摆动式锥度线架

上、下线臂分别沿导轮径向平动和轴向整体摆动。如图 3.28(c)所示，目前常用的是杠杆摆动式及双臂分离摆动式线架，其结构原理如图 3.32 所示。此种方法加工锥度对导轮磨损不产生影响。最大切割锥度通常可达±6°。这种结构制造比较复杂，并且线架高度一般难以调节，目前该结构也很少有厂家生产。

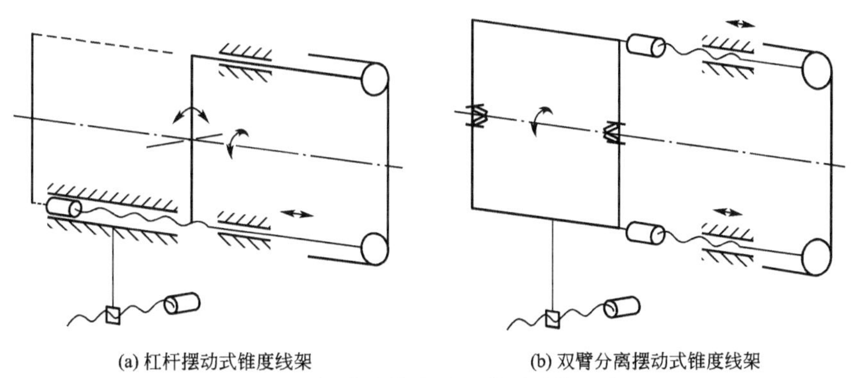
(a) 杠杆摆动式锥度线架　　(b) 双臂分离摆动式锥度线架

图 3.32　摆动式锥度线架典型结构示意图

4）六连杆摆动式大锥度机构

六连杆摆动式大锥度机构目前最大切割锥度已经达到±45°，可以用来进行一些特殊锥度的切割，如进行塑胶模具、铝型材拉伸模具等的切割。图 3.33 展示了较典型的几种特殊锥度切割要求。

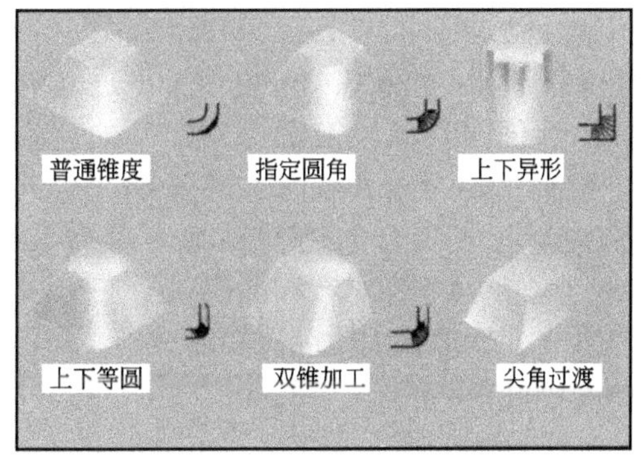

图 3.33　特殊锥度切割要求

具有电极丝导丝器及喷液随动机构的六连杆摆动式大锥度线架结构原理如图 3.34 所示，其理论装配示意如图 3.35 所示。所谓六连杆是对上下线臂、上下连杆、套筒连杆及电极丝这六根“连杆”的俗称。恒张力装置采用重锤结构，使用导丝装置后电极丝的空间位置变化将受到限制，同时喷液也随着电极丝的移动进行调节，使工作液始终环绕着电极丝进行冷却，为大锥度精密切割和多次切割创造了必备的条件。

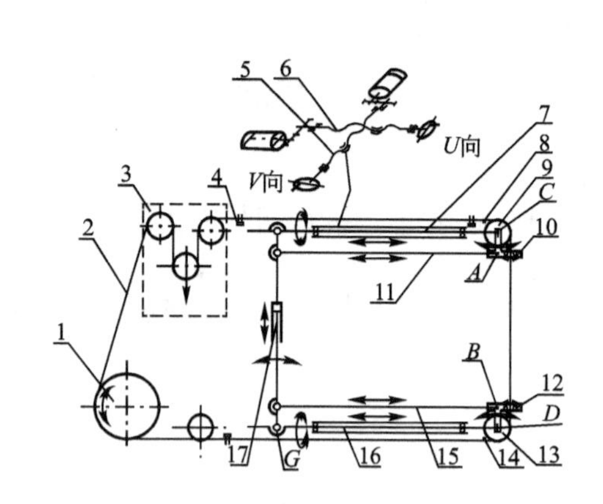

图 3.34　六连杆摆动式大锥度机构示意图

1—储丝筒；2—电极丝；3—恒张力机构；4—宝石叉；5—V 向丝杠；6—U 向丝杠；7—上线臂轴；8—上进电块；9—上导轮；10—上导丝器；11—上连杆；12—下导丝器；13—下导轮；14—下进电块；15—下连杆；16—下线臂轴；17—伸缩套筒连杆

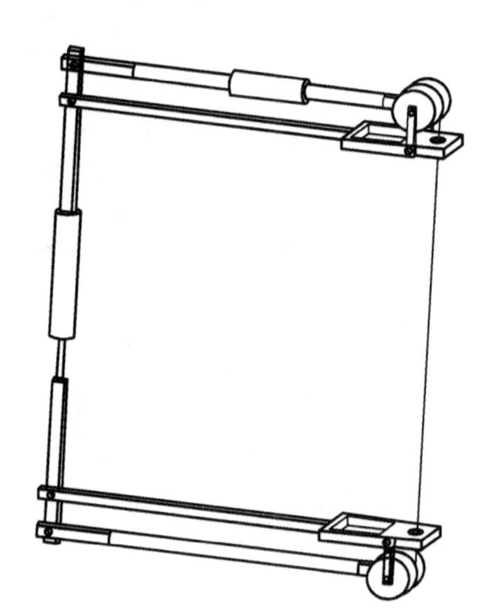

图 3.35　六连杆摆动式大锥度机构理论装配示意图

【高精度随动导丝及喷水四连杆大锥度机床】

六连杆摆动式大锥度机构的 U 向传动过程如下：在 U 向电动机的传动下，通过齿轮、丝杠 6 带动上线臂轴 7 前后运动。此时，整个上线臂轴 7 和上、下连杆 11、15 的前后旋转中心为下线臂后端点 G。当上线臂轴 7 前伸或后退时，上连杆 11 通过 A 转动点带动上导丝器 10 绕旋转中心点 C 逆时针或顺时针旋转，与此同时下连杆 15 在套筒连杆 17 的带动下也会前后运动并通过 B 转动点带动下导丝器 12 绕旋转中心点 D 逆时针或顺时针旋转。这样的运动可以保证上下导丝器转动一个角度，使得里面导丝块 V 形槽的连线与电极丝始终重合，如图 3.36 所示。套筒连杆 17 在锥度机构运动过程中可以自动伸长和缩短。在锥度运动过程中电极丝的伸长量由恒张力机构 3 进行补偿，走丝系统的进电由上下进电块 8、14 完成。

六连杆摆动式大锥度机构的 V 向传动过程如下：在 V 向电动机的传动下，通过齿轮、丝杠带动上线臂轴 7 左右平动，并通过套筒连杆 17 带动整个锥度机构左右平动，此时整个上下线臂的旋转轴为下线臂轴 16 的轴线 DG，V 向运动的原理如图 3.37 所示。

六连杆摆动式大锥度机构的三维装配图如图 3.38 所示。其机床及实际加工现场照片如图 3.39 所示。

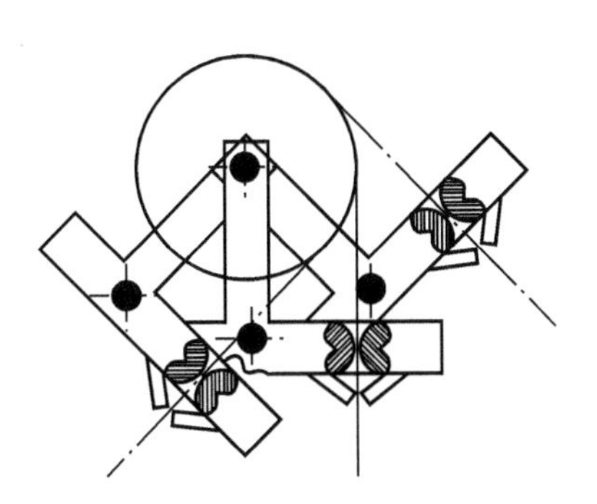

图 3.36 *U* 向运动时随动导丝及喷水运动示意图

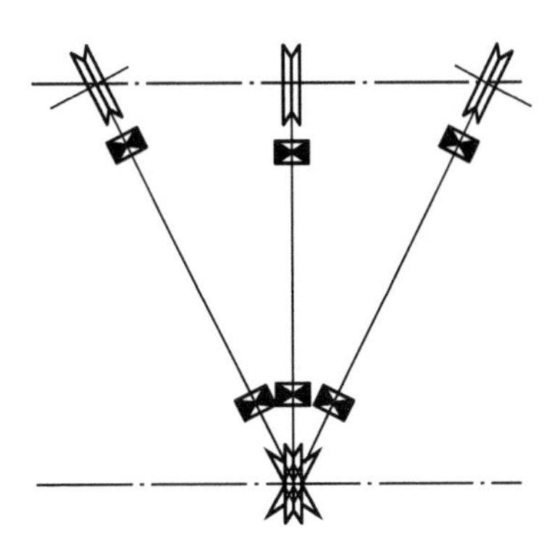

图 3.37 *V* 向运动时随动导丝及喷水器运动示意图

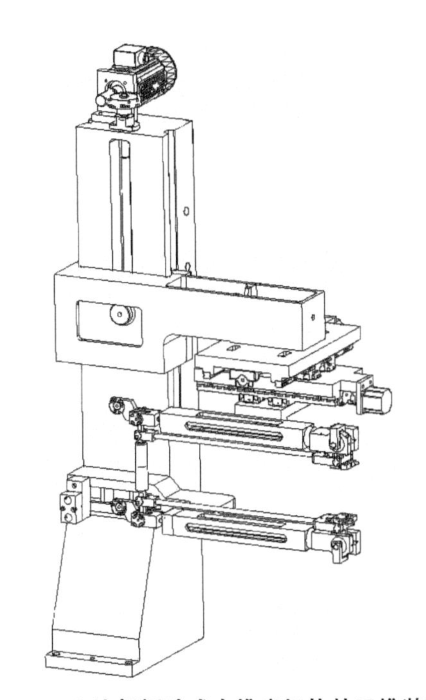

图 3.38 六连杆摆动式大锥度机构的三维装配图

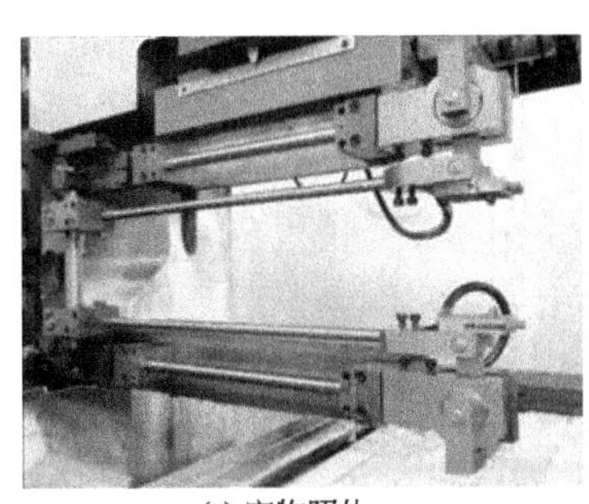

(a) 实物照片

(b) 加工现场

图 3.39 六连杆摆动式大锥度机构的实物照片及加工现场

随着大锥度随动导丝及喷水机构的市场化，在大锥度切割这一领域，高速往复走丝大锥度电火花线切割加工也将由于其较高的性价比而进一步在塑胶模具及一些特殊锥度零件的加工市场体现出比低速单向走丝电火花线切割所无法匹敌的优势。目前，业内已经出现了一些为加工特殊零件而定制的大锥度机床，图 3.40 为一种能在 500mm 厚度范围内，局部实现±50°的超大锥度线切割机床结构图，由于 U 轴行程超过 500mm，V 轴行程超过 1200mm，为提高大锥度结构的刚性，在 V 轴上采用了龙门结构设计。

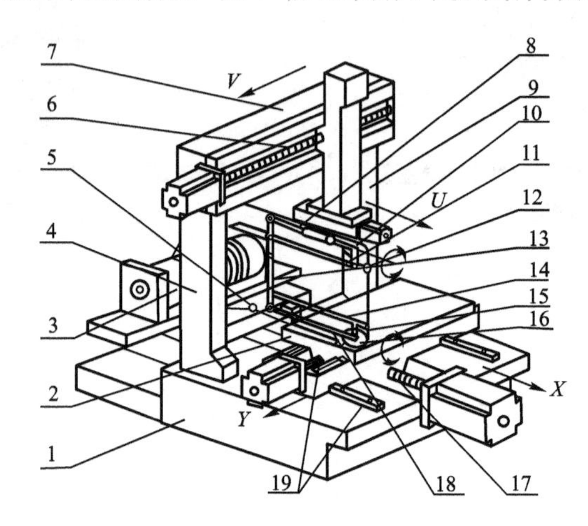

图 3.40　龙门式超大锥度六连杆摆动式大锥度机床结构图

1—机身；2—工作台；3—储丝筒；4—左立柱；5—宝石叉；6—V 向丝杠；7—上横梁；8—上线臂；9—右立柱；10—上导轮；11—上连杆；12—上导丝器；13—套筒连杆；14—下连杆；15—下导丝器；16—下导轮；17—X 向丝杠；18—下线臂；19—导轨

由于大锥度切割中 X—Y 平面及 U—V 平面切割速度的差异性，U、V 轴的进给速度有时需要数倍于 X、Y 轴的进给速度，因此大锥度线切割机床，尤其是超大锥度线切割机床，U、V 轴一般采用伺服电动机进行控制。

7. 工作液循环与过滤系统

电火花线切割加工过程中，工作液对加工工艺指标的影响很大，对工作环境也有很大影响。工作液应具备如下性能。

【高速往复走丝电火花线切割复合工作液】

(1) 具有一定的绝缘性。电火花线切割加工必须是在具有一定绝缘性的介质中进行，其工作液电阻率为 $10^3 \sim 10^5 \Omega \cdot cm$。

(2) 具有良好的润湿性。工作液的润湿性可保证工作液迅速粘附在高速走丝的电极丝表面，随电极丝进入切缝。

(3) 具有良好的洗涤性。洗涤性是指工作液具有较小的表面张力，对工件有较大的亲和附着力，能渗透进入窄缝，有洗涤及去除电蚀产物的能力。洗涤性好的工作液，切割时排屑效果好、放电间隙稳定，可切割较厚的工件，切割完毕后工件会自动滑落。

(4) 具有较好的冷却性。在放电加工时，放电点局部、瞬时温度极高，尤其是大电流加工时表现更加突出，为了防止电极丝烧断及工件烧伤，必须及时对其进行冷却。

(5) 具有良好的防锈性。工作液在加工中不应锈蚀机床和工件，不应使机床油漆产生褪色或剥落。

(6) 具有良好的环保性。工作液在放电加工中不应产生有害气体，不应对操作人员的皮肤、呼吸道产生不良影响，废工作液不应对环境造成污染。

图 3.41 所示为线切割机床工作液系统。按一定比例配制的电火花线切割专用工作液，由工作液泵输送到工作液分配阀上，阀体上两个调节开关，分别控制上下线臂水嘴的流量，工作液经加工区回流在工作台上，再由回水管返回到工作液箱进行过滤。在电火花线切割加工的过程中，工作液的清洁程度会对加工的稳定性产生影响。而蚀除产物主要以颗粒的形式存在于工作液中，一般直径在 10μm 左右，如图 3.42 所示。

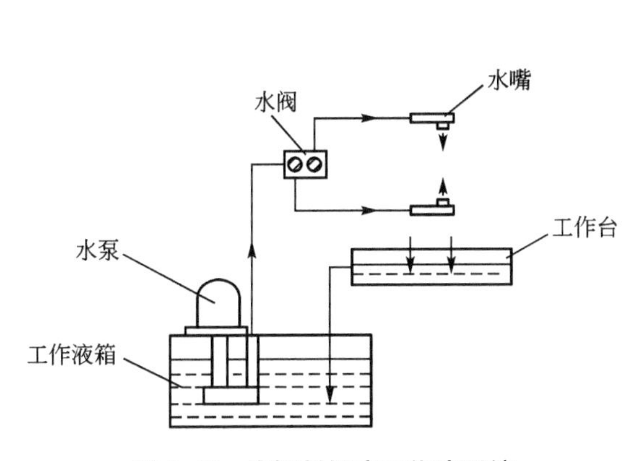

图 3.41 线切割机床工作液系统

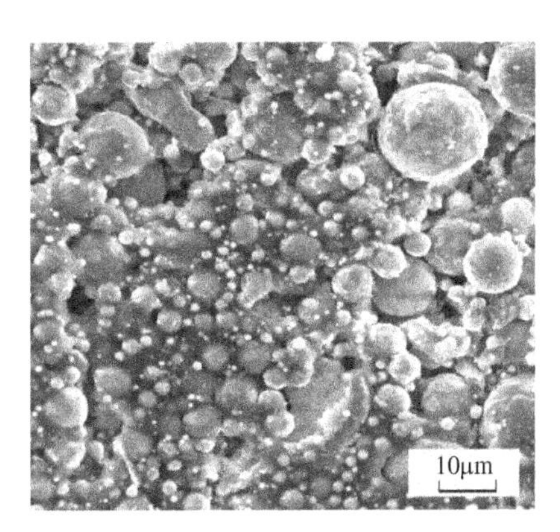

图 3.42 蚀除物扫描电镜照片

一般工作液循环过滤系统主要由工作液箱、海绵网、磁钢和水泵组成，如图 3.43 所示，从工作台返回的工作液，经铜网粗滤，海绵网过滤，磁钢吸附铁微粒，再通过两道隔板自然沉降，最后由水泵输送到加工区。这种过滤系统只能对工作液进行一般过滤，如果需要采用细过滤，可采用分级过滤方式，先采用磁性分流器，而后经过磁性过滤器，最后采用纸质过滤器进行过滤，如图 3.44 所示。

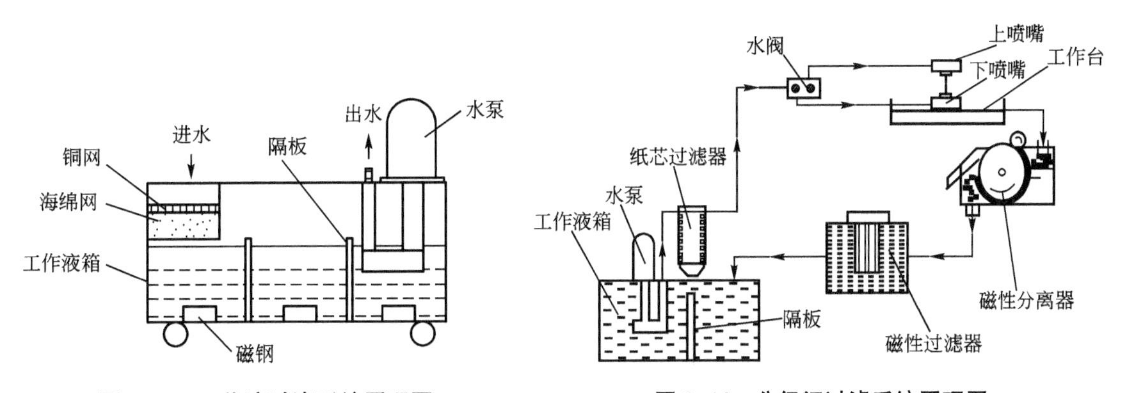

图 3.43 工作液过滤系统原理图

图 3.44 分级细过滤系统原理图

目前工作介质主要有乳化液、合成型和半合成型(复合型)工作液。乳化液由含有较高比例矿物油(70%左右)的乳化油稀释而成，乳化油以矿物油为基础，添加酸、碱、乳化剂和防锈剂等配制而成，加水稀释后呈乳白色，其单位电流的切割速度一般在 $20\sim22\text{mm}^2/(\text{min}\cdot\text{A})$，切割表面易产生烧伤纹。不含油的合成型工作液适用于不同材质和不同厚度的工件，切割速度、切割表面粗糙度都优于乳化液，但其防锈性较差，电极丝损耗较大，并且切割工件表面较暗，其单位电流的切割速度一般在 22～25mm^2/(min·A)。复合型工作液是以佳润系列产品为典型代表的，有液体、膏体、固体形式，它们含有比例严格控制的植物油组分，具有很好的洗涤冷却效果，电极丝的损耗可以降低一半，其单位电流的切割速度一般在 25～30mm^2/(min·A)，切割表面洁白、均匀，并且具有很好的环保性能，其防锈能力介于乳化液与合成工作液之间，是“中走丝”首选的工作介质。

目前随着社会环保意识的增强，废液不能迅速降解的乳化油使用量正在逐步减少。

对于高速走丝机，工作介质的使用寿命通常以切割速度较初始情况降低 20%以上，就判断为失效。一般情况工作液箱容积为 40～60L，工作时间按每天两班(16h)计算，使用周期为 15～20d 左右。使用寿命到后，工作液应全部更换。

3.3.2 低速单向走丝电火花线切割机床

低速单向走丝电火花线切割机床目前发展极为迅速，在加工精度、表面粗糙度、切割速度等方面已有较大的突破，如加工精度可达±0.001mm，切割速度在特定条件下最高可达 500mm^2/min，经过多次精修加工后工件表面粗糙度可达 Ra0.05μm，并可使表面“变质层”厚度控制在 1μm 以下，致使低速走丝加工的硬质合金模具寿命可达到机械磨削的水平。目前低速走丝机已经广泛应用于精密冲模、粉末冶金压模、样板、成形刀具及特殊零件加工等。由于低速走丝机优异的加工性能，目前还找不到哪一种加工技术可以与之竞争。

【低速单向走丝电火花线切割总结】

【世界最大低速单向走丝电火花线切割机床】

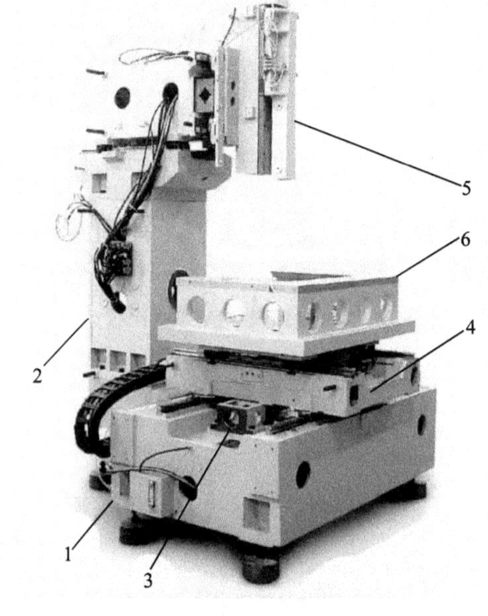

图 3.45 低速走丝机机械部分结构

1—床身；2—立柱；3—Y 轴；4—X 轴；5—Z 轴；6—工作台

【低速单向走丝电火花线切割多次切割】

低速走丝机的主要组成部分是床身、立柱、XY 坐标工作台、Z 轴升降机构、UV 坐标轴、走丝系统、夹具、工作液系统和电器控制系统等。我国以 DK76××来命名低速走丝机床的规格，“6”代表低速走丝，其余符号的含义同高速走丝机。典型 T 形床身的低速走丝机床机械部分照片如图 3.45 所示。

【低速单向走丝电火花线切割浸水式加工】

1. 床身及工作台系统

床身、立柱是整台机床的基础，其刚性、热变形及抗振性直接影响加工件的尺寸精度及位置精度。高精度机床常带有床身、立柱的热平衡装置，使机床各部件受热后均匀、对称变形，减少因机床温度变化引起的精度误差。低速走丝机床工作台普遍采用陶瓷材料，因陶瓷材料用在精密机床上具有很多铸铁不可替代的优点：线膨胀系数小，是铸铁的1/3，热传导率低，热变形小；绝缘性高，减小了两极间的寄生电容，精加工中能准确地在极间传递微小的放电能量，可实现小功率的精加工；耐蚀性好，在纯水中加工不会锈蚀；密度小，是铸铁的1/2，减轻了工作台的质量；硬度高，是铸铁的2倍，提高了工作台面的耐磨性，精度保持性好。

超高精度的低速走丝机要求亚微米级精度，通常采用直线电动机定位系统，导轨采用四面受约束的陶瓷空气静压滑板，在此高精度的基础上，采用分辨率为0.05μm的光栅尺，全闭环控制，可实现最小驱动当量0.05μm的进给。

由于电火花加工无宏观切削力，但放电状态是个瞬息变化的过程，因此其检测、控制及执行系统必须具有很高的响应速度，日本Sodick公司在1998年首先在全球推出了商品化的直线电动机驱动的电火花成型机，并且在1999年应用到其AQ系列电火花线切割机上，大大提高了可执行系统的响应速度。

2. 走丝系统

低速走丝机的走丝系统原理和结构各不相同，但主要目标都是使电极丝在加工区能够精确定位，保持张力恒定，能恒速运行，可以自动穿丝。

图3.46所示为某低速走丝机的走丝路径图。电极丝绕线筒插入绕线轴，电极丝经长导线轮到张力轮、压紧轮、张力传感器，再到自动接线装置，然后进入上部导丝器、加工区和下部导丝器，使电极丝能保持精确定位；再经过排丝轮，使电极丝以恒定张力、恒定速度运行，废丝切断装置把废丝切碎送进废丝箱，完成整个走丝过程。其中张力的控制是由张力控制电动机控制张力轮的阻力实现的。为了得到预定的张力，张力传感器将电极丝张力信号传给驱动器，驱动器将张力偏差值指令传给张力控制电动机，使张力轮产生不同的阻力，在张力轮与排丝轮之间的电极丝产生恒定的张力。可通过张力控制电动机全闭环控制电极丝张力大小，抑制各种外部干扰所造成的张力变化，起到恒定张力的作用。正常情况下，张力轮朝电极丝送出方向旋转，一旦电极丝松弛，电动机使张力轮减速或反转，产生阻力拉紧电极丝，电极丝的张力一般控制在2～25N为宜。

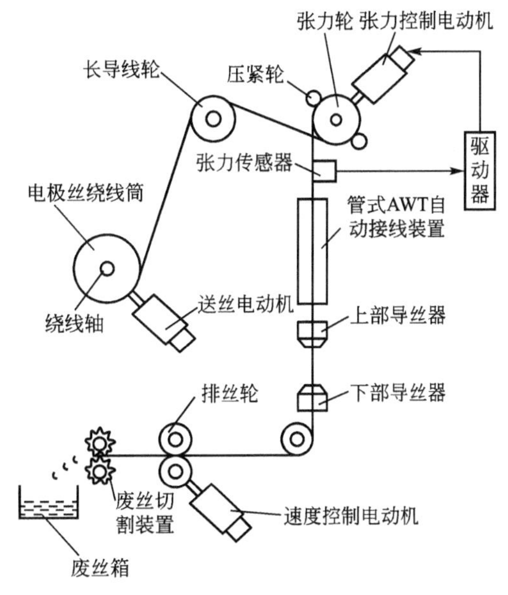

图3.46 低速走丝机走丝路径图

3. 导丝系统

导丝器一般有圆形导丝器和V形导丝器两种，如图3.47所示。V形导丝器为双V组件，分别用进电块将电极丝压靠在导丝器上，共同决定电极丝的位置。为便于自动穿丝，上导丝器可设计成如图3.48所示的拼合导丝器，其精度取决于活动部件导向精度，下导丝器仍为圆形导丝器，当然也可以将上、下导丝器均设计为V形结构。

导丝器、喷嘴的安装位置如图3.49所示，电极丝先穿入上导丝器的蓝宝石导丝模1，再使电极丝压在硬质合金的进电块上，当进电块磨损后，可以调整进电块的位置，再经过用蓝宝石

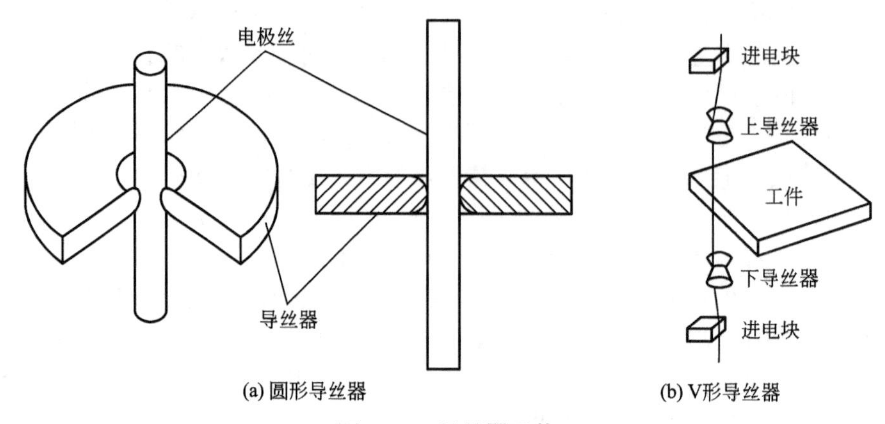

(a) 圆形导丝器　　(b) V形导丝器

图 3.47　导丝器形状

做的拼合导丝器。拼合导丝器在穿丝时由汽缸带动分开，通过调整 Z 轴升降，来调整上喷嘴与工件的间隙，下喷嘴是浮动的，可以调整与工件的下表面间隙。用喷嘴与工件间的间隙大小来控制水的流量和压力，一般间隙为 0.05～0.1mm。电极丝进入下导丝模 2，再由下进电块进电，完成上下进电，再进入导丝模 3。通常在加工 50h 后，就要调整进电块位置。

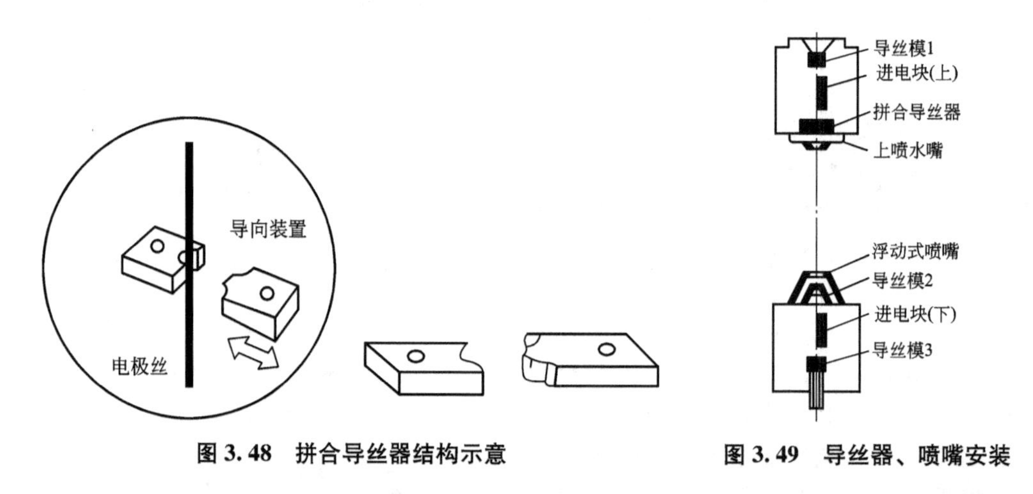

图 3.48　拼合导丝器结构示意　　**图 3.49　导丝器、喷嘴安装**

排丝机构的作用是使张力轮与排丝轮之间的电极丝产生恒定张力并实现恒速走丝，同时将用过的电极丝排到废丝箱内。

【大锥度机床演示】

图 3.50 所示为排丝机构结构图，压力调整装置通过调整弹簧压力使压力轮与主动轮之间产生压力，两轮夹紧电极丝做排丝转动。主动轮由电动机驱动，并通过齿轮带动压力轮同速旋转；电动机根据需要变频调速，使走丝速度可调。电极丝通过排出嘴导向到废丝箱。吸引器起到穿丝时吸引电极丝和将电极丝上附着的水份吸掉的作用。在排丝机构后面可以加装切碎装置，将用过的电极丝切成小段，减少废丝体积，以便于回收。

【低速单向走丝电火花切割大锥度多次切割】

4. 锥度切割机构

低速走丝机锥度切割机构采用四轴联动方式，如图 3.51 所示。其主要依靠上导丝器作纵横两轴(U、V 轴)驱动，与工作台的 X、Y 轴一起构成四

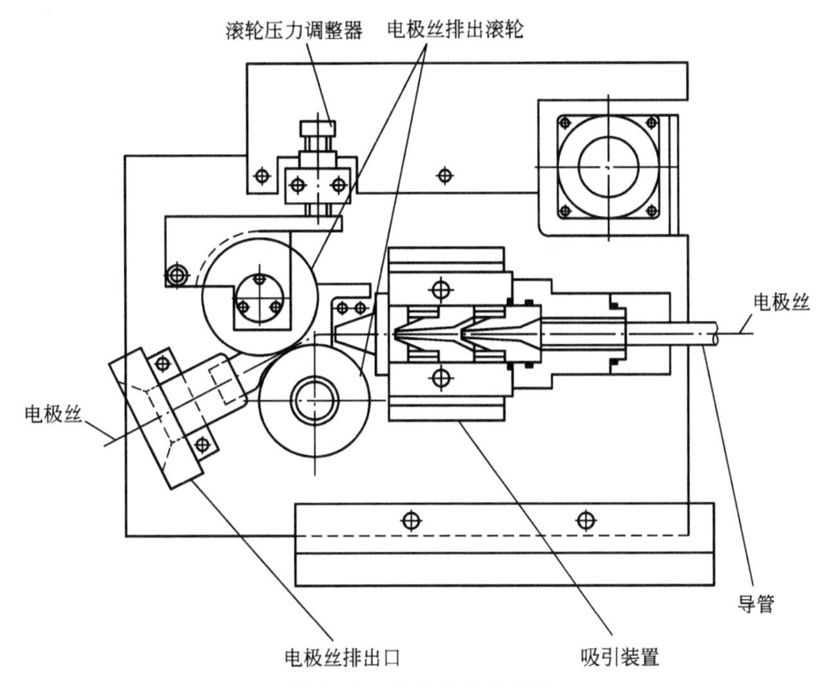

图 3.50　排丝机构结构图

轴联动控制，依靠功能丰富的软件，实现上下异形截面形状的加工。倾斜角度一般为±5°，目前最大的已经可以实现±45°的加工(与工件厚度有关)。在锥度加工时，保持导向间距(上、下导丝器与电极丝接触点之间的直线距离)一定，是获得高精度的主要保障，为此机床需要具有 Z 轴设置功能。

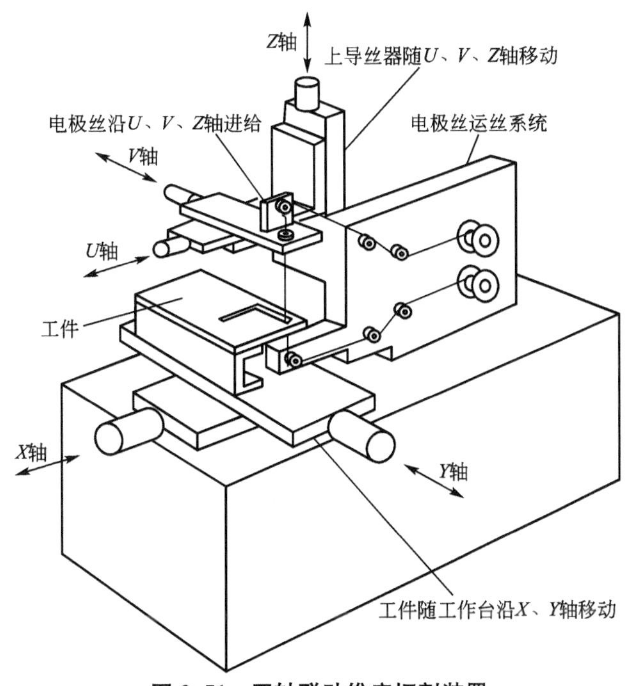

图 3.51　四轴联动锥度切割装置

5. 自动穿丝机构

【低速单向走丝断丝后原地自动穿丝】

【低速单向走丝电火花线切割自动穿丝】

【低速走丝热熔断后自动穿丝】

【低速单向走丝电火花线切割0.1mm细丝自动穿丝】

自动穿丝机构具有智能化自动快速穿丝功能，穿丝的丝径为ϕ0.03～0.3mm。图3.52所示为自动穿丝机构原理图。电极丝导入送丝轮，再穿入导丝管，然后导入穿丝专用的拉力轮，导丝管上下两侧接入加热专用进电块通电，给两进电块之间的电极丝加热。因送丝轮与拉力轮旋向相反，可将加热变红的电极丝在指定点拉伸变细，尖端细化、拉断、喷液冷却，电极丝变硬。完成以上动作后，加热进电块和拉力轮自动退回原位，再由高压喷流将丝穿过导丝器，并启动自动搜索程序，搜索穿丝孔或断丝原位，进行穿丝，穿丝时间15～20s。

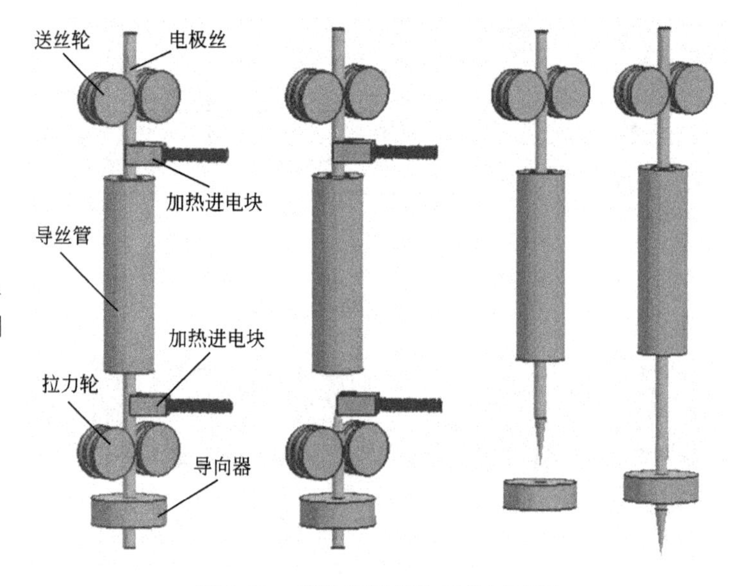

图3.52　自动穿丝机构工作原理图

目前高档的低速走丝机为适应无人化加工的需求还具有对打偏的穿丝孔自动寻找的功能，其过程如图3.53所示。

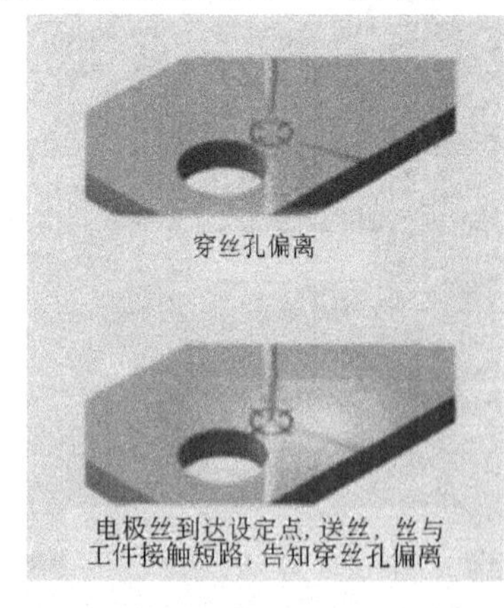

(a)

(b)

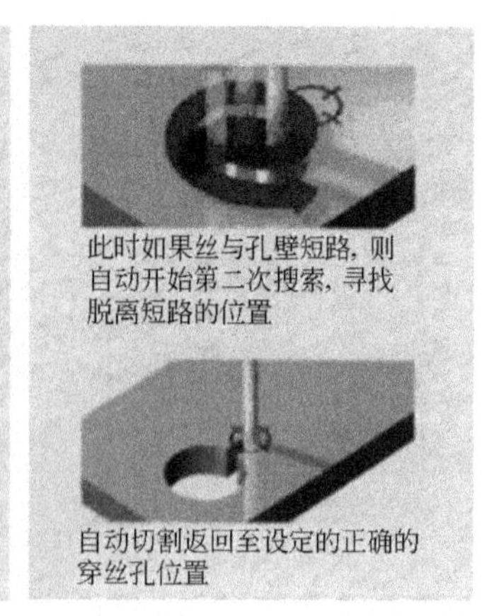

(c)

图3.53　自动寻找穿丝孔功能

（1）自动穿丝时电极丝到达设定点，送丝，电极丝与工件接触发现短路，告知计算机穿丝孔偏离原设定位置［图 3.53(a)］。

（2）自动进入搜索程序，搜索范围为设定的孔半径，并且找到打偏的穿丝孔，将丝送入孔内［图 3.53(b)］。

（3）此时如果丝与孔壁短路，则自动开始第二次搜索，寻找脱离短路位置，找到脱离短路位置后，自动切割并返回至设定的穿丝孔位置［图 3.53(c)］，然后完成后续的切割任务。

6. 双丝全自动切换走丝系统

【双丝全自动切换走丝系统】

如果只采用一种直径的电极丝进行切割，最大切割速度在精密冲压模加工中往往难于应用，其原因是最大切割速度需要使用粗丝(ϕ0.25～0.30mm)，而粗丝难于实现精密加工，精密加工只能用细丝，如 ϕ0.10mm 等，由此出现了具有双丝全自动切换功能的低速走丝机。

双丝全自动切换走丝系统是指在同一台机床上根据不同的加工要求，自动切换两种不同直径或不同材质的电极丝，这种设计解决了在线切割加工中高精度不能高效率的矛盾。走丝系统具有两套互锁的机构，两种导丝器根据电极丝直径进行自动切换，并确保两种电极丝的位置精度不变，两套系统切换时间小于 45s。两种电极丝采用不同的加工规准，切割路径及偏移量等均由专家系统自动设定。一般粗加工时采用电极丝直径 ϕ0.25～0.30mm，可提高电极丝的张力，加大加工峰值电流，切割速度大大提高；精加工时选择直径 ϕ0.10mm 的电极丝，用精规准、小电流提高工件的加工精度和表面粗糙度。实践证明，用双丝系统不同直径的电极丝进行粗加工和精加工，解决了精密和高效加工的矛盾，使总的加工时间大为缩短，一般可节省 30%～50%的加工时间，同时可节省价格昂贵的细丝，降低加工成本。双丝切换加工过程如图 3.54 所示，从图中可看出，由于粗丝的使用，在粗加工时大大节省了加工时间，从而达到缩短总加工时间，提高总切割速度的目的。

【低速单向走丝精密切割视觉系统】

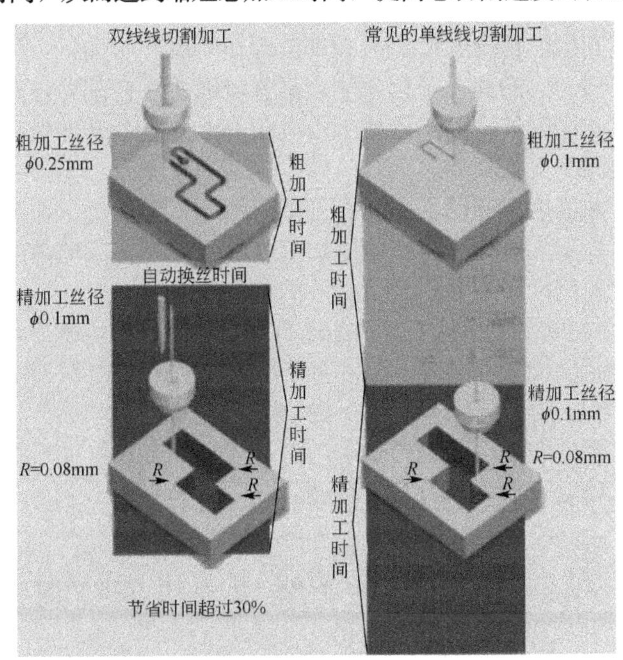

图 3.54　双丝与单丝走丝系统工作时间比较图

此外，在某些高档低速走丝机上，为满足精密微小零件切割、定位及对刀的要求，还配备了具有视觉处理功能的视觉处理附件。

7. 工作液系统

图 3.55 所示为低速走丝机工作液系统组成方框图。在实际工作时，因为只有少量水在循环，因此加工液槽的容积大而储液箱的容积小。水的循环路径为从加工液槽到过滤器、储液箱、冷却器和纯水器。这种结构的优点是运行成本低，水质好。

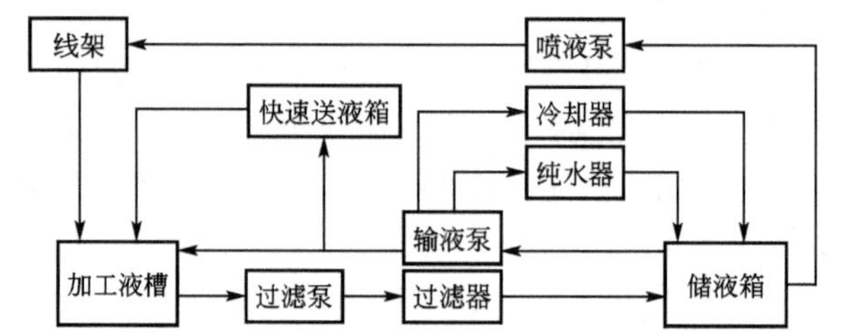

图 3.55　低速单向走丝电火花线切割工作液系统组成方框图

【低速单向走丝去离子水过滤】

快速送液箱：在加工开始时加工液槽是空的，需要快速供水，为了缩短供水时间，在储液箱的上部设置一个预先加满水的快速送液箱，利用快速送液箱与加工液槽高低之差进行快速充液，可以节省时间 80%。

过滤泵将加工液槽的水送到过滤器，过滤器有一个或两个过滤筒，每个过滤筒里装有两个纸质过滤芯，将水过滤，过滤精度为 2～5μm，过滤芯使用一段时间后，过滤性能下降，过滤泵的压力升高，此时需要及时更换滤芯。

低速走丝机以纯水作工作液，水质传感器和纯水器用于控制纯水的电阻率，通常，在加工中使用的水的电阻率为 5×10^4～$7.5\times10^4\Omega\cdot$cm。纯水的电阻率显示在水质计上。当水质计显示的纯水电阻率低于正常加工的设定值时，净水器用的循环泵工作，水流入净水器，水质提高，一直到水质提高到设定的最高值为止而后开始加工。纯水器里装有离子交换树脂，它是一种不溶于水的高分子化合物，具有较强的活性基，该产品是黄色、褐色两种颜色的半透明球状物。当纯水器不能使水的电阻率上升或上升的速度极慢，不能满足加工要求时，需要更换离子交换树脂。

冷却装置：工作液温度控制的目的是为了减少机床、工件、工作液和环境温度的相对温差，温度恒定可以稳定加工精度。在放电加工过程中，工作液的温度会上升，需用温控传感器按设定的温度控制冷却装置，使工作液的温度接近室温。

输液泵采用高压泵(多级泵)通过变频调速进行水压设定，高压可达到 2.0MPa。整个工作液系统有三个泵，过滤泵给过滤器供液；输液泵给加工液槽、纯水器、冷却器和快速送液箱供液；喷液泵给导丝器的上下喷嘴、自动穿丝机构、吸水器供液。

近年来低速走丝机的加工逐步趋向于采用浸泡式供液方式，由于被加工工件浸没在工作液中，因此对加工精度及加工的稳定性有益。

3.4　数控电火花线切割机床控制系统

电火花线切割加工的控制系统，主要包括加工轨迹(通常称切割轨迹)控制、伺服进给控制，此外还有走丝机构控制、机床操作控制及其他辅助控制等。

加工轨迹控制系统的作用是使机床按加工要求自动控制电极丝相对于工件的运动轨迹，以便对材料进行形状与尺寸的加工。

伺服进给控制系统的作用是在电极丝相对工件按一定方向进给时，根据放电间隙的大小与状态自动控制进给的速度，使进给速度与工件蚀除速度相平衡，维持稳定的加工。

随着电子技术及计算机技术的不断发展，控制系统经历了靠模仿形控制系统、光电跟踪控制系统发展到计算机数字控制系统等阶段。控制电路也经历了由分立元件到小规模集成电路再到大规模集成电路的发展过程。

走丝机构控制的作用是控制电极丝走丝速度及方向。电极丝运动既有利于把工作液带入放电间隙，同时又有利于把放电蚀除产物排出放电间隙，使加工更加稳定。高速走丝机的走丝控制主要是使电极丝做周期往复运动，一般根据储丝筒直径的大小及电动机转速，走丝速度为 8～10m/s。目前具有多次切割功能的高速走丝机(俗称“中走丝”)的走丝控制还需要根据多次切割的要求进行速度调节，目前丝速调节范围一般是 2～10m/s。

机床操作控制系统包括设备的总开通与总关断、各部分的开通与关断及各种手动控制功能等。

辅助控制电路是指除上述基本控制系统之外，有利于加工顺利进行、提高操作自动化程度的各种控制电路。例如，自动找中心、自动找边、加工中的自动监控、出现异常的自动报警、自动停机及各种保护电路等。

图 3.56 所示为控制系统的组成部分及相互关系。

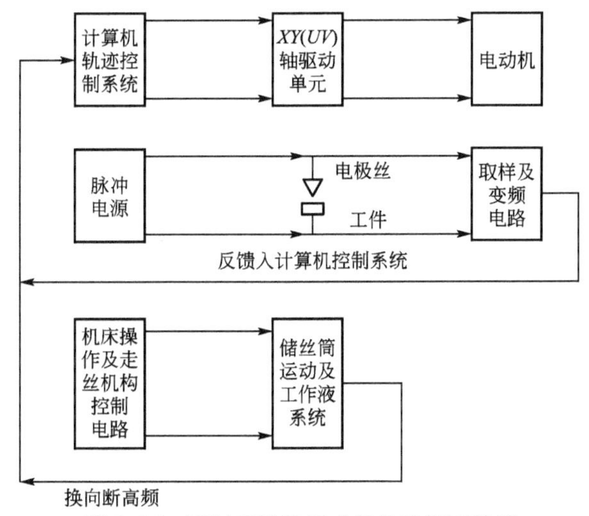

图 3.56　控制系统的组成部分及相互关系

1. 加工轨迹控制系统

电火花线切割机床的轨迹控制系统现在已普遍采用数字程序控制，并已发展到微型计算机直接控制阶段。数字程序控制(NC)电火花线切割的控制原理是把图样上工件的形状和尺寸编制成程序指令，一般通过键盘输给计算机，计算机根据输入指令控制驱动电动机，由驱动电动机带动精密丝杠，使工件相对于电极丝做轨迹运动。

数字控制系统按结构分为开环控制和闭环控制两种系统。开环控制系统是目前高速走丝机常用的一种，它没有位置反馈环节，加工精度取决于机械传动精度、控制精度和机床刚性。闭环控制系统又分为全闭环控制和半闭环控制，半闭环控制系统的位置反馈点为伺服电动机的转动位置，一般由编码器完成，但机床丝杠的传动精度没有反馈。全闭环控制系统的位置反馈点则为拖板的实际移动位置，加工精度不受传动部件误差的影响，只受控制精度的影响，是较完善的控制系统。

计算机数字控制系统(CNC 系统)主要功能是计算机根据“命令”控制电极丝沿给定的轨迹进行加工，此轨迹即加工工件的图形，所以必须将要进行切割加工的工件图形用线切割控制系统可以接受的“语言”编写好“命令”，输入给计算机。这种“命令”称为线切割程序，编写这种“命令”的工作称为“编程”。计算机根据输入程序，进行插补运算后，通过驱动电路控制电动机，由电动机带动精密丝杠，使工件相对电极丝做轨迹运动。图 3.57 所示为 CNC 系统方框图。

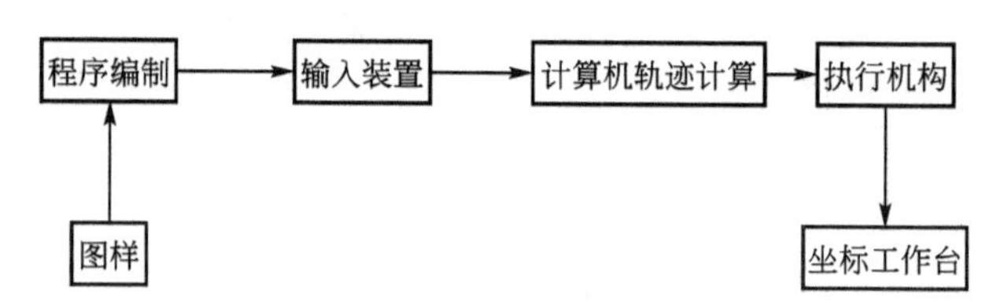

图 3.57　CNC 系统方框图

1) 插补原理

所谓“插补”，是指在一个曲线或工程图形的起点和终点间用足够多的短线线段组成斜线来逼近所给定的曲线。常见的工程图形均可分解为直线和圆弧或其组合。常用的插补方法有逐点比较法、数字积分法、矢量判别法和最小偏差法。每种方法各有其特点，在电火花线切割控制系统中，大多采用逐点比较法的插补方法。

逐点比较法的插补原理是在加工过程中，每进给一步，首先判断加工点相对给定线段的偏离位置，用偏差的正负表示，即偏差判别。根据偏差的正负，向逼近线段的方向进给一步，到达新的加工点后，再对新的加工点进行偏差计算，求出新的偏差，再进行判别、进给。这样，不断运算，不断比较，不断进给，总是使加工点向给定线段逼近，以完成对切割轨迹的控制。由此可知，逐点比较法每进给一步，都要经过图 3.58 所示的四个工作步骤。

图 3.58　逐点比较法进给的四个步骤方框图

(1) 偏差判别：判别加工点对规定图线的偏离位置，以决定拖板的走向。

(2) 拖板进给：控制纵拖板或横拖板进给一步，向规定的图线逼近。

(3) 偏差计算：对新的加工点进行计算，得出反映偏离位置情况的偏差，作为下一步进给的依据。

(4) 终点判别：当进给一步并完成偏差计算之后，应判断是否到达图形终点。如果已到达终点，则发出停止进给命令；如果未到达终点，则继续重复前面的工作步骤。

如果切割轨迹为斜线时，若加工点在斜线的下方，计算机计算出的偏差为负，这时控制加工点沿 Y 轴正方向移动一步；若加工点在斜线的上方，计算机计算出的偏差为正，这时控制加工点沿 X 轴正方向移动一步，如图 3.59 (a)所示。同理，切割圆弧时，如图 3.59(b)所示，若加工点在圆外，应控制加工点沿 Y 轴负方向移动一步；若加工点在圆内，应控制加工点沿 X 轴正方向移动一步。据此，使加工点逐点逼近已给定的图线，直至整个图形切割完毕。

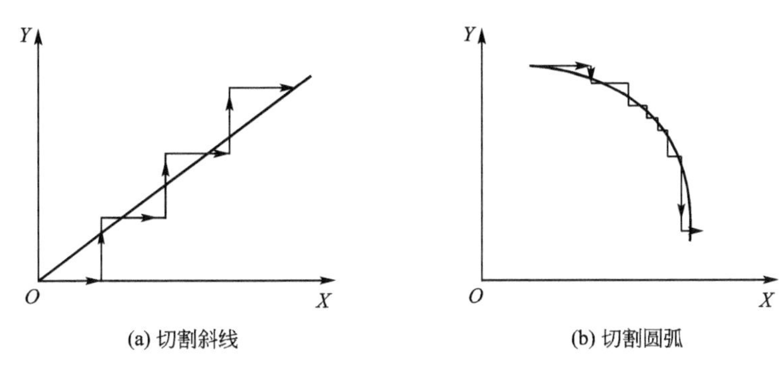

图 3.59 逐点比较法原理图

2) 锥度加工原理

切割工件的电极丝固定在线架上，由上、下导轮支承着，步进电动机带动工作台上的工件做 X 轴、Y 轴方向移动，形成工件和电极丝的相对运动，以实现平动切割。

为讨论方便，可以认为工件是静止的，电极丝相对工件运动。在带有锥度切割功能的线切割机床上，上线架有两块可在水平方向上做相互垂直运动的小拖板，由它来移动电极丝的上端做以电极丝下端为支点的电极丝倾斜运动，由电极丝平动和电极丝倾斜运动，按一定方式则构成了锥度运动。

如图 3.60 所示，先使电极丝倾斜一定角度(使 AA' 移至 AA_1)，然后电极丝在 O' 平面内的点 A_1 相对电极丝下端在 O 平面内的 A 点走一个圆，在空间形成了以电极丝轨迹为母线的圆锥，呈尖锥状，如果此时，整个电极丝同时又作相对工件走圆(实际为 X、Y 拖板走圆)，只要满足这两个走圆同步，则能叠加出一个如图 3.61 所示的圆锥体。

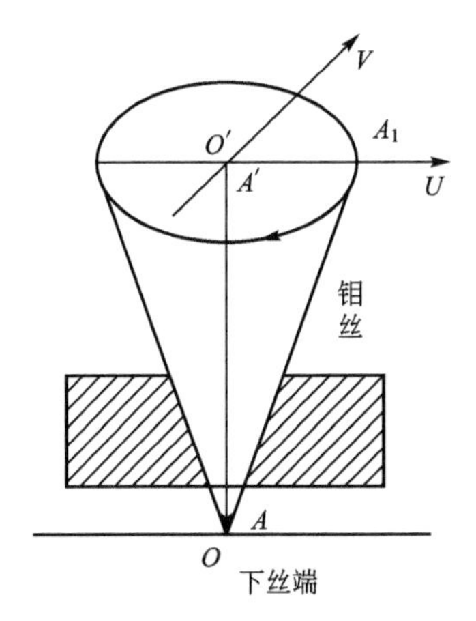

图 3.60 线架走圆示意图

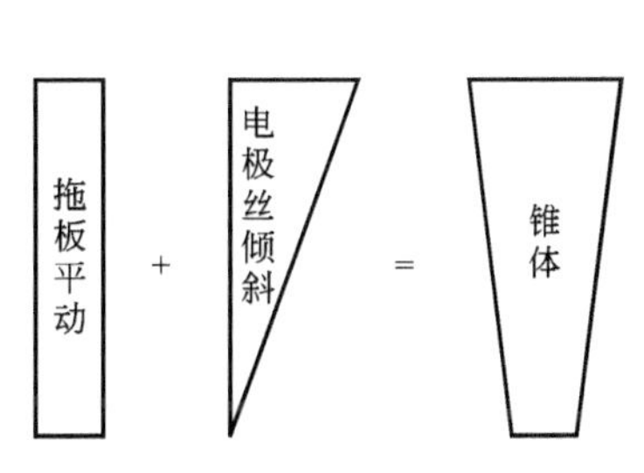

图 3.61 锥度切割成形示意图

3）上、下异型加工

上、下异型是指工件的上、下表面不是相同或者相似的图形，上、下表面之间平滑地过渡，其主要用于拉伸模具的生产，如铝型材的拉伸等，其典型的模具如图 3.62 所示，该模具可以将圆棒料通过模具后拉伸为十字花型材。

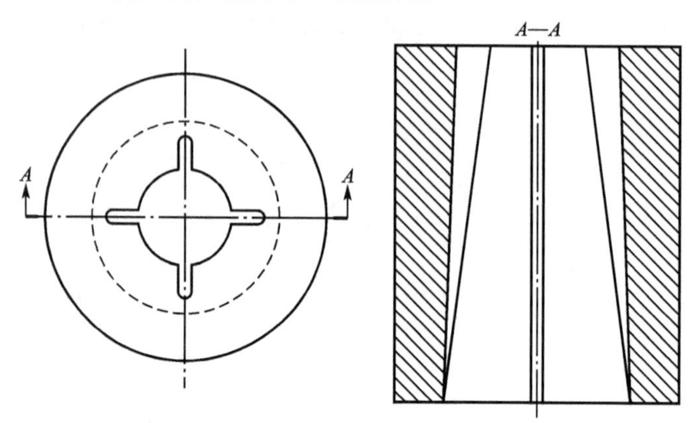

图 3.62　上、下异型在拉伸模具的应用

对于上、下异型工件，电极丝切割时所走的上下表面的轮廓长度不一样，其加工锥度是按一定的线性变化进行的，这是上、下异型零件的加工特点。对上、下异型体锥度曲面进行加工时，工件的上、下表面轨迹按照图样分别单独进行编程，然后经过四轴轨迹合成计算，把带圆弧或形状复杂的曲面线性化处理到上、下导轮的线架平面，从而转换成空间直线段的集合，即大量直线的集合，最终控制 X、Y、U、V 四轴加工出变锥度的曲面，其核心是加工轨迹的线性化计算。

工件上、下表面轨迹依图样分别单独编程，由上、下导轮按一定比例进给来实现，其插补速度则由数控系统的行程协调函数来控制。通过行程协调函数的处理，对上下表面的加工步数进行对比分析，反馈到行程协调函数中，控制 X、Y、U、V 四轴的运动，使上下表面轨迹的插补速度协调一致，达到加工的需要。

上、下两面各段起、止点都一一对应，如图 3.63 所示情况，可以认为工件是由很多小直纹曲面组成，由于对应点位置均是已知的，可以不要标志，直接进行轨迹叠加合成计算。

对于上、下图形几何分段数不相等，各段无法找到一一对应标志的情况，需对有些段进行拆分，从而产生新节点，使上、下各节点位置一一对应。这种拆分段产生节点由计算机根据确定的对应点计算公式来计算。如图 3.64 所示，图中 A_1、A_2、A_3、A_4、A_5 及 B_1、B_2、B_3、B_4、B_5、B_6、B_7 是原图形的各端点，与之对应的需要找到 A_2'、A_3'、A_4' 及 B_2'、B_3'、B_4'、B_5'、B_6' 点。

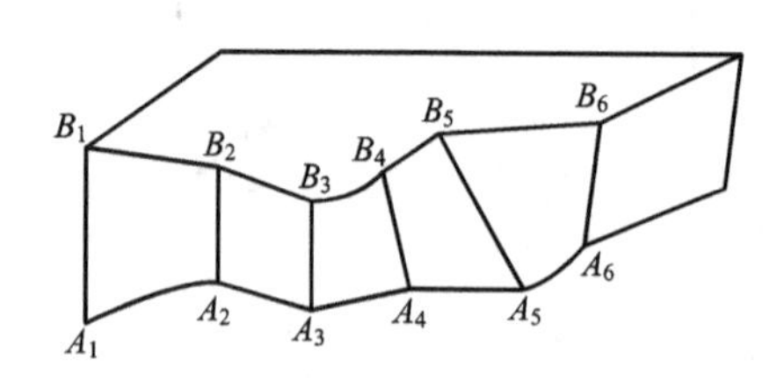

图 3.63　上、下面轨迹几何分段相等

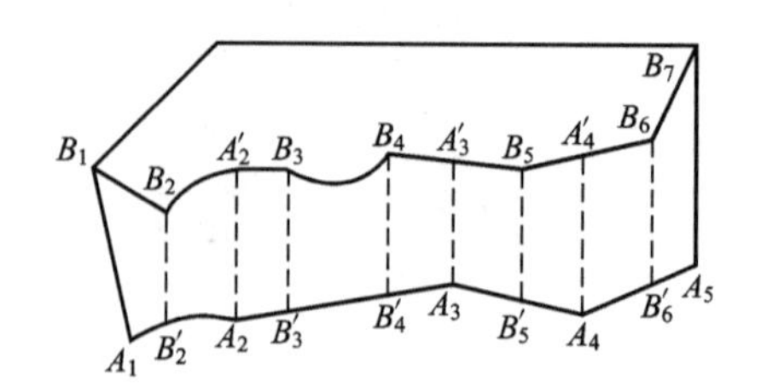

图 3.64　对应段拆分产生新节点

采用这种加工编程原理进行上、下异型零件的加工，减少了曲线拟合误差，对零件加工精度的影响不大，应用广泛。其加工实例及对应线段的拆分情况如图 3.65 所示。

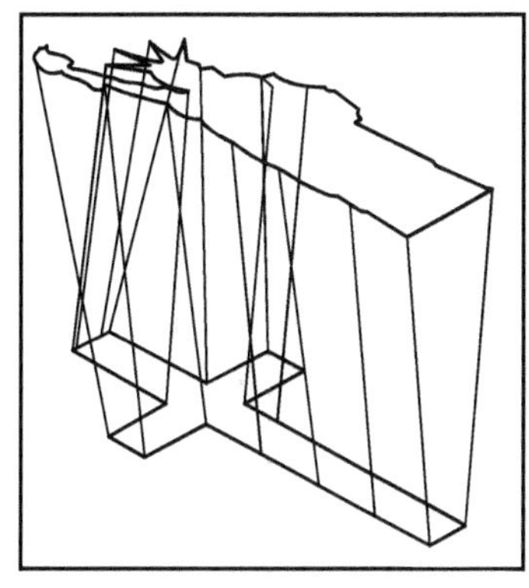

图 3.65 上、下异型加工实例及对应线段的拆分

2. 伺服进给控制系统

线切割加工的进给速度不能采用等速方式，而必须采用伺服进给方式。对于高速走丝机加工而言，伺服进给控制系统的主要功能就是使电极丝的进给速度等于金属的蚀除速度并保持某一合适的放电间隙。

在电火花线切割加工中，加工进给速度是由变频电路控制的，它使电极丝进给速度“跟踪”工件的蚀除速度，防止放电开路或短路，并自动维持一个合适的放电间隙，具体控制方法如下。

首先，由取样电路测出工件和电极丝之间的放电间隙。间隙大，则加速进给；间隙小，则放慢进给；间隙为零时，则为短路状态，短路状态超过一定时限，控制系统判断为短路发生，电极丝须按原已切割轨迹回退，以消除短路状态。

由于实际加工时，放电间隙很小，无法直接测量间隙的实际大小，故通常测量与放电间隙大小有一定关系的间隙电压作为判断间隙变化的依据，此测量值一般为间隙平均电压。然后将测量的间隙平均电压输入“变频电路”。“变频电路”是一个电压-频率转换器，它把放电间隙中平均电压的变化成比例的转换成频率的变化。间隙大，间隙平均电压高，变频电路输出脉冲频率高，进给速度则快；反之，间隙小，间隙平均电压低，变频电路输出脉冲频率低，则进给速度慢或停止进给，从而实现了线切割加工的自动伺服进给。

此外，当线切割机床不处于放电加工状态时，需要使工作台移动一段距离，这时可以将自动伺服进给开关由“自动”挡变换为“手动”变频挡，由“变频电路”内部提供一个固定的直流电压来代替放电间隙的平均电压，再经“变频电路”输出一定频率的脉冲，触发插补运算器使 XY (或 UV)快速移动。

取样电路设计时可以采用光电耦合器把放电间隙与取样部分电路隔离，使两部分没有直接的电联系，减少间隙放电对取样信号的干扰，从而提高“变频电路”的稳定性。

图 3.66 所示为一典型取样“变频电路”。在变频取样电路中，取样信号分别取自工件和电极丝，取出工件和电极丝之间的间隙电压经过限流电阻后，再经过 24V 稳压管，从而使 3 点电压的峰值得到一定限幅。此外，24V 稳压管起到一个门槛作用，即只有高于 24V 的电压才能进入取样电路。电火花线切割加工中的几种示波器检测放电波形如图 3.67 所

示，24V 电压值大约在正常放电电压的下临界线上，也就是说只有放电加工中出现空载及加工时，取样电路才有信号输入，才能触发插补运算器使拖板向前进给；而出现短路及少部分加工信号时，由于没有信号进入取样电路，计算机插补运算器无信号发出，因此机床不进给，而如果在设定时间内计算机没有检测到输入的取样信号，则判断为短路，从而控制机床沿着原加工轨迹回退。放电脉冲信号进入取样电路后，由两个电容和电阻组成的 π 形滤波器将已经降幅的放电信号进行整流和滤波，变成近似直流电压信号。33V 稳压管起限幅作用，正常加工时它不起作用，在间隙开路时，它限制取样电压 $E_{取样}$ 不能太高，以保护后面的电路。$E_{取样}$ 电压经光电耦合把信号输入给以单结晶体管 BT32DJ 为主的变频电路。由 9 点输出变频脉冲至控制计算机进行轨迹插补运算。

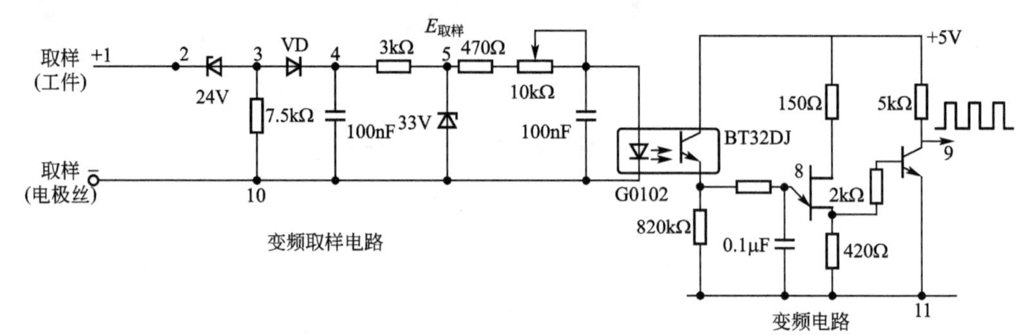

图 3.66　取样变频进给控制电路原理

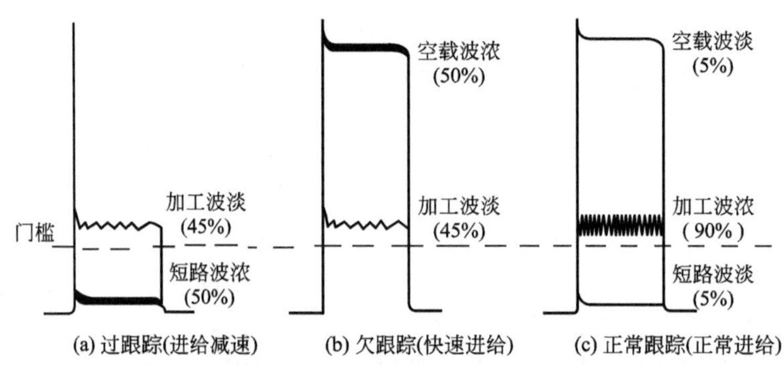

图 3.67　线切割加工中的几种示波器检测放电波形

【步进电动机控制方式对比】

一般高速走丝机采用步进电动机作为工作台驱动电动机。步进电动机有混合式和反应式两种，分别有两相、三相、四相、五相等多种型号。高速走丝机目前常用 75BF003 三相反应式步进电动机，图 3.68 为其控制方式示意图。图中转子上仅画出 4 个齿，实际转子上有 40 个小齿，定子上有三对开有小齿的(A、B、C 三相)磁极。A、B、C 三相可单独或同时轮流通电，通电时磁极产生磁力吸引转子转向某一位置。

控制步进电动机转动的方式有以下三种。

1）单三拍控制方式

图 3.68 所示实际为单三拍控制方式。首先有一相线圈(设为 A 相)通电，则转子上 1、3 两齿被磁极 A 吸住，转子就停留在这个位置上，如图 3.68(a)所示。

然后，B 相通电，A 相断开，则磁极 B 产生磁场，而磁极 A 的磁场消失。磁极 B 的磁场就把离它最近的齿(2、4 齿)吸引过去。这样转子位置自图 3.68(a)逆时针转动了 30°，停在图 3.68(b)的位置上。

再接下去，使 C 相通电、B 相断开，则根据同样道理，转子又逆时针旋转 30°，停留在图 3.68(c)的位置上。

若再使 A 相通电、C 相断开，那么转子再逆转 30°，使磁极 A 的磁场把 2、4 两个齿吸住。

这样按 A→B→C→A→B→C→A→…的顺序轮流通电，步进电动机就一步一步地按逆时针方向旋转。通电线圈每转换一次，步进电动机旋转 30°。

如果步进电动机通电线圈转换的次序倒过来，按 A→C→B→A→C→B→A→…的顺序进行，则步进电动机将按顺时针方向旋转。通电顺序与旋转方向的关系可以形象地用图 3.69 表示。

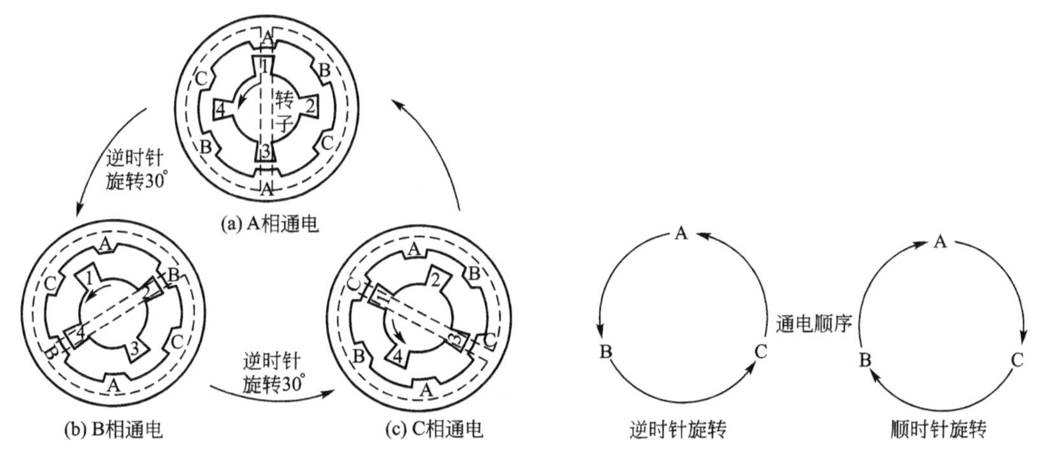

图 3.68 单三拍控制方式

图 3.69 通电顺序与顺逆转向

要改变步进电动机的旋转方向，可以在任何一相通电时进行。例如，通电顺序可以是 A→C→A→B→C→A→B→A→C，步进电动机将顺时针走一步，逆时针走五步后，再顺时针走两步。

上述控制方案称为单三拍控制，每次只有一相线圈通电。在转换时，一相线圈断电时另一相线圈刚开始通电，因此，此时不能承受力矩，容易失步(即不按输入信号一步步转动)；另外单用一相线圈吸引转子，容易在平衡位置附近振荡，稳定性不好，无法使用。故只能用以说明原理，实际上常采用以下的控制方式。

2) 三相六拍控制方式

三相六拍控制方式中通电顺序按 A→AB→B→BC→C→AC→A→…进行(即一开始 A 相线圈通电，而后转换为 A、B 两相线圈同时通电；单 B 相线圈通电，再 B、C 两相线圈同时通电……)。每转换一次，步进电动机逆时针旋转 15°，如图 3.70 所示。

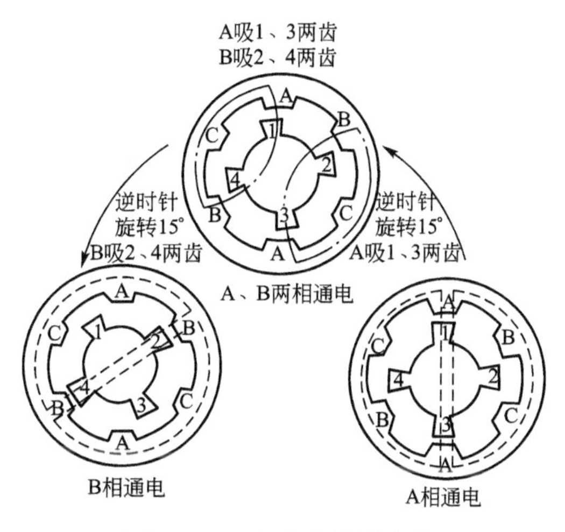

图 3.70 三相六拍控制方式

若通电顺序反过来，则步进电动机顺时针旋转，如图 3.71 所示。

这种控制方式因转换时始终保证有一相线圈通电，故工作较稳定，不易丢步。而且三相六拍控制方式的步距比单三拍缩小了一半。

3) 双三拍控制方式

在双三拍控制方式中，通电顺序按 AB→BC→AC→AB…(逆转)或 AB→AC→BC→AB…(顺转)进行，如图 3.72 所示。

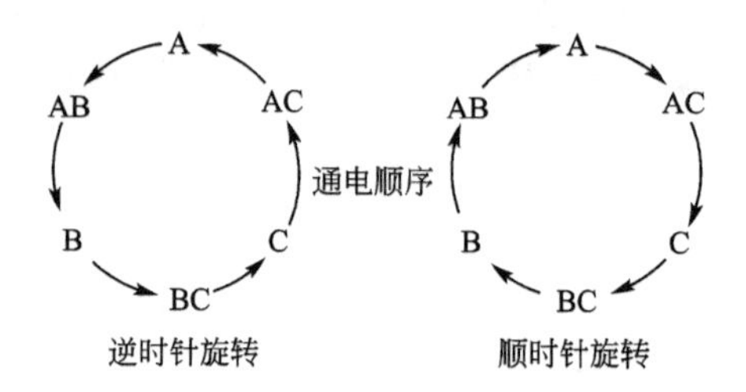

图 3.71　三相六拍控制通电顺序与转向

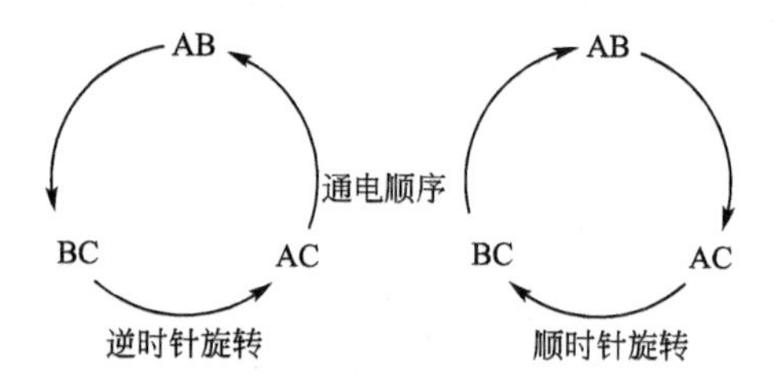

图 3.72　双三拍控制方式

在这种控制方式中每次都是两相线圈同时通电，而且转换过程中始终有一相线圈保持通电不变，因而工作稳定，不易丢步，而步距与单三拍控制一样。

步距角的计算：在三相步进电动机中，三步后转子旋转了一个齿，那么，定子的相数乘上转子的齿数就是转子旋转一周(即 360°)所需的步数。这样步进电动机每一步旋转的角度——称为步距角 θ，可由下列公式计算：

$$步距角\ \theta=360°/(定子的相数\ M\times 转子的齿数\ N)$$

常采用的步进电动机 75BF003 是三相步进电动机，它的转子有 40 个齿(图 3.73)，所以双三拍时的步距角 $\theta=360°/(3\times40)=3°$，即每步旋转 3°，在三相六拍控制方式中步距角为双三拍时的一半，即 1.5°，相当于进行了 2 细分。

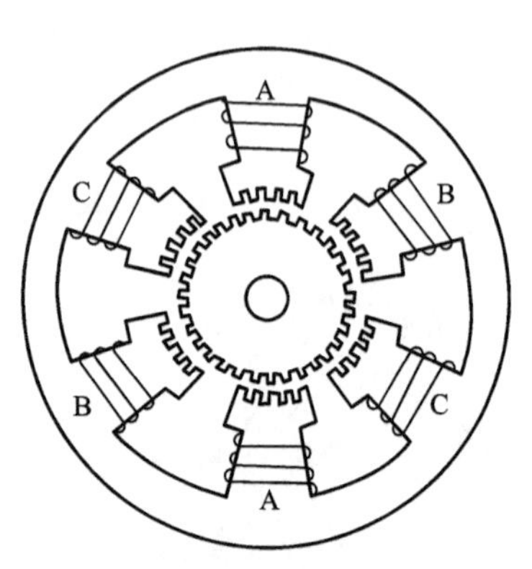

图 3.73　75BF003 型三相步进电动机结构图

步进电动机的 A、B、C 各相，通常接直流电源，每相中串接有限流电阻(或采用恒流源电路)和大功率晶体管。当晶体管导通时，直流电源限流，每相有 2～2.5A 的电流，可以产生足够的驱动力矩。

高速走丝机数控系统的执行机构大多采用较简单的、如上所述的步进电动机开环系统，而低速走丝机的数控系统则大都采用伺服电动机加编码器的半闭环系统，仅在一些少量的超精密机床上采用了伺服电动机加磁尺或光栅的全闭环数控系统。

3. 机床电气

机床电气控制内容及控制功能见表 3-3。

表3-3 机床控制电路的控制内容及功能

控制项目	控制内容	控制功能
走丝控制	正向、反向运转	高速走丝方式、电极丝正向、反向交换运转
	调速	走丝速度控制
	断丝保护	断丝停机、停止加工
	电动机制动	高速走丝方式走丝停止与断丝停止时快速制动
走丝换向装置	停加工脉冲电源	高速走丝方式走丝方向改变时停加工脉冲电源输出
	停计算机运算	高速走丝方式走丝方向改变时停计算机运算
工作台控制方式的选择	自动	由切割轨迹控制系统自动控制工作台移动
	手动	手动控制工作台移动
	点动	手动点动调整工作台的坐标位置
限位控制	运动部件限位	坐标工作台与走丝机构限位，使其不超出一定位置
照明控制	机床照明	控制机床照明灯启停
	划线照明	控制机床划线台照明灯启停
其他控制	工作液泵启停	控制工作液泵电动机启动停止
	自动绕丝	控制绕丝电动机启停
	垂直检具	供给电极丝垂直检具电源

随着电路集成度的提高、计算机及数控技术的进步，近年来脉冲电源、机床电气已不再是独立的部分，而是作为机床数控系统的一部分融合在整个控制系统中。尤其在低速走丝机控制系统中，这种方式更加普遍。像脉冲电源的脉冲宽度、脉冲间隔、脉冲峰值电压等电源参数，伺服进给的方式和方法及机床电气的工作液泵开关、运丝启停等相关操作，均可通过操作计算机键盘，依靠软件来完成。总之，许多原本用硬件实现的功能，纷纷被软件所取代，使得功能组合更合理、更完善，自动化程度更高，操作更简便，可靠性也得到进一步提高。

4. 低速单向走丝电火花线切割机床驱动系统

低速走丝机工作台驱动主要采用交流伺服电动机半闭环控制、交流伺服电动机全闭环控制和直线电动机全闭环控制，最小指令单位0.1μm、最小驱动单位0.1μm、进给速度可达500r/min。

1）交流伺服电动机半闭环控制

图3.74所示为交流伺服电动机半闭环控制示意图，NC装置发出程序指令给驱动器，驱动交流伺服电动机，电动机通过联轴器直接与精密滚珠丝杠连接，驱动工作台，因中间没有减速机构，所以要求电动机驱动功率大。交流伺服电动机带有精密编码器，编码器检测电动机旋转角度误差，并将其反馈到驱动器，指令电动机进行补偿。每台机床都要用激光干涉检测仪对直线运动精度进行检测，记录工作台直线运动的实际误差，该误差反映了滚珠丝杠各段螺距误差和反向间隙，将该误差补偿量固化到NC控制器中，并在工作台运

动时进行实时补偿，以提高工作台定位精度。

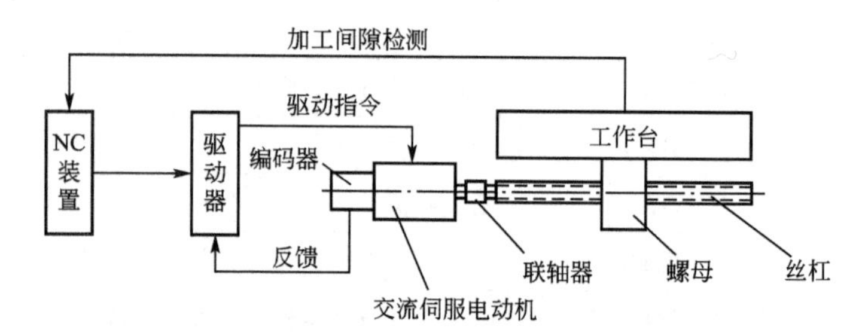

图 3.74　交流伺服电动机半闭环控制示意图

2）交流伺服电动机全闭环控制。

图 3.75 所示为交流伺服电动机全闭环控制示意图，在半闭环控制的基础上，于工作台上加装精密直线光栅尺，检测工作台实际移动距离，并将检测数据反馈到驱动器，与设定数据进行比较，将比较值转换成指令，驱动交流伺服电动机进行误差补偿。

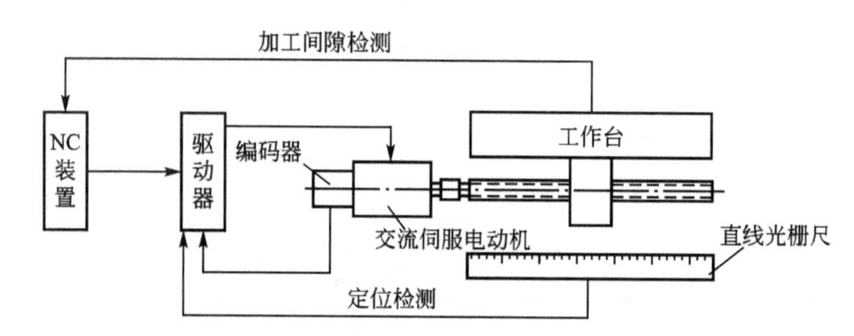

图 3.75　交流伺服电动机全闭环控制示意图

对全闭环控制，电动机与丝杠可以直接连接，也可以通过一对同步带轮减速后连接丝杠，这样电动机的功率可以小一些。由于采用光栅尺作为全闭环控制检测器件，工作台的定位精度不完全取决于精密滚珠丝杠的精度，丝杠的螺距误差、反向间隙、磨损和同步带轮传动误差都不会影响工件定位精度，所以不必定期用激光干涉仪检测工作台的直线运动误差，重新进行程序补偿。由于半闭环是分段进行误差补偿，而全闭环是实时误差补偿，所以全闭环的精度比半闭环高，精密或超精密低速走丝机普遍采用全闭环控制。

3）直线电动机全闭环控制

图 3.76 所示为直线电动机全闭环控制示意图，NC 装置发出程序指令给驱动器，驱动直线电动机带动工作台运动，工作台装有精密直线光栅尺，实时检测工作台定位精度，并将

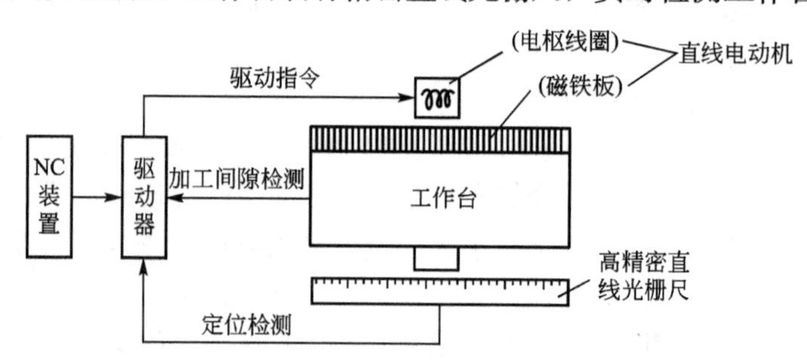

图 3.76　直线电动机全闭环控制示意图

检测数据反馈到驱动器，与设定数据进行比较，比较值转换成指令再驱动电动机进行补偿。

直线电动机具有电枢线圈和磁铁板。驱动器通过交变磁场来驱动工作台。因为直线电动机通过磁场非接触式直接驱动工作台，所以不存在因滚珠丝杠将旋转运动变成直线运动而引起的各种缺陷，包括螺距误差、反向间隙、摩擦发热、磨损、耗能、弯曲等问题，使失动量减到最小。采用直线电动机达到纳米级定位并非只是单纯依赖于电动机本身，而是依靠整体技术的进步：如导轨选用四方向受约束的陶瓷空气静压导轨，因此不存在静摩擦与动摩擦的影响，无需润滑就能实现微小移动量；直线电动机要有先进的冷却系统，使电枢线圈温度控制在室温的±2℃以内；使用人造陶瓷工作台，起到不变形和隔磁的作用，从而使工作台定位精度达到纳米级。

3.5 数控电火花线切割加工脉冲电源

3.5.1 高速往复走丝电火花线切割加工脉冲电源

高速走丝机加工用脉冲电源与电火花成形加工用脉冲电源类似，目前多为矩形波或分组脉冲，使用的脉冲宽度在1～128μs之间，脉冲间隔5～1500μs可调，一般占空比最大1∶12，短路峰值电流在10～50A范围可调，平均加工电流在0.1～10A之间，由于加工脉宽较窄，均采用正极性加工，通常对于脉冲电源要求在加工中做到高效低耗、稳定可靠和兼作粗精加工之用。脉冲电源是电火花线切割机床的重要组成部分之一，也是影响加工工艺指标的最重要因素。

1. 脉冲电源的基本组成

脉冲电源由脉冲发生器、前置推动级、功放级及直流电源四部分组成，如图3.77所示。

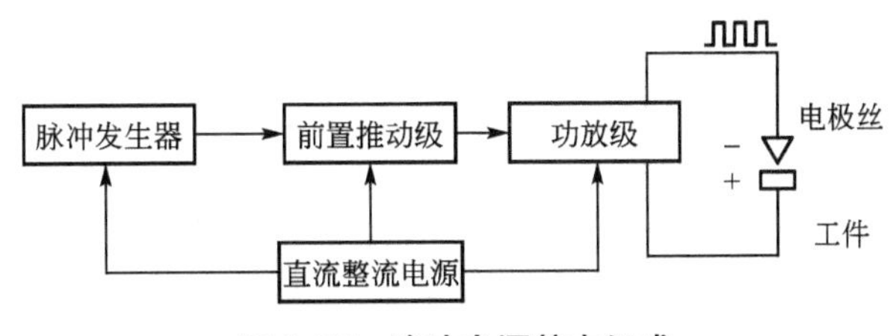

图3.77 脉冲电源基本组成

(1) 脉冲发生器产生的矩形方波是脉冲源，它由脉冲宽度T_{on}、脉冲间隔T_{off}等参数表示。

(2) 前置推动级用以对脉冲发生器发出的脉冲信号进行放大，以便驱动后面的功放级，它一般是由几个晶体管或功率放大集成电路组成。

(3) 功放级将前置推动级所提供的脉冲信号进行放大，为工件和电极丝之间进行加工提供所需的脉冲电压和电流，使其获得足够的放电能量。

2. 典型脉冲电源

电火花线切割加工用脉冲电源的电路有多种形式，如矩形脉冲电源、高频分组脉冲电源、节能型脉冲电源和等能量脉冲电源等。

1）矩形波脉冲电源

图 3.78 所示为晶体管矩形脉冲电源的电路原理图及产生的放电波形，其工作原理为：晶振脉冲发生器发出固定频率的矩形方波(也可以通过其他方式发出方波)，经过多级分频后发出所需要的脉冲宽度和脉冲间隔，控制功率管的基极以形成需要的脉冲电源参数，开启的功率管数目及限流电阻的大小，决定了放电的峰值电流。

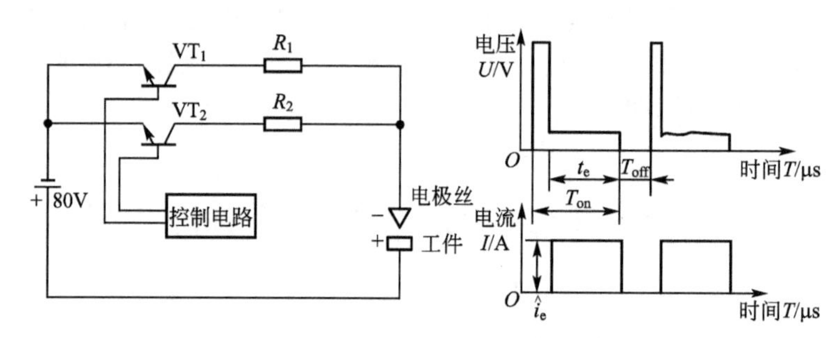

图 3.78　晶体管矩形脉冲电源原理图及产生的放电波形

2）高频分组脉冲电源

为了满足不同表面粗糙度的加工需要，有的机床高频电源既能提供矩形波，又能提供分组波。一般情况下使用矩形波加工，但矩形波脉冲电源对提高切割速度和改善表面粗糙度这两项工艺指标是互相矛盾的，即当提高切割速度时，表面粗糙度变差。若要求获得较好的表面粗糙度，必须采用较小的脉冲宽度，但这样会使得切割速度下降很多。而高频分组波在一定程度上能缓解上述矛盾，其原理如图 3.79 所示。

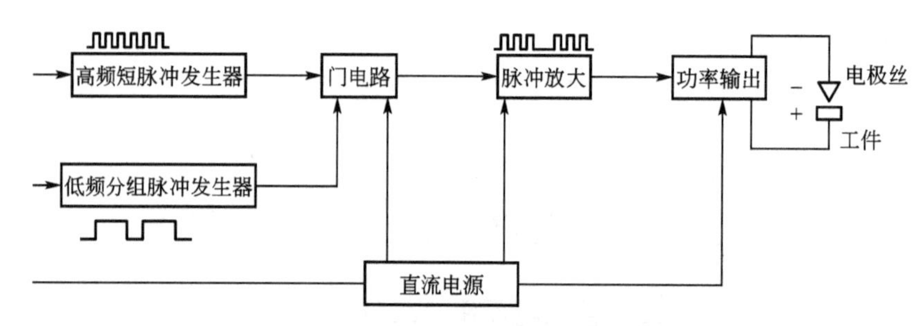

图 3.79　高频分组脉冲电源的电路原理方框图

这里，脉冲形成电路是由高频短脉冲发生器、低频分组脉冲发生器和门电路组成。高频短脉冲发生器是产生窄脉冲宽度和窄脉冲间隔的高频多谐振荡器；低频分组脉冲发生器是产生宽脉冲宽度和宽脉冲间隔的低频多谐振荡器，两多谐振荡器输出的脉冲信号经过与门后，便输出高频分组脉冲，如图 3.80 所示。然后与矩形波脉冲电源一样，把高频分组脉冲信号进行脉冲放大，再经功率输出级，把高频分组脉冲能量输送到放电间隙中去。高频分组脉冲由窄的脉冲宽度 t_{on} 和较小的脉冲间隔 t_{off} 组成，由于每一个脉冲的放电能量小，切割表面粗糙度值 Ra 减小，但由于脉冲间隔 t_{off} 较小，对加工间隙消电离不利，所以在输出一组高频窄脉冲后，需经过一个比较大的脉冲间隔 T_{off}，使加工间隙充分消电离，再输出下一组高频脉冲，以达到既稳定加工，同时又保障切割速度和维持较低表面粗糙度值的目的。

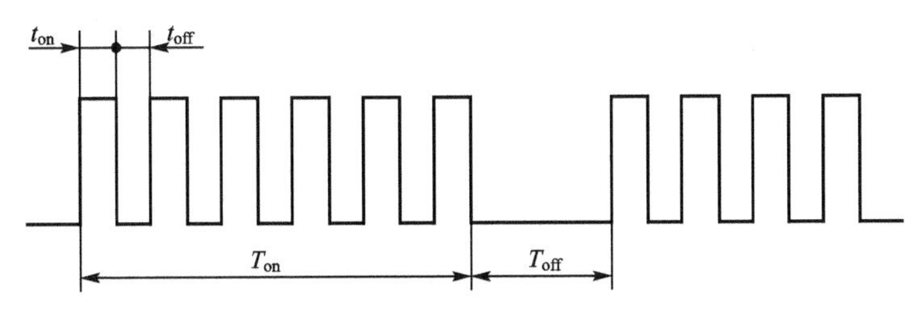

图 3.80 高频分组脉冲电源输出波形

3）节能型脉冲电源

为了提高电能利用率，近年来除用电感元件 L 来代替限流电阻，避免发热损耗外，还把电感元件 L 中剩余的电能反输给电源。图 3.81 所示为这类节能电源的主回路原理及其波形图。

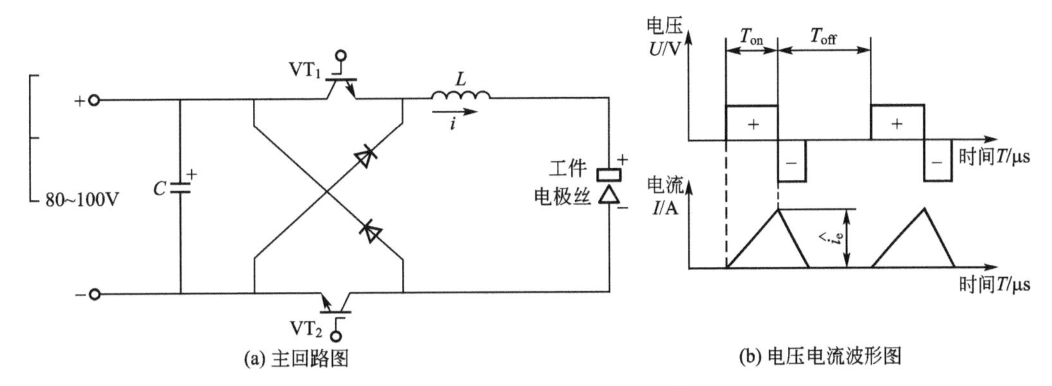

图 3.81 线切割节能型脉冲电源主回路和波形图

图 3.81 中，80～100V(＋)的电压及形成的电流经过大功率开关元件 VT_1(常用 V-MOS 管或 IGBT)，由电感元件 L 限制电流的突变，再流过工件和钼丝的放电间隙，最后经大功率开关元件 VT_2流回电源(－)。由于用电感 L(扼流线圈)代替了限流电阻，当主回路中流过如图 3.81(b)所示的矩形波电压脉宽 T_{on}时，其电流波形由零按斜线升至 i_e最大值(峰值)。当 VT_1、VT_2瞬时关断截止时，电感 L 中电流不能突然截止而继续流动，通过两个二极管反输给电源，逐渐减小为零。把储存在电感 L 中的能量释放出来，进一步节约了能量。

由图 3.81(b)对照电压和电流波形可见，VT_1、VT_2导通时，电感 L 为正向矩形波；放电间隙中流过的电流由小增大，上升沿为一斜线，因此电极丝的损耗很小。当 VT_1、VT_2截止时，由于电感是一储能惯性元件，其上的电压由正变为负，流过的电流不能突变为零，而是按原方向流动逐渐减小为零，这一小段“续流”期间，电感把储存的电能经放电间隙和两个二极管返输给电源，电流波形为锯齿形，能提高电能利用率，降低电极丝损耗。

这类电源的节能效果可达 80％以上，控制柜不发热，可少用或不用冷却风扇，钼丝损耗为一般电源的 1/3，切割速度比一般的矩形波脉冲电源略有降低。

4）等能量脉冲电源

第 2 章已经简单介绍过等能量脉冲电源，目前这种脉冲电源在电火花线切割加工中正

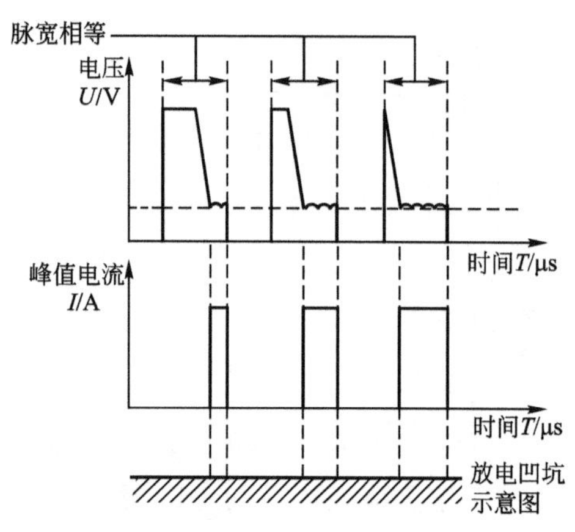

图 3.82　等频脉冲电源加工波形

在逐步推广。在传统的等频脉冲电源加工过程中，由于从脉冲发出到极间介质击穿，一般需要一定的击穿延时时间，因为脉冲宽度固定，就会导致实际放电维持时间忽长忽短(脉宽＝放电击穿延时＋放电维持时间)。在一定的极间状况下，放电峰值电流基本一定，因此必然导致每个放电脉冲的放电能量不一样，加工表面的放电蚀坑大小不一，如图 3.82 所示。由于加工表面粗糙度 *Ra* 主要取决于放电蚀坑的深度，因此导致在一定表面粗糙度条件下，蚀除量减少，影响加工效率。

等能量脉冲电源的通过检测放电延时后的下降沿信号，反馈到脉冲电源的控制端，使得脉冲电源的输出自放电延时结束后，维持等放电时间，因此每个放电脉冲形成的放电能量也基本一致，保障了放电蚀坑的均匀性，如图 3.83 所示，从而保证了加工表面的均匀并在同等表面粗糙度条件下可以获得最高的蚀除效率。

图 3.84 所示为实际加工中智能型脉冲电源的等能量脉冲波形。

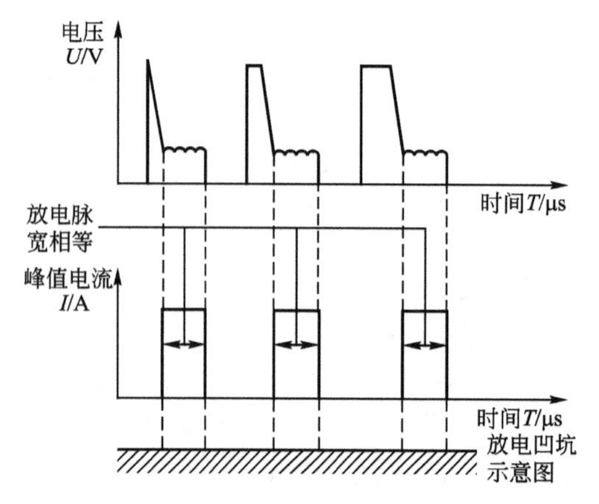

图 3.83　等能量脉冲电源电压电流波形

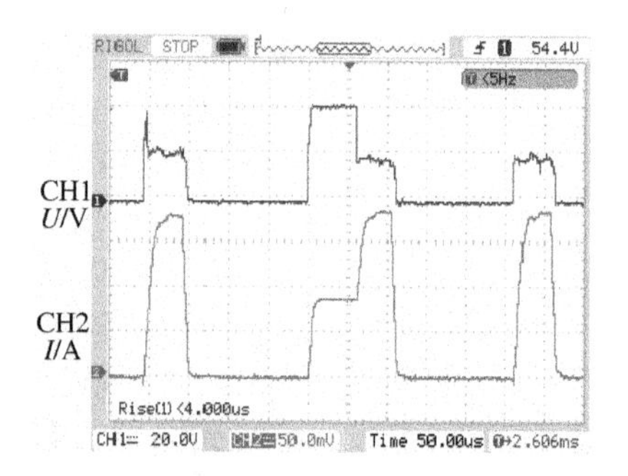

图 3.84　智能型脉冲电源的等能量放电波形

3.5.2　低速单向走丝电火花线切割加工脉冲电源

目前，低速走丝机普遍采用 BG—C 型晶体管电容器式脉冲电源，其输出功率应根据电极丝粗细、工件厚度、切割速度等进行设计。脉冲波形可采用矩形波、分组脉冲波＋双极性脉冲波等，能达到良好的加工效果。由于低速走丝机加工采用去离子水为加工介质，其脉冲电源的设计要求其具有适当的空载电压、大峰值电流、合适的脉宽(一般是窄脉宽)和停歇时间，极性是正极性(即电极丝为负极，工件为正极)。为满足这些条件，需采用的放电电路通常是电容器电路。另外，需设计各种加工自动控制模块，主要是控制脉冲电源的参数和加工进给速度。

脉冲电流对切割速度、电极损耗、表面粗糙度等有很大的影响，特别是对切割速度影响最大。低速走丝系统的优点是走丝平稳可靠，加工精度高，但由于排屑困难，在低速走丝情况下如何提高切割速度是一个重要的问题，提高脉冲电源的峰值电流则是一种重要手段。提高峰值电流能明显提高切割速度，目前晶体管脉冲电源的峰值电流可高达100～1500A，而电流的脉冲宽度一般均较小，在0.1～1μs之间，否则电极丝极易烧断。

提高峰值电流的方法主要是在间隙上并联电容，其原理如图3.85所示。并联电容一般为多挡，以便调节。这些电容安装在放电间隙附近，并以很粗的导线并联在间隙上。当放电间隙未被击穿时，直流电源E通过电阻R向电容器C充电，尽管此时电阻R及功率管的等效电阻较大，但间隙并未击穿，影响不大。充电电压达到一定数值(一般认为达到电源电压值的80%～90%)时，间隙被击穿，积聚在电容器上的能量通过间隙放电，脉冲电流的峰值可以达到相当高的数值。

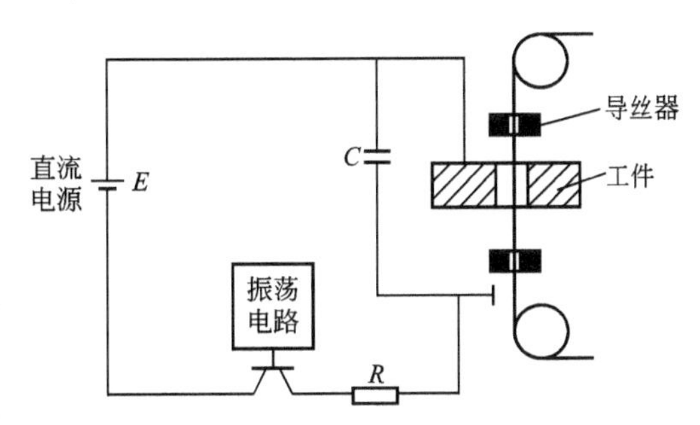

图3.85 低速走丝脉冲电源原理图

脉冲宽度减小和峰值电流的加大，都会使电极丝的损耗加大，但低速走丝机的电极丝不重复使用，因而可不考虑电极丝损耗。

脉冲电源与间隙状态、工件厚度、轨迹变化、回退与否等的联系是多样化的，因此低速走丝机的脉冲电源会通过计算机随时分析上述情况，自动地选择合理的参数，以适应上述各种因素的变化。脉冲电源能根据被加工工件厚度的变化和事先预设的程序，自动调整加工电流、脉冲宽度、间隔等参数，以实现厚度变化的自适应控制。

1. RC型(弛张式)脉冲电源

图3.86所示为最基本的电路形式，即电容器放电电路。它的工作原理、电路形式与成形加工的脉冲电源基本一样，只是参数选择不一样。

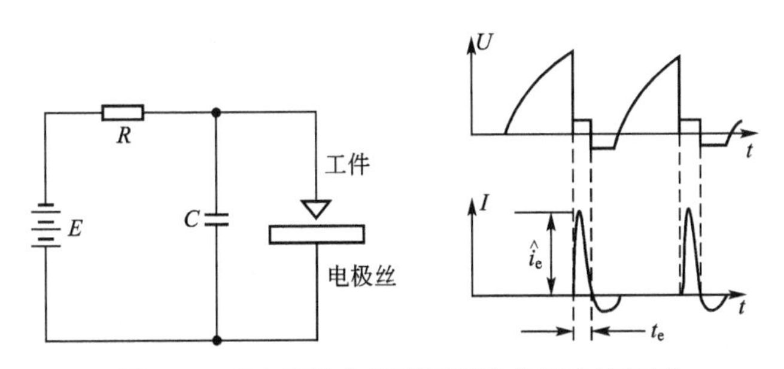

图3.86 RC脉冲电源原理图及电压电流波形

弛张式脉冲电源是电火花加工中使用最早、结构最简单的脉冲电源。其优点是加工精度高、加工表面光洁、工作可靠、装置简单、操作维修方便等；其缺点是脉冲参数受到间隙状态制约。间隙大，放电击穿电压高；间隙窄，放电击穿电压低。这样充放电电压便不稳定，不可能均匀地进行电火花加工，故被称为非独立式脉冲电源，若是增加加工电流，又容易形成电弧，产生断丝现象。为此，只能采用小电流进行加工，其切割速度很低。

2. 晶体管与场效应管脉冲电源

晶体管与场效应管脉冲电源是由脉冲发生器、前置放大器、功率放大器及直流整流电源四部分组成，如图 3.87 所示。

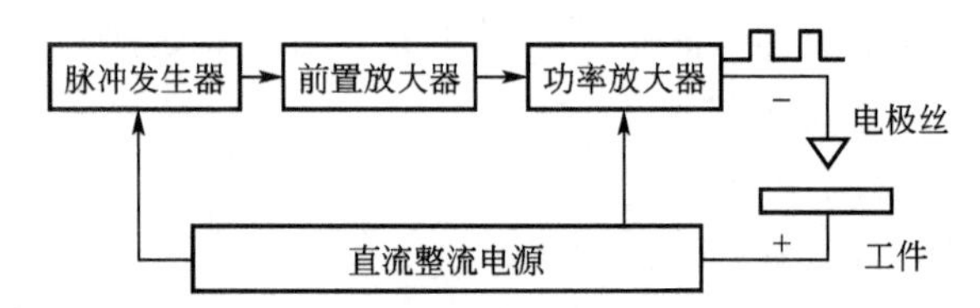

图 3.87 低速走丝机晶体管与场效应管脉冲电源的组成

1) 脉冲发生器

脉冲发生器是脉冲电源的脉冲源，脉冲宽度 T_{on}、脉冲间隔 T_{off} 均由脉冲发生器确定和调节。脉冲发生器主要有 555 集成芯片、晶振脉冲发生器及用单片机作脉冲发生器几种。

2) 前置放大器(又称推动级)

前置放大器用以对脉冲发生器发出的脉冲信号进行放大，增大所输出脉冲的功率，否则无法推动功率放大器正常工作。前置放大器可以用几个晶体管，也可能是集成电路芯片，所采用的功放管不同，其前置放大器也不同。

3) 功率放大器

功率放大器是将前置放大器所提供的脉冲信号进行放大，为工件和电极丝之间进行切割时的火花放电提供所需要的脉冲电压和电流，使其获得足够的放电能量，以便稳定地进行切割加工。

3. 晶体管与场效应管控制的 RC 脉冲电源

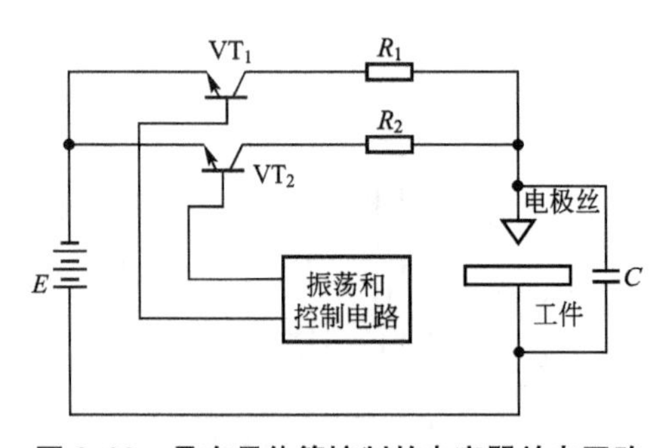

图 3.88 具有晶体管控制的电容器放电回路

这种电路综合了电容器放电电路具有的窄脉宽、高峰值电流和晶体管放电电路容易控制的特点。如图 3.88 所示，在电容器放电回路中插入了晶体管开关电路，使放电的重复频率可根据极间状态间接提高，并且由于回路中有了开关晶体管，当放电电流流通时，晶体管关闭，使直流电流不容易进入加工区，这样便不容易产生电弧，也不容易断丝。它是目前低速走丝机用得最多的一种脉冲电源形式。

4. 抗电解脉冲电源

低速走丝机虽然采用的是“去离子”水作为工作介质，但介质中还存在一定数量的离子，在脉冲电源的作用下会产生电化学反应。当工件接正极时，在电场的作用下，氢氧根负离子(OH^-)会在工件上不断沉积，使铁、铝、铜、锌、钛、碳化钨等材料氧化、腐蚀，造成所谓的“软化层”，如图 3.89 所示。在切割硬质合金工件时，硬质合金中的结合剂“钴”会成为离子状态溶解在水中，同样形成“软化层”，从而使加工材料表面硬度下降，模具寿命缩短。

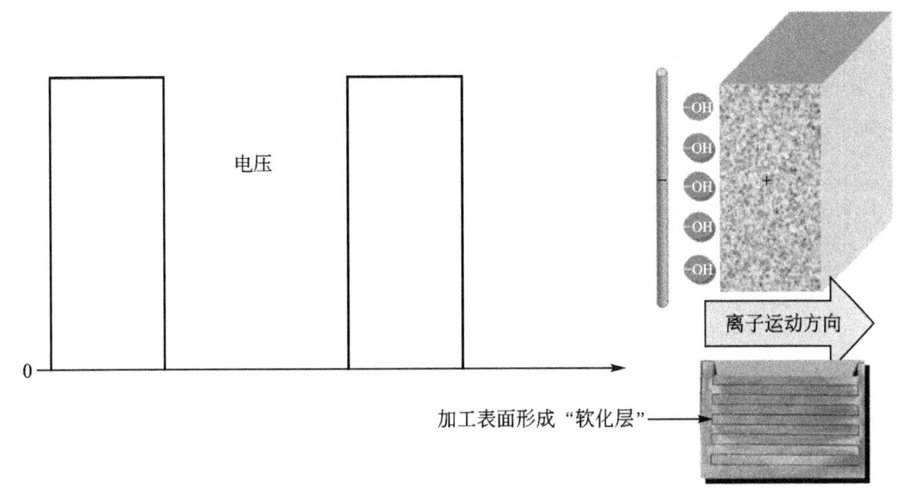

图 3.89 传统脉冲电源形成加工表面软化层机理图

抗电解脉冲电源的工作原理是在不产生放电的脉冲间隔时间内施加一反极性电压，加工时仍采用以往的正极性加工，这样可以使漏电流控制到最低限度。抗电解脉冲电源采用交变脉冲使平均电压为零。由于交变脉冲的作用，将使 OH^- 离子在工作液中处于振荡状态，不趋向于工件及电极丝，如图 3.90 所示。这样就可以防止工件表面产生锈蚀氧化，硬质合金的“钴”结合剂也不会流失，再与优化放电能量配合，可使表面“软化层”厚度控制在 1μm 以下，使得低速走丝加工的硬质合金模具寿命可达到机械磨削的水平。

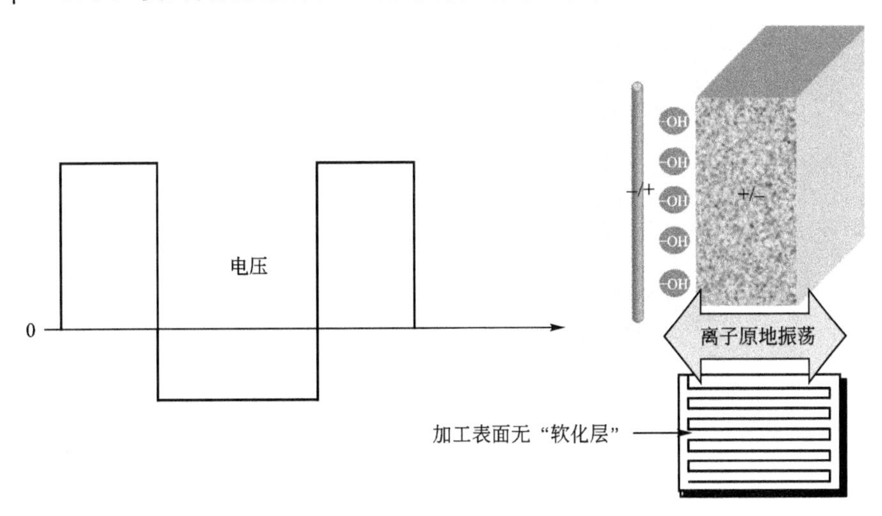

图 3.90 抗电解电源消除加工表面软化层机理图

采用抗电解电源后，切割速度比传统电源降低约 30%，最大的切割速度为 260～270mm²/min，加工表面粗糙度达 Ra0.1～0.2μm。目前，抗电解电源可以进行从粗加工到精加工的整个过程，但单独使用此电源所能达到的表面粗糙度略低于微精加工电路所能达到的最佳指标，其优点在于消除软化层，减少裂纹，提高表面硬度，大大提高了工件使用寿命，减少修切次数。此外，抗电解电源在加工铝、黄铜、钛合金等材料时，工件的氧化情况也有很大的改善。

与IC引线框架模的加工进行对比，采用传统脉冲电源在去离子水中加工与用传统脉冲电源的浸油式加工、用抗电解电源在去离子水中加工及用机械磨削加工的模具寿命进行测试比较，结果证明，抗电解电源加工的硬质合金模具寿命已达到机械磨削的水平，在接近磨损极限处甚至还优于机械磨削。

以往低速走丝加工由于加工表面缺陷层的存在，只能作为一种“中加工”的手段，切割后的表面还需要进行数控机械磨削及抛光等处理。这些缺陷包括软化层、热变质层、微裂纹镀覆层及铁锈等。随着近来优化放电能量的新型电源及抗电解电源的产生，通过放电能量的优化，将脉冲宽度变窄拉高，使放电能量集中，让材料以气化方式蚀除，大幅度减少了变质层厚度及工件表面内应力，并可避免表面裂纹的产生，改善了表面质量。配合抗电解电源的使用，低速走丝机加工的表面质量和加工精度等方面已经能完全满足精密、复杂、长寿命模具的要求，模具寿命达到或高于机械磨削的水平，可以作为最终精密加工的手段，“以割代磨”的趋势已经越来越明显。

3.6 典型高速走丝机控制系统

高速走丝机控制系统目前主要分为两类，即单板(片)机式和PC机，如图3.91所示。

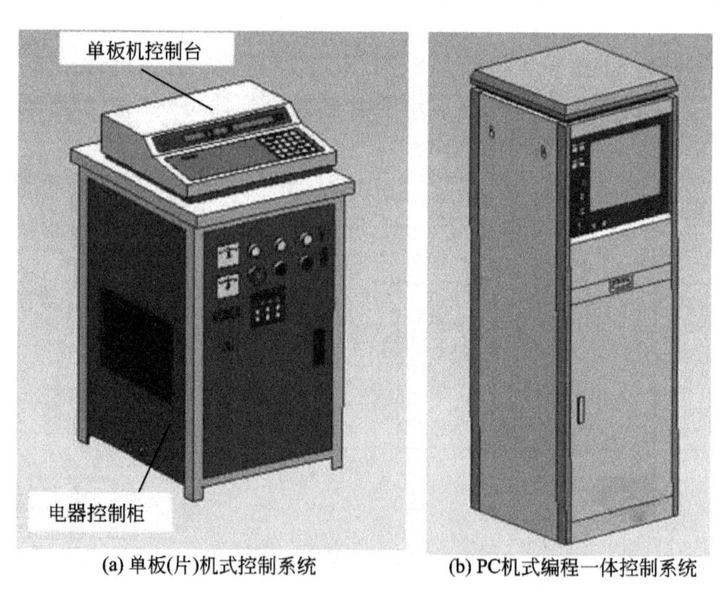

(a) 单板(片)机式控制系统　　(b) PC机式编程一体控制系统

图3.91　高速走丝机控制系统

1. 单板(片)机式

单板(片)机式控制系统是现今高速走丝机控制系统的主体，占目前机床保有量的70%左右。

单板(片)机式的操控系统之所以在市场上长盛不衰，主要原因如下。

(1) 单板(片)机价位低，可靠性高。

(2) 技术成熟，完善。

(3) 操作人员群体的识知度高，适合操作队伍的思维惯性及知识结构。

缺点在于除手动编程外，还需依赖其他编程手段和传输线的传输，无屏幕显示和图形跟踪，数据存储量受到限制，无法对加工参数直接进行数字化修改设置等。

2. PC 机式

PC 机式控制系统实现了编控一体，可以进行图形的显示和加工跟踪，实现了全界面操控，使用起来更加方便和直观。目前，PC 机控制系统式占机床总保有量的 30%左右，并且呈现出增长的趋势。

PC 机式的操控系统之所以呈现增长的趋势，其内在原因如下。

(1) 具有现成的机器配置和操作平台，生产厂只需单独研制编控程序和系统接口。

(2) 编制程序和机床控制合为一体，省去了传输和存储之忧，并且操作直观、方便。

它的缺点在于对使用环境和电网供电条件要求较为苛刻，稳定性受到计算机主板的影响，主板和主要配件市场保有时间较短，使整机再批次生产和修理有困难。

近年来工控机控制系统的市场占有率在逐年上升，从发展的角度而言将会逐渐替代单板(片)机控制系统，同时随着用户对机床多任务处理功能需求的增加，高速走丝机必然会逐步进入到一个多任务实时操作环境中。目前，控制系统关键技术的发展主要体现在以下几个方面。

(1) 半闭环及实时闭环轨迹控制系统的完善。采用编码器以实现螺距补偿及反向间隙补偿进行的半闭环轨迹控制数控系统由于其可靠性及稳定性的提高，目前已经逐步在市场上获得推广。采用光栅尺反馈信号直接进入系统而进行实时闭环控制功能的真正闭环控制系统也正在逐步成熟。上述半闭环及闭环控制将大大提升线切割系统的轨迹控制精度，结合电极丝空间位置控制精度的提高及电极丝损耗的降低，高速走丝机通过多次切割获得±0.005mm的稳定加工精度将成为普遍的现实。

(2) 先进的控制系统目前均伴有多任务处理功能，而最主要的功能体现在以下几个方面。

① 智能脉冲电源，根据加工中极间的状态自动切换电源参数。

② 走丝系统监控，对电极丝张力、丝速及平稳换向进行控制，对电极丝寿命进行监控。

③ 冷却系统监控，对工作液的性能、寿命、流量及补充和更换进行监控和操作。

④ 工艺专家系统，能按不同加工材料、高度、表面粗糙度及电极丝直径等生成切割和多次切割程序，调用电源参数，调整丝速，根据要求采用清角策略等。

⑤ 实时显示三维加工示意并能跟踪显示加工进度，可进行旋转、缩放示意，便于查看细节。

⑥ 可通过 Internet 网络下载升级文件，实现对数控系统进行远程控制及升级，并可通过 Internet 网络把正在工作的线切割机床控制系统的屏幕界面调到另外一台计算机或上网手机上显示，便于用户的管理人员或操作人员可以在远离机床现场的办公室、家中、旅途中直接直观了解甚至干预加工现场。

目前高速走丝机的控制系统均是由各机床生产厂家针对各自机床的特点及对工艺的理解而独立研发的产品，在控制系统的后续开发方面，普遍存在后劲不足的问题，需要通过市场的整合、自我的积累与完善及对低速走丝机控制系统的学习、借鉴和完善，并根据高速走丝机的工艺特点增加多任务的实时监控及一些必要的操作，如上丝操作、电极丝张力控制、工作液性能和流量监控、工作液自动补充及更换操作、电极丝寿命监控等，完善高速走丝机的控制系统平台。

3.7 线切割编程方法及仿形编程

3.7.1 线切割编程方法

线切割机床的控制系统是按照人的“命令”去控制机床加工的，因此必须事先把要切割的图形，用机器所能接受的“语言”编排好“命令”，并“告知”控制系统。这项工作称为数控线切割编程，简称编程。

为了便于机器接受“命令”，必须按照一定的格式来编制线切割机床的数控程序。线切割程序格式有ISO、EIA、3B、4B等多种，我国以往使用较多的是3B和4B格式，近年来随着高速走丝机的迅速发展及国际化进程的加快，制造厂都在推广使用ISO程序格式。

ISO代码有G功能码、M功能码等，线切割机床在加工前，必须按照加工图样编制加工程序。目前在编控一体的高速走丝机上，本身已具有自动编程功能，并且可以做到控制机与编程机合二为一，在控制加工的同时，可以“脱机”进行自动编程。目前，我国高速走丝机自动编程基本都采用绘图式方法。操作人员只需根据待加工的零件图形，按照机械制图的步骤，在计算机屏幕上绘出零件图形，计算机内部的软件即可自动转换成3B或ISO代码的线切割程序，非常简捷方便。

3B程序是目前我国高速走丝机在单板(片)机上应用较广的手工编程方法。

1. 程序格式

3B程序格式见表3-4。

表3-4 3B程序格式

B	x	B	y	B	J	G	Z
分隔符	x坐标值	分隔符	y坐标值	分隔符	计数长度	计数方向	加工指令

其中，B——分隔符，用来区分和隔离x、y、J等数码，B后的数字如为0(零)，则此0可以不写。

x、y——直线的终点或圆弧起点坐标值，编程时均取绝对值，以μm为单位。

J——计数长度，以μm为单位。

G——计数方向，分Gx或Gy，即可以按X方向或Y方向计数，工作台在该方向每走1μm即计数累减1，当累减到计数长度J=0时，这段程序加工完毕。

Z——加工指令，分为直线L与圆弧R两大类。直线又按走向和终点所在象限分为L_1、L_2、L_3、L_4四种；圆弧又按第一步进入的象限及走向的顺、逆圆分为SR_1、SR_2、SR_3、SR_4及NR_1、NR_2、NR_3、NR_4八种，如图3.92所示。

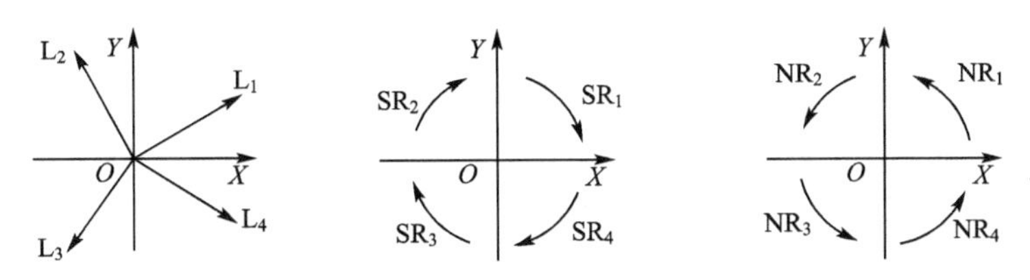

图 3.92 直线和圆弧的加工指令

2. 直线的编程

(1) 把直线的起点作为坐标的原点。

(2) 把直线的终点坐标值作为 x、y，均取绝对值，单位为 μm ，因 x、y 的比值表示直线的斜度，故也可用公约数将 x、y 缩小整倍数。

(3) 计数长度 J，按计数方向 Gx 或 Gy 取该直线在 X 轴或 Y 轴上的投影值，即取 x 值或 y 值，以 μm 为单位，决定计数长度时，要和所选计数方向一并考虑。

(4) 计数方向的选取原则，应取此程序最后一步的轴向为计数方向，不能预知时，一般选取与终点处的走向较平行的轴向作为计数方向，这样可减小编程误差与加工误差。对直线而言，取 x、y 中较大的绝对值和轴向作为计数长度 J 和计数方向。

(5) 加工指令按直线走向和终点所在象限不同分为 L_1、L_2、L_3、L_4，其中与 $+X$ 轴重合的直线计作 L_1，与 $+Y$ 轴重合的计作 L_2，与 $-X$ 轴重合的计作 L_3，其余类推。与 X、Y 轴重合的直线，编程时 x、y 均可作 0，且在 B 后可不写。

3. 圆弧的编程

(1) 把圆弧的圆心作为坐标原点。

(2) 把圆弧的起点坐标值作为 x、y，均取绝对值，单位为 μm。

(3) 计数长度 J 按计数方向取 X 或 Y 轴上的投影值，以 μm 为单位。如果圆弧较长，跨越两个以上象限，则分别取计数方向 X 轴(或 Y 轴)上各个象限投影值的绝对值相累加，作为该方向总的计数长度，也要和所选计数方向一并考虑。

(4) 计数方向同样也取与该圆弧终点时走向较平行的轴向作为计数方向，以减少编程和加工误差。对圆弧来说，取终点坐标中绝对值较小的轴向作为计数方向(与直线相反)。

(5) 加工指令对圆弧而言，按其第一步所进入的象限可分为 R_1、R_2、R_3、R_4；按切割走向又可分为顺圆 S 和逆圆 N，于是共有 8 种指令，即 SR_1、SR_2、SR_3、SR_4 及 NR_1、NR_2、NR_3、NR_4，如图 3.92 所示。

4. 工件编程举例

设要切割图 3.93 所示的轨迹，该图形由三条直线和一条圆弧组成，故分四个程序编制(暂不考虑切入路径的程序)。

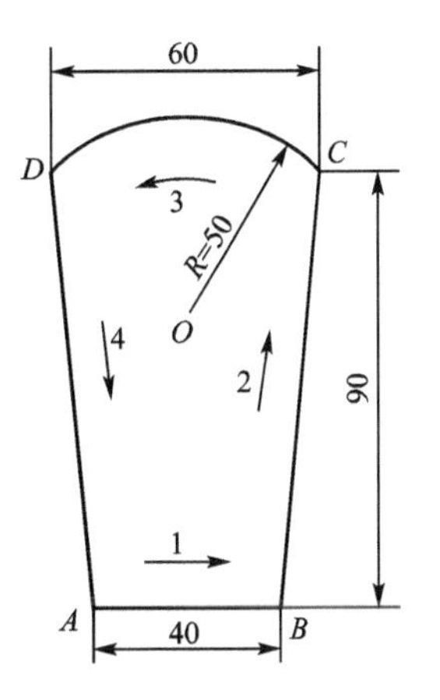

图 3.93 编程图形

(1) 加工直线$\overline{AB}$。坐标原点取在 A 点，$\overline{AB}$与 X 轴向重合，x、y 均可作 0 计(按 x = 40000，y = 0，也可编程为：B40000B0B40000GxL_1)，故程序为 BBB40000GxL_1。

(2) 加工斜线$\overline{BC}$。坐标原点取在 B 点，终点 C 的坐标值是

x= 10000，y = 90000，故程序为 B10000B90000B90000GyL$_1$，也可写成 B1B9B90000GyL$_1$。

3) 加工圆弧$\overset{\frown}{CD}$。坐标原点应取在圆心 O，这时起点 C 的坐标可用勾股弦定律算得为 x=30000，y=40000，故程序为 B30000B40000B60000GxNR$_1$。

4) 加工斜线$\overline{DA}$。坐标原点应取在 D 点，终点 A 的坐标为 x=10000，y=−90000(其绝对值为 x=10000，y=90000)，故程序为 B1B9B90000GyL$_4$。

实际线切割加工和编程时，要考虑钼丝半径 r 和单面放电间隙 Δ 的影响。对于切割孔和凹模，应将编程轨迹偏移减小($r+\Delta$)距离，对于凸模，则应偏移增大($r+\Delta$)距离。

3.7.2 仿形编程系统

自动编程系统必须根据图样标注的尺寸信息输入图形才能生成线切割程序，因此编程的前提是必须要有明确尺寸标注的图样。这对那些从设计的美观性角度随意构画轮廓图形的程序编制就显得十分棘手，而这些行业(如首饰、证章、眼镜、钟表、修模、玩具等)的模具相当一部分是用线切割加工的。同时，对那些按样品制造的模具，即便是由比较规则的曲线所组成，仍然需要对样品测绘后再编程。仿形编程系统的作用就是利用图像输入设备，将所需加工零件的图像输入计算机，由计算机对该图像进行处理后得到零件轮廓图形，再对该图形进行后置处理，生成电火花线切割机用的加工指令。仿形系统工作流程如图 3.94 所示。

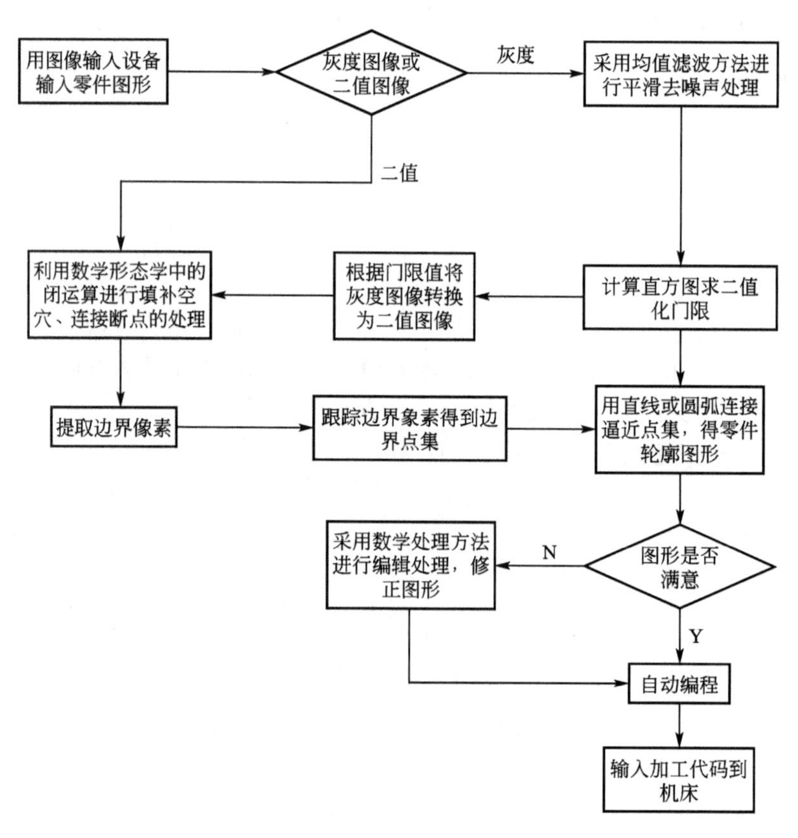

图 3.94 仿形系统工作流程图

仿形编程系统不同于过去的光电跟踪系统，光电跟踪系统虽然也能进行复杂零件的仿形切割，但它不能进行后置的图形处理，同时每次仿形切割得到的零件形状和尺寸都存在差异。仿形编程系统最终输出的是程序，因此可以保障切割零件的一致性和模具的配合间隙。其具体的工作过程如下。

(1) 提高复杂、无尺寸标注的图形或工件的对比度［图 3.95(a)］。

(2) 通过扫描将信息输入仿形编程系统［图 3.95(b)］。

(3) 自动获得图形形状，拟合为直线和圆弧［图 3.95(c)］。

(4) 对图形通过编辑功能进行修改，如增删点、直线圆弧转换、对称、拼接等，并可以对图形采用曲线拟合，获得光滑曲线［图 3.95(d)］。

(5) 处理好图形后进行自动编程，得到加工代码，输入控制系统进行切割。

采用仿形编程系统编程后切割得到的样品如图 3.95(e)所示。

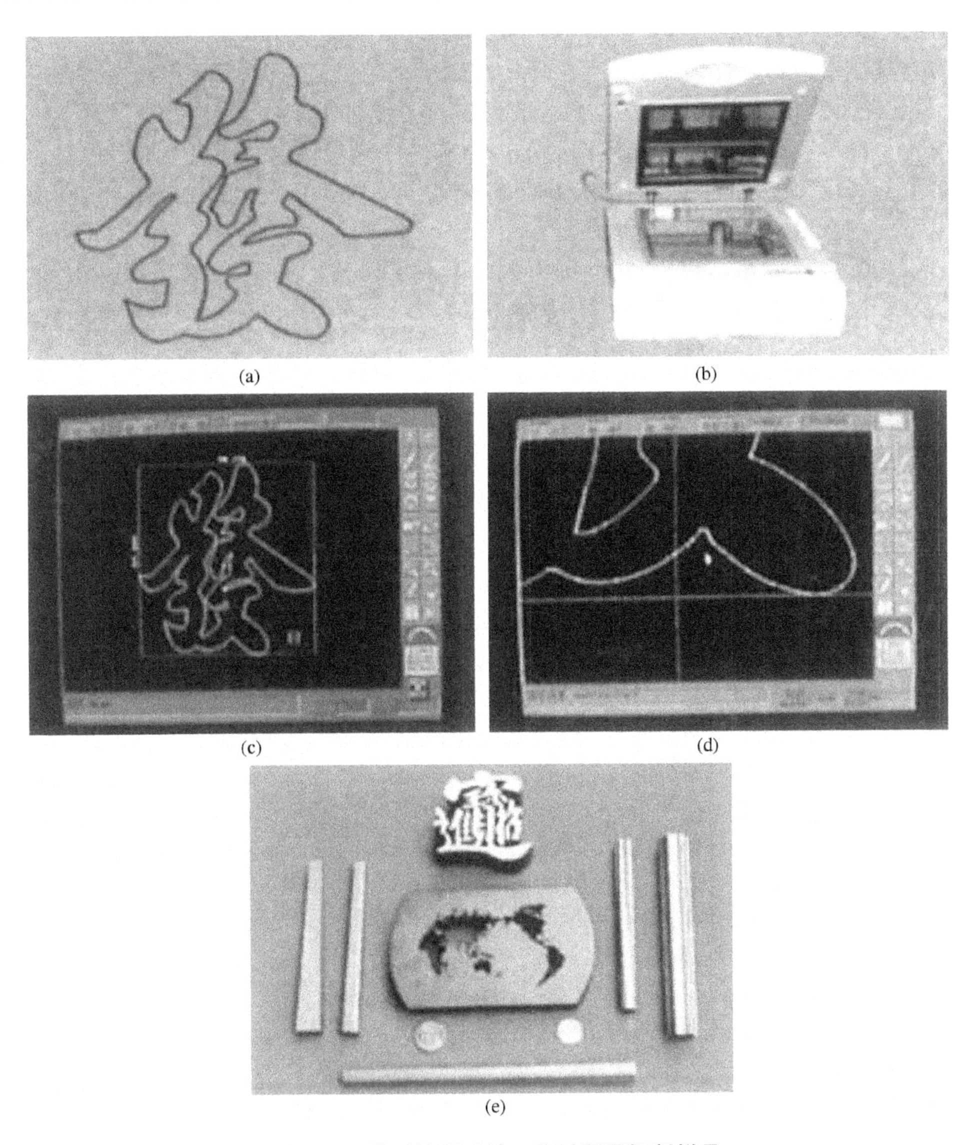

(a) (b) (c) (d) (e)

图 3.95　仿形编程系统工作过程及切割样品

3.8 电火花线切割加工基本规律

影响电火花线切割加工工艺效果的因素很多并且相互制约，通常采用切割速度、表面粗糙度、加工精度来衡量电火花线切割加工的性能，对于高速往复走丝电火花线切割而言，由于电极丝的反复使用，电极丝损耗也是一项衡量性能的重要指标。

3.8.1 切割速度

在电火花线切割加工中，工件的蚀除速度与切割速度是两个不同的概念，尽管它们之间有着密切的联系。切割速度的单位为 mm^2/min，也就是单位时间内，电极丝扫过的工件表面面积。高速走丝机的切割速度是指含有储丝筒换向时间的平均切割速度，目前高速走丝机实用的最大切割速度在使用复合工作液后可以达到 100～150mm^2/min，它与加工电流大小有关。低速走丝机采用多次切割加工工艺，加工次数一般为 3～7 次，加工修整量由中加工的几十微米逐渐递减到精加工的几微米，低速走丝机目前实用的第一遍最大切割速度(主切割)一般在 120～200mm^2/min；除主切割外的修整切割称为单次切割速度，经过多次切割以后的速度称为平均切割速度。

蚀除速度指的是在单位时间内蚀除的工件材料体积，单位为 mm^3/min，与切割速度及切缝宽度有关。在电火花线切割加工中，调整加工参数，实际上直接影响的是工件的蚀除速度。

切割速度不仅受到放电参数的影响，同时还受到包括电极丝直径、走丝速度在内的其他非电参数的影响，其影响因素如图 3.96 所示。下面分析一下影响切割速度的主要因素。

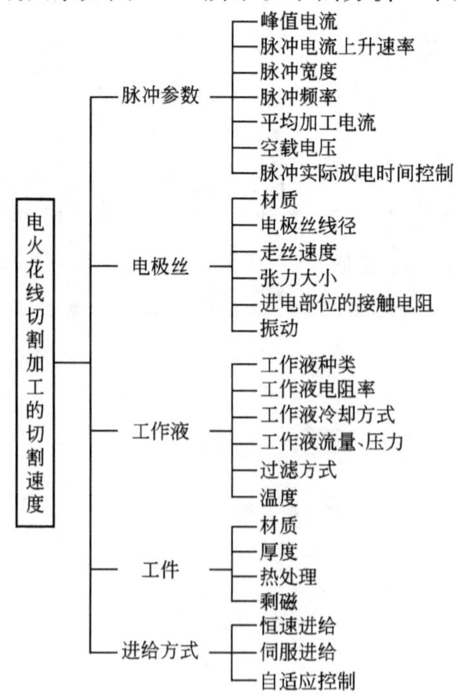

图 3.96　影响电火花线切割切割速度的因素

1. 电参数的影响

1）脉冲峰值电流 I_p的影响

峰值电流的增加对工件蚀除速度有利，从而影响切割速度。在一定范围内，切割速度随脉冲放电峰值电流的加大而增加；但当脉冲放电峰值电流达到某一临界值后，电流的继续增加会导致极间冷却条件恶化，加工稳定性变差，切割速度呈现饱和甚至下降趋势。脉冲放电峰值电流一般通过投入的功率管进行调节，其宏观的表现是在占空比一定的前提下，投入加工的功率管增加后，平均加工电流也随着增加。

高速走丝机加工平均电流与切割速度的规律如图 3.97(a)所示，由图中可以发现，较粗的电极丝在较大的平均加工电流下仍可以稳定加工，其主要原因是此时切缝较宽，有利于蚀除产物的排出。

低速走丝机峰值电流的选择范围比高速走丝机选择的范围大，一般短路峰值电流可高达 100A 以上，平均切割电流可达 20～50A。主切割时，峰值电流较大；过渡切割时，随着切割次数的增加，峰值电流逐渐减小。与高速走丝机类似，峰值电流的选择还与电极丝直径有关，直径越粗，选择的峰值电流越大，反之则小。图 3.97(b)所示为低速走丝机平均加工电流与切割速度、电极丝直径的关系。由图可知，电极丝直径越粗，承受的峰值电流越大，切割速度越快；但峰值电流过高，容易造成电极丝的熔断。

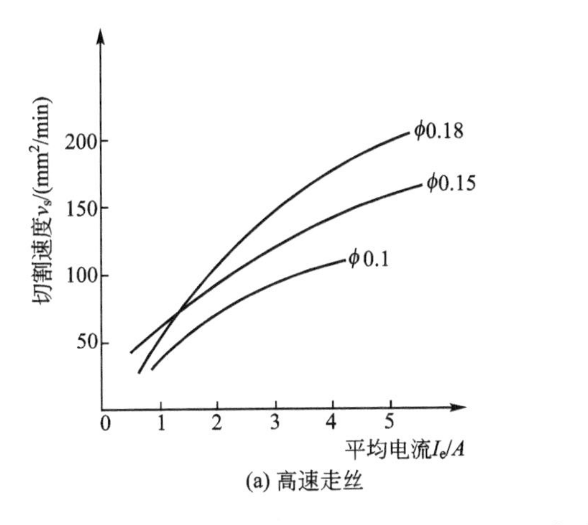

(a) 高速走丝

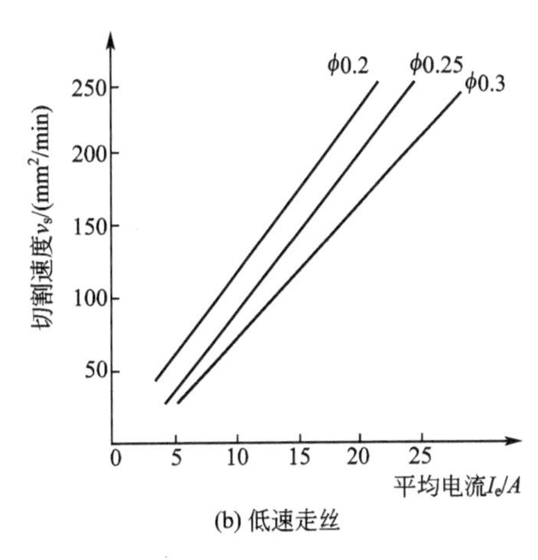

(b) 低速走丝

图 3.97　平均电流与切割速度

2）脉冲宽度 T_{on}的影响

其他条件不变的情况下，脉宽 T_{on}对切割速度的影响趋势类似于脉冲放电峰值电流 I_p的影响。即在一定范围内，脉宽 T_{on}的加大对提高切割速度有利；但是当脉宽 T_{on}增大到某一临界值以后，切割速度也将呈现饱和甚至下降趋势。其原因是脉宽 T_{on}达到临界值后，加工稳定性变差，影响了切割速度。在高速走丝机加工中，脉宽 T_{on}的范围一般在 1～128μs 之间，最常用的是 10～60μs 之间，脉宽太小，脉冲放电能量较低，切割不稳定，甚至表现为切不动；而当脉冲宽度太大后，由于放电能量增加，切割表面质量也就较差。当然在 300mm 以上大厚度切割时，为了提高切割的稳定性，一般采用大于 60μs 的脉宽进行切割，以达到增加放电间隙，改善极间冷却状况的目的。某一加工条件下脉冲宽度与切割速度的关系如图 3.98 所示。

低速走丝机切割时脉冲宽度一般为 0.1～100μs。也是随着脉冲宽度增加，单个脉冲能量增大，切割速度提高，表面粗糙度变差。主切割时，选择较宽的脉冲宽度，一般为 20～100μs，此时，切割的表面粗糙度为 Ra 4～6μm；过渡切割时，脉冲宽度一般为 5～20μs；最终切割时，脉冲宽度应小于 5μs。

3）脉冲间隔 T_{off}的影响

在其他条件不变的情况下，脉冲间隔 T_{off}越长，放电后极间冷却和消电离的时间越充分，加工也就越稳定，但切割速度也会降低；减小脉冲间隔，会导致脉冲频率提高，于是，单位时间的放电次数增多，平均电流增大，从而提高了切割速度，由于单脉冲放电能量基本不变，因此该加工方式不至于过多地破坏表面质量，脉冲间隔与切割速度关系如图 3.99 所示。但减小脉冲间隔是有条件的，如果一味地减小脉冲间隔，影响了放电间隙蚀除产物的排出和放电通道内消电离的过程，就会破坏加工稳定性，从而降低切割速度，甚至导致断丝。在线切割加工中，习惯于以脉宽和脉冲间隔的比值即占空比来说明脉冲参数的关系，即脉宽/脉冲间隔＝占空比，通常切割条件下占空比的选择主要与工件的切割厚度有关。

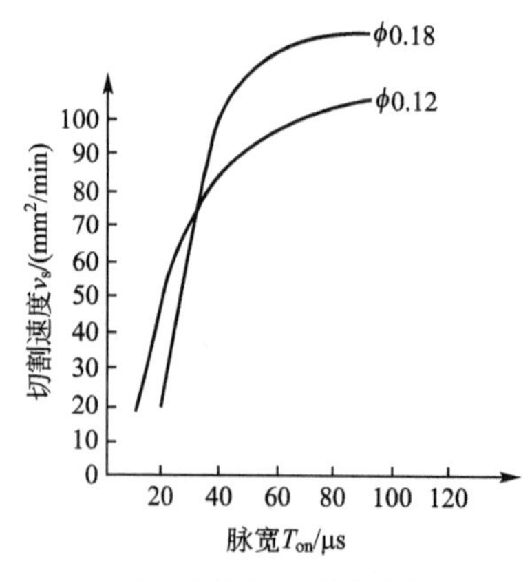

图 3.98 脉宽与切割速度的关系

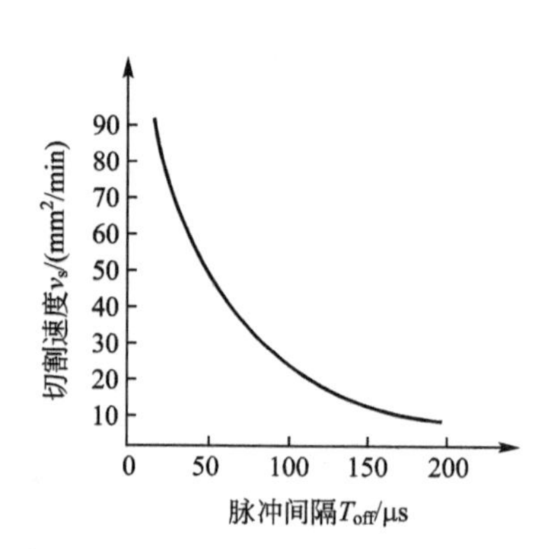

图 3.99 脉冲间隔与切割速度的关系

4）脉冲空载电压 U_p的影响

提高脉冲空载电压，实际上起到了提高脉冲峰值电流的作用，有利于提高切割速度。脉冲空载电压对放电间隙的影响大于脉冲峰值电流对放电间隙的影响。提高脉冲空载电压，加大放电间隙，有利于介质的消电离和蚀除产物的排出，提高加工稳定性，进而提高切割速度，因此一般对于厚工件切割需提高脉冲空载电压。

5）平均加工电流 I_e的影响

在稳定加工的情况下，平均加工电流越大，切割速度越快。所谓稳定加工，是指正常火花放电占主要比例的加工，一般正常放电加工应占整个脉冲比例的 80%～90%。如果加工不稳定，短路和空载的脉冲增多，会大大影响切割速度。短路脉冲增加，也可使平均加工电流增大，但这种情况下切割速度反而降低。

采用不同的方法提高平均加工电流，对切割速度的影响是不同的。例如，改变脉冲放电峰值电流、脉冲放电时间、脉冲间隔、脉冲空载电压等方法，都可以改变平均加工电流，但切割速度的改变略有不同。通过改变脉冲电压实现的对平均加工电流的调节，对切割速度的影响较大；而通过改变脉冲间隔来调节，其对切割速度的影响略小。

2. 非电参数的影响

1）电极丝的材料、直径的影响

电极丝的材料不同，切割速度也不同。比较理想的电极丝材料有钼丝、钨丝、钨钼合金丝、黄铜丝、镀锌黄铜丝及铜钨丝等。常用电极材料熔点对比如图 3.100 所示，考虑到材料的物理属性及其性价比，目前高速走丝机采用最普遍的是钼丝，低速走丝机采用黄铜丝或镀锌黄铜丝，如图 3.101 所示。

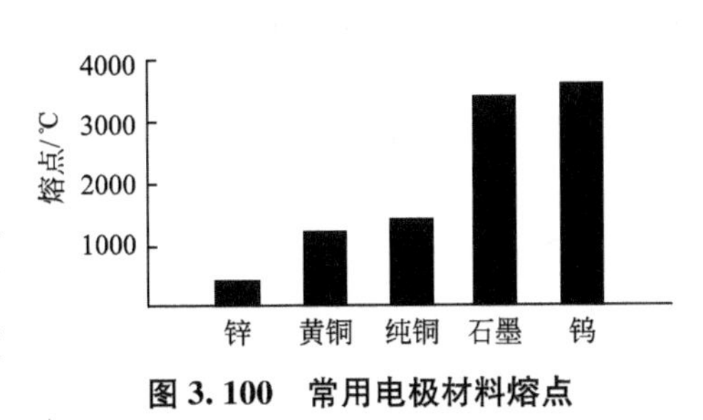

图 3.100 常用电极材料熔点

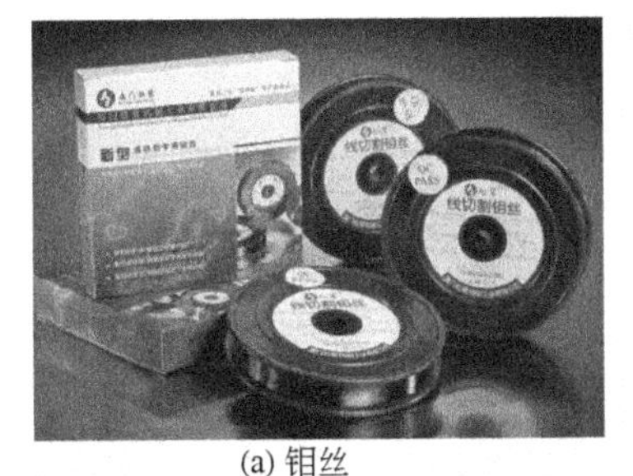

(a) 钼丝

(b) 黄铜丝及镀锌黄铜丝

图 3.101 高速走丝常用电极丝外观

电极丝的直径对切割速度影响较大，若电极丝的直径过小，承载电流小，切缝窄，不利于排屑和稳定加工，就不可能获得理想的切割速度。但是，电极丝直径加大给切割速度带来的益处是有限度的，超过一定限度以后，造成切缝过宽，蚀除量过大，反而又会影响切割速度。因此，电极丝的直径又不宜过大。在电火花线切割的加工中，常用的钼丝直径为 ϕ0.10～0.20mm，黄铜丝直径为 ϕ0.10～0.35mm，低速走丝机进行细丝切割时往往采用钨丝，最细直径目前是 ϕ0.02mm。

对于低速走丝机而言，黄铜丝是线切割领域中第一代专业电极丝。1977 年，黄铜丝开始进入市场。黄铜是纯铜与锌的合金，最常见的配比是 65％的纯铜和 35％的锌。当时发现黄铜丝中的锌由于熔点较低(锌为 420℃，纯铜为 1080℃)能够改善放电间隙内的冲洗性。在切割过程中，锌由于高温而气化使得电极丝的温度降低并把热量传送到工件加工面上。所以从理论上讲，锌的比例应该越高越好，不过在黄铜丝的制造过程中，当锌的比例超过 40％后，材料会变得太脆而不适合把它拉成直径较小的细丝。

黄铜丝存在以下缺点。

(1) 切割速度无法提高。由于黄铜中锌的比例一定，所以放电时的能量转换效率无法进一步提高；以 ϕ0.25mm 黄铜丝切割 30～60mm 厚的钢为例，主切速度都在 120mm^2/min 左右。

(2) 表面质量不佳。黄铜丝表面的铜粉和放电时由于电极丝表层气化而带出的铜微粒会积存在工件的加工面上形成表面积铜。同时，由于冲洗性不好而在工件表面产生较厚的变质层，这些都会影响工件的表面硬度和粗糙度。

(3) 加工精度不高。特别是在加工较厚工件时，由于冲洗性不良，会产生较大的上下端尺寸误差和鼓形差(又称为腰鼓度)。

由于低熔点的锌对于改善电极丝的放电性能有着明显的作用，而黄铜中锌的比例又受到限制，所以人们想到了在黄铜丝外面单独加一层锌，这就产生了镀锌电极丝。1979年，瑞士几位工程师发明的这种方法，使电极丝向前迈进了一大步，并导致了更多新型镀层电极丝的出现。镀锌黄铜丝能达到切割速度高，而又不易断丝的主要原理如图3.102所示，就如同蒸食物一样，无论外界加热的火焰温度有多高，其首先作用在水上，而水的沸点就是100℃，因此最终作用在所蒸食物上的温度就是100℃。对于镀锌黄铜丝而言，如图3.103所示，虽然放电通道内的温度高达10000℃，但这个温度首先是作用在具有较低熔点的镀锌层上，而镀锌层一方面通过自身的气化吸收了绝大部分热量，从而保护了铜丝基体，使得加工中不易断丝，同时由于镀锌层的气化产生了很高的爆炸性气压，将蚀除产物推出放电通道，起到改善放电通道内冲洗性及排屑性能的目的，从而大大提高了切割速度。

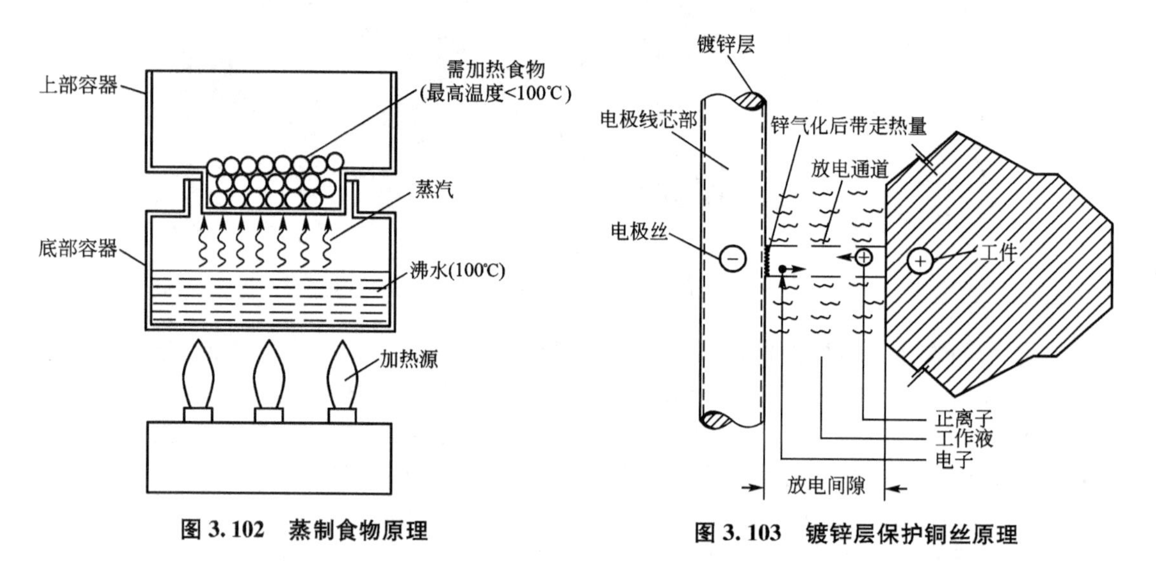

图3.102 蒸制食物原理

图3.103 镀锌层保护铜丝原理

镀锌电极丝的主要优点以下。

(1) 切割速度高，不易断丝。品质好的镀锌电极丝切割速度可比优质黄铜丝效率增加30%～50%，目前采用ϕ0.25mm的镀锌电极丝，切割速度平均在150～180mm^2/min。

(2) 加工表面质量好，无积铜，变质层得到改善，因此工件表面的硬度更高，模具的寿命延长。

(3) 加工精度高，特别是尖角部位的形状误差、厚工件的鼓形差等均比黄铜丝切割时有改善。

(4) 导丝器等部件的损耗减小。锌的硬度比黄铜低，同时镀锌丝不像黄铜丝那样有很多铜粉，所以不容易堵塞导丝器的导丝嘴，减少了对相关部件的污染。

3. 走丝速度的影响

电火花线切割加工的走丝速度主要与下述几个因素密切相关。

电极丝上任一点在放电区域停留时间的长短；放电区域电极丝的局部温升；电极丝在运动过程中将工作液带入放电区域的速度；电极丝在运动过程中将放电区域的蚀除产物带

出放电间隙的速度等。

因此走丝速度越快，切缝内放电区域温升就越小，工作液进入加工区域速度则越快，电蚀产物的排出速度也越快，这都有助于提高加工稳定性，并减少产生二次放电的概率，因而有助于提高切割速度。走丝速度与切割速度的关系如图 3.104 所示，低速走丝机的走丝速度一般为 0.03～0.25m/s(1.8～15m/min)，高速走丝机的走丝速度一般为 2～10m/s。

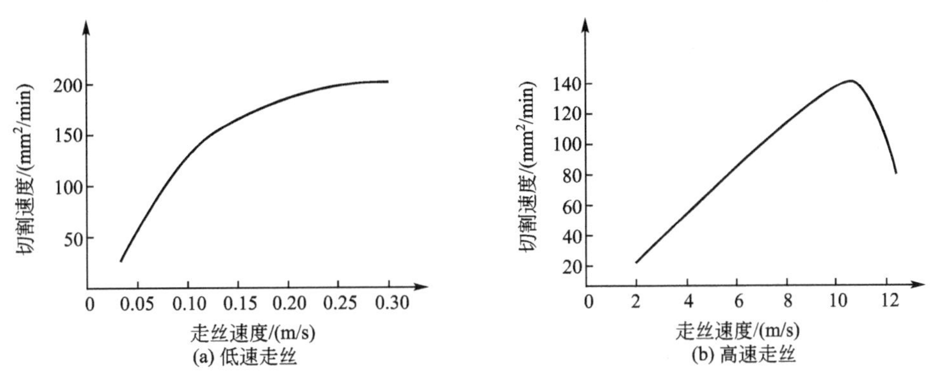

图 3.104　电极丝走丝速度对切割速度的影响

如图 3.104(a)所示，低速走丝切割速度总体符合走丝速度越快，切割速度越高的原则。而高速走丝当走丝速度达到足以充分改善加工条件后，就失去了进一步提高走丝速度的必要性，若继续提高走丝速度，反而会造成一些诸如电极丝抖动、储丝筒换向时间延长等不利因素，从而导致切割速度降低。一般切割厚度在 200mm 以内，走丝速度在 6～10m/s 范围内可获得较为理想的切割速度，如果切割工件厚度增加，如切割厚度大于 300mm，则可采用 10～12m/s 的走丝速度，如图 3.104(b)所示。走丝速度对切割速度的影响并不是孤立的，当采用洗涤性良好的复合工作液后，稳定切割的走丝速度可以大大降低，从而显著提高了走丝系统的寿命，并且由于电极丝振动减少，切割精度及表面质量均会有所改善。

4. 工件厚度的影响

工件厚度对工作液进入和流出加工区域及蚀除产物的排出、放电通道的消电离，都有较大影响。同时，放电爆炸力对电极丝抖动的抑制作用也与工件厚度密切相关。工件厚度对加工稳定性和切割速度必然产生相应的影响。

一般情况下，工件薄，虽然有利于工作液的流动和蚀除产物的排出，但是放电爆炸力对电极丝的作用距离短，切缝难以起到抑制电极丝抖动的作用，这样，很难获得较高的脉冲利用率和理想的切割速度，并且此时由于脉冲放电的蚀除速度可能会大于电极丝进给速度，极间不可避免地会出现大量空载脉冲而影响切割速度；反之，过厚的工件，虽然在放电时切缝可使电极丝抖动减弱，但是工作液流动和排屑条件恶化，也难以获得理想的切割速度，并且容易断丝。因此，只有在工件厚度适中时，才易获得理想的切割速度。理想的切割速度还与使用的工作液的洗涤性有很大的关系，采用乳化液最佳切割厚度一般在 50mm 左右；当使用洗涤、冷却性能更好的复合工作液后，不仅切割速度有大幅度提升，而且最佳切割厚度也增加到 150mm 左右。

5. 工件材料的影响

对于电火花加工而言，材料的可加工性主要取决于材料的导电性及其热学特性，因此对于具有不同热学特性的工件材料而言，其切割速度也明显不同。一般来说，熔点较高、导电性较差的材料如硬质合金、石墨等，以及热导率较高的材料如紫铜等比较难加工；而铝合金由于熔点较低，其切割速度比较高，但铝合金电火花切割时会形成不导电且硬度很高的 Al_2O_3镀覆在电极丝上并混于工作液中，一方面影响电极丝的导电性，另一方面会大大加速对导轮及导电块等走丝系统部件的磨损，此外由于极间导电性能不稳定，会导致加工异常。切割过铝合金的工作液及钼丝再切割钢材时加工稳定性将大大降低，切割效率会降低 30%以上，一般称这种现象为“铝中毒”。因此工作液与电极丝必须更换。表 3-5 列出了在相同加工条件下，切割不同材料时的切割速度。

表 3-5 不同材料的电火花线切割速度

工件材料	铝	模具钢	钢	石墨	硬质合金	纯铜
切割速度/(mm^2/min)	170	90	80	20	30	40

6. 工作介质的影响

相同的工艺条件下，采用不同的工作液进行加工，切割速度及工艺效果差异很大。切割速度与工作液的介电系数、流动性、洗涤性有关。目前，在高速走丝机加工中，工作液的种类有油基型、水基(合成)型和复合型工作液等。在低速走丝机加工中一般采用去离子水。此外工作液的浓度，去离子水的电阻率等，对切割速度也有一定的影响。

喷液方式与压力对于低速走丝机的切割速度影响很大，低速走丝机切割时要求喷嘴距离工件表面越近越好，一般控制在 0.1mm 以内，并且切割速度在一定区域内随着喷液压力的提高而增加，目前低速走丝机的工作液喷液压力可达 1～2MPa。

在低速走丝机切割中，一般采用去离子水作为工作介质，在表面质量要求较高的情况下也采用油性介质(如煤油)作为工作介质。去离子水的电阻率一般为 $5\times10^4\sim15\times10^4\Omega\cdot cm$。用去离子水加工时，切割速度较快，但表面质量比油性介质要低，表面粗糙度值一般为 $Ra0.35\sim0.10\mu m$，切割速度为油性介质的 2～5 倍。去离子水的电阻率越低，切割速度越快，但表面质量越差。低速走丝机所用介质电阻率要控制在一定范围内。油性介质(一般为煤油)的绝缘性能较高，其电阻率一般大于 $10^6\Omega\cdot cm$，同样电压条件下较难击穿放电，放电间隙偏小，用油作为介质加工可获得很好的表面质量，不仅表面粗糙度好(小于 $Ra0.05\mu m$)，而且由于介质电阻率极高，无电解腐蚀，被切割表面变质层几乎没有，但切割速度较慢。

7. 进给控制的影响

理想的电火花线切割加工，电极丝进给速度应严格跟踪蚀除速度。加工进给过快或过慢都会大大影响脉冲利用率，并且易产生断丝。好的控制系统，不仅要求控制系统有合适的灵敏度，而且要及时准确检测极间加工状态，并根据工艺条件及极间加工状态变化，智能地进行跟踪控制。

电火花线切割加工的进给系统，目前有伺服进给控制、自适应控制和智能控制等多种方式，在多次切割中因为修刀的需要还有恒速进给控制。伺服控制器主要根据加工间隙的状态变化，不断地自动调整其进给速度，使加工稳定在设定的目标附近，以获得较高的切割速度。目前高速走丝机普遍采用这种控制方式，可以满足加工需要。自适应控制进给方式不仅能根据加工间隙状态的变化来控制进给速度，而且还可以根据不同的工艺条件来调整原先设定的控制目标，如工件材料变化、厚度变化或加工要求变化(粗加工还是精加工)等，该系统都能自己适应并做相应的调整。这种控制方式能获得更好的工艺效果，但系统较复杂，可靠性还需要不断提高。

3.8.2 表面粗糙度

电火花线切割加工表面是由无数放电小凹坑组成的，影响加工表面粗糙度的因素虽然很多，但主要受到脉冲参数的影响。此外，工件材料、工作液种类及电极丝张紧力等对表面粗糙度均有一定影响。和电火花加工表面粗糙度一样，我国和欧洲常用轮廓算术平均偏差 Ra 来表示。高速走丝机一般加工表面粗糙度为 $Ra2.5\sim5.0\mu m$，如果通过“中走丝”多次切割最佳可以达到 $Ra0.8\sim1.0\mu m$。低速走丝机一般可达 $1.0\mu m$，最佳可达 $0.05\mu m$。

1. 脉冲参数的影响

电火花线切割加工与电火花成形加工的本质是一样的。因此，脉冲参数对表面粗糙度的影响，基本上与电火花成形加工相同。脉冲参数对加工表面粗糙度 Ra 的影响如图 3.105～图 3.108 所示。由图可以看出，无论是增大脉冲峰值电流还是增加脉宽，都会因其增大了脉冲能量而使加工表面粗糙度值 Ra 增大。电火花成形加工时，一般都认为脉冲间隔的变化对加工表面粗糙度没有什么影响，但在电火花线切割加工时，脉冲间隔的影响则是不可忽略的，在其他脉冲参数不变的条件下，脉冲间隔越小，切割表面粗糙度值也会增大。但由于脉冲间隔的调整理论上不会影响单个脉冲的放电能量，只是影响到极间的冷却和消电离状况，因此对于表面粗糙度值的影响比其他电参数小，电火花线切割加工时在平均切割电流一定的条件下，通过压缩脉冲间隔提高切割速度与通过增加峰值电流来提高切割速度所获得的表面粗糙度是有很大的差异的，如图 3.109 所示，平均切割电流都是 4A，但前者的占空比是 1∶4，因此峰值电流是 20A，而后者占空比是 1∶6，峰值电流是 28A，所以前者获得的表面粗糙度值要低很多，但切割速度会略有下降，为形象说明此情况，可用图中放电凹坑的深度来表示表面粗糙度的状况。

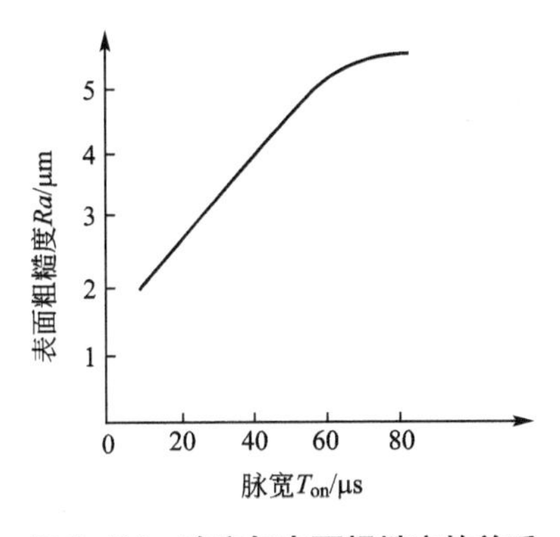

图 3.105 脉宽与表面粗糙度的关系

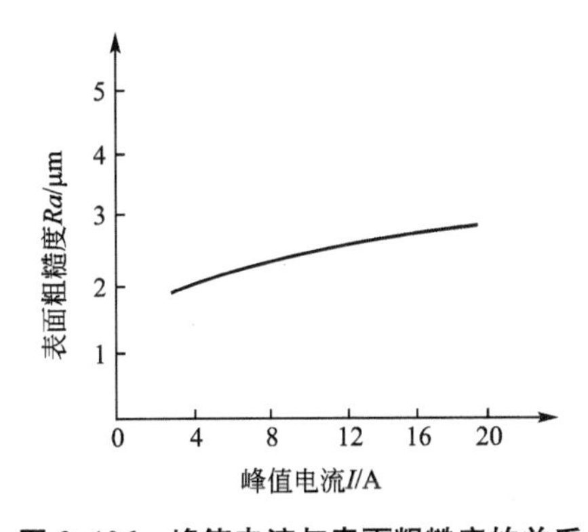

图 3.106 峰值电流与表面粗糙度的关系

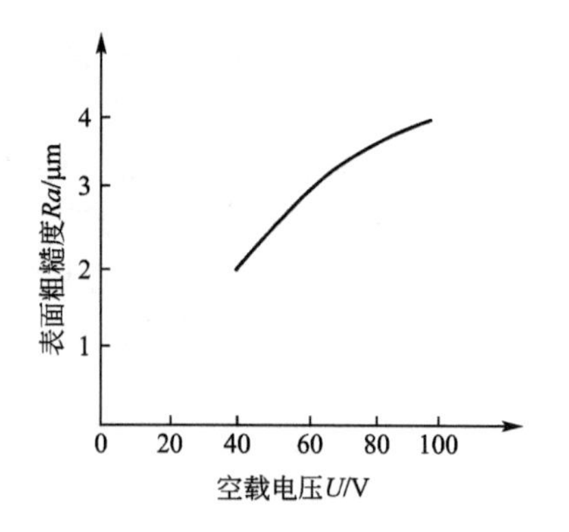

图 3.107 空载电压与表面粗糙度的关系

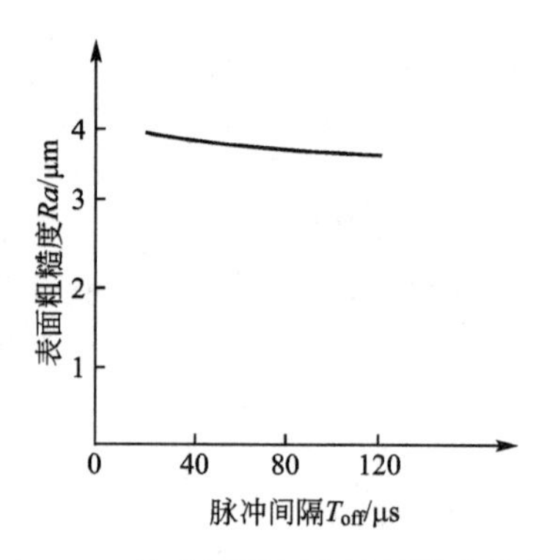

图 3.108 脉冲间隔与表面粗糙度的关系

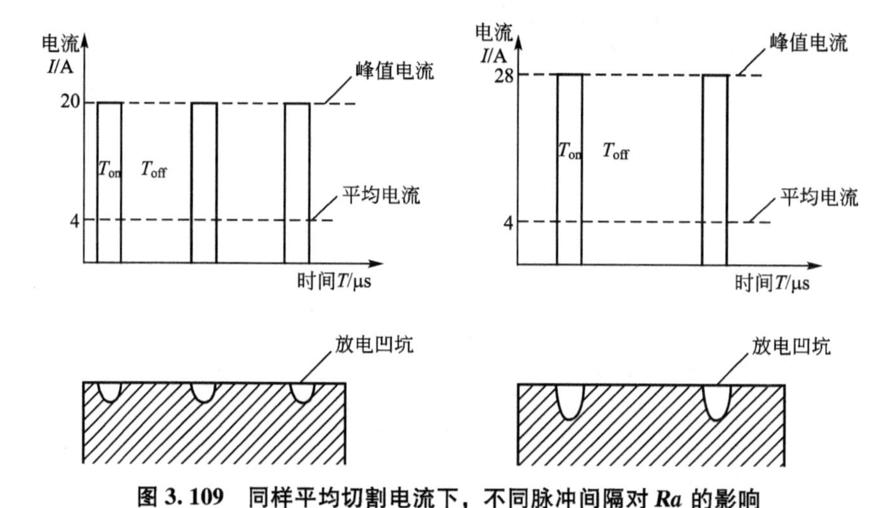

图 3.109 同样平均切割电流下，不同脉冲间隔对 *Ra* 的影响

2. 电极丝走丝方式产生条纹的影响

高速走丝机加工时，加工过程中电极丝周期性的换向会产生肉眼可见的条纹，条纹主要分两大类：第一类是换向机械纹，其产生的原因是加工区域电极丝换向后由于受到导轮及轴承精度和张力变化等的影响，电极丝在导轮定位槽内产生位移或导轮产生总体位移而导致电极丝空间位置发生变化，从而在工件表面形成了机械纹，此类条纹贯穿整个切割表面，对切割表面粗糙度影响很大。此类条纹完全是走丝系统机械精度问题导致的，只能通过改善走丝系统的稳定性，如提高导轮、轴承、储丝筒本身的精度与装配精度，保持电极丝张力恒定并采用导丝装置等措施加以解决；第二类就是通常说的切割表面的“黑白交叉条纹”，其起因是切割表面产生烧伤所致，该类条纹主要出现在工件上下端面的电极丝出口处，这种条纹也将大大降低切割表面质量。

表面烧伤一般产生在工作液洗涤冷却性能较差且放电能量相对较大的情况下。对于普通乳化液，当平均切割电流大于 2.5～3A 时(切割效率在 50～80mm^2/min)就会出现，主要是因为乳化液在放电高温下形成胶粘性的蚀除产物堵塞在切缝内，导致工作液进入切缝困难，同时蚀除产物无法顺利排出切缝，因此在切缝出口区域，放电是在含有大量蚀除产物的恶劣条件下进行的。在这种大量蚀除产物聚集且冷却不充分的条件下形成的放电，将导致大量含碳的蚀除产物反粘在工件表面，并且因得不到及时冷却而引起工件表面烧伤，同时电极丝也极易熔断。因此，切割表面的条纹都出现在电极丝走丝方向的出口处，颜色是由工件内向外逐渐变深，而且由于重力的作用，在上、下冷却基本对称时，电极丝自下向上走丝时蚀除产物的排出能力比电极丝自上向下走丝时弱，工件上部的条纹会比下部的条纹颜色深且长，如图 3.110 所示。在条纹范围内，因为条纹处存在因蚀除产物未能排出而凝结在工件表面的炭黑物质，因此条纹表面要凸出正常切割表面。洗涤能力越差的工作液切割表面产生的条纹就会越明显。表面烧伤所形成的“黑白交叉条纹”的根本原因，实质上就是切缝内冷却状态的不均匀及恶化所致。以往高速走丝机基本上都使用乳化液，由于乳化液洗涤能力有限，因此在较大能量切割时产生表面烧伤纹，并使得切割完毕的工件通过烧焦的炭黑物与废料粘接在一起成为必然，切割完毕的工件还必须借助工具的敲击才能取下。因此，保障在加工中切缝内冷却状态基本一致，切缝内工作介质在电极丝的带动下可以贯穿流动(图 3.111)是稳定切割的前提。目前，在工作介质的选用方面应尽可能选用复合工作液，由于其在加工中大大减少了炭黑物质的生成，保障了极间处于均匀的冷却状态，表面烧伤纹可以做到基本没有，另外由于电极丝能获得及时的冷却，并且复合工作液中的少量特殊油膜能吸附在电极丝上，对电极丝起到保护作用，因此电极丝的损耗是相同加工情况下的 1/2，电极丝的耐用度大大提升，在整个切缝中蚀除产物残留很少，工件切割完毕后能自行滑落，并且适合多次切割的修整。复合工作液适合平均切割电流在 6A 以内的切割情况，稳定切割效率通常在 120～150mm^2/min。

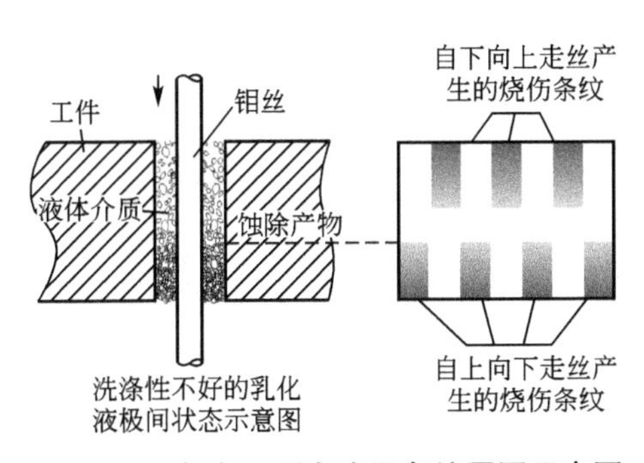

图 3.110 切割面黑白交叉条纹原因示意图

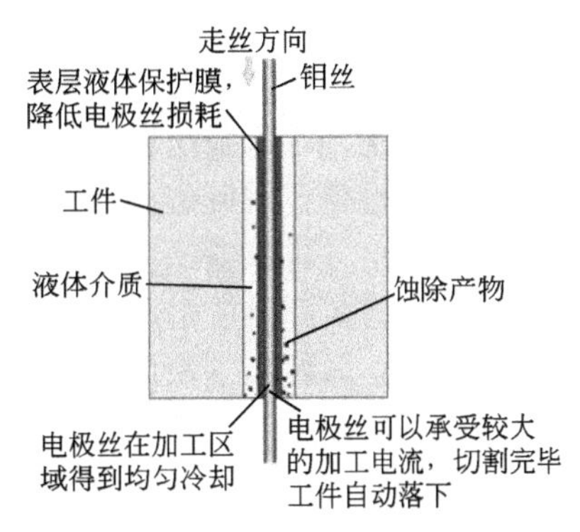

图 3.111 洗涤性较好的复合工作液极间状态

但高速走丝机采用复合工作液后，当平均切割电流超过 6A 即切割效率超过 150～200mm^2/min 后，工件表面又会逐渐产生严重的“黑白交叉条纹”，此时最根本的原因还是高效切割后极间放电状况恶化，但此时极间放电状况的恶化不是因为工作介质的洗涤性问题所产生的，而是因为随着放电能量的增加，放电形成的热量使得附着于电极丝上而带入切缝(单边放电间隙约 0.01～0.02mm)的有限工作介质瞬间汽化，导致极间，尤其是电极丝出口区域处于工作介质很少甚至无工作介质状态，致使该区域极间的冷却、洗涤、排屑及消电离状态恶化。由于工件和电极丝在该区域得不到及时的冷却，并且排屑困难，从而使得工件表面产生严重烧伤且断丝的几率大大增加。图 3.112(a)所示为高速走丝机极间有充足工作液的切割示意及工件切割后表面情况，此时切割表面色泽基本均匀，但如持续增加放电能量至切割平均电流超过 6A 后，切割效率随着放电能量的增加将上升十分缓慢，甚至不再升高，而工件表面烧伤则更加严重，将逐渐产生严重的“黑白交叉条纹”且电极丝断丝概率大大升高，如图 3.112(b)所示。因此，后续如何能及时将工作介质充足地带入放电间隙并将蚀除产物排出切缝就成为能否进一步提高高速走丝机切割效率的首要前提。但可以预见，基于高速走丝机良好的排屑性能，在深入研究放电机理的基础上，其加工效率必将最终赶上甚至超越低速走丝机的加工效率。

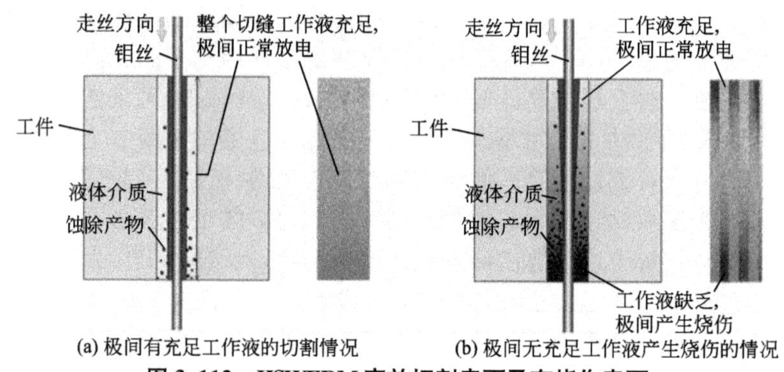

(a) 极间有充足工作液的切割情况　(b) 极间无充足工作液产生烧伤的情况

图 3.112　HSWEDM 高效切割表面及有烧伤表面

低速走丝机进行切割时无须换向，走丝平稳，不容易在工件表面产生机械纹，其极间的冷却、洗涤和消电离主要依靠高压冲液维持，一旦极间冷却状态恶化，电极丝就会熔断，这也是低速走丝机切割工件厚度不高的主要原因。

3. 加工进给速度的影响

在高速走丝机的加工中，为了避免加工面上出现机械纹、黑白交叉条纹等影响加工表面质量的不利痕迹，可以采用较慢的加工进给速度，或采用较短的电极丝，通过电极丝的频繁换向使条纹重叠，用痕迹叠加的方法来提高电火花线切割加工表面质量，在 21 世纪初有部分厂家推出“进三退二”的进给方法，即通过叠加换向痕迹以提高切割表面的宏观质量及平整性，但实际上放电凹坑的大小并未改变。而且这种方式由于电极丝的频繁换向占用了切割时间，因此切割表面的宏观质量及均匀性的改善是以降低切割速度为代价的。

对电火花线切割加工进给速度的另一个要求是进给均匀。因为如果进给速度不均匀，会造成被加工区域的二次放电机会不等，如进给速度过慢，将会对已加工区域产生二次放电，导致该区域间隙增大，造成加工表面不平度加大。

4. 工件厚度影响

在脉冲参数和其他工艺条件不变的情况下，工件越厚，其加工表面粗糙度值越小。其原因在于厚的工件缓解了线切割加工过程中的面积效应并且抑制了电极丝的抖动。此外，还因在相同规准、相同蚀除速度的条件下，厚工件的加工进给速度小于薄工件的进给速度，容易自然形成换向痕和走丝痕的叠加，减小了在加工表面形成纵向波纹的机会。

5. 工作液的影响

对于高速走丝机而言，采用乳化液作为工作液时，加工过程因油性物质分解会产生含碳物质，影响了极间消电离和蚀除物的排出，因此切割表面容易残留金属液滴，同时也容易产生表面烧伤，而当采用洗涤性良好的复合工作液后，由于极间良好的洗涤及消电离特性，放电状况大为改善，因此切割表面平整、光滑。对于低速走丝机而言采用电阻率在一定范围的去离子水作为工作液时，不产生含碳物，并且在高压冲液条件下极间始终保持良好的流动性，有利于间隙的消电离和蚀除物排出。因此，切割表面粗糙度值与工作介质关系不大。

3.8.3 加工精度

电火花线切割的加工精度主要包括加工尺寸精度、加工面平直度及角部形状精度等。影响加工精度的因素很多，主要有脉冲参数、电极丝、工作液、工件材料、进给方式、机床精度及加工环境等，但最重要的因素实际上是机床的运动精度、电极丝空间位置的稳定性、工件加工变形、环境控制、腰鼓度控制、拐角误差控制等几个方面。

1. 机床的运动控制精度

高速走丝机基本均采用开环控制方式，开环控制系统是指控制信号自指令机构发出，经功放环节到执行环节执行此信号后，控制过程就算结束，在执行环节之后没有检测等反馈环节。至于执行过程中执行环节工作是否正常？进给是否到位？在开环控制系统中并没有考虑，因此，其工作台运动的控制精度一般较低。而低速走丝机一方面结构设计和制造精度要求较高，另外通常采用半闭环甚至闭环的控制方式。半闭环控制系统是指在执行环节(如伺服电动机)后设置有检测环节(如同轴安装在电动机轴端的编码盘)，随时向指令机构发出反馈信号，告知执行环节(伺服电动机)已转过的角度；如果还未达到指令规定的转角，则继续转动，直至达到规定转角为止(在超过规定转角的情况下，可以反转以退回多转的角度)。这样在执行环节和指令机构之间就有了测量环节和反馈联系，形成了“半闭环”。如果在控制对象(例如装有工件的工作台)上装了位置测量环节(如光栅、磁尺等)，以便随时反馈被控制对象的位置，进行“多退少补”，这就成为全闭环(简称闭环)系统，因此工作台的运动控制精度较高。低速走丝机根据所能达到的加工尺寸精度差异，通常分为普通型、标准型、精密型和超精密型，超精密型目前可以达到加工尺寸误差在0.001～0.002mm之内，而$Ra<0.05\mu m$。

2. 电极丝的空间位置

高速走丝机由于电极丝采用导轮定位，导轮和轴承的跳动会影响电极丝空间位置稳定性，此外由于缺乏性能稳定的恒张力装置，切割过程中电极丝张力始终在变化，并且电极丝高速走丝后机床系统会产生振动，同时由于换向后产生的冲击作用等均会大大地影响电极丝空间位置的稳定性，因此作为切割工具的电极丝自身空间位置的稳定性较难保障，导致工件切割精度受到一定程度的制约。此外，还有一个影响加工精度提高的因素就是电极丝的损耗，因此其切割的精度只能控制在±0.01～±0.005mm。

而低速走丝机由于采用导丝器定位，低速单向走丝可以不考虑电极丝的损耗，并且电极丝张力恒定，因此电极丝空间位置的稳定性很高，配合高精度的工作台及半闭环或闭环的控制方式，可以获得稳定的加工尺寸精度。但其运行成本较高速走丝机高几十甚至近百倍，并且切割厚度比高速走丝机要小。

3. 加工变形的控制

机械加工工序都是采用粗、中、精的工艺流程进行的。但对于高速走丝机而言，由于存在众多不可控因素，特别是走丝系统的不可控因素，因此以往均采用一次切割方式进行，这样工件切割后由于内部残余应力释放引起的切割变形就无法进行控制；经过改进的“中走丝”虽然可以进行多次切割，但由于仍然存在一些不可控的因素，切割精度虽有提高但仍受到一定限制；而低速走丝机则可以较好地通过多次切割的修整达到减少甚至消除变形影响的目的。

4. 环境条件

影响加工精度的环境条件主要是室温和振动。研究发现，室温变化 1℃，中型机床在全行程范围内会产生 0.001mm 的误差；而环境存在振动源，也会使电极丝与工件的相对位置发生变化。因此，在精密加工时，应设法使环境温度恒定，并与周围的振源隔离。

5. 切割面平直度

所谓平直度(俗称“鼓形差”或“腰鼓度”)，是指沿工件高度方向的上、中、下各处的尺寸误差，主要与走丝方式、电极丝张力、支点位置及工件厚度等因素有关。

电火花线切割加工的走丝方式不同，其切缝的剖面形状也会不同，如图 3.113 所示。低速走丝机加工时一般会产生切缝中凹，其原因一方面是由于在放电力作用下上、下导丝器间的电极丝会产生振动；另一方面由于上、下喷液的作用，将使部分蚀除产物在工件中部汇集，并使此区域工作液的电阻率下降，从而引起二次放电。提高走丝速度和增加电极丝的张力，有助于电蚀产物的排出和减小电极丝的振幅，并能减小平直度误差。高速走丝机排屑条件好，而工作液的黏度又比较高，可以抑制电极丝的振动，所以中间一段不会出现中凹的“腰鼓形”。但高速走丝机的电极丝振幅主要来自导轮与轴承，工件上下两端振幅较大，所以切缝剖面呈现中凸的“枕形”。提高电极丝的张紧力可以减小平直度误差。

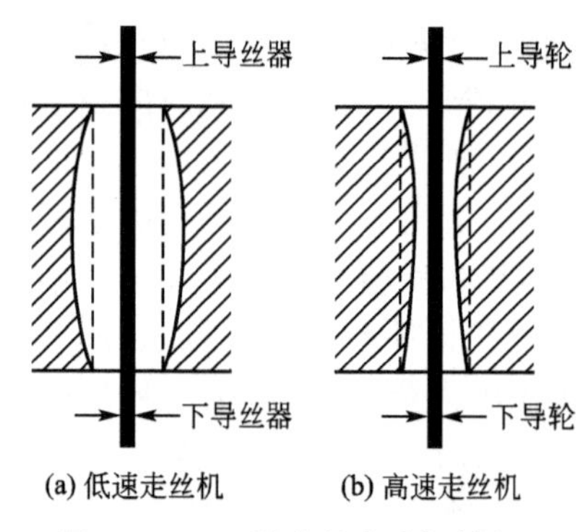

图 3.113　不同走丝方式切缝剖面

此外导向支点愈靠近工件上下端面，愈有助于减小平直度误差。随着工件厚度的增加，电火花线切割加工时的进给速度相应降低，在加工区域的电极丝刚性降低，这样，放电区内产生二次放电的机会增多，切割表面平整度误差也会增加。

6. 拐角处理

电火花线切割加工时由于放电力的作用而对半柔性的电极丝会产生较大的向后推力，并且对于低速走丝机而言，由于上、下高压喷液的作用，使液流在切缝内汇集后向已切割的切缝后方排出，也会对电极丝起到向后推动的作用，从而使电极丝产生弯曲，导致其滞后于放电理论切割线，如图 3.114 所示。

当加工过程沿 L_2 方向进给到拐角处时，电极丝放电点实际上并没有到达拐角点，而是滞后了 δ，当加工继续沿 L_1 方向进行时，电极丝放电点只好从滞后 δ 处就开始逐渐拐弯，直到加工一定距离后才到达所要加工的直线 L_1 上，这样就在拐角处形成一个“塌角”。这种塌角误差在精冲模具或一些精密模具的加工中会造成模具报废或冲裁的产品产生飞边等问题。为了减小这个误差，就应该设法减小电极丝的滞后现象，如到达拐角处时降低进给速度、减小脉冲放电能量并增加电极丝张力，甚至进行轨迹补偿等，也可以采用如图 3.115 所示的附加程序方式，在拐角处增加一个正切的小正方形或三角形作为附加程序，以切割出清晰的尖角，但此方式只能应用在凸模加工上。

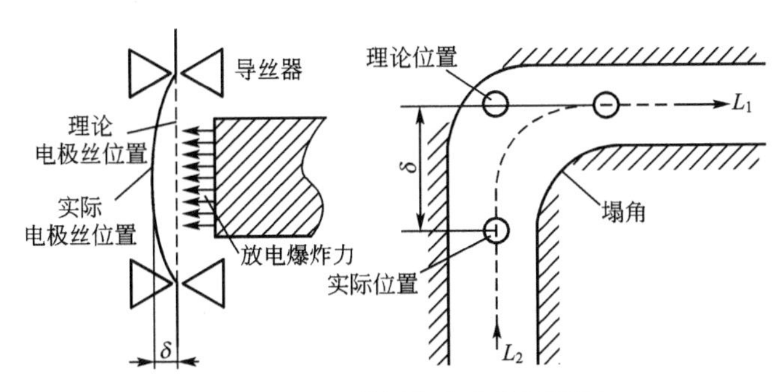

图 3.114 工件塌角产生的原因图

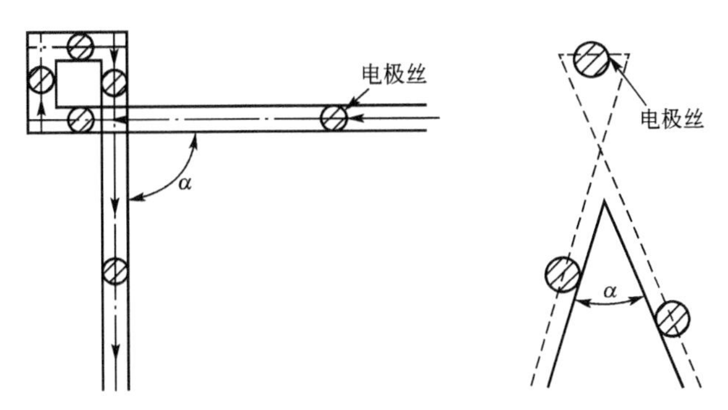

图 3.115 拐角和尖角附加程序加工

目前在高速走丝机加工中最常用的塌角处理对策是在程序的转接点处设置停滞时间（一般设定 10～20s），使在此点位置时，通过火花放电的持续以及电极丝的张力，使得电极丝在拐角处尽可能在停滞时间内回弹到理论切割线位置以尽量消除滞后量，然后再进行转角程序的下一道加工；对于低速走丝机而言，一般有专门的拐角控制软件可使塌角尺寸大幅减小，同时在加工高精度工件时，在拐角处，自动放慢 X、Y 轴的进给速度，降低放电能量，增加电极丝张力，使电极丝的实际位置与 X、Y 轴的坐标点同步。采用拐角控制专用软件的效果如图 3.116 所示。

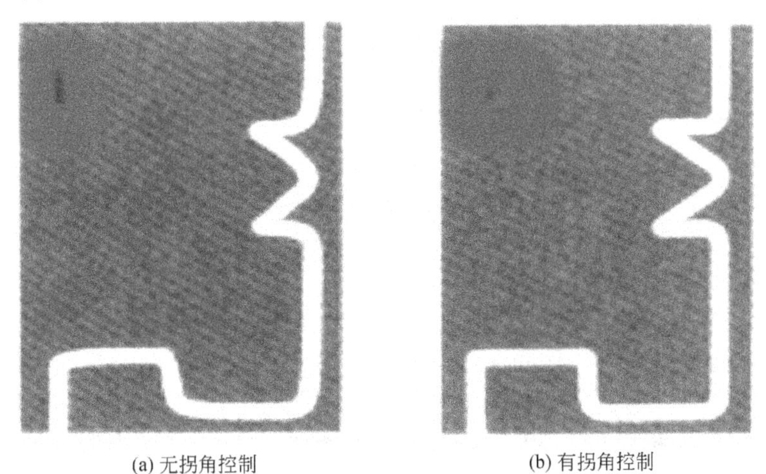

(a) 无拐角控制　　(b) 有拐角控制

图 3.116 有无拐角控制切割情况对比

3.8.4 电极丝损耗及耐用度

在高速走丝机加工中，电极丝的丝径损耗也是一项需要控制的重要指标，它直接影响加工的精度。低速走丝机电极丝一次性使用，所以损耗对加工尺寸精度影响不大，但对其加工的平直度影响不可忽视。

电极丝损耗是指电极丝在切割一定面积工件后直径的变化量。影响电极丝损耗的因素很多，主要有脉冲参数、脉冲电源波形、电极丝材质、工件材质以及工作液性能等。小脉宽加工会使电极丝的损耗加大，因此对于降低电极丝损耗而言，增大脉冲宽度是一种有效的方法。图3.117所示为切割10000mm² 后不同脉宽对丝损耗的规律。此外，脉冲放电电流的上升速率越快，电极丝的丝径损耗也愈大。为了降低电极丝的损耗，研究人员开发了除矩形脉冲之外的不同波形的电源，包括电流逐渐上升的三角波、电流逐渐下降的倒三角波、梯形波、馒头波、梳型波及分组脉冲等。但由于实施比较困难，并且影响切割速度，因此目前除矩形脉冲外一般只有分组脉冲在应用。

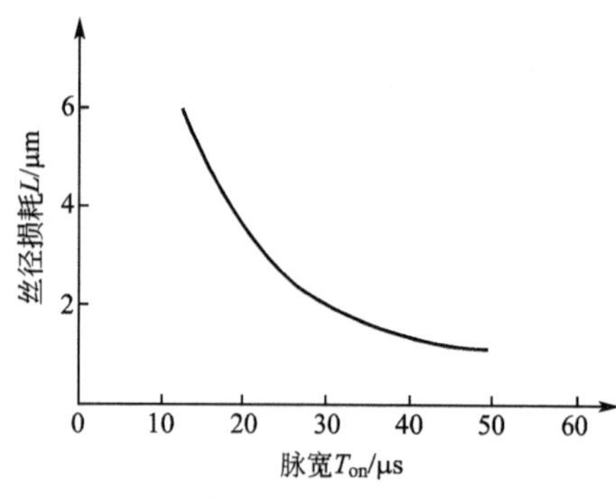

图3.117 脉冲宽度对电极丝损耗的影响

随着对高速走丝机加工机理研究的深入，目前研究发现工作介质对电极丝的损耗起着举足轻重的作用，甚至要远远大于脉冲电源的作用，而且电极丝的使用并不仅仅涉及电极丝的损耗，还涉及电极丝使用寿命——电极丝“耐用度”这一新的概念。

电极丝耐用度主要有以下两层含义。

(1) 单位电极丝损耗量所切割的面积，目前电极丝损耗的标准是切割40000～60000mm² 工件电极丝直径损耗0.01mm，这一指标通常都可以达到。

(2) 电极丝使用的耐久性问题。

使用一般的乳化液，电极丝在正常加工条件下即使可以从 ϕ0.18mm 使用到 ϕ0.12mm，也会因为热疲劳等问题产生脆化，不能再继续使用；而洗涤性能良好的复合工作液不仅可以做到切割 $1.2\times10^5 \sim 1.6\times10^5$mm² 电极丝直径损耗0.01mm，而且还可以使电极丝持续切割到 ϕ0.10mm 仍然可以进行较大加工电流的稳定切割。其主要原因在于：复合工作液在放电加工时，工作介质在电极丝表层形成了一层液体保护膜(图3.101)，这层保护膜形成了类似“防弹衣”的作用，可以吸收部分正离子的轰击能量，并且在轰击作用产生的同时通过自身的汽化将轰击形成的大量热量带走，从而减少了放电通道内热量对电极丝的热疲劳影响，这样就会极大地降低电极丝的损耗，同时也会延长电极丝的使用寿命。

而对于洗涤能力较差的工作介质如乳化液，电极丝通过放电间隙的同时也是蚀除产物将电极丝表层附着的工作介质保护膜抹除的过程，当切割工件较厚时，电极丝在工件出口处的相当长距离内将处于基本无工作介质保护膜状态，如图3.118所示，并且是在

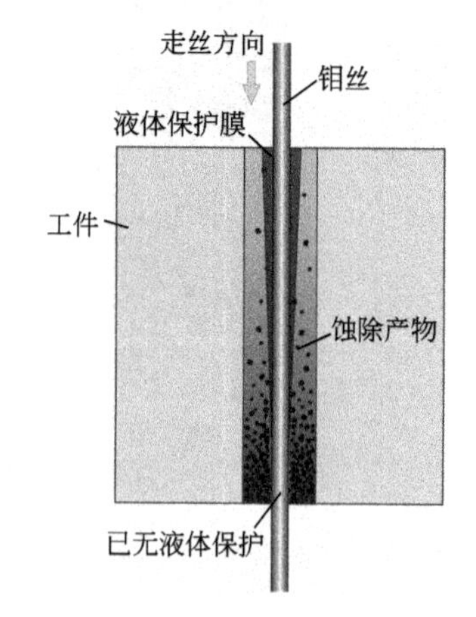

图3.118 洗涤性较差介质切缝状况示意图

冷却状态极为恶劣的条件下进行的放电。这种情况将使得放电是在以未被及时清除的蚀除产物与工作介质的混合体甚至是胶体介质内进行，由于电极丝不能得到及时的冷却，对电极丝产生的损伤十分严重。

低速走丝机由于一次性走丝的方式则可以使电极丝的损耗小到可以忽略的程度。但若喷液冷却状态不佳、工件较厚时，也会产生频繁断丝的情况。

3.8.5 电火花线切割加工工艺

电火花线切割加工的工艺路线如图 3.119 所示，大致分为如下四个步骤。

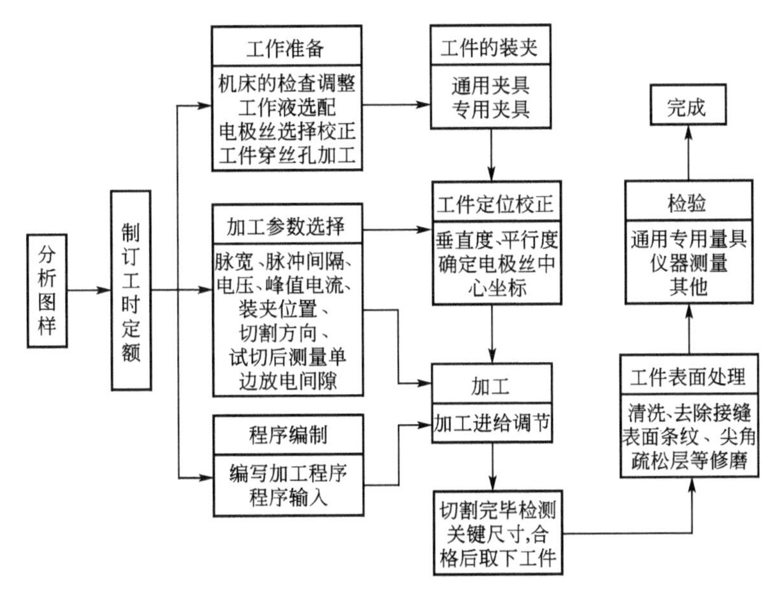

图 3.119 电火花线切割加工工艺路线安排

(1) 对工件图样进行审核及分析，并估算加工工时。

(2) 工作准备，包括机床调整、工作液的制配，电极丝的选择及校正，工件准备等。

(3) 加工参数设定，包括脉冲参数及进给速度调节。

(4) 程序编制及控制系统制作。

必须注意的是：电火花线切割加工完成之后应在检测关键尺寸合格后再取下工件，然后根据要求进行表面处理并检验其加工质量。

在电火花线切割加工前首先要准备好工件毛坯，如果加工的是凹形封闭零件，还要在毛坯上按要求加工穿丝孔，然后选择夹具、压板等工具。常用材料有碳素工具钢、合金工具钢、优质碳素结构钢、硬质合金、纯铜、石墨、铝等。

1. 穿丝孔加工的目的

在使用线切割加工凹形类封闭零件时，为了保证零件的完整性，在线切割加工前必须加工穿丝孔；对于凸形类零件在线切割加工前可以不加工穿丝孔，但当零件的厚度较大或切割的边比较多，尤其对四周都要切割及切割精度要求较高的零件时，在切割前也必须加工穿丝孔，此时加工穿丝孔的目的是减小凸形类零件在切割中的变形。如图 3.120 所示，当采用穿丝孔切割时，由于毛坯料保持完整，不仅能有效地防止夹丝和断丝的发生，同时

还能提高零件的加工精度。

2. 加工路线的确定及切入点的选择

在线切割加工中，工件内部应力的释放会引起工件的变形，为了限制内应力对加工精度的影响，应注意在加工凸形类零件时尽可能从穿丝孔加工，不要直接从工件的端面引入加工。在材料允许的情况下凸形类零件的轮廓尽量远离毛坯的端面，通常情况下凸形类零件的轮廓离毛坯端面距离应大于5mm。另外，选择合理的加工路径也可以有效限制应力的释放，如在开始切割时电极丝的走向应沿离开夹具的方向进行加工，如图3.121所示。当选择图3.121(a)走向时，在切割过程中，工件和易变形的部分相连接会带来较大的加工误差；如选择图3.121(b)走向，就可以减少这种影响。

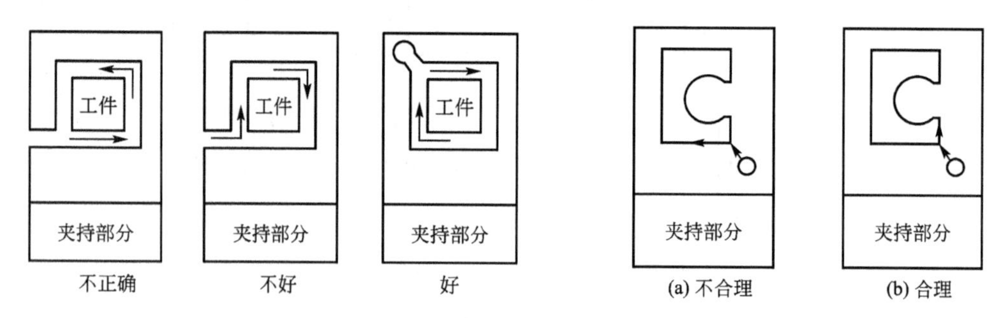

图3.120　切割凸形零件有无穿丝孔比较

图3.121　合理选择程序走向

另外，如果在一个毛坯上要切割两个或两个以上的零件时，最好每个零件都有相应的穿丝孔，这样也可以有效限制工件内部应力的释放，从而提高零件的加工精度，如图3.122所示。

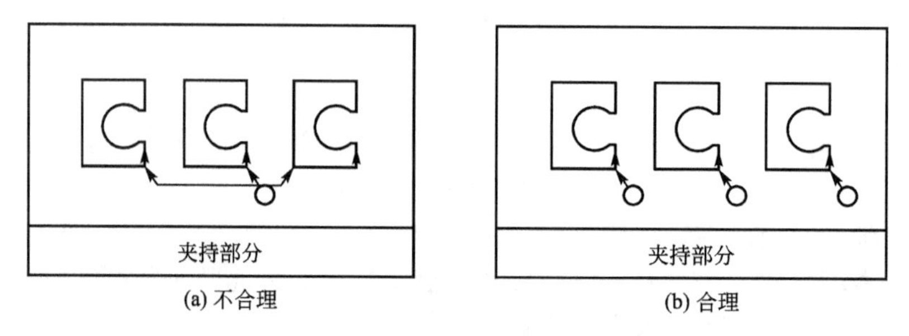

图3.122　多件加工路线的确定

切入点就是零件轮廓中首先开始切割的点，一般情况下它也是切割的终点。当切入点选择在图形元素的非端点位置时，会在工件该点处的切割面上留下残痕，通常应尽可能把切入点选在图形元素的交点处或选择在精度要求不高的图形元素上，也可以选择在容易人工修整的表面上。

3. 工件的一般装夹

1）高速走丝机加工工件的装夹特点

由于线切割加工作用力小，不像金属切削机床要承受很大的切削力，因而装夹时夹紧力要求不大。导磁材料加工还可用磁性夹具夹紧。高速走丝机的工作液主要依靠高速运行的电极丝带入切缝，不像低速走丝机那样要进行高压冲液，对切缝周围的材料余量没有要求，因此工件装夹比较方便。由于线切割是一种贯通加工方法，因而工件装夹后被切割区域要悬空于工作台的有效切割区域，一般采用悬臂支撑或桥式支撑方式装夹，如图 3.123 和图 3.124 所示。

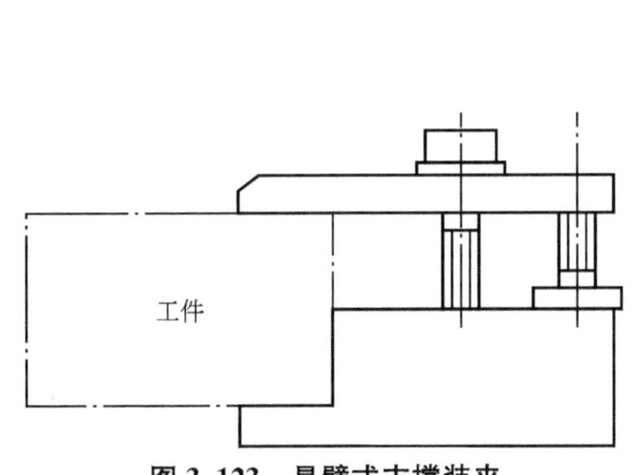

图 3.123 悬臂式支撑装夹

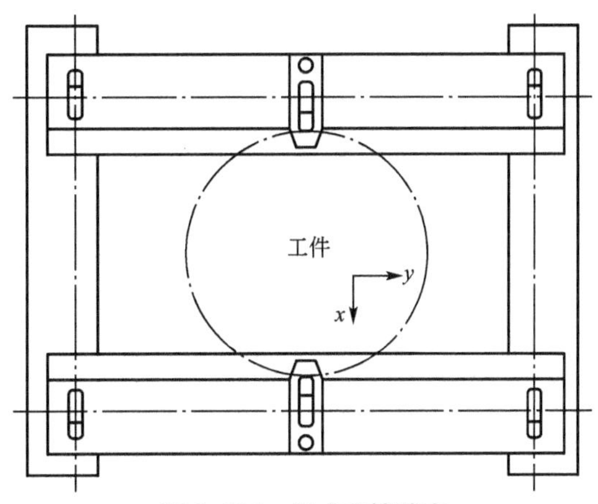

图 3.124 桥式支撑装夹

2）低速走丝机加工工件的装夹

【低速单向走丝电火花线切割工件装夹】

因为低速走丝机在加工的过程中会用高压水冲走放电蚀除产物。高压水的压力比较大，一般能达到 0.8～1.3MPa，有的机床甚至可达到 2.0MPa。如果工件安装不稳，在加工的过程中，高压水会导致工件发生位移，最终影响加工精度，甚至切出的图形不正确。在装夹工件时，应最少保证在工件上有两处用夹具压紧，如图 3.125 所示。

装夹工件时，还应考虑机床各轴的限位位置，以确保所要切割的零件外形在机床的有效行程范围之内，要充分考虑机床在移动或者加工过程中是否会与工件或者夹具发生碰撞。如图 3.126 所示，工件安装在工作台的左侧，当上机头按图示方向移动时候，如果压板上的支撑螺柱高于压板的上平面，在图示的移动方向上，浮子开关盒就会撞到支撑螺柱上。所以在装夹的过程中一定要注意支撑螺柱的高度，以确保机器在整个移动过程中不会发生任何碰撞。如果装夹时使用的专用夹具伸到工作台内部，装夹工件时还需要考虑上、下喷水嘴在移动过程中可能产生的碰撞问题。

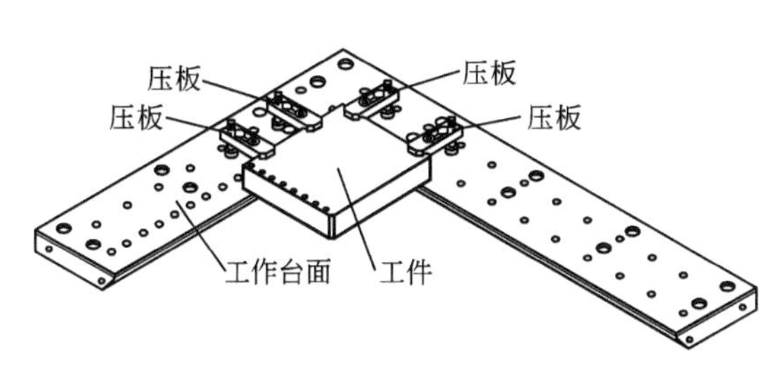

图 3.125 低速走丝机工件装夹方式

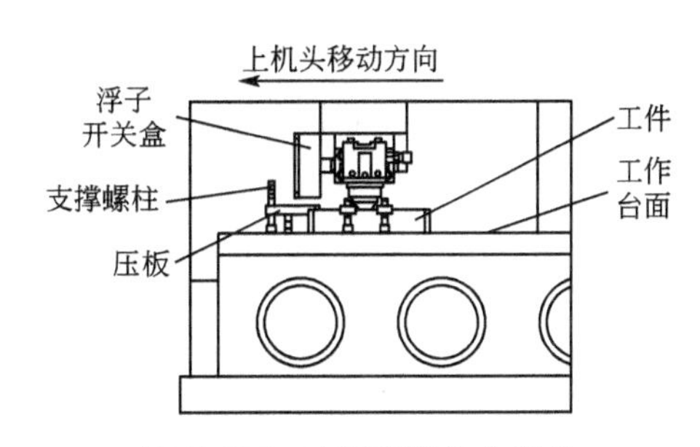

图 3.126 支撑螺柱与上机头部件产生碰撞示意图

3.8.6 高速走丝机多次切割技术的实现及发展

多次切割技术是电火花线切割提高加工精度及表面质量的根本手段，一般通过第一次切割成形，第二次切割提高精度，第三次及以上切割提高表面质量。目前低速走丝机第一次切割最高切割速度已达 500mm²/min，实用的第一次切割速度为 150～200mm²/min，多次切割后最佳加工精度可达到±0.001mm 以内，一般切割精度可达±0.005mm，最佳表面粗糙度可达到 $Ra<0.05\mu m$，一般多次切割表面粗糙度 $Ra<0.5\mu m$。我国独有的具有多次切割功能的高速往复走丝电火花线切割机床(俗称“中走丝”)，目前能达到的指标一般为经过三次切割后(也称为割一修二) $Ra<1.2\mu m$，切割精度可达±0.008mm 左右，最佳表面粗糙度 $Ra<0.8\mu m$，最佳切割精度可达±0.005mm。

“中走丝”机床要求工作台具有较好的运动精度，此外电极丝需要具有较好的空间位置精度与稳定性，因此一般都需要加装张力控制装置及导丝装置，此外需要根据不同的加工要求进行走丝速度的调整，通常采用变频调速的方式控制走丝速度。目前已经有成熟的具有数据库的多次切割控制系统提供给客户，当输入切割要求(如材料、厚度、表面粗糙度要求等)后即可自动产生切割参数(如切割次数、每次切割电源参数、修正量、夹持段长度、走丝速度等)。并且可以根据加工的要求在修刀时进行伺服方式的选择，如可以选择取样或恒速伺服进给方式。在大锥度多次切割时，由于 U、V 轴需要进行快速运动，因此一般建议 UV 轴选择伺服电动机控制，以加快相应速度，提高修刀均匀性并防止丢步。

表 3-6 所列为一典型多次切割参数，工件材质为 Cr12 淬火模具钢，厚度为 40mm，工作介质为佳润 3A 型(JR3A)线切割专用乳化膏，配比 1∶50，电极丝直径 $\phi 0.18$mm。

表 3-6 多次切割典型参数表

切割次数	平均切割电流/A	走丝速度/(m/s)	修正量/μm	平均效率/(mm²/min)	表面粗糙度 Ra/μm
1	6.5～6.8	10	—	200	—
2	2.0～2.5	8	60	120	2.5
3	1.0～1.2	2	20	80	1.6
4	<0.2	2	0	50	0.8

高速走丝机多次切割目前要解决的重点问题是首先必须提高多次切割的长久稳定性；其次如何对较高厚度(厚度 200mm 左右)尤其是大锥度的工件进行稳定多次切割；再次是在提高加工表面质量前提下改善表面完整性，将高速走丝机多次切割技术进一步应用在高厚度、大锥度塑胶模具的多次切割方面。

3.8.7 电火花线切割加工的拓展

1. 加工材料的拓展

1) 绝缘陶瓷材料切割

绝缘陶瓷材料因其具有优异的性能，已越来越广泛地应用于航空航天、石油化工、机械制造等领域，采用陶瓷材料制成的模具、发动机涡轮，因其良好的特性而备受青睐，具有广阔的应用前景。但其硬度大、强度高、易脆性的特点，使得传统切削加工较困难，刀具磨损严重，加工效率低，成本高，限制了其发展与应用。20世纪90年代，研究人员利用辅助电极法，针对不同材质的绝缘陶瓷进行了电火花线切割加工，其加工原理如图3.127所示。

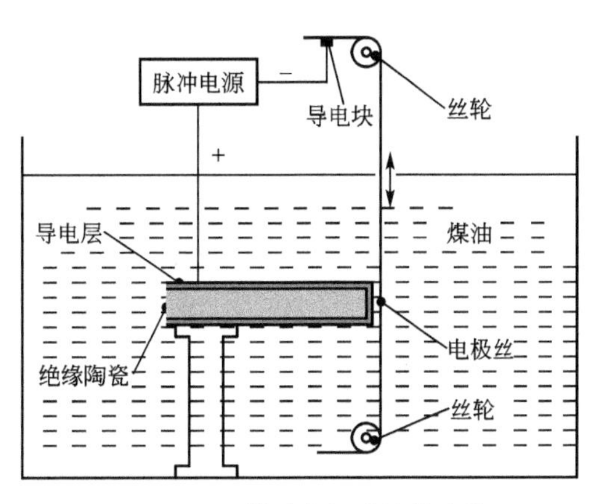

图3.127 辅助电极法绝缘陶瓷电火花线切割加工原理图

加工介质为煤油，并且整个工件和电极丝放电部分浸没在煤油中，电极丝为钼丝或黄铜丝并做往复或单向运动。绝缘陶瓷工件安装在机床工作台上进行轨迹运动。加工绝缘陶瓷材料前，必须预先对陶瓷工件进行表面导电化处理，使其表面覆盖导电层，加工中导电层接脉冲电源正极，电极丝接负极。电极丝与导电层放电后，产生的高温使放电间隙内的煤油裂解，裂解的碳胶团吸附在绝缘陶瓷工件表面又会形成一层新的导电膜，导电膜与外部表面的导电层一起构成辅助电极。导电膜不断被火花放电蚀除，同时又依靠碳胶团吸附在工件表面而不断生成，使得加工得以延续。图3.128所示为绝缘陶瓷电火花线切割加工过程示意图，图3.128(a)所示为加工的初始阶段，在导电层被蚀除的过程中，放电产生的高温使放电间隙内的煤油发生裂解，加工继续进行到导电层与绝缘陶瓷的结合面处时[图3.128(b)]，虽然绝缘陶瓷不具有导电性，但由于煤油高温裂解生成的碳胶团吸附在绝缘陶瓷表面，脉冲电源正极将通过导电层与导电膜接通，导电膜与电极丝发生脉冲性火花放电时，由于导电膜厚度很薄，单次脉冲放电除了蚀除导电膜材料外，还会蚀除绝缘陶瓷材料，且被蚀除导电膜的区域将在后续的火花放电中通过裂解的碳胶团得到补充，使加工延续进行[图3.128(c)]。因此导电膜的形成对于绝缘陶瓷线切割加工具有至关重要的作用。

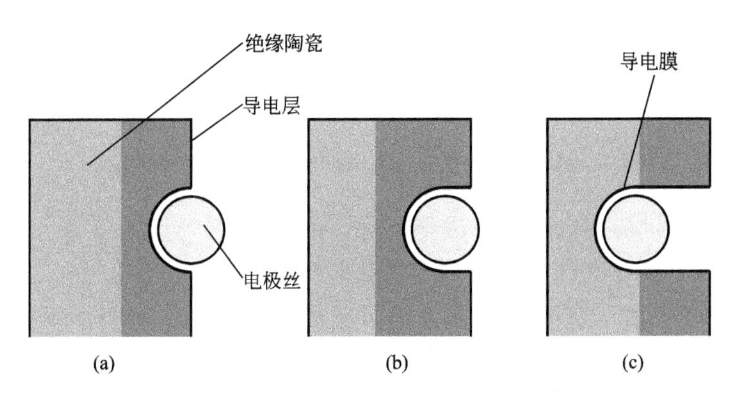

图3.128 绝缘陶瓷线切割加工过程示意图

2）高阻半导体电火花线切割加工

随着现代信息社会的飞速发展，半导体材料因其具有对光、热、电、磁等外界因素变化十分敏感而独特的电学性质，已成为尖端科学技术中应用最为活跃的先进材料，特别是在通信、家电、工业制造、国防工业、航空、航天等领域中具有十分重要的作用。最典型的半导体材料有硅、锗、砷化镓等。对于低阻半导体材料(电阻率小于 0.1Ω·cm)，电火花线切割的效率很高，某些条件下甚至可以接近 $1000mm^2/min$，但高阻半导体材料(电阻率大于 1Ω·cm)因为具有与金属材料不同的特殊电特性，对它们进行电火花加工仍是一件十分困难的事情。高阻半导体虽然具有一定的导电性，但是它的电阻率要比金属材料高出 3～4 个数量级。半导体特殊的电特性及加工特点主要体现在以下几个方面。

(1) 半导体材料本身具有一定的电阻率，致使其体电阻不能像一般金属一样被忽略，并且体电阻还随着电极丝与半导体材料的接触面积、与进电端的相对位置、半导体的体积大小及环境温度等因素而改变。目前，半导体材料尤其是电阻率在 1Ω·cm 以上的半导体材料采用普通电火花线切割的方法加工效率特别低甚至不能加工。

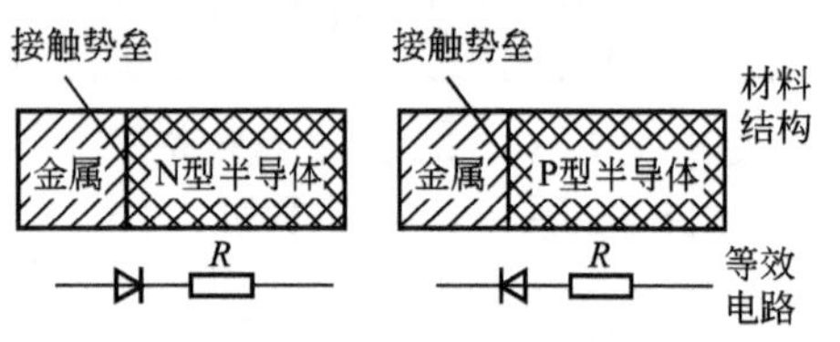

图 3.129　进电端势垒等效电路结构图

(2) 半导体放电加工时需与进电材料接触，由于半导体的特殊电特性，在表面会形成接触势垒，如图 3.129 所示。接触势垒就像一道屏障，类似一个与加工电流方向相反的倒置二极管，放电加工时电压必须高于它的击穿电压，也就是要高于这个屏障，电路才能导通。

(3) 半导体材料的放电加工具有放电单向导通特性，并且随着电阻率及加工对象体积的增加，该特性越加明显。半导体放电加工的装夹端和放电端都存在势垒，电路结构可以等效为二极管，其简单的加工等效电路如图 3.130 所示。目前，P 型硅采用正极性加工，而 N 型锗需要采用负极性加工。

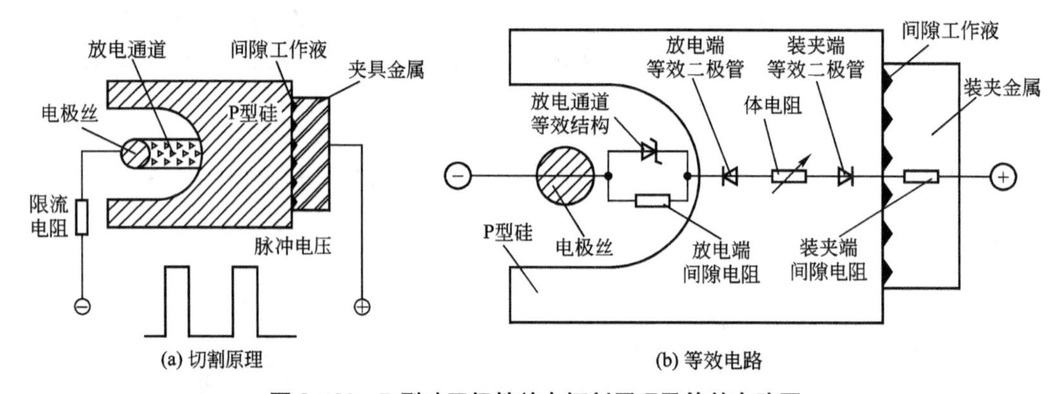

图 3.130　P 型硅正极性放电切割原理及等效电路图

(4) 在对半导体材料进行电火花线切割时，由于使用的工作介质具有一定导电性，以及进电接触面接触势垒及接触电阻的存在，一旦回路通电且在进电金属和半导体材料间存在工作液介质，必然会在此接触区域由于两接触材料存在电位差而形成电化学反应(其原理可见第 4 章)，并形成不导电的钝化膜，使加工无法延续，因此必须选择特殊的进电方式。常用的方法是在半导体材料表面涂覆碳浆并烘烤后形成牢固接触的碳膜以隔离工作液(图 3.131)，阻断电化学反应形成的条件，同时通入非导电性冷却介质以降低进电处的温度，防止碳膜

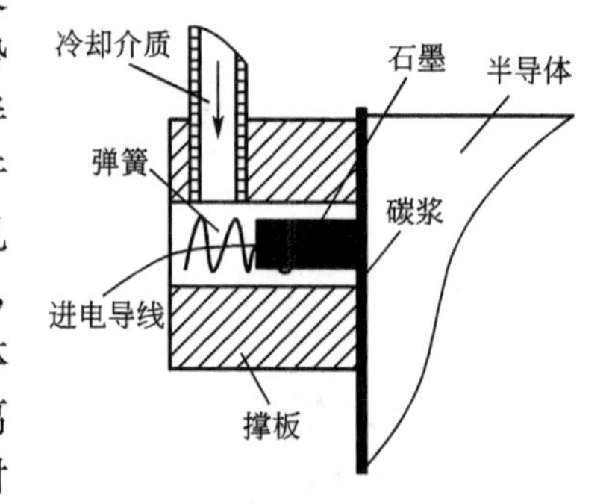

图 3.131　半导体进电示意图

的脱落。

(5) 半导体材料在放电加工作用下蚀除方式分为热应力引起的蚀除与高温引起的蚀除，其中热应力所引起的脆性崩裂蚀除在某些条件下远远大于高温引起的气化或熔化蚀除，这是与普通金属材料放电加工主要以高温蚀除的机理不同，因此电火花线切割时，单位电流的蚀除量远高于甚至数倍于金属材料的蚀除量。

对于半导体电火花加工而言，在正常火花放电及短路状态下均有脉冲电流出现，并且在这两个状态下，脉冲电压、电流的特性差别不大。而目前电火花加工机床都是以空载、正常加工和短路时的电压特性区别作为伺服依据的，这使得目前机床伺服系统无法对半导体加工状态进行正确判断。

目前半导体加工的伺服跟踪采用以电火花线切割时的脉冲电流的出现概率作为判断依据。所设计的伺服控制系统示意如图 3.132 所示。首先采用电流传感器检测实时电流大小，利用信号处理电路对电流信号进行处理，每产生一次脉冲电流，就产生一个标准方波脉冲。对电压信号采用同样的处理方式，将电压信号处理成一个个标准的方波脉冲。将两路信号输入微处理器中进行分别的计数处理，在计数周期结束后，通过电流脉冲个数与总的脉冲数(此处即为电压脉冲个数)相除，从而计算出当前的电流脉冲产生概率，作为伺服进给的依据。

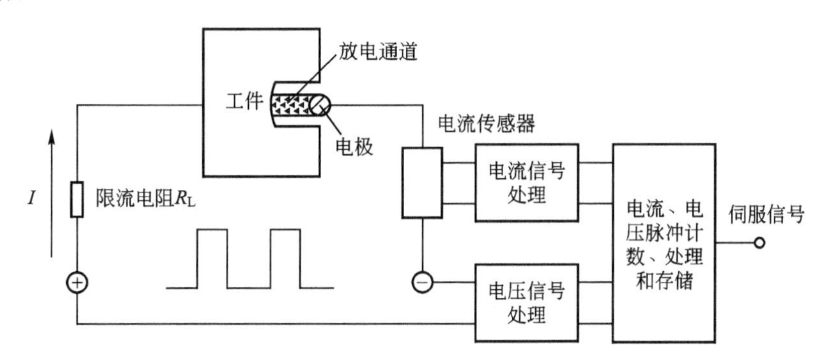

图 3.132　半导体电火花线切割伺服控制系统框图

采用基于电流脉冲概率检测的伺服控制系统不仅能够保证最佳的加工速度，由于其有效地避免了短路和弯丝状况的发生，加工精度得到了很好的保证。采用该系统对微小、复杂和非直线切割件进行了加工，切割样件如图 3.133 所示。

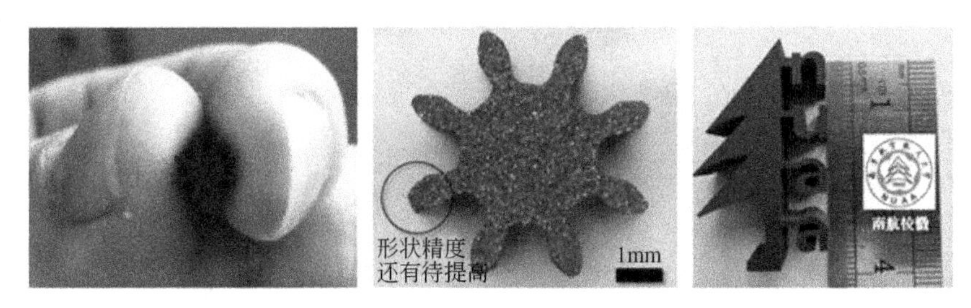

图 3.133　采用电流脉冲概率的伺服控制系统的微小、复杂和非直线切割样件

2. 加工功能的拓展

普通的电火花线切割机床可以进行四轴联动，通过 X、Y、U、V 四个直线轴的数控联动，加工出直壁、锥度、上下异型等零件。但对于诸如管状螺旋纹、端面凸轮、旋转刀头等特殊零件的加工，则必须通过增加旋转轴与直线轴联动控制才能实现，以下介绍几种特殊零件的加工。

1）旋转轴分度、直线轴联动加工

电火花线切割机床可以通过增加一些工作台附件实现螺旋表面、双曲线表面和正弦曲面等复杂表面的加工。如增加一个数控回转工作台附件，工件装在用步进电动机驱动的回转工作台上，采取数控移动和数控转动相结合的方式编程，用θ角方向的单步转动来代替Y轴方向的单步移动，即可完成上述这些复杂曲面的加工工艺，如图 3.134～图 3.140 所示。

图 3.134(a)所示为在X或Y轴方向切入后，工件仅按θ轴单轴伺服转动，可以切割出如图 3.134(b)所示的双曲面体。

图 3.135(b)所示为X轴与θ轴联动插补(按极坐标ρ、θ数控插补)，可以切割出阿基米德螺旋线的平面凸轮。

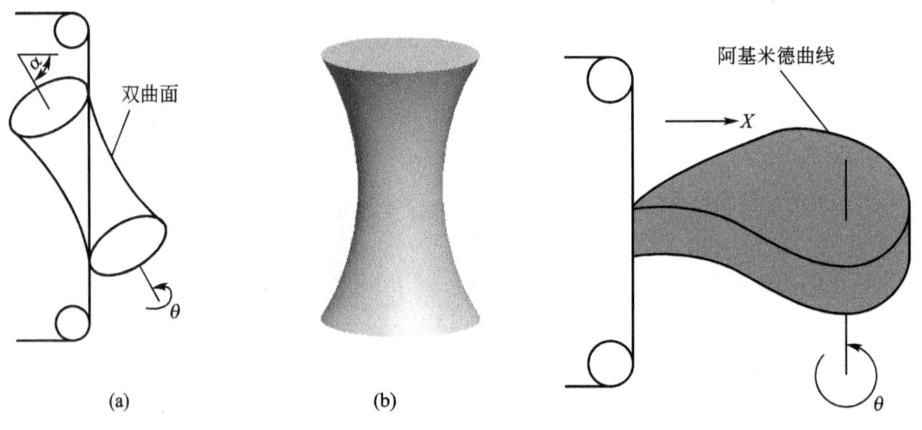

图 3.134　工件倾斜、数控回转线切割加工双曲线零件

图 3.135　数控移动加工转动(极坐标)线切割加工阿基米德螺旋线平面凸轮

图 3.136(a)所示为钼丝自工件中心平面沿X轴切入，与θ轴转动，二轴数控联动，可以“一分为二”地将一个圆柱体切成两个“麻花”瓣螺旋面零件，图 3.136(b)所示为其切割出的一个螺旋面零件。

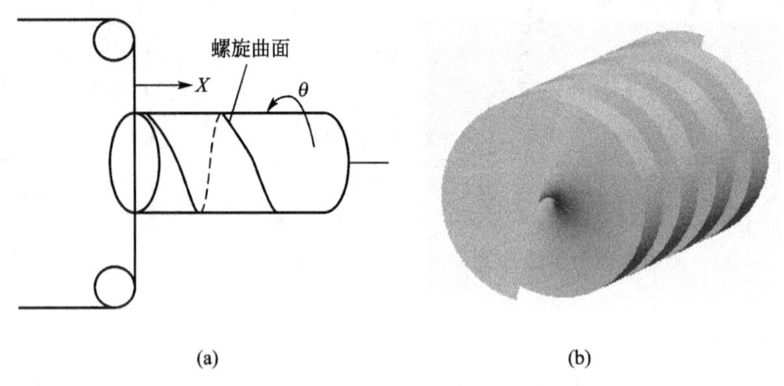

图 3.136　数控移动加转动线切割加工螺旋曲面

图 3.137(a)所示为钼丝自穿丝孔或中心平面切入后与 θ 轴联动，钼丝在 X 轴向往复移动数次，θ 轴转动一圈，即可切割出两个端面为正弦曲面的零件，如图 3.137(b)所示。

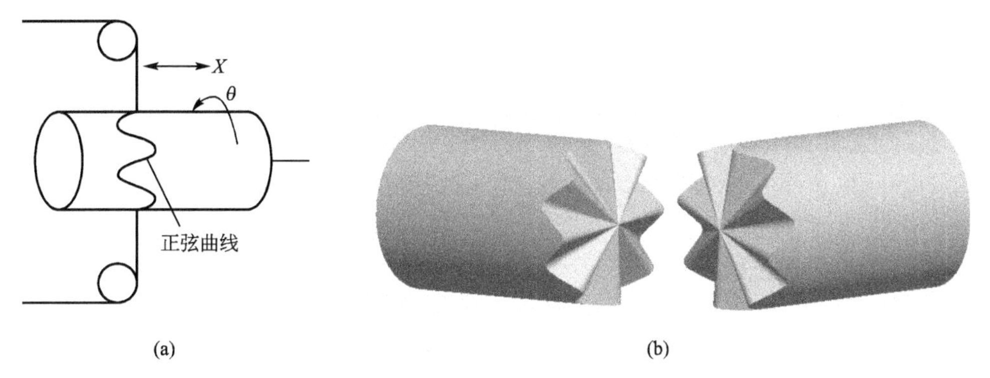

图 3.137 数控往复移动加转动线切割加工正弦曲线

图 3.138(a)所示为切割带有窄螺旋槽的套管，可用作机器人等精密传动部件中的挠性接头。钼丝沿 Y 轴侧向切入至中心平面后，钼丝一边沿 X 轴移动，与工件按 θ 轴转动相配合，可切割出如图 3.138(b)所示带窄螺旋槽的套管，其扭转刚度很高，弯曲刚度则稍低。

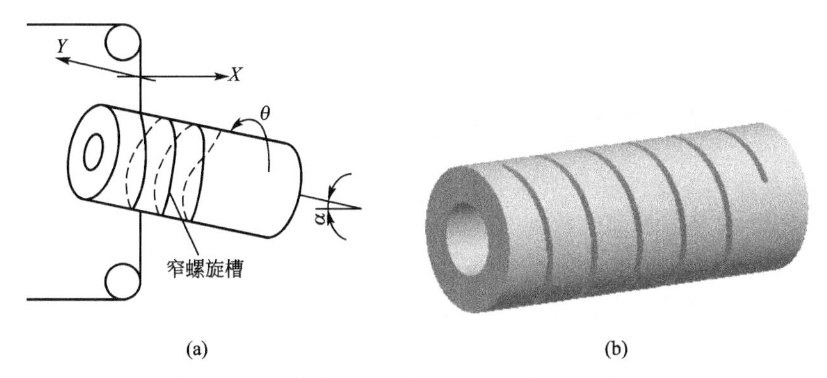

图 3.138 数控移动加转动线切割加工窄螺旋槽

图 3.139(a)所示为切割八角宝塔的原理图。钼丝自塔尖切入，在 X、Y 轴向按宝塔轮

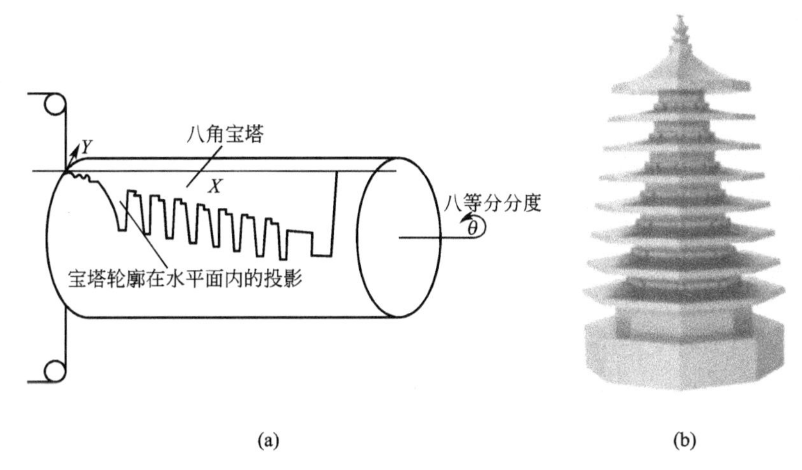

图 3.139 数控二轴联动加分度线切割加工宝塔

廓在水平面内的投影，二轴数控联动，切割到宝塔底部后，钼丝空走回到塔尖，工件作八等分分度(转 45°)，再进行第二次切割。这样共分度 7 次，切割 8 次即可切割出如图 3.139(b)所示的八角宝塔。

图 3.140(a)为切割四方扭转锥台的原理图，它需三轴联动数控插补才能加工出来。工件(圆柱体)水平装夹在数控转台轴上，钼丝在 X、Y 轴向二轴联动插补，其轨迹为一斜线，同时又与工件 θ 轴转动相联动，进行三轴数控插补，即可切割出扭转的锥面，切割完一面后，进行 90°分度，再切割第二面。这样 3 次分度，4 次切割，即可切割出扭转的四方锥台，如图 3.140(b)所示。

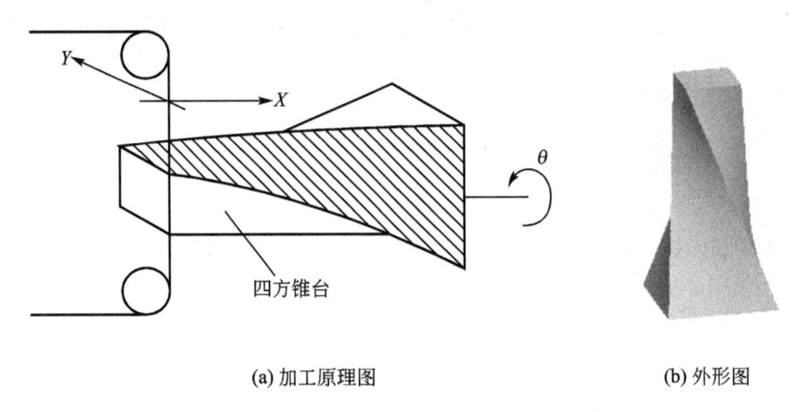

图 3.140　数控三轴联动加分度线切割加工扭转四方锥台

2) 旋转轴与弯曲臂附件联动实现非对称环形端面凸轮加工

对于内径较小的环形端面凸轮加工，由于电火花线切割机床线臂都比较粗，并且受到线臂空间与工作台距离的限制，无法将环形工件伸入线臂进行切割加工。当遇到这种情况时，可以通过设计一个细的弯曲臂附件，如图 3.141 所示，采取在 X 方向与旋转轴进行直线联动加工方法，实现端面凸轮等特殊零件的加工，如图 3.142 所示。图 3.143 所示为端面凸轮端面曲面展开图。

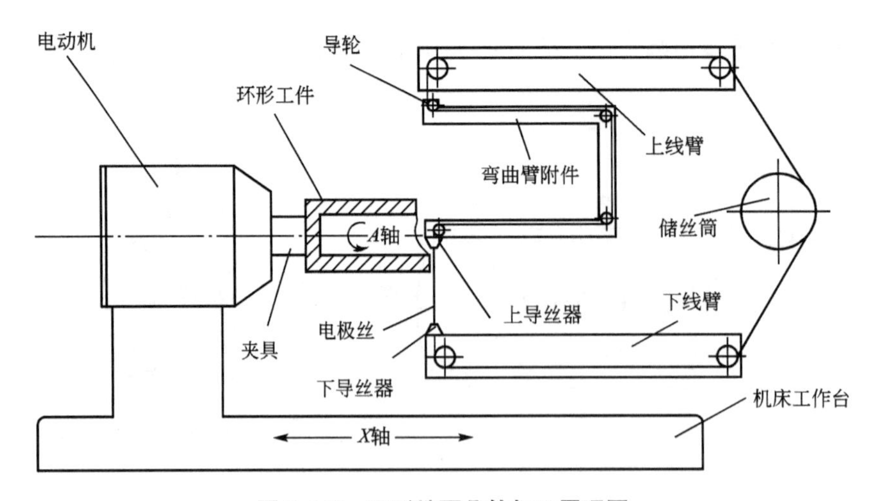

图 3.141　环形端面凸轮加工原理图

图 3.142 环形端面凸轮加工实物

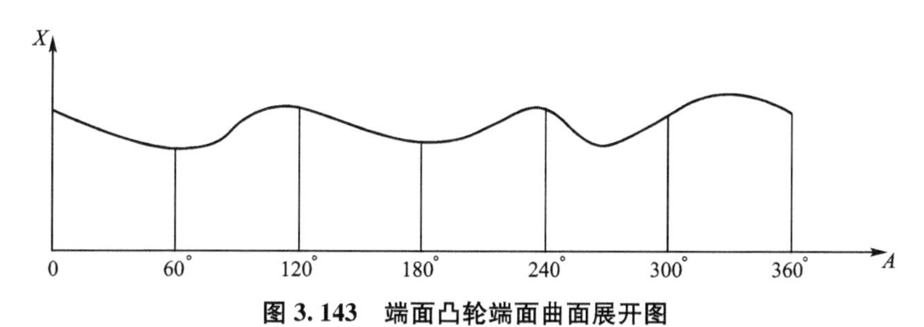

图 3.143 端面凸轮端面曲面展开图

3）多旋转轴联动加工

图 3.144 所示为 A、B 轴旋转联动的电火花线切割加工旋转刀头实例。夹具夹持住工件，在 A 轴旋转的同时，进行 B 轴的摆动，从而实现旋转刀头的加工。

【多轴旋转联动加工】

图 3.144 *A*、*B* 轴旋转联动切割旋转刀头实例

思考题

1. 请从极间放电状态分析高速往复走丝电火花线切割为什么需要采用高速走丝与浇注式冷却方式，而低速单向走丝可以采用低速走丝却一定要采用高压冲液冷却方式?

2. 对于高速往复走丝电火花线切割而言，请从机械精度、控制方式、加工模式、电极丝空间状态的稳定性等方面分析提高切割精度的措施。

3. 为什么说具有多次切割功能的高速往复走丝电火花线切割机床(俗称“中走丝”)只能作为处于高速走丝与低速走丝之间的一个产品而不能替代低速走丝机?请从其切割精度受到制约的角度进行分析。

4. 为什么说复合工作液等洗涤性良好的工作液的使用给高速往复走丝电火花线切割加工带来了革命性的变革?请从极间冷却机理、切割表面宏观及微观质量、电极丝的使用寿命和对加工环境的影响等方面进行阐述。

第4章 电化学加工

知识要点	掌握程度	相关知识
电化学加工的概念、分类及特点	掌握电化学加工的概念、分类及加工特点	电化学加工、电解质溶液、电极电位的基本概念。电化学加工的三种类型，电化学加工的优越性体现
电解加工原理、规律及应用	掌握电解加工原理及其特点，熟悉电解加工的基本规律，掌握电解液选择的方法及流场设计原则以及提高电解加工精度的途径，了解电解加工设备及应用	电解加工原理及其特点，电解加工的基本规律，电解液种类、流场设计，影响电解加工精度的因素及提高精度的途径，电解加工工艺参数及其对工艺指标的影响规律，电解加工设备，电解加工的典型应用
电沉积加工	掌握电镀、电铸原理及应用	电沉积应用的优缺点
特殊形式电沉积	了解电刷镀、喷射电沉积等技术的原理及应用	电场与流场形式的改变形成了特殊的电沉积方式，如电刷镀、喷射电沉积等新型电沉积方式。电沉积发展趋势

导入案例

我们日常生活中看到的金属生锈(图 4.1)，实际上最普遍的就是电化学腐蚀。当金属被放置在水溶液或潮湿的大气中，由于金属表面吸附了空气中的水分，形成一层水膜，因而使空气中的 CO_2，SO_2，NO_2 等溶解在这层水膜中，形成电解质溶液，加上由于金属表面并不纯净，其组成的元素除铁之外，还含有碳及其他金属和杂质，而它们大多数没有铁活泼，于是金属表面会形成一种微电池，也称腐蚀电池。这样形成的腐蚀电池的阳极为铁，而阴极为杂质，阳极上发生氧化反应，使阳极发生溶解，阴极上发生还原反应，一般只起传递电子的作用。由于铁与杂质紧密接触，使得腐蚀不断进行，于是金属表面就产生了锈蚀。人们正是利用了电化学腐蚀的原理，并人为地加了外接电源来进行电解加工的。那么电化学加工的基本概念是什么？电解加工的原理、规律及应用如何？这就是本章前部分需要讲述的内容。

人们日常生活中会见到许多电镀产品的实例，如图 4.2 所示的水龙头。电镀就是利用电化学原理在某些金属表面上镀上一薄层其他金属或合金的过程，目的是起到防止腐蚀，提高耐磨性、导电性、反光性及增进美观等作用。电镀是电沉积的一种形式，那么它和电铸有什么差别？电沉积还有什么特殊形式？这就是本章后半部分要讲述的内容。

图 4.1　金属零件锈蚀

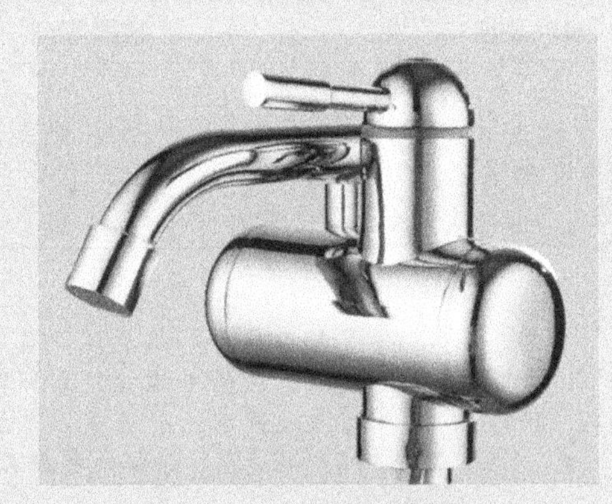

图 4.2　表面电镀的水龙头

【电化学加工】

4.1　概　　述

【电化学加工原理】

4.1.1　电化学加工的概念

电化学加工(Electrochemical Machining，ECM)是指基于电化学作用原理去除材料(电化学阳极溶解)或增加材料(电化学阴极沉积)的加工技术。早在 1833 年，英国科学家法拉第(Faraday)就提出了有关电化学反应过程中金属阳极溶解(或析出气体)及阴极沉积(或析出气体)物质质量与所通过电量的关系，即创建了法拉第定律，奠定了电化学学科和相关工程技术的理论基础。但是，直到一百年之后，即到了 20 世纪 30 年代，才开始出现电解抛光及后来的电镀技术。随着科学技术的发展，为了满足航空航天发动机、枪炮等关键零件制造的需要，在20世纪50、60年代，相继发明了能够满足零件几何尺寸、几何形状和加工精度需要的电解、电解磨削、电铸成形等工艺技术。从此，作为一门先进制造技术，电化学加工技术得到不断的发展、应用和创新。

1. 电化学加工过程

如图4.3所示，将两铜片作为电极，接上约10V的直流电，并浸入$CuCl_2$的水溶液中(此水溶液中含有OH^-和Cl^-负离子及H^+和Cu^{2+}正离子)，形成电化学反应通路，导线和溶液中均有电流通过。溶液中的离子将做定向移动，Cu^{2+}离子移向阴极，在阴极上得到电子而还原成铜原子沉积在阴极表面。相反，在阳极表面Cu原子不断失去电子而成为Cu^{2+}离子进入溶液。溶液中正、负离子的定向移动称为电荷迁移。在阴、阳电极表面发生的得失电子的化学反应称为电化学反应，利用这种电化学作用对金属进行加工的方法即为电化学加工。其实任何两种不同的金属放入任何导电的水溶液中，在电场作用下，都会有类似情况发生。阳极表面失去电子(氧化反应)产生阳极溶解、蚀除，称为电解；在阴极得到电子(还原反应)的金属离子还原成为原子，沉积在阴极表面，称为电镀、电铸。

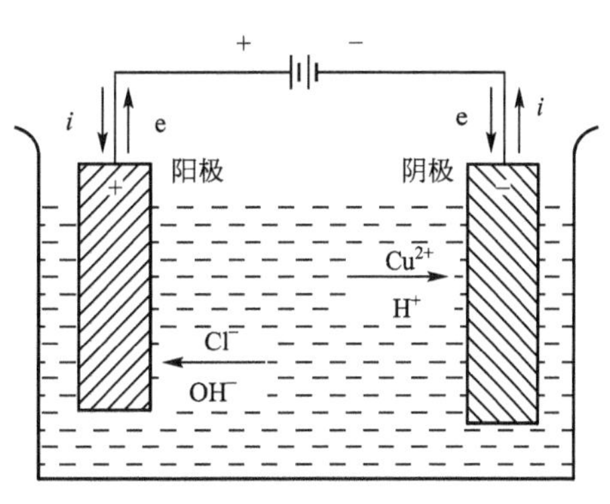

图4.3 电化学加工原理

能够独立工作的电化学装置有两类。一类是当该装置的两电极与外电路中负载接通后能够自发地将电流送到外电路的装置，它将化学能转变成电能，称为原电池(Galvanic cell)；另一类装置是使两电极与一个直流电源连接后，强迫电流在体系中流过，将电能转变为化学能，称为电解池(Electrolytic cell)。电化学加工中常用的电解、电镀、电铸、电化学抛光等都属于电解池，均是在外加电源作用下进行阳极溶解或阴极沉积过程的。

2. 电解质溶液

溶于水后能导电的物质称为电解质，如盐酸(HCl)、硫酸(H_2SO_4)、氢氧化钠(NaOH)、氢氧化铵(NH_4OH)、食盐(NaCl)、硝酸钠($NaNO_3$)、氯酸钠($NaClO_3$)等酸碱盐都是电解质。电解质与水形成的溶液称为电解质溶液，简称电解液。电解液中所含电解质的多少即为电解液的浓度。

因水分子是弱极性分子，可以和其他带电的粒子发生微观静电作用。当电解质(如NaCl)放入水中时，就会产生电离作用。这种作用使Na^+离子和Cl^-离子一个个、一层层地被水分子拉入溶液中，这个过程称为电解质的电离，其电离方程式简写为

$$NaCl \rightarrow Na^+ + Cl^- \tag{4-1}$$

能够在水中100%电离的电解质称为强电解质。强酸、强碱和大多数盐类都是强电解质，它们在水中都可以完全电离。弱电解质如氨(NH_3)、醋酸(CH_3COOH)等在水中仅小部分电离成离子，大部分仍以分子状态存在。水也是弱电解质，它本身也能微弱地电离为正的氢离子(H^+)和负的氢氧根离子(OH^-)，导电能力较弱。

由于溶液中正负离子的电荷相等，所以电解质溶液仍呈现出中性。

3. 电极电位

1) 电极电位的形成

任何一种金属插入含该金属离子的水溶液中，在金属/溶液界面上都会形成一定的电荷分布，从而形成一定的电位差，这个电位差就称为该金属的电极电位。电极电位的形成，较为普遍的解释是金属/溶液界面双电层理论。典型的金属/溶液界面双电层结构如图 4.4所示。

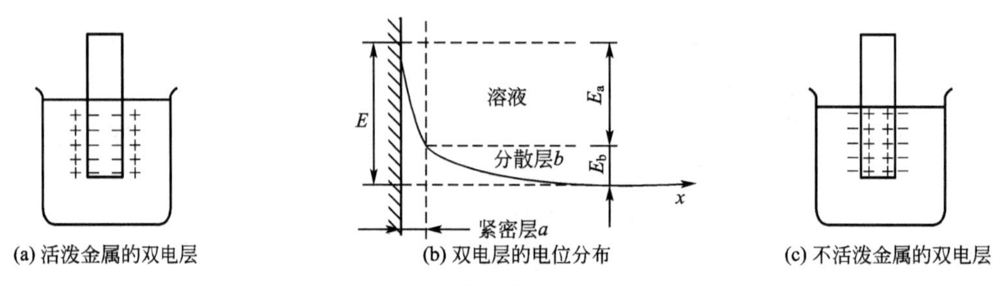

(a) 活泼金属的双电层　　(b) 双电层的电位分布　　(c) 不活泼金属的双电层

图 4.4　金属/溶液界面双电层示意图

E—金属与溶液间的双电层电位差；E_a—双电层紧密部分的电位差；E_b—双电层分散部分的电位差

不同结构双电层形成的机理，可以用金属的活泼性(即金属键合力的大小)及对金属离子的水化作用的强弱进行解释。由物质结构理论可知，金属是由金属离子和自由电子以一定的晶格形式排列而构成的晶体，金属离子和自由电子间的静电吸引力形成了晶格间的结合力，称为金属键力。在图 4.4 所示的金属/溶液界面上，金属键力既有阻碍金属表面离子脱离晶格而溶解到溶液中去的作用，又具有吸引界面附近溶液中的金属离子脱开溶液而沉积到金属表面的作用；而溶液中具有极性的水分子对于金属离子又具有“水化作用”，即吸引金属表面的金属离子进入溶液，同时又阻止界面附近溶液中的金属离子脱离溶液而沉积到金属表面。对于金属键力小，即活泼性强的金属，其金属/溶液界面上“水化作用”占优，则界面溶液一侧被极性水分子吸到更多的金属离子，而在金属界面一侧则有自由电子规则排列，如此形成了图 4.4(a)所示的双电层电位分布；如果金属键力强，即活泼性差的金属，则金属/溶液界面上金属表面一侧排列更多的金属离子，对应溶液一侧则排列着带负电的离子，如此形成如图 4.4(c)所示的双电层。由于双电层的形成，在界面上就产生了一定的电位差，将这一金属/溶液界面双电层中的电位差称为金属的电极电位 E；其在界面上的分布如图 4.4(b)所示。

2) 标准电极电位

为了能科学地比较不同金属的电极电位值的大小，在电化学理论与实践中，统一给定了标准电极电位与标准氢电极电位这样两个重要的、具有度量标准意义的规定。所谓标准电极电位，是指金属在给定的统一标准环境条件下、相对一个统一的电位参考基准所具有的平衡电极电位值。在理论电化学中，上述统一的标准环境约定为：将金属放在该金属离子活度为 1mol/L 溶液中，在 25℃和气体分压为一个标准大气压力(约 0.1MPa)的条件下。这一规定为衡量不同金属的电极电位值规定了统一的标准环境条件。

对上述统一的电位参考基准，通常选取标准氢电极电位。所谓标准氢电极电位，是指溶液中氢离子活度为 1mol/L、氢气分压为一个标准大气压、在 25℃条件下、在一个专门的氢电极装置(图 4.5)所产生的氢电极电位。其电极反应方程式为

$$H_2 \rightleftharpoons 2H^+ + 2e \quad (4-2)$$

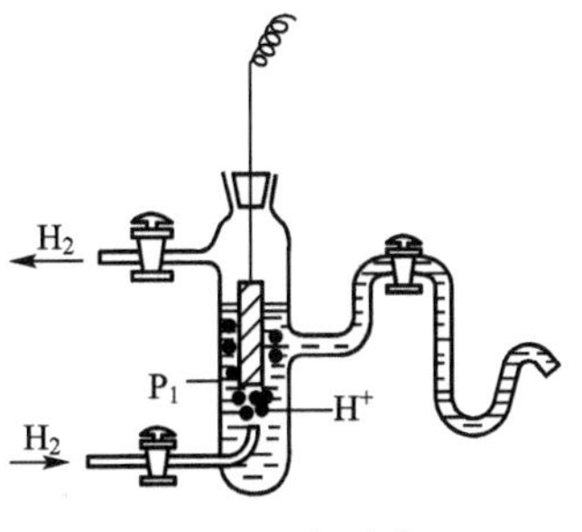

图4.5 氢电极

由于电极电位是双电层中的电位差值，而在度量电位差时应该设定一个统一的电位参考基准——“零电位标准”，这样才便于比较不同金属的电极电位值。在电化学理论和实验中，统一规定标准氢电极电位为参考基准(“零电位”)，其他金属的标准电极电位都是相对标准氢电极电位的代数值(参见表4-1)。还应当指出，由于氢电极制备麻烦，在实际工程中使用不够方便，故在实际测量中，常用性能稳定、制备容易、使用方便的饱和甘汞电极作为参考基准电极。饱和甘汞电位相对于标准氢电极电位具有固定的电位值，实际测量出任意金属电极相对于饱和甘汞电极的电位差，则很容易换算成该金属电极相对于标准氢电极电位(即“零电位”)的电位差。

表4-1 常用电极的标准电极电位

电极氧化态/还原态	电极反应	电极电位/V	电极氧化态/还原态	电极反应	电极电位/V
Li^+/Li	$Li^+ + e \rightleftharpoons Li$	−3.01	Pb^{2+}/Pb	$Pb^{2+} + 2e \rightleftharpoons Pb$	−0.126
Rb^+/Rb	$Rb^+ + e \rightleftharpoons Rb$	−2.98	H^+/H_2	$H^+ + e \rightleftharpoons (1/2)H_2$	0
K^+/K	$K^+ + e \rightleftharpoons K$	−2.925	S/H_2S	$S + 2H^+ + 2e \rightleftharpoons H_2S$	+0.141
Ba^{2+}/Ba	$Ba^{2+} + 2e \rightleftharpoons Ba$	−2.92	Cu^{2+}/Cu	$Cu^{2+} + 2e \rightleftharpoons Cu$	+0.340
Sr^{2+}/Sr	$Sr^{2+} + 2e \rightleftharpoons Sr$	−2.89	O_2/OH^-	$H_2O + (1/2)O_2 + 2e \rightleftharpoons 2OH^-$	+0.401
Ca^{2+}/Ca	$Ca^{2+} + 2e \rightleftharpoons Ca$	−2.84	Cu^+/Cu	$Cu^+ + e \rightleftharpoons Cu$	+0.522
Na^+/Na	$Na^+ + e \rightleftharpoons Na$	−2.713	I_2/I^-	$I_2 + 2e \rightleftharpoons 2I^-$	+0.535
Mg^{2+}/Mg	$Mg^{2+} + 2e \rightleftharpoons Mg$	−2.38	As^{5+}/As^{3+}	$H_3AsO_4 + 2H^+ + 2e \rightleftharpoons HAsO_2 + 2H_2O$	+0.58
U^{3+}/U	$U^{3+} + 3e \rightleftharpoons U$	−1.80	Fe^{3+}/Fe^{2+}	$Fe^{3+} + e \rightleftharpoons Fe^{2+}$	+0.771
Al^{3+}/Al	$Al^{3+} + 3e \rightleftharpoons Al$	−1.66	Hg^{2+}/Hg	$Hg^{2+} + 2e \rightleftharpoons Hg$	+0.7961
Mn^{2+}/Mn	$Mn^{2+} + 2e \rightleftharpoons Mn$	−1.05	Ag^+/Ag	$Ag^+ + e \rightleftharpoons Ag$	+0.7996
Zn^{2+}/Zn	$Zn^{2+} + 2e \rightleftharpoons Zn$	−0.763	Br_2/Br^-	$Br_2 + 2e \rightleftharpoons 2Br^-$	+1.065
Fe^{2+}/Fe	$Fe^{2+} + 2e \rightleftharpoons Fe$	−0.44	Mn^{4+}/Mn^{2+}	$MnO_2 + 4H^+ + 2e \rightleftharpoons Mn^{2+} + 2H_2O$	+1.208
Cd^{2+}/Cd	$Cd^{2+} + 2e \rightleftharpoons Cd$	−0.402	Cr^{6+}/Cr^{3+}	$Cr_2O_7{}^{2-} + 14H^+ + 6e \rightleftharpoons 2Cr^{3+} + 7H_2O$	+1.33
Co^{2+}/Co	$Co^{2+} + 2e \rightleftharpoons Co$	−0.27	Cl_2/Cl^-	$Cl_2 + 2e \rightleftharpoons 2Cl^-$	+1.3583
Ni^{2+}/Ni	$Ni^{2+} + 2e \rightleftharpoons Ni$	−0.23	Mn^{7+}/Mn^{2+}	$MnO_4{}^- + 8H^+ + 5e \rightleftharpoons Mn^{2+} + 4H_2O$	+1.491
Sn^{2+}/Sn	$Sn^{2+} + 2e \rightleftharpoons Sn$	−0.14	F_2/F^-	$F_2 + 2e \rightleftharpoons 2F^-$	+2.87

3) 平衡电极电位

如前所述，将金属浸在含该金属离子的溶液中，则在金属/溶液界面上将发生电极反应且在某种条件下建立双电层。如果电极反应又可以逆向进行，以Me表示金属原子，则反应式可写作

$$Me \underset{还原}{\overset{氧化}{\rightleftharpoons}} Me^{n+} + ne \quad (4-3)$$

若上述可逆反应(即氧化反应与还原反应)的速度相等，金属/溶液界面上没有电流通过，也没有物质溶解或析出，即建立了一个稳定的双电层，此种情况下的电极则称为可逆电极，相应电极电位则称为可逆电极电位或平衡电极电位。还应当指出，不仅金属和该金属的离子(包括氢和氢离子)可以构成可逆电极，非金属及其离子也可以构成可逆电极。前面论及的标准电极和标准电极电位则是在标准状态条件下的可逆电极和可逆电极电位，或者说标准状态下的平衡电极电位。而实际工程条件并不一定处于标准状态，因此对应工程条件下的平衡电极电位不仅与金属性质和电极反应形式有关，而且与离子浓度和反应温度有关。具体计算可以用能斯特(Nernst)方程式

$$E'=E^0+\frac{RT}{nF}\ln\frac{a_{氧化态}}{a_{还原态}} \tag{4-4}$$

式中 E'——平衡电极电位(V)；

E^0——标准电极电位(V)；

R——摩尔气体常数［8.314J/(mol·K)］；

F——法拉第常数(96500C/mol)；

T——绝对温度(K)；

n——电极反应中得失电子数；

a——离子的活度(有效浓度)(mol/L)。

对于固态金属 Me 和含其 n 价正离子 Me^{n+} 溶液构成的可逆电极：式(4-4)中 $a_{氧化态}$ 为含 Me^{n+} 离子溶液的活度，$a_{还原态}$ 为固体金属的离子活度，取 $a_{还原态}=1mol/L$。对于非金属负离子(含在溶液中)和非金属(固体、液体或气体)构成的可逆电极：式(4-4)中 $a_{氧化态}$ 为非金属的离子活度，而纯态的液体、固体或气体(分压为1大气压)的离子活度都认为等于1mol/L，即取 $a_{氧化态}=1mol/L$，而取 $a_{还原态}$ 为含该离子溶液的离子活度(有效浓度)。

注意到上述 $a_{氧化态}$、$a_{还原态}$ 的取值规则，将有关常数值代入式(4-4)，对于金属电极(包括氢电极)：

$$E'=E^0+1.98\times10^4(T/n)\lg a_{(金属正离子)} \tag{4-5}$$

对于非金属电极：

$$E'=E^0-1.98\times10^4(T/n)\lg a_{(非金属负离子)} \tag{4-6}$$

由式(4-5)可以看出，温度提高或金属正离子的活度增大，均使该金属电极的平衡电位朝正向增大；而由式(4-6)也可以看出，温度的提高或非金属负离子活度的增加，均使非金属的平衡电位朝负向变化(代数值减小)。

4) 电极电位的高低决定电极反应的顺序

综观表4-1所列的常见电极的标准电极电位值可以发现：电极电位的高低，即电极电位代数值的大小，与金属的活泼性或与非金属的惰性密切相关。标准电极电位按代数值由低到高的顺序排列，对应着金属的活泼性由大到小的顺序排列；在一定条件下，标准电极电位越低的金属，越容易失去电子被氧化，而标准电极电位越高的金属，越容易得到电子被还原。也就是说，标准电极电位的高低，将会决定在一定条件下对应金属离子参与电极反应的顺序。在电解加工过程，电极电位越负、即代数值越小的金属，越容易失去电子参与氧化反应；电极电位越正、即代数值越大的金属或金属离子，越容易得到电子而参与还原反应。以图4.3中所示的电解池为例，如果阳极为Fe，NaCl为电解质，阴极一般为金属，分别列出在两极可能进行的电极反应，并在表4-1中查出对应电极的标准电极电

位值，则可以解释为什么在阳极进行铁溶解、而在阴极进行氢气逸出的电极反应。

在阳极一侧可能进行的电极反应及相对应标准电极电位值为

$$Fe \rightleftharpoons Fe^{2+} + 2e \qquad E^0_{Fe^{2+}/Fe} = -0.04V$$

$$4OH^- - 4e \rightleftharpoons 2H_2O + O_2 \uparrow \qquad E^0_{O_2/OH^-} = +0.401V$$

$$2Cl^- - 2e \rightleftharpoons Cl_2 \uparrow \qquad E^0_{Cl_2/Cl^-} = +1.3583V$$

由于 $E^0_{Fe^{2+}/Fe}$ 最低，故最容易并首先在阳极一侧进行铁被阳极溶解的电极反应，这就是电解加工的基本理论依据。类似地，考查在阴极一侧可能进行的电极反应并列出相应标准电极电位值为

$$2H^+ + 2e \rightleftharpoons H_2 \uparrow \qquad E^0_{H^+/H_2} = 0V$$

$$Na^+ + e \rightleftharpoons Na \qquad E^0_{Na^+/Na} = -2.713V$$

显见，$E^0_{H^+/H_2}$ 高出 $E^0_{Na^+/Na}$ 约 2.7V，这在电极电位中是个很大的差值，故在阴极只有氢气逸出而不会发生钠沉积的电极反应，这就是在电解加工中为什么选择含 Na^+、K^+ 等活泼性金属离子中性盐水溶液作为电解液的重要理论依据。

5）电极的极化

前面已经阐述了在一定条件下，更确切地说，是在标准条件下电极反应顺序与标准电极电位的对应关系；相同的结论，也可应用于在平衡条件下电极反应的顺序与平衡电极电位的关系。平衡电极电位的定量计算可以用能斯特公式，即式(4-4)～式(4-6)。而实际电化学加工，其电极反应并不是在平衡可逆条件下进行，即不是在金属/溶液界面上无电流通过的情况下，而是在外加电场作用下，有强电流通过金属/溶液界面的条件下进行，此时电极电位则由平衡电极电位开始偏离，而且随着所通过电流的增大，电极电位值相对平衡电位值的偏离也更大。通常将有电流通过电极时，电极电位偏离平衡电位的现象称为电极的极化，电极电位的偏离值就称为超电压，或称过电位。电极极化的趋势：随着电极电流的增大，阳极电极电位向正向（即向电极电位代数值增大的方向）发展；而阴极电极电位则向负向（即向电极电位代数值减小的方向）发展。将电极电位随着电极电流变化的曲线称为电极极化曲线，如图 4.6 所示。与图对应，阳极超电压 $\Delta E_a = E_a - E'_a$，同理也可以获得阴极超电压。

按阳极电极电位(E_a)相对应阳极电流密度(即通过阳极金属/电解液界面的电流密度) i_a 绘制成 E_a-i_a 曲线，称为阳极极化曲线。基于阳极极化曲线可以研究阳极极化的规律及特点。阳极电位的变化规律主要取决于阳极电流高低及阳极金属、电解液的性质。典型的阳极极化曲线如图 4.7 所示，有三种类型。

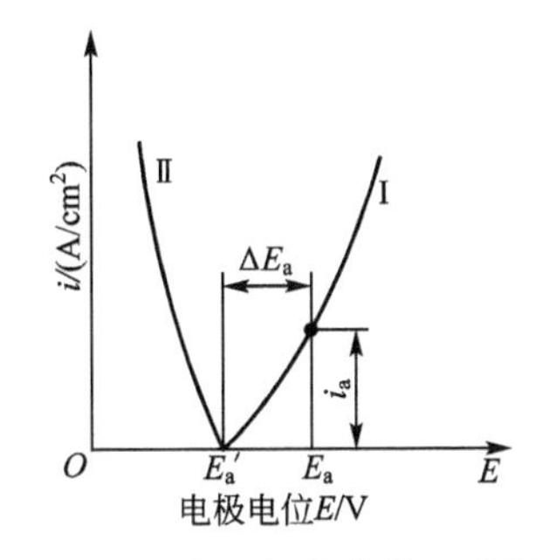

图 4.6 电极极化曲线示意图

Ⅰ—阳极极化曲线；

Ⅱ—同一种电极的阴极极化曲线

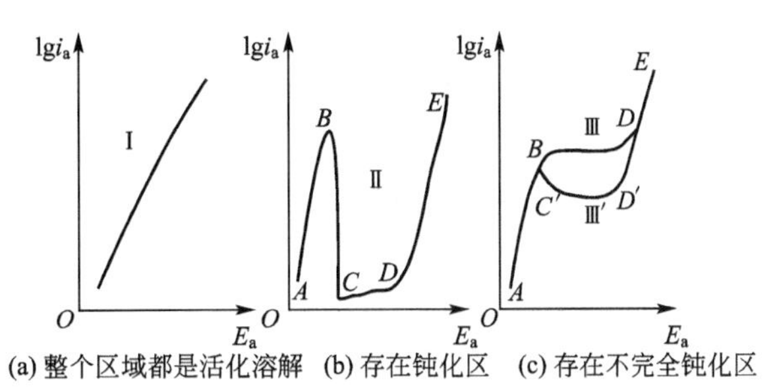

图 4.7 三种典型的阳极极化曲线

(1) 全部处于活化溶解状态。如图 4.7(a)所示，在所研究的全过程中，电流密度和阳极金属溶解作用均随阳极电位的提高而增大，阳极金属表面一直处于电化学阳极溶解状态(又称活化状态)，铁在盐酸中的电化学阳极极化曲线就属于这一类型。

(2) 活化—钝化—超钝化的变化过程。如图 4.7(b)所示，阳极过程的开始、即阳极极化曲线的初始 AB 段，其 i_a- E_a变化规律同上述第一种类型，称为活化溶解阶段；而过了 B 点之后，随阳极电位 E_a的增大，阳极电流 i_a会突然下降且阳极溶解速度也剧减，这一现象称为钝化现象，对应于图中 BC 段称为过渡钝化区，CD 段称为稳定钝化区；而过了 D 点之后，随着阳极电位的提高，阳极电流又继续增大，同时阳极溶解速度也继续增大，将对应曲线的 DE 阶段称为超钝化阶段。例如，钢件在硝酸钠或氯酸钠电解液中的阳极极化曲线就属于这类。我们应选择电解加工参数处于阳极超钝化状态，此时工件加工面对应大电流密度而被高速溶解；而非加工面则相应电流密度低，即相应处于极化曲线的钝化状态，则相应表面不被加工而得到保护。这正是我们研究阳极极化曲线以合理选择加工参数的目的。

(3) 活化—不完全钝化(抛光)—超钝化的变化状态。图 4.7(c)属于这一类型，其不同状态的变化与上述第二种类型基本相似：AB 称活化区，BD(有的是 $C'D'$过程)称不完全钝化区，随后 DE 又进入超钝化区。在不完全钝化区里，电流密度和阳极溶解速度变化很小，但阳极溶解还在进行。观察阳极金属表面存在阳极膜，溶解后的表面平滑且具有光泽，故又将不完全钝化区称为抛光区。电抛光就应该选择具有这种类型极化曲线的金属/电解液体系，钢在磷酸中的极化曲线就是如此，而正确选择电抛光参数就能获得高的抛光表面质量。

极化曲线具体显示了阳极极化电位与阳极电流之间的关系、规律及特征，研究阳极极化曲线与选择工件材料/电解液体系、选择电解工艺参数密切相关。通常，根据不同极化的原因，将极化分为浓差极化、电化学极化和电阻极化几种类型。

(1) 浓差极化。浓差极化是由于电解过程中电极/溶液界面处的离子浓度和本体溶液(指离开电极较远、浓度均匀的溶液)浓度存在差别所致。在电解加工时，金属离子从阳极表面溶解出并逐渐由阳极金属/溶液界面向溶液深处扩散，于是阳极金属/溶液界面处的阳极金属离子浓度(设为 C_s)比本体溶液中阳极金属离子浓度(C_o)高，浓度差越大，阳极表面电极电位越高。浓差极化超电压的定量计算可用式(4-4)。

(2) 电化学极化。一个电极反应过程包括反应物质(以离子态或分子态)的迁移、传递，反应物质在电极/溶液界面上得失电子及电极反应产物的新相、新结构态的转换等若干步骤，如果反应物质在电极表面得失电子的速度，即电化学反应速度落后于其他步骤所进行的速度，则造成电极表面电荷积累，其规律是使阳极电位更正，阴极电位更负。将由于电化学反应速度缓慢而引起的电极极化现象称作电化学极化，由此引起的电极电位变化量 ΔE_e(称电化学超电压)可近似以采用塔费尔(Tafel)公式计算：

$$\Delta E_e = a + b\lg i \tag{4-7}$$

式中 a、b——常数，与电极材料性质、电极表面状态、电解液成分、浓度、温度等因素有关，选用时可查阅相应电化学手册。在这里需要特别指出：塔费尔公式的适用范围是小电流密度，最多也不能高于每平方厘米十几安培，而电解加工常用电流密度在 $10 \sim 10^2\ A/cm^2$ 数量级，故在电解加工时引用塔费尔公式的准确性还有待研究。

(3) 电阻极化。电阻极化是由于电解过程中在阳极金属表面生成一层钝化性的氧化膜或其他物质的覆盖层，使电流通过困难，造成阳极电位更正，阴极电位更负。由于这层膜是钝化性的，也由于这层膜的形成是钝化作用所致，故电阻极化又称钝化极化。显然电阻极化超电压 ΔE_R(也可称钝化超电压)可用式(4-8)计算：

$$\Delta E_R = IR_d \tag{4-8}$$

式中 I——通过电极的电流；

R_d——钝化膜电阻。

由电极极化所引起的总超电压是以上各类超电压之和，即

$$\Delta E = \Delta E_S + \Delta E_e + \Delta E_R \tag{4-9}$$

式中 ΔE——总的电极极化超电压(V)；

ΔE_S——浓差极化超电压(V)；

ΔE_e——电化学超电压(V)；

ΔE_R——钝化超电压(V)。

实际上，由于电解加工是在大电流密度条件下进行的，其阳极极化过程、极化特性比低电流密度条件下复杂得多，故采用式(4-9)计算极化电位将产生较大的误差。因此，实际测试而获得工程条件下的极化曲线就显得更加重要。根据实测而得到的极化曲线，选择工艺参数，分析加工中产生的问题，是电解加工工艺过程通常采用的技术途径。但上述有关极化过程、极化原因、极化种类的讨论及相应计算式，对于揭示极化过程的实质以及定性分析电解加工过程，依然具有理论指导作用。

6) 钝化与活化

在电解加工过程中还有一种叫钝化的现象，它使金属阳极溶解过程的超电位升高，使电解速度减慢。例如，铁基合金在硝酸钠($NaNO_3$)电解液中电解时，电流密度增加到一定值后，铁的溶解速度在大电流密度下维持一段时间后反而急剧下降，使铁成稳定状态不再溶解。电解过程中的这种现象称阳极钝化(电化学钝化)，简称钝化。

钝化产生的原因至今仍有不同的看法，其中主要是成相理论和吸附理论两种。成相理论认为：阳极金属与溶液作用后在金属表面形成了一层紧密的极薄的膜，这种膜形成独立的相，很薄但有一定的厚度，通常是由氧化物、氢氧化物或盐组成。成相膜把金属和溶液机械地隔离开来，从而使金属表面失去了原来具有的活泼性质，因此使溶解过程减慢，转化为钝化状态。吸附理论则认为：金属的钝化是由于金属表层形成了氧或含氧粒子的吸附层所引起的，吸附膜的厚度至多只有单分子层厚，形成不了独立的相。不少人认为吸附的粒子是氧原子，有的人则认为可以是 O^{2-} 或 OH^- 离子。成相膜理论和吸附理论都能较好地说明许多现象，但又不能把各种现象都解释清楚。可能二者兼而有之，但在不同条件下可能以某一原因为主。对不锈钢钝化膜的研究表明，合金表面的大部分覆盖着薄而紧密的膜，而在膜的下面及空隙中，则牢固地吸附着氧原子或氧离子。

处于钝化状态的金属是可以恢复为活化状态的。使金属钝化膜破坏的过程称为活化。引起活化的因素很多，例如，把溶液加热，通入还原性气体或加入某些活性离子等，也可以采用机械办法破坏钝化膜，电解磨削就是利用后一原理。

把电解液加热可以引起活化，但温度过高会带来新的问题，如电解液的过快蒸发，绝缘材料的膨胀、软化和损坏等，因此只能在一定温度范围内使用。使金属活化的多种手段中，以氯离子(Cl^-)的作用最引人注意。Cl^- 具有很强的活化能力，这是由于 Cl^- 对大多数

金属亲和力比氧大，Cl^{-}吸附在电极上使钝化膜中的氧排出，从而使金属表面活化。电解加工中采用 NaCl 电解液时生产率高就是这个道理。

4.1.2 电化学加工的分类

电化学加工按其作用原理和主要加工作用的不同，可分为三大类。第Ⅰ类是利用电化学阳极溶解来进行加工；第Ⅱ类是利用电化学阴极沉积、涂覆进行加工；第Ⅲ类是利用电化学加工与其他加工方法相结合的电化学复合加工工艺。其分类情况见表 4-2。

【电解加工应用】

【电解磨削】

【电化学磨削】

【电化学加工典型零件】

表 4-2 电化学加工的分类表

类别	加工方法	加工原理	主要加工作用
Ⅰ	电解加工	电化学阳极溶解	从工件(阳极)去除材料，用于形状、尺寸加工
	电解抛光		从工件(阳极)去除材料，用于表面加工、去毛刺
Ⅱ	电铸成形	电化学阴极沉积	向芯模(阴极)沉积而增材成形，用于制造复杂形状的电极，复制精密、复杂的花纹模具
	电镀		向工件(阴极)表面沉积材料，用于表面加工、装饰
	电刷镀		向工件(阴极)表面沉积材料，用于表面加工，尺寸修复
	复合电镀		向工件(阴极)表面沉积材料，用于表面加工，磨具制造
Ⅲ	电解磨削	电解与机械磨削的复合作用	从工件(阳极)去除材料或表面光整加工，用于尺寸、形状加工，超精、光整加工、镜面加工
	电化学-机械复合研磨	电解与机械研磨的复合作用	对工件(阳极)表面进行光整加工
	超声电解	电解与超声加工的复合作用	改善电解加工过程以提高加工精度和表面质量，对于小间隙加工复合作用更突出
	电解-电火花复合加工	电解液中电解去除与放电蚀除的复合作用	力求综合达到高效率、高精度的加工目标

4.1.3 电化学加工的特点

电化学加工的主要优越性主要体现在以下几个方面。

(1) 可加工各种高硬度、高强度、高韧性等难切削的金属材料，如硬质合金、高温合金、淬火钢、钛合金、不锈钢等，适用范围广。

(2) 可加工各种具有复杂曲面、复杂型腔和复杂型孔等典型结构的零件，如航空发动机叶片、整体叶轮，发动机机匣凸台、凹槽，火箭发动机尾喷管，炮管及枪管的膛线、喷筒孔，以及深小孔、花键槽、模具型面、型腔等各种复杂的二维及三维型孔、型面。因为加工中没有机械切削力和切削热的作用，特别适合加工易变形的薄壁零件。

(3) 加工表面质量好。由于材料是以离子状态去除或沉积，而且为冷态加工，故加工后无表面变质层、残余应力，加工表面没有加工纹路且没有毛刺和棱边，一般粗糙度为$Ra0.8\sim3.2\mu m$，对于电化学复合光整加工可达$Ra0.01\mu m$以下，适合进行精密微细加工。

(4) 加工生产率高。加工可以在大面积上同时进行，无需划分粗、精加工。特别是电解加工，其材料去除速度远高于电火花加工。

(5) 加工过程中工具阴极无损耗，可长期使用，但要防止阴极的沉积现象和短路烧伤对工具阴极的影响。

(6) 电化学加工的产物和使用的工作液对环境、设备会有一定的污染和腐蚀作用。

4.2 电解加工

【电解加工原理】

4.2.1 电解加工原理及其特点

电解加工是对作为阳极的金属工件在电解液中进行溶解而去除材料、实现工件加工成形的工艺过程。其加工系统如图4.8所示，基本构成与图4.3所示的电解池类似。电解加工的基本原理是电化学阳极溶解，而这一电化学过程又建立在电解加工间隙中特定的电场、流场分布的基础上，故电场理论、流场理论及电化学阳极溶解理论构成了研究电解加工原理和工艺的三大基础理论。电解加工属于非接触加工工艺，加工过程中，工具阴极与工件阳极之间存在着供电解液流动、进行电化学反应、排除电解产物的间距，这一间距称为加工间隙。加工间隙与电解液构成了电解加工的核心工艺因素，决定着电解加工的工艺指标——加工精度、生产率和表面质量，也是阴极设计及工艺参数选择的首要基本依据。

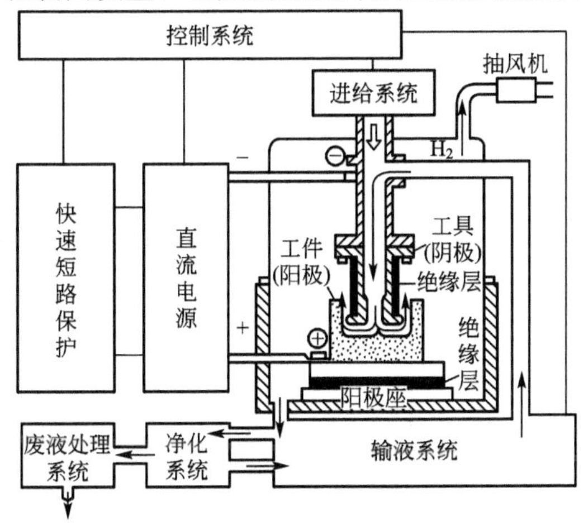

图4.8 电解加工系统图

在工业生产中，最早应用电化学阳极溶解原理的是电解抛光。但在电解抛光时，由于工件阳极和工具阴极之间的距离较大(一般在 100mm 以上)、电解液静止不动等一系列原因，只能对工件表面进行普遍的腐蚀和抛光，不能有选择地腐蚀成所需要的零件形状和尺寸。为了能实现特定几何尺寸、几何形状的加工，电解加工还必须具备下列特定工艺条件。

(1) 工件阳极和工具阴极(大多为成型工具阴极)间保持很小的间隙(称为加工间隙)，一般为 0.1～1mm。

(2) 电解液从加工间隙中不断高速(6～30m/s)流过，以保证带走阳极溶解产物和电解电流通过电解液时所产生的焦耳热，同时流动的电解液还具有减轻极化的作用。

(3) 工件阳极与工具阴极分别和直流电源(一般为 10～24V)连接，在上述两项工艺条件下，可使通过两极加工间隙的电流密度高达 (10～10^2) A/cm^2数量级。

在上述特定工艺条件下，工件阳极被加工表面的金属可按照工具阴极形状被高速溶解，而且随着工具阴极向工件阳极进给(通常是这样，但亦可反之，即工具阴极固定而工件阳极向工具阴极进给)，并始终保持很小的加工间隙，使工件被加工表面不断高速溶解(图 4.9)，直至达到符合所要求的加工形状和尺寸为止。

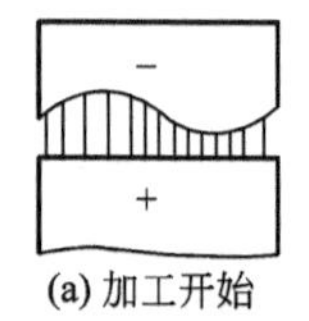

(a) 加工开始

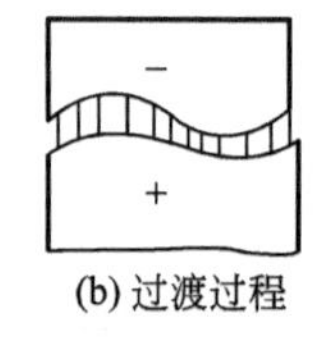

(b) 过渡过程

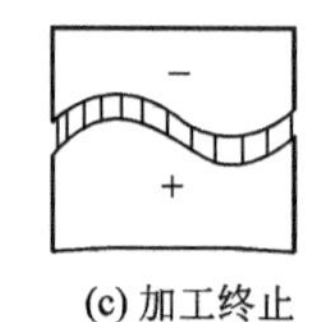

(c) 加工终止

图 4.9　电解加工成形过程示意

由电解加工原理，即电化学阳极溶解的特点所决定，电解加工具有以下工艺特点。

(1) 加工范围广。凡是导电的材料几乎均可进行加工。该工艺可以加工各种难切削金属材料，包括淬火钢、不锈钢、高温耐热合金、硬质合金，并且不受材料强度、硬度和韧性的限制；还可以加工各种复杂的型腔、型面、深小孔，既可以采用成型阴极、单向进给运动拷贝式成形加工，又可采用简单阴极或近成型阴极、进行数控展成型面加工。

(2) 加工效率高。加工效率随加工电流密度和总加工面积的增大而增大，一般能达到每分钟数百立方毫米，甚至高达每分钟一万立方毫米，为普通电火花成型加工的 5～10 倍，对于难切削金属材料、复杂的型腔、型面、深小孔加工，比一般机械切削加工效率高出 5～10 倍。

(3) 加工表面质量好。由于材料去除是以离子状态进行的电化学溶解，属冷态加工过程，因此加工表面不会产生冷作硬化层、热再铸层，以及由此而产生的残余应力和微裂纹等表面缺陷。当电解液成分和工艺参数选择得当时，加工表面粗糙度可以达到 Ra0.8～1.25μm，而人们普遍担心的晶间腐蚀深度在合适的工艺条件下不超过 0.01mm，甚至不会产生。

(4) 工具无损耗。作为阴极的工具，在电解加工过程中，始终与作为阳极的工件保持一定的间隙，不会产生溶解(阴极一边只有氢气析出)；如果加工过程正常，即与阳极不发生火花、短路烧蚀，工具阴极不会产生任何损耗；其几何形状、尺寸保持不变，可以长期使用。这是电解加工能够在批量生产条件下保证成形加工精度、降低加工成本的基本原因之一。

(5) 不存在机械切削力。电解过程不会形成机械切削力，因此也不会产生由此而引起的残余应力和变形，也不会产生如机械切削加工所产生的飞边。由于不存在机械切削力，电解加工特别适用于薄壁零件、低刚性零件的加工。

电解加工的上述优点，使得它首先在枪炮、航空、航天等制造业中得到成功的应用，随后又逐渐推广应用到汽车、拖拉机、采矿机械的模具制造中，成为机械制造业中具有特殊作用的工艺方法。

但是，电解加工也存在下列缺点和不足，从而又影响了其发展和应用。对此，在选用电解加工时应特别注意考虑以下几点。

(1) 加工精度还不够高。一般电解加工还难以达到高精度：三维型腔、型面的加工精度为0.2～0.5mm，孔类加工精度为±0.02～±0.05mm，没有电火花成形加工精度高，尤其是加工过程不如电火花加工稳定。这是因为影响电解加工精度的因素多且复杂，理论上定量掌握其影响规律并进行控制还比较困难，往往需要经过大量工艺试验研究才能解决。

(2) 加工型面、型腔的阴极，其设计制造的工作量较大。这些阴极的外形和尺寸往往还要通过试验来逐步修整，所以当加工形状复杂的零件时，阴极的制造周期较长。

(3) 设备一次投资大。由于设备组成复杂，除一般机床设备的要求外，还要解决电解液输送、防泄漏、抗腐蚀、导电、绝缘等一系列问题，材料特殊，制造工作量大，造价高。国产的从十余万元一台(小型)到几十万元一台(大型)不等，而进口一台设备则需人民币几百万元(中型)到余千万元(大型、高自动化程度)。

(4) 处理不当，可能会对周围环境产生污染。在某些条件下，电解加工过程会产生少量有害工人健康的气体，如Cl_2气；对某些加工材料，在某些特定条件下，也可能产生对人体有害的亚硝酸根离子NO_2^-、6价铬离子Cr^{6+}。对此，基本要求是必须控制排放方式和排放量；而高标准则需要采取措施变有害为无害，例如，将Cr^{6+}降为低价无害的铬离子，如Cr^{3+}；同时将电解产物进行回收处理，变废为利。电解加工从开始产生至今天的稳定应用，已经有50余年的历史，对于电解废物处理、防止污染环境已经有成熟技术和规程可循，即便如此，对此问题仍须引起重视并采取相应的解决措施。先进的电解液系统，包括净化、回收、处理装置，成本约占全套电解设备成本的1/3。在20世纪80、90年代，因电解液的处理问题而影响了电解加工的应用；但从20世纪末到21世纪初的10余年，随着电解产物的回收和防污染问题的解决，包括美、英等发达工业国家，电解加工技术的创新发展和扩大应用又进一步得到重视。

综上所述，电解加工对难切削材料、复杂形状零件的批量生产无疑是一项高效率、高表面质量、低成本的工艺技术。如果加工对象选择得当，技术经济分析合理，发挥电解加工的长处，克服其缺陷和不足，就能够获得良好的技术经济效益。我国的一些专家提出了选用电解加工工艺的三条原则：电解加工适用于难切削材料的加工；电解加工适用于相对复杂形状零件的加工；电解加工适用于批量大的零件加工。一般认为，三条原则均满足时，相对而言选择电解加工比较合理。至今，电解加工已经成功地应用于航空、航天发动机叶片型面、机匣凸台、凹槽、炮管膛线、深小孔、花键槽、模具型面、型腔、去毛刺等加工领域。为满足现代科学技术发展的需要，提高加工精度，稳定加工过程，探索、开发其在整体构件加工领域、微细加工领域的应用前景，是电解加工研究、发展和应用的重要方向。

4.2.2 电解加工的基本规律

1. 法拉第定律和电流效率

1) 法拉第定律

电解加工作为一种加工工艺方法，人们所关心的不仅是其加工原理，在实践中更关心其加工过程中工件尺寸、形状以及被加工表面质量的变化规律。既可以定性分析，又可以定量计算，能够深刻揭示电化学加工工艺规律的基本定律就是法拉第定律。

法拉第定律包括以下两项内容。

(1) 在电极的两相界面处(如金属/溶液界面上)发生电化学反应的物质质量与通过其界面上的电量成正比。此即法拉第第一定律。

(2) 在电极上溶解或析出一克当量的任何物质所需的电量是一样的，与该物质的本性无关。此即法拉第第二定律。根据电极上溶解或析出一克当量物质在两相界面上电子得失量的理论计算，同时也为实验所证实，对任何物质这一特定的电量均为常数，称为法拉第常数，记为 F

$$F \approx 96500(\mathrm{A \cdot s/mol}) \approx 1608.3(\mathrm{A \cdot min/mol})$$

对于电解，如果阳极只发生确定原子价的金属溶解而没有其他物质析出，则根据法拉第第一定律，阳极溶解的金属质量为

$$M = kQ = kIt \tag{4-10}$$

式中 M——阳极溶解的金属质量(g)；

k——单位电量溶解的元素质量，称为元素的质量电化当量(g/(A·s)或 g/(A·min))；

Q——通过两相界面的电量(A·s 或 A·min)；

I——电流强度(A)；

t——电流通过的时间(s 或 min)。

根据法拉第常数的定义，阳极溶解 1 克当量(1mol)金属的电量为 F；而对于原子价为 n(更确切地讲，应该是参与电极反应的离子价，或在电极反应中得失电子数)、相对原子质量为 A 的元素，其 1mol 质量为 A/n(g)；则据式(4-10)可写作

$$A/n = kF$$

可以得到

$$k = A/(nF) \tag{4-11}$$

这是有关质量电化当量理论计算的重要表达式。

对于零件加工而言，人们更关心的是工件几何量的变化。由式(4-10)容易得到阳极溶解金属的体积为

$$V = M/\rho = kIt/\rho = \omega It \tag{4-12}$$

式中 V——阳极溶解金属的体积(cm^3)；

ρ——金属的密度(g/cm^3)；

ω——单位电量溶解的元素体积，即元素的体积电化当量 [cm^3/(A·s)或 cm^3/(A·min)]，

显见：

$$\omega = k/\rho = A/(nF\rho)$$

部分金属的体积电化当量 ω 值见表 4－3。

表 4－3　部分金属的体积电化当量

金属	密度 $\rho/(g/cm^3)$	相对原子质量 A	原子价 n	体积电化当量 $\omega/[cm^3/(A\cdot min)]$
铝	2.71	26.98	3	0.0021
钨	19.2	183.92	5	0.0012
铁	7.86	55.85	2 3	0.0022 0.0015
钴	8.86	58.94	2 3	0.0021 0.0014
镁	1.74	24.32	2	0.0044
锰	7.4	54.94	2 4	0.0023 0.0012
铜	8.93	63.57	1 2	0.0044 0.0022
钼	10.2	95.95	4 6	0.0015 0.0010
镍	8.96	58.69	2 3	0.0021 0.0014
铌	8.6	92.91	3 5	0.0022 0.0013
钛	4.5	47.9	4	0.0017
铬	7.16	52.01	3 6	0.0015 0.0008
锌	7.14	65.38	2	0.0028

实际电解加工中，工件材料不一定是单一金属元素，大多数情况是由多种元素组成的合金，其电化当量的计算要复杂一些。假设某合金由 j 种元素构成，其相应元素的相对原子质量、原子价及百分含量如下所列：

元素号：1，2，…，j

相对原子质量：A_1，A_2，…，A_j

原子价：n_1，n_2，…，n_j

元素百分含量：a_1，a_2，…，a_j

则该合金的质量电化当量和体积电化当量可由下列式计算：

$$k=\frac{1}{F\left(\frac{n_1}{A_1}a_1+\frac{n_2}{A_2}a_2+\cdots+\frac{n_j}{A_j}a_j\right)}$$

$$\omega=\frac{1}{\rho F\left(\frac{n_1}{A_1}a_1+\frac{n_2}{A_2}a_2+\cdots+\frac{n_j}{A_j}a_j\right)}$$

即同样有 $\omega=k/\rho$。某些常用于电解加工的合金的体积电化当量见表 4-4。

表 4-4　部分合金体积电化当量

<table>
<tr><th>合　金</th><th>密度 ρ /(g/cm³)</th><th>体积电化当量 ω /[cm³/(A·min)]</th><th>合　金</th><th>密度 ρ /(g/cm³)</th><th>体积电化当量 ω /[cm³/(A·min)]</th></tr>
<tr><td>GH33(ЭИ437Б)</td><td>7.85</td><td>0.0021</td><td>LY11</td><td rowspan="2">2.8</td><td>0.002</td></tr>
<tr><td>GH37(ЭИ617)</td><td rowspan="2">7.8</td><td>0.0020</td><td>LY9</td><td>0.0022</td></tr>
<tr><td>(ЭИ598)</td><td>0.0019</td><td>TC6</td><td rowspan="3">4.5</td><td rowspan="3">0.0021</td></tr>
<tr><td>(ФН62ВМКЮ)</td><td>7.85</td><td>0.0021</td><td>TC8</td></tr>
<tr><td>5CrMiMo</td><td>7.8</td><td>0.0022</td><td>TC9</td></tr>
<tr><td>1Cr18Ni9Ti</td><td>7.9</td><td>0.0021</td><td>TC2</td><td>4.55</td><td>0.0026</td></tr>
<tr><td>30CrMnSiA</td><td>7.85</td><td rowspan="3">0.0022</td><td>(BT16)</td><td>4.68</td><td>0.0023</td></tr>
<tr><td>30CrMnSiNiA</td><td>7.77</td><td>(BT20)</td><td>4.45</td><td>0.0022</td></tr>
<tr><td>38Ni</td><td>7.71</td><td>(BT22)</td><td>4.5</td><td>0.0023</td></tr>
<tr><td>38Ni</td><td>7.75</td><td>0.002</td><td>(BK8)</td><td>14.35</td><td>0.0013</td></tr>
<tr><td>2Cr13</td><td rowspan="2">8.8</td><td rowspan="2">0.0018</td><td>(T15K6)</td><td>11</td><td rowspan="2">0.0015</td></tr>
<tr><td>(ЭИ893)</td><td>(T5K10)</td><td>12.2</td></tr>
</table>

注：表列括号中的合金牌号为前苏联标准牌号。

2) 电流效率

电化学加工实践和实验测量均表明，实际电化学加工过程中阳极金属的溶解量(阴极金属的沉积量)与上述按法拉第定律进行理论计算的量有差别，一般情况下实际量小于理论计算量，极少数情况下也会发生实际量大于理论计算量。究其原因，是因为实际条件与理论计算时假设“阳极只发生确定原子价的金属溶解(或沉积)而没有其他物质析出”这一前提条件的差别。比如电解加工的实际条件通常如下：

(1) 除了阳极金属溶解外，还有其他副反应析出另外一些物质，相应也消耗了一部分电量。

(2) 其中有部分实际溶解金属的原子价比理论计算假设的原子价要高。

以上差别，使得实际溶解金属量小于理论计算的溶解量。

但有时实际条件还可能如下：

(1) 部分实际溶解金属的原子价比计算假设的原子价要低。

(2) 电解加工过程中发生金属块状剥落，其原因可能是材料组织不均匀或金属材料-电解液成分的匹配不当。

此情况就会导致实际去除量大于理论计算量。

为了确切表示实际与理论的差别，引入电流效率的概念，用以表征实际溶解(或沉积)金属所占的耗电量对通过总电量的有效利用率，即定义电流效率 η 为

$$\eta=\frac{M_{实际}}{M_{理论}}=\frac{V_{实际}}{V_{理论}}$$

如前所述，在通常大多数电化学加工条件下，η 小于或接近于 100%；对于少量特殊

情况，也可能 $\eta>100\%$。

影响电流效率 η 的主要因素有：加工电流密度 i；金属材料-电解液成分的匹配；甚至还有电解液浓度、温度等工艺条件。为利于工程实用，通常由实验得到 $\eta-i$ 关系曲线，这是计算电化学加工速度、分析电化学成形规律的基础数据。

2. 电解加工速度

类似于一般机械加工，人们希望掌握工件被加工表面法线方向上的去除(加工)线速度。以面积为 S 的平面加工为例，由式(4-12)容易得到垂直平面方向上的阳极金属(工件)溶解速度为

$$v_a=V/(St)=\omega It/(St)=\omega i$$

考虑到实际电解加工条件下的电流效率，则有

$$v_a=\eta\omega i \tag{4-13}$$

式中 v_a——阳极金属(工件)被加工表面法线方向上的溶解速度，或常称电解加工速度(mm/min)；

η——电流效率；

ω——体积电化当量 [$mm^3/(A \cdot min)$]；

i——电流密度(A/mm^2)。

这是在电解加工工艺计算及成形规律分析中非常实用的一个基本表达式。式中的 η、ω 数据由实验测定。因为 η、ω 都与实际工艺条件关系密切，故也可将 $\eta\omega$ 的乘积一起考虑作为一个工艺数据称作实际体积电化当量，其相应数据也由实验测定。

3. 电解加工间隙

电解加工是有间隙的加工，研究加工过程中间隙变化规律对掌握电解加工工艺规律，保证加工过程的稳定从而控制加工精度有重要意义。研究电解加工间隙变化规律必须考虑以下几点。

(1) 间隙内的电极过程，特别是阳极溶解过程，与电流效率 η、体积电化学当量 ω 及欧姆压降 U_R 有密切关系。

(2) 间隙内电解液的流动方式以及间隙内各点的流速与压力分布直接影响间隙内的温度、氢气泡及氢氧化物的分布，从而影响电导率 κ 的分布，影响间隙的大小和加工过程的稳定。

(3) 电极过程、流场及电导率分布综合反映为间隙内部电流密度的分布，因而电解加工的复制精度取决于间隙内电流密度的分布。

影响电解加工间隙的因素非常复杂。首先以最简单情况分析加工间隙的过渡过程，如图4.10所示将电极和工件均简化为平板，同时基于如下假设进行分析研究。

(1) 阴极与工件的电导率比电解液的电导率大得多，可以认为阴极与工件各自的表面是等电位面。

(2) 电解液的电导率在加工间隙内是均匀的，而且不随时间而变化。

(3) 与加工间隙相比，加工面积足够大，因而可以忽略边界效应。

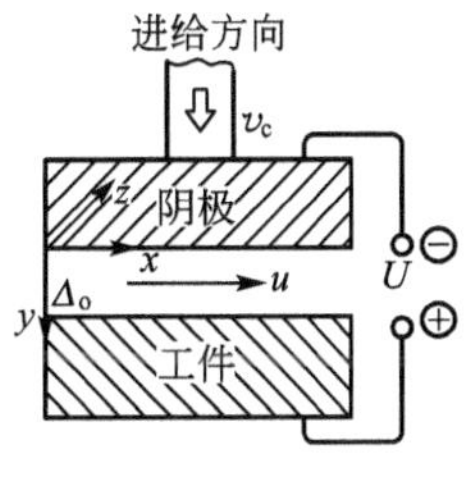

进给方向 v_c 阴极 x u U Δ_0 y 工件

图4.10 平板电极加工

1) 电解加工的间隙过渡微分方程

设在初始间隙中电解液流速为 u，阴极与工件之间外加电压 U，工具阴极以速度 v_c 恒速进给，此时工件表面的溶解速度为

$$v_a=\eta\omega\kappa\frac{U_R}{\Delta}$$

在电解加工整个过程，阴极表面形状、尺寸都不会改变；同时，在图 4.10 所设坐标系中，阴极沿 y 方向进给，x 是电解液流动方向，加工面相对阴极间隙为 Δ，初始间隙为 Δ_0，经过 t 时间后工件加工深度为 h，并假设沿 z 方向所有条件都相同；则从图 4.10 所示几何关系可知，加工 t 时间后的间隙 Δ 可表达为

$$\Delta=\Delta_0+h-v_c t \tag{4-14}$$

将式(4-14)微分，注意到 Δ_0、v_c 为常数，则可以得到：在 $\mathrm{d}t$ 时间内，阴极溶解深度 $\mathrm{d}h$ 与加工间隙的变化量 $\mathrm{d}\Delta$ 之间的关系为

$$\mathrm{d}\Delta=\mathrm{d}h-v_c\mathrm{d}t \tag{4-15}$$

因为 $\mathrm{d}h=v_a\mathrm{d}t=\eta\omega\kappa U_R\mathrm{d}t/\Delta$，由式(4-14)及式(4-15)可得

$$\mathrm{d}\Delta=\left(\eta\omega\kappa\frac{U_R}{\Delta}-v_c\right)\mathrm{d}t$$

如前所述，令 $C=\eta\omega\kappa U_R$ 且知 C 为常数，则可得

$$\mathrm{d}\Delta=(v_a-v_c)\mathrm{d}t=\left(\frac{C}{\Delta}-v_c\right)\mathrm{d}t$$

$$\frac{\mathrm{d}\Delta}{\mathrm{d}t}=\frac{C}{\Delta}-v_c \tag{4-16}$$

式(4-16)就是阴极恒速进给时加工间隙变化过渡过程的基本微分方程。

2) 平衡间隙

由式 $v_a=\eta\omega\kappa U_R/\Delta=C/\Delta$，有 $C=v_a\Delta$，即在一定条件下，电解加工速度与电解加工间隙之积为常数，相互之间呈双曲线函数变化的反比关系(图 4.11)。如果阴极固定不动，电解加工初始间隙为 Δ_0，随着加工进行，电解加工间隙 Δ 将逐渐增大，而电解加工速度 $v_a=C/\Delta$ 将逐渐减小。

如图 4.12 所示，如果阴极以恒速 v_c 向工件进给，不管 v_c 及 Δ_0 为何值，总有一个时刻 $v_a=v_c$，即工件的电解蚀除速度 v_a 与阴极的进给速度 v_c 相等，即两者达到动态平衡，$\mathrm{d}\Delta=(v_a-v_c)\mathrm{d}t=0$，此时加工间隙将稳定不变。对应的间隙称为端面平衡间隙 Δ_b，且有

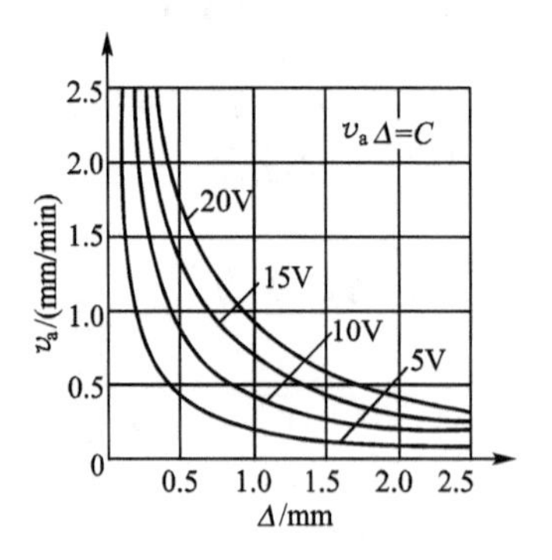

图 4.11 v_a 与 Δ 关系曲线

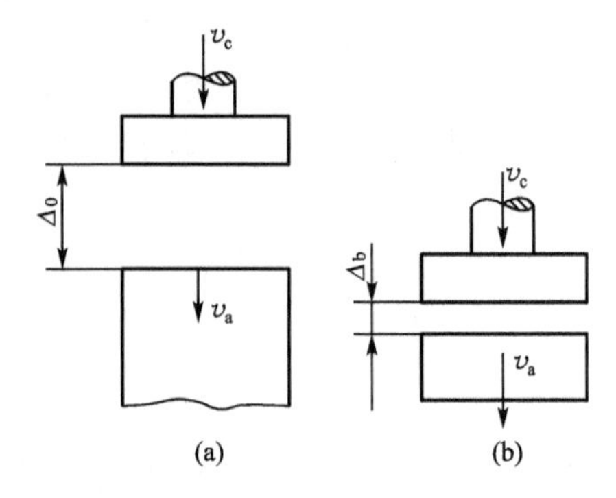

图 4.12 平衡间隙

$$\Delta_b = \eta\omega\kappa \frac{U_R}{v_c} \tag{4-17}$$

同理，端面平衡间隙与进给速度也呈双曲线函数变化的反比关系，当阴极的进给速度v_c过大时，端面平衡间隙Δ_b过小，将会引起局部堵塞，造成火花放电或短路。实际加工的端面平衡间隙，主要取决于所选用的电压、电解液的组成和加工进给速度，一般为0.1～0.8mm，型面加工时常选0.25～0.4mm。

如图4.13所示，在电解加工经过t时间后，工具阴极的进给距离为L，工件表面的电解深度为h，此时加工间隙为Δ，随着加工进行，Δ将逐渐趋向于平衡间隙Δ_b。起始间隙Δ_0与平衡间隙Δ_b的差别愈大，或进给速度愈小，则过渡过程愈长。

为便于运算，引入两个无因次变量：$\Delta'=\Delta/\Delta_b$，$t'=L/\Delta_b=v_c t/\Delta_b$，$\Delta'$表示$\Delta$向$\Delta_b$的趋近程度，$t'$表示相对进给深度，$t'$愈大，愈接近平衡间隙。

将Δ'及t'进行微分并运算，得到

$$t' = (\Delta_0' - \Delta') + \ln\left(\frac{\Delta_b - \Delta_0}{\Delta_b - \Delta}\right)$$

将上式左、右两边都乘以Δ_b，得到

$$L = v_c t = (\Delta_0 - \Delta) + \Delta_b \ln\left(\frac{\Delta_b - \Delta_0}{\Delta_b - \Delta}\right) \tag{4-18}$$

将Δ'及t'代入式(4-18)后，可得一簇曲线(图4.14)，根据加工条件，由查图法很容易得出加工过程任意时刻t的加工间隙Δ。

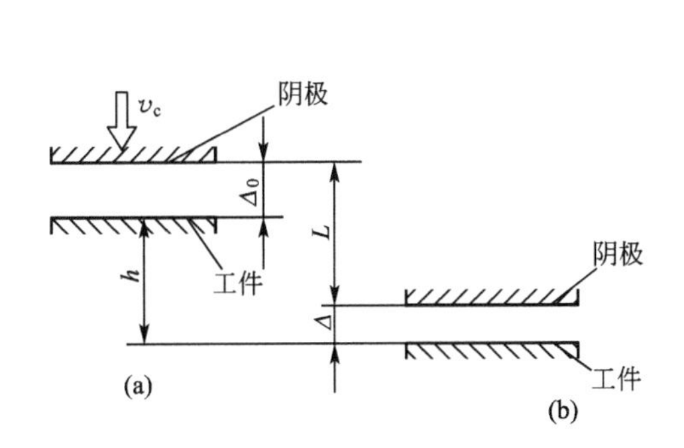

图4.13 加工间隙的过渡过程图解

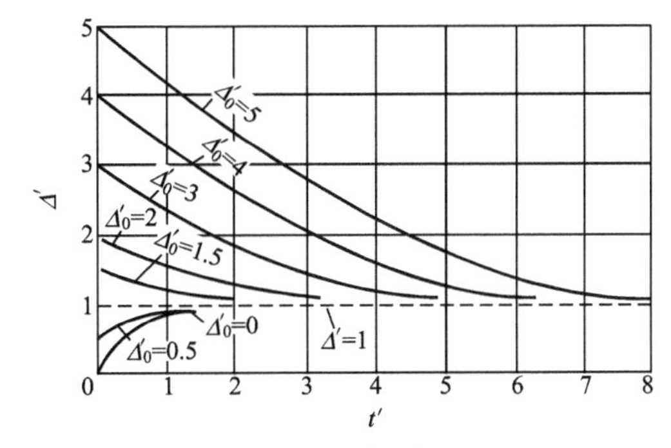

图4.14 $\Delta'-t'$曲线

3）法向间隙

上述端面平衡间隙Δ_b是在垂直于进给方向的阴极端面与工件表面间的间隙。对于锻模等型腔工具来说，工具端面的某一区域不一定与进给方向垂直，可能成如图4.15所示一倾斜角θ，倾斜部分各点的法向进给速度v_n为

$$v_n = v_c \cos\theta$$

将此式代入式(4-17)，即得在θ角度处(图4.15)的法向平衡间隙

$$\Delta_n = \eta\omega\kappa \frac{U_R}{v_c \cos\theta} = \frac{\Delta_b}{\cos\theta} \tag{4-19}$$

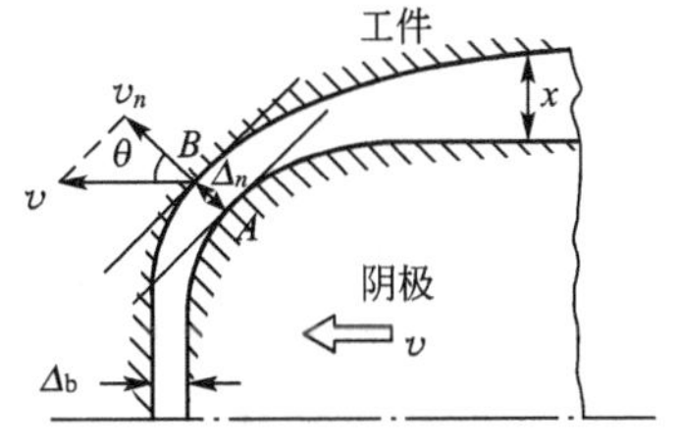

图4.15 法向间隙

在应用上式进行法向间隙计算时，必须注意，此式是

在进给速度和蚀除速度达到平衡、间隙是平衡间隙而不是过渡间隙的前提下才是正确的，实际上倾斜底面在进给方向的加工间隙往往并未达到平衡间隙Δ_b值。底面越倾斜，即θ角越大，计算出的Δ_n值与实际值的偏差也越大，因此，只有当$\theta \leqslant 45°$且精度要求不高时，方可采用此式。当底面较倾斜，即$\theta > 45°$时，应按下述侧面间隙计算，并适当加以修正。

4）侧面间隙

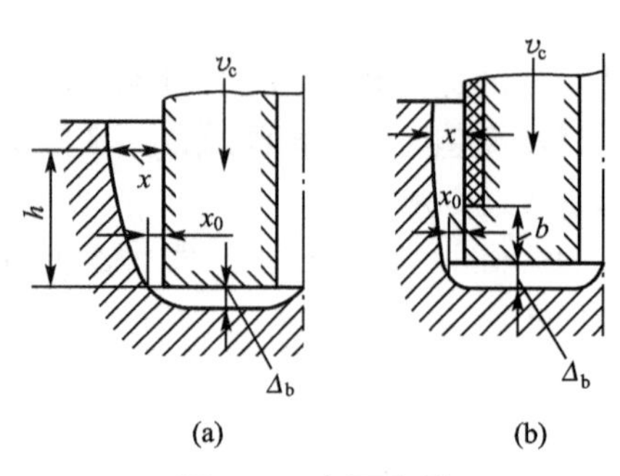

图 4.16　侧面间隙

电解加工型孔，决定尺寸和精度的是侧面间隙Δ_s。阴极侧面绝缘和不绝缘时，其侧面间隙将显著不同。例如，用NaCl电解液、侧面不绝缘阴极加工孔时，工件型孔侧壁始终处于被电解状态，势必形成“喇叭口”[图 4.16(a)]。假设在进给深度$h=v_c t$处的侧面间隙$\Delta_s=x$，由式(4-17)知，该处在x方向的电解蚀除速度为$\eta\omega\kappa U_R/x$，经过时间dt后，该处的间隙x将产生一个增量dx，且$dx=\frac{\eta\omega\kappa U_R}{x}dt$，对其进行积分，经运算可以得到

$$\Delta_s=x=\sqrt{\frac{2\eta\omega\kappa U_R}{v_c}h+x_0^2}=\sqrt{2\Delta_b h+x_0^2} \tag{4-20}$$

当工具底侧面处的圆角半径很小时，$x_0 \approx x_b$，则有

$$\Delta_s=x=\sqrt{2\Delta_b h+\Delta_b^2}=\Delta_b\sqrt{\frac{2h}{\Delta_b}+1} \tag{4-21}$$

式(4-21)说明，阴极工具侧面不绝缘时，侧面任一点的间隙将随工具进给深度$h=v_c t$而变化，为一抛物线函数关系，因此工件侧面为一抛物线状的喇叭口。

如果阴极侧面如图 4.16(b)所示进行绝缘，只留一宽度为b的工作圈，则在工作圈以上的工件侧面不再遭受二次电解腐蚀而趋于平直，此时侧面间隙Δ_s与工具的进给量h无关，只取决于工作圈的宽度b，即

$$\Delta_s=\sqrt{2b\Delta_b+\Delta_b^2}=\Delta_b\sqrt{\frac{2b}{\Delta_b}+1} \tag{4-22}$$

5）平衡间隙理论的应用

(1) 计算加工过程中各种间隙。如端面、斜面、侧面间隙，从而可以根据阴极的形状尺寸来推算加工后工件的形状和尺寸。因此，电解加工间隙的变化规律也就直接影响并决定了电解加工工件的成形规律。

(2) 选择间隙、加工电压、进给速度等加工参数。使用时，一般是根据式(4-17)，选择加工电压、进给速度以保证合适的加工间隙。

(3) 分析加工精度。如计算整平比及由于毛坯余量不均匀所引起的误差；阴极、工件位置不一致引起的误差。此外，可以计算为达到一定的加工精度所需的最小电解加工进给量。

(4) 通常在已知工件截面形状的情况下，阴极的侧面、端面及法向尺寸均可根据端面、侧面及法向平衡间隙理论计算出来。如根据法向间隙计算公式$\Delta_n=\Delta_b/\cos\theta$，可用$\cos\theta$作图法由工件截面来设计阴极，计算阴极尺寸及其修正量。

图 4.17 所示为$\cos\theta$法设计阴极的图解，当工件的形状已知时，在工件型面 2 上任选

一点A_1，做型面法线A_1B_1及与进给方向平行的直线A_1C_1，并取线段长度A_1C_1等于平衡间隙Δ_b，再从C_1点做与进给方向垂直的直线C_1B_1，交法线A_1B_1于B_1点；由几何关系可知，这段法线长度A_1B_1就是$\Delta_b/\cos\theta_1$，即过工件型面上A_1点的法向间隙Δ_n，而B_1点也就是在工具阴极上所找到的对应工件型面上A_1点的对应点。依此类推，可以根据工件上的A_2、A_3、…、A_n等点求得阴极上对应的B_2、B_3、…、B_n等点，将B_1、B_2、B_3、…、B_n等点连接并经样条光顺处理，就可得到所需要的工具阴极加工面的轮廓线，即图4.17中的曲面轮廓线1。需要指出的是，当$\theta>45°$时，采用此法处理的误差较大，一般的解决办法是先按求侧面间隙的方法进行计算，然后做适当修正。

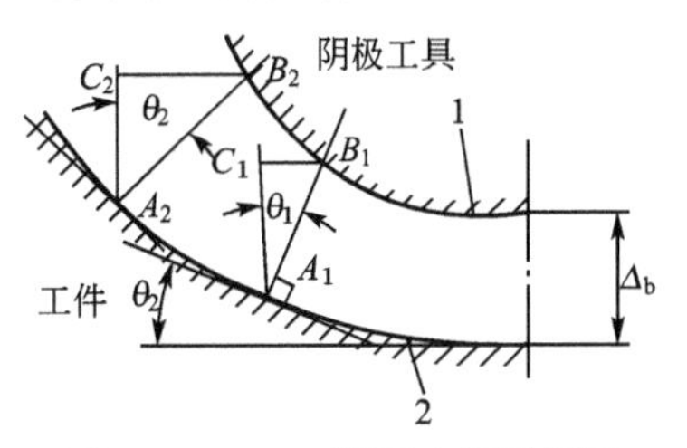

图4.17 cosθ做图法设计阴极

1—阴极形状；2—工件被加工面

为了提高阴极的设计精度，缩短阴极的设计和制造周期，可根据电解加工间隙理论利用计算机辅助设计(CAD)、逆向工程数字化设计、制造等先进方法来设计制造阴极，有望解决电解加工中阴极设计制造的技术难题。

6) 影响加工间隙的其他因素

平衡间隙理论是分析各种加工间隙的基础，因此对平衡间隙有影响的因素同时也对加工间隙有影响，必然也影响电解加工的成形精度。由式(4-14)中$\Delta_b=\eta\omega\kappa U_R/v_c$可知，除阴极进给速度$v_c$外，尚有其他因素影响平衡间隙。

(1) 电流效率η在电解加工过程中有可能变化，例如，工件材料成分及组织状态的不一致，电极表面的钝化和活化状况等，都会使η值发生变化。电解液的温度、质量分数的变化不但影响到η值，而且将对电导率κ值有较大影响。

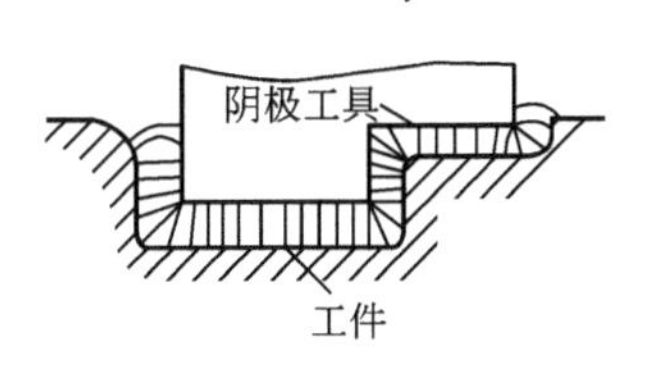

图4.18 尖角变圆现象

(2) 加工间隙内工具形状，电场强度的分布状态，将影响到电流密度的均匀性，如图4.18所示。在工件的尖角处电力线比较集中，电流密度较高，蚀除较快，而在凹角处电力线较稀疏，电流密度较低，蚀除速度则较低，所以电解加工较难获得尖棱尖角的工件外形。因此，在设计阴极时，要考虑电场的分布状态。

(3) 电解液的流动方向对加工精度及表面粗糙度有很大影响，入口处为新鲜电解液，有较高的蚀除能力，越近出口处则电解产物(氢气泡和氢氧化亚铁)的含量越多，而且随着电解液压力的降低，气泡的体积越来越大，电解液的导电率和蚀除能力也越低。因此，一般规律是，入口处的蚀除速度及间隙尺寸Δ_1比出口处Δ_2大，其加工精度和表面质量也较出口处好。

(4) 加工电压的变化直接影响到加工间隙的大小。在实际生产中，当其他参数不变时，端面平衡间隙Δ_b随加工电压的升高而略有增大，因此在加工过程中控制加工电压的稳压是很重要的。

4. 电解加工表面质量

1) 电解加工表面质量的特点

电解加工表面质量，是指工件经电解加工后其表面及表面层的几何、物理、化学性能的变化，又称电解加工工件的表面完整性。其内涵包括两部分：一是指加工后工件表面粗糙度、波纹度和几何纹理的改变；二是指工件表面层材料组织、性能的改变，即在加工过程中受机械、物理、化学、电、热和微观冶金过程的作用，使表面层材料组织、性能发生的变化。

工件表面质量不仅影响其自身的工作性能，一些关键零件还影响甚至决定整台设备的使用性能，包括可靠性和使用寿命。从总体上看，电解加工表面质量优于切削加工及不少其他类型的特种加工，电解加工表面质量具有以下主要特点。

(1) 电解加工基于阳极溶解原理去除金属，作为“刀具”的阴极与工件不直接接触，没有宏观“切削力”和“切削热”的作用，因此工件表面不会生成如切削加工过程中所形成的塑性变形层(冷作硬化层)，也不会产生残余应力，更不会像电火花加工、激光加工那样在加工面产生再铸层，相反，还会将原始的变形层和残余应力层去掉。在一般电解加工中，工件表面的金相组织基本不发生变化，只是在某些条件下显微硬度略有改变。

(2) 切削加工的表面粗糙度主要反映在与刀痕垂直的方向上，一般而论，其表面和表面层质量在刀痕平行方向和刀痕垂直方向不完全相同。电解加工没有“刀痕”问题，阳极溶解不存在方向特征，所以电解加工工件表面质量在各个方向大体相同，表面粗糙度、几何形貌与切削加工相比有很大差别。

(3) 对比切削加工，影响电解加工宏观表面质量的因素更多，而且不是独立线性的影响，经常是多种因素的综合作用。例如，电解加工工件表面粗糙度与材料、电解液组成及工艺参数(特别是电流密度)的综合匹配关系密切。若匹配得当，可以得到镜面等级的表面粗糙度；而匹配不当，则不仅表面粗糙度变差，甚至会出现某些金相缺陷。

(4) 由于电解加工过程基于电化学阳极溶解原理，若各种工艺因素匹配恰当，就可以获得比切削加工好得多的微观表面质量；若匹配不当，例如电解液组成不当，或加工参数选择不合适，电解液流场设计欠妥，则电解加工可能产生某些表面缺陷，如点蚀、晶间腐蚀、表面渗氢等，对工件使用寿命、疲劳强度会产生严重影响。

2) 影响电解加工表面粗糙度的主要因素

在电解加工中，从微观角度分析，由于被加工材料各处皆为非均质分布，对应的电化当量及阳极电位不完全相同，造成局部电解去除速度不同，加工表面形成微观几何形状，凸凹不平(即以表面粗糙度表征)。例如，一般工件材料多是多元金属合金，其组织由两种或多种晶粒组成，不同晶粒的电化当量及阳极极化电位都有差别，会对应产生不同的阳极溶解速度，从而形成微观几何不平度。即使工件材料由同种晶粒组成，但由于晶粒结构的差异，如原子间距的差异，其电化当量也会有差别，同样也会产生微观表面不平度。基于上述电解加工表面粗糙度形成机理的分析，并由试验研究证实，其表面粗糙度的高低与工件材质、电解液组成及工艺参数密切相关，它们匹配得当，就可以得到满意的表面粗糙度。

影响电解加工表面粗糙度的主要因素如下。

(1) 工件材质。在相同或相近的工艺条件下，不同的工件材质，可能得到完全不同的电解加工表面粗糙度。例如，以 NaCl 电解液加工一般钢材，可以获得 $Ra0.8 \sim 3.2\mu m$ 的表面；加工合金钢时可得到 $Ra0.8\mu m$ 的表面；而加工钛合金，只能得到 $Ra6.3\mu m$ 的表面。还应当指出，即使相同的工件材质，热处理状态不同，也会影响表面粗糙度。如果热处理后材质更均匀，则电解加工的表面粗糙度更低。

(2) 电解液的组成是影响电解加工表面粗糙度的重要因素。对于相同的工件材料，选择不同的电解液(包括成分、浓度、温度)，加工表面粗糙度可能差异很大。以加工钛合金为例，选用15%NaCl溶液，只能获得$Ra2.5\mu m$的表面；而选用6%$NaNO_3$+2.2%NaCl电解液，却可以得到$Ra0.63\mu m$的表面。又如加工合金钢，选用NaCl电解液可得到$Ra0.8\mu m$的表面；而选用$NaNO_3$加工，表面粗糙度大大降低，可以达到$Ra0.32\mu m$。研究与实践均表明，针对不同材料选择合适的电解液组成，是保证高加工速度、低表面粗糙度的首选工艺措施。

(3) 电流密度对电解加工表面粗糙度的影响非常敏感。随着加工电流密度的提高，表面粗糙度Ra值迅速降低(图4.19为用$NaNO_3$电解液加工镍基高温合金的关系曲线)。对于某些材料，如钛合金，这一效果更加明显。电流密度高，电解去除速度也快。因此，选择尽可能高的电流密度，既可降低表面粗糙度值，又可提高加工速度，两者能完全协调。

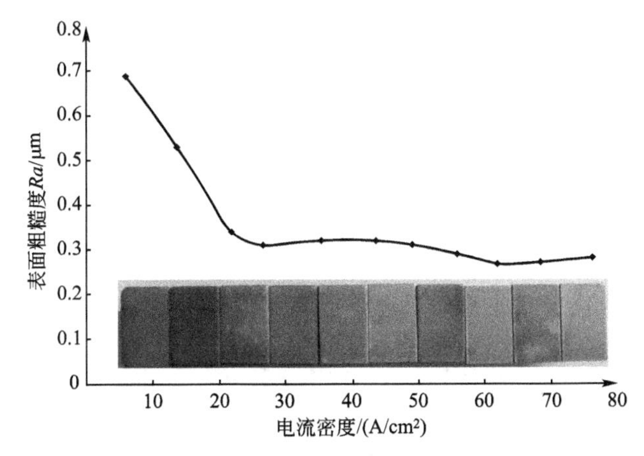

图4.19 GH4169材料电解加工表面粗糙度与电流密度的关系曲线

(4) 电解液流场对表面粗糙度也有重要影响。电解液流速不够，则加工表面粗糙度变差。保证适当高的电解液流速，并且保证流场均匀分布，如施加适当的出口背压，对于降低表面粗糙度值有着显著作用。

(5) 脉冲电流电解加工比一般直流电解加工更利于降低表面粗糙度值。脉冲电流电解加工中，由于加工电流以脉冲方式变化，引起加工间隙内电解液压力的波动，对电解液有扰动作用，从而强化、均匀流场，减小极化，改善阳极溶解的过程，有利于降低表面粗糙度值。混气电解加工也有类似的效果。

综上所述，针对不同工件材料选择合适的电解液组成，采用合理的工艺参数，如采用小间隙、高电流密度条件加工，合理设计流场，或采用脉冲电流或混气电解加工，都是降低工件表面粗糙度的有效措施。

3) 电解加工可能产生的表面缺陷及相应防止措施

一般来讲，若工件材料与电解液匹配得当，加工参数选择合适，电解加工不但可得到良好的表面粗糙度，还可以获得良好的表面层质量，比一般切削加工所得到的表面质量更好。反之，则可能在加工表面产生缺陷而影响工件性能。在电解加工过程中可能产生的表面缺陷及其相应预防措施如下：

(1) 晶间腐蚀。当电解液成分、浓度选用不当，或加工电流密度过低时，显微观察加工表面的金相组织可以发现，晶粒间的分界面可能被腐蚀出缝隙，这是电解加工中容易出现且严重程度不同的表面缺陷——晶间腐蚀。晶间腐蚀破坏晶粒间的结合，大大降低了金属的机械强度，对工件的疲劳寿命有重大破坏性影响。要特别注意防止晶间腐蚀产生，或在后续工序中去除晶间腐蚀层。机械抛光、磨料流光整加工是通常采用的有效方法；对于轻微的晶间腐蚀，采用表面喷丸处理就可以达到去除晶间腐蚀层、强化工件表面、提高工件疲劳强度的要求。

晶间腐蚀产生的原因一般可解释为：晶粒间分界面的成分常常与晶粒基体的成分有差别；同时，晶间原子受到周围不同晶粒中晶格位向不同的原子的作用，晶间中的原子排列就不像晶粒内部的原子排列那样有规则，即晶间中的原子具有更高的位能而使其电极电位更负，因而更容易优先被阳极溶解，即形成晶间优先腐蚀。研究与实践表明，以下因素对晶间腐蚀有重要影响。

① 电解液成分与浓度。例如，NaCl 电解液容易产生晶间腐蚀，而 $NaNO_3$、Na_2SO_4 电解液则不容易甚至不会产生晶间腐蚀。电解液成分相同时，浓度越高，越容易产生晶间腐蚀。

② 电流密度。晶间腐蚀经常发生在低电流密度条件下，电流密度越高，越不易产生晶间腐蚀，或者说晶间腐蚀的深度越浅，如图 4.20 所示。

③ 电流波形。脉冲电流电解加工不易产生或者只会引起深度很浅的晶间腐蚀。

④ 材料组成及热处理状态。不同的材料，产生晶间腐蚀的难易程度不同；如果热处理使材料组织均匀、晶粒细化，则有利于防止或减轻晶间腐蚀。

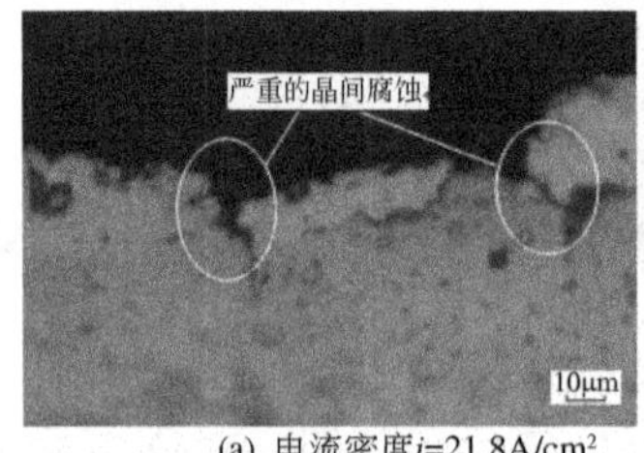

(a) 电流密度 i=21.8A/cm²

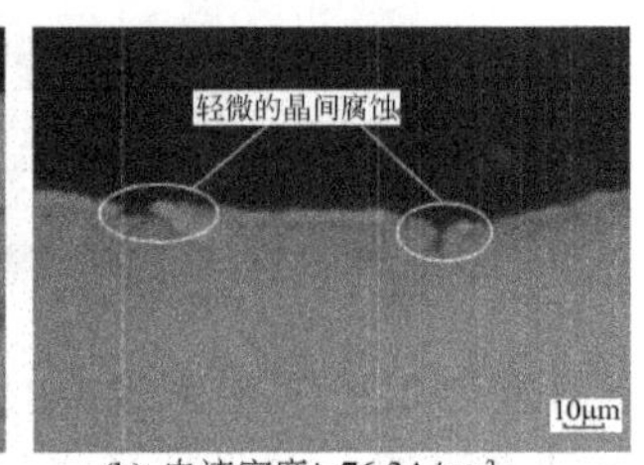

(b) 电流密度 i=76.3A/cm²

图 4.20　用 $NaNO_3$ 电解液电解加工 GH4169 材料工件表面的晶间腐蚀

综上所述，对影响晶间腐蚀的因素应该综合考虑。以 NaCl 电解液加工镍基耐热合金为例，在高电流密度条件下，晶间腐蚀深度可控制在微米量级；而在低电流密度条件下，晶间腐蚀深度可达 0.05mm；如果选用 $NaNO_3$ 电解液加工镍基合金，在高电流密度条件下则仅产生轻微的、甚至不会产生晶间腐蚀。一般而论，选用钝性电解液，如 $NaNO_3$、Na_2SO_4，采用高电流密度，可以减小甚至防止晶间腐蚀发生。

(2) 点蚀、剥落。当工件材料的化学成分或组织结构不均匀时，材料中各相的电极电位不同，因此阳极溶解的先后顺序不同，称为选择性溶解。如果有某个或某些电极电位较负的相发生显著的优先溶解，则可能引起“选择性腐蚀”的缺陷，其主要形式包括点蚀和剥落。

如果材料中优先溶解的是含量较少的次要相，则优先溶解的部位形成凹洼的斑点状腐蚀坑，称为点蚀。如果优先溶解的是基本相，其余的相将形成凸起状残留在工件表面；随着基本相继续溶解，这些凸起部分将以残渣的形式脱落，被电解液冲走，通常称为剥落。点蚀和剥落这类选择性非均匀溶解所造成的工件表面缺陷，均使工件表面粗糙度恶化，而严重影响工件性能。

点蚀与剥落产生的影响因素和晶间腐蚀产生的影响因素相似，防止措施首先同样包括选择合适的电解液，特别是多元复合电解液，以使各相能均匀溶解；其次是在高电流密度下加工；阴极、夹具的设计要防止加工表面的二次腐蚀，因为二次腐蚀一般是在低电流密度下发生，而低电流密度最容易引起点蚀；工件材料要选择适当的热处理方法，使其材质组织均匀，也能有效防止产生选择性腐蚀。通常电解加工钛合金易出现点蚀，而加工铸造材料则易出现剥落，故对这些材料应特别注意选择电解液与工艺参数。

(3) 流痕。由于间隙中流场参数(电解液流速、压力)分布不均匀，特别是当不均匀程度较显著时，会在工件表面形成流痕。流痕方向大致和液流方向一致，最容易发生在流场参数急剧变化的地方，如间隙内电解液入口端和出口端。如果间隙局部产生空穴或缺液，或电解液流动停滞，或产生漩涡等意外情况，则在对应处工件表面可能产生较为严重的流痕，甚至发生短路。防止流痕产生，主要从改进流场设计着手，如正确设计阴极与夹具、工件加工表面之间所构成的电解液流道，特别是间隙的入口端与出口端；应尽量避免或减小液流通道的急剧变化，最好将流道由入口到出口全程设计成收敛型，或在出口端适当施加背压等。采取以上措施，都能有效地均匀流场，减少或防止流痕的产生。

4) 电解加工表面质量对工件疲劳强度的影响

电解加工工艺已经广泛应用于制造航空发动机的压气机叶片、涡轮叶片及火箭发动机的整体叶轮等，这些工件均需要承受高速旋转条件下的循环载荷及温度急剧变化所引起的热应力，因此要求工件具有可靠的疲劳强度。电解加工与一般机械切削加工相比，分析其表面质量对疲劳强度的影响如下。

就一般规律而言，机械切削过程会在加工表面留下刀痕及由刀具引起的微观不平，都有可能形成应力集中源，使疲劳强度降低；电解加工却可以去除前道工序遗留的原始刀痕，而使疲劳强度提高。需要指出的是，如果电解液选择不当，则可能在工件表面形成晶间腐蚀，而产生非常危险的应力集中源，使疲劳强度降低。

另一方面，机械切削过程会引起工件表面的塑性变形和热效应作用，直接作用在工件表面，导致冷作硬化、残余应力和表面层时效、软化等不同效应，从而对疲劳强度产生不利的影响。一般认为，如果加工后在工件表面产生残余压应力，对提高疲劳强度有利；而电解加工表面不会产生冷作硬化和表面应力。就此而言，对疲劳强度无显著影响，但如果前道工序产生表面拉应力，而电解加工去除了表面拉应力分布，就会对提高疲劳强度有利。

就表面粗糙度对工件疲劳强度的影响而言，一般认为，电解加工的表面粗糙度值低于机械切削(车削、铣削)加工的表面粗糙度值，而高于磨削加工的表面粗糙度值。故在同样条件下，电解加工工件的疲劳强度高于机械切削加工的疲劳强度，而低于磨削加工的疲劳强度。特别地，如果电解液选择不当，或加工电流密度偏低，则电解加工表面粗糙度很差，甚至产生表面缺陷，将导致工件疲劳强度大为降低。

对于模具钢，由于电解加工表面质量优于切削加工和电火花成形加工，不存在冷作硬化层、热再铸层及由此而诱发的显微裂纹，表面粗糙度值也较低，因此电解加工的锻模热疲劳强度较高，其工作寿命显著高于仿形切削及电火花加工制备的热锻模。

对于如钛合金等某些“敏感”材料，在电解加工过程中，工件表面容易渗氢，严重者甚至出现“氢脆”现象，影响疲劳强度。试验研究表明，选择合适的电解液成分和加工参数(适当高的电流密度和高电解液流速)，可以大大降低渗氢量，达到国家标准规定；但有时难于控制，局部表面层渗氢量可能超标，所以最可靠的办法还是在电解加工后加以机械抛光，去除渗氢层或渗氢含量较高的表面层。

综上所述，电解加工表面疵病，特别是诸如晶间腐蚀、麻点、渗氢等缺陷，会导致工件疲劳强度降低。为了提高电解加工工件的疲劳强度，可以采取如下相应措施。

(1) 对不同材料，选择适当成分、浓度的电解液，可以获得低表面粗糙度值、无晶间腐蚀、无表面疵病的高表面质量工件，有利于提高疲劳强度。

(2) 选择最佳工艺参数，如高电流密度，高电解液流速，适当的电解液温度等，都可以达到提高表面质量，提高疲劳强度的目的。

(3) 对电解加工的工件表面进行机械抛光(如毡轮抛光、振动抛光等)或表面喷丸强化处理，都会使工件表面产生压应力，有利于提高疲劳强度。

(4) 采用$NaNO_3$电解液，脉冲电流电解加工高温耐热合金(如镍基合金、不锈钢等)及模具钢，可得到很好的表面质量，并获得较高的疲劳强度。

4.2.3 电解液

1. 电解液的作用

电解液是电解池的基本组成部分，是电解加工产生阳极溶解的载体。正确地选用电解液是实现电解加工的基本条件。

电解液的主要作用如下。

(1) 与工件及阴极组成进行电化学反应的电化学体系，实现所要求的电解加工过程；同时，电解液所含导电离子是电解池中传送电流的介质，这是其最基本的作用。

(2) 排除电解产物，控制极化，使阳极溶解能正常、连续进行。

(3) 及时带走电解加工过程中所产生的热量，使加工区不致过热而引起自身沸腾、蒸发，以确保正常加工。

2. 对电解液的要求

随着电解加工的发展，对电解液不断提出新的要求，根据不同的工艺要求，电解液可能有所区别，甚至差异很大。对电解液的基本要求如下。

1) 具有足够大的蚀除速度

即生产率要高，这就要求电解质在溶液中有较高的溶解度和离解度，且具有很高的电导率。例如，NaCl水溶液中NaCl几乎能完全离解为Na^+和Cl^-，并能与水的H^+、OH^-共存。另外，电解液中所含的阴离子应具有较正的标准电位，如Cl^-、ClO_3^-等，以免在阳极上产生析氧等副反应，降低电流效率。

2) 具有较高的加工精度和表面质量

电解液中的金属阳离子不应在阴极上产生放电反应而沉积到阴极工具上，以免改变工具的形状及尺寸。因此，在选用的电解液中所含的金属阳离子必须具有较负的标准电极电位($E^0 < -2V$)，如Na^+、K^+等。

当加工精度和表面质量要求较高时，应选择杂散腐蚀小的钝化型电解液。

3) 阳极反应的最终产物应是不溶性的化合物

这主要是为了便于处理，且不会使阳极溶解下来的金属阳离子在阴极上沉积，通常被加工工件的主要组成元素的氢氧化物大都难溶于中性盐溶液，故这一要求容易满足。电解加工中，有时会要求阳极产物能溶于电解液而不是生成沉淀物，这主要是在特殊情况下，如电解加工小孔、窄缝等为避免不溶性的阳极产物堵塞加工间隙而提出的。

除上述基本要求外，电解液还应性能稳定、操作安全，污染少且对设备的腐蚀性小，以及价格便宜易于采购，使用寿命长等。

3. 常用电解液

电解液可以分为中性盐溶液、酸性溶液和碱性溶液三大类。中性盐溶液的腐蚀性小，使用时较安全，故应用最普遍。目前生产实践中常用的电解液为三种中性电解液：NaCl、$NaNO_3$及$NaClO_3$电解液，现分别介绍如下。

1) NaCl电解液

NaCl电解液中含有活性Cl^-，阳极工件表面不易生成钝化膜，所以具有较大的蚀除速度，而且没有或很少有析氧等副反应，电流效率高，加工表面粗糙度值也小。NaCl是强电解质，在水溶液中几乎完全电离，导电能力强，且适用范围广，价格便宜，货源充足，所以是应用最广泛的一种电解液。

NaCl电解液蚀除速度高，但其杂散腐蚀也严重，故其复制精度较差。NaCl电解液的质量分数常在20%以内，一般为14%～18%，当要求较高的复制精度时，可采用较低的质量分数(5%～10%)，以减少杂散腐蚀。常用的电解液温度为25～35℃，但加工钛合金时，必须在40℃以上。

2) $NaNO_3$电解液

$NaNO_3$电解液的应用也比较广泛，有些单位把它作为标准电解液；还有些单位则以$NaNO_3$为主，加以一定成分的添加剂配成非线性好的电解液。它的腐蚀性小，使用方便，并且加工精度也较高。$NaNO_3$电解液是一种钝化型电解液，其阳极极化曲线如图4.21所示。在曲线AB段，阳极电位升高，电流密度增大，符合正常的阳极溶解规律；当阳极电位超过B点后，由于钝化膜的形成，使电流密度i急剧减小，至C点时金属表面进入钝化状态；当电位超过D点，钝化膜开始被破坏，电流密度又随电位的升高而迅速增大，金属表面进入超钝化状态，阳极溶解速度又急剧增加。如果在电解加工时，工件的加工区处在超钝化状态，而非加工区由于其阳极电位较低处于钝化状态而受到钝化膜的保护，就可以减少杂散腐蚀，提高加工精度。图4.22即为其成形精度的对比情况。图4.22(a)所示为用NaCl电解液的加工结果，由于阴极侧面不绝缘，侧壁被杂散腐蚀成抛物线形，内芯也被腐蚀，剩下一个小锥体。图4.22(b)所示为用$NaNO_3$或$NaClO_3$电解液加工的情况，虽然阴极表面没有绝缘，但当加工间隙达到一定程度后，工件侧壁钝化，不再扩大，所以孔壁锥度很小而内芯也被保留下来。

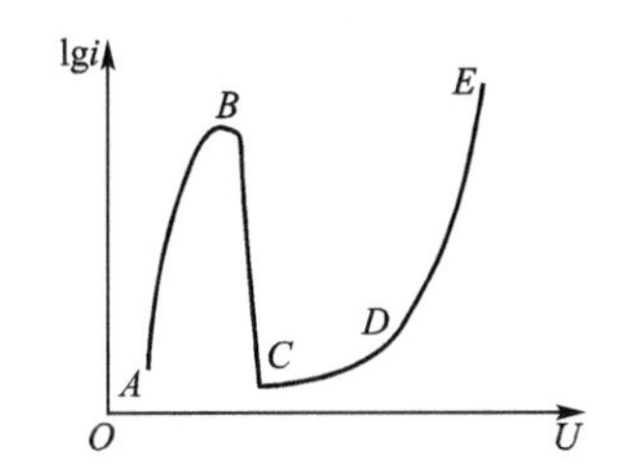

图4.21 钢在$NaNO_3$电解液中的极化曲线

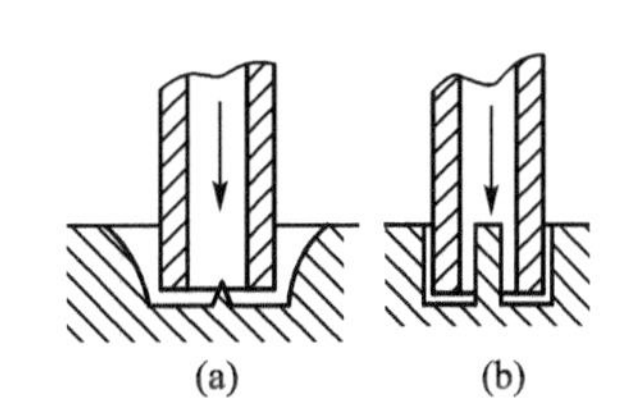

图4.22 杂散腐蚀能力比较

$NaNO_3$电解液在质量分数为30%以下时，有比较好的非线性性能，成形精度高，而且对机床设备的腐蚀性小，使用安全。它的主要缺点是电流效率低，生产率也低，并且$NaNO_3$是氧化剂，易燃烧，沾染$NaNO_3$的水溶液干燥后能迅速燃烧，故使用及储藏时要充分注意。另外，加工时在阴极有氨气析出，所以$NaNO_3$会被消耗。

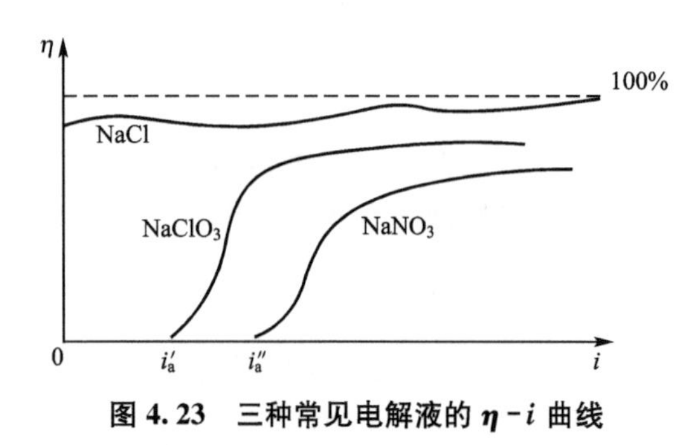

图 4.23　三种常见电解液的 $\eta-i$ 曲线

图 4.23 所示为三种常用的电解液的电流效率η与电流密度i的关系曲线。从图中可以看出，NaCl电解液的电流效率接近于100%，基本上是直线，而$NaNO_3$电解液与$NaClO_3$电解液的$\eta-i$关系呈曲线，当电流密度小于i_a时，电解作用停止，故有时称他们为“非线性电解液”。

3）$NaClO_3$电解液

$NaClO_3$电解液的特点是散蚀能力小，加工精度高。这种电解液在加工间隙达1.25mm以上时，对阳极的溶解作用就几乎完全停止了，因而阳极溶解作用仅集中在与阴极工作表面最接近的阳极部分。这一特点在用固定式阴极加工时，可获得良好的加工精度。

$NaClO_3$电解液还具有很高的溶解度，可以配置高浓度的溶液，因而有可能得到与NaCl电解液相当的加工速度。此外，它的化学腐蚀性很小，而且用$NaClO_3$电解液加工过的表面具有较高的耐蚀性。$NaClO_3$电解液的缺点是价格昂贵，使用浓度大，使用中又有消耗，故经济性差，这也是限制它迅速推广的原因之一。

$NaClO_3$电解液在电解过程中会分解产生NaCl，使溶液中的ClO_3^-含量不断下降，而Cl^-含量则不断增加。因此，电解液的性能在使用中有所变化，电解质有消耗，需要不断补充。

4）电解液中的添加剂

由上述可知，几种常用的电解液都有一定的缺点。比如NaCl电解液的散蚀能力大，腐蚀性也大；$NaNO_3$电解液的电流效率一般较低；$NaClO_3$电解液的成本较高，使用中还须注意安全。因此，人们一直在研究添加剂的使用。添加剂是指在电解液中添加较少的量就能改变电解液某方面性能的特定成分。例如，NaCl电解液的散蚀能力大，加工精度低是其主要缺点之一，为了减少NaCl电解液的散蚀能力，可加入少量磷酸盐等，使阳极表面产生钝化性抑制膜，使在低电流密度处电流效率降低甚至不发生溶解作用，从而提高成形精度及表面质量。$NaNO_3$电解液虽有非线性特性较好，成形精度高的特点，但其生产率低，可添加少量NaCl电解液使其加工精度及生产率均有所提高。为了防止中性盐电解液在电解加工过程中产生沉淀物，常采用金属络合物等隐蔽剂。为改进电解加工表面质量，还可添加类似电镀工业中采用的活化剂和光亮剂。为减轻电解液的腐蚀性，可采用缓蚀添加剂等。

4. 电解加工的流场设计

1）电解液的流动形式

(1) 流动形式的分类。

电解液的流动形式可概括为两类：侧向流动和径向流动。径向流动又可分为正流式和反流式两种，如图 4.24 所示为电解液流动的三种形式。图 4.24(a)所示为正流式，图 4.24(b)所示为反流式，图 4.24(c)所示为侧向流动。

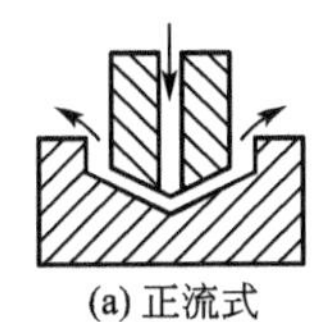
(a) 正流式

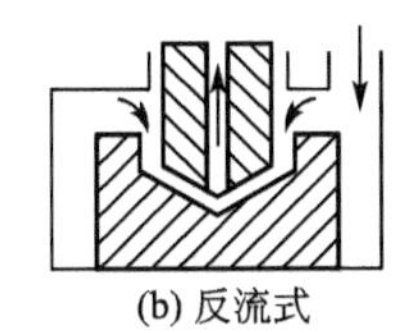
(b) 反流式

(c) 侧向流动

图 4.24　电解液的流动形式

① 正流式是指电解液从阴极工具中心流入，经加工间隙后，从四周流出。它的优点是密封装置较简单，缺点是加工型孔时，电解液流经侧面间隙时已含有大量氢气及氢氧化物，使加工精度和表面粗糙度较差。

② 反流式是指新鲜电解液先从型孔周边流入，而后经电极工具中心流出。它的优缺点与正流式恰相反。

③ 侧向流动是指电解液从一侧面流入，从另一侧面流出。一般用于发动机、汽轮机叶片的加工，以及一些较浅的型腔模具的修复加工。

流动形式不同，对电解加工中夹具和阴极的设计制造、加工间隙中流场的均匀性都有很大影响。流动形式的主要特点以及对电解加工的影响见表 4－5。

表 4－5　电解液流动方式比较

项　目	流动形式			备　注
	侧　流	正　流	反　流	
流动特点	在圆滑连接、截面变化平缓的通道中，速度、压力缓慢变化	进、出口流道有较大的转折，速度、压力变化较大		
		扩散流	收敛流	(1) 钛合金加工对流场反应敏感，为使流场均匀，最好在出口处施加一定的背压； (2) 适当设计通液口(槽)，可将正流、反流方式应用于型面加工
流场均匀性	较好	较差	好	
防止空穴现象	好	较差	好	
夹具设计制造	复杂	简单	复杂	
加工型面时阴极设计制造	简单	较复杂	复杂	
对工件形状的适应性	差	中等	好	
加工稳定性	差	较差	好	
加工精度	中等	较差	好	
流场分布的可控制性	差	较好	好	

(2) 确定电解液流动形式的原则。

① 根据加工对象的几何形状确定。

对于型面曲率变化不大的三维型面，如一般叶片型面、叶片锻模型腔等，可以采用侧流式。

对于圆孔、型孔类工件，可采用正流式或反流式。

对于深孔扩孔加工，可以采用轴向供液。在孔的固定阴极抛光中，也多采用轴向供液。

切入式展成电解加工，采用电解液由阴极内部喷射供液；外表面光整展成电解加工，采用外部切向喷射供液。

对于某些复杂型腔或型面的加工，可在阴极上设计适当的通液槽(孔)，采用正流式或反流式，或者两种流动形式都存在的复合流动形式。但对应通液槽(孔)口的加工面上会残留少许凸起，给后续型面光整加工带来一些麻烦。

② 根据加工精度要求确定

一般地，对形状复杂且精度要求高的工件，可选用反流式或复合流动形式，但其夹具或阴极的设计制造比较困难。

2) 电解液流速及入口压力

电解加工过程中，流动的电解液要足以排出间隙中的电解产物与所产生的热量，因此必须具有一定的流速(一般在10m/s左右)。为了更好地去除阴极、阳极表面的电解产物，减小电极附近的浓差极化，并使液流均匀，电解液的流动必须呈紊流状态，即要求电解液有一定的流速。间隙入口的电解液压力则是保证电解液流速的必要条件。某些材料的电解加工，其加工精度、表面质量对电解液流速特别敏感，更要注意优选流速，流速一般要选得更高一些，相应地，电解液的输送压力也应该更高。电流密度增大时，流速要相应增加。流速的改变一般是靠调节电解液压力来实现的。

电解液压力，是指加工间隙入口处的压力 p_0(常简称为入口压力)和电解液输送泵的出口压力，考虑到流道中存在压力损失，电解液泵出口压力比间隙入口电解液压力一般需高出0.05～0.1MPa。在工程实践中，可参考表4-6所列数据进行选择。

表4-6　电解液流速、压力规范

工序种类	流速/(m/s)	压力(×0.1)/MPa			
		动压 p_u	黏滞阻力 p_γ	出口背压 p_e	入口压力 p_0
叶片型面	15～20	1.26～2.24	3.2～5.1	0～0.51	4.36～7.85
小孔、型腔、叶型套形	6～10	0.2～0.56	10.2～15.3	1.02～1.53	11.42～17.34

注：此处电解液密度 $\rho_1=1.1\times10^3$ kg/m^3。

3) 流场均匀性设计

流场均匀，是指加工面上各处电解液流量充足、均匀，不发生流线相交和其他流场缺陷，如空穴现象、分离现象等。流场均匀性是对流场均匀程度的评价。

要保证流场均匀，除了正确选择流动形式和保证一定的电解液压力、流速外，还要合理设计通液槽(孔)。已经获得成功应用的通液槽(孔)设计方法是流线图法，它以画流线图的方式来决定通液槽(孔)的布局。绘制流线要遵循以下两条基本原则。

(1) 流体由进液槽流入加工区时，其流动方向与进液槽边垂直。

(2) 流体由进液槽经加工区直至流回储液槽，应取流阻最小的路径，即流程最短。

当电解加工进入平衡状态时，间隙中的电解液流动可视为稳定流动，可以画出电解液流动的流线如图4.25所示，即画出流体微团的运动轨迹。从加工区域的流线分布，可以分析加工区域的流场均匀性。例如，流线稀疏，反映相应局部区域缺少电解液；流线相交，则反映局部电解液流动混乱，甚至可能出现漩涡。对这两种情况，设计流场时都应特别注意避免。

(a) 径向正流

(b) 扇形正流

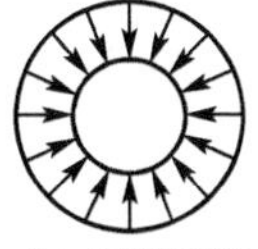
(c) 径向反流

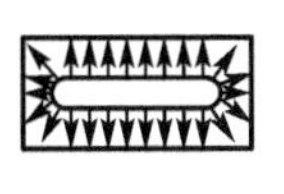
(d) 矩形正流

(e) 矩形交叉反流

图4.25 流线图实例

4.2.4 电解加工精度

电解加工精度包括两个方面。

(1) 复制精度。对拷贝式成形电解加工，所加工工件的形状、尺寸由成形工具阴极拷贝、复制得到。所谓复制精度，是指加工所得工件与阴极之间形状及尺寸的对应近似程度。不过，由于电解加工是有间隙加工，而且通常间隙的分布不均匀，因此从原理上说，工件被加工表面的形状、尺寸不可能与工具阴极加工面的形状、尺寸复制得完全一致，其间肯定存在一定的差别。这个差别，是存在按规律分布的加工间隙所引起的。加工间隙越小、分布越均匀，工件与阴极的形状、尺寸就越对应吻合，复制精度就越高。

(2) 重复精度。重复精度是指用相同的阴极、同样的加工条件和加工参数所加工一批工件的形状、尺寸的一致性、稳定重复性。

精度也常用误差来反映，电解加工的综合误差既包括自身工艺特点所引起的机理误差，又包括外围条件所造成的误差。

外围条件引起的误差是指工件定位夹紧误差、阴极定位夹紧误差、阴极形状及尺寸的制造误差、机床与夹具安装定位面的形位误差、进给系统运动及定位误差等。

自身工艺特点所引起的误差简称电解加工误差，由三部分组成：①复制误差，即工件型面与阴极型面的差异；②遗传误差，即加工过程中未完全纠正的毛坯型面的原(初)始误差；③重复误差，即在同一工艺条件下加工尺寸的分散度。

1. 电解加工的误差特性

电解加工阴极与工件之间存在加工间隙，间隙受电化学、电场、流场等诸多复杂因素影响，是时间、空间的函数。间隙的存在及其变化，构成电解加工误差的根本来源。因此，加工误差实质上是工件加工面阳极溶解不均匀性的宏观反映，必须从阳极溶解过程的微观本质及其伴生的宏观间隙来认识电解加工误差的变化规律，并寻求提高电解加工精度的途径。

1) 遗传误差特性

在三维表面(如模具型腔、叶片型面等)电解加工中，复制成形过程没有达到电解加工平衡状态之前，加工间隙随时间不断变化，属于工件逐渐成形的间隙过渡过程，如图4.26所示。在4.2.2节中，对恒速进给的平板阴极加工过程作适当简化假设，已经推导出描绘

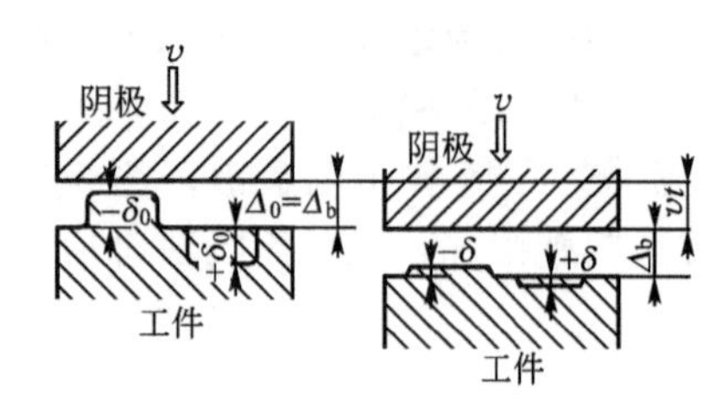

图 4.26 电解成形整平过程示意

间隙从Δ_0向Δ_b过渡的相关方程式(4-18)，以此做出的表示过渡过程的相应曲线如图 4.14 所示。

从图 4.14 可以分析电解加工间隙从初始间隙Δ_0向平衡间隙Δ_b变化的过渡过程。

(1) 图中$\Delta'-t'$曲线显示，随着加工时间t(即进给距离L)的加大，也即意味着去除余量h的加大，加工间隙逐渐趋向平衡间隙。但在理论上，无论进给距离L多么长，加工间隙也只是趋近、而不能达到平衡间隙，即图中$\Delta'-t'$曲线只趋近 1 而不可能达到 1。但当L达到一定数值时，加工间隙已相当接近平衡间隙，从工程角度来看，可以认为已近似达到平衡间隙。但达到平衡间隙所需进给距离的大小又与初始间隙Δ_0有关：例如，对于初始间隙$\Delta_0=2\Delta_b(\Delta'=2)$，当$L=3.5\Delta_b(L'=3.5)$时可以认为已达到平衡间隙；而当$\Delta_0=5\Delta_b(\Delta'=5)$时，进给$L=8\Delta_b(L'=8)$才近似达到平衡间隙。综上所述，可得出结论：加工进给距离越长，加工间隙越趋近平衡间隙；初始间隙越大，达到平衡间隙所需的加工进给距离越大，反之也是一样。

(2) 当去除的余量大到能够使加工间隙近似达到平衡间隙时，一般认为工件已成形，已经去除了毛坯余量，并消除或大大减小了由于毛坯余量分布不均而引起的工件形状误差。例如，讨论图 4.14 中$\Delta_0=5\Delta_b(\Delta'=5)$的$\Delta'-t'$曲线，当$L'=8$时，加工间隙已近似达到平衡间隙，则认为此时工件已经加工成形。或者说，对于需要采用$\Delta_0=5\Delta_b$加工的工件毛坯，其加工距离，或者说所需电解去除的余量，至少需要$L=8\Delta_b$。如果加工进给距离未达到$L=8\Delta_b$，即$L'<8$就终止加工，则毛坯最大间隙处尚未达到平衡间隙，加工面将存在由于毛坯形状误差(由毛坯余量差异所造成)所带来的遗传误差，其数值可从图 4.14 估算。首先根据具体加工条件算出平衡间隙Δ_b，然后根据去除的余量和毛坯最大初始间隙从图中得出该处的Δ'，算出相应的Δ，则$\delta\Delta=\Delta-\Delta_b$即是遗传误差。

过渡过程所反映的主要矛盾是如何以最少的余量在最短的时间内达到平衡状态，从而以最快的速度消除遗传误差。从工程实用角度出发，一般均用台阶平面(图 4.27)的整平比ψ来衡量成形过程的快慢，ψ值按式(4-23)计算：

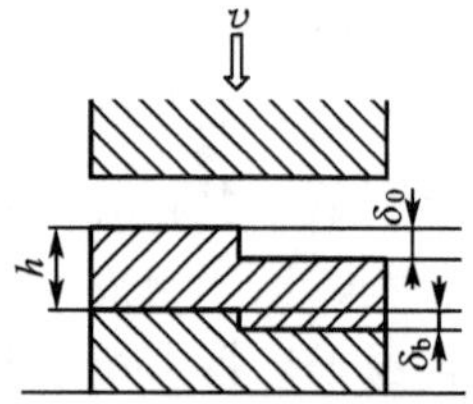

图 4.27 台阶面整平过程示意

$$\psi=\frac{\delta_0-\delta_b}{h} \tag{4-23}$$

整平比的物理含义是，从毛坯型面初始误差值δ_0减小到成品允许误差值δ_b，误差的减小值与相应的毛坯高点余量去除值h之比。此特征参数值因不同的δ_0及δ_b而异，是一相对度量标准，对比不同加工条件下的整平比，应选用相同的δ_0及δ_b(这里含义有问题)。

从阳极溶解过程特性分析，影响成形过程整平比的主要因素是阳极溶解的集中蚀除能力或称定域能力。集中蚀除能力越强，加工面最高点(余量最大处)与最低点(余量最小处)蚀除速度差值就越大，整平比就越高，遗传误差就越小。类比机械加工的接触式成形过程，其材料的去除优先集中在毛坯误差的最大处即最大余量区域，其余区域则暂不会去除，可认为集中去除能力最强，整平比为 1。再类比电火花加工成形过程，由于放电间隙极小，即截止加工间隙极小，因此集中蚀除能力也很强，整平比近似于 1，这些工艺基本上均无遗传误差。而电解加工特别是直流电解加工几乎不存在截止加工间隙，加工过程中整个加工区域均存在蚀除作用，区别仅仅在于余量大处间隙较小，电流密度较高，去除速度较余量小处为快，它依靠小间隙处与大间隙处腐蚀速度的差异来成形或逐渐“整平”，因此相比机械加工及电火花成形加工工艺，电解加工的集中蚀除能力较弱，整平比较低，一定会造成遗传误差。这是电解加工误差较大、复制精度较低的根本原因之一。

2）复制误差特性

三维表面电解成形达到平衡状态后，工件各点沿阴极进给方向的蚀除速度与阴极进给速度相等，此时各处加工间隙值不再变化，工件形状应该是稳定的。但由于阴极与工件之间存在间隙，使得二者尺寸上必然有差异；又由于间隙区电场、流场、电化学蚀除速度场分布不均匀，导致间隙分布不均匀，造成二者形状上的差异(一般可用加工区法向间隙之差表示)。这就是形成三维表面加工复制误差的原因。

对二维柱面电解衍生成形过程(如扩孔加工、叶轮套形加工等)，其复制误差在横截面上是因径向间隙的存在及其不均匀分布所致，在纵截面上是因二次蚀除引起侧面间隙沿进给方向扩张、存在 $d\Delta_s/dh$ 所致。前者由横截面上电场、流场、电化学参数分布不均匀引起；后者因电解加工的散蚀性较强引起，还会导致电解加工棱角锐度较差及非加工面存在杂散腐蚀等问题。散蚀性是集中蚀除能力的反意表达，提高集中蚀除能力也就降低了散蚀性。

3）重复误差特性

电解加工的重复误差就是平衡间隙值的分散度。由于目前还无法直接采样来实测和控制加工间隙值，只能通过控制有关的宏观工艺参数来间接控制间隙，因此，工艺参数的分散度就直接影响平衡间隙的分散度，从而影响加工尺寸的分散度。

综上所述，复制误差及重复误差均缘自加工间隙而存在，而间隙变化来源于间隙电场、流场及电化学参数的变化及其分布的不均匀性，其相互影响关系如图 4.28 所示。电解加工间隙随时间、空间的变化，而影响电解加工精度。

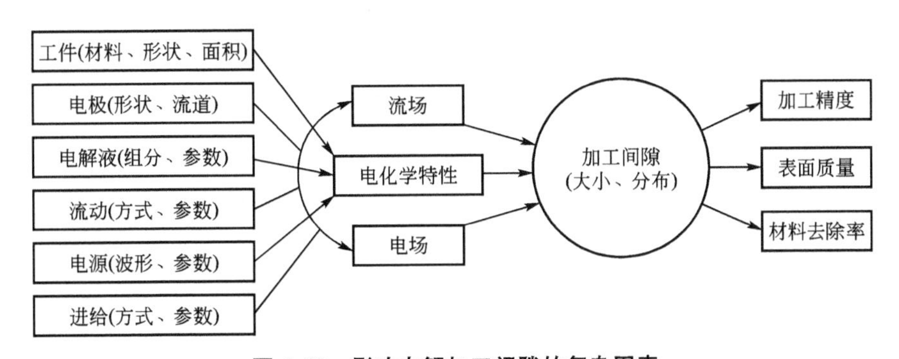

图 4.28 影响电解加工间隙的复杂因素

电解加工工艺的核心问题是如何达到均匀、稳定的小间隙加工状态，这是获得高精度、高效能、高表面质量的最根本途径，也是电解加工技术发展所追求的目标。

2. 电解加工工艺参数及其对工艺指标的影响

电解加工间隙中，电化学、电场、流场诸参数不但相互关系十分复杂，并且随时间、空间不断变化，难以在加工过程中实时采样测试。所以，目前所进行的电解加工理论分析和计算均基于一定的简化及假设，由此给出的指导规律只能是定性的；对影响加工过程的诸多参数的测试、控制，也只限于依据加工间隙之外取得的宏观平均值。当然，这些平均值能够间接反映间隙内部参数的变化规律，所以仍然具有较大的工程实用价值。

对加工间隙产生主要影响的加工参数有电解液的电导率、加工电压、电流密度、阴极进给速度、电流效率及电极电位等。

1）电流密度的影响

电流密度 i 是重要的电解加工参数，它直接影响加工效率、工件表面粗糙度，也间接影响加工精度，特别是使用钝性电解液时。

由式(4－10)能够看出，在采用 $\eta=100\%$ 或 η 为常数的线性电解液时，加工速度与电流密度成线性正比关系；而在非线性加工中，加工速度随电流密度的变化受 $\eta\omega-i$ 特性的影响，在钝化向超钝化过渡区，加工速度以近似成二次方的规律随电流密度的增大而增加。

电流密度对表面质量也有重大影响，大多数情况下，表面质量随电流密度的增大而改善。

电流密度对加工精度的影响是：一方面，在一定的加工电压和电解液电导率条件下，电流密度越高，加工间隙就越小，越有利于提高加工精度；另一方面，在采用钝性电解液的非线性加工中，电流密度值处于 $\eta-i$ 曲线中向超钝化区过渡的斜线段，阳极溶解的集中(定域)蚀除能力强，有利于提高加工精度。

综上所述，一般情况下，电流密度越高，加工效果越好，但存在一定的上限。这是因为，电流密度越大，极化现象越严重，双电层的反电势随之增大，在电源电压一定时，$U-\delta E$将越来越小，限制了电流密度 i 的继续加大；如果电解液流速不够高，浓差极化大到一定程度时，将会阻碍阳极溶解正常进行。另外，电流密度加大，极间电解产物和氢气析出均会增多，极间发热量也相应增加，而此时的加工间隙却减小，间隙内流阻加大，电解液流量反而下降，使得带走热量及移除电解产物的能力下降。当二者严重失去平衡时，加工区将有可能出现电解液蒸发、沸腾、空穴等异常现象，导致加工区出现结疤、短路等严重故障，致使加工中断。因此，电流密度的提高应以不破坏上述平衡为前提。对于给定的加工条件，电流密度应该有特定的相应上限。

表 4－7 列出了直流电解加工电流密度的实用范围。

表 4－7　直流电解加工电流密度的实用范围

加工对象	$i/(A/cm^2)$	加工对象	$i/(A/cm^2)$
大面积型面、型腔	10～30	中小面积型面、型腔	20～100
中小孔、套形	150～400	小孔、套形	200～500

2）加工电压的影响

加工电压，是指电源施加到阴极及工件间的极间电压，它是建立极间电场使电解加工得以进行的原动能量来源，用来克服双电层的反电势和溶液欧姆压降、建立必要的极间电流场，确保达到所选用的电流密度。对分解电压较低的电极体系，例如，高温耐热合金、铁基合金/金属的活性溶解，其分解电压 δE_0 仅为 1～3V，由于电解液电导率较高，所需的加工电压值较低，一般为 10～15V；对分解电压较高的电极体系，所需的加工电压偏高，例如，钛合金钝性溶解，其 δE_0 可高达 7V 左右，此时加工电压一般应在 20V 以上。

在选定电流密度 i 和电解液电导率 κ 的条件下，加工电压 U 越高，加工间隙 Δ 就越大，导致加工误差加大；同时，间隙焦耳热损失加大，能耗增加。因此，只要能确保与所需电流密度 i 相应的正常加工条件，加工电压 U 值应尽量选取下限值，以得到正常加工的最小间隙值，并使得能耗最低。

在诸多加工参数中，由于电源电压易于调整，且加工电压变化引起间隙变化值的分辨度较高，因而调整电压值来达到所要求的间隙值成为最常用的工艺措施。

3）电解液流场参数的影响

电解液流场参数是指电解液流量 Q、压力 p 和温度 T，它们是确保电解加工得以正常进行的必要工艺条件，是基本且重要的参数。选择和确定 Q 和 p 的总原则是确保与选用的 i、Δ 正确匹配，使加工能正常、稳定地进行，能及时带走间隙中产生的电解产物及热量并去极化，避免空穴、结疤、短路等故障的发生。

从统计数据得出的估算直流电解加工电解液流量的经验公式见式(4-24)，可供实用参考。

$$Q=Kq_LI \tag{4-24}$$

式中 K——加工面积、形状系数(见表4-8)；

q_L——流量电流比(L/(min·A)]，一般选值0.01；

I——加工电流(A)。

表4-8 电解液流量的加工面积、形状系数 K

加工对象	K	加工对象	K
简单形状(如浅孔)	1	多个浅孔	1.3
多个浅型腔	1.3～2.3	二维型腔	1.6～1.9
三维型腔	1.5～4	深小孔	3～5
叶片型面	5～7		

注：系数 K 根据国内外实用数据统计归纳得出。

电解液压力值的选取，应以确保可获得加工顺利、稳定所需要的流量、流速为原则。由于流量测量较为复杂，且流量的允许变化范围较大，实用中往往以调整压力来达到要求的流量和流速。常用的电解液压力范围见表4-9。一般来说，国内多偏下限值选用，国外多偏上限值选用。

表4-9 电解液压力选用范围

加工场合	p/(MPa)
低电流密度及低压力混气加工	0.4～0.5
深孔及套形加工	0.8～3.0
高电流密度及高压力混气加工	1～2

电解液温度是确保阳极溶解过程正常进行和设备正常运转的另一必要条件。电解液温度过低时，阳极表面易钝化、结疤，使加工无法正常进行；温度过高，则局部电解液可能沸腾、蒸发，导致局部可能出现空穴现象，使该处加工中止。两种情况均易导致阴阳极间

短路、烧伤，并有可能引起工装乃至工作箱热变形过大，或引起电解液泄漏，及工件、阴极定位精度下降等问题。实践表明，电解加工高温耐热合金及铁基合金、结构钢等材料，液温以 20～40℃为宜，但使用 NaCl 电解液加工钛合金，则要求液温在 40℃以上，方能得到均匀的理想表面。

从加工精度出发，为了防止由于液温变化引起 κ 变化从而导致 Δ 变化，希望实现恒定液温加工。另一方面，在使用钝性电解液电解加工中，液温变化还会引起 η 的变化，也将导致 Δ 的变化。因此，保持电解液温度在整个加工过程中的波动尽可能小，是提高加工精度的必要措施之一。

4）工艺参数的选择

综上所述，确定电解加工参数的顺序为：先选定加工间隙、阴极进给速度，然后定电流密度，最后再选定相应的加工电压及电解液参数。

优选加工参数的原则应依据工件特点及具体加工要求而定，同时还应考虑设备条件。

对于以加工效率为主要要求的大尺寸粗加工，以及以降低表面粗糙度为主要要求的抛光加工，一般应采用高参数、较大间隙的加工方式，即选择较高的阴极进给速度、电流密度、加工电压及电解液流量，相应要求设备的容量大(如电源电压较高，总电流容量大，供液泵输出压力高、流量较大等)，但设备精度和刚性及溶液净化程度均适中即可。对于以加工精度为主要要求的精密加工，以及套形、孔加工，则应采取高参数、小间隙加工方式，除采用较高的阴极进给速度、电流密度外，还要求较高的电解液压力，但加工电压及电解液流量则较低。高频、窄脉冲电流电解精密加工时，应采用高参数、小间隙加工方式，但电解液压力和流量适中即可。同样，对于以加工精度为主要要求，但使用钝性电解液或混气电解加工时，则应采用低参数、小间隙加工方式。这是因为此时阳极过电位较高，需采用较低的阴极进给速度、电流密度、电解液流量，又由于间隙中欧姆压降较大，所以要求加工电压较高。对于特大型的模具、叶片加工，限于电源容量(目前国外的电源最大容量为 4×10^4 A)，只能采用低参数加工。

近年发展的低浓度电解液，由于电导率较低，只能采用偏低的参数加工。

对小间隙加工，特别是高参数、小间隙加工，要求相应的设备条件好，即机床刚性强，进给速度特性“硬”，运动机构精度高，机、电、液系统参数稳定性好，电解液净化程度高，自动控制系统较完善，电源容量较大等。

通常，国外电解加工设备条件总体较好，且对加工效率要求较高，因而采用高参数加工居多；国内情况则相反，以低参数加工居多。

3. 提高电解加工精度的途径

新材料、新结构的不断涌现，给电解加工提供了更为广阔的应用领域，提出了更高的工艺指标要求，特别是对加工精度的要求越来越高，而传统的直流电解加工工艺已难以满足新的要求。提高加工精度是电解加工进一步发展的关键所在，成为国内外研究的热点。为此，人们进行了大量的研究工作。通过分析电解加工误差的形成原因，可以看出，提高电解加工精度的根本途径是改善电解加工间隙的物理、化学特性，即提高阳极溶解的集中蚀除能力，降低散蚀性；同时改善间隙内电场、流场、电化学参数的均匀性和稳定性，以及缩小加工间隙。目前，经生产实践证实行之有效的提高电解加工精度的主要技术途径和措施有以下几点。

1）脉冲电流电解加工

采用脉冲电流电解加工是近年来发展起来的新方法，可以明显地提高加工精度，在生产中已实际应用并正日益得以推广。早期的脉冲电流电解加工以低频、宽脉冲、周期供给脉冲电流，周期进给或带同步振动进给的模式为主。这种模式的加工工艺水平较传统的直流电解加工有明显的提高，得到了局部应用。20 世纪 90 年代又发展了连续供给高频、窄脉冲电流，连续进给的模式，在型面、型腔加工技术上有进一步的突破，经过大量试验研究及初步试生产应用已显示出了明显的技术经济效益及重要应用前景。采用脉冲电流电解加工能够提高加工精度的原因如下。

（1）消除加工间隙内电解液电导率的不均匀化。加工区内阳极溶解速度不均匀是产生加工误差的根源。由于阴极析氢的结果，在阴极附近将产生一层含有氢气气泡的电解液层，由于电解液的流动，氢气气泡在电解液内的分布是不均匀的，在电解液入口处的阴极附近几乎没有气泡，而远离电解液入口处的阴极附近，电解液中所含氢气气泡将非常多，其对电解液流动的速度、压力、温度和密度的特性有很大影响。这些特性的变化又集中反映在电解液电导率的变化上，造成工件各处电化学阳极溶解速度不均匀，从而形成加工误差。采用脉冲电流电解加工就可以在两个脉冲间隔时间内，通过电解液的流动与冲刷，使间隙内电解液的电导率分布基本均匀。

（2）脉冲电流电解加工使阴极在电化学反应中析出的氢气是断续的，呈脉冲状。它可以对电解液起搅拌作用，有利于电解产物的去除，提高电解加工精度。

为了充分发挥脉冲电流电解加工的优点，还有人采用脉冲电流-同步振动电解加工。其原理是在阴极上与脉冲电流同步，施加一个机械振动，即当两电极间隙最近时进行电解，当两电极距离增大时停止电解而进行冲液，从而改善了流场特性，使脉冲电流电解加工更日臻完善。

2）小间隙电解加工

在 0.05～0.1mm 的端面加工间隙条件下进行电解加工（以下称为小间隙加工），可以在使用一般电解液且不需混气的条件下加工出高精度、低表面粗糙度的工件。在小间隙加工条件下，使用对所加工的材料具有非线性加工特性的电解液来加工型腔，型面精度在±0.05mm 以内，表面粗糙度 Ra0.3～0.4μm。在小间隙加工条件下，使用倒置绝缘腔结构的阴极进行套型加工，加工精度可以达到±0.05～±0.03mm，并且在工件全长范围内的尺寸偏差不大于 0.02mm。

加工间隙的大小及变化是决定加工精度的一个主要因素。由式 $v_a=C/\Delta$ 可知，工件材料的蚀除速度 v_a 与加工间隙 Δ 成反比关系，C 为常数（此时工件材料、电解液参数、电压均保持稳定）。

实际加工中由于余量分布不均，以及加工前零件表面微观不平度等的影响，各处的加工间隙是不均匀的。以图 4.29 中用平面阴极加工平面为例来分析，设工件最大平直度为 δ，则突出部位的加工间隙为 Δ，设其去除速度为 v_a，低凹部位的加工间隙为 $\Delta+\delta$，设其蚀除速度为 v'_a，按式 $v_a=C/\Delta$，则

$$v_a=\frac{C}{\Delta};\quad v'_a=\frac{C}{\Delta+\delta}$$

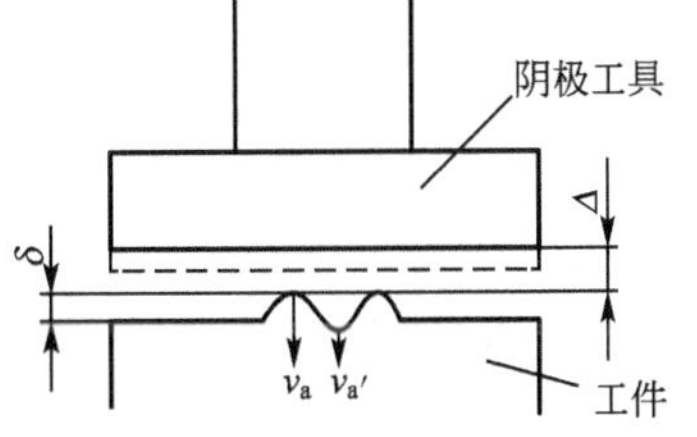

图 4.29　余量不均匀时电解加工示意图

两处蚀除速度之比为

$$\frac{v_a}{v_a'}=\frac{\frac{C}{\Delta}}{\frac{C}{\Delta+\delta}}=\frac{\Delta+\delta}{\Delta}=1+\frac{\delta}{\Delta} \tag{4-25}$$

如果加工间隙Δ小，则 δ/Δ 的比值增大，突出部位的去除速度将大大高于低凹处，提高了整平效果。由此可见，加工间隙越小，越能提高加工精度。对侧面间隙的分析也可得出相同结论。

可见，采用小间隙加工，对提高加工精度、提高效率都是有利的。但间隙越小，对液流的阻力越大，电流密度越大，间隙内电解液温度升高快、温度高，电解液的压力就需要很高，间隙过小容易引起短路。因此，小间隙电解加工的应用受到机床刚度、传动精度、电解液系统所提供的压力、流速及过滤情况的限制。

3）改进电解液

如前所述，采用钝性电解液对提高铁基合金和模具钢、不锈钢的集中蚀除能力有显著效果，钝性电解液已经成为模具电解加工的基本型电解液，但对于钛合金、高温耐热合金等重要电解加工材料，效果却不十分明显。由于钝性电解液在提高加工精度方面适应对象范围较窄，加之生产效率较低，加工过程中电解液组分还会有所变化，需要经常调整，因而未能普遍用于生产。其中 $NaNO_3$ 电解液在英国采用得较多，低浓度的复合 $NaNO_3$ 电解液在我国的钛合金叶片加工中采用得较多。

除了前面已提到的采用钝化性电解液，如 $NaNO_3$、$NaClO_3$ 等外，研究人员正进一步研究采用复合电解液，主要是在氯化钠电解液中添加其他成分，既保持 NaCl 电解液的高效率，又提高了加工精度。例如，在 NaCl 电解液中添加少量 Na_2MoO_4、$NaWO_4$（两者都添加或单独添加），质量分数共为0.2%～3%，加工铁基合金具有较好的效果。采用 NaCl(5%～20%)+CoCl(0.1%～2%)+其余为 H_2O 的电解液(指质量分数)，可在阴极的非加工表面形成钝化层或绝缘层，从而避免杂散腐蚀。

【混气电解加工对比】

采用低质量分数的电解液，加工精度可显著提高。例如，对于 $NaNO_3$ 电解液，过去常用的质量分数为20%～30%。如果采用 $NaNO_3$ 4%的低质量分数电解液加工压铸模，其加工表面质量好，间隙均匀，复制精度高，棱角清晰，侧壁基本垂直，垂直面加工后的斜度小于1°。采用低质量分数电解液的缺点是效率较低，加工速度不能很快。

4）混气电解加工

混气电解加工工艺可以普遍提高集中蚀除能力、提高整平比、较大幅度地减小遗传误差。在毛坯余量偏小、允差偏大的工件加工中使用，获得了较好的效果。

(1) 混气电解加工原理及优缺点。

混气电解加工就是将一定压力的气体(主要是压缩空气)用混气装置使它与电解液混合在一起，使电解液成为包含无数气泡的气液混合物，然后送入加工区进行电解加工。

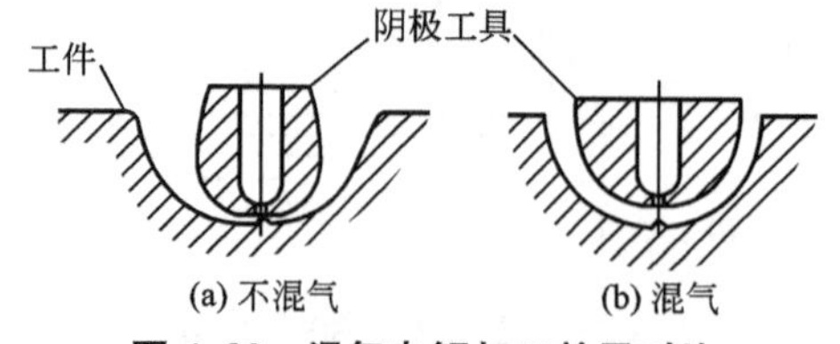

图4.30 混气电解加工效果对比

混气电解加工在我国应用以来，获得了较好的效果，显示其一定的优越性。主要表现在提高了电解加工的成形精度，简化了阴极工具的设计与制造，因而得到了较快的推广。例如，不混气加工锻模时，如图4.30(a)所示，侧面间隙很大，模具上腔有喇叭口，成形精度差，阴极工具的设计与制造也比较困难，需要多次反复修正。图4.30(b)所示为混气电解加工的情况，成形精度高，侧面间隙小而均匀，表面粗糙度值小，阴极工具设计较容易。

混气电解加工装置的示意如图4.31所示，在气液混合腔中(包括引导部、混合部及扩散部)，压缩空气经过喷嘴喷出，与电解液强烈搅拌压缩，使电解液成为含有一定压力的无数小气泡的气液混合体后，进入加工区域进行电解加工。混合腔的结构与形状，依加工对象的差异会有所不同。

电解液中混入气体后，将会起到下述作用。

① 增加了电解液的电阻率，减少杂散腐蚀，使电解液向非线性方面转化。由于气体是不导电的，所以电解液中混入气体后，就增加了间隙内的电阻率，且随着压力的变化而变化，一般间隙小的地方压力高，气泡体积小，电阻率低，电解作用强；间隙大的地方压力低，气泡大，电阻率大，电解作用弱。如图4.32所示为用带有抛光圈的阴极电解加工孔时的情况，因为间隙Δ_s'与大气相联，压力低，气体膨胀，又由于间隙Δ_s'比Δ_s大，故其间隙电阻比Δ_s内的间隙电阻大得多，电流密度迅速减小。当间隙Δ_s'增加到一定数值，就可能制止电解作用，所以混气电解加工存在切断间隙的现象，加工孔时的切断间隙为0.85～1.3mm。

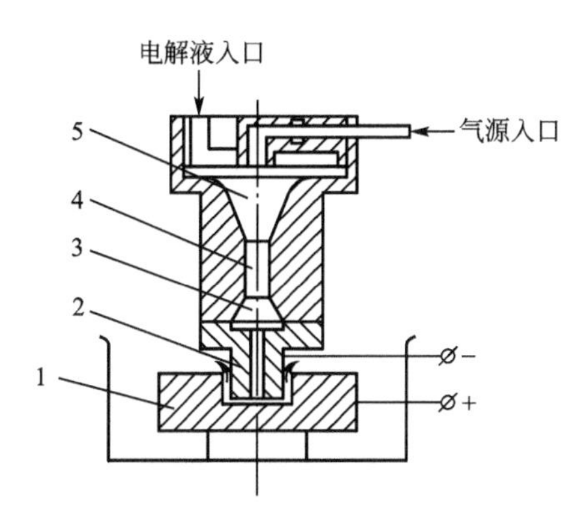

图4.31 混气电解加工装置示意图

1—工件；2—阴极工具；3—扩散部
4—混合部；5—引导部

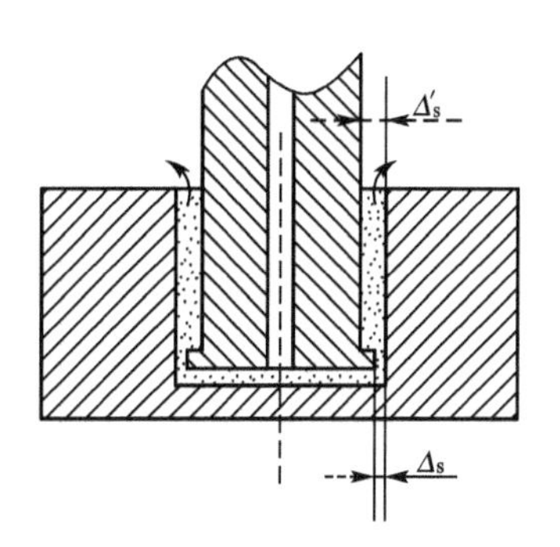

图4.32 混气电解加工型孔

② 降低电解液的密度和粘度，增加流速，均匀流场。由于气体的密度和粘度远小于液体，所以混气的电解液密度和粘度也大大下降，这是混气电解加工能在低压下达到高流速的关键，高速流动的气泡还起搅拌作用，消除死水区，均匀流场，减少短路。

混气电解加工成形精度高，阴极设计简单，不必进行复杂的计算和修正，甚至可用“反拷”法制造阴极，并可利用小功率电源加工大面积的工件。但由于混气后电解液的电阻率显著增加，在同样的加工电压和加工间隙条件下，电流密度下降很多，所以生产率较不混气时将降低1/3～1/2。从整个生产过程来看，由于混气电解加工缩短了阴极工具的设计和制造周期，提高了加工精度，减少了钳工修磨量，所以总的生产率还是提高了。但是，该加工方法需要一套附属供气设备，要有足够压力的气源、管道和良好的抽风设备。

(2) 气液混合比。

混气电解加工的主要参数除一般电解加工所用的工艺参数外，还有气液混合比 Z。气液混合比是指混入电解液中的空气流量与电解液流量之比。由于气体体积随压力而变化，所以在不同高压和常压下，气液混合比也就不同。为了定量分析时有统一的标准，常用标准状态时(一个大气压，20℃)的气液混合比来计算，即

$$Z=\frac{q_g}{q_l} \tag{4-26}$$

式中 q_g——气体流量(指标准状态)(m^3/h)；

q_l——电解液流量(m^3/h)。

从提高混气电解加工的“非线性”性能来看，气液混合比越高，“非线性”性能会越好。但气液混合比过高，其“非线性”性能改善极微，反而增加了压缩空气的消耗量，而且由于含气量过多，间隙电阻过大，电解作用过弱还会产生短路火花。

气压与液压的选择。考虑到大多数车间的气源都是通过工厂里压缩空气管道获得的，其压力一般只能保持在 0.4～0.45MPa，所以气压也只能在这个范围内选取。液压则根据混合腔的结构以稍低于气压 0.05MPa 为宜，以免气水倒灌。为了使加工过程稳定，应设法保持气压的稳定，如增设储气罐等。

由于混气电解加工间隙中两相流的均匀性和稳定性难以控制，导致加工尺寸分散度较难控制，加之生产效率有些降低，气液混合系统较复杂，特别是气液混合器的设计和制造难度较高。因此，我国仅在叶片加工这类整平比矛盾较突出的工件中大量选用，在锻模类尺寸精度要求不是很高的工件加工中也有所采用，但没有得到进一步的发展和扩大应用范围。

4.2.5 电解加工设备

电解加工是电化学、电场、流场和机械各类因素综合作用的结果，因而作为实现此工艺的手段——设备必然是多种部分的组合，各部分具有相对独立的功能和特性，属于不同的专业范畴但是又在统一的产品工艺要求下形成一个相互关联、相互制约的有机整体。这就决定了电解加工设备的特殊性、综合性和复杂性。电解加工的全套设备组成如图 4.33 所示，包括机床、电源、电解液系统，以及相应的操作、控制系统及控制软件等。典型电解加工机床如图 4.34 所示。

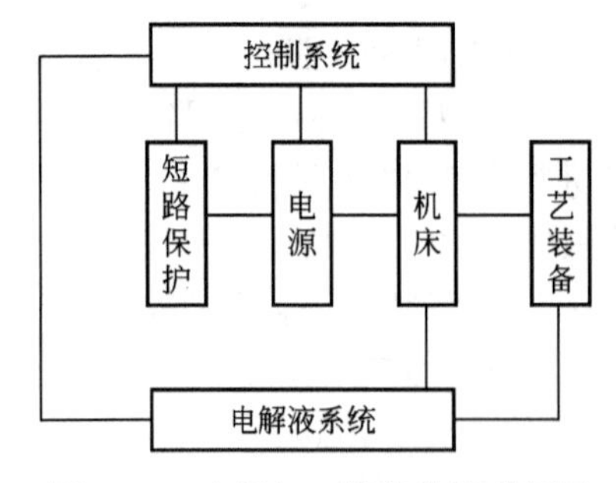

图 4.33 电解加工设备的组成框图

图 4.34 电解加工机床

1. 电解加工设备的主要组成部分

1）机床

（1）电解加工机床的构成及特点。

机床是电解加工设备的主体，由床身、工作台、工作箱、滑枕头、进给系统、导电系统组成，是进行电解加工的场所，其主要功能是安装、定位工件及工具阴极，按需要送进工具阴极，以及将加工电流和电解液输送到加工区。

特种加工机床与工艺联系极为紧密，成功的设计必须满足工艺的特殊要求，具备相应的特殊功能。如前所述电解加工设备的核心问题是如何在腐蚀性、干扰性较强的环境中，在较大的动态载荷及加工电流条件下稳定地维持给定的小加工间隙。体现在机床上主要是刚性和耐蚀性，这是确保电解加工机床稳定性的两大关键。电解加工机床的特殊功能是传导大电流及输送高速流动的腐蚀性电解液。总体布局上要注意机床与电源、电解液系统正确匹配的问题。结构上要解决好刚性、耐蚀性、密封及电流传输的发热等问题，因而电解加工机床结构较为复杂。在选材特点上则以耐蚀材料居多，对定位件则既要求耐蚀又要求高精度和高稳定性，因此制造难度较大，需要采用某些特殊工艺，相应的制造成本亦较高。

由于电解加工机床性能、规格与加工产品的特殊要求紧密相连，故其通用范围较窄，属于小批量、多品种类型，因而一般均是根据用户订货专门制造，在通用模式的基础上，用户可以根据其特殊需要而增、减某些功能，任选某些部件。这也是造成其成本较高的原因之一。

如前所述，电解加工机床与一般金属切削机床相比有其特殊性，因而对电解加工机床有一些特殊要求。

① 机床的刚性。电解加工虽然没有机械切削力，但电解液有很高的压强，如果加工面积较大，对机床主轴、工作台的作用力也是很大的。因此，电解加工机床的工具和工件系统必须有足够的刚度，否则将引起机床部件的过大变形，改变工具阴极和工件的相互位置，甚至造成短路烧伤。

② 进给系统的稳定性。金属的阳极溶解量是与时间成正比的，进给速度不稳定，阴极相对工件各个截面的电解时间就不同，影响加工精度。这对内孔、膛线、花健等截面的零件加工影响更为严重，所以电解加工机床必须保证进给速度的稳定性。

③ 防腐绝缘。电解加工机床经常与有腐蚀性的电解液相接触，故必须采取相应的措施进行防腐，以保护机床，避免或减少腐蚀。

④ 其他安全措施。电解加工过程中还将产生大量氢气，如果不能迅速排除，就可能因火花短路放电等引起氢气爆炸，故必须采取相应的排气装置。

（2）机床总体布局。

① 总体布局的类型。总体布局是指机床各部件之间相互配置的方式。总体布局中应考虑的主要问题是如何有利于实现机床的主要功能，满足工艺的需要，以最简便的方式达到所要求的机床刚度、精度，同时还要可操作性好，便于维护，安全可靠，性能价格比高。电解加工机床总体布局的主要类型见表4-10。

表 4-10 电解加工机床总体布局的主要类型

类别	名称	示意图		滑枕进给方式	工作台运动形式	最大承载能力/kN	额定电流/A	应用范围
立式机床	框型	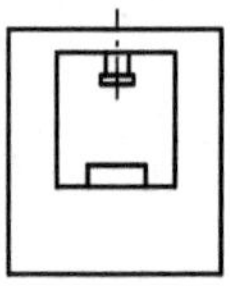		滑枕在上部，向下进给式；滑枕在下部，向上进给式	固定式；X，Y 双向可调整式；旋转分度式	250	5000 10000 20000 40000	中大型模具型腔，大型叶片型面，大型轮盘腹板，大型链轮齿形，大型花键孔，电解车削
立式机床	C型	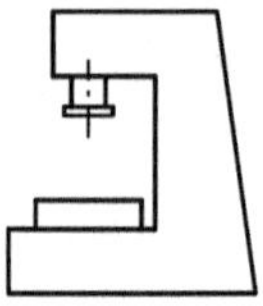	中型	同上	同上	25	1000 3000 5000	中小型模具型腔；整体叶轮型面、中型孔、异型孔等套料加工
立式机床	C型		小型	滑枕在上部向下进给式	固定式		300 1000	小孔 小异型孔
立式机床	C型		电射流	滑枕在上部向下进给式	固定式		1.5 10	微孔
卧式机床	卧式三头	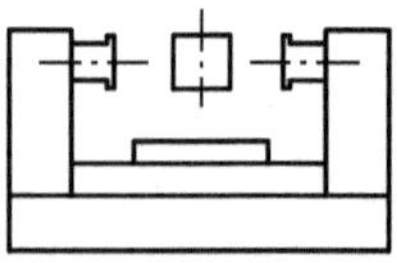		滑枕水平进给	固定式	45	10000	同时加工叶片型面及根部、凸台转接端面
卧式机床	卧式双头	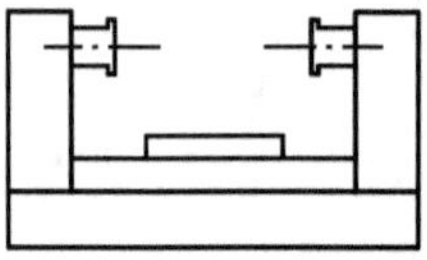		水平进给；向上或向后倾斜方向进给	固定式	90	3000 5000 10000 20000	叶片型面，腹板
卧式机床	卧式单头	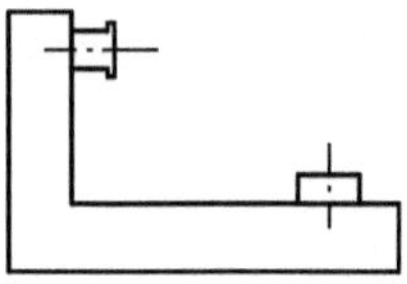		水平进给	固定式 旋转分度式	90	10000 20000	机匣内外环底型面、凸台、型孔、筒型零件内孔、大型煤球轧滚型腔、深孔、炮管膛线、深花键孔
固定阴极式		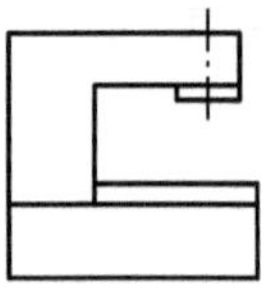		固定式	固定式		500 1000 1500	扩孔 抛光 去毛刺

② 机床运动系统的布局。机床运动系统的组成和布局会影响机床的通用性、操作性、刚性和加工精度。运动坐标的数目越多，通用性就越好，操作、调整方便；但坐标数的增加也相应增加了运动接触面和接触间隙，使接触刚性减弱，在外界载荷的作用下就会增大机床变形量，并使变形量和变形方向不稳定，甚至发生振动，这些都会影响到机床的刚性、精度和稳定性。

机床运动系统的组成和布局要根据加工的具体要求而定。通常，在成型加工的大型机床中宜采用固定工作台，滑枕头单坐标进给的方案，以确保机床的高刚度，其相应带来工件、夹具安装、调整不便的缺点可用附件弥补。打孔机床及专用性强的中小机床也是如此，通用性强的中小机床工作台(含工作箱)可做成 X、Y 双向水平移动式，但必须采取严密的防锈蚀措施和可靠的夹紧机构。立式机床的滑枕头一般布局在机床上部，加工时工件固定，工具向下进给，在必要时也可采用与此相反的布局方式。例如，加工轴对称工件需要工具电极旋转时，或用侧流式加工型腔时，均可将滑枕头置于机床下部而向上进给。前者有利于机床刚性的加强，后者有利于流场的稳定。卧式机床的滑枕一般为水平安装，但近年来在叶片电解加工机床中开始采用滑枕向上倾斜30°或45°方向进给的方案以便一次全型加工出整个叶身表面。近年来发展的展成法电解加工则采用多坐标数控机床。虽然多坐标数控机床运动系统的接触刚性较弱，但由于极间负载小，因而仍可达到较高的加工精度。

2）电源

电源是电解加工设备的核心部分，如前所述机床和电解液系统的规格都取决于电源的输出电流。同时，电源的波形、电压、稳压精度和短路保护的功能都直接影响电解加工的阳极溶解过程，从而影响电解加工的精度、表面质量、稳定性和经济性。除此之外，一些特殊的电源对于电解加工硬质合金、铜合金等材料起着决定性作用。

电源随着电子工业的发展而发展。电解加工电源从20世纪60年代的直流发电机组和硅整流器发展到70年代的晶闸管调压、稳压的直流电源；80年代出现了晶闸管斩波的脉冲电源；90年代随现代功率电子器件的发展和广泛应用，又出现了高频、窄脉冲电流电解加工电源。电源的每一次变革都引起了电解加工工艺的新发展。由于国内外电子工业的差距，电源是电解加工设备中，国内外差距较大的环节，体现在电源的容量、稳压精度、体积、密封性、耐蚀性、故障率和寿命等诸多方面，因而电源是国内电解加工设备中急需改进和提高的另一重要环节。

(1) 电解加工电源的基本要求。

① 电源的额定电流应能按要求的加工速度对机床所设计的最大加工面积的工件进行加工。由于电源电流超过 4×10^4 A后，导致主回路并联的均流问题、电源本身的散热问题都较难解决，电源的成本也将大为增加。而且在工艺上，如此大的电流引起的加工间隙内电解液的温升、电解产物的排除困难、导电系统及工装的发热、变形等均成为重大问题，故迄今电解加工直流电源的最大额定电流为 4×10^4 A。

② 电源的额定电压一般为8～24V，需连续可调。电源的稳压精度一般为±1%，脉冲电源则可适当放宽。

③ 耐蚀性好。由于电解加工是在大电流密度下进行的，因而电源应尽量靠近加工区，否则传输线路的压降较大，导致能耗损失大，特别是脉冲电源还将导致波形传输的畸变。这样就要求电源的耐蚀性好，能承受腐蚀性气体的工作环境，还应在大电流条件下连续工作稳定、可靠、无故障。

(2) 电解加工电源的基本类型。

① 直流电源。当前，国内外电解加工中绝大部分仍采用直流电源。早期的直流发电机组噪声大、效率低，调节灵敏度较差，导致稳压精度较低，短路保护时间较长。随着功率硅二极管的发展，硅整流器电源逐渐取代了直流发电机组，其主要优点是可靠性、稳定性好，效率高，功率因数高。硅整流电源先用变压器把 380V 的交流电变为低压的交流电，再用大功率硅二极管将交流电整成直流。随着大功率晶闸管器件的发展，晶闸管调压、稳压的直流电源又逐渐取代了硅整流器电源。现在国外已全部采用此种电源，国内大电流电源亦全部采用此方案。其主要优点是调节灵敏度高，稳压精度可达±1%，短路保护时间可达 10ms。

② 脉冲电流电解加工电源。早期的脉冲电源主要是为了解决某些特殊材料电解加工的需要，例如用直流电源加工硬质合金时只有碳被蚀除，表面状况不均匀，加工速度低，容易短路。但采用特殊脉冲电源加工铁、铜、铜合金及硬质合金均获得良好效果。研制脉冲电源的主要目的是为了提高加工精度，改善表面质量，简化、稳定电解工艺过程，将电解加工从一般加工水平提高到精密加工水平。其发展方向为加大输出电流，提高脉冲频率，改善其频率特性，缩小脉宽，提高电源的可靠性和稳定性。

现代功率半导体器件的发展从根本上改变了脉冲电源自身的品质。采用现代功率半导体器件的电源主要特点是容量大，开关速度快，可以达到大电流、高电压和高频率。目前国内外采用的功率半导体器件的电解加工脉冲电源均处于工程化前期阶段，尚未定型。

脉冲电解加工工艺对电源的基本要求如下。

① 参数。频率 f、脉宽 T_{on}、占空比 D 是影响脉冲电流电解加工效果的最重要的参数。试验研究表明，在一定的范围内，随着频率的提高、脉宽的变窄，加工精度、表面质量及加工效率均有所提高。当频率达到 1kHz，脉宽小到微秒级，占空比 $D \leqslant 0.5$ 时，能较好地满足中小型零件精密电解加工的要求。

脉冲电源导通期间输出的电压范围与直流加工无明显差异。电流密度则比直流加工高，一般为 30～200A/cm^2。快速短路保护时间以微秒级最佳。

② 波形。试验研究表明，矩形波脉冲电流无论是在加工精度还是加工效率上均明显优于正弦半波电流。脉冲上升沿最好能达到微秒级，关断时有适量的短时反向电流为好，这有利于快速去极化、提高加工精度，并可缩短脉间周期，以提高加工效率。

③ 高频、窄脉冲电解加工电源工程化样机。目前已经研制成 200A、400A、1000A 及 2000A 的样机。

3) 电解液系统

(1) 电解液系统的功能及特点。

电解液系统的功能包括供液、净化和三废处理三个主要方面。首先是将储存配置好的电解液以给定的压力、流量供给加工间隙区，同时保持电解液的温度、浓度、pH 相对稳定；其次是在加工过程中不断净化电解液，去除金属和非金属夹杂物以防止极间短路，粗滤网孔尺寸为 100μm，精滤为 25μm。同时还应保持金属氢氧化物的含量小于 5%，在微小间隙精加工时最好保持小于 1%，这样既可以防止电解液的粘度过大而影响流动的均匀性，还可防止电解产物粘滞在加工表面造成“结疤”/钝化现象；再次是对污浊电解液进行三废处理，去除在某些加工条件下产生的 Cr^{6+} 及 NO_2^- 离子，并将废液浓缩成干渣以便于处理。由此可见，电解液系统是维持电解加工稳定、正常进行的重要手段。虽然此系统的精度要求并不十分高，但由于此系统直接接触腐蚀介质，因而确保其耐蚀性是电解加工设备能稳定工作的必要条件。电解液系统的密封性也极为重要，只有严格密封才能确保各部件如电解液泵、过滤器等正常工作，达到设计指标，并杜绝对工作环境的污染，确保文明生产。国外的电解液系统一般比较完善，但价格高昂，其成本在整套设备中占的比例相当大。例如，AEG公司的电解液系统的成本占全套设备的30%以上。国内的则较为简陋，往往不配套，是生产现场中电解加工设备故障率最高的薄弱环节。此外，其规格性能也未能如总体布局中所要求的与机床、电源正确匹配，造成整套设备不能充分发挥其最佳状态，因而未能获得最佳的加工效果。电解液系统是国内电解加工设备中亟待改进、提高的环节。

(2) 电解液系统的组成。

电解液系统是电解加工设备中不可缺少的一个组成部分，系统的主要组成部分有主泵、电解液槽、热交换器及电解液净化和产物处理装置。图4.35所示为国内某厂叶片电解加工电解液系统的组成照片。

图4.35 电解液系统组成

电解液系统中的电解液泵是该系统的心脏，它决定了整个电解液系统的基本性能，其选型至关重要。电解液泵的类型及应用状况见表4-11。

表4-11 电解液泵的类型及应用状况

类　型	特　点	应用状况
单级离心泵	(1) 流量较大，压力较低，国产不锈钢单级离心泵最高压力为1MPa，国外可达1.5MPa； (2) 使用维修较简便，工作稳定、可靠	多用于型面、型腔类加工，例如叶片、机匣、模具等；使用效果好，建议采用
多级离心泵	(1) 流量较大，压力随级数增加而提高，可以根据加工要求配置级数； (2) 维修较单级泵复杂； (3) 国内耐蚀的多级泵尚无定型产品，而且质量波动较大	英国R.R.公司为减少叶片电解加工短路机率，从单级泵改用多级泵，压力从1.4MPa提高到2.1MPa，效果显著，国内较少采用
旋涡泵	(1) 流量较大，压力较高； (2) 泵效率较低，外廓尺寸较大； (3) 铸铁件不耐蚀，不锈钢件则成本较高	仅少数厂家使用
柱塞泵	(1) 流量较小，压力高； (2) 结构较复杂，精度要求较高	适于小孔、套料加工，但国内尚无定型的耐蚀柱塞泵产品，故还未推广
齿轮泵	(1) 流量较小，伞齿轮泵则稍大，压力较高； (2) 由于电解液具有腐蚀性且含泥渣，容易造成齿轮工作面及端面磨损； (3) 维修较困难，维修频度大	国内早期使用，现除打小孔外已逐渐淘汰

由表 4-11 可以看出，离心泵的特性适合于电解加工型面、型腔，已成为国内外电解加工的主要泵型。

在车间生产批量较大、电解加工机床较多且容量较大时，一般均设有隔离的电解液间，此时可以建立容量较大的池式槽。对小批量多品种生产的单台电解加工设备，其电解液槽则可作为设备的附件由设备生产厂统一配置、采用移动的箱式槽。

热交换器与恒温控制器一起构成电解液的恒温系统。

对于小型电解液槽可将蛇形管热交换器置于槽内。这种配置方式的换热效率较低，但占地面积小，较简便，适于小电流加工。对于大型电解液槽则应将热交换器独立安置，通过传输泵使电解液循环流经热交换器。这种配置方式虽然占地面积较大但换热效率较高，适合于较大电流的加工。

电解液的净化方法很多，主要包括沉淀法、过滤法及离心法。当前生产中行之有效的净化装置见表 4-12。目前国内用的比较多的是自然沉淀法。沉淀法虽简易，成本低，但由于电解产物中金属氢氧化物是成絮状物存在于电解液中，其质量很小，因而沉积速度很慢，净化效率低，无法边加工边净化，因此在电解加工过程中无法保持电解产物的含量恒定，只能在其含量超过标准时重新更换电解液。目前国外已广泛采用离心分离装置，用高速旋转离心机将电解产物分离。电解液静化装置原理及特点见表 4-12。

表 4-12　电解液净化装置各类型原理及特点

净化方法	原　　理	简　　图	特　　点
孔隙过滤	电解液在吸力或压力下通过微孔塑料或不锈钢网等介质使固态杂质分离	净电解液 电解液进入	(1) 只过滤固态杂质，胶状氢氧化物则能通过； (2) 粗过滤置于泵吸口(40 目)，精过滤置于工作箱进口(网眼尺寸 25μm)； (3) 滤芯可串、并联
沉淀	电解液中胶状氢氧化物在槽中自然沉淀或通过斜板或加絮凝剂使之加速沉淀	来自加工区的电解液 脏电解液 净电解液	(1) 净化效率较低，沉淀速度决定于加工材料及温度，顺序为钛合金＞镍基合金＞铁基合金，48℃ 时 $Fe(OH)_3$沉淀速度为 27.2mm³/min，但可用絮凝剂加速； (2) 分离系数较小，废液含水量大； (3) 简便； (4) 占地面积大
离心分离	用高速旋转离心机将电解产物分离		(1) 效率高、分离系数大，叠片式又优于桶式； (2) 可以边加工边净化，始终保持整个加工过程电解液的纯净； (3) 设备投资大，维护较复杂，国外广为采用，国内尚无适合电解加工用的产品

2. 电解加工设备的总体设计原则

进行总体设计时，首先必须确认设备的工作条件，加工对象的特点和基本要求。这是总体设计的基础和出发点；其次就是要确定设备主要部分的功能、组成、基本方案和相互间的匹配关系，在此基础上进行总体布局；然后根据设计任务书的要求计算、选定设备的总体规格、性能、技术要求；最后定出总体方案。由于电解设备各部分的相对独立性较大且专业领域各异，因此总体设计对于确保设备的整体性能和水平是极为重要的一环，特别是各组成部分之间的相互匹配、协调尤为重要，这是电解加工设备设计与一般机床设计的重大区别之处。

在电解加工设备中进行总体设计时应考虑的主要问题及遵循的主要原则有以下几项。

1）设备的耐蚀性好

机床工作箱及电解液系统的零部件必须具有良好的抗化学和抗电化学腐蚀的能力，其抗蚀能力应达到在20%NaCl溶液中、50℃的条件下不受腐蚀。全套电器系统及设备中接触腐蚀性气体的表面均需有可靠的防蚀能力。

2）机床刚性强

随着电解加工向大型、精密发展，采用大电流、高电解压力、高流速、小间隙加工，以及脉冲电流加工的应用，越来越使电解加工机床必须在较大的动态、交变负荷下工作，要达到高精度、高稳定性就必须有较强的静态和动态刚性。

3）进给速度特性硬、调速范围宽

为确保动态交变负荷下小间隙加工的稳定性，进给速度从空载到满载变化量应小于0.025mm/min，采用液压送进时，低速爬行量应小于0.01mm，最低进给速度为0.01mm/min，最高空程速度至少为500mm/min。

4）较高的机床精度

国内主要采用反拷电极试修法，因而主要要求定位稳定、可靠，重复精度高，而对位置的绝对精度则没有严格要求。

5）安全、可靠

必须杜绝工作箱内氢气爆炸(工作箱内氢气含量应低于0.25%)，还应防止有害气体逸出。所有电器柜要防潮及防止腐蚀性气体渗入。

6）配套性好

设备应成套，各部分性能应相应匹配以得到最佳工作条件。

7）较大的通用性

电解加工的对象大都属于小批量多品种生产，因而机床的通用性会影响到设备的利用率和经济性，特别是电解设备成本较高，一次投资较大，因而应足够重视其通用性。

4.2.6 电解加工的应用

电解加工在20世纪60年代开始用于军工生产，70年代扩大应用到民用领域。航空、航天、兵器工业是电解加工的重点应用领域，主要用于难加工金属材料的加工，如高温合金钢、不锈钢、钛合金、模具钢、硬质合金等的三维型面、型腔、型孔、深孔、小孔、薄壁零件。

1. 模具型面加工

1）模具型面的加工特点

随着社会经济的发展和科技的进步，在模具制造业中，电解加工越来越多地发挥着适宜加工难加工材料、复杂结构件的加工优势。自 20 世纪 70 年代起，随着电解加工从军工生产向民用扩展，其在模具制造业等各个领域都开始应用。例如，锻模型面，形状复杂，硬度、表面质量要求高，但精度为中等，棱边锐度要求不高，生产批量大，正好适宜电解加工。

模具型面电解加工具有以下特点。

(1) 生产率高、加工成本低。这是由于模具型面电解是单方向进给、一次成形的全型复制加工，加工速度快；相比仿形铣与电火花加工，工时大为减少；工具阴极不损耗，无需经常修复和更换，因而模具生产周期大为缩短。虽然工具阴极的制造周期显著长于电火花加工用的电极制造，但寿命更长，当生产批量大到一定程度后，工具的折旧费就低于电火花加工，批量越大，经济效益越明显。这就是当前电解加工主要用于批量模具生产的重要原因。

(2) 模具寿命长。这是由于电解加工表面粗糙度低，圆角过渡，流线型好，因而磨损小、出模快，减缓了二次回火软化的效应；其次是电解加工表面没有冶金缺陷层，不会产生残余应力和显微裂纹，因而耐高温疲劳性能好，避免了模具在锻造过程中的拉伤、塌陷、变形等损伤。

(3) 重复精度好。这是由于加工过程中工具阴极不损耗，可长期使用，因而同一阴极加工出的模具有较好的一致性。

2）模具型面电解加工的应用

由于模具型面电解加工的上述特点，使之在机械、航空、航天、五金工具、汽车、拖拉机等工业领域的模具制造中获得了广泛应用。图 4.36 所示为电解加工的锻模。

图 4.36　电解加工的锻模

【叶片型面、机匣及壳体电解加工】

2. 叶片型面加工

叶片是喷气发动机、汽轮机中的重要零件，叶身型面形状比较复杂，精度要求较高，加工批量大，在发动机和汽轮机制造中占有相当大的劳动量。叶片采用传统的切削加工方法时，因材料难加工、形状复杂、薄壁易变形等问题，加工难度较大，并且生产率低，加工周期长，而采用电解加工，则不受叶片材料硬度和韧性的限制，在一次行程中就可以加工出复杂的叶身型面，生产率高，表面粗糙度值小。

电解加工已经成为叶身型面加工的主要工艺。图4.37所示为电解加工的叶片。在加工叶身型面方面，电解加工已经取得了如下显著的经济效果。

图4.37 电解加工的叶片示例

1）加工效率高

电解加工的加工时间显著短于传统的切削工艺，例如，英国R.R公司加工RB211涡轮叶片的机加工时间仅为2min/片，我国航空发动机涡轮叶片加工由传统的机械切削工艺改为电解加工后，其单件工时降到原有的1/10；采用电解工艺加工长度为432mm的大型扭曲叶片叶背型面，单件工时降到仿形磨的1/4，仿形车的1/2。

2）生产周期大为缩短

由于电解加工叶片的工序高度集中，而机械加工叶片工序则相当分散，加之电解加工工具阴极不损耗，因而总的生产准备周期以及生产周期均大为缩短，例如R.R公司的叶片自动生产线(以电解加工为主)的生产准备周期减少到原有工艺的1/10。

3）手工劳动量大幅度减少

传统的叶片型面加工工艺中手工打磨、抛光的劳动量占了叶片加工总劳动量的1/3以上。而电解加工型面由于加工表面质量好、加工过程不产生变形，因而后续的手工打磨抛光量大为减少，废品率也大为降低。例如，大型汽轮机叶片改为电解加工后其废品率由原有的10%降到2%，英国R.R公司叶片全自动生产线的废品率亦较原有工艺大为降低。

叶片加工的方式有单面和双面加工两种。机床也有立式和卧式两种，立式大多用于单面加工，卧式大多用于双面加工，叶片加工大多数采用侧流法供液，加工是在工作箱中进行的，我国目前叶片加工多数采用NaCl电解液的混气电解加工法，也有采用加工间隙易于控制的$NaClO_3$电解液的，由于这两种工艺方法的成形精度较高，故阴极可采用反拷法制造。

3. 深小孔、型孔、群孔的电解加工

【孔电解加工】

孔类电解加工，特别是深小孔及型孔加工，是电解加工的又一重要应用领域。

1）深小孔电解加工

对于用难加工材料，如高温耐热、高强度镍基合金、钴基合金制成的空心冷却涡轮叶片和导向器叶片，其上有许多深小孔，特别是呈多向不同角度分布的深小孔，甚至弯曲孔、截面变化的竹节孔等，用普通机械钻削方法加工特别困难，甚至不能加工；而用电火花、激光加工又有表面再铸层的问题，且所能加工的孔深也不大；而采用电解加工孔，加工效率高、表面质量好，特别是采用多孔同时加工的方式，效果更加显著。如美国JT9发动机一级涡轮导流叶片，零件材料为镍基合金，叶片上有25个分布于不同角度上的深小孔，采用电解加工在一次行程中全部完成，高效率、高质量，加工过程稳定。随着新型航空发动机涡轮工作温度增高的需要，零件材料性能不断提高，同时采用大量多种尺寸、多种几何结构的冷却孔设计，电解加工小孔已经并将继续在航空、航天发动机上多种小孔的加工中发挥其独特的作用。

小孔电解加工通常采用图4.38所示的正流式加工。工具阴极常用不锈钢管或钛管，外周涂有绝缘层以防止加工完的孔壁二次电解，工具阴极恒速向工件送进而不断使工件阳极溶解，形成直径略大于工具阴极外径的小孔。图4.39所示为深小孔电解加工实例，加工孔径ϕ1.45mm，孔深70.1mm。

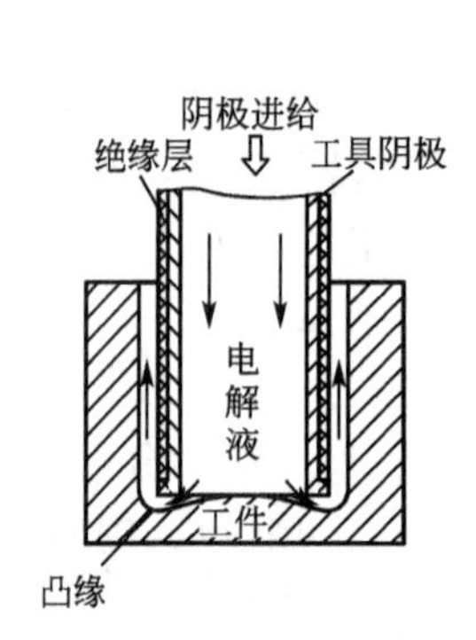

图4.38 小孔电解加工示意图

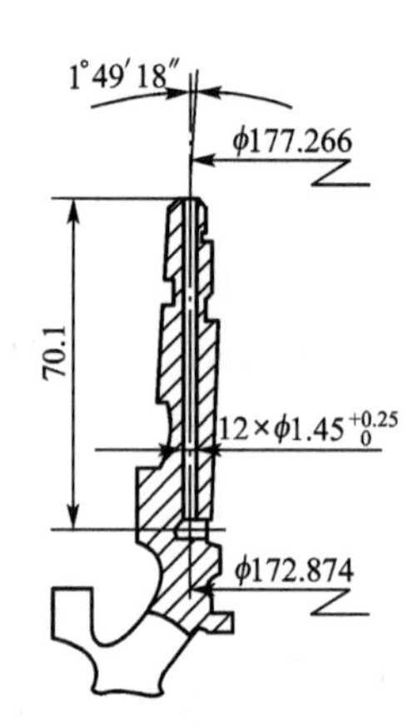

图4.39 电解加工的涡轮后轴润滑油孔

通常小孔加工用的工具阴极由不锈钢管制成；当加工孔径很小或深小孔的深径比很大时，为避免电解液中的电解产物或杂质堵塞加工间隙，有时还采用酸类电解液，则相应地需要选用耐酸蚀的钛合金管制造工具阴极。用此类阴极加工，其加工深小孔的深径比可以达到180∶1，孔径精度可以达到±0.025～±0.05mm，在25.4mm的深度上孔的偏斜量不大于0.025mm，表面粗糙度可以达到Ra0.32～0.63μm。该加工工艺已应用于镍、钴、钛、奥氏体不锈钢等高强度合金航空发动机轮盘、叶片上多种类型的小孔加工，如平行孔、斜孔；还可同时加工多个深小孔。

保证阴极绝缘涂层质量，即保证涂层均匀光滑并与管壁结合牢固，不允许涂层中有气孔或夹杂物，不允许漏电，是保证小孔加工质量的必要条件。否则，就会使加工孔偏斜、不圆或孔壁粗糙，甚至出现沟槽。因此，在加工前要仔细检查涂层质量，除目测检查外，还需在电解池中进行通电电解试验的严格检查。常用的绝缘涂层材料有高温陶瓷涂料和环氧塑料涂层。为了保证涂层质量，特别要保证工作端头的绝缘涂层不会因受电解液冲刷而剥落，也不会因端头加工区域温度升降的变化而使涂层松动，在阴极管壁厚度及加工孔径允许的条件下，还可以采用复合涂层。

除了上述常用的成型金属阴极进给方式电解加工小孔外，电液束加工技术也是一种电解加工小孔的方法。电液束加工包括毛细管电解(Capillary Drilling，CD)、电射流电解(Electro Stream Drilling，ESD)、电喷射电解(Jet Electrolytic Drilling，JED)这三种不同的加工形式，如图4.40所示。其加工原理是：金属阴极仅对电解液束辉光充负电，使之起工具阴极的作用，射入工件而使工件按电解液束的形状在阳极溶解和化学腐蚀的双重作用下成形。

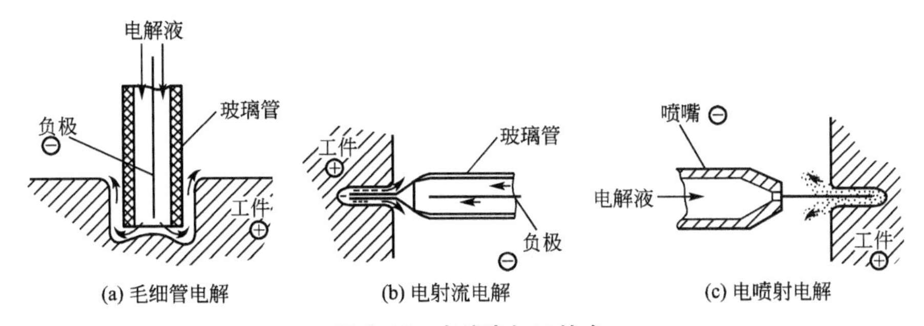

(a) 毛细管电解　(b) 电射流电解　(c) 电喷射电解

图 4.40　电液束加工技术

电液束加工具有加工表面完整性好和深径比大等特点，可以加工其他工艺难以加工的，即位置特殊、表面质量要求高、无再铸层的深小孔，因此可用于加工航空工业中的各种小孔结构，可满足高质量发动机的需要，对延长航空发动机的寿命、提高性能具有重要意义。与传统电解加工不同，电液束加工用的电源是高压电源，其电压高达 300～1000V，但总电流不大，一般不高于 4A，而其电流密度可高达每平方厘米数百安培。电解液一般采用酸性电解液，常用浓度 10%左右的 H_2SO_4或者 HCl 水溶液。图 4.41 所示为采用电射流电解方法在镍基高温合金 263A 材料加工出的小孔。工具电极是石英玻璃管，其毛细段长度为 25mm、直径仅为 ϕ0.36mm，电解液是 $NaNO_3$和 H_2SO_4的混合水溶液。

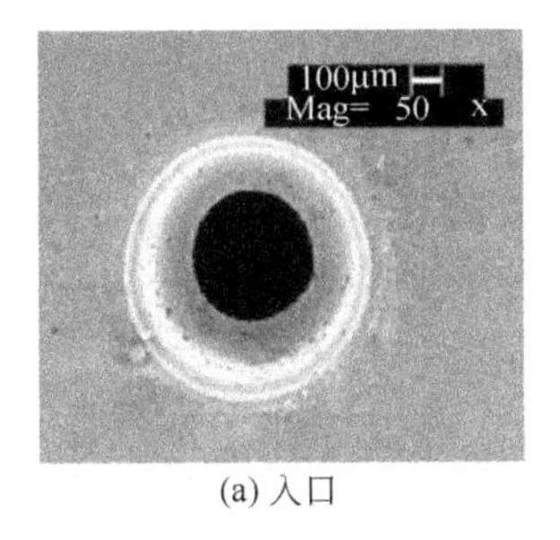

(a) 入口

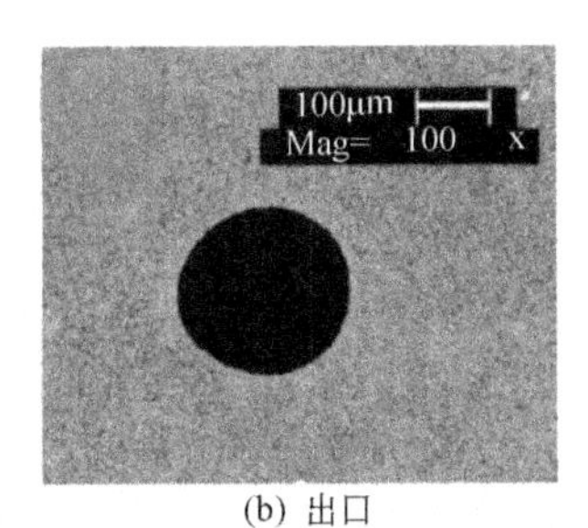

(b) 出口

图 4.41　镍基合金材料 263A 电射流电解打孔形貌图

2）型孔电解加工

型孔、特别是在深型孔、复杂型孔的加工中，电解加工已显示其突出优点，占有其独特的应用地位。图 4.42 所示为型孔电解加工示意图。在生产中往往会遇到一些形状复杂、尺寸较小的四方、六方、椭圆、半圆等形状的通孔和不通孔，机械加工很困难，如采用电解加工，则可以大大提高生产效率及加工质量。

图 4.43 所示为采用电解加工制造出的上部为圆形下部为六边形的“天圆地方”异形型孔零件实例。为了提高加工速度，可适当增加端面工作面积，使阴极内圆锥面的高度为 1.5～3.5mm，工作端及侧成形环面的宽度一般取 0.3～0.5mm，出水孔的截面积应大于加工间隙的截面积。

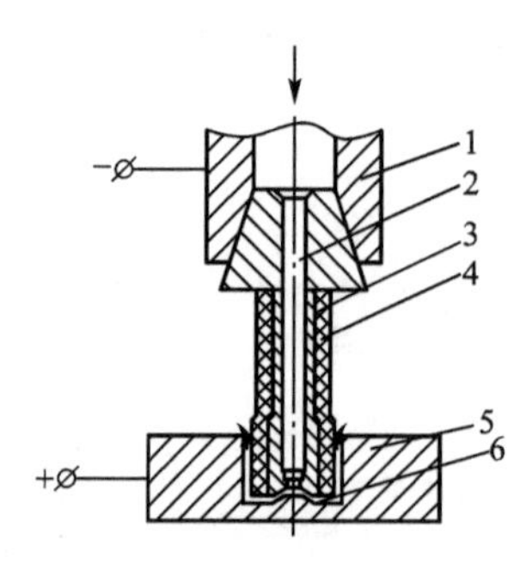

图 4.42　端面进给式型孔加工示意图

1—机床主轴套；2—进水孔；3—阴极主体；
4—绝缘层；5—工件；6—工作端面

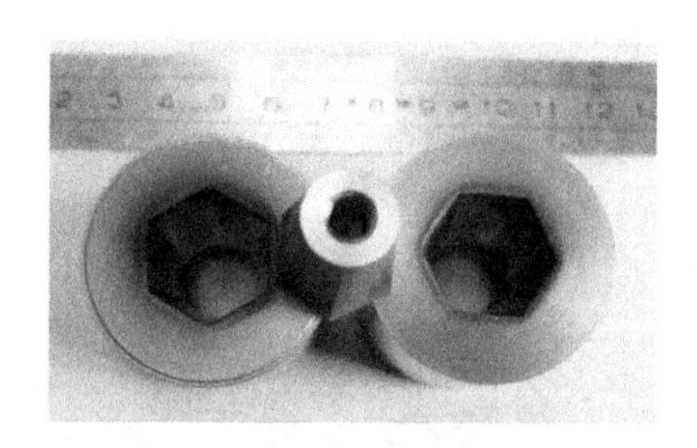

图 4.43　天圆地方异型孔零件及阴极

竹节孔肋化冷却通道是航空发动机涡轮叶片一种新型的高效低阻的冷却方式。图 4.44 所示为采用电解加工出的竹节孔肋化冷却通道。成形工具电极采用电解加工方法制备，下凹处经过绝缘处理，直径 ϕ3mm，肋宽 1mm。

【竹节孔加工】

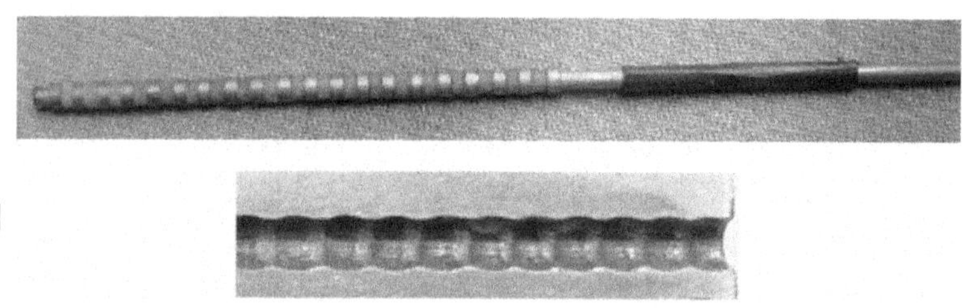

图 4.44　竹节孔肋化冷却通道实例(上：工具电极；下：零件)

3）群孔电解加工

随着现代化进程的不断推进，高科技产品层出不穷，带有小孔的零件越来越多。例如，惯性陀螺中的仪表元件、化纤喷丝板、散热器管板、电子打印机打印头，电视机障板等。各种零部件上的小孔不仅数量越来越多而且其孔径越来越小，直径小于 ϕ1mm 的小孔经常出现，且对这些孔的精度和质量要求也越来越高。与传统加工相比，群孔电解加工具有高效的优势。

图 4.45 所示为采用阵列金属电极电解加工群孔的实例。电极为不锈钢管，外径 ϕ0.8mm，孔径 ϕ0.5mm，试件为厚度 1.9mm 的不锈钢片。

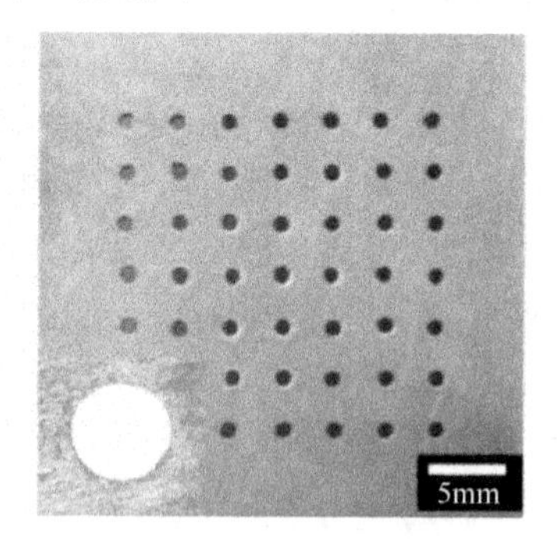

图 4.45　群孔电解加工样件和电极

模板电解加工是一项群孔电解加工的新技术，可应用于厚度为0.5mm以下的薄壁零件的群孔加工。图4.46所示为航空发动机导向叶片内冷气导管模板电解加工的实例。图4.47所示为加工的前冷气导管实物。前冷气导管有两种不同直径的小孔，其中有19个直径为$\phi1.5^{+0.1}_{0}$mm的小孔、306个直径为$\phi0.55^{+0.1}_{0}$mm小孔。板材采用牌号为GH3030的高温合金，板厚为0.3mm。

图4.46 冷气导管模板电解加工

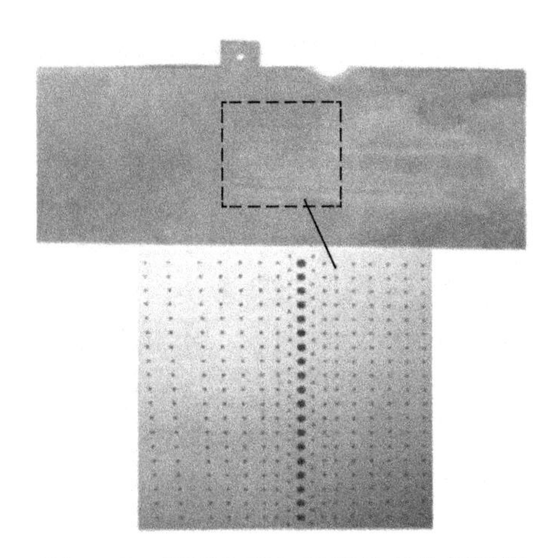

图4.47 模板电解加工出的前冷气导管

随着电解加工技术的发展，脉冲电流电解加工在型孔，特别是在深型孔、复杂型孔和深小孔(参见图4.39)的加工中发挥重要作用。其原因可以归纳如下。

(1) 脉冲电流电解加工的集中蚀除能力高、切断间隙小，有利于提高成形精度，特别有利于清棱清角的加工。

(2) 压力波的扰动作用，有利于深孔加工时排除电解产物。

(3) 必要时，可以在直流脉冲电源的基础上构造一定周期的反向脉冲(反向幅值比正向幅值小些)，有利于清除在阴极加工面上沉积的电解产物。

特别是近十余年来高频、窄脉冲电流电解加工的出现，对于深度不大的型孔、圆孔加工，甚至型管外周不绝缘也能获得很高的成形精度。可以预计，脉冲电流电解加工在深小孔、型孔加工中将有广泛的应用前景。

4. 枪、炮管膛线电解加工

枪、炮管膛线是我国在工业生产中首先采用电解加工的实例。与传统的膛线加工工艺相比，电解加工具有质量高、效率高、经济效益好的特点。经过生产实践的考验，膛线加工工艺已经定型，成为枪、炮制造中的重要工艺技术，并且随着工艺的不断改进，阴极结构不断创新，加工精度得到进一步提高，生产应用面也进一步扩大。图 4.48 所示为国内电解加工炮管膛线实例。

图 4.48　电解加工的炮管膛线

通常膛线电解加工包括阳线的电解抛光和阴线(膛线)的电解成形加工两道工序，而传统的膛线机械加工方法有两种：大口径炮管膛线采用拉线法，在拉线机上用多把拉刀分组进行，才能全部完成膛线的加工；小口径枪管膛线采用挤线法，挤线法是在专用设备上用冲头成形，但冲头制造困难。此方法工序繁多，费时费力。

电解加工枪、炮管膛线与机械加工膛线比较具有如下优点：

(1) 电解加工仅需要一个阴极，一次成形，生产率高，工序简单。

(2) 工具阴极不消耗，节省了大量昂贵的拉刀或冲头。

(3) 表面质量好，无飞边，无残余应力，表面粗糙度优于拉制和挤制。

(4) 膛线加工可以安排在热处理后进行，从根本上解决了枪、炮管加工后的校直问题。

【整体叶轮电解加工】

【发动机整体叶盘型面精密电解加工】

【变截面扭曲叶片整体叶轮展成电解加工】

5. 整体叶轮加工

许多航空发动机的整体涡轮转子，叶轮材料为不锈钢、钛合金、高温合金钢，很难、甚至无法用机械切削方法进行加工。在采用电解加工以前，叶片是经精密锻造，机械加工，抛光后镶到叶轮轮缘的榫槽中，再连接而成，加工量大、周期长，而且质量不易保证。电解加工整体叶轮，只要把叶轮坯加工好后，直接在轮坯上加工叶片，加工周期大大缩短，叶轮强度高，质量好。

对于等截面叶片整体叶轮，目前大都采用电解套型方法加工成形。叶轮上的叶片是逐个加工的，采用套料法加工，加工完成一个叶片，退出阴极，分度后再加工下一个叶片。电解套型加工叶片型面精度一般为 0.1mm，表面粗糙度为 $Ra0.8\mu m$，叶片最小通道 2.5mm，叶片长度为 10～26mm。电解套型加工如图 4.49 所示。

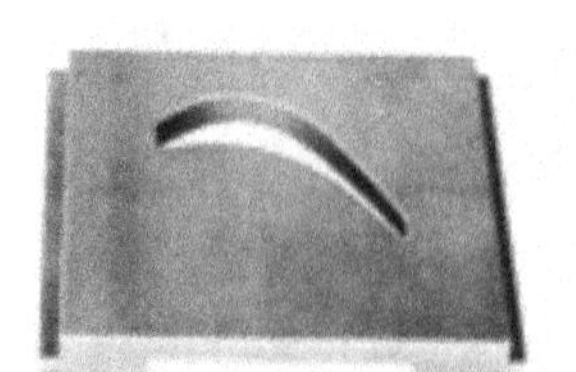

图 4.49　整体叶轮套型电解加工

对于变截面扭曲叶片整体叶轮，可采用数控展成电解加工。加工方法类似于数控铣削那样，以工具阴极作为电解“铣刀”，相对于工件进行数控加工运动，电解“铣刀刃”对工件阳极实现电化学溶解作用而实现数控“电解铣削”，结果工具阴极“铣刀刃”的“电解铣削”包络面就形成了期望加工的型面。变截面扭曲叶片整体叶轮展成电解加工如图 4.50所示。

图 4.50 整体叶轮展成电解加工

6. 电化学去毛刺

毛刺是金属切削加工的产物，难以完全避免。毛刺的存在，不仅影响产品的外观，而且影响产品的装配、使用性能和寿命。随着高科技的发展、产品性能要求的提高，对产品质量的要求越来越严格，去除机械零件的毛刺就越加重要。

金属材料向高强、高硬、高韧方向的发展，机械产品中复杂整体构件的日益增多，使去毛刺的难度也随之增大，传统的手工去毛刺作业很难满足要求，各种机械化、自动化去毛刺的新技术、新工艺应运而生。

电化学去毛刺是一种先进的去毛刺技术，是电化学加工技术中发展较快、应用较广的一项工艺。常见电化学去毛刺的分类见表 4-13。

表 4-13 电化学去毛刺的分类

毛刺部位	典型零件
孔周边	(1) 曲轴、连杆、活塞、油泵、油嘴等油路孔； (2) 气动液压件阀体内孔，交叉孔； (3) 航空、航天发动机燃烧室部件、涡轮部件； (4) 航空、航天控制阀体、管件
槽周边	(1) 内燃机、柱塞、针阀体、盛油槽； (2) 套筒、滑槽、滑阀
异型腔、槽周边	(1) 齿轮、花键； (2) 航空发动机涡轮盘榫槽、榫齿
外形棱边	(1) 柴油机、汽油机、缸体、壳体、泵体； (2) 纺机气流通道、食品、药品的成形机

基于电化学加工的基本原理，电化学去毛刺对工件无机械作用力，容易实现自动化或半自动化，适合去除高硬度、高韧性金属零件的毛刺，还可以去除工件特定部位的毛刺。例如，对于手工难以处理、可达性差的复杂内腔部位，尤其是交叉孔相贯线的毛刺，利用电化学去毛刺有着明显的优势。电化学去毛刺对加工棱边可取得较高的边缘均一性和良好的表面质量，具有去除毛刺质量好、安全可靠、高效等优点，和传统工艺相比，一般可提高效率 10 倍以上。

电化学去毛刺设备已有系列产品，在汽车发动机、通用工程机械、航空航天、气动液压等众多行业中得到应用，是电化学加工机床中生产批量较大，应用领域较广的重要装备。图 4.51 所示为苏州电加工机床研究所研制的针对柴油发动机缸体电化学去毛刺机。

(a)

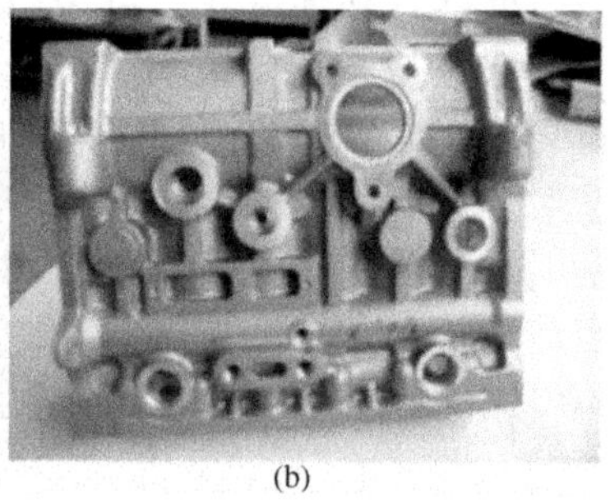
(b)

图 4.51 电化学去毛刺机和去毛刺后的柴油机缸体

4.3 电沉积加工

电沉积(Electrodeposition)是金属或合金从其化合物水溶液、非水溶液或熔盐中电化学沉积的过程。电沉积加工是电化学加工中阴极沉积材料类的加工技术，是电镀、电铸、电解冶炼、电解精炼等加工过程的统称。这些过程在一定的电解质和操作条件下进行，金属电沉积的难易程度以及沉积物的形态与沉积金属的性质有关，也依赖于电解质的组成、pH、温度、电流密度等因素。其中电镀和电铸是应用最为广泛的技术，两者看上去非常接近，但也存在显著区别：一是层厚不同，电镀层的厚度通常在几微米到几十微米之间，电铸的厚度则要厚许多，通常在毫米级别，有时甚至厚达几厘米；二是结合性不同，电镀层要求与基体材料结合的越牢固越好，电铸层一般最终需要与基体(即原模)分离。电沉积加工过程涉及的法拉第定律和电流效率、电极电位等基本原理可以参考 4.1 节介绍的内容，本节将从加工角度对电镀和电铸这两类常见电沉积技术展开介绍。

4.3.1 电沉积原理及工艺

1. 电沉积金属质量的计算

电沉积过程是金属离子“堆积”成形的过程，因此，用以衡量电沉积的工艺指标之一是电沉积金属量或者电沉积金属速度。电沉积属于电化学反应，当电流通过电沉积溶液时，阳极发生氧化反应，金属溶解；阴极发生还原反应，金属沉积。溶解或析出、沉积物质的质量，都可以通过法拉第定律或其变换式计算。电沉积出自阴极的还原反应，沉积金属的质量与式(4-10)描述的阳极溶解质量类似，可按式(4-27)计算：

$$m=kIt \tag{4-27}$$

式中 m——阴极上析出物质的质量(g)；

k——析出物质的质量电化当量 [g/(A·s)，g/(A·min)，g/(A·h)]；

I——电沉积电流(A)；

t——电沉积时间(s，min，h)。

电沉积时，通过阴极的电量为

$$It=i_c St \tag{4-28}$$

式中 i_c——阴极电流密度(取平均值)(A/dm²);

S——阴极原模沉积作用面积(dm²)。

当不考虑电流效率，即假定通过阴极的电流全部用于金属沉积时，可以计算出电沉积的金属质量为

$$m=ki_cSt \tag{4-29}$$

但实际上，除了采用酸性硫酸铜溶液电铸铜时，电流效率处于接近100%的理想状态外，多数情况下，电沉积过程通过阴极的电流都不会完全用于沉积金属，有部分电量消耗在副反应中。副反应主要有以下几种可能的形式：

(1) 水溶液中的氢离子在阴极上还原为氢气。

$$2H^{+}+2e=\!=\!=H_2\uparrow$$

(2) 某些高价金属离子还原为低价离子。

(3) 某些添加剂或杂质也在阴极上还原，或者出现非所需电沉积金属离子的还原共沉积。

其中，以氢离子的还原为主要副反应，这就是常见的伴生析氢，微小的氢气泡附着在电沉积反应界面处，成为电沉积层中微气孔等瑕疵的主要形成原因。

副反应会消耗部分电量，所以电铸中也提出电流效率的概念，自然，此处更关注的是阴极电流效率 η_c 为

$$\eta_c=\frac{\text{通过一定电量所沉积金属的实际质量}}{\text{通过一定电量应沉积金属的理论计算质量}}\times 100\% \tag{4-30}$$

或者表达为

$$\eta_c=\frac{\text{根据沉积金属实际质量计算应消耗的电量}}{\text{实际通过阴极的总电量}}\times 100\% \tag{4-31}$$

考虑到阴极电流效率，即通过阴极的电流实际只有一部分用于沉积金属时，电沉积金属的质量应表示为

$$m=\eta_c ki_cSt \tag{4-32}$$

2. 电沉积工艺分析

根据电沉积金属的质量可以比较方便地计算出单位时间内所获得的电沉积层平均厚度，即电沉积速度。但在实际操作过程中，除了比较平坦的或者回转方式的电沉积对象，其他会由于电沉积中的流场及电场分布的不均匀，对应的局部电沉积速度也存在较大差异。也就是说，在电沉积过程中，阴极的形状对电场分布的均匀性影响非常大，阴极的锐角、尖棱和深槽结构处往往会形成电流密度分布的高地或者洼地，锐角和尖棱部位存在“边缘效应”，电力线比较集中，电流密度高于其他部位，导致沉积速度加快，常形成树枝状金属沉积物——“枝晶”，严重时甚至会造成沉积层“烧焦”；而在低凹处则相反，受周边部位屏蔽电力线的影响，沉积速度减慢，有时甚至几乎没有沉积效应，使得低凹处沉积反应很难进行。因此，通过调整电沉积槽内阴、阳极的几何因素来调节和改善电场分布是电沉积研究中的一个重要方面。

在电沉积工艺中，电沉积液是另一个对电场影响非常重要的因素，为了评定一种电沉积液所能获得的电沉积层厚度的均匀性，提出了“分散能力”的概念。所谓分散能力，是指电沉积液所具有的使镀件表面沉积层厚度均匀分布的能力。分散能力愈好，则制品不同

部位的沉积层厚度就愈均匀；反之，则沉积层厚度差异越大。分散能力的实质，其实就是电沉积液特性对阴极上电流分布影响差异的一种评价。与全局分散能力相关的还有局部的“深镀能力”评判，即电沉积液具有使镀件深凹处沉积金属镀层的能力。二者存在一定的关联：分散能力好的电镀液，深镀能力一般也很好，但深镀能力好的电镀液，分散能力却不一定好。生产中，改善电镀液分散能力可以采取以下措施：

(1) 加入电导率高的强电解质，如在 $CuSO_4$溶液内添加 H_2SO_4，用于铜电铸。

(2) 加入添加剂，如在电铸镍溶液中添加无机金属盐或某些有机化合物。

(3) 添加络合物，如焦磷酸盐络合物、柠檬酸盐络合物等。

在分散能力较好的前提下，一定希望加快沉积速度、提高生产率，但是不断提高电流密度，达到一定值时，电流效率反而会随之下降。严重时，阴极副反应会大量析氢，电沉积层质量变差。此外，电流密度过高时，晶核容易生成，并容易进一步诱导晶核快速生长成树枝状沉积物。由此可见，电沉积层的形成是非常复杂的物理化学现象，期间包括物质迁移(电沉积液中的金属离子到达阴极表面)、电荷迁移(金属离子在阴极表面与电子结合，成为金属原子)、晶格化(金属原子在电极表面扩散到达晶格位置，形成晶格组织)这三个主要过程。其中物质迁移决定了整个电极的反应速度，也就是金属离子向阴极表面的传质速度决定了电沉积速度。人们在以往的研究中总结出了一些有效提高传质速度的工艺措施：例如，提高电沉积液温度；选用高质量分数的电沉积液；缩小阴、阳极间距离；强烈搅拌电沉积液，以增加阴极沉积作用面的溶液切向流速等。其中，提高阴极沉积区域的局部流速成为重要关键措施之一，只有流速加快了，才能向阴极提供足够多的金属离子，带走表面的氢气泡，避免或减少氢脆、麻点、针孔和烧焦等现象。换言之，电沉积过程的理想流场是：能够向阴极沉积作用面连续、稳定地供给维持待沉积金属离子质量分数的电沉积液，溶液在阴极沉积作用面均具有一定的相对流速，不存在死水、涡流等特殊流场区域。增加阴极沉积作用面切向流速的有效方法包括以下几种：

(1) 应用机械装置或者压缩空气强烈搅拌电沉积液。

(2) 阴极做直线往复移动或转动。

(3) 阴极做一定频率的振动，或者将超声振动源置于电沉积槽内。

(4) 采取喷射方式输送电沉积液，直接冲刷阴极沉积作用面。

(5) 将阴、阳极放置在专门的工装内，迫使电沉积液以高速在阴、阳极间隙内流动，并保持为紊流状态。

随着电源技术的进步，工业生产中已经较为普遍地采用了周期换向电源，并且正逐渐扩大到应用脉冲电源，两类电源对于改善沉积层质量均发挥了显著作用。与直流电沉积相比，脉冲电沉积增加了对电流波形、频率、通断比及平均电流密度等参数的调节及搭配，使得电沉积工艺能够在很宽的范围内变化与控制，更有利于选择加工参数，优化沉积过程。脉冲电沉积的主要优点如下：

(1) 能改变沉积层的组织结构，使得沉积的金属结晶更加致密。

(2) 改善分散能力。

(3) 显著降低沉积层的孔隙率，提高制品的抗蚀性。

(4) 降低沉积层的内应力。

总之，上述一系列工艺均是为了提高电沉积层的质量，使得电场与流场比较均匀，传质速度在满足反应需求的前提下尽量的快些，电沉积过程的分散性好些，局部的结晶过程能够更加稳定，全局的沉积能够均匀进行，沉积的晶粒能更加细小些，能减少有害杂质的引入，沉积层内部各种缺陷尽可能避免，最终获得符合预期的理想制品。

4.3.2 电镀加工

现代电化学源自于电沉积现象的发现。1805年，意大利化学家Luigi V. Brugnatelli用电极进行了第一次电沉积，但在这之后并没有在一般的工业中应用。直到1839年，英国和俄罗斯科学家各自独立设计了类似于Brugnatelli的金属电沉积工艺，用于印制电路板的镀铜。之后不久，英国伯明翰的John Wright发现氰化钾溶液是一种适合电镀黄金和白银的电镀液。1840年，Wright的同事乔治·埃尔金顿和亨利·埃尔金顿被授予第一个电镀专利，他们两人在伯明翰创建了电镀工厂，从此该技术开始在世界各地广泛传播。到19世纪50年代，电镀镍、铜、锡和锌等技术也相继被开发出来。在19世纪后期，许多需要提高耐磨和耐蚀性能的金属机械部件、五金件已经可以实现批量的电沉积处理。两次世界大战和不断增长的航空业也推动了电沉积的进一步发展和完善，发展出了电镀硬铬、电镀铜合金、氨基磺酸盐镀镍等商用技术，电镀设备也从手动操作过渡到全自动流水线作业，例如，镀锡生产线工艺流程：开卷—焊接—电解清洗—电镀—软溶—钝化—静电涂油—检测剪切—卷取，如图4.52(a)所示。电镀加工的对象也越来越大。图4.52(b)所示的生产线可以加工6.5m×1.8m的电镀件。

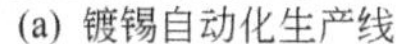

(a) 镀锡自动化生产线

(b) 大型电镀件生产线

图4.52 电镀加工生产线

目前，随着环境保护意识的提高及涂层结构功能性能要求的多样化，清洁生产、环保节能、高效精密、自动化、复合化、纳米化等已成为电镀技术未来的发展趋势。减少有毒物质的使用，例如电镀锌镀液体系中要求使用低氰、微氰及无氰电镀液；发展电镀废水回用、重金属回收以及零排放工艺，如采用一种专门吸附废水中金、银的树脂，可以回收废水中的金、银等贵金属；提高装备技术水平，如根据产品的大小和产量不同，设计具有不同装载方式和运行节拍的全自动电镀生产线，实现高效可控的批量化稳定生产；研究新型复合镀层技术，如在金属表面沉积纳米SiC复合镍镀层，复合镀层的显微硬度大幅度提高、耐磨性提高3～5倍、使用寿命提高2～4倍、镀层与基体的结合力提高30%～40%。

1. 电镀原理

电镀(Electroplating)就是利用电化学原理在某些金属表面上镀上一薄层其他金属或合金的过程，是利用电化学作用使金属或其他材料制件的表面附着一层金属膜的工艺从而起到防止腐蚀，提高耐磨性、导电性、反光性及增进美观等作用。电镀目前广泛应用在航天、航空、兵器、核工业、钢铁、汽车、机械、电子等领域，人们的日常生活中充斥着镀金、镀银、镀锌、镀镍、镀锡、镀铜、镀铬、合金电镀等各种电镀产品。

电镀原理参考图 4.3 所示的电化学原理图，一般以镀层金属作为阳极，待镀的工件作为阴极，需用含镀层金属阳离子的溶液作电镀液(电镀液有酸性的、碱性的和加有铬合剂的酸性及中性溶液等)，以保持镀层金属阳离子的浓度不变，金属阳离子在待镀工件表面被还原沉积为金属镀层。电镀的目的是在待镀工件表面牢固均匀地沉积一层能改变基材表面性质及尺寸的金属层，通过该涂层增强基体的抗腐蚀性、耐磨损性，提高导电性、润滑性、耐热性等。例如，经电镀硬铬处理过的模具，其硬度可达到 HRC60～65，耐高温性能可以提高到 600～800℃，模具的耐蚀性和表面质量进一步提高，易脱模、不粘模，从而延长使用寿命、提高品质、降低材料成本、提高生产效率。

电镀的基体材料除铁基的铸铁、钢和不锈钢外，还有非铁金属，如 ABS 树脂、聚丙烯及酚醛塑料等，但在塑料上电镀前，必须经过特殊的活化和敏化处理。镀层大多是单一金属或合金，如锌、铬、金、银、镍、铜、铜锌合金(黄铜)、铜锡合金(青铜)、铅锡合金、镍磷合金、金银合金等。但有时需要进行多次电镀，由多种镀层依次构成复合镀层。如钢上电镀铜-镍-铬层，钢铁零件以镀铜或镀镍作底镀层，然后镀黑铬，电镀黑铬的产品零件经清洗吹干后，采用浸热油封闭或者表面喷涂有机透明涂料的方式，可以大大提高镀铬层的防护装饰效果，如图 4.53 所示。又如，在大功率发动机的轴瓦表面需要电镀 Pb－Sn 二元合金或者 Pb－Sn－Cu 三元合金镀层，但为了防止镀层中的 Sn 向基体热扩散形成脆性相，需要在基体上加镀一层镍栅。

电镀具有挂镀、滚镀、连续镀、刷镀和喷镀等形式，主要与待镀件的尺寸和批量有关。挂镀适用于一般尺寸的制品，如汽车的车身、保险杠等，如图 4.54 所示；滚镀适用于小件，如紧固件、垫圈、销子等；连续镀适用于成批生产的线材和带材；刷镀和喷镀适用于局部镀或表面修复。无论采用何种镀覆方式，与待镀制品和镀液接触的镀槽、吊挂具等应具有一定的规范。

图 4.53　镀铬零件

图 4.54　车身挂镀生产过程

2. 电镀分类

从电镀层的使用功能考虑，镀层分为装饰保护性镀层和功能性镀层两类。装饰保护性镀层主要是在铁金属、非铁金属及塑料上的镀铬层，如图 4.55(a)所示为近年在汽车装饰行业兴起的改装业务之一，在商品化铝合金轮毂表面电镀上个性化的光亮镍。而当原有器件表面因为使用而逐渐失去装饰作用时，则还可以利用电镀技术进行修复，如图 4.55(b)所示为在欧美国家较为常见的银器修复，将原有表面经过一定预处理后，再镀上一层银，可以恢复如初，能满足日常使用 20 年之久。除了上述装饰性用途外，电镀更多的是作为功能性镀层而被应用，例如，滑动轴承罩表面的铅锡、铅铜锡、铅铟等复合镀层可用于提高装配的相容性；发动机活塞环上的硬铬镀层可以提高运动过程的耐磨损性能；塑胶模具表面的金属镀层可以提高脱模性能；大型齿轮表面的镀铜层则可以防止滑动面早期拉毛；常见的还有钢铁基体表面防大气腐蚀的镀锌层；防止钢与铝之间形成原电池腐蚀的锡一锌镀层等。目前，电镀作为一种成熟工艺，还被应用于零件再制造修复过程，例如，发动机中的磨损连杆，可以通过特殊电镀工艺在磨损内孔表面镀上一层铜，修复内孔尺寸偏差后再次用于发动机中。

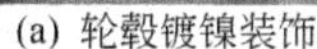
(a) 轮毂镀镍装饰

(b) 旧银器镀银修复

图 4.55 电镀层分类

在电镀加工中，还可以按照电镀区域进行分类。例如，经常需要对零部件进行局部电镀，这就要用不同的局部绝缘方法来满足施工的技术要求，以保证零件的非镀面不会镀上镀层，尤其是有特殊要求的零件。局部电镀工艺主要是通过屏蔽实现选择性电镀，常见的屏蔽方法有：用胶布或塑料的布条、胶带等材料对非镀面进行绝缘保护，适用于形状规则的简单零件，是最简单的绝缘保护方法；利用蜡制剂绝缘是将熔化的蜡制剂涂覆到需绝缘的表面，在涂覆层温热状态下，用小刀对绝缘端边进行修整，再用棉球沾汽油反复擦拭欲镀表面，局部电镀完毕后，可在热水或专用蜡桶内将蜡制剂熔化回收；也可以使用过氯乙烯、聚氯乙烯硝基胶等漆类绝缘涂料进行绝缘保护，这种绝缘保护方法操作简便，适合处理结构复杂的零件；有时还可以仿照零件的形状，设计出专用的绝缘夹具，如轴承内径或外径进行局部镀铬时设计的专用的轴承镀铬夹具，这种夹具不仅可以大大提高生产效率，还可以重复多次使用。

3. 复合电镀

随着工业上对镀层结构功能要求的不断提高，复合电镀(Composite Plating)成为电沉积涂层研究的热点，是通过电化学法使金属离子与均匀悬浮在溶液中的不溶性非金属或其他金属微粒同时沉积而获得复合镀层的过程。这种电沉积过程形成的复合结构由金属主相与弥散固体微粒相构成，研究和应用较多的金属相是镍、铬、钴、金、银、铜等几种金属。在镀覆溶液中加入的非水溶性的固体微粒常见的主要有两类：一类是提高镀层耐磨性的高硬度、高熔点的微粒，如 Al_2O_3、SiC；一类是提高镀层自润滑特性的固体润滑剂微粒，如 MoS_2。

当固体微粒为微纳米尺寸级别时，电沉积液配方及固体微粒如何在电沉积液中良好分散就成了复合电镀工艺的关键。例如，加工促使微纳米颗粒带有极性，与金属离子络合成离子团，随着镀液中的金属离子镀到金属工件表面，形成弥散良好的复合镀层。对于粒度更大的一些颗粒，如粒度一般为50# ～250# 的人造金刚石或立方氮化硼颗粒，则在共沉积中需要研究上砂工艺。上砂有埋砂法、落砂法、手工置砂法等，要根据不同工件的表面形状和不同型号的砂选择不同方法。平面及较大的曲面用落砂法，原理如图 4.56(a)所示；曲面应多次转动工件上砂；对于较大的平面或曲面，为防止因电流分布不均造成上砂不均，应注意阳极位置尽量与阴极平面平行，必要时设置保护阴极或辅助阳极；对于很细的圆柱面，应用埋砂法，如果顶端是平面而且要求上砂，应将平面向上。图 4.56(b)所示为目前应用非常广泛的电镀金刚石工具，用电镀的方法将金刚石共沉积在金属镀层中。这种复合镀层的常见组合形式有金刚石/Ni、金刚石/Ni－Co、金刚石/Ni－Co－Mn 等。当金属离子不断在阴极表面析出时，金刚石磨粒逐步进入阴极基体表面，继而被沉积的金属所埋入，经过上砂、增厚等步骤，最终将金刚石固定在基体上，并形成具有锋利工作面的复合镀层，成为电镀金刚石工具。主要用于玻璃、陶瓷、石材、贝壳、珠宝玉器、半导体材料及硬质合金的磨削、磨边、套料、打孔、雕刻、修磨等。

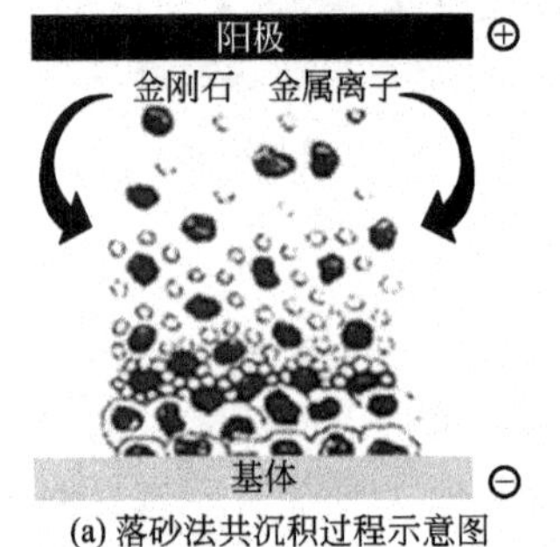

(a) 落砂法共沉积过程示意图

(b) 电镀金刚石工具

图 4.56　复合电镀

4.3.3　电铸加工

1. 电铸原理

电铸成形(Electroforming)是电化学加工技术中的一项精密、增材制造技术，其电化学原理与电镀基本一致，同为电化学阴极沉积过程，即在作为阴极的原模(芯模)上，不断还原、沉积金属正离子而逐渐成形电铸件。当达到预定厚度时，设法将电铸成形件与原模分离，获得在结合面处复制原模形状的成形零件。因此，电铸是利用金属的电沉积原理来精确复制某些复杂或特殊形状工件的特种加工方法。

【电铸加工】

电铸加工的原理如图 4.57 所示。以可导电的原模作为阴极，用待电铸金属材料作为阳极，待电铸金属材料的盐溶液作为电铸液，阴、阳极均置于电铸槽内，由外接电源提供能源，组成电化学反应体系。阴极接至电源负极，阳极接至电源正极，当导电回路接通后，发生电化学反应：阳极上的金属原子，失去电子成为离子，进入电铸溶液，继而移动到阴极原模上，获得电子成为金属原子，沉积在原模沉积作用面。阳极金属源源不断地溶解成为离子，补充进入电铸溶液，槽中的电铸液质量分数大致保持不变。原模上的金属沉积层逐渐增厚，达到预定厚度时，随即切断电源，将原模从电铸液中取出，再将沉积层与原模分离，就得到与原模沉积作用面精确吻合而凹凸形状相反的电铸件制品。

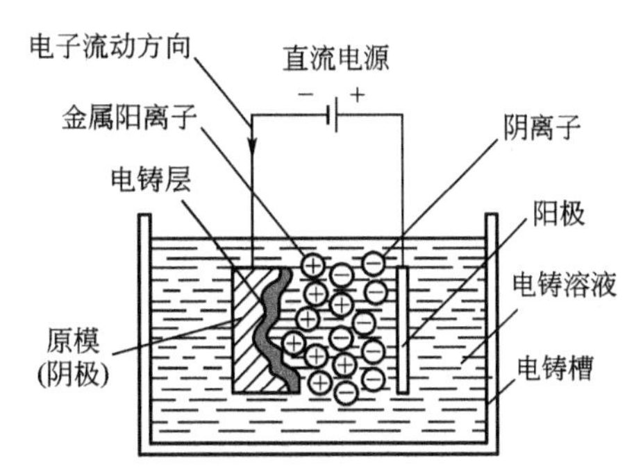

图 4.57　电铸加工原理示意图

19世纪电沉积工艺被设计出来时，电铸也开始逐渐获得应用。当时，苏联的B. C. Jacoli在石膏原模上涂敷石蜡，通过石墨使其表面具有导电性，然后表面镀铜，镀后脱模，以此制成铜的复制品。日本昭和初年(1926年左右)，京都市工业研究所和大板造币司等单位就已积极开展了在石膏原模等绝缘体上电铸铜等金属的研究，并制作了许多精美的金属工艺品。但是，以石膏或蜡等作为原模进行电铸时，不仅制造技艺要求高、操作麻烦，而且原模易破损，难以制出精致的复制品，所以当时电铸的应用范围十分有限。后来，随着原模技术及电沉积技术的发展，电铸技术也得到了很大的发展，利用电铸精确复制微细、复杂和某些难以用其他方法加工的特殊形状模具及工件等，例如，制作纸币和邮票的印刷版、唱片压模、铅字字模、玩具滚塑模、模型模具、金属艺术品复制件、反射镜、表面粗糙度样块、微孔滤网、表盘及电火花成型加工用电极等。随着新兴领域的发展，电铸技术已经逐渐应用于制造一些具有重要价值的零部件，如火箭发动机推力室、核工业中使用的长导管等复杂异形零件等，成为一种日益受到关注的特种加工技术。

电铸具有如下优点。

(1) 具有超高精度的复制能力，能够准确、精密地复制复杂型面和细微纹路，这是其他加工工艺难以比拟的。

(2) 能够获得尺寸精度非常高、表面粗糙度达到 $Ra0.1\mu m$ 的复制品，由同一原模生产的电铸制品一致性好。

(3) 借助石膏、蜡、环氧树脂、低熔点合金、不锈钢和铝等材料，可以方便、快捷地把复杂工件的内、外表面复制变换成对应的“反”型面，便于实施电铸工艺，并大大拓展了电铸工艺的适用范围。

(4) 容易得到由不同材料组成的多层、镶嵌、中空等异形结构的制品。

(5) 能够在一定范围内调节沉积金属的物理性质。可以通过改变电铸条件、电铸液组分的方法，来调节沉积金属的硬度、韧性和拉伸强度等；还可以采用多层电铸、合金电铸、复合电铸等特殊方法，使成形的工件具有其他工艺方法难以获得的理化性质。

(6) 可以用电铸方法连接某些难以焊接的特殊材料。

目前，电铸工艺存在的主要不足是电铸速度低、成形时间长，一般每小时电铸金属层的厚度为0.02～0.05mm；此外，当参数控制不当时，某些金属电铸层的内应力有可能使制品在电铸过程中途或者在与原模分离时变形、破损，甚至根本无法脱模；对于形状、尺寸各异的电铸对象，如何恰当处理电场，合理安排流场，从而得到厚度比较均匀的理想沉积层，需要具有较丰富实践经验和熟练技能的操作人员具体分析处理、操作，有一定难度；需要精密加工原模，如可采用浇注、切削或雕刻等方法制作一般的原模，对于精密细小的网孔或复杂图案，可采用照相制版技术，对于非金属材料的原模须经导电化处理，方法有涂敷导电粉、化学镀膜和真空镀膜等。

原则上，凡是能够电沉积的金属都可以用以电铸，但是，综合制品的性能、制造成本、工艺实施等因素进行全面考虑，目前只有铜、镍、铁、金、镍-钴合金、钴-钨合金等少数几种金属具有电铸实用价值，其中工业应用又以铜、镍电铸为多。

2. 电铸速度提高措施

针对电铸生产效率低这一弱点，如何提高电铸沉积速度成为一个重要的研究课题。目前，在各国科研工作者及工程技术人员的共同努力下，通过提高传质速度，减少扩散层等方法，已开发出一些高速电铸工艺。

1）快速液流法

快速液流法就是通过电铸液的快速流动，提高传质速度，加强原模与电铸液交界面的流场运动，降低扩散层厚度，从而提高允许的极限电流密度，加快金属沉积效应。常用的方法有平行液流法和喷射液流法，其中因后者具有喷射流的数控运动特性将在后面做详细介绍。

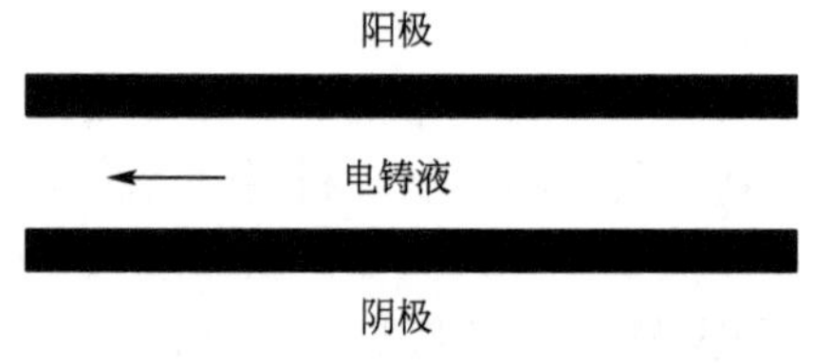

图 4.58　平行液流法流场示意图

图 4.58 所示为平行液流法流场示意图，电铸液在阴、阳极之间做高速流动，液流方向平行于阴极原模沉积作用面，能产生很大的切向流速，从而达到加快金属离子的迁移、补充，提高电铸速度的目的。

通常在工业电铸生产中，循环补充的电铸液流量都不算太大，为了保证足够的极间流速，阴、阳极间的距离应比常用值设置的要窄小些，一般设置为 1～5mm。在这样的间隙条件下，比较容易实现电铸液流速大于 2～3m/s，使间隙中电铸液处于紊流状态。平行液流法能在较低的槽电压下增大离子迁移速度，因而也可减小电铸液中的欧姆压降损耗，所以还节约了电能。从 20 世纪 80 年代起，美国、日本开始采用此项技术在带钢上电沉积锌，较普通电铸的生产效率提高 3～4 倍。

2）阴极原模运动法

这种方法目的就是通过阴极原模的运动，提高原模与电铸液交界面的相对运动速度，降低扩散层厚度，从而提高允许的极限电流密度，加快金属的沉积效应。

对于某些回转体工件，可以通过阴极原模的旋转运动实现加工。通常，阴极原模转速越高，金属离子迁移的速度就越快。对于非回转体工件，通过一定的机械装置，让阴极原模在电铸液中产生振动。其振幅范围为数毫米至数十毫米，振动频率范围为数赫兹至数百赫兹，振动方向应尽可能垂直于工件主沉积表面。除了在实验室应用超声波振动辅助电沉积的试验之外，比较适用的阴极原模振动形式是机械振动和电磁振动。阴极原模机械振动，就是使用变速电动机带动偏心轮，再通过连杆机构将转动转换为平动，阴极原模与连杆联接，通过改变电动机转速或偏心轮的偏心距，就可以调节阴极原模振动的频率和振幅。阴极原模电磁振动，则是直接使用电磁振动器来实现阴极原模的振动，但是振幅比较有限，一般最大只能达到2mm左右，在振动频率适当时，也能获得相应效果。

3）辅助摩擦法

在电铸过程中，使用固体绝缘颗粒连续或间歇地摩擦阴极原模沉积作用面，也能减小或消除扩散层，使阴极原模沉积作用面迅速得以补充金属离子，从而提高沉积速度。同时，这一方法还能增强阴极原模活化，改善整平作用，消除结瘤及树枝状沉积层的生成。最常用的摩擦阴极原模沉积作用面法是美国Norton公司发明的NET法，主要分为两种：NET-Ⅰ法与NET-Ⅱ法。

(1) NET-Ⅰ法是在玻璃纤维或尼龙等制成的“无纺布”上镶嵌粒度为1～5μm大小的碳化硅(SiC)磨料，由于无纺布是多孔隙的，很容易充分浸透电铸液。用这种镶有硬粒子的“布”在阴极原模沉积作用面摩擦，电铸液会透过微孔到达阴极原模沉积作用面，构成连通的电化学反应回路。这种方法可广泛适用于平板、线材、棒料、筒状等类型工件的电铸，最高沉积速度可达75μm/min。

(2) NET-Ⅱ法是将用玻璃、氧化硅、氧化铝、陶瓷等制成的微小绝缘硬粒子放入电铸槽中。再加入一定量的电铸液，通过阴极原模自身旋转或沉积槽的振动，使绝缘粒子既做振动又做运动，不断撞击、摩擦阴极原模沉积作用面，从而实现消除(或减薄)扩散层、达到高速电沉积的工艺目的。这种方法得到的沉积层组织很均匀，虽然沉积速度低于NET-Ⅰ法，但是“深镀能力”相当理想，对制造有特殊要求的工件颇有意义。

3. 电铸应用举例

图4.59所示为一典型的电铸应用过程，目的是通过电铸方法加工出形状复杂的压缩机转子结构件。首先采用多轴数控机床加工出一个用于电铸的铝材压缩机转子原模；其次放入电铸槽中进行电沉积，在铝原模上沉积获得一层具有较大厚度的铜；最后将熔点较低的铝(660℃)熔融，并对铜结构件进行必要后处理。

(a) 阴极原模

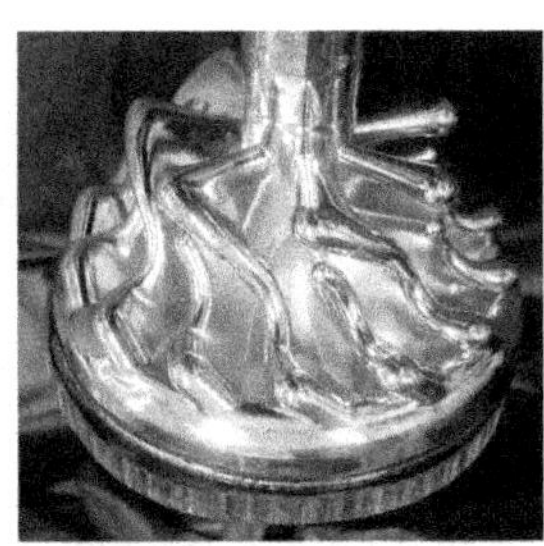
(b) 脱模前

(c) 脱模后

图4.59 电铸加工步骤

利用类似上面的电铸过程，可以获得许多工业应用。

1）光盘模具制造

光盘(Compact Disc，CD)能够存储大量的信息，其制作过程离不开电铸技术。光盘的基板材料为聚碳酸脂，加上记录、反射、保护、标识等附加层，合计厚度为1.2mm。光盘采用模压方式批量生产。光盘上压制成形的镍质层厚度一般要求为300μm，允许误差±5μm。目前，型芯的制作均以电铸为核心工艺。整个制作流程如图4.60所示，将映像文件数据用光刻方式刻录到涂有感光树脂胶层的玻璃基片上。感光树脂胶上的曝光部分经化学腐蚀，其表面形成上亿个微小凹形坑点，信息就由这些长短不一的凹坑表示。继而，用真空镀膜工艺在胶层蒸镀导电层(通常为银)，构成实施电铸必须的导电基底。应用电铸工艺，在导电化处理后的基片上沉积镍，沉积层达到预定厚度后剥离下来，就获得与基片形状对应的“父片”，其表面为密布的微小凸点。合格的“父片”理论上已能用作模具型芯使用，此时可以用“父片”进一步加工成模具，用以批量压制光盘。

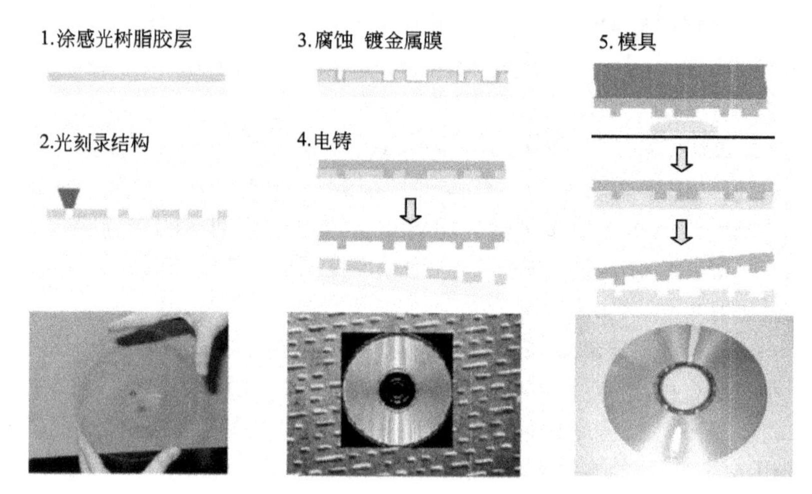

图 4.60 电铸工艺在光盘加工中的应用示意图

2）成形结构件

雷达、微波产品中波导元件品种繁多。近年来，随着产品更新，形状复杂的异形波导元件的应用越来越多，工件的尺寸精度要求越来越高，制造难度也越来越大。有些要求特殊的复杂异形波导元件，仅依靠常规电铸还不能成形，如图 4.61(a)所示的精密异形波导器件，先将预埋件和原模镶拼组装在一起，再通过电结合技术整体成形的工艺方法才完成加工。

在一些应用中，并不需要将原模去除，反而可以作为结构中的支撑材料。如图 4.61(b)所示，在硅橡胶上电铸一定厚度的银，使得原来具有良好强度和弹性的硅橡胶具有一定的硬度，既满足了零件的使用功能，又节省了大量的贵重金属。

在另一些应用中，如汽车车灯聚光罩、道路反光板、装饰件等，需要电铸表面具有很好的表面粗糙度和平整度，我们通常称之为“镜面”加工，利用摩擦电铸等一系列工艺手段可以加工出如图 4.61(c)所示的镜面结构件。

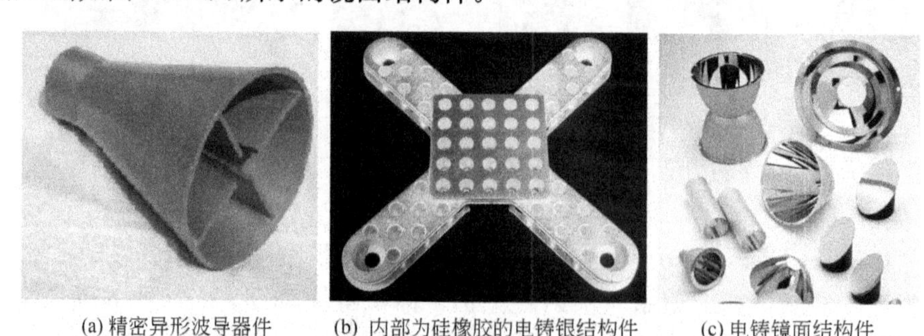

(a) 精密异形波导器件　(b) 内部为硅橡胶的电铸银结构件　(c) 电铸镜面结构件

图 4.61 电铸工艺在成形结构件中的应用

3）纳米晶药型罩

电铸药型罩是军工方面最常用的应用之一。实弹打靶中，利用炸药的聚能爆轰作用，金属药型罩被压垮变形后形成高速的侵彻体，进而以动能侵彻装甲目标。利用电铸工艺可以获得纳米晶金属镍(铜)药型罩，纳米晶形成的侵彻体是具有较粗晶体的材料，具有更强的破坏力，图 4.62 所示为直流电铸技术制备的镍药型罩及其工作变化示意图。

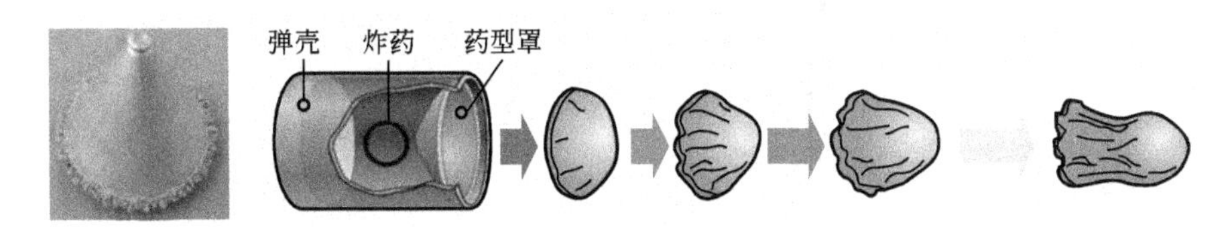

图 4.62 电铸镍药型罩及其工作变化示意图

4) 滤网制造

滤网通常用于油、燃料和空气的过滤器，系其关键部件。电铸是制造多种设备所用滤网的有效方法之一，可以加工面积大小不等、孔型各异的滤网。

采用电铸工艺制取微型滤网，是在具有所需图形绝缘屏蔽掩膜的金属基板上沉积金属，有屏蔽掩膜处，无金属沉积；无屏蔽掩膜处，则有金属沉积。当沉积层足够厚时，剥离金属沉积层，就获得具有所需镂空图形的金属薄板。图 4.63(a)所示为通过电铸工艺制备的厚度 70μm、孔径为 ϕ4μm 的微细阵列滤网；图 4.63(b)所示为通过电铸工艺制备的微细阵列方孔网板；图 4.63(c)所示为利用电铸工艺制备的系列标准筛网。

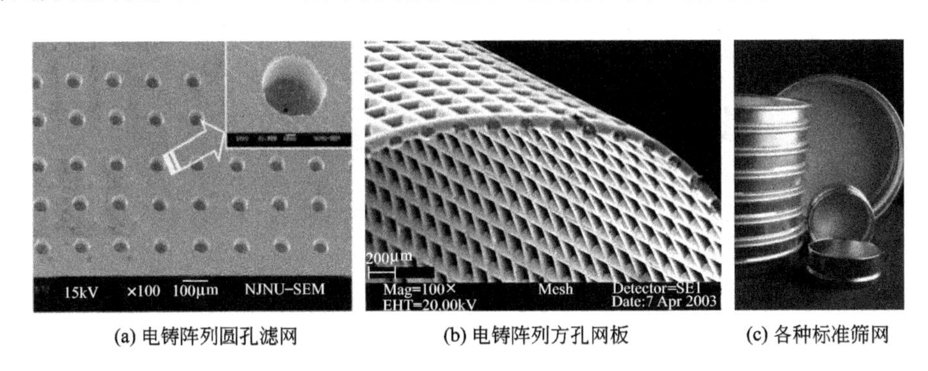

(a) 电铸阵列圆孔滤网　(b) 电铸阵列方孔网板　(c) 各种标准筛网

图 4.63 电铸工艺在滤网制造中的应用

5) 空腔成形件

电铸制作空腔成形件具有天然的优势，可以加工出非常复杂的空腔结构件。通常电铸原模会使用蜡模制作，电铸的相关过程为：制造蜡模→涂覆导电涂料→电铸金属→去除蜡芯及导电层→表面修饰。

目前，应用最广泛的领域之一就是金电铸饰品工艺。与传统的黄金铸造工艺相比，用电铸技术生产黄金制品具有节省材料(质量一般约为传统铸造工艺的 1/3)、线条更生动、细节更分明、复制精度更高等特点。自 1994 年在香港首次应用以来，电铸工艺至今在黄金产品制造中已占统治地位。图 4.64(a)所示为应用电铸工艺制成的复杂结构金饰品，图 4.64(b)所示为利用电铸工艺快速开发的复杂结构喷嘴零件。

对于微细空腔结构，同样可以使用电铸方法制备。图 4.64(c)所示为通过在纳米线状模板上直接电铸合成得到的镍纳米管阵列，纳米管孔径可以达到 ϕ200nm。

6) 金属箔连续加工

(a) 电铸制成的金饰品

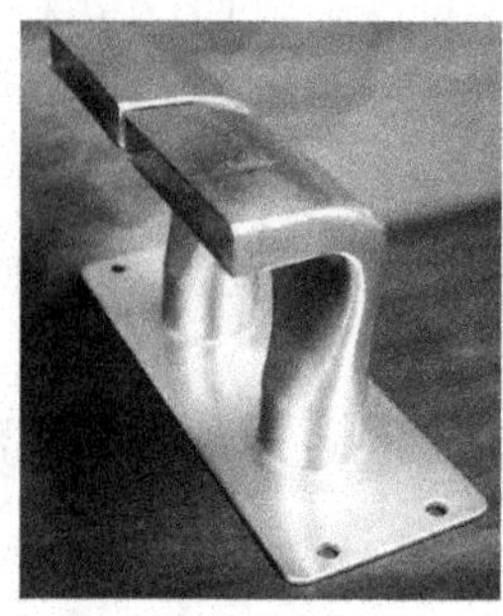

(b) 电铸成形喷嘴零件

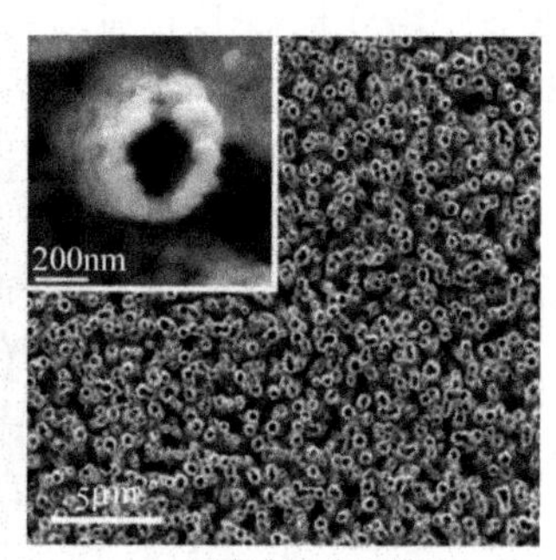

(c) 电铸镍纳米管阵列

图 4.64　电铸工艺在空腔成形件中的应用

随着电子工业的发展，每年仅在印制线路板的制造上就需要铜箔几百万平方米，利用电铸技术可以快速而廉价的实现金属箔片(镍箔、铜箔、铁箔等)的连续生产。图 4.65 为铜箔的自动化生产线，铜箔厚度在 10～100μm，宽度可以达到 1300mm，表面粗糙度 Ra0.25～0.35μm，一卷铜箔可以达到 2000m 长。

(a) 铜箔的自动化生产线

(b) 成卷铜箔成品

图 4.65　金属箔生产

7）生物复制

生物非光滑表面为仿生制造提供了丰富的构形资源。应用电铸方法可在金属材料表面直接复制生物原型，从而解决非连续、微尺度、斜锲形复杂生物表面的高逼真复制的难题。图 4.66(b)所示是以鲨鱼皮图 4.66(a)为生物模板，采用微电铸工艺对鲨鱼皮微观沟槽形貌进行直接复制的实例。

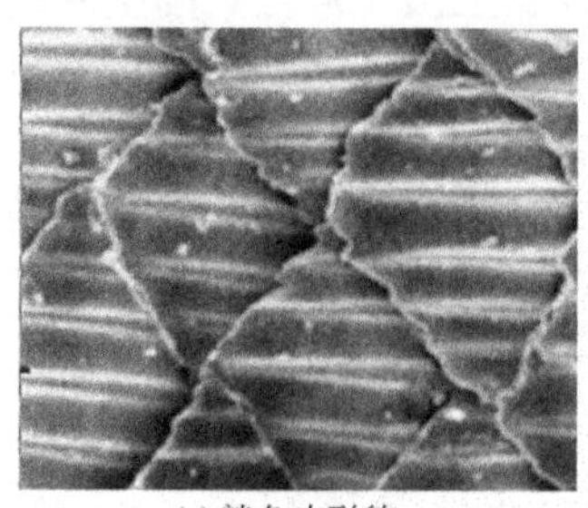

(a) 鲨鱼皮形貌

(b) 电铸制成的镍质鲨鱼皮

图 4.66　生物复制

4.3.4 特殊形式电沉积

随着电沉积技术的发展，一些相对特殊的电沉积技术获得了应用，流场与电场的分布发生了较大改变，下述摩擦电沉积技术就是在特殊流场与电场下进行的电沉积。

1. 电刷镀

【电刷镀加工】

1）定义

电刷镀又称涂镀或无槽电镀，是在金属工件表面局部快速电化学沉积金属的新技术，其原理如图 4.67 所示。加工时，转动的待镀工件接电源负极，工具镀笔接加工电源的正极，操作者手持饱含镀液的镀笔，以适当的压力及一定的相对运动在工件表面上刷涂。在镀笔与工件接触的部位，镀液中的金属离子在电场的作用下，扩散到工件表面，并在工件表面(阴极)获得电子，被还原成金属原沉积、结晶，形成镀层。其加工现场如图 4.68 所示。

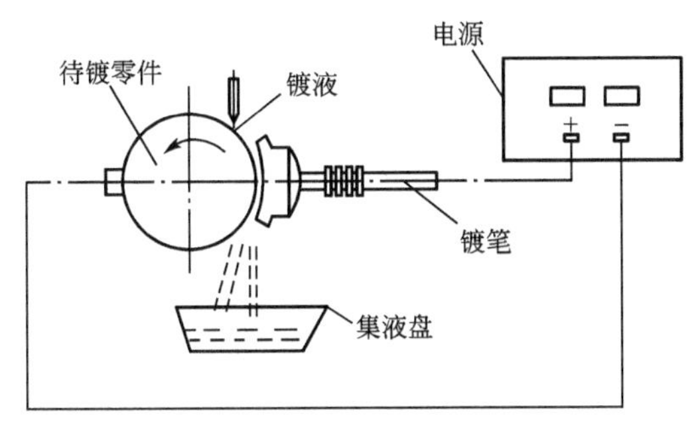

图 4.67 电刷镀加工工艺原理示意图

图 4.68 电刷镀加工

2）电源要求

电刷镀所用的电源基本上与电解、电镀、电解磨削等所用的电源相似，电压在 3～30V 无级可调，电流自 30～100A 视所需功率而定。电刷镀电源的特殊要求如下。

(1) 应附有安培小时计，自动记录电刷镀过程中消耗的电荷量，并用数码管显示出来，它与镀层厚度成正比，当达到预定尺寸时能自动报警，以控制镀层厚度。

(2) 输出的直流电应能很方便地改变极性，以便在电刷镀前对工件表面进行反接电解处理。

(3) 电源中应有短路快速切断保护和过载保护功能，以防止电刷镀过程中镀笔与工件偶尔短路造成损伤报废事故。

镀笔由手柄和阳极两部分组成。阳极采用不溶性的石墨块制成，在石墨块的外面需包裹上一层脱脂棉和一层耐磨的涤棉套。棉花的作用是饱吸储存镀液，防止因阳极与工件直接接触而短路并防止滤除阳极上脱落下来石墨微粒进入镀液。

3）优点

电刷镀加工的优点如下。

(1) 不需要传统电镀必备的镀槽，可以对工件局部表面进行刷镀，设备简单，操作简便，机动性强，便于现场施工。

(2) 可刷镀的金属种类广泛，选用及更换都很方便。

(3) 镀层与基体金属的结合强度较理想，刷镀沉积速度远远高于槽镀，镀层厚度易于控制。

4) 应用范围

电刷镀技术主要的应用范围如下。

(1) 修复零件磨损表面，恢复尺寸和几何形状，实施超差品补救。例如，各种轴、轴瓦、套类零件磨损后，以及加工中尺寸超差报废时，可用表面涂镀以恢复尺寸。

(2) 填补零件表面上的划伤、凹坑、斑蚀、孔洞等缺陷。例如，机床导轨、活塞液压缸、印制电路板的修补。

(3) 大型、复杂、单个小批工件的表面局部镀镍、铜、锌、钨等防腐层、耐腐层等，改善表面性能。

2. 喷射电沉积

喷射电沉积(Jet Electrodepostion，也称射流电沉积)属于电沉积新技术之一，由NASA在1974年最先提出，如图4.69所示。与常规电沉积浸没式加工比较，在喷射电沉积中，电沉积液是以“喷射”(Jet)的形式从阳极喷嘴传递到阴极基板。

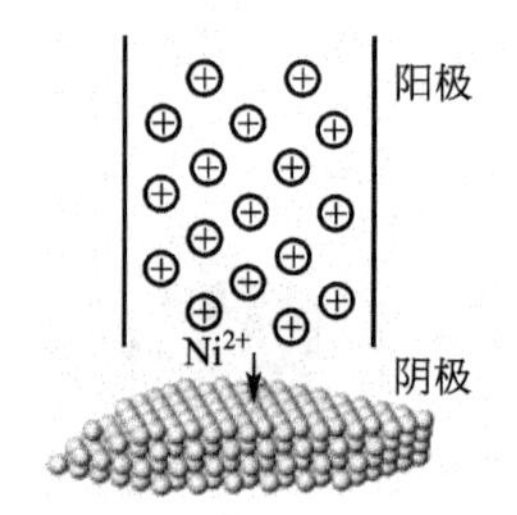

图4.69　喷射电沉积原理及加工过程

喷射电沉积是一种局部高速电沉积技术，由于其具有非常特殊的流场及电场，因此在传质速率、扩散层厚度、极限电流密度等方面与常规电沉积具有很大的差异，可以认为是电沉积技术中的一种特种技术。其流场特点是束流状态的，而且流场是垂直冲向阴极表面的，流场的速度非常快，流场截面上的流速分布很不均匀。而喷射电沉积的电场的特殊性是建立在束流场之上的，只有束流场内才具有导电性，束流场外的空气成为了天然的屏蔽层，束流场与电场的相关性要远远大于常规电沉积。因而通过控制流场及电参数可以获得许多常规电沉积无法获得的结晶形态，在电沉积机理研究方面具有非常重要的意义。

喷射电沉积的特殊性还体现在其束流与阴极工件的相对移动上，因此喷射电沉积常常会被称为数控喷射电沉积技术，与数控机床结合，可以将束流喷射口认为是一种增材加工的喷头，形式上类似于激光同轴送粉加工及热喷涂加工过程，只是局部的增材是通过电沉积传质过程实现的，而且增材的速度相对缓慢，并且在常温条件下就能完成。通过运动控制，可以完成喷射电沉积的选择性沉积过程，这与一般的屏蔽方式进行的局部沉积又存在着显著差异。

喷射电沉积研究可以总结为三个阶段。

(1) 局部沉积成形阶段。从NASA提出利用喷射电沉积局部沉积金属开始，后来的学者如Hayness、Bocking等人主要从构建喷射电沉积系统、提高局部沉积速度及局部沉积精度等角度开展系列研究。

(2) 纳米晶研究阶段。从20世纪90年代开始，喷射电沉积更易沉积纳米晶的特性被逐渐提出，国内外学者对其制备的纳米晶材料展开了较多的研究。

(3) 结构功能研究阶段。近年来，喷射电沉积逐渐向结构功能一体化方向发展，国内南京航空航天大学利用喷射电沉积的特殊流场与电场开展了大量有益的工作，如泡沫金属原位织构技术、纳米薄膜交替沉积技术、摩擦喷射电沉积技术、喷射电沉积制备微纳粒子技术等，逐渐将喷射电沉积制备特殊结构功能材料的优势发挥出来。

喷射电沉积与常规电沉积相比，可以获得的纳米晶更为细小，图4.70(a)所示为纳米晶镍的TEM图，晶粒平均尺寸小于10nm，最小仅为3～4nm，其产生机理主要包括以下几项。

(1) 喷射束流在快速相对移动中，阴极的择优生长点会发生变化，因而在电沉积过程中会不断形成新的晶核，晶粒的大小分布也趋于均匀。

(2) 由于喷射束流会不断移动，因此某一区域的结晶过程会不断中止，这就阻止了某些晶粒的连续生长。

结合数控喷射电沉积技术，则可以加工出具有一定精度和厚度的成形纳米晶结构件，如图4.70(b)所示。

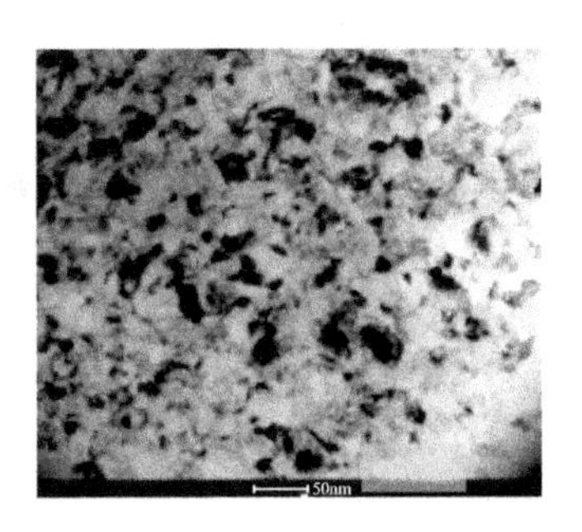

(a) 超细纳米晶镍TEM形貌

(b) 纳米晶铜成形结构件

图4.70 利用喷射电沉积制造纳米晶结构件

在喷射电沉积制备细小纳米晶的基础上，再结合摩擦技术就形成了摩擦喷射电沉积技术。摩擦喷射电沉积技术如图4.71(a)所示，其最大的特点就是摩擦阶段与喷射沉积阶段是分离的。上部工件完成电沉积后，会旋转进入下部硬质粒子堆中摩擦，然后又回到上部进行喷射电沉积。采用这种方法，可以加工出如图4.71(b)所示的Ra低至几十纳米的"镜面"纳米晶镍镀层。

利用喷射电沉积的大极限电流密度，以及电场与流场的控制技术，可引导喷射电沉积在三维空间内向某一方向择优生长，并由此而形成原位成形多孔金属结构件，如图4.71(c)所示。

4.3.5 电沉积发展趋势

电沉积技术历史悠久，随着机械、材料、电化学等领域的发展，人们对电沉积技术的再认识不断深化，各种新工艺被不断提出，电沉积技术的外延不断被拓展。电沉积材料的复合化是电铸技术目前发展的最重要方向之一，这个方向取得的主要进展包括：高强合金材料、复合材料等的电沉积，致使人们可以通过提高电沉积材料的性能，拓展电沉积的应用范围。

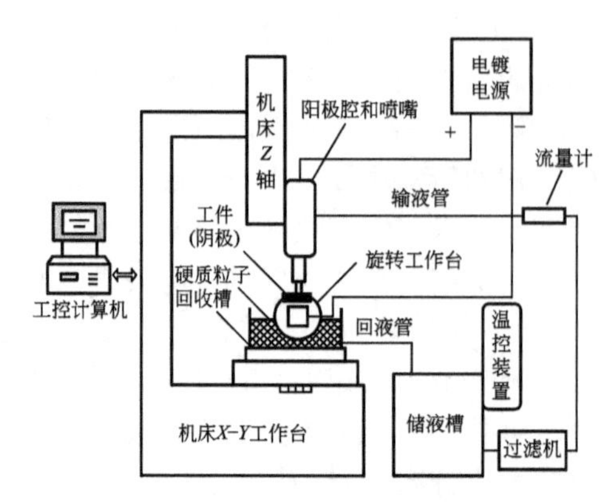

(a) 摩擦喷射电沉积示意图

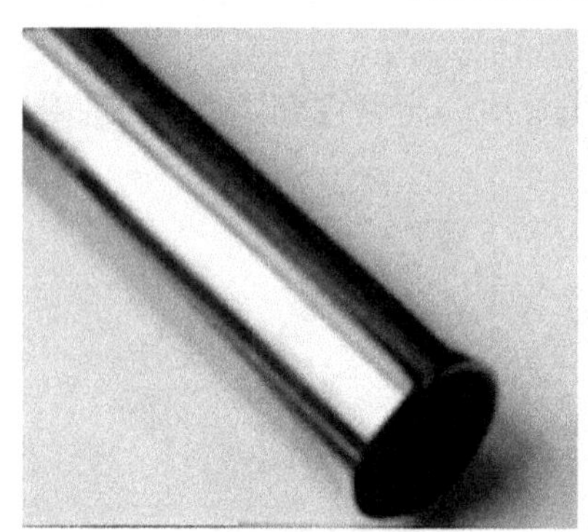
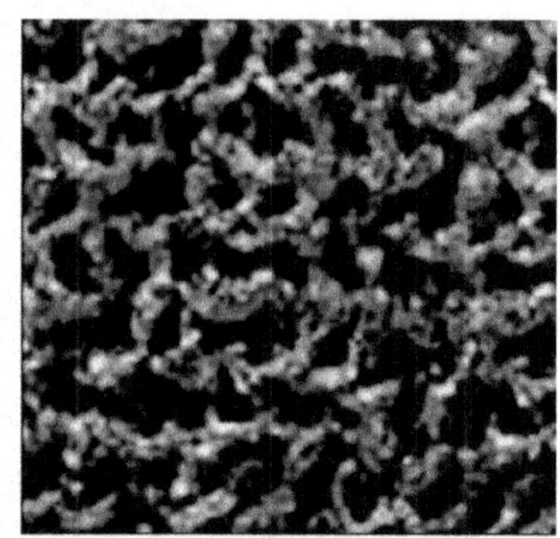

(b) 镜面纳米晶镍镀层　　(c)多孔金属镍构件

图 4.71　摩擦喷射电沉积技术

在合金电沉积方面，已开展了镍钴、镍铁、镍锰等二元合金电沉积的研究，并在许多重要场合得到了成功应用。如用镍锰合金电铸火箭发动机喷管冷却通道，其具有良好的焊接性能和高温性能，具有较高的硬度及强度；电铸铱铼(Ir－Re)合金已成功用于制造火箭发动机的推力室，较好地满足设计要求。利用电沉积形成纳米晶材料，还可以进一步提高沉积材料的力学性能。如采用摩擦喷射电沉积制备的纳米晶镍的表面显微硬度最高可以达到近 700HV，抗拉强度超过 1200GPa，而普通电沉积镍的微观硬度仅为 270HV，抗拉强度不会超过 600MPa。

电沉积制备金属基复合材料，可以提高沉积层的耐磨性、耐热性及其他某些机械性能，如在电沉积金属中夹杂弥散强化的粒子，其力学性就能得到提高。此外，还可以在电铸金属的同时，在原模表面缠绕高强度的纤维丝，从而获得镶嵌有纤维的金属电铸层，达到强化电铸层的目的。增强纤维主要是硼、碳、各种玻璃纤维、陶瓷纤维和高强金属纤维。缠绕方式可以是连续缠绕或电沉积与缠绕交替进行，使得复合材料的强度得到大幅度提高，并且符合混合强化法则。

交替电沉积两种不同的金属形成层状材料，也可以认为是电铸复合材料的一种形式。当交替电沉积铜与镍，生成总厚度为 1mm 的电铸层时，复合层的强度随复合层数的增加而升高，而且塑性并不降低。采用多元喷射电沉积方法可以交替沉积 10nm 以下的多层膜，未来在这一领域的研究将有望形成一种新的低成本多层膜制备技术。

电沉积制备的微纳器件前景同样非常诱人。通过微细电沉积技术的研究，未来有望以很低的成本制造微传感器、微阀门、微过滤器、微射流器、微接插件、微齿轮、光纤耦合器和微型电动机等各种微器件。

总之，电沉积技术因其具有的低成本、常温加工、原子沉积等特性，已然成为特种加工领域充满生机的研究方向之一。

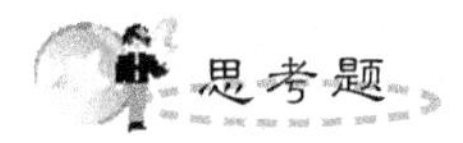

1. 简要说明电极电位理论在电解加工中的具体应用。

2. 什么是钝化与活化？在电化学加工中有什么作用？电解加工必须具备的特定工艺条件是什么？

3. 用于电解加工的电解液需要满足哪些基本要求？常用的电解液有哪几种？各有什么特点？

4. 电化学加工能否发展为纳米级加工技术？需要采取什么措施才能实现？

5. 提高电解加工精度的途径有哪些？其实现的机理是什么？

6. 简述金属离子电沉积的基本过程。

7. 电镀与电铸加工的异同点是什么？

8. 快速流场工艺在电沉积加工中的意义是什么？

9. 简述电铸加工微细结构件的基本过程。

10. 摩擦电沉积、电刷镀及喷射电沉积的特点是什么？

第5章 高能束流加工

知识要点	掌握程度	相关知识
激光产生基本原理	了解激光产生的基本原理	束流加工
激光器分类	掌握典型激光器及其应用	激光器发展历史及趋势
激光加工技术	掌握激光打孔、切割及焊接技术	激光加工的应用
激光表面加工技术	掌握激光相变、重熔等技术	激光束流与材料作用基本原理
其他激光加工技术	了解激光成形、烧蚀等技术	激光加工中的光热力的转化
电子束与离子束加工	掌握相关原理、应用	三束加工的关联及电子束与离子束的应用

导入案例

说起激光，大家并不陌生，激光应用于人们日常生活的许多场合，如矿泉水瓶上的生产日期激光打标；手机和计算机键盘上用的激光雕刻；在工业应用方面常用的有如图5.1所示的激光切割，还有激光焊接、激光表面淬火等。这些加工都是利用激光束与材料相互作用的热加工过程实现的。由于激光具有高亮度、高方向性、高单色性和高相干性四大特性，因此激光加工具备一些其他加工方法所不具备的特性。由于它是无接触加工，对工件无直接冲击，因此无机械变形；激光加工过程中无“刀具”磨损，无“切削力”作用于工件；激光加工过程中，激光束能量密度高，加工速度快，并且是局部加工，对非激光照射部位没有或影响极小。因此，其热影响区小，工件热变形小，后续加工量也小；由于激光束易于导向、聚焦、实现方向变换，极易与数控系统配合、对复杂工件进行加工，因此它是一种极为灵活的加工方法；生产效率高，加工质量稳定可靠，经济效益和社会效益好。激光加工作为先进制造技术已广泛应用于汽车、鞋业、皮具、电子、纸品、电器、塑胶、航空航天、冶金、包装机械制造等国民经济重要部门，对提高产品质量、劳动生产率、自动化、无污染、减少材料消耗等起到越来越重要的作用。本章具体介绍激光产生的原理、激光器的分类以及激光加工的一些具体的应用。

图5.1 激光加工及激光切割的零件

与激光束类似的高能束流还有电子束和离子束流等，它们都是以高能量密度束流为热源与材料作用，从而实现材料去除、连接、生长和改性。本章在重点介绍激光加工的基础上，还简要介绍电子束和离子束加工的原理及应用。

高能束流(High Energy Density Beam)加工技术是指利用激光束、电子束、离子束等高能量密度的束流对材料或构件进行的特种加工技术。它的主要技术领域有激光束加工技术、电子束加工技术、离子束及等离子体加工技术以及高能束流复合加工技术等。它包括打孔、切割、焊接、成形、表面改性、刻蚀、精密及微细加工等。

高能束流加工技术是当今制造技术发展的前沿领域，是先进科技与制造技术相结合的产物，它具有常规加工方法无可比拟的优点。如非接触加工、能量密度高且可调范围大、束流可控性好、快速升温及冷却、材料加工范围广等。随着航空航天、微电子、汽车、轻工、医疗、重型装备、新能源以及核工业等高科技产业的迅猛发展，对产品零件的材料性能、结构形状、加工精度和表面完整性要求越来越高，高能束流加工方法在许多领域已经逐渐替代传统机械加工方法而获得越来越多的应用。例如，主流汽车制造商应用激光技术加工的汽车零部件比例已经占到了50%～70%，其中激光焊接在汽车工业中已成为标准工艺。

此外，高能束流加工还在诸多应用领域具有不可替代性。例如，利用高能束流打孔技术实现航空航天发动机装置上气膜冷却小孔层板结构的高效率、高质量制造；利用高能束流加工技术可在真空、高压条件下全方位加工的特点，实现在太空条件下的加工作业；利用高能束流焊接技术实现重型装备厚壁结构、压力容器、运载工具、飞行器、超大规模集成元件、航空航天航海仪表、陀螺、核动力装置燃料棒的特殊焊接与封装。从某种角度上说，高能束流加工技术的发展水平已成为一个国家综合科技实力的重要标志之一。

高能束流加工是特种加工技术的重要分支之一。通常将最常见的激光加工(Laser Beam Machining，LBM)、电子束加工(Electron Beam Machining，EBM)和离子束加工(Ion Beam Machining，IBM)称为三束加工，本章将对上述三类典型加工技术逐一展开介绍。

5.1 激光加工

激光技术是20世纪60年代初发展起来的一门新兴科学，但激光的理论基础却起源于大物理学家爱因斯坦在1917年提出的原子的受激辐射理论。在此之后很长一段时期，人们都在尝试着利用这个理论构建出一套能够产生强光的系统，直到1958年，美国科学家肖洛和汤斯将氖光灯泡所发射的光照在一种稀土晶体上时，发现晶体会发出鲜艳的、始终汇聚在一起的强光。他们撰写了著名的论文《红外与光学激射器》，将这一现象描述为物质在受到与其分子固有振荡频率相同的能量激发时会产生不发散的强光，指出了受激辐射为主的发光的可能性，这一发现获得了1964年的诺贝尔物理学奖。在1960年，同样来自美国的科学家梅曼宣布世界上第一台红宝石(掺有铬原子的刚玉)激光器诞生，他是第一个将激光引入实用领域的科学家。梅曼巧妙地在一块表面镀有反光镜的红宝石上钻一个孔，利用一个高强闪光灯管辐照红宝石，红宝石受激发出的红光从小孔溢出，形成一束集中而纤细的波长为0.6943μm的红色激光。就在同一年，苏联科学家尼古拉·巴索夫发明了半导体激光器，人类自此进入了激光技术快速发展的阶段。

激光的应用领域非常广泛，如医学领域，在美国所有的手术中利用激光进行手术的比例已经达到10%左右；军事领域中激光测距、激光制导、激光通信及激光武器都有大量的应用；信息产业中激光全息存储技术则是一种利用激光干涉原理将图文等信息记录在感光介质上的大容量信息存储技术。但到目前为止，应用最多的还是在材料加工领域，已逐步形成一种崭新的加工方法——激光加工。激光加工可以用于打孔、切割、电子器件的微调、焊接、热处理等各个领域。由于激光加工不需要加工工具，而且加工速度快、表面变形小，可以加工各种材料，已经在生产实践中越来越多的显示了它的优越性，受到人们的普遍重视。

激光加工是利用光的能量经过透镜聚焦后在焦点上达到很高的能量密度，依靠光热效应来加工各种材料的方法。人们曾用透镜将太阳光聚焦，使纸张木材引燃，但无法用作材料加工。这是因为：①地面上太阳光的能量密度不高；②太阳光不是单色光，而是红、橙、黄、绿、青、蓝、紫等多种不同波长的多色光，聚焦后焦点并不在同一平面内。

不同于自然光，激光是可控的单色光，强度高、能量密度大，可以在空气介质或者其他气氛中高速加工各种材料，作为一种高质量的能量束获得了广泛的应用。

5.1.1 激光加工简介

1. 激光加工原理

激光加工是将具有足够能量的激光束聚焦后照射到所加工材料的适当部位，在极短的时间内，光能转变为热能，被照部位迅速升温。根据不同的光照参量，材料可以发生气化、熔化、金相组织变化，如图5.2所示，从而达到工件材料被去除、连接、改性或分离等加工。激光加工时，为了满足不同加工要求，激光束与工件表面常常需要做一定的相对运动，加工参数如光斑尺寸、功率等也要同时进行调整。

激光加工以激光为热源，对材料进行热加工，其过程大体分为：激光束照射材料，材料吸收光能，光能转变为热能使材料加热，通过气化和熔融溅出使材料去除或破坏等。不同的加工需求对应不同的工艺方法，有的要求激光对材料加热并去除材料，如打孔、切割、动平衡、微调等；有的要求将材料加热到熔化程度而不要求去除，如焊接加工；有的则要求加热到一定温度使材料产生相变，如热处理等；有的则要求尽量减少激光的热影响，如激光冲击成形。

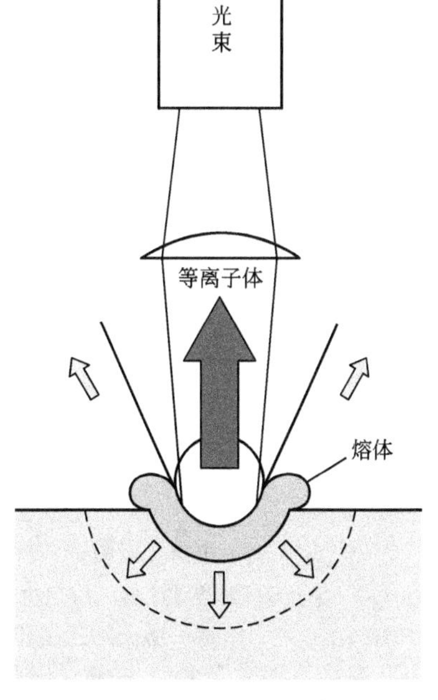

图5.2 激光加工示意图

2. 激光加工特点

1）适应性强

可在不同环境中加工不同种类材料，包括高硬度、高熔点、高强度、脆性及软性材料等。如难加工的金刚石可用Nd：YAG激光的基波和二次谐波进行切割和打孔，金刚石表面的精密蚀刻则可用紫外脉冲激光进行。

2）加工效率高

在某些情况下，用激光切割可提高效率8～20倍；用激光进行深熔焊接时生产效率比传统方法提高30倍。用激光微调薄膜电阻可提高工效1000倍，提高精度1～2个量级。金刚石拉丝膜用机械方法打孔要花24h，用YAG激光器打孔则只需2s，提高工效43200倍。

3）加工质量好

利用激光具有的能量密度高、瞬态性和非接触等特点，属于局部加工，对非激光照射部位影响较小。因此，其热影响区小，工件热变形小，后续加工量小，加工出的零部件相较于常规加工方法往往具有更好的加工质量。例如，人造地球卫星用电池壳体的气密性要求极高，采用激光焊接机焊接后，其焊缝质量超过母材。

4）综合效益高

激光加工可以显著提高加工综合效益。例如，激光器可以实现一机多能，将切割、打孔、焊接等功能集成到同一台设备中。又如，与其他打孔方法相比，激光打孔的直接费用可节省25%～75%，间接加工费用可节省50%～75%。与其他切割法相比，用激光切割钢件工效可提高8～20倍，降低加工费用70%～90%，激光汽车缸套热处理，直接费用和间接费用加起来可减少到传统加工方法的1/4～1/3。此外，激光加工节能和省材，激光束的能量利用率为常规热加工工艺的10～1000倍，激光切割可节省材料15%～30%。

3. 激光加工系统

激光加工系统的核心是激光器，配上导光系统、控制系统、工件装夹及运动系统等主要部件，以及光学元件的冷却系统、光学系统的保护装置、过程与质量的监控系统、工件上下料装置、安全装置等外围设备就构成了一套完整的激光加工设备。随着技术的发展，激光加工系统也越来越完善，将机器人技术与光纤激光技术结合成为一种发展趋势，图5.3所示为光纤激光机器人熔覆系统示意图，通过程序控制，可以实现复杂曲面的激光熔覆加工。

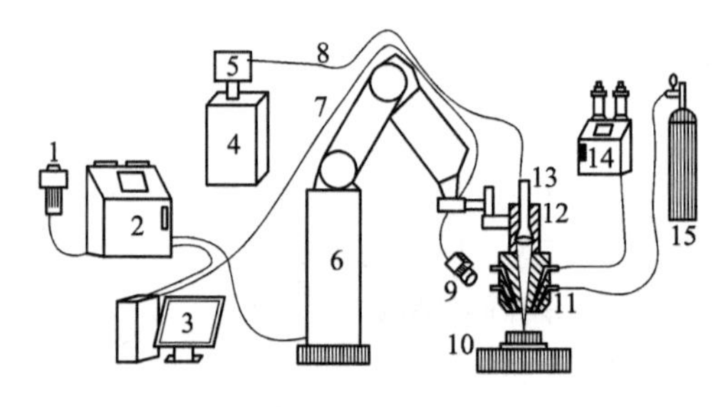

图5.3 光纤激光机器人熔覆系统示意图

1—机器人示教盒；2—机器人控制系统；3—计算机；4—光纤激光器；
5—光纤耦合器；6—六自由度本体末端；7—机械臂；8—光纤；9—机器视觉系统；
10—激光加工工作台；11—激光熔覆头；12—激光束聚焦系统；
13—光纤耦合头；14—供粉系统；15—供粉载运气体

机器人是高度柔性的加工系统，目前都选择可光纤传输的激光器与之匹配组成光纤激光加工机器人。从高功率激光器发出的激光，经光纤耦合传输到激光光束变换光学系统，光束经过整形聚焦后进入激光加工头。根据用途不同(切割、焊接、熔覆)选择不同的激光加工头，配用不同的材料进给系统(高压气体、送丝机、送粉器)。激光加工头装于六自由度机器人本体手臂末端，其运动轨迹和激光加工参数是由机器人数字控制系统提供指令进行的，由操作人员在机器人示教盒上进行示教编程或在计算机上进行离线编程；材料进给系统将材料(高压气体、金属丝、金属粉末)与激光同步输入到激光加工头；高功率激光与进给材料同步作用完成加工任务。机器视觉系统对加工区检测，检测信号反馈至机器人控制系统，从而实现加工过程的实时控制。

未来，这一类的柔性自动化激光加工系统将逐渐成为制造领域应用的主流。例如，主流机器人生产企业(德国KUKA、瑞士ABB、日本FANUC等)均研制了激光焊接机器人和激光切割机器人的系列产品。激光焊接机器人和激光切割机器人在汽车行业中得到广泛应用，采用激光焊接机器人代替传统的电阻点焊设备，不仅提高了焊接质量，而且减轻了汽车车身重量，提高经济效益，增强了企业市场竞争能力。

5.1.2 激光产生原理

激光器产生的物理学基础源自于自发辐射与受激辐射概念(图 5.4)，即从辐射与原子相互作用的量子论观点对原子进行跃迁分析。一个原子自发地从高能级 E_2 向低能级 E_1 跃迁产生光子的过程称为自发辐射；而当原子在一定频率的辐射场(激励)作用下发生跃迁并释放光子时，称为受激辐射。激光就是利用受激辐射原理而产生的，创造受激辐射过程是激光产生的前提。

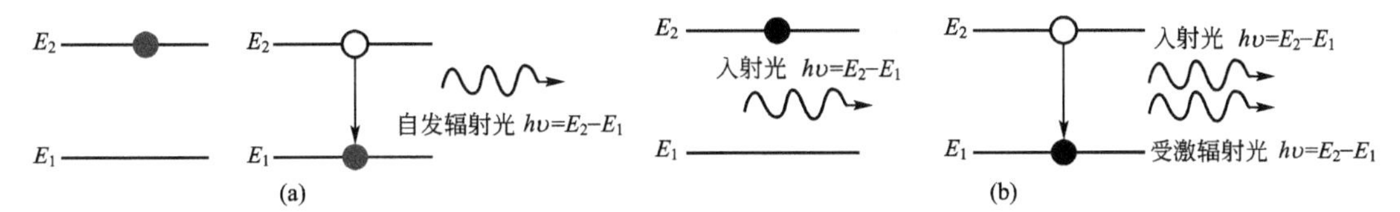

图 5.4 原子自发辐射与受激辐射示意图

我们一般称这种状态为粒子数反转(Population Inversion)。两能级间受激辐射几率与两能级粒子数差有关。在通常情况下，处于低能级 E_1 的原子数大于处于高能级 E_2 的原子数，这种情况得不到激光。为了得到激光，就必须使高能级 E_2 上的原子数目大于低能级 E_1 上的原子数目，因为 E_2 上的原子多，发生受激辐射，使光增强(也称光放大)。为了达到这个目的，必须设法把处于基态的原子大量激发到亚稳态 E_2(平均寿命可达 10^{-3}s 或更长的原子激发态)，处于高能级 E_2 的原子数就可以大大超过处于低能级 E_1 的原子数。这样就在能级 E_2 和 E_1 之间实现粒子数反转。

此处要强调的是原子自发辐射与受激辐射的相位分布是完全不同的，受激辐射和外界辐射场(激励)具有相同的相位，即具有相同的频率、相位、波矢和偏振，大量原子在同一辐射场激发下可产生同一光子态，因此激光就是一种受激辐射相干光。

相干受激光子是均匀分配在所有模式内的，如果需要获得在某些特定模式的强相干光源，还需要创造一种条件，能使某些模式不断得到增强。图 5.5 所示就是利用光谐振腔进行选模的基本原理，在两个高反射端面间来回反射的光在多次反射后，非轴向模式的光子将会逸出，而轴向模内可以获得极高的光子简并度(处于同一光子态的平均光子数)。

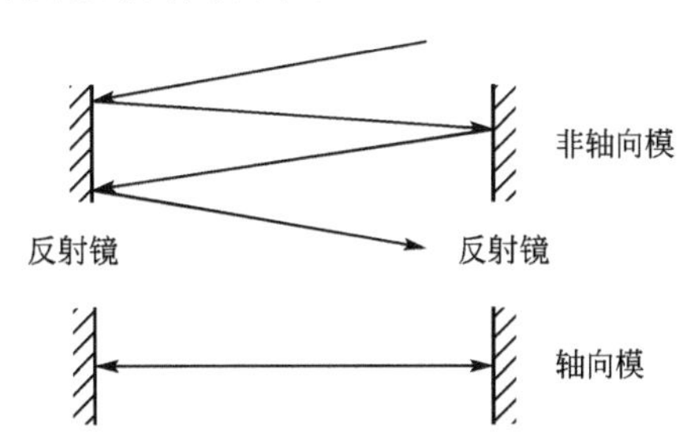

图 5.5 光谐振腔的选模作用

物质在热平衡状态下，高能级粒子数恒小于低能级粒子数，此时物质只能吸收光子，如果要实现光放大，必须要由外界向物质提供能量(这一过程称为泵浦：如同泵把水从低势能处抽往高势能处，外部能量通常会以光或电流的形式输入到产生激光的物质中，把处于基态的电子激励到较高的能级)，创造粒子数反转条件，进而实现光的放大，这样的器件通常称为光放大器，可以利用该器件把弱激光逐级放大。但是在更多的场合下，激光器可以利用自激振荡实现光强放大，通常所说的激光器都是指激光自激振荡器。

由此可知，一台激光器必须要包括光谐振腔和光放大器两部分才能产生激光。激光英文 LASER 的全称是 Light Amplification by Stimulated Emission of Radiation，反映了受激辐射光波在一定模式下放大这一物理本质。因此，激光与普通光源相比具有显著特点，主要体现在单色性好、相干性好、方向性好和亮度高四个方面。

5.1.3 典型激光器

通常，常规气体及固体激光器包含下列部件：

(1) 激光工作物质：通过外界激励能形成粒子数反转，并在一定条件下能产生激光的物质。因此，工作物质必须是一个具有若干能级的粒子系统并具备亚稳态能级，常见的如CO_2混合气体、Nd：YAG及掺铝GaAs等，按照这些激光工作物质的物理状态，激光器可分为固体和气体激光器。

(2) 激励源(泵浦源)：给激光物质提供能量，使之处于非平衡状态，形成粒子数反转。

(3) 谐振腔：给受激辐射提供振荡空间和稳定输出的正反馈，并限制光束的方向和频率。

(4) 电源：为激励源提供能源。

(5) 控制和冷却系统等：保证激光器能够稳定、正常和可靠地工作。

(6) 聚光器(固体激光器特有的)：使光泵浦的光能最大限度地照射到激光工作物质上，提高泵浦光的利用率。

1. CO_2气体激光器

气体激光器一般采用电激励，工作物质为气体介质。因其效率高、寿命长，连续输出功率大，因此广泛应用于切割、焊接、热处理等加工领域。用于材料加工的常见的气体激光器有CO_2激光器、氩离子激光器等，此处以CO_2激光器为例进行介绍。

CO_2激光器是目前工业应用中数量最多、应用最广泛的一种激光器。CO_2激光器工作气体的主要成分是CO_2、N_2和He。CO_2分子是产生激光的粒子，N_2分子的作用是与CO_2分子共振交换能量，使CO_2分子激励，增加激光较高能级上的CO_2分子数，同时它还有抽空激光较低能级的作用，即加速CO_2分子的驰豫过程。He气的主要作用是抽空激光较低能级的粒子。He分子与CO_2分子相碰撞，使CO_2分子从较低能级尽快回到基级。He的导热性很好，故又能把激光器工作时气体中的热量传给管壁或热交换器，使激光器的输出功率和效率大大提高。不同结构的CO_2激光器，其最佳工作气体成分不尽相同。

CO_2激光器以二氧化碳气体为工作物质，具有连续和脉冲两种工作方式，是目前连续输出功率最高的气体激光器，CO_2激光器具有如下特点。

(1) 输出功率范围大。CO_2激光器的最小输出功率为数毫瓦，横向流动式的电激励CO_2激光器最大可输出几百千瓦的连续激光功率。脉冲CO_2激光器可输出10^4J的能量，脉冲宽度单位为ns。因此，在医疗、通信、材料加工，甚至军事武器等诸方面广为应用。

(2) 能量转换效率大大高于固体激光器。输出的激光波长为10.6μm，属于红外激光，CO_2激光器的理论转换效率为40%，实际应用中其电光转换效率最高也可达到15%，而常见的YAG类的固体激光器的转换效率一般仅有2%～3%。

(3) CO_2激光波长为10.64μm，属于红外光，它可在空气中传播很远而衰减很少。

热加工中应用的CO_2激光器种类较多，可以按照不同特征进行分类。如：按判断气流、电流、光轴角度是否一致，可分为轴向或者横向；从气体流动速度判断，可分为慢流和快流；从激励电源角度看，分为直流或者是高频(常见的约几十兆赫兹)；从冷却结构看，分为管状或者板条状；从是否可使用气体反应催化剂，可判断是否为封离型激光器。

此处，将分别介绍封离型、快速轴向流动式、快速横向流动式及板条式这几种常见的典型激光器工作原理与结构。

图5.6所示为封离型(Sealed-off)CO_2激光器示意图，放电管通常是由玻璃或石英材料制成，里面充以CO_2气体和其他辅助气体(主要是氦气和氮气，一般还有少量的氢气或氙气)，电极一般是镍制空心圆筒。谐振腔一般采用平凹腔，全反射镜是一块球面镜，由玻璃制成，表面镀金，反射率达98%以上，另一端是用锗或砷化镓磨制的部分反射镜(作为激光器的输出窗口)。当在电极上加高电压时，放电管中产生辉光放电，部分反射镜一端就有激光输出。

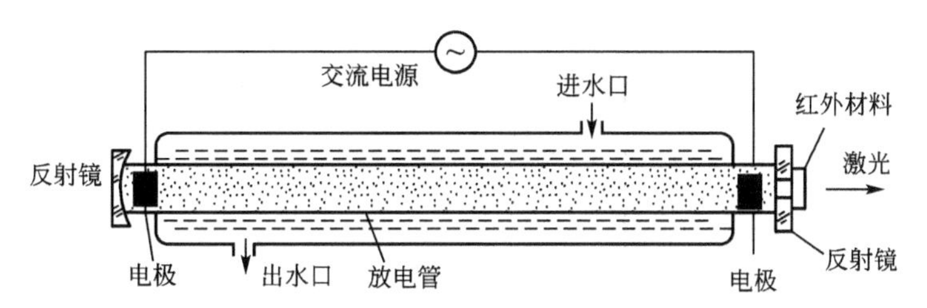

图5.6 封离型CO_2激光器结构示意图

谐振腔的两块镜片常用环氧树脂粘在放电管两端，使放电管内的工作气体与外界隔绝，所以称为封离式CO_2激光器，其结构特点是工作气体不能更换。一旦工作气体“老化”，则放电管不能正常工作甚至不能产生激光。为此，可在封离式CO_2放电管上开孔，然后接上抽气-充气装置，即把已“老化”的气体抽出，然后充入新鲜的工作气体。这样，放电管又能恢复工作。这种可定期地更换工作气体的CO_2激光器，称为半封离式CO_2激光器。封离式或半封离式CO_2激光器的优点是：结构简单，制造方便，成本低；输出光束质量好，容易获得基模；运行时无噪声，操作简单，维护容易。但输出功率小，一般在1kW以下。这类激光器每米放电长度上仅能获得50W左右的激光输出功率，为了增加激光输出功率，除了增加放电管长度外，别无它法。为了缩短激光器长度，可以制成折叠式的结构。

由于封离式CO_2激光器工作时工作气体是不流动的，因而放电管中产生的热量只能通过气体的热传导进行散热，即热量通过工作气体传导给管壁，然后由管壁传给管外的冷却水带走。因此，激光器输出功率不高，工作稳定性差。为了解决上述问题，可从两方面加以改进：一是改善冷却条件和方法，在激光器中加装冷却器并强迫气体通过冷却器流动，加快气体散热；二是提高气体工作气压，增加单位体积中的工作气体密度。流动式激光器就是在这种指导思想下发明的。由于谐振腔内的工作气体、放电方向和激光输出方向关系不同，分为轴向(三者方向一致)和横向(三者方向互相垂直)两类，图5.7(a)与图5.7(b)所示分别为快速轴向流动式与快速横向流动式CO_2激光器。

快速轴向流动式CO_2激光器，可以简称为快速轴流式CO_2激光器，也可称为快速纵流式CO_2激光器。工作气体在激光器内的流速一般为200～300m/s，有时超过声速，最高流速可达500m/s。如图5.7(a)所示，工作气体在罗茨泵的驱动下流过放电管受到激励，并产生激光。工作时不断替换注入新的工作气体，以维持气体成分不变。与封离式CO_2激光器相比，快速轴向流动式CO_2激光器的最大特点是单位长度放电区域上获得的激光输出功率大，一般大于500W/m，因此体积大大缩小。它的另一特点是输出光束质量好，以低阶或基模输出为主，而且可以脉冲方式工作，脉冲频率可达数十千赫兹。

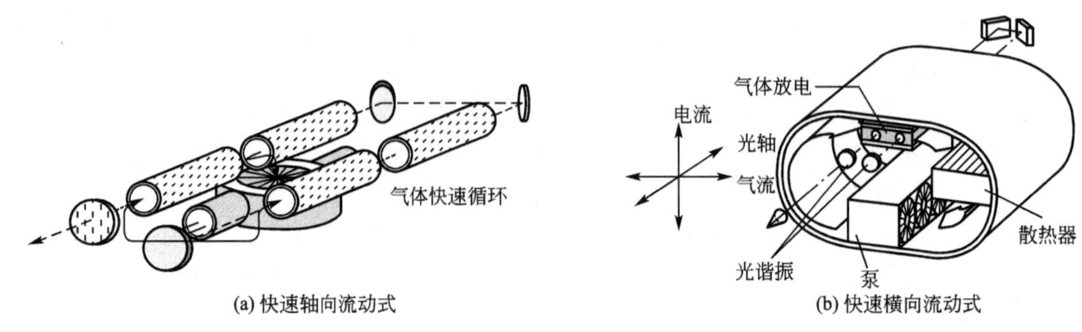

图 5.7　快速流动 CO_2 激光器结构示意图

如图 5.7(b)所示，快速横向流动式 CO_2 激光器工作时，工作气体由风机驱动在风管内环形流动，流速可达 60～100m/s，管板电极组成了激光器的辉光放电区，当工作气体流过放电区时，CO_2 分子被激发，然后流过由全反射镜和输出窗口组成的谐振腔，受激辐射发出激光。气体经过放电区，温度升高，在风管内有一冷却器强制冷却由风机驱动的气体，冷却后的气体又循环流回放电区，工作气体如此循环流动，可获得稳定的激光输出。横流式 CO_2 激光器的主要特点是输出功率大，占地面积较小(与封离式比)。现在最大连续输出功率已达几十千瓦。输出激光模式一般为高阶模或环形光束。

在工业应用中，考虑到快速轴向流动式的工作气体成本较高，慢速轴向流动式(气体流速仅为 0.1～1.0m/s)还具有一定的市场，单位长度的放电区域上仅可获得 80W/m 左右的输出功率。随着高功率激光器小型化发展趋势，虽然可以采用折叠方式提高单位长度输出功率，但是慢速轴向流动式仍在被快速轴向流动式不断取代。

目前工业界提出了一些新的 CO_2 激光器结构，如采用扩散冷却技术的 CO_2 板条激光器(Diffusion - Cooled CO_2 Slab Laser，德国 Rofin 公司生产)，其功率已经可以达到 8kW 以上。图 5.8(a)所示为其结构示意图，设计了两个板状的矩形电极，在电极间施加高频电源，工作气体在两电极间受激辐射发出激光，板状电极内部通过冷却水快速带走热量。由于扩散冷却面积大，散热效果非常良好，因而气体消耗显著降低，并能够获得非常优秀的光束品质，适合用于高速切割、焊接等领域。图 5.8(b)所示为商业激光器的内部结构图。

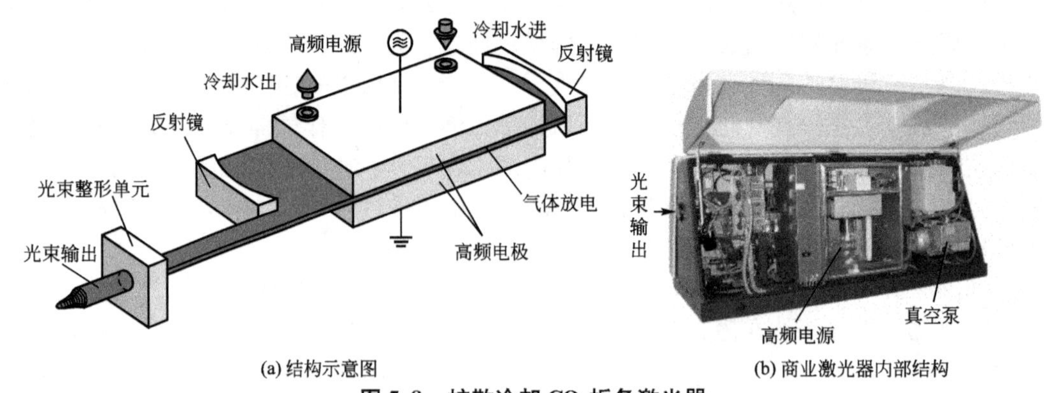

图 5.8　扩散冷却 CO_2 板条激光器

2. 固体激光器

目前热加工应用中的固体激光器通常指的是光激励固体激光器。固体激光器(Solid-state Laser)是以绝缘晶体或玻璃作为工作物质的激光器，少量的过渡金属离子或稀土离子掺入晶体或玻璃中后发生受激辐射，掺杂离子密度较气体工作物质高三个量级以上，易于获得大功率脉冲输出。固体激光器一般由激光工作物质、激励源、聚光腔、谐振腔反射镜和电源等部分构成。其中聚光腔的作用是把光激励源发出的光能聚集在工作物质上。

掺入晶体或玻璃中能产生受激发射作用的离子主要有三类：①过渡金属离子(如Cr^{3+})；②大多数镧系金属离子(如Nd^{3+}、Sm^{2+}、Dy^{2+}等)；③锕系金属离子(如U^{3+})。这些掺杂离子的主要特点是：具有比较宽的有效吸收光谱带，比较高的荧光效率，比较长的荧光寿命和比较窄的荧光谱线，因而易于产生粒子数反转和受激发射。

用作晶体类基质的人工晶体主要有：刚玉(Al_2O_3)、钇铝石榴石($Y_3Al_5O_{12}$)、钨酸钙($CaWO_4$)、氟化钙(CaF_2)、铝酸钇($YAlO_3$)、铍酸镧($La_2Be_2O_5$)等。用作玻璃类基质的主要是优质硅酸盐光学玻璃，例如常用的钡冕玻璃和钙冕玻璃。与晶体基质相比，玻璃基质的主要特点是制备方便和易于获得大尺寸优质材料。无论晶体类基质还是玻璃类基质，都希望具有以下特性：易于掺入金属离子；具有良好的光谱特性、光学透射率特性和高度的光学均匀性；具有适于长期激光运转的物理和化学特性。

固体激光器一般采用光激励，光激励按照产生来源又可分为气体放电灯激励和激光器激励。气体放电灯激励激光器结构如图5.9所示，灯泵将电能转化为光能，聚光器将光能聚集到工作物质，产生受激辐射，发出激光。常用的脉冲气体放电灯激励源有充氙闪光灯；连续气体放电灯激励源有氪弧灯、碘钨灯、钾铷灯等。在小型长寿命激光器中，可用半导体发光二极管或太阳光作激励源。一些新的固体激光器也有采用激光激励的。固体激光器由于光源的发射光谱中只有一部分为工作物质所吸收，加上其他损耗，因而能量转换效率不高，一般在千分之几到百分之几之间。如图5.10所示，将若干个YAG晶体棒串联后，可以获得大功率激光输出，如果再配合光纤传输技术，则可以非常方便地应用到各种不同的加工场合。

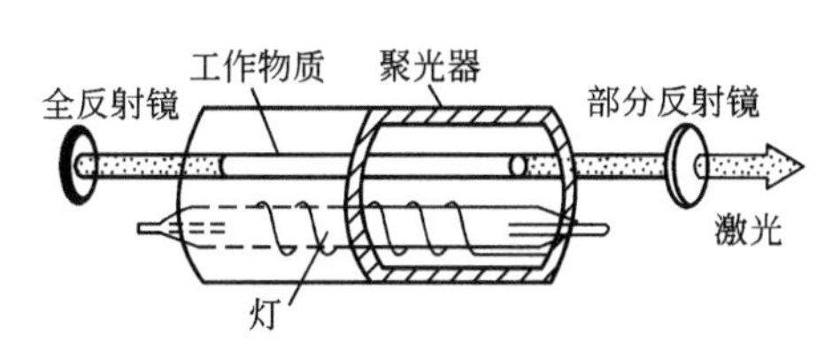

图5.9 气体放电灯激励激光器结构示意图

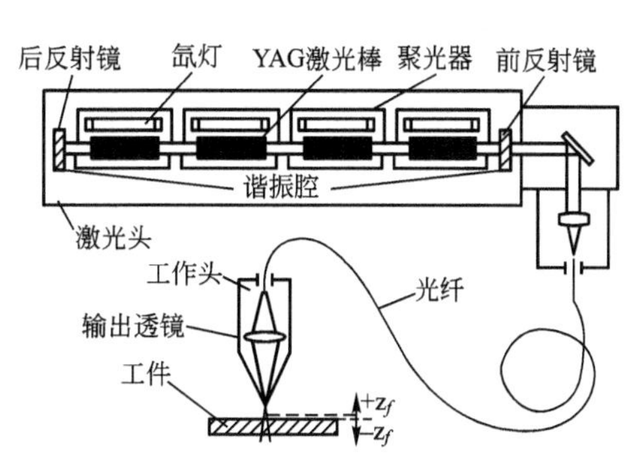

图5.10 YAG激光器系统示意图

晶体激光器以红宝石(Al_2O_3，Cr^{3+})和掺钕钇铝石榴石($Y_3Al_5O_{12}$，Nd^{3+})为典型代表。而玻璃激光器则是以钕玻璃(光学玻璃，Nd^{3+})为典型代表。红宝石是掺有浓度为0.05%氧化铬的氧化铝晶体，发射$\lambda=0.6943\mu m$的红光，它易于获得相干性好的单模输出，稳定性好，在激光加工初期用的较多。钕玻璃激光器是掺有少量氧化钕(Nd_2O_3)的非晶体硅酸盐玻璃，含钕离子(Nd^{3+})质量分数为1%～5%，吸收光谱较宽，发射$\lambda=1.06\mu m$的红外激光，钕玻璃激光器一般以脉冲方式工作，通常用于打孔、焊接加工。

掺钕钇铝石榴石(简写为 YAG)激光器是在钇铝石榴石($Y_3Al_5O_{12}$)晶体中掺以 1.5% 左右的钕而成。输出激光的波长为 1.06μm，是 CO_2 激光波长的 1/10。波长较短有利于激光的聚焦和光纤传输，也有利于金属表面的吸收，这是 YAG 激光器的优势，广泛用于焊接、打孔加工。但 YAG 激光器采用光浦泵，能量转换环节多，器件总效率约为 2%～3%，比 CO_2(5%～15%)激光器低，而且泵浦灯使用寿命较短，需经常更换。YAG 激光器一般输出多模光束，模式不规则，发散角大。目前 YAG 激光器的最大功率可达 4kW 以上，能在连续、脉冲和调 Q 状态下工作，三种输出方式的 YAG 激光器特点见表 5-1。

表 5-1　不同输出方式 YAG 激光器的特点

输出方式	平均功率/kW	峰值功率/kW	脉冲持续时间	脉冲重复频率	脉冲能量/J
连续	0.3～4	—	—	—	—
脉冲	≈4	≈50	0.2～20ms	1～500Hz	≈100
Q-开关	≈4	≈100	＜1μs	≈100kHz	10^{-3}

3. 半导体固体激光器

半导体激光器(Semiconductor Laser)又称二极管激光器(Diode Laser)，是用半导体材料作为工作物质而产生受激发射作用的一类激光器，其与一般固体激光器的最主要区别在于激励源不一定是光激励，激励方式有电注入、电子束激励和光泵浦三种形式。其工作原理是，通过一定的激励方式，在半导体物质的能带(导带与价带)之间，或者半导体物质的能带与杂质(受主或施主)能级之间，实现非平衡载流子的粒子数反转，当处于粒子数反转状态的大量电子与空穴复合时，便产生受激发射作用，利用半导体晶体的解理面形成两个平行反射镜面作为反射镜，组成谐振腔，使光振荡、反馈、产生光的辐射放大，输出激光。半导体激光器具有体积小、重量轻、稳定性好、能耗低、效率高等优点。半导体激光器从诞生后就向着两个方向发展，一类是以传递信息为目的的信息型激光器，在激光通信、光存储、光陀螺、激光打印、测距以及雷达等方面获得了广泛的应用；另一类则是以提高光功率为目的，随着成本的降低及稳定性的提高，具有良好的发展前景。

电注入式半导体激光器，一般是由 GaAs(砷化镓)、InAs(砷化铟)、InSb(锑化铟)等材料制成的半导体面结型二极管，沿正向偏压注入电流进行激励，在结平面区域产生受激发射。高能电子束激励式半导体激光器，一般用 N 型或者 P 型半导体单晶作工作物质，通过由外部注入高能电子束进行激励。光泵式半导体激光器，一般也是用 N 型或 P 型半导体单晶作工作物质，以其他激光器发出的激光作光泵激励。在半导体激光器件中，目前性能较好，应用较广的是具有双异质结构的电注入式 GaAs 半导体激光器。

电注入式半导体激光器由于少了其他固体激光器中激励源工作时的电光转化步骤，因此激光器可以获得 50%～70%的高能量转换效率，激光输出功率可达 15kW。激光辐射二极管与一般使用的二极管具有类似的电气特性，其尺寸比较小，通常长几个毫米，宽及厚度均不超过几百微米。单一的激光二极管输出的功率密度虽然很高，但是功率却非常有限，出于这个原因，激光二极管阵列(Laser Diode Arrays)也称为激光二极管线列阵(Laser Diode Bars)，获得了应用。在一个半导体芯片上可以集成 20～25 电路并联的激光二极管，所有的激光二极管向同一方向发出一束高功率光。这种线阵列二极管激光的典型尺寸如图5.11所示，达到10mm(长)×1mm(谐振长度)×0.1mm(厚度)。

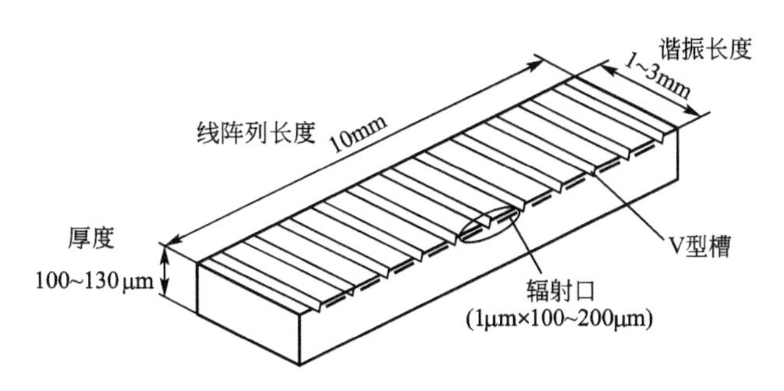

图5.11 激光二极管阵列结构示意图

4. DPSSL固体激光器

1962年，第一台同质结砷化镓半导体激光器问世。1963，纽曼提出了半导体激光器泵浦固体激光器的构想。但在早期，由于二极管激光器的各项性能还很差，作为固体激光器的泵浦源还显得不成熟。近年，随着大功率半导体激光器阵列技术的逐步成熟，二极管泵浦固体激光器(Diode Pump Solid State Laser，DPSSL)作为第二代激光器获得了快速发展。该类型的激光器利用输出固定波长的半导体激光器(图5.12)代替了传统的氙灯或氪灯来对工作物质进行泵浦(如图5.9所示)，激光器性能获得极大提升，主要体现在：①寿命长，传统的氪灯或氙灯寿命通常只有几百小时，而用于泵浦的二极管激光器寿命高达上万小时，从而大大降低了使用及维护成本；②能耗低，传统的灯泵浦激光器中泵浦灯发出的能量大部分转换成了热能。二极管激光器发出的固定波长(如808nm)可以被激光工作物质有效吸收，光-光转换效率(泵浦光与激光间的转化效率)可高达40%以上，DPSSL的总转换效率可以达到10%～25%；③体积小，DPSSL激光器大约只有传统灯泵浦激光器体积的1/3甚至更小。基于以上优点，DPSSL已获得越来越广泛的应用。

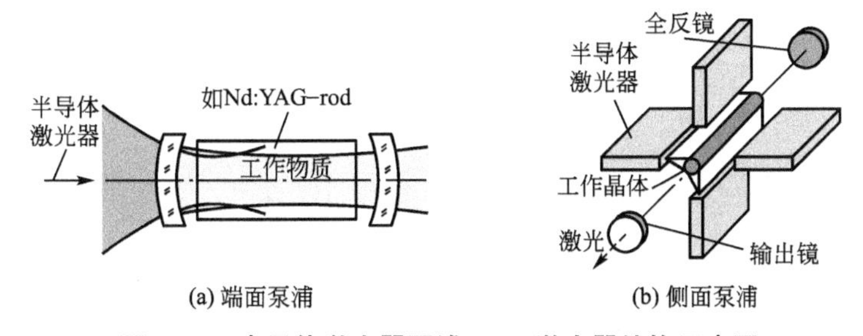

图5.12 半导体激光器泵浦YAG激光器结构示意图

DPSSL激光器根据激光工作物质的形状一般可以分为四类：棒状、片状、板条状及光纤(Rod、Disk、Slab and Fiber)。其中，棒状与传统的灯泵浦固体激光器最为接近，按照半导体激光器的泵浦光的输入方向，其可分为端面泵浦(End Pump)与侧面泵浦(Side Pump)。图5.12(a)与图5.12(b)分别为这两种泵浦结构示意图。端面泵浦YAG激光器中，激光晶体靠近泵浦源的一端面镀808nm的增透膜和1064nm的高反膜。808nm的增透膜使泵浦源发出的808nm波长的半导体激光进入激光晶体前的损耗降至最低，而1064nm的高反膜与镀有1064nm部分反射膜的输出镜结合起来，形成谐振腔，使1064nm

的激光产生振荡放大并输出。这种结构激光器一般用在功率较小、激光模式质量好的场合下，如激光打标机。侧面泵浦固体激光器可由多个二极管泵浦模块围成一圈组成泵浦源，这种泵浦结构的一个最大的好处就是能够将若干个激光晶体串联在同一谐振方向上，形成高功率的激光输出。目前，该类激光器连续输出最大功率可以达到8kW，脉冲峰值功率则可达到10MW(100kHz)。

薄片(Thin Disc，也称为盘形)固体激光器是集端面泵浦与侧面泵浦优点于一身的一种新型的固体激光器设计方案［图5.13(a)］，其工作晶体为圆形薄片，直径通常为几个毫米，厚度为100～200μm。激光器工作的基本原理：用光纤耦合输出的半导体激光器作泵浦源对非常薄的晶体进行端面泵浦，使泵浦光在几百微米的晶体薄片中多次经过，产生的热量则可以通过热沉(Heat Sink)高效传出，最终可以输出光学质量介于端面泵浦和侧面泵浦之间的激光。将多个薄片晶体级联在同一个热沉上，则可以获得高达8kW功率的固体激光器。德国通快已做出16kW的Disk激光器。

板条(Slab)固体激光器是工作物质为板条形状的固体激光器［图5.13(b)］。在板条激光器中，温度梯度发生在板条厚度方向上，而光在厚度方向的两侧面(即泵浦面)上发生内全反射，呈锯齿形光路在两泵浦面之间传播，光传播方向近似与温度梯度方向平行，可基本避免热透镜效应和热光畸变效应，大幅度提高了激光输出功率。目前单根板条激光器连续输出功率已超过千瓦，脉冲输出能量超过百焦耳，如210mm(长)×25mm(宽)×6mm(厚)的Nd：YAG板条，输出功率可达1.2kW。板条激光器的缺点是发散角较大，技术复杂。其发展方向如图5.13(b)所示，采用大功率阵列半导体激光器侧面泵浦，以获得更高的效率和更好的光束质量。

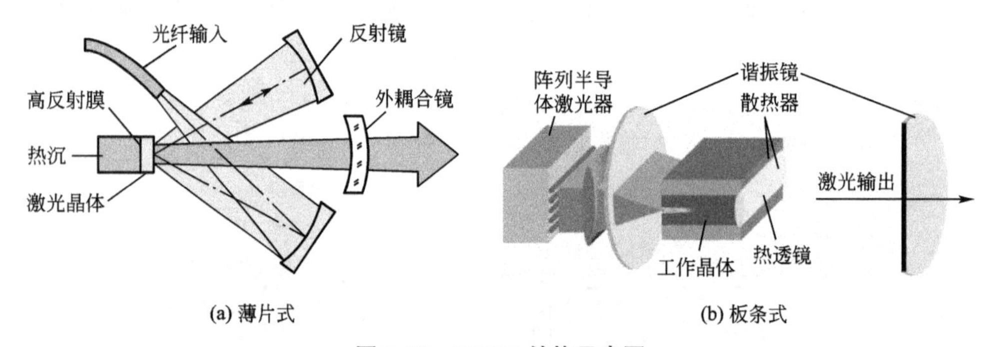

图5.13　DPSSL结构示意图

现代高功率光纤激光器是近年由光通信行业中的光放大器演变而来的，其良好的光学质量，较高的输出功率，超长的寿命及无需维护的特点逐渐获得人们关注，被业界认为是第三代激光技术。从其工作原理上判断，现代高功率光纤激光器仍然属于端面泵浦的DPSSL激光器，其工作物质虽然可以为晶体光纤(红宝石单晶、YAG单晶)、塑料光纤等材料，但目前通常仅指玻璃光纤，因此，光纤激光器也可以认为是用掺稀土元素玻璃光纤作为增益介质的激光器，其光-光泵浦转换效率高达70%～75%。

双包层泵浦技术的出现是光纤领域的一大突破，使得高功率光纤激光器制作成为现实。图5.14所示为梅花形双包层光纤的截面结构，由内及外共有四个层次构成：纤芯、内包层、外包层和保护层，形成了两个同心的轴向纤芯。核心玻璃纤芯与传统的单模光纤纤芯相似，掺入镱、铷、铒等稀土元素。而外围玻璃纤芯则用于传输多模泵浦光，大功率的多模激光二极管阵列作泵源产生的多模激光在内包层和外包层间来回反射(内包层一般采用异形结构，有方形、梅花形、椭圆形、D形及六边形等，外包层一般为圆形)，周期性地穿越掺杂质的单模光纤核心，将70%以上的泵浦能量间接地耦合到掺杂核心纤芯，促使核心光纤中产生粒子数反转，通过在光纤内设置的光纤光栅对自发辐射光选频，实现特定波长光的单模放大与输出(波长涵盖400～3400nm)。

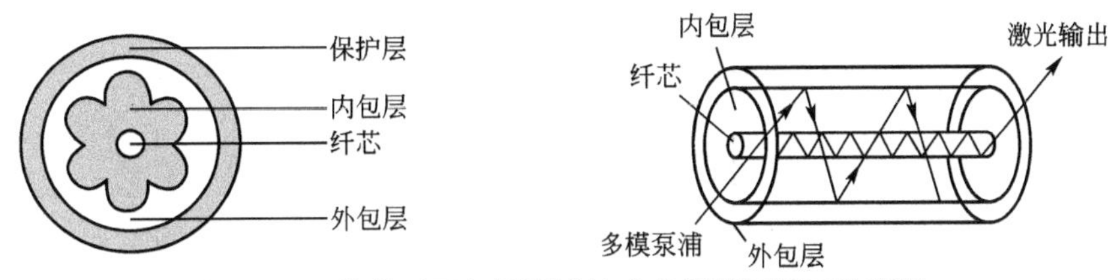

图5.14 梅花形双包层泵浦技术光纤截面及工作原理

双包层泵浦技术使得多个多模泵浦光可以同时耦合至包层光纤，因此可以获得大功率的激光输出，目前光纤激光平均功率可高达50kW以上。图5.15(a)所示为多个多模二极管泵浦光依次通过复合光纤的终端面拼接射入双包层光纤，这种结构有利于散热，单一泵浦光发生故障时也基本不影响整体性能，但是结构比较复杂。图5.15(b)所示双包层泵浦技术则通过堆叠的激光二极管阵列聚焦输出一束多模泵浦光到双包层光纤端面，这种结构相对简单，但是需要很好的控制散热。

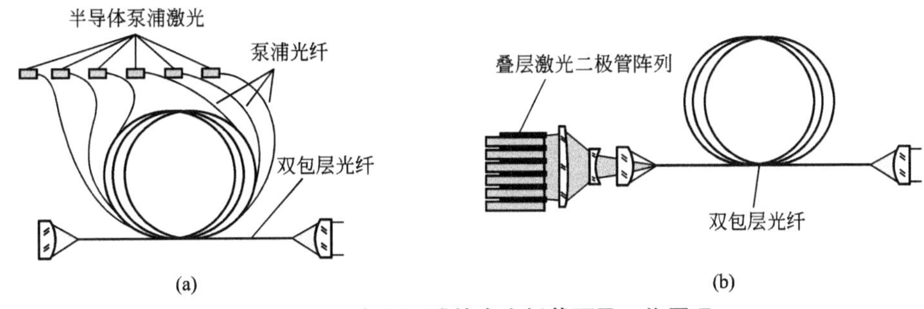

图5.15 双包层泵浦技术光纤截面及工作原理

目前光纤激光器仍主要集中在高端应用上，以美国IPG公司为主的生产厂商正在大力推广光纤激光器。光纤激光器应用时的一个显著优点是可实现一机多通道输出。例如，采用多路光闸的光纤激光器可在间隔超过200m的不同工位上实现不同功率的激光输出，实现切割、焊接、钻孔和熔覆等加工的协同工作。但应该知道，光纤激光器虽然性能优良，但并不是在所有场合都优于其他类型激光器，如波长为10.6μm的CO_2激光器就更加适合处理聚合物、有机材料、无机材料等非金属材料。由于光纤激光器具有高达近30%的转换效率，随着成本的降低以及产能的提高，预计未来将会逐渐替换掉部分高功率CO_2激光器和大部分YAG激光器。

5.1.4 常见激光加工技术

在激光加工试验及理论研究中，激光光束横截面上光强的分布，即激光强度分布是重要的考虑因素之一。其本质是光谐振腔内的各种电磁场本征态，光在模腔内传播时引起衍射使振幅和相位的空间分布发生畸变，当振幅和相位的空间分布达到稳定状态时，才从输出镜输出激光，即一般表述中所提的激光加工光束模式。开腔中的振荡模式通常采用 TEM_{mnq} 表征，m、n 和 q 为正整数，其中 q 为纵模指数，m 与 n 为横模指数。横向电磁场分布与横模指数有关。在方形镜谐振腔中，m 与 n 分别代表电磁场在谐振腔横截面上沿 x 方向和 y 方向的节线数。在圆形镜谐振腔中，m 与 n 分别代表电磁场在谐振腔横截面上沿幅角方向和径向的节线数。m 与 n 为零的模称为基模，$m \geqslant 1$ 或 $n \geqslant 1$ 的模称为高阶模。仅有基横模的激光束称为单横模激光，其平行性好，发散角小。有不同横向模式的激光束称为多横模激光，其发散角较大，平行性较差。

图 5.16 所示为方形镜共焦腔模的振幅分布和强度花样(TEM_{00}、TEM_{10}、TEM_{20}、TEM_{30})。在 x 方向上，TEM_{00} 为基模，其光斑中任何一点光强都不为零，能量呈高斯函数分布。其他模式分布特点则取决于为厄米特多项式与高斯分布函数的乘积，m 阶厄米特多项式具有的 m 个零点(根)就代表着存在 m 条节线。如果 x 方向上有一点光强为零，称为 TEM_{10} 模，如在 y 方向上有一点光强为零，称为 TEM_{01} 模，依此类推，模式序数 m 和 n 越大，光斑中光强为零的点的数目越多。图 5.17 所示则为圆形镜共焦腔模的强度花样。

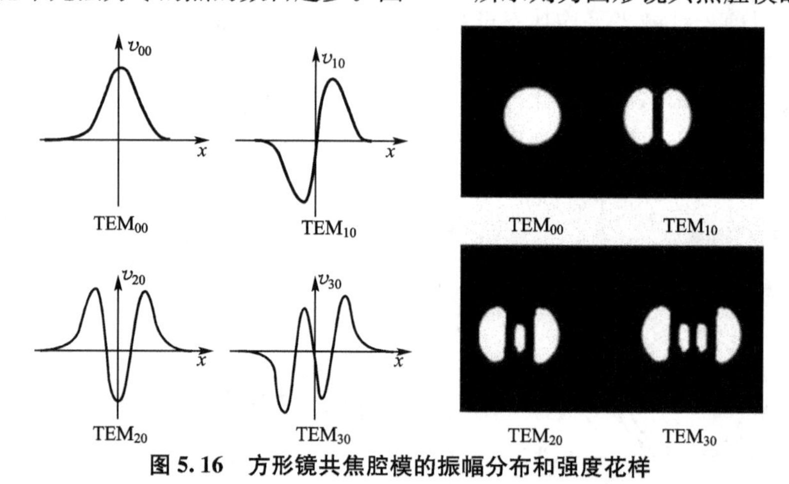

图 5.16　方形镜共焦腔模的振幅分布和强度花样

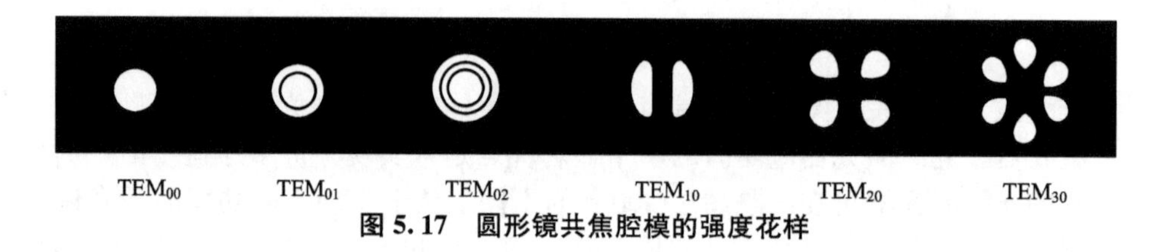

图 5.17　圆形镜共焦腔模的强度花样

1. 激光打孔

激光打孔(Laser Drilling)是最早达到实用化的激光加工技术，也是激光加工的主要应用领域之一。随着近代工业技术的发展，使用硬度大、熔点高的材料越来越多，并且常常要求在这些材料上打出又小又深的孔，而传统的加工方法已不能满足某些工艺要求。例如，高熔点金属钼板上加工微米量级孔径；在高硬度红、蓝宝石、金刚石上加工几百微米的深孔或拉丝模具；以及火箭或柴油发动机中的燃料喷嘴群孔等。这类加工任务用常规的机械加工方法很困难，有的甚至是不可能的，而用激光打孔则比较容易实现。激光打孔是将高功率密度(10^5～

【激光打孔】

10^{15} W/cm^2)的聚焦激光束射向工件，将其指定范围“烧穿”。

激光打孔按照被加工材料受辐照后的相变情况可分为热熔钻进(Melt Drilling)和气化钻进(Sublimation Drilling)两种加工机制。图5.18即为这两种加工工艺示意图。热熔钻进是一种具有较高去除率的打孔工艺，但这种方法加工的孔洞的精度要稍差些。其加工过程如下：当高强度的聚焦脉冲能量(大于10^8 W/cm^2)照射到材料时，材料表面温度升高至接近材料的蒸发温度，此时固态金属开始发生强烈的相变，首先出现液相，继而出现气相。金属蒸气瞬间膨胀并以极高的压力从液相的底部猛烈喷出，同时携带着大部分液相一起喷出。由于金属材料溶液和蒸气对光的吸收比固态金属要高得多，所以材料将继续被强烈地加热，加速熔化和气化。这样一来，在开始相变区域的中心底部便形成了更强烈的喷射中心，开始是在较大的立体角范围内外喷，而后逐渐收拢，形成稍有扩散的喷射流。这是由于相变来得极其迅速，横向熔融区域还来不及扩大，就已经被蒸气携带喷出，激光的光通量几乎完全用于沿轴向逐渐深入材料内部，形成孔型。气化钻进方法则主要利用高功率密度激光脉冲短时间(小于10ps)去除材料实现高精度去除加工，如可以利用该工艺加工出直径低于100μm的小孔，当然其加工效率也会因此而显著降低。

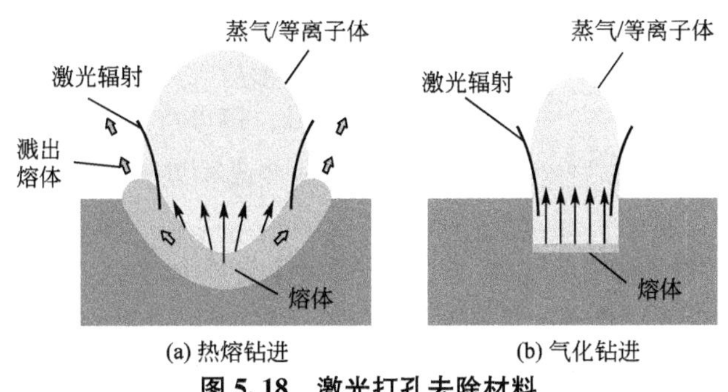

图5.18 激光打孔去除材料

熔化和气化是激光打孔中必然会出现的现象，为了加深理解该过程，把瞬时的激光脉冲分成五个连续的小段，如图5.19所示，“1”段为前缘，“2”“3”“4”段为稳定输出，“5”段为尾缘。当“1”段进入材料时，材料开始被加热，由于材料表面有反射，加热显得缓慢无力，随后热向材料内部传导，造成材料较大区域的温升，产生以熔化为主的相变，相变区面积大而深度浅；当“2”段进入材料后，因材料相变而剧烈加热，熔融区面积比相变区缩小而深度增加，开始形成小的孔径；“3”“4”段进入材料后，打孔过程相对稳定，材料的气化比例剧增至最大程度，形成了孔的圆柱段；当“5”段进入材料后，材料的加热已临近终止，“随后气化及熔化迅速趋于结束，从而形成孔的尖锥形孔底。

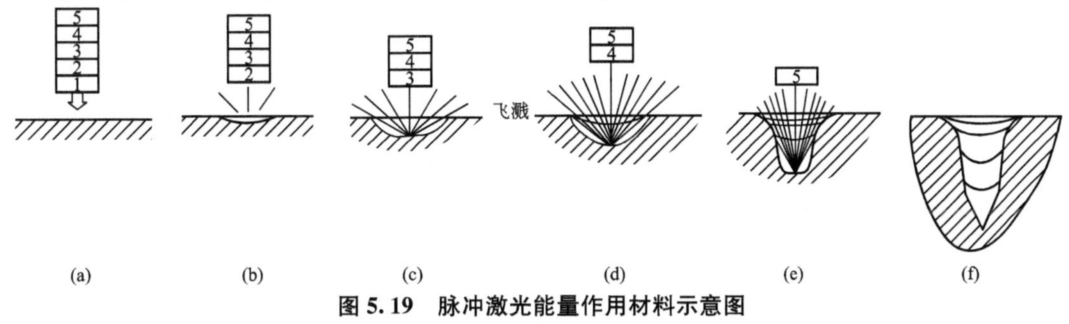

图5.19 脉冲激光能量作用材料示意图

随着科技的发展，激光打孔应用范围越来越广泛，人们根据孔径、孔深、加工材料、加工精度等提出不同的打孔细分工艺。图 5.20 所示即为根据打孔精度和打孔时间划分出的四种不同加工工艺：脉冲打孔(Single Pulse Drilling)、冲击打孔(Percussion Drilling)、环切打孔(Trepanning)和旋切打孔(Helical Drilling)。脉冲打孔通常应用在大批量小孔加工，孔直径一般小于 1mm，深度低于 3mm，每个激光脉冲的辐照持续时间通常介于 100μs 到 20ms 间。冲击打孔则适用于直径小于 1mm 的大深度(小于 20mm)小孔加工，由于是长时间的持续激光辐照作用，因此加工参数对孔洞质量及基材的热影响非常显著。环切打孔是将脉冲打孔或者冲击打孔与光束运动结合起来的一种加工方式，通过光束与工件间的相对运动获得具有不同形状或者轮廓的孔洞。旋切打孔同样是光束相对于工件做特定运动的一种加工工艺，通过光束旋转可以避免在底部形成大熔池，配合纳秒级的脉冲辐照时间，可以获得非常精密的小孔。

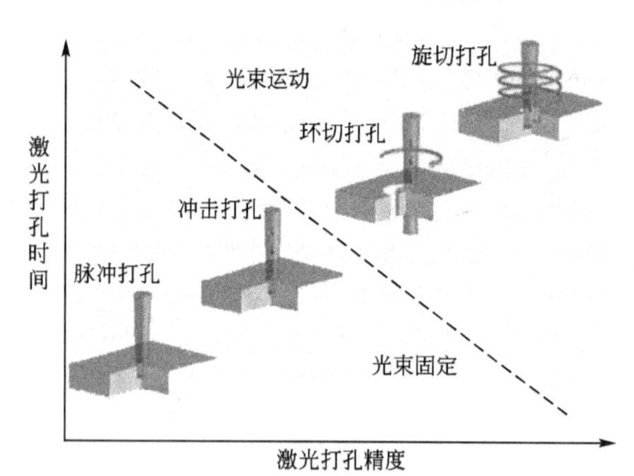

图 5.20　激光打孔工艺细分

激光打孔的高效率与高质量使其在许多高科技产品中获得了应用。例如，图 5.21(a)所示医疗用的手术针，针头部通常是一个直径在 50～600μm，深径比在 4∶1～12∶1 的盲孔，采用 20kHz 脉冲激光打孔可以在 1s 内完成六个针头加工；又如，图 5.21(b)所示汽车不锈钢燃油滤清器外壳分布着大量的直径为 50～100μm，壁厚约 1mm 的过滤小孔，采用脉冲激光打孔可以实现每秒高达几百个小孔的效率，因此业界常常用飞行加工(On-the-Fly)来描述这类快速加工过程。随着微细加工的增加，利用激光可加工出如图 5.21(c)～图 5.21(e)所示的生物过滤网、“透明”金属薄片及喷墨头微孔等精密群微孔零件。

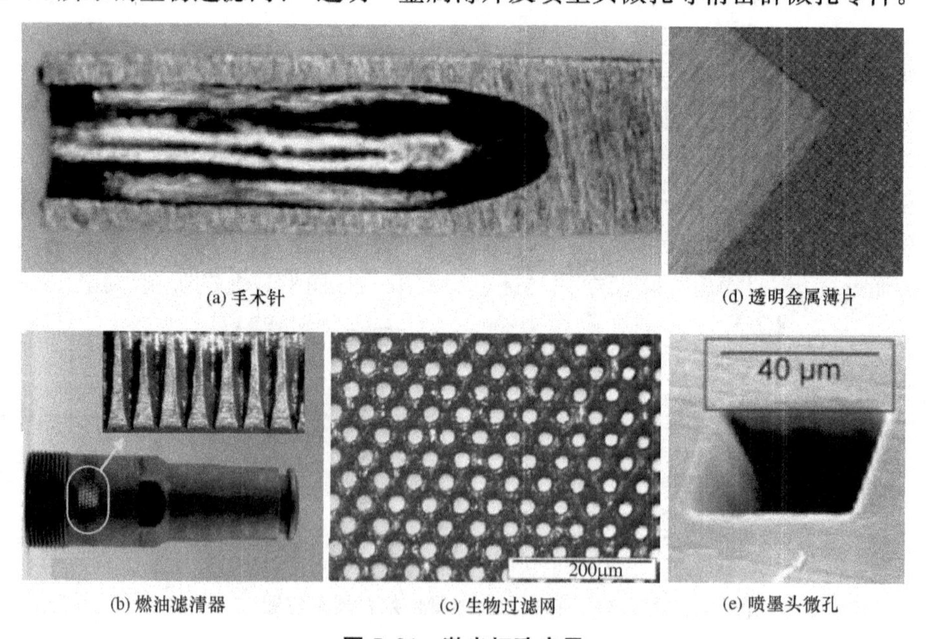

(a) 手术针　(d) 透明金属薄片　(b) 燃油滤清器　(c) 生物过滤网　(e) 喷墨头微孔

图 5.21　激光打孔应用

采用环切工艺，则可以实现更加复杂的成形小孔加工，当激光束按照如图 5.22(a)所示的运动轨迹相对基板运动时，就可以获得按照轨迹切割出的孔洞形状。如果利用多轴工作系统使得激光束与基板间的夹角不断变化，则可以加工出更为复杂的孔洞结构，获得如图 5.22(b)所示的锥形孔。这类融合了数控加工技术的激光打孔工艺使得激光打孔的应用范围得到进一步拓展。

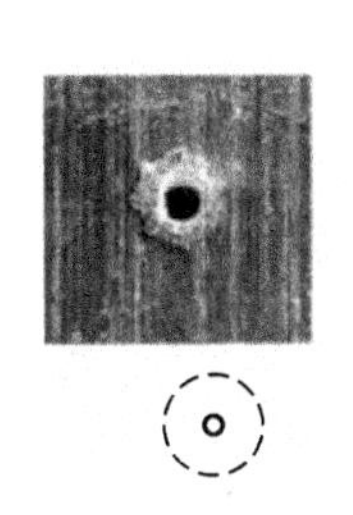
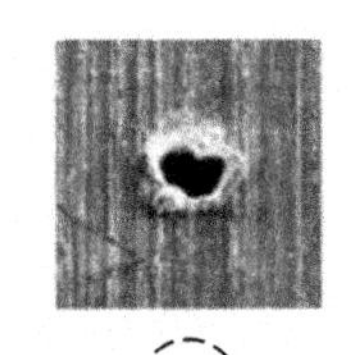
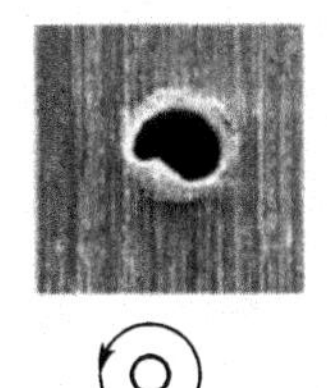

(a) 光束运动轨迹示意图

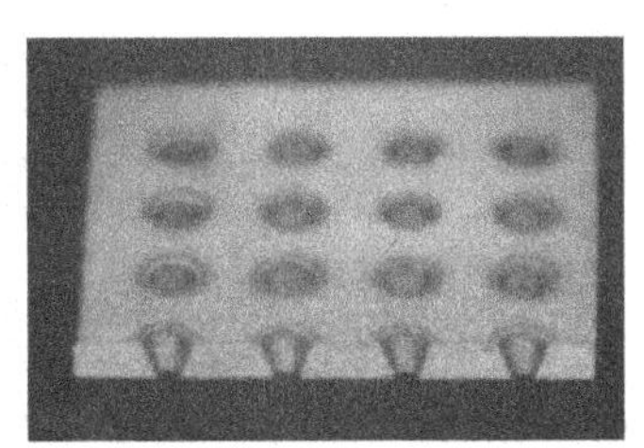

(b) 锥形群孔零件

图 5.22 激光环切打孔

2. 激光切割

激光切割是利用经聚焦的高功率密度激光束(CO_2连续激光、固体激光及光纤激光)照射工件，在超过阈值功率密度的条件下，光束能量及其与辅助气体之间产生的化学反应所产生的热能被材料吸收，引起照射点材料温度急剧上升，到达沸点后，材料开始气化，形成孔洞。随着光束与工件的相对移动，最终使材料形成切缝。切缝处熔渣被一定压力的辅助气体吹走，如图 5.23 所示。

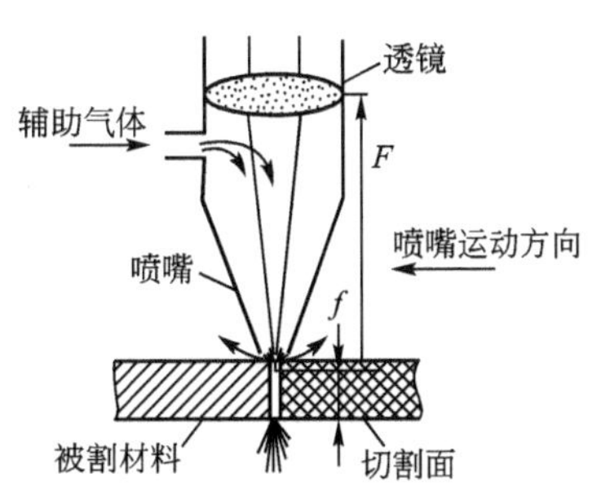

图 5.23 激光切割示意图

【激光切割】

激光切割总的特点是高速度、高质量，其具体特点可以概括为：切缝窄，节省切割材料，还可割盲缝；切割速度快，热影响区小，因而热畸变程度低，可以用来切割既硬又脆的玻璃、陶瓷等材料；割缝边缘垂直度好，切边光滑；切边无机械应力，无剪切毛刺，几乎没有切割残渣；激光切割是非接触式加工，不存在工具磨损问题，不需要更换刀具，只需调整工艺参量，切割中的噪声也很小；可以切割塑料、木材、纸张、橡胶、皮革、纤维以及复合材料等，也可切割多层层叠纤维织物(图 5.24 所示为非金属类材料激光切割的应用)；由于激光束能以极小的惯性快速偏转，故可实现高速切割，并且能按任意需要的形状切割；由于激光光斑小、切缝窄，且便于自动控制，所以更适宜于对细小部件做各种精密切削。

从切割各类材料不同的物理形式来看，激光切割大致可分为气化切割、熔化切割、氧助熔化切割及控制断裂切割。

1) 气化切割(Sublimation Cutting)

在激光束加热下，工件温度升高至沸点以上，部分材料化作蒸气逸去，部分作为喷出物从切缝底部吹走。激光功率密度需要超过 $10^8 W/cm^2$，是熔化切割所需能量的10倍，这是对不能熔化的材料如木材、纸张和某些塑料所采用的切割方式，图 5.25 所示为采用CO_2连续激光在 500W 条件下的不同厚度材料切割速度对比。

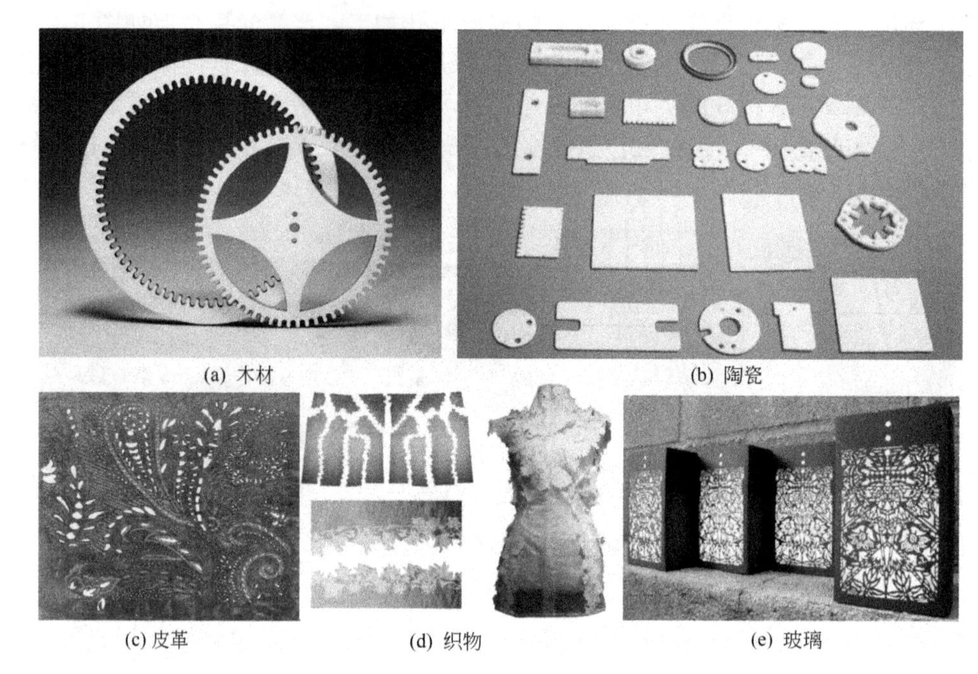

图 5.24 非金属材料切割加工实例

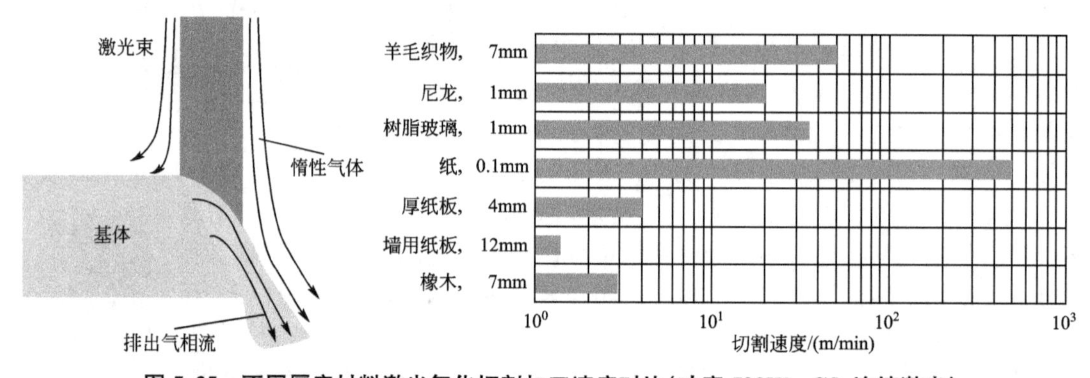

图 5.25 不同厚度材料激光气化切割加工速度对比(功率 500W, CO_2连续激光)

2) 熔化切割(Fusion Cutting)

激光束功率密度超过一定值时，会将工件内部材料蒸发，形成孔洞。一旦这种小孔形成，它将作为黑体吸收所有的入射光束能量。小孔被熔化金属壁所包围，然后，与光束同轴的辅助气流把孔洞周围的熔融材料去除、吹走。随着工件移动，小孔按切割方向同步横移形成一条切缝，激光束继续沿着这条缝的前沿照射，熔化材料持续或脉动地从缝内被吹走。熔化切割所需功率密度只需为气化切割的 1/10 左右。

激光熔化切割使用的辅助气体通常指惰性气体，其并不参与辅助燃烧，主要用于吹走部分熔体，因此使用的切割气体压力也比较大，一般为 0.5～2MPa，故该方法也称为高压切割。熔化切割加工中考虑的主要参数有切割速度、焦距和切割辅气压力这三点，其中切割速度是最主要的因素，图 5.26 给出了不同厚度的不锈钢在不同激光功率下的切割速度和切割厚度的关系曲线。

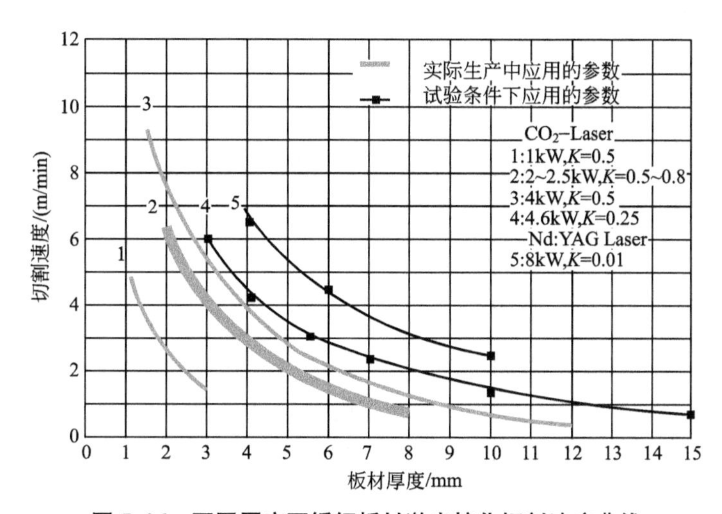

图 5.26　不同厚度不锈钢板材激光熔化切割速度曲线

3）氧助熔化切割(Laser Oxygen Cutting)

如果用氧或其他活性气体代替熔化切割所用的惰性气体(图 5.27)，材料在激光束的照射下被点燃，因此，除激光能量外，另一热源同时产生，且与激光能量共同作用，进行氧化熔化切割。切割加工充分利用了金属材料氧化反应释放出的大量能量，如常见的 Fe 元素在转变为氧化铁的过程中能释放 4800kJ/kg。据估计，切割钢时，氧化反应放出的热量要占到切割所需全部能量的 60%左右。由于引入了大量额外的热能，与惰性气体下的切割比较，使用氧作辅助气体可获得更高的切割速度和更大的切割厚度。此外，激光功率对切割速度的影响也要比熔化切割小很多，如图 5.28 所示。

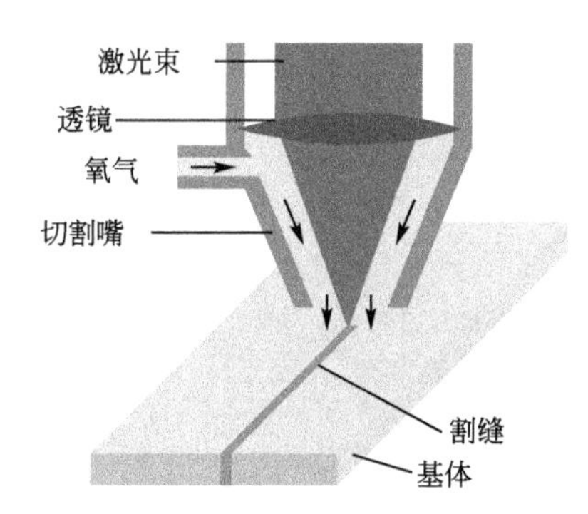

图 5.27　氧助熔化切割示意图

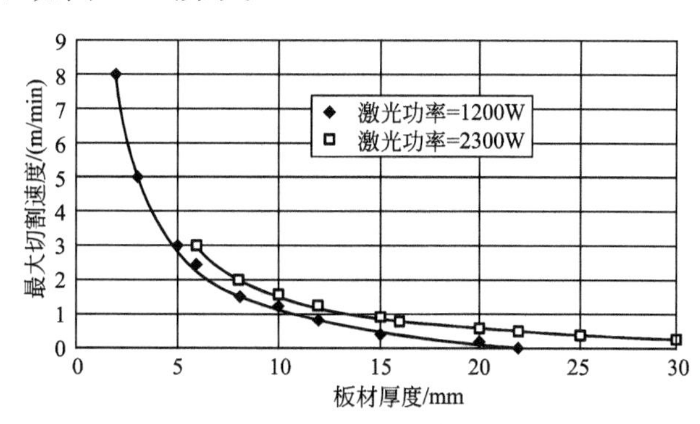

图 5.28　不同铁基板材厚度氧助熔化切割速度曲线

氧气的通入量与激光移动速度是氧助熔化切割中的主要影响因素。加工中需要找到一个合适的气流量，氧气流速越高，燃烧化学反应和去除熔渣的速度也越快。当然，氧气流速不是越高越好，因为流速过快会导致切缝出口处反应产物即金属氧化物的快速冷却，这对切割质量是不利的。由于氧助熔化切割加工过程中存在两个热源，因此需要考虑两者的互相影响，如果割缝显得宽而粗糙，就说明氧的燃烧速度高于激光束的移动速度；若所得切缝狭而光滑，则说明激光束移动的速度比氧的燃烧速度快，氧化反应提供的能量偏少。

4）控制断裂切割(Control Fracture Cutting)

通过激光束加热，可以高速、可控地切断易受热破坏的脆性材料，称为控制断裂切割。

这种切割过程主要内容是：激光束加热脆性材料小块区域，引起该区域大的热梯度和严重的机械变形，导致材料形成裂缝。只要保持均衡的加热梯度，激光束可引导裂缝在任何需要的方向产生。但是，这种控制断裂切割不适合切割锐角和角边切缝，使用的激光功率也较小，功率太高会造成工件表面熔化，并破坏切缝边缘。其主要参数是激光功率和光斑尺寸。

随着激光切割技术的发展，目前有两个趋势值得关注：一个是高速激光切割(High Speed Laser Cutting)；另一个则为激光精密切割(Laser Fine Cutting)。

高速激光切割具有极高的加工效率，例如，1mm 厚的不锈钢板最高可以实现 100m/min 的切割速度。图 5.29 所示为常规激光切割与高速激光切割原理对比示意图。高速激光切割主要应用在薄板材的切割，是通过将高质量且高功率的激光光束聚焦到很小的直径后作用在材料上的一种非常规切割工艺，聚焦的光斑直径通常要求低于 100μm。因此，在应用中该方法对激光器的要求非常高，通常采用高质量的 CO_2激光器、光纤激光器或者盘形固体激光器。其基本切割原理有点类似于后面即将提到的小孔效应，即利用高功率密度激光产生一个小孔(Keyhole)，在局部形成了高的蒸气压，小孔周围的熔化金属被喷出。而常规切割，则主要依靠熔体对流和热传导将能量传递到切割前缘后，再被辅助气体向下带出。因为要在瞬间形成具有高蒸气压的小孔，所以才要求光束直径小且能量密度很高，切割的板材也不能太厚，切缝与光束直径的比例能达到 2(常规切割中两者非常接近)，采用相对少的能量获得了相对多的材料去除量。

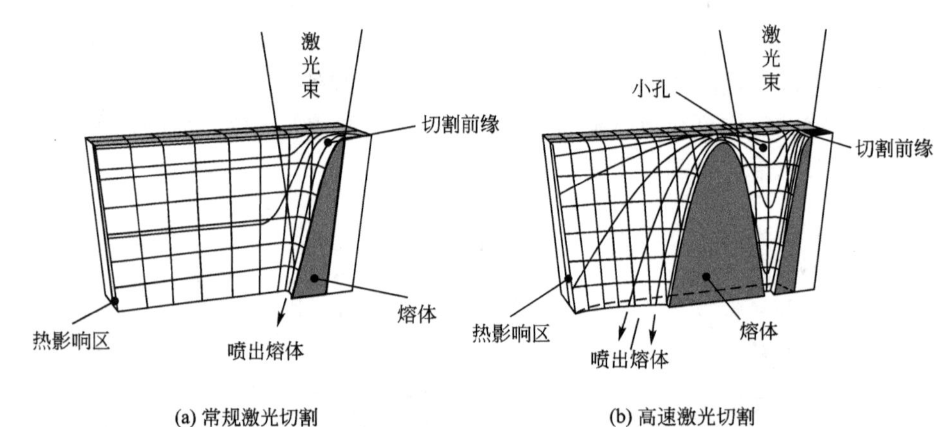

图 5.29 常规激光切割与高速激光切割原理对比示意图

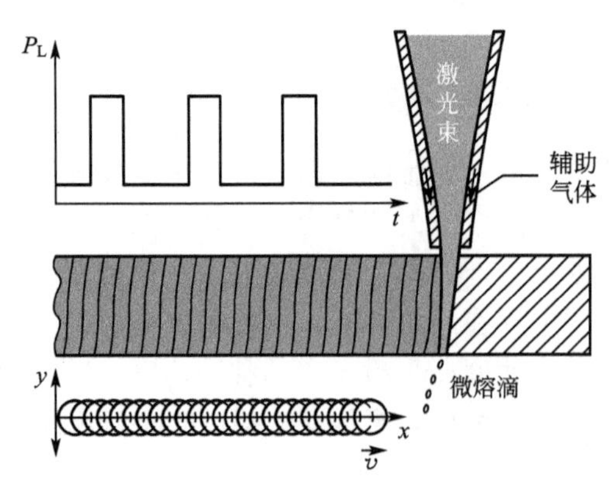

图 5.30 激光精密切割加工示意图

激光精密切割目前在精密机械、医疗、芯片等行业获得越来越多的应用，通常我们将切割材料厚度、切割结构尺寸在几百微米的加工称为激光精密切割。加工使用的激光器主要是波长较短的固体激光器和光纤激光器，加工中要求使用脉冲形式切割。激光精密切割加工基本原理如图 5.30 所示，利用脉冲激光产生非连续的材料去除，类似许多独立的单脉冲打孔重叠连接在一起，重叠率一般要求达到 50%～90%。为了获得高的切割精度，单个脉冲激光的作用时间要求短而能量集中，通常脉冲频率几千赫兹，脉冲功率几千瓦。因为精密切割加工过程是非连续的，且具有很高的重叠率，因此精密切割的切割速度也比较慢，通常不超过每分钟几百毫米。

图5.31(a)所示为一个典型的激光精密切割应用——心血管支架的切割加工。将直径为1.6～2mm的不锈钢细管按照设计的轨迹进行激光精密切割，可以获得如图所示的弹性支撑架，植入堵塞血管就可以解决血管堵塞的问题。但在工业应用中，应用更为广泛的还是尺寸大、厚度大、形状复杂零件的精密切割加工。图5.31(b)所示为通过特殊的切割头设计及加工工艺实现的40mm不锈钢精密切割，所使用的CO_2激光器加工功率8kW，切割缝宽0.85mm，切割面的表面粗糙度仅为0.16mm，获得了接近垂直的切割轮廓。图5.31(c)所示为光纤激光器与机器人手臂结合后切割加工三维零件的应用，这种方法在汽车制造业中获得了大量应用，在一些模具成形领域也有使用，光纤激光机器人目前已成为切割发展主流方向。

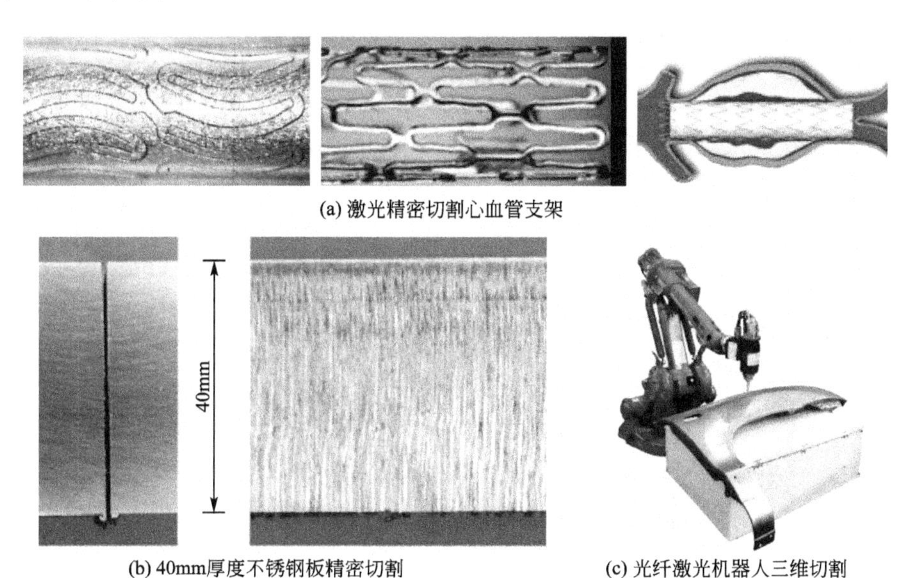

(a) 激光精密切割心血管支架

(b) 40mm厚度不锈钢板精密切割

(c) 光纤激光机器人三维切割

图5.31 激光精密切割加工应用

3. 激光焊接

【激光焊接】

激光焊接是用激光作为热源对材料进行加热，使材料熔化而联结的工艺方法。由于激光的单色性、方向性都很好，很容易聚焦成很细的光斑，光斑内能量密度极高，因此激光焊接的主要特点是焊缝的深宽比(熔深与焊缝宽度之比)大。激光焊接可在大气中进行，有时根据加工需要使用保护气体。激光可对高熔点材料进行焊接，有时也可以实现异种材料的焊接。

1) 激光焊接的优点

与氧气-乙炔焊和电弧焊等传统焊接方法相比较，激光焊接具有如下两大优点。

(1) 激光照射时间短。焊接过程极为迅速，不仅生产效率高，而且被焊材料不易氧化，热影响区小，适合于热敏感很强的晶体管元件焊接。激光焊接既没有焊渣，也不需去除工件的氧化膜，尤其适用于微型精密仪表中的焊接；

(2) 激光不仅能焊接同种金属材料，而且可以焊接异种金属材料，甚至还可以焊接金属与非金属材料。例如，用陶瓷作基体的集成电路，由于陶瓷熔点很高，又不宜施加压力，采用其他焊接方法很困难，而用激光焊接是比较方便的。还能利用激光的透波及聚焦进行特殊焊接加工，如图 5.32 所示激光透过玻璃或者聚合物进行焊接。

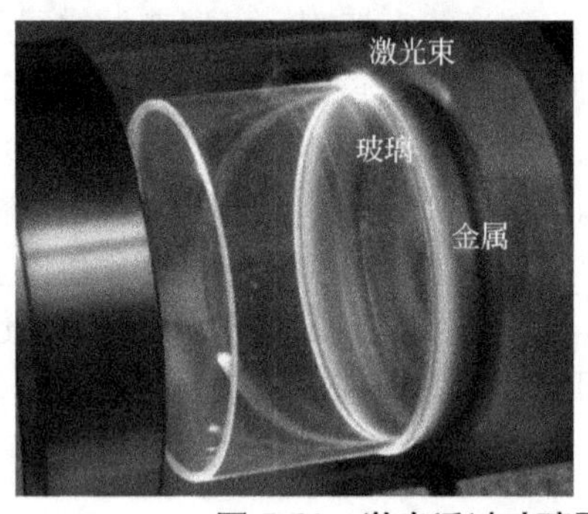

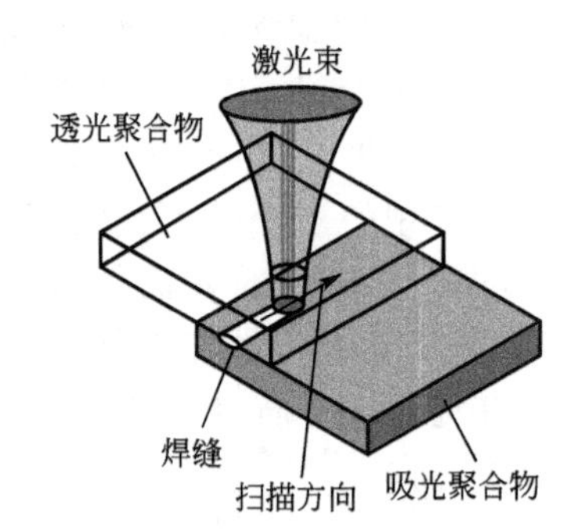

图 5.32　激光透过玻璃及聚合物实现特殊焊接加工

2）激光焊接的分类

激光焊接的方法和材料很多，但就其焊接方式和特性而言是有规律可循的，激光焊接的机理可以主要分为两种类型，激光热传导焊接(Heat Conduction Welding)与激光深熔焊接(Deep Penetration Welding)。

(1) 热传导激光焊接。热传导激光焊接是将高强度激光束直接辐射至材料表面，通过激光与材料的相互作用，使材料局部熔化实现焊接。激光与材料相互作用过程中，产生光的反射、光的吸收、热传导及物质的传导。在热传导过程中，辐射至材料表面的功率密度比较低，光能量只能被表层吸收，不产生非线性效应或小孔效应。当光在材料表面穿透微米数量级后，入射光强度趋于零，材料通过热传导方式进行内部加热。当材料表面熔化，只要表面温度不超过沸点，能量向材料内部稳定传播，使内部金属加热熔化形成一种半球形的焊缝。热传导焊接所使用的功率密度较低，工件较薄，其焊缝两侧热影响区的宽度比实际的焊接深度要大得多，即焊接的深宽比较低，约为 3∶1。

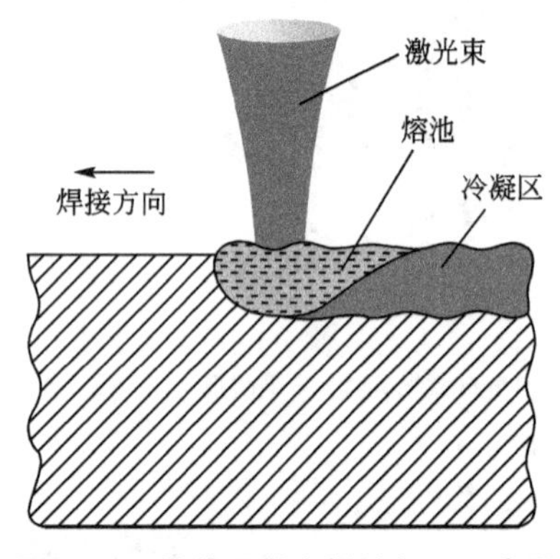

图 5.33　热传导激光焊接加工示意图

热传导激光焊接主要有激光点焊、缝焊等工艺。

【激光点焊】

① 激光点焊。激光点焊技术是脉冲激光的一种典型应用。激光点焊主要用于薄型金属器件的精密焊接，已成功地进行焊接的金属有铜、镍、不锈钢、铁镍合金、铂、铑、各类铜合金、金、银、钨等。此外，丝状元件的焊接也是激光点焊的重要应用领域。

② 激光缝焊。顾名思义是以缝的形式连接在一起的焊接，在许多焊接应用中，常使用脉冲激光器作为缝焊的工具。用脉冲激光器通过熔点重叠可以形成连续的熔池，由脉冲重复率的上限及可接受的重叠度共同决定焊接的速率。

在脉冲激光缝焊中，若无足够的重叠度会出现两个问题：首先熔池的截面会出现锯齿形，熔深不均匀，焊接强度不够；其次，在焊接过程中若出现了小的缺陷，这些缺陷常常由于初始时激光尖峰结构在熔池引起气化形成，常以气泡形式出现，若气泡的深度扩展到整个熔区厚度，则会出现漏气。当重叠度足够时，由于随后的脉冲作用于缺陷区可使其重新熔化，并能使元件漏气或零件失效处堵住。

热传导激光焊接的最大的穿透深度为1.5～2mm。较深的焊接必须由小孔效应产生。但是，在气密性缝焊中，小孔效应不能用，因为加工质量难以控制。随着工业用激光器、工业机械手臂的发展，激光焊接机正向高度柔性与自动化方向发展，在汽车、飞行器、轨道交通等高端制造领域获得越来越广泛的应用。比起传统的焊接技术，激光焊接拥有精度高、无需焊料等显著优势，图5.34(a)所示为多机械手臂协同激光焊接汽车车架，传统的人工焊接已经几乎被完全替代了。通过激光焊接，“空客A380”从第7～19舱节约下来的铆钉就重达20t，这20t的载重量全部“变成”了座位数，使A380成了每个座位单位能耗最低的飞机，如图5.34(b)所示。

(a) 汽车车架

(b) 飞机机身

图5.34 热传导激光焊接应用

(2) 激光深熔焊接。激光深熔焊接所用的激光功率密度较热传导激光焊接高，材料吸收光能后转化为热能，使工件迅速熔化乃至气化，产生较高的蒸气压力。在这种高压作用下，将熔融的金属迅速从光束的周围排开，在激光照射处呈现出一个小的孔眼。随着照射时间的增加，这个孔眼不断向下延伸，一旦激光照射停止，孔眼四周的熔融金属(或其他熔物)立即将孔眼填充，这些熔融物冷却后，便形成了牢固的平齐焊缝。这种焊接方式的焊缝两侧的热影响区的宽度要比实际的焊接深度窄得多，其深宽比可高达12∶1。

在激光深熔焊接过程中，焊缝的横截面形成并不决定于简单的热传输机制，激光深熔焊接的机理主要有小孔效应、等离子体屏蔽及钝化作用。

① 小孔效应。图5.35表示激光深熔焊过程的几何特征。在高功率激光束照射下，被焊材料的微小局部被加热、熔化并蒸发，首先形成一个小孔，然后穿透材料。在激光束作用下，孔壁材料连续蒸发的蒸气充满小孔，由这局部封闭的蒸气所产生的高压把邻近的熔化金属推向四边，以使激光束通过这个低密度的蒸气孔渗透进材料内部。小孔周围液体的流动和表面张力倾向于消除小孔，而孔壁材料连续产生的蒸气则极力保持小孔。于是小孔产生的蒸气压力与它周围的熔化金属的液体静压力达到平衡。随着激光束或工件移动，熔融金属在稳定态小孔后以确定的速度行进光束或工件向前运动，随之凝固形成焊缝金属。

激光深熔焊的机制与电子束焊和等离子焊很相似，其能量是通过小孔传递与转换的，小孔犹如一个黑体，帮助激光束吸收和传热至材料深部。而在大多数常规焊接和热传导型激光焊接过程中，能量首先积聚在材料表面，然后通过热传导，带到材料内部。这是两种完全不同的焊接机制。一般认为，适合深熔焊的功率密度范围为$10^6 \sim 10^7 W/cm^2$，相当于20 000～36 000K的热源温度。功率密度太低，深熔焊小孔不能形成，而过高功率密度由于蒸发气化太剧烈，不能获得光滑焊缝。图5.36所示为采用盘形激光器对10mm不锈钢进行深熔焊后所得的焊接截面，焊接时的功率达到了8kW，焊接速度可以超过3m/min。

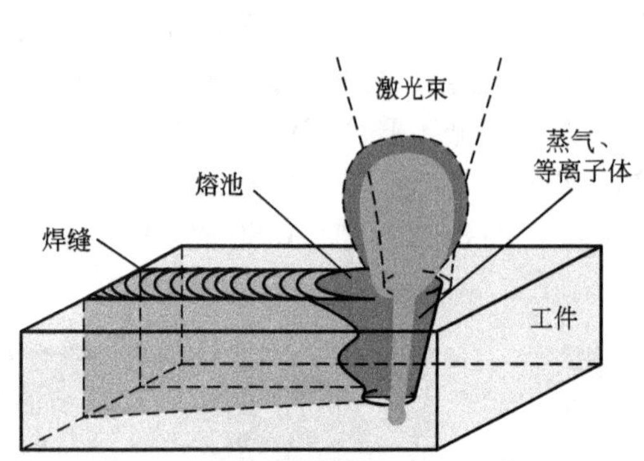

图5.35　激光深熔焊接加工示意图

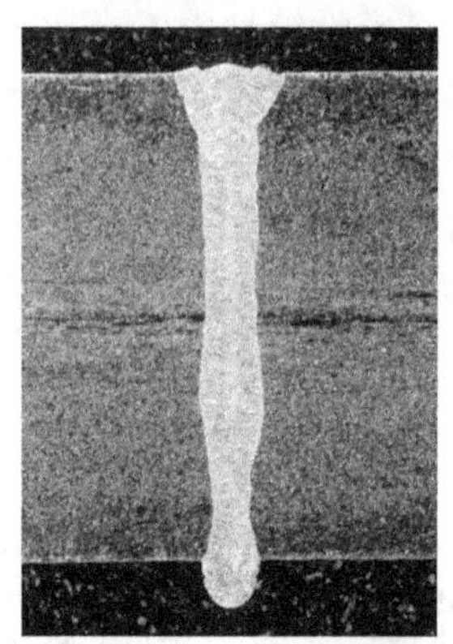

图5.36　盘形激光器深熔焊接应用

② 等离子体屏蔽。激光深熔焊过程中，由于激光器输出功率过大导致过高的功率密度，例如，超过$10^7 W/cm^2$时，被焊工件表面过度蒸发而形成等离子云。这种等离子云对光束不透明或透明度较低，对入射光束事实上起了屏蔽作用，从而影响焊接过程继续向材料深部进行。

等离子云的形成对光束吸收影响很大，它在紧贴金属表面生成，是很强的光束吸收体。在强光束照射下，金属表面发生激烈蒸发，金属蒸气流反冲到入照的激光束中，随之被光束电离形成稳定的等离子云。它能辐射、驱散入射光束，形成屏蔽。一旦屏蔽性的等离子云形成，随后仅允许少量光束穿入工件表面以保持继续蒸发。试验发现，当激光输出功率超过8kW时，在未使用辅助保护气体的激光焊过程中，在强激光作用下，金属表面焊接空间上方就会产生等离子云屏蔽层，因此必须采取预防措施。从机制方面考虑，预防措施主要有两种途径：一种是使用保护气体吹散激光与工件作用点反冲出的金属蒸气；另一种是使用可抑制金属蒸气电离的保护气体，从根本上阻止等离子云的形成。

惰性气体一般被用作为吹散金属蒸气的保护气体，其中氦气更有效。因它能生成所有保护气体中密度最小的粒子气流。在氦气中加氢和二氧化碳，由于提高了保护气体的导热性，依靠附着形成负离子，从而减少自由电子密度，更利于抑制等离子云的有害作用。

【激光表面改性】

③ 纯化作用。高功率连续波CO_2激光器是目前应用最广泛的工业用激光器，金属表面会高度反射10.6μm波长的激光束，而非金属体则可以很好吸收。深熔焊时，激光束通过小孔，光束在小孔边界处与光滑的熔融金属表面间发生反复反射作用。在这个过程中，光束如遇到非金属夹杂如氧化物或硅酸盐，将被优先吸收。因此，这些非金属夹杂被选择性地加热和蒸发并逸出焊区，使焊缝金属获得纯化。

5.1.5　激光表面加工技术

激光表面加工技术，是研究金属材料及其制品在激光作用下组织和性质的变化规律，以及它在工业应用中所必须解决的工艺及装备。激光表面加工技术涉及光学、材料科学与工程、机械与控制等多个学科，是传统表面处理技术的发展和补充。

激光表面加工的应用前景广阔，在许多场合，采用激光表面处理可以解决其他表面处理方法难以实现的技术目标。例如，细长钢管内壁表面硬化，成型精密刀具刃部超高硬化，模具合缝线强化，缸体和缸套内壁表面硬化，等等。此外，采用激光热处理的经济效益显著优于传统热处理，如汽车转向器壳体激光淬火(相变硬化)和锯齿激光淬火等。因此，激光表面加工技术的研究、开发和应用都处于上升阶段，并且已经成为激光加工技术中的一个重要的发展方向。

按照作用原理的不同，激光表面加工技术主要有以下几类：激光相变硬化(淬火)和退火、激光合金化、激光重熔、激光熔覆及激光冲击强化等。这些激光表面处理工艺共同的理论基础是激光与材料相互作用的规律及其金属学行为，它们各自的特点见表5-2。

表5-2 各种激光表面处理工艺的特点

工艺方法	功率密度/(W/cm²)	冷却速度/(℃/s)	作用区深度/mm
激光相变硬化	$10^4\sim10^5$	$10^4\sim10^5$	0.2～3
激光合金化	$10^4\sim10^6$	$10^5\sim10^9$	0.2～2
激光熔覆	$10^4\sim10^6$	$10^4\sim10^6$	0.2～1
激光冲击强化	$10^9\sim10^{12}$	$10^4\sim10^6$	0.02～0.2

1. 激光相变硬化

激光相变硬化(Transformation Hardening)也称激光表面淬火，它以高能密度的激光束快速照射材料表面，使其需要硬化的部位瞬间吸收光能并立即转化为热能，进而使激光作用区的温度急剧上升到相变温度以上，使钢铁中铁素体相遵循非扩散型转变规律形成奥氏体，此时工件基体仍处于冷态并与加热区之间的温度梯度极高。因此，一旦该区域停止激光照射，加热区因急冷而实现工件的自冷淬火，奥氏体快速转化为细密的马氏体，从而提高材料表面的硬度和耐磨性。激光作用材料不同区域及不同阶段相变化过程如图5.37所示。

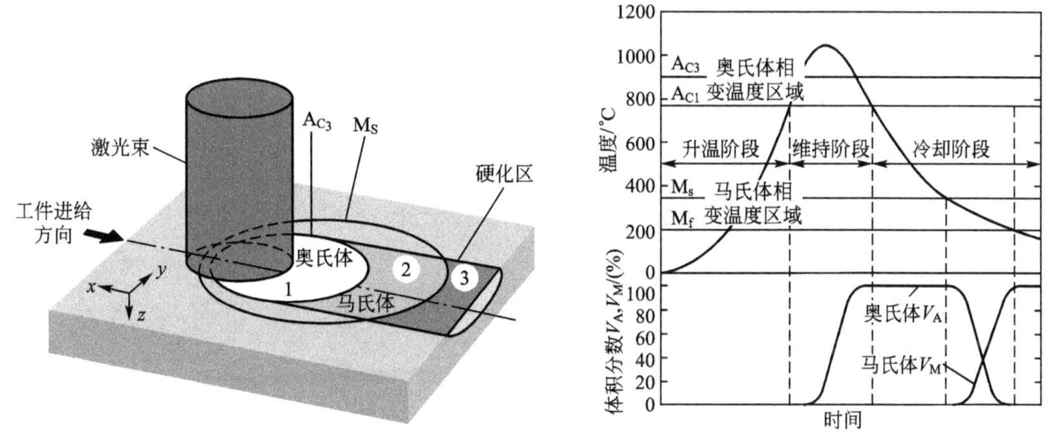

图5.37 激光相变硬化区域示意图

1）优点

激光相变硬化具有如下优点。

(1) 极快的加热速度（10^4～10^6℃/s）和冷却速度（10^6～10^8℃/s），这比感应加热的工艺周期短，通常只需 0.1s 即可完成淬火，生产率极高；

(2) 仅对工件局部表面进行激光淬火，且硬化层可精确控制，因而它是精密的节能热处理技术。激光淬火后工件变形小，几乎无氧化脱碳现象，表面光洁，故可成为工件加工的最后一道工序；

(3) 激光淬火的硬度可比常规淬火硬度提高 15%～20%。铸铁激光淬火后，其耐磨性可提高 3～4 倍；

(4) 可实现自冷淬火，不需水或油等淬火介质，避免了环境污染；

(5) 对工件的许多特殊部位，例如槽壁、槽底、小孔、盲孔、深孔及腔筒内壁等，只要能将激光照射到位，均可实现激光淬火；

(6) 工艺过程容易实现生产自动化，过程适合在线监测；

2）局限性

激光相变硬化也有自己的局限性。

(1) 硬化深度受限制，一般在 1mm 以下，目前进行的开发研究已在增大深度方面初见成效，有报导介绍硬化层深度可达 3mm；

(2) 由于金属对波长 10.6μm 的激光反射率很高，为增大对激光的吸收率，须做表面涂层或其他预处理。

激光相变硬化可以处理所有的铸铁、中碳钢和工具钢，因此可以广泛应用于汽车、航空航天、轨道交通、冶金、石油、重型机械等许多工业部门。例如，用于处理各种轴体（碳钢和球墨铸铁）、齿轮（铁素体和碳钢）、阀门（灰口铸铁和碳钢）、垫圈（可锻铸铁）、凸轮轴凸角（铸钢）、活塞环（铸铁和钢）、手制动棘轮（低碳钢）、辊槽拱顶（钢）、钢筒和钢套（铸铁和钢）、轴瓦（合金铸铁）和汽轮机叶片缘口（马氏体不锈钢）等零件均能取得良好的强化效果。

激光相变硬化不仅可以应用到零部件的外表面，还可以应用到各种零部件的内表面处理中，如图 5.38(a)所示，采用大功率的二氧化碳连续激光器，对发动机气缸内腔进行交叉网纹形式的硬化处理。有时也能够通过气氛保护对零件进行局部复杂曲面硬化处理，如图 5.38(b)所示就是通过激光对连接环套的接触磨损部位进行气氛保护下的硬化处理。

(a) 发动机气缸

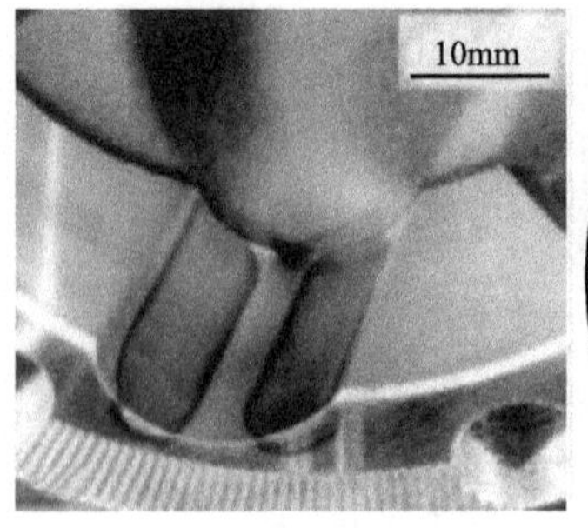

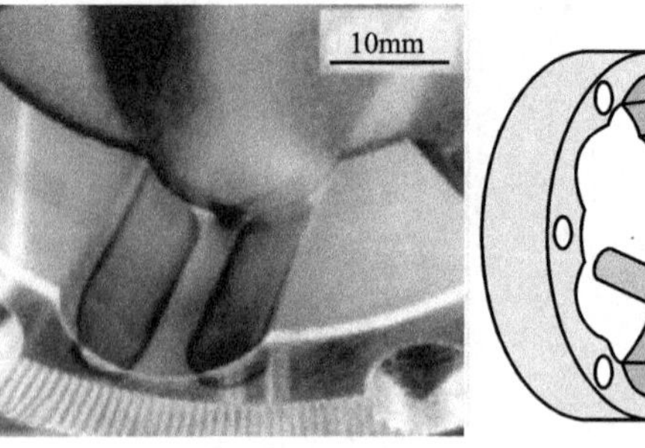

(b) 连接环套

图 5.38　激光相变硬化应用

2. 激光重熔

激光重熔(Laser Remelting)是指将用激光辐照工件表面至熔化，而不加任何金属元素，以达到表面组织改善的目的。有些铸件的粗大树枝状结晶中常有氧化物和硫化物夹杂，以及金属化合物及气孔等缺陷，如果这些缺陷处于表面部位就会影响到疲劳强度、耐腐蚀性和耐磨性，用激光做表面重熔可以把杂质、气孔、化合物释放出来，同时由于迅速冷却而使晶粒得到细化，生成亚稳态的平面晶或胞状晶。与激光淬火工艺相比，激光重熔处理的关键是使材料表面经历了一个快速熔化-凝固过程，所得到的熔凝层为铸态组织。工件横截面沿深度方向的组织为：熔凝层、相变硬化层、热影响区和基材，如图 5.39 所示。因此也常称其为液相淬火法。激光重熔主要特点如下。

(1) 表面熔化时不添加其他元素，熔凝层与材料基体是天然的冶金结合；

(2) 在激光熔凝过程中，可以排除杂质和气体，同时急冷重结晶获得的组织有较高的硬度、耐磨性和抗蚀性；

(3) 熔层薄，热作用区小，对表面粗糙度和工件尺寸影响不大，甚至可以直接使用。

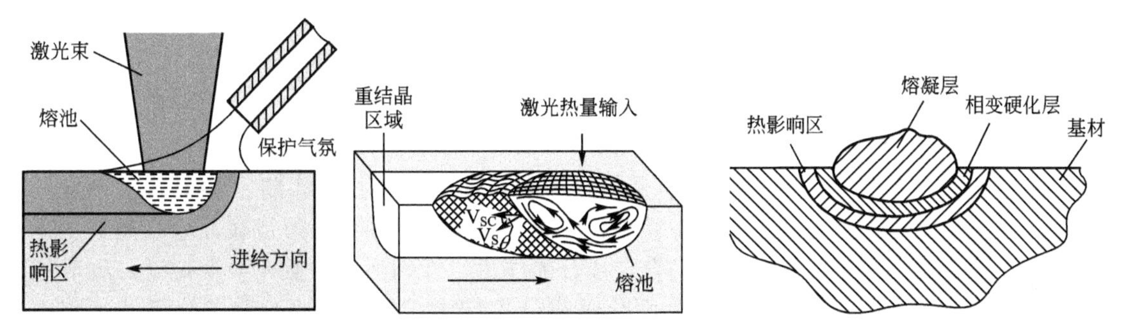

图 5.39 激光重熔加工原理及熔化凝固过程示意图

激光重熔加工中的熔池宽度通常在 0.1～2mm，深度为 0.1～4mm，冷却速度非常大，最高可以达到 10^7℃/s，远远超过等离子、电弧或火焰加工的冷却速度，可在工件表面生成细小的平面晶和胞状晶。因此，如何控制熔池的熔化与冷却速度是影响激光重熔效果的关键。研究表明影响激光重熔的最主要加工参数是光束移动速度和激光功率密度。光束移动速度决定了某点熔池的形成时间，而激光功率密度则影响激光能量输入量，对于不同的材料表面处理要求，需要不断调整这两个加工参数。

激光重熔过程还不是简单的熔化-凝固过程，虽然加工中不添加其他元素，但是仍然会改变材料内部的成分构成。原因主要有以下几点：一是激光重熔能够使材料内部诸元素重新分布；二是激光重熔通常在非真空条件下进行，因此会引入气氛中的元素；三是激光重熔会改变原结构中的固相分布。如果控制好激光重熔参数，激光重熔不但能使材料内部诸元素分散均匀，而且也能使重结晶后的材料微观组织结构比较均匀，晶粒细化及生成的硬质相促使耐磨性提高。工业应用中，铸铁、铝、镁、铜为主的合金是非常适合采用激光重熔工艺强化的，重结晶亚稳相可以显著提高该类材料的表面性能。图 5.40(a)所示为对凸轮接触面进行表面强化的应用。

利用激光重熔原理还可以实现一些新的应用。如图 5.40(b)所示，德国亚琛的弗劳恩霍夫激光技术研究所(Fraunhofer Institute for Laser Technology)提出了一种表面结构化技术。激光按照特定轨迹移动的同时，有规律的调节激光的功率，激光重熔部分的体积会随之发生变化，熔池四周温度梯度分布出现变化，表面材料对流冷凝后实现二次分布，获得高低起伏的表面结构，这种结构的深度约在 200μm，表面结构化速度约为 75mm²/min。随着这种技术的研究深入，未来在工业应用方面利用激光在金属表面低成本高效加工具有一定深度的微结构将成为可能。

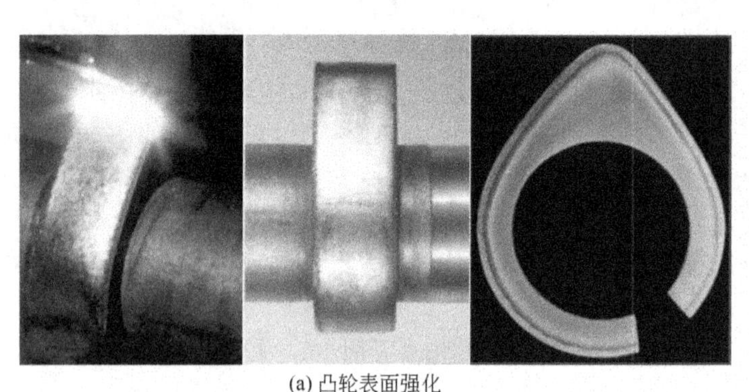
(a) 凸轮表面强化

(b) 表面结构化

图 5.40　激光重熔加工应用

3. 激光合金化及熔覆

激光表面合金化(Laser Alloying)是指在高能束激光的作用下，将一种或多种合金元素快速熔入基体表面，使母材与合金材料同时熔化，形成表面合金层，从而使基体表层具有特定的合金成分的技术。换句话讲，激光合金化是一种利用激光改变金属或合金表面化学成分的技术。利用高功率激光处理的优点在于，可以节约大量具有战略价值或贵重的元素，形成具有特殊性能的非平衡相或非晶态、晶粒细化，提高合金元素的固熔度，改善零件的成分偏析。

【激光熔覆】

激光熔覆(Laser Cladding)技术是指以不同的填料方式在被涂覆基体表面上放置涂层材料，经激光辐照使之与基体表面一薄层同时熔化，快速凝固后形成稀释度极低并与基体材料成冶金结合的表面涂层，从而显著改善基体材料表面的耐磨、耐蚀、耐热、抗氧化及功能特性等的工艺方法。

因此，激光熔覆与激光合金化的原理是基本相同的，区别在于激光合金化更加强调引入元素与基体元素间的合成，激光熔覆则偏向于强调基体表面的熔覆层性能优良、结合力良好。在激光熔覆技术基础上，结合成形技术，则发展出了激光熔化沉积技术。图 5.41 所示为激光合金化与激光熔覆的加工示意图，从图中可以看出这两者的细微差别。与常规的表面涂覆工艺相比较，激光涂覆涂层成分几乎不受基体成分的干扰和影响，涂层厚度可以准确控制，涂层与基体间为冶金结合，稀释度小，加热变形小，热作用区也很小，整个过程很容易实现在线自动控制。

激光表面合金化与激光熔覆的加热和冷却速度都非常大，激光合金化的加热速率和冷却速率更高些，最高可达 10^9℃/s，激光表面合金化后的材料表面性能因为组织结构与成分的变化可以获得极大提升。激光熔覆加工中则要更注重考虑到熔覆层与基体间的结合及残余应力分布，因此有时加热和冷却速度需适当控制，以改善熔覆加工中的结合与应力分布。

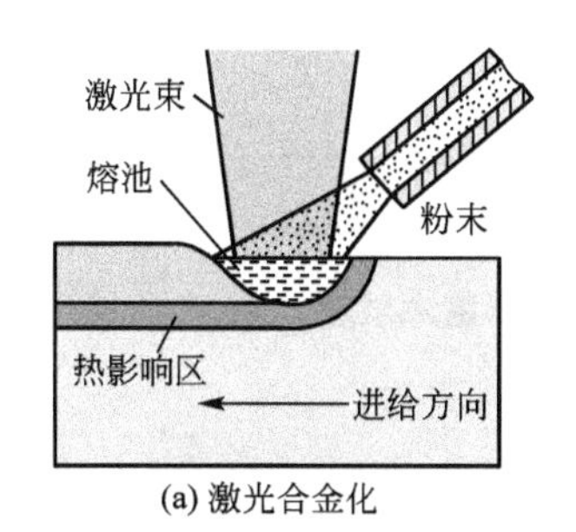

(a) 激光合金化

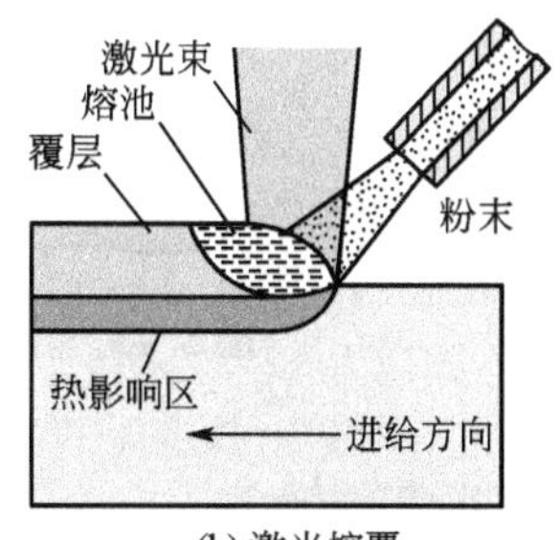

(b) 激光熔覆

图 5.41　激光合金化与激光熔覆加工示意图

激光熔覆材料包括金属、陶瓷或者金属陶瓷。材料的形式可以是粉末、丝材或者板材。激光熔覆依据材料的添加方法不同，分为预置涂层法和同步送料法。预制涂层法的工艺是，先采用某种方式在基体表面预置一层金属或者合金，然后用激光使其熔化，获得与基体冶金结合的熔覆层。同步送料法指在激光束照射基体的同时，将待熔覆的材料送入激光熔池，经熔融、冷凝后形成熔覆层的工艺过程。图 5.42(a)所示为同步法中的同轴送粉加工。激光熔覆加工中十分强调气氛保护，通常很难制作一个大型真空箱进行加工，而采用如图 5.42(b)所示的特殊吹气送粉辅助结构形成局部的保护气氛，这点在要求较高的航空航天结构件熔覆加工中尤其需要重视。

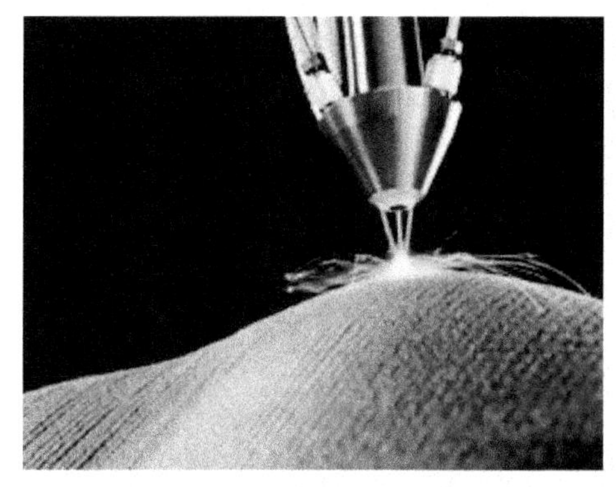

(a) 同轴送粉

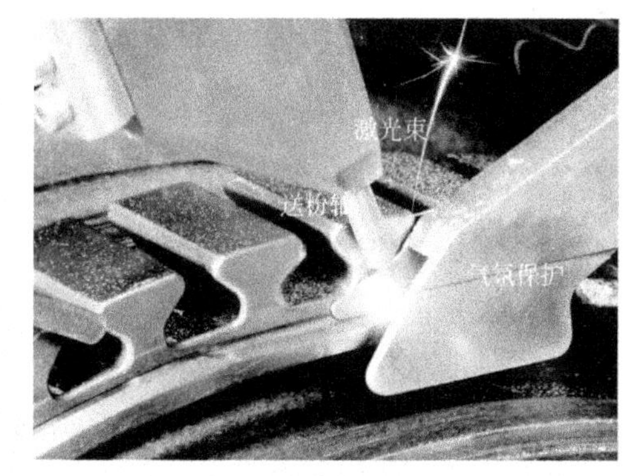

(b) 气氛保护装置

图 5.42　激光熔覆加工应用

激光熔覆因其具有的如选择性覆盖、覆层材料可选、微观结构致密、综合性能优良等特点而逐渐被越来越多的工业企业选择使用，在航空航天发动机、大型传动设备、汽轮机等领域获得了十分良好的经济效益。

5.1.6　其他激光加工技术

【激光成形】

1. 激光热应力成形

激光热应力成形(Laser Thermal Forming)是一种非接触式的成形技术。基本原理如图 5.43 所示，激光辐照金属板材，温度变化形成热应力，板材发生变形扭曲，通过移动激光热源达到所需的最终程度的弯曲或变形。图 5.44 所示为采用该方法获得的成形结构件。

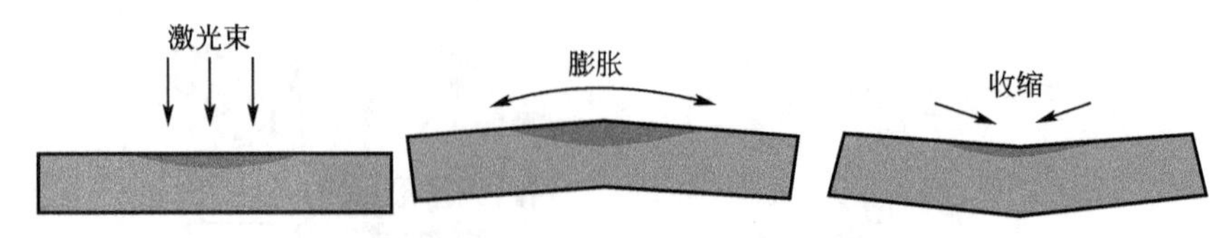

图 5.43 激光热应力成形基本原理

图 5.44 激光热应力成形结构件

激光冲击成形是利用高功率密度(大于10^9 W/cm^2)纳秒级脉冲强激光照射金属材料表面，产生向金属内部传播的强冲击波，使金属材料表层发生塑性变形，形成激光冲击强化区，从而改善金属材料的机械性能。其原理如图 5.45 所示。为了产生更好的冲击效果，一般会在工件表面增加一层特殊的约束层(牺牲层)，其吸收激光能量后气化产生冲击波作用在下层工件上，形成内应力，产生形变。激光冲击成形目前仍然以逐点加工形成形变为主，因此生产效率还比较低，但随着高质量强化用激光器的研制及工艺的研究，未来在航空航天、武器、轨道交通等高技术领域将有望获得较广泛的应用。

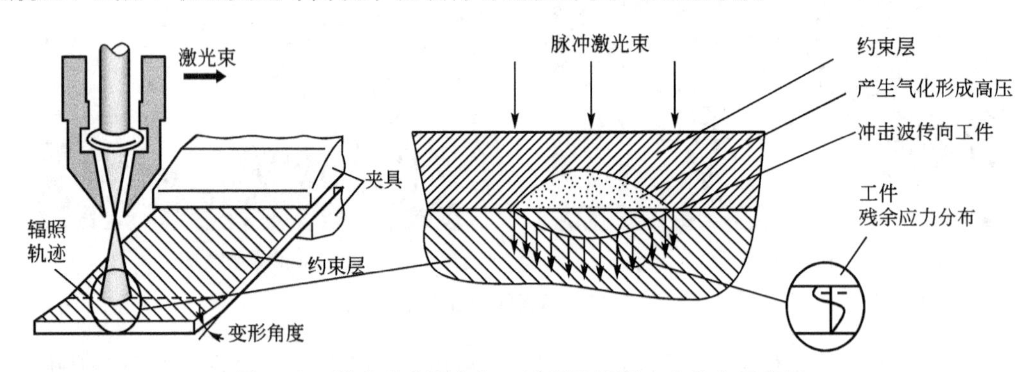

图 5.45 激光冲击强化加工过程及界面应力分布示意图

【激光冲击强化】

2. 激光冲击强化

激光冲击强化(Laser Shock Peening，LSP)是近几年发展起来的一种新型表面强化技术，利用强激光束产生的等离子冲击波，提高金属材料的抗疲劳、耐磨损和抗腐蚀能力。与现有的冷挤压、喷丸等材料表面强化手段相比，具有非接触、无热影响区、可控性强以及强化效果显著等突出优点。激光冲击强化大幅度提高了构件的抗疲劳寿命，在航空、航天、石油、核电、汽车等领域有着广泛的应用前景。

激光冲击强化技术是利用高峰值功率密度(大于 10^9 W/cm^2)的脉冲激光透过约束层后

作用于金属靶材表面的吸收层上，产生受约束的高压(大于1GPa)等离子体，产生的冲击波使金属材料表层产生塑性变形，获得表面残余压应力，从而提高结构疲劳性能。激光冲击强化是激光加工中峰值功率最高的，产生的等离子体相当于在材料表面产生小爆炸，但由于作用时间极短(纳秒量级)，热作用仅在吸收层几微米深度，对待强化构件是一种冲击波作用的冷加工，可以获得光滑的微米级凹陷、毫米级残余压应力层。

1) 激光冲击强化的特点。

(1) 激光冲击强化一般采用钕玻璃、YAG及红宝石的高功率脉冲式激光器。所产生激光的波长为1.054μm，脉冲宽度为8～40ns，脉冲能量达50J，激光点直径为5～6mm，功率密度为5～10GW/cm^2，这是常规的机械加工难以达到的。

(2) 激光冲击强化主要利用高压力效应，具有无渗入或沉积污染、非接触、无热影响区及强化效果显著等特点。

(3) 激光冲击强化后部件的表面硬度通常比常规处理方法高10%～50%，可以获得极细的硬化层组织；硬化层深度通常为1～1.5mm，明显深于利用喷丸强化处理的部件的硬化层深度。

(4) 激光冲击强化能够使部件的疲劳寿命明显延长和抗疲劳强度提高。激光冲击强化处理和喷丸强化处理的7075-T7351铝试样试验结果表明，激光冲击强化处理后部件的疲劳寿命延长1个量级，抗疲劳强度提高30%～50%。

(5) 激光冲击强化能够提高高温下残余应力的稳定性。高温对激光冲击强化处理的Ti8Al1V1Mo残余应力释放的影响。结果表明在高温下暴露4h后，其残余应力没有恢复。Inconel718、Ti6Al4V等材料在激光冲击强化处理后也呈现相似的结果。

(6) 激光冲击强化能够明显延长部件的高循环疲劳强度。

(7) 激光冲击强化应用范围广。其不仅对各种铝合金、镍基合金、不锈钢、钛合金、铸铁以及粉末冶金等均有良好的强化效果，还可以利用激光束的精确定位处理一些受几何形状约束而无法进行喷丸处理的部位(如小槽、小孔和轮廓线等)。因而，该技术广泛应用于航空工业、汽车制造、医疗卫生、海洋运输和核工业等领域。

(8) 激光冲击处理能对表面局部区域进行冲击强化且可在空气中直接进行，因而具有对工件尺寸、形状及所处环境适应性强，工艺过程简单，控制方便灵活等特点。

2) 激光冲击强化技术的局限性

激光冲击强化由于其自身技术特点，存在以下不足。

(1) 涂覆和去除不透明涂层在进行激光冲击强化的激光强化间外面进行，多次冲击就需要反复搬运，造成劳动强度大和工作时间长。

(2) 圆形激光束光点的重叠面积大(如果要实现100%覆盖待处理表面，圆形激光束光点的重叠面积要高达30%)，增加了处理时间。

激光冲击强化已开始在航空航天、能源、石油化工等行业大规模使用，主要用于提高关键部位疲劳性能、抗应力腐蚀性能、抗冲击性能等。比如，对发动机钛合金叶片而言，一旦叶片边缘因外物破坏形成缺口，其疲劳强度急剧减低，而激光冲击强化获得的残余压应力层能很好阻止或者延缓裂纹萌生，提高结构的疲劳寿命和安全性，相当于在关键结构关键部位获得“免疫力”。该技术已成为先进发动机叶片强化的必选技术之一。目前在F119发动机风扇和压气机整体叶盘采用激光冲击强化技术提高疲劳寿命4～5倍。除发动机外，F-22飞机机身孔结构、T-45舰载机拦阻杆等结构均采用激光冲击强化提高疲劳寿命，大大延长了检修周期。而日本采用激光冲击强化核反应堆压力容器焊缝，提高了焊缝抗应力腐蚀性能。

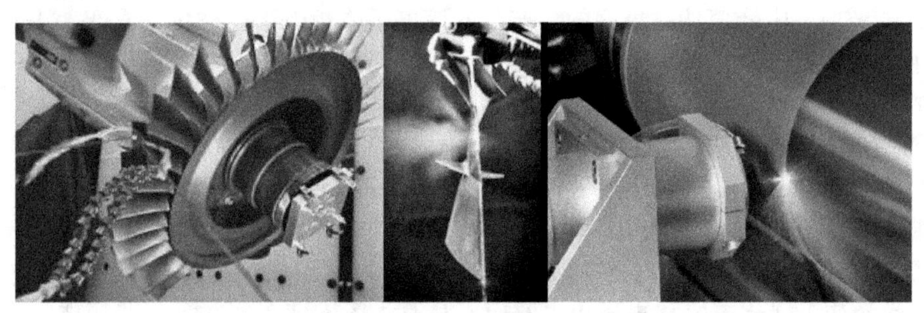

图 5.46　激光冲击强化技术应用于发动机叶片和轴

2. 激光烧蚀

激光烧蚀(Laser Ablation)是指将激光辐照作用于吸收特性匹配的材料上，在特定的能量密度及特定作用时间条件内，激光能量传递到材料晶格组织，破坏材料原子间的键合，引起材料蒸发。因此，烧蚀过程并不单纯依靠热量来熔化或者气化材料，而是一种原理非常复杂的物理现象，如图 5.47(a)所示。由于激光烧蚀要求采用脉冲形式加工材料，因此常被称为脉冲激光烧蚀(Pulsed Laser Ablation，PLA)。在实际应用中，常利用激光对物体进行轰击，然后将轰击出来的蒸气物质沉淀在衬底上生成薄膜，故也称为脉冲激光沉积(Pulsed Laser Deposition，PLD)。图 5.47(b)所示即为该方法加工薄膜系统原理图，左下角为激光辐照后在真空中形成的等离子羽状物在衬底上形核生成薄膜的过程。

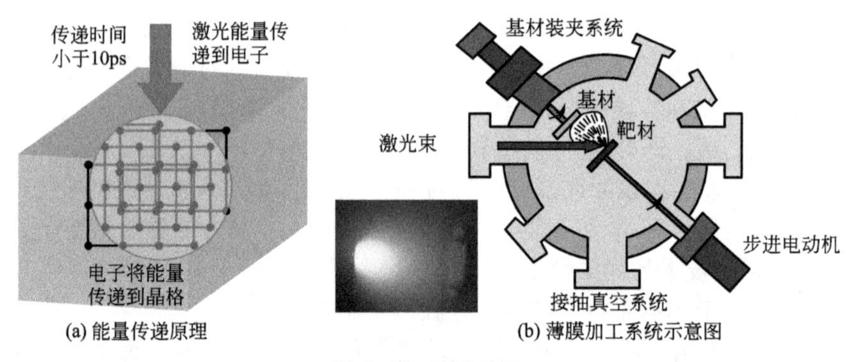

图 5.47　激光烧蚀

激光烧蚀发展到以非热能激光熔化靶物质阶段后，其应用已经变得越来越广泛。这种方式具有以下几点优势：①容易实现多组分薄膜的组分比控制；②沉积速率高，试验周期短，衬底温度要求低，制备的薄膜均匀；③对靶材的种类没有限制；④工艺参数任意调节。脉冲激光沉积已用来制作具备外延特性的晶体薄膜，如陶瓷氧化物、氮化物膜、金属多层膜，以及各种超晶格材料。近年来，甚至拓展到纳米管、纳米粉末及量子点等形式的合成与制作中，成为薄膜加工领域极具发展潜力的技术。

3. 激光抛光

抛光通常指利用柔性抛光工具和磨料颗粒或其他抛光介质对工件表面进行的修饰加

工，属于接触性加工。近年，一种非接触式的抛光——激光抛光(Laser Polishing)技术逐渐进入工业应用。激光抛光的基本原理是利用激光辐照材料，使得材料表面气化或者重熔，降低原有的粗糙度。因为激光是热作用过程，因此不仅可以抛光普通的金属材料，而且也特别适合抛光既硬又脆的陶瓷、玻璃、半导体等材料。

目前金属模具材料的激光抛光技术应用最为成熟，传统的注塑和压铸模具制造中有30%～50%的时间是花在抛光上的，激光抛光则可以高效率的获得高质量抛光表面，其基本原理如图5.48(a)所示。采用高强度激光束辐照材料表面，形成20～100μm深度的熔化层，在表面张力的作用下获得光滑重熔层。随着激光技术及数控技术的发展，可以实现完成如图5.48(b)所示的自由曲面的抛光，这种高效而清洁的抛光处理在未来具有良好的发展前景。

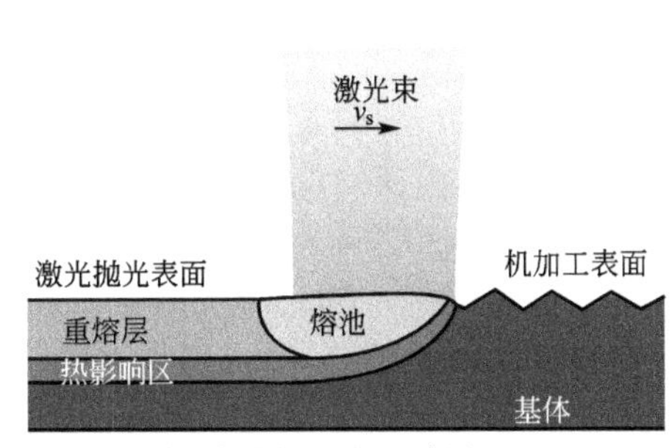

(a) 激光抛光加工原理示意图

(b) 自由曲面激光抛光加工

图5.48 激光抛光加工

对于复杂而尺寸相对较小的零件，采用激光抛光技术可以获得非常高的加工效率。图5.49(a)所示是心室辅助装置的一个重要组成部分，采用传统方法进行抛光需要长达3h才能完成，采用脉冲激光处理时，仅仅需要2min，加工效率提高了近100倍。激光处理后的表面本质上经历了类似激光重熔的表面强化处理，因此表面硬度较普通的抛光更高，进一步提高了模具的使用寿命，如图5.49(b)所示。

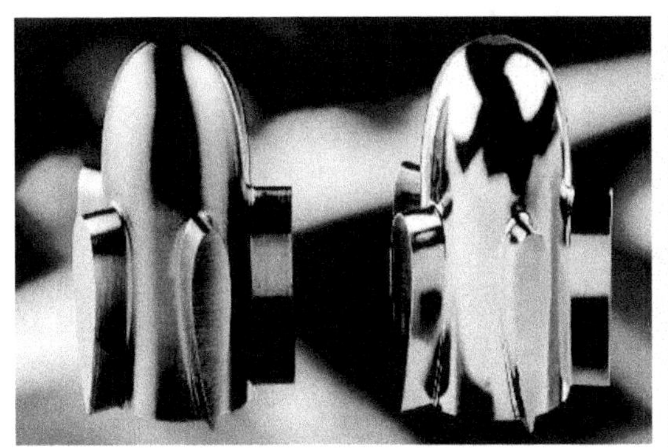

(a) 心室辅助装置用零件前后对比图

(b) 模具内腔前后对比图

图5.49 激光抛光

4. 激光清洗

激光清洗(Laser Cleaning)技术是近年发展起来的一种新型清洗技术。其清洗机理可分为两大类：一类如图 5.50 所示，表面附着物与基体对某一激光波长的吸收系数差异较大，辐射到表面的激光能量大部分被表面附着物所吸收，部分气化蒸发或瞬间膨胀，形成冲击，带动表面更多的附着物脱离基体表面；另一类则利用高功率的超短脉冲激光冲击表面附着物，部分激光能量形成冲击波，促使污染物破碎后分离。

【激光清洁】

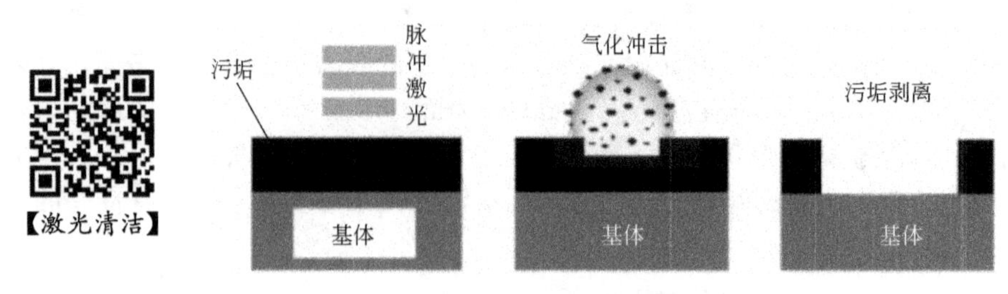

图 5.50　激光清洗基本原理

与传统的物理、化学或机械(水或微粒)清洗技术相比，用激光清洗法可以克服上述方法中的污染物引入、化学反应等缺陷，不需要任何可能损伤被处理物的水或微粒；当工件表面粘有亚微米级的污染颗粒时，常规的清洗方法往往不能够将其去除，而用激光清洗技术则仍然可以高效清洗；有时还需要对工件进行非接触清洗，激光清洗则可以轻松实现；激光清洗精密工件或不坚固部位时，激光清洗的非宏观力特性则可以确保其精度或者结构。所以激光清洗具有非常独特的优势。

激光清洗技术在汽车制造、半导体晶圆片清洗、军事装备清洗、建筑物外墙清洗、文物保护、电路板清洗、精密零件加工制造、液晶显示器清洗、口香糖残迹去除等领域具有很好的应用前景。激光清洗不但可以用来清洗有机污染物，也可以用来清洗无机物，包括金属的锈蚀、金属微粒、灰尘等，如图 5.51(a)所示。例如，激光清洗轮胎模具的技术已经大量应用在欧美的轮胎工业中，替代了喷砂、超声波或二氧化碳清洗等传统清洗方法。又如，如何高效清除污垢的同时不破坏文物一直是文物保护的难题，利用激光清洗技术则可以很好地恢复文物本来面貌，如图 5.51(b)所示。

【激光雕刻加工】

(a) 金属基材对比图　　(b) 石材雕像对比图

图 5.51　激光清洗

5. 激光雕刻

激光雕刻(Laser Engraving)是根据标刻字符、图形的信息，控制聚焦的激光束在物体表面选择性辐照或扫描，高能量密度激光使材料瞬间加热气化或发生光化学反应，致使作用区域异于未作用区域，从而形成具有良好对比度或锐度的图案。一般来说，激光打标

(Laser Marking)只要求在材料表面留下视觉痕迹，对雕刻深度不作要求；对于雕刻，则要求雕刻图案具有一定的触觉深度，以满足某种实用功能，如印章。和其他雕刻加工方法相比，激光雕刻具有速度快、精度高、雕刻材料不受限制、可接近性好以及可以在非规则表面和易变形表面进行加工等优点。在工业发达国家，激光雕刻已经形成了一种加工工艺标准。

当前主流激光雕刻为扫描式雕刻，是将需要的雕刻信息，通过计算机应用程序，控制激光器和 $X-Y$ 扫描光学系统，使高能激光点在被加工器件表面上做扫描运动，从而形成标记。通常 $X-Y$ 扫描机构有两种结构形式：一种是机械扫描式，另一种是振镜扫描式。机械扫描式是通过机械的方法调节反射镜偏移，实现激光束在 $X-Y$ 平面的平移，从而改变激光束达到工件的位置。振镜式雕刻是将激光束入射到两反射镜(振镜)上，这两个反射镜可分别沿 $X-Y$轴扫描，同时通过控制反射镜的偏转角度，从而使激光能在被雕刻的工件表面上打出数字、文字、图形等，如图 5.52 所示。这种方法利用了计算机对图形的处理，具有作图效率高、图形精度好、无失真的特点；其雕刻范围可调，且具有速度响应快、雕刻速度高(每秒可雕刻几百个字符)、雕刻质量高、光路封闭性能好、对环境适应性强等优势，已经成为目前国内外主要采用的雕刻方式。

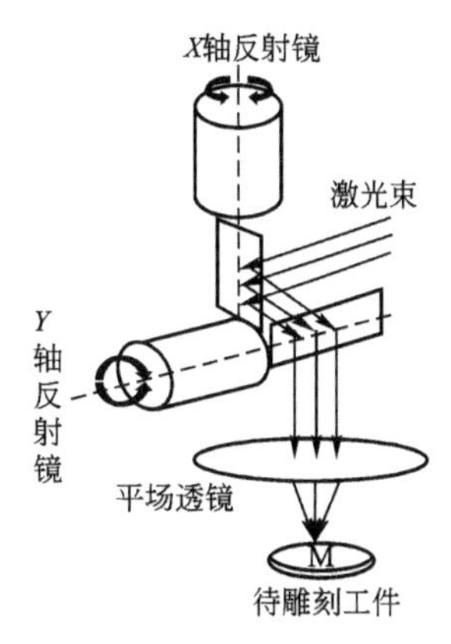

图 5.52 振镜式激光雕刻原理

激光雕刻加工技术以其精确、快捷、操作简单等优点，广泛应用于广告艺术、有机玻璃加工、工艺礼品、装潢装饰、鞋材、皮革服装、商标加工、木材加工、包装印刷、模型制造(建筑模型、航空航海模型、木制玩具)、家具制造、激光刀模、印刷烫金、电子电器等行业。能制作精美图案文字及对圆柱面、圆锥面进行精密雕刻，如图 5.53 所示。

图 5.53 激光雕刻成品

由于激光器的快速发展以及加工材料研究的深入，利用材料与高强度激光作用时产生的自聚焦、多光子吸收等非线性效应可以形成新的雕刻工艺，如激光内雕、飞秒激光微细雕刻。激光内雕是通过透明材料(如水晶、玻璃、亚克力等)对高强度激光(一般采用波长为 532nm 的绿色激光)吸收造成的多光子电离损伤致使材料体内部形成极小的白点，通过计算机控制白点的位置，从而在透明体内形成永不磨损的图案，如图 5.54 所示。

图 5.54　激光内雕作品

5.2　电子束加工

电子束加工(Electron Beam Machining，EBM)是近年来得到较快发展的特种加工技术，主要用于打孔、焊接等热加工和电子束光刻化学加工。在精密微细加工方面，尤其是在微电子学领域中得到较多的应用。

5.2.1　电子束加工简介

人们通常把利用高密度能量的电子束对材料进行工艺处理的各种方法统称为电子束加工。电子束加工是利用高能电子束流轰击材料，使其产生热效应或辐照化学和物理效应，以达到预定的工艺目的。

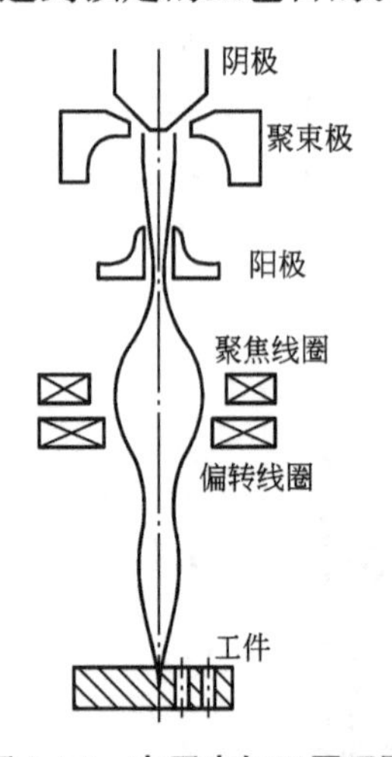

图 5.55　电子束加工原理图

图 5.55 所示为电子束加工的原理图。通过加热发射材料产生电子，在热发射效应下，电子飞离材料表面。在强电场作用下，热发射电子经过加速和聚焦，沿电场相反方向运动，形成高速电子束流。例如，当加速电压为 150kV 时，电子速度可达 1.6×10^5km/s(约为光速的一半)。电子束通过一级或多级汇聚便可形成高能束流，当它冲击工件表面时，电子的动能瞬间大部分转变为热能。由于光斑直径极小(其直径可达微米级或亚微米级)，而获得极高的功率密度，可使材料的被冲击部位在几分之一微秒内，温度升高到几千摄氏度，其局部材料快速气化、蒸发，而达到加工的目的。这种利用电子束热效应的加工方法称为电子束热加工。上述物理过程只是一个简单的描绘，实际上电子束热加工的物理过程是一个复杂的过程，其动态过程理论分析非常困难，通常用简化的模型进行分析。

当具有一定动能的电子轰击材料表面时，电子将首先穿透材料表面很薄的一层，该层称为电子穿透层。当电子穿透该层时，其速度变化不大，即电子动能损失很小，所以不能对电子穿透层进行加热。当电子继续深入材料时，其速度急剧减小，直到速度降为零。此时电子将从电场获取的约 90%动能转换为热能，使材料迅速加热。对于导热材料来讲，电子束斑中心处的热量将因热传导而向周围扩散。但由于加热时间持续很短，而且加热仅局限于中心周围局部小范围内，导致加热区的温度极高。

不同功率密度电子束向工件深度方向加工过程可用图 5.56 表示。图 5.56(a)所示为用低功率密度的电子束照射时，电子束中心部分的饱和温度在材料熔化温度附近，材料蒸发缓慢且熔化坑也较宽。图5.56(b)所示为用中等功率密度的电子束进行照射时，中心部分先蒸发，出现材料蒸气形成的气泡，由于功率密度不足，在电子束照射完后会按原形状固化在材料内。如图5.56(c)所示，在采用远超过蒸发温度的强功率密度电子束照射时，由于气泡内的材料蒸气压力大于熔化层表面张力，所以材料可以从电子束加工的入口处排除出去，从而有效地向深度方向加工。随着加工孔的深度加深，电子束照射点向材料内部深入。但电子束能量因孔的内壁不断吸收而削弱，因而加工深度受到一定限制。

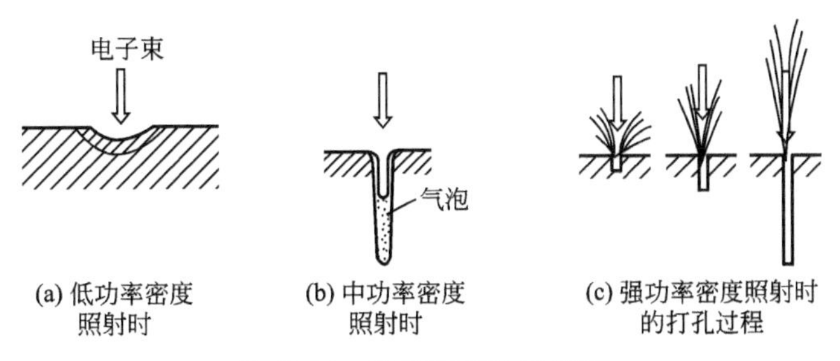

图5.56 电子束打孔示意图

另一类电子束加工是利用电子束的非热效应。利用功率密度比较低的电子束和电子胶(又称为电子抗蚀剂，由高分子材料组成)相互作用，产生辐射化学或物理效应。当用电子束流照射这类高分子材料时，由于入射电子和高分子相碰撞，使电子胶的分子链被切断或重新聚合而引起分子量的变化以实现电子束曝光。将这种方法与其他处理工艺联合使用，就能在材料表面进行刻蚀细微槽和其他几何形状。其工作原理如图5.57所示。该类工艺方法广泛应用于集成电路、微电子器件、集成光学器件、表面声波器件的制作，也适用于某些精密机械零件的制造。通常是在材料上涂覆一层电子胶(称为掩膜)，用电子束曝光后，经过显影处理，形成满足一定要求的掩膜图形，然后进行不同的后置工艺处理，达到加工要求。其槽线尺寸可达微纳米级。

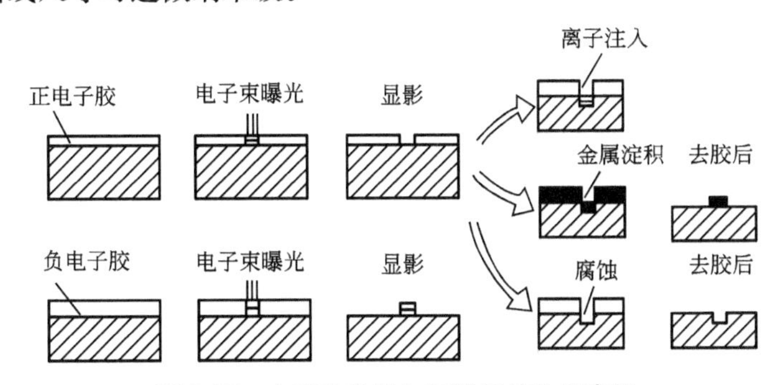

图5.57 电子束非热加工微细结构示意图

5.2.2 电子束加工特点

1. 束斑极小

束斑直径可达几十分之一微米至一毫米，可以适用于精微加工集成电路和微机电系统中的光刻技术，即可用电子束曝光达到亚微米级线宽。

2. 能量密度高

在极微小的束斑上功率密度能达到$10^5 \sim 10^9 W/cm^2$，足以使任何材料熔化或气化，这就易于对钨、钼或其他难熔金属及合金加工，而且可以对石英、陶瓷等熔点高、导热性差的材料进行加工。

3. 工件变形小

电子束作为热能加工方法，瞬时作用面积微小，因此加工部位的热影响区很小，在加工过程中无机械力作用，工件很少产生应力和变形，加工精度高、表面质量好。

4. 生产率高

由于电子束能量密度高，而且能量利用率可达90%以上，所以电子束加工的生产效率极高。例如，每秒钟可以在2.5 mm厚的钢板上加工50个直径为0.4mm的孔；电子束可以4mm/s的速度一次焊接厚度达200mm的钢板，这是目前其他加工方法无法实现的。

5. 可控性能好

电子束能量和工作状态均可方便而精确地调节和控制，位置控制精度能准确到0.1μm左右，强度和束斑的大小也容易达到小于1%的控制精度。电子质量极小，其运动几乎无惯性，通过磁场或电场可使电子束以任意快的速度偏转和扫描，易于对电子束实行数控。

6. 无污染

电子束加工在真空室中进行，不会对工件及环境产生污染，加工点能防止空气氧化产生的杂质，保持高纯度。所以适用于加工易氧化材料或合金材料，特别是纯度要求极高的半导体材料。

7. 成本高

电子束切割需要专用设备，切割成本较高。

5.2.3 电子束加工设备

电子束加工装置的基本结构如图5.58所示，主要由电子枪、真空系统、控制系统和电源等部分组成。

1. 电子枪

电子枪是获得电子束的装置。它包括电子发射阴极、控制栅极和加速阳极等，如图5.59所示。阴极经电流加热发射电子，带负电荷的电子高速飞向带高电位的阳极，在飞向阳极的过程中，经过加速极加速，又通过电磁透镜把电子束聚焦成很小的束斑。

发射阴极一般用钨或钽制成，在加热状态下发射大量电子。小功率时用钨或钽做成丝状阴极，如图5.59(a)所示，大功率时用钽做成块状阴极，如图5.59(b)所示。控制栅极为中间有孔的圆筒形，其上加以较阴极为负的偏压，既能控制电子束的强弱，又有初步的聚焦作用。加速阳极通常接地，而阴极为很高的负电压，所以能驱使电子加速。

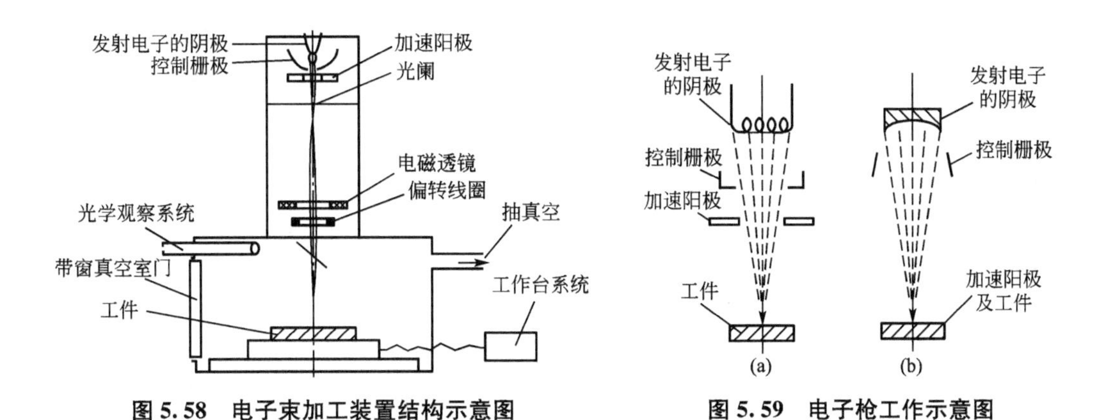

图 5.58 电子束加工装置结构示意图

图 5.59 电子枪工作示意图

2. 真空系统

真空系统是为了保证在电子束加工时维持 $1.33\times10^{-4}\sim1.33\times10^{-2}$Pa 的真空度。因为只有在高真空中，电子才能高速运动。此外，加工时的金属蒸气会影响电子发射，产生不稳定现象，因此需要不断地把加工中生产的金属蒸气抽出去。真空系统一般由机械旋转泵和油扩散泵或涡轮分子泵两级组成，先用机械旋转泵把真空室抽真空，然后由油扩散泵或涡轮分子泵抽至更高真空度。

3. 控制系统和电源

电子束加工装置的控制系统包括束流聚焦控制、束流位置控制、束流强度控制和工作台位移控制等。电子束加工装置对电源电压的稳定性要求较高，电子束聚焦和阴极的发射强度与电压波动有密切关系，必须匹配稳压设备。

束流聚焦控制是为了提高电子束的能量密度，使电子束聚焦成很小的束斑，基本上决定着加工点的孔径或缝宽。聚焦方法有两种：一种是利用高压静电场使电子流聚焦成细束；另一种是利用电磁透镜靠磁场聚焦，后者比较安全可靠。束流位置控制是为了改变电子束的方向，常用电磁偏转来控制电子束焦点的位置。如果使偏转电压或电流按一定程序变化，电子束焦点便能按预定的轨迹运动。工作台位移控制是为了在加工过程中控制工作台的位置，因为电子束的偏转距离只能在数毫米之内，过大将增加像差和影响线性，所以在大面积加工时需要用伺服电动机控制工作台移动，并与电子束的偏转相配合。

5.2.4 电子束加工应用

随着电子信息与数控技术的快速发展，电子束加工技术及应用也得到广泛的拓展，电子束加工可用于打孔、焊接、切割、热处理、蚀刻等热加工及辐射、曝光等非热加工，但是生产中应用较多的是焊接、打孔和蚀刻。

1. 电子束打孔

无论工件是何种材料，如金属、陶瓷、金刚石、塑料和半导体材料，都可以用电子束加工出小孔和窄缝。电子束打孔利用功率密度高达 $10^7\sim10^8$ W/cm^2 的聚焦电子束轰击材料，使其气化而实现打孔，打孔的过程如图 5.60 所示。第一阶段是电子束 1 对材料表面层 2 进行轰击，使其熔化并进而气化 [图 5.60(a)]；第二阶段随着表面材料蒸发，电子束进入材料内部，材料气化形成蒸气气泡，气泡破裂后，蒸气逸出，形成空穴，电子束进一步深入，使空穴一直扩展至材料贯通［图5.60(b)和图5.60(c)］；最后，电子束进入工件下面的辅助材料3，使其急剧蒸发，产生喷射，将孔穴周围存留的熔化材料吹出，完成全部打孔过程［图5.60(d)］。被打孔材料应贴在辅助材料的上面，当电子束穿透金属材料到达辅助材料时，辅助材料应能急速气化，将熔化金属从束孔通道中喷出，形成小孔。由此可见，能否保证打孔质量，选择辅助材料也是很关键的环节。辅助材料要求既要有高蒸发性，如黄铜粉、硫酸钙等，还要有一定的塑性。典型的环氧基辅料配方为75%的环氧树脂、15%黄铜粉和10%的固化剂。

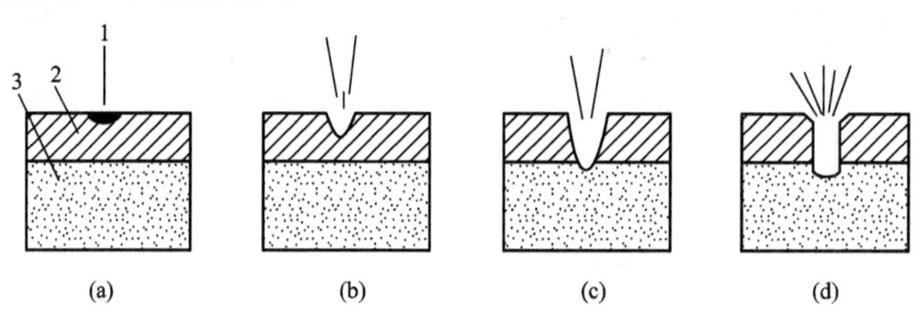

图5.60 电子束打孔加工示意图

1—电子束；2—材料表面层；3—辅助材料

将工件置于磁场中，适当控制磁场的变化使束流偏移，即可用电子束加工出斜孔，倾角为35°～90°，甚至可以用电子束加工出螺旋孔。电子束打孔的速度高，生产率也极高，这也是电子束打孔的一个重要特点。通常每秒可加工几十至几万个孔。例如，板厚0.1mm、孔径ϕ0.1mm时，每个孔的加工时间只有15μs。利用电子束打孔速度快的特点，可以实现在薄板零件上快速加工高密度的孔，如图5.61所示，可在3mm厚的316不锈钢气缸壁上高效打出直径低至ϕ0.15mm的群小孔。

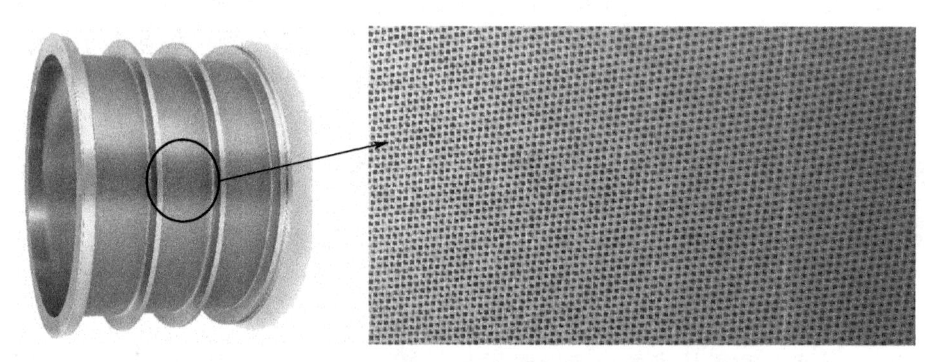

图5.61 电子束打孔加工群孔零件及局部放大示意图

综上所述，电子束打孔的主要特点如下。

(1) 可以加工各种金属和非金属材料。

(2) 生产率极高，其他加工方法无可比拟。

(3) 能加工各种异形孔(槽)、斜度孔、锥孔、弯孔。

2. 加工型孔及特殊表面

图5.62为电子束加工的喷丝头异型孔截面的实例。出丝口的窄缝宽度为0.03～

0.07mm，长度为0.80mm，喷丝板厚度为0.6mm。为了使人造纤维具有光泽、松软有弹性、透气性好，喷丝头的异型孔都是特殊形状的。

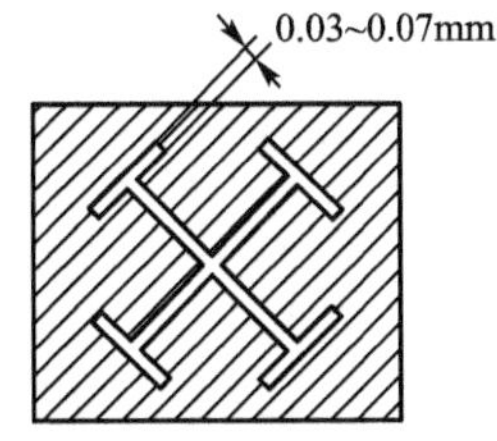

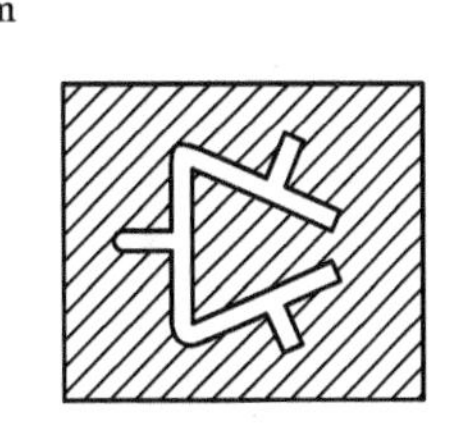

图5.62 电子束加工喷丝头异型孔

电子束可以用来切割各种复杂型面，切口宽度为3～6μm，边缘表面粗糙度可控制在$R_{\max}$ 0.5μm左右。电子束切割时，具有较高能量的细聚焦电子流打击工件的待切割处，使这部分工件的温度急剧上升，以至于工件未经熔化就直接变成了气体(升华)，于是工件表面就出现了一道沟槽，沟槽逐渐加深而完成工件的切割。电子束不仅可以加工各种直的型孔和型面，而且可以加工弯孔和曲面。利用电子束在磁场中偏转的原理，使电子束在工件内部偏转。控制电子速度和磁场强度，即可控制曲率半径，加工出弯曲的孔。如果同时改变电子束和工件的相对位置，就可进行切割和开槽。图5.63(a)所示为对长方形工件施加磁场之后，若一面用电子束轰击，一面依箭头方向移动工件，就可获得如实线所示的曲面。经图5.63(a)所示的加工后，改变磁场极性再进行加工，就可获得图5.63(b)所示的工件。同样原理，可加工出图5.63(c)所示的弯缝。如果工件不移动，只改变磁场的极性进行加工，则可获得图5.63(d)所示的入口为一个而出口有两个的弯孔。

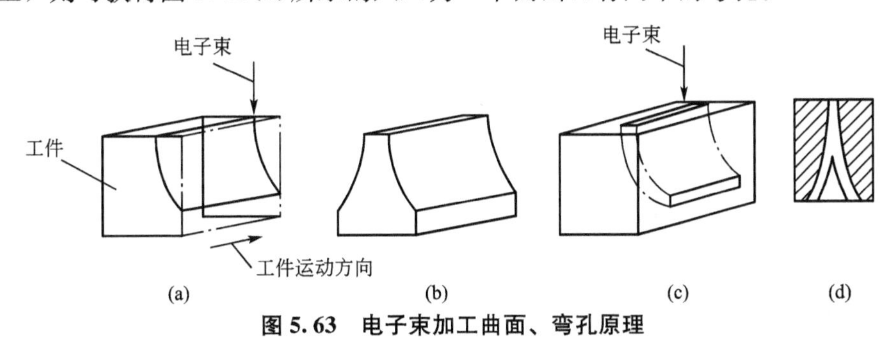

图5.63 电子束加工曲面、弯孔原理

3. 电子束焊接

【电子束焊接】

电子束焊接是电子束加工技术应用最广泛的一种。以电子束作为高能量密度热源的电子束焊接，比传统焊接工艺优越得多，具有焊缝深宽比高、焊接速度高、工件热变形小、焊缝物理性能好、可焊材料范围广等特点。电子束焊接时有类似激光深熔焊接加工中的小孔效应，其基本原理如图5.64(a)所示，图5.64(b)则为深熔焊接焊缝截面实物图。

航空航天领域的焊接工艺应用基本上都是使用电子束，以确保焊接质量。图5.65所示为在大真空室中焊接的Trent发动机前盖轴承箱的钛零部件，通过5轴的机械手及自动焊缝追踪装置，可以实现极为复杂的焊接加工过程。目前焊接加工中，还在尝试将更多的工艺程序合并到同一个加工流程中，如同时进行焊接与硬化和退火等。

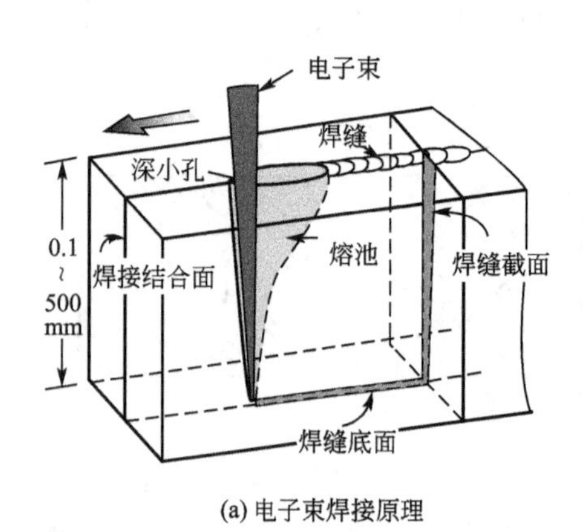

(a) 电子束焊接原理

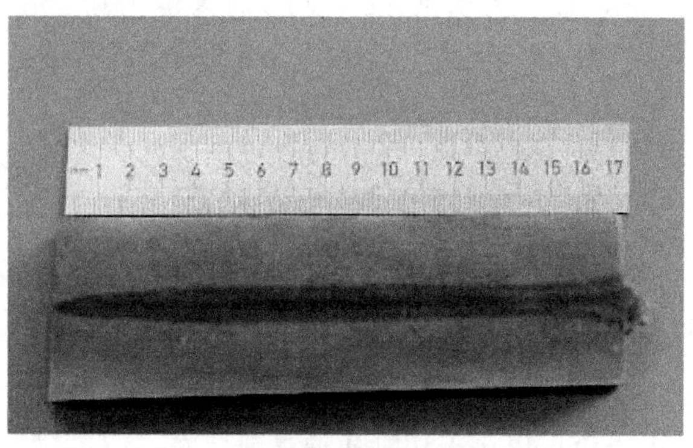

(b) 深熔焊接焊缝截面实物图

图 5.64　电子束焊接原理及深熔焊接焊缝截面实物图

图 5.65　Trent 发动机电子束焊接

4. 电子束热处理

电子束热处理也是把电子束作为热源，适当控制电子束的功率密度，使金属表面加热不熔化，达到热处理的目的。电子束热处理的加热速度和冷却速度都很高，在相变过程中，奥氏体化时间很短，只有几分之一秒，乃至千分之一秒，奥氏体晶粒来不及长大，从而能得到一种超细晶粒组织，可使工件获得用常规热处理不能达到的硬度，硬化深度可达 0.3～0.8mm。电子束热处理与激光热处理类同，但电子束的电热转换效率高，可达 90%，而激光的转换效率低于 30%。表面合金化工艺同样适用电子束表面处理，如铝、钛合金添加元素后获得更好的表面耐磨性能。

5. 电子束成形加工

此部分内容属于增材制造领域，相关内容会在后续章节中介绍，此处仅仅对电子束成形加工做初步介绍。

电子束成形技术与激光快速制造的成形原理基本相似，差别只是热源不同。电子束成形具有加工效率高、零件变形小、成形过程不需要金属支撑、微观组织致密等优点。

电子束成形加工必须在高真空环境下进行，这使得该技术的整机复杂程度提高。在真空环境下，金属材料对电子束几乎没有反射，能量吸收率大幅提高，材料熔化后的润湿性也大大提高，增加了各子层间的冶金结合强度。因此，如不从成本考虑，电子束成形加工零件的质量是非常优异的，许多性能都超过了同种材料精锻的水平。

电子束成形技术还存在如下问题：①在真空室抽气过程中粉末容易被气流带走，造成系统污染；②在电子束作用下，粉末容易溃散。因此，电子束技术常常需要将系统预热到较高的温度，如 800℃以上，保证粉末在成形室内预先烧结固化在一起。加工结束后零件需要在真空成形室中冷却相当长一段时间，降低了零件的生产效率。

目前，最先进的商用电子束成形设备在零件加工尺寸及加工性能方面已经获得了极大的突破，例如，Arcam A2WT 最大的成型零件尺寸达到了 ϕ350mm×380mm，在航空航天、医疗、赛车等领域获得很好的应用，可以直接成形高质量大尺寸结构件。图 5.66 所示为航空航天用复杂结构 TC4 零件。

(a) 火箭发动机叶轮　(b) 燃气涡轮发动机压缩机支撑机架　(c) 起落架

图 5.66　TC4 航空航天零件

医疗领域的应用如图 5.67 所示，在替代人骨方面获得了巨大成功，可以直接成形髋臼杯、翻修杯、补片、股骨柄、颅颌面、脊柱融合器、胫骨托、膝关节、肩关节等部件，而且已经获得了很好的应用。例如，美国华盛顿瓦特里德空军医院已有超过 50 个 EBM 生产的多孔颅骨修复植入物植入人体。

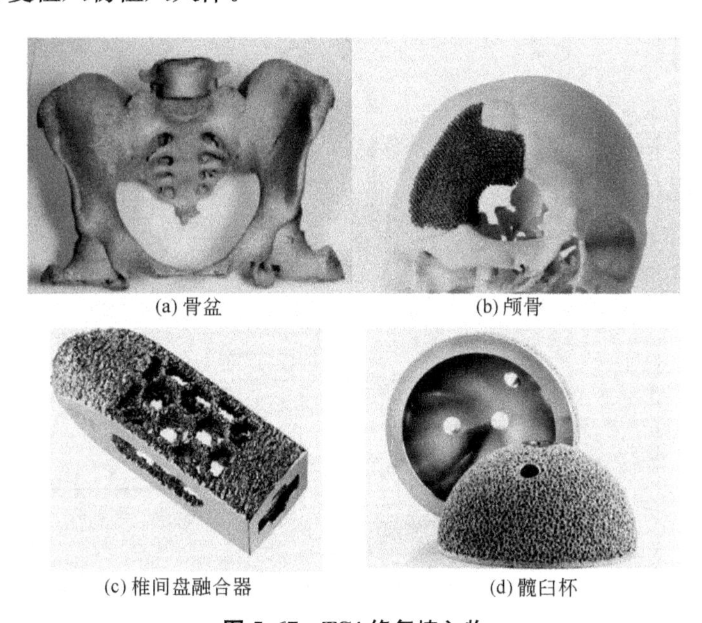

(a) 骨盆　(b) 颅骨

(c) 椎间盘融合器　(d) 髋臼杯

图 5.67　TC4 修复植入物

【离子束加工】

5.3　离子束加工

离子束技术及应用是涉及物理、化学、生物、材料和信息等许多学科的交叉领域，我国自 20 世纪 60 年代以来，离子束技术研究有了很大的进展。离子束加工是利用离子束对材料成形或改性的加工方法。在真空条件下，将由离子源产生的离子经过电场加速，获得一定速度的离子束投射到材料表面上，产生溅射效应和注入效应。

5.3.1 离子束加工基本原理

离子束加工的原理和电子束加工基本类似，也是在真空条件下，先由电子枪产生电子束，再引入已抽成真空且充满惰性气体的电离室中，使低压惰性气体离子化。将离子源产生的离子束经过加速聚焦，使之撞击到工件表面，如图 5.68(a)所示。不同的是，离子带正电荷，其质量比电子大数千数万倍，如氩离子的质量是电子的 7.2 万倍，所以一旦离子加速到较高速度时，离子束比电子束具有更大的撞击动能，它是靠微观的机械撞击能量，而不是靠动能转化为热能来加工的。

离子束加工的物理基础是离子束射到材料表面时所发生的撞击效应、溅射效应和注入效应。基于不同效应，离子束加工发展出多种应用，常见的有离子束刻蚀、溅射镀膜、离子镀及离子注入等，如图 5.68(b)所示。具有一定动能的离子斜射到工件材料(或靶材)表面时，可以将表面的原子撞击出来，这就是离子的撞击效应和溅射效应。如果将工件直接作为离子轰击的靶材，工件表面就会受到离子刻蚀(也称为离子铣削)。如果将工件放置在靶材附近，靶材原子就会溅射到工件表面而被溅射沉积吸附，使工件表面镀上一层靶材原子的薄膜。如果离子能量足够大并垂直于工件表面进行撞击，离子就会钻进工件表面，这就是离子的注入效应。

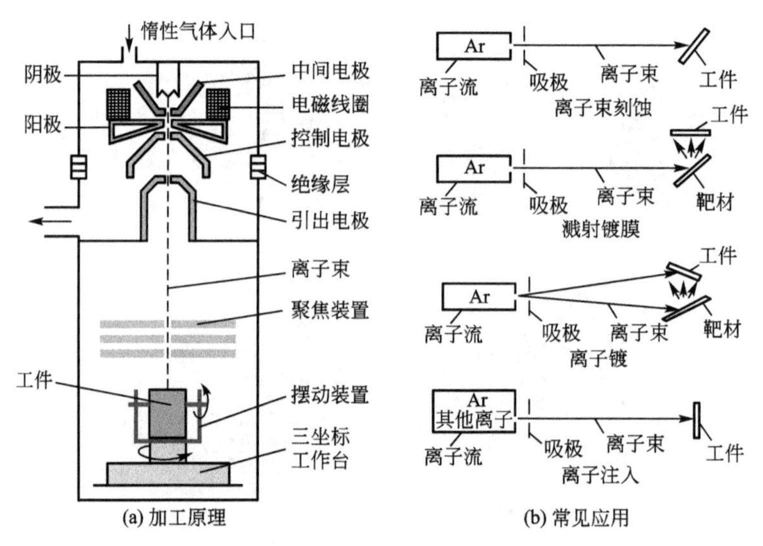

图 5.68 离子源进行离子束加工原理及常见应用

5.3.2 离子束加工特点

作为一种微细加工手段，离子束加工技术是制造技术的一个补充。随着微电子工业和微机械的发展，这种加工技术获得成功的应用，显示出如下独特的优点。

(1) 容易精确控制。通过光学系统对离子束的聚焦扫描，离子束加工的尺寸范围可以精确控制。在同一加速电压下，离子束的波长比电子束的更短，如电子的波长为 0.053Å，离子的波长则小于 0.001Å，因此散射小，加工精度高。在溅射加工时，由于可以精确控制离子束流密度及离子的能量，可以将工件表面的原子逐个剥离，从而加工出极为光整的表面，实现微精加工。而在注入加工时，能精确地控制离子注入的深度和浓度。

(2) 加工产生的污染少。离子的质量远比电子的大，转换给物质的能量多，穿透深度较电子束的小，反向散射能量比电子束的小，因此完成同样加工，离子束所需能量比电子束小，且主要是无热过程。加工在真空环境中进行，特别适合于加工易氧化的金属、合金及半导体材料。

(3) 加工应力小，变形极小，对材料的适应性强。离子束加工是一种原子级或分子级的微细加工，其宏观作用力很小，故对脆性材料、极薄的材料、半导体材料和高分子材料都可以加工，而且表面质量好。

(4) 离子束加工设备费用高，成本高，加工效率低，因此应用范围受一定限制。

5.3.3 离子束加工设备

离子束加工的设备包括离子源(离子枪)、真空系统、控制系统和电源系统。对于不同的用途，其设备各不相同，但离子源是各种设备所需的关键部分。离子源用于产生离子束流，其基本原理和方法是使原子电离。具体方法是要把电离的气态原子(如氩等惰性气体或金属蒸气)注入电离室，经高频放电、电弧放电、等离子体放电或电子轰击，使气态原子电离为等离子体，而后用一个相对于等离子体为负电位的电极(吸极)，就可从等离子体中吸出正离子束流。根据离子束产生的方式和用途不同，离子源有很多型式，常用的有考夫曼型离子源、高频放电离子源、霍尔源及双等离子管型离子源等。

5.3.4 离子束加工应用

离子束加工的应用范围正在日益扩大，目前常用的离子束加工主要有离子束刻蚀加工、离子束镀膜加工和离子束注入加工等。

1. 离子束刻蚀

【离子束刻蚀】

离子束刻蚀是以高能离子或原子轰击靶材，将靶材原子从靶表面移去的工艺过程，即溅射过程。进入离子源(考夫曼型离子源)的气体(氩气)转化为等离子体，通过准直栅把离子引出、聚焦并加速，形成离子束流，而后轰击工件表面进行刻蚀。在准直栅与工作台之间有一个中和灯丝，灯丝发出的电子可以将离子束的正电荷中和。离子束里剩余的电子还能中和基片表面上产生的电荷，这样有利于刻蚀绝缘膜。图5.69所示为离子束刻蚀系统。

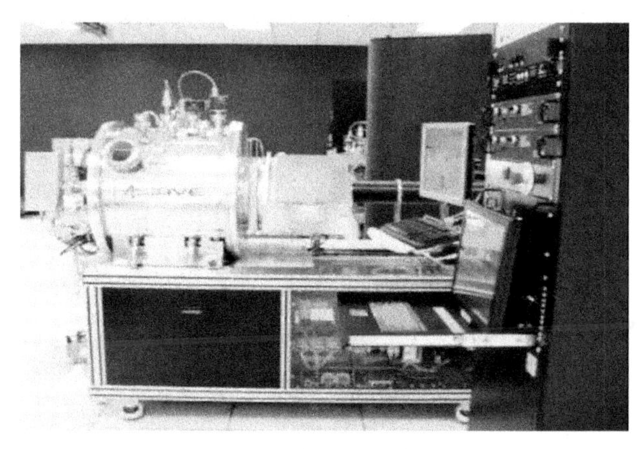

图5.69 离子束刻蚀系统

离子束刻蚀可达到很高的分辨率，适合刻蚀精细图形。当离子束用于加工小孔时，其优点是孔壁光滑，邻近区域不产生应力和损伤，能加工出任意形状的小孔，而且孔形状只决定于掩模的孔形。

离子束刻蚀可以完成机械加工最后一道工序——精抛光，以消除机械加工所产生的刻痕以及表面应力。离子束刻蚀已广泛应用于光学玻璃的最终精加工。

在用机械方法进行抛光光学零件时，零件表面会因应力产生裂纹，这会导致光纤散射，降低光学透明系统的成像效果，在激光系统中散射光还会消耗大量的能量。因此在高能激光系统中，用离子束抛光激光棒和光学元件的表面，能达到良好的效果。只要严格选择溅射参数(入射粒子能量、离子质量、离子入射角、样品表面温度等)就可以使散射光极小，光学零件可以获得极佳的表面质量，表面可以达到极高的均匀性和一致性，而且在该工艺过程中也不会被污染。

2. 溅射镀膜

20 世纪 70 年代磁控溅射技术的出现，使溅射镀膜进入了工业应用，在镀膜的工艺领域中占有极为重要的地位。溅射镀膜是基于离子轰击靶材时的溅射效应。各种溅射技术采用的放电方式有所不同，直流二极溅射是利用直流辉光放电，三级溅射是利用热阴极支持的辉光放电，磁控溅射是利用环状磁场控制下的辉光放电。

溅射镀膜的应用有以下两个方面。

(1) 硬质膜磁控溅射。在高速钢刀具上用磁控溅射镀氮化钛(TiN)超硬膜，可大大提高刀具的寿命。氮化钛可以采用直流溅射的方式形成，因为它是良好的导电材料，但在工业生产中更经济的是采用反应溅射。其工艺是工件经过超声清洗之后，再经过射频溅射清洗，在一定参数下，氮气可以全部与溅射到工件上的钛原子发生化学反应而耗尽，镀膜速率大约为 300nm/min。随氮化钛中氮含量的增加，镀膜色泽由金属光泽变为金黄色，可以用做仿金装饰镀层。

图 5.70　溅射镀膜产品效果图

(2) 固体润滑膜。在齿轮的齿面上和轴承上溅射控制二硫化钼润滑膜，其厚度为 0.2～0.6μm，摩擦系数为 0.04。溅射时，采用直流溅射或射频溅射，在靶材上用二硫化钼粉末压制成形。为确保得到晶态薄膜(此种状态下，有润滑作用)，必须严格控制工艺参数。如用射频溅射二硫化钼的工艺参数为：电压为 2.5kV，真空度为 1Pa，镀膜速率约为 30nm/min。为了避免得到非晶态薄膜，基片温度适当高一些，但不能超过 200℃。图 5.70 所示为溅射镀膜产品效果图。

3. 离子镀

离子镀是在真空蒸镀和溅射镀膜的基础上发展起来的一种镀膜技术。从广义上讲，离子镀这种真空镀膜技术是膜层在沉积的同时受到高能粒子束的轰击。这种粒子流的组成可以是离子，也可以是通过能量交换而形成的高能中性粒子。这种轰击使界面和膜层的性能发生某些变化：膜层对基片的附着力、覆盖情况、膜层状态、密度、内应力等发生变化。由于离子镀的附着力好，使原来在蒸镀中不能匹配的基片材料和镀料，可以通过离子镀完成，还可以镀出各种氧化物、氮化物和碳化物的膜层。图 5.71 所示为采用离子镀技术获得的具有氮化钛涂层的各种刀具。氮化钛涂层可以大大提高刀具的耐热温度、硬度，提高刀具的抗冲击、抗剪切性能，降低摩擦系数，提高耐磨性能，并具有优良的抗氧化性能和化学稳定性，能大大提高刀具的使用寿命。

图5.71 氮化钛涂层刀具

离子镀的应用举例如下。

(1) 耐磨功能膜。为提高刀具、模具或机械零件的使用寿命，采用反应离子镀镀一层耐磨材料，如铬、钨、锆、钽、钛、铝、硅、硼等的氧化物、氮化物或碳化物，或多层膜如Ti+TiC。实验表明，烧结碳化物刀具用离子镀工艺镀上一层TiC或TiN，可使刀具的使用寿命提高2～10倍。高速钢刀具镀TiC膜后，使用寿命提高3～8倍。镀上TiC膜的轴承其耐磨性也提高很多。在磨粒磨损方面，镀有TiC的不锈钢试件，其耐磨性为硬铬层的7～34倍。

(2) 抗蚀功能膜。离子镀所镀覆的抗蚀膜致密、均匀、附着良好。英国道格拉斯公司对螺栓和螺帽用离子镀镀上28μm厚的铝膜，能经受2100h的盐雾试验。在与钛合金零件相连接的钢制品上，采用镀铝代替镀镉后，避免钛合金零件产生的镉脆现象。在原子能工业中，反应装置中的浓缩铀芯的保护层，以离子镀铝层代替电镀镍层，可防止高温下剥离。

(3) 耐热功能膜。离子镀可以得到优质的耐热膜，如钨、钼、钽、铌、铁、氧化铝等。用纯离子源离子镀在不锈钢表面镀上一层Al_2O_3，可提高基体在980℃介质中抗热循环疲劳和抗蚀能力。在适当的基体上镀一层ADT-1合金(35%～41%铬，10%～12%铝、0.25%钇和少量镍)，有良好的抗高温氧化和抗蚀性能，比氧化铝膜的寿命长1～3倍，是钴、铬、铝、钇镀层寿命的1～3倍。这种膜可用做航空涡轮叶片型面、榫头和叶冠等部位的保护层。

4. 离子注入

离子注入是离子束加工中一项特殊的工艺技术。它既不从加工表面去除基体材料，也不在表面以外添加镀层，仅仅改变基体表面层的成分和组织结构，从而造成表面性能变化，满足材料的使用要求。离子注入的过程：在高真空室中，将要注入的化学元素的原子在离子源中电离并引出离子，在电场加速下，离子能量达到几万到几十万电子伏，将此高速离子射向置于靶盘上的零件。入射离子在基体材料内，与基体原子不断碰撞而损失能量，最终离子就停留在几纳米到几百纳米处，形成了注入层。进入的离子在最后以一定的分布方式固溶于工件材料中，改变了材料表面层的成分和结构。

离子注入的应用举例如下。

(1) 在半导体方面的应用。目前，离子束加工在半导体方面的应用主要是离子注入，而且主要是在硅片中应用，用以取代热扩散进行掺杂。表 5-3 为离子注入在硅器件方面的应用情况。

表 5-3　离子注入应用情况

器件工艺		注入元素	注入能量/keV	注入剂量(离子/cm^2)
MOS集成电路	阈值控制	B、P、As	20～150	10^{10}～10^{12}
	P井	B	80～200	10^{12}～10^{13}
	隔离	B、P	50～200	10^{12}～10^{14}
	源、漏	B、P、As	20～150	10^{15}～10^{16}
	防止穿通	B、P	150～300	10^{11}～10^{12}
	电阻	B、P、As	100～200	10^{13}～10^{14}
双极集成电路	基区	B	60～200	10^{13}～10^{15}
	发射极	As	40～400	10^{15}～10^{16}
	隐埋层	As、Sb	100～400	10^{15}～10^{16}
	I^2L 发射区	P	＞500	10^{12}～10^{13}
	电阻	B	50～200	10^{13}～10^{15}
	肖特基二极管	P、As、Pb	100～200	10^{11}～10^{13}
	沟道切断环	B	200～300	10^{14}～10^{15}

(2) 在功能领域应用。向钛合金中注入 Ca^{2+}、Ba^{2+} 后，抑制氧化的能力有所增长。向含铬的铁基和镍基合金表面注入钇离子或稀土元素离子，提高了表面抗高温氧化性能，使得金属表面进行化学改性。另外，在低温下向钯中注入氢和氘离子，提高了超导转变温度，改善了薄膜的超导特性。

1. 激光器工作的基本原理是什么？产生激光的最基本的条件有哪些？
2. 固体、气体激光器的能量转换过程是否相同？如不相同，则具体差异体现在哪里？
3. 与气体激光器比较，光纤激光器有哪些优势？是否所有场合加工都适合？为什么？
4. 激光深熔焊接的机理是什么？
5. 激光熔覆与激光合金化有什么异同？
6. 激光冲击成形的机理是什么？为什么在加工中需要在工件表面增加一层特殊的约

束层?

7. 激光相变硬化与激光重熔加工在提高工件表面性能上为什么不同?

8. 激光束、电子束、离子束三种束流的能量载体有何不同?

9. 电子束与离子束为什么要在高真空条件下工作?离子束为什么能够改变材料性质?

10. 电子束与离子束应用范围上有什么异同?

第6章 增材制造技术

知识要点	掌握程度	相关知识
快速成形技术概述	掌握快速成形技术的概念、原理及特点，了解快速成形技术的发展历程	快速成形技术的概念与原理
快速成形技术的典型工艺与应用	掌握几种常见的快速成形技术的原理及应用	光固化快速成形工艺、激光选区烧结快速成形工艺、叠层实体制造快速成形工艺、熔融沉积制造快速成形工艺、三维打印快速成形工艺
激光快速制造技术	掌握激光快速制造技术的分类及应用	激光熔覆快速制造技术、激光选区烧结快速制造技术、激光选区熔化快速制造技术、激光金属板材叠加快速制造技术
快速成形技术在生物制造的应用	了解生物制造的概念及快速成形技术在生物制造的应用	生物制造概述、快速成形技术在生物制造的应用

导入案例

随着全球市场一体化的形成，制造业的竞争愈加激烈，产品开发速度与制造技术的柔性日益成为企业发展的关键因素。在这种情况下，自主快速产品开发的周期已逐渐成为制造业全球竞争的实力基础。快速成形(图 6.1)技术从CAD设计到完成原型制作通常只需数小时至几十个小时，能够快速、直接、精确地将设计思想转化为具有一定功能的实物模型或样件。与传统加工方法相比，加工周期节约70%以上，对复杂零件尤其如此；并且成本与产品复杂程度无关，特别适合于复杂新产品的开发和单件小批量零件的生产；同时该制造技术具有较强的灵活性，能够以小批量甚至单件生产而不增加产品的成本。有些特殊复杂制件，由于只需单件生产，或少于50件的小批量生产，一般均可用快速成形技术直接进行成形，成本低，周期短。那么快速成形的基本原理是什么？它有哪些典型的工艺？什么是快速制造技术？这就是本章需要介绍的内容。

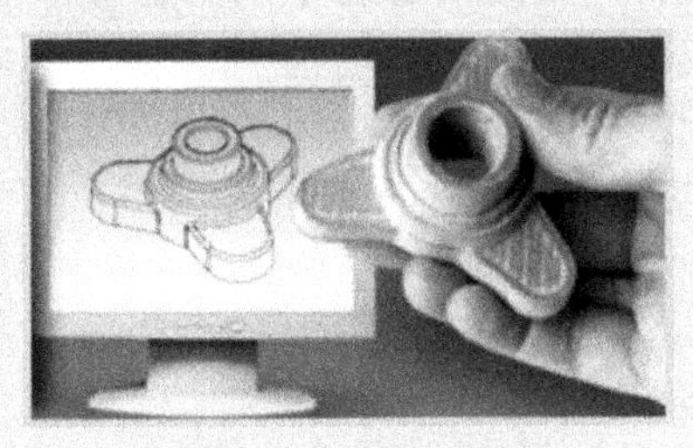

图 6.1 快速成形示例

6.1 增材制造技术概述

【增材制造技术简介】

6.1.1 发展简史

1. 概念

增材制造(Additive Manufacturing，AM)技术是采用材料逐渐累加方法制造实体零件的技术，相对于传统加工的“去除-切削”，是一种“自下而上”的制造方法。增材制造是快速成形技术的一种，被誉为“第三次工业革命”的重要标志，被认为是推动新一轮工业革命的重要契机，已经引起全世界的广泛关注。

增材制造技术是20世纪80年代问世并迅速发展起来的一项崭新的先进制造技术，是由CAD模型直接驱动的快速制造任意复杂形状三维实体技术的总称。它是机械工程、CAD、NC、激光技术、材料技术等多学科的综合渗透与交叉的体现，能自动、快速、直接、准确地将设计实体转化为具有一定功能的原形，或直接制造出零件(包括模具)，从而可以对产品设计进行快速评价、修改，响应市场需求，提高企业的竞争能力。增材制造技术的出现，反映了现代制造技术本身的发展趋势和激烈的市场竞争对制造技术发展的重大影响。可以说，增材制造技术是近30年来制造技术领域的一次重大突破。增材成形技术利用所要制造零件的二维 CAD/CAM 模型数据直接制成产品原型，并且可以方便地修改 CAD/CAM 模型后重新制造产品原型，因而可以在不用模具和工具条件下制成几乎任意复杂的零部件，极大地提高了生产效率和制造柔性。该技术已经广泛应用于航空、航天、汽车、通信、医疗、电子、家电、玩具、军事装备、工业造型、建筑模型、机械行业等领域。

增材制造方法的核心源于高等数学中微积分的概念，用趋于无穷多个截面的叠加构成三维实体，因此增材制造技术最初的名称是快速成形技术(Rapid Forming，RF)或快速原型技术(Rapid Prototyping，RP)。RF强调的是省去了费时费钱的模具制作流程，从而带来快速制造单件产品的特点；RP强调的是应用对象是原型制造而不是实用零件的直接制造。自20世纪80年代末增材制造技术开始逐步发展，期间也被称为“材料累加制造”(Material Increase Manufacturing)、“快速原型”(Rapid Prototyping)、“分层制造”(Layered Manufacturing)、“快速成形制造”(Rapid Prototyping & Manufacturing)、“实体自由制造”(Solid Free-form Fabrication)、“增材制造”(Additive Manufacturing)、“三维打印技术”(3D printing)等名称，这些叫法也分别从不同侧面表达了该制造技术的特点。图6.2为增材制造技术名称的演变过程。

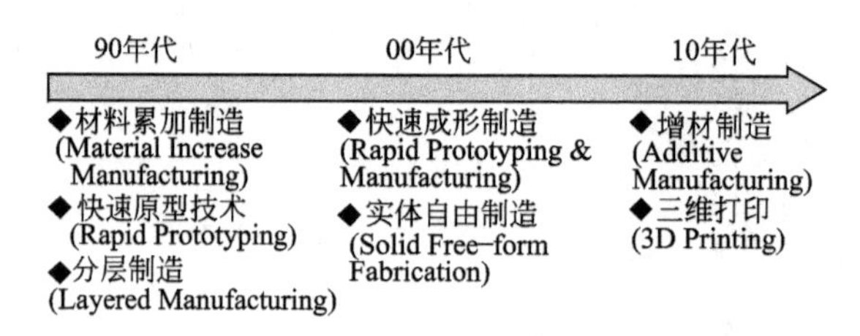

图6.2　增材制造技术名称演变过程

2. *发展历程*

增材制造技术的起源可追溯至20世纪70年代末到80年代初期，美国3M公司的Alen Hebert(1978年)、日本的小玉秀男(1980年)、美国UVP公司的Charles Hull(1982年)和日本的丸谷洋二(1983年)四人各自独立提出了这种概念。1986年，Charles W. Hull率先推出光固化方法(Stereo Lithography Apparatus，SLA)，这是增材制造技术发展的一个里程碑。同年，他创立了世界上第一家增材制造设备的3D System公司，该公司于1988年生产出了世界上第一台增材制造机SLA-250。1988年，美国人Scott Crump发明了另外一种增材制造技术——熔融沉积制造(Fused Deposition Modeling，FDM)，并成立了Stratasys公司。目前，这两家公司是仅有的两个在纳斯达克上市的增材制造设备生产企业。1989年，C. R. Dechard发明了选择性激光烧结法(Selective Laser Sintering，SLS)，其原理是利用高强度激光将材料粉末直接烧结成型。1992年，美国DTM公司(现属于3D Systems公司)的激光选区烧结(Selective Laser Sintering，SLS)装备研发成功，开启了三维打印技术发展热潮。1993年，美国麻省理工大学教授Emanual Sachs发明了一种全新的增材制造技术，这种技术类似于喷墨打印机，通过向金属、陶瓷等粉末喷射粘接剂的方式将材料逐片成形，然后进行烧结制成最终产品。这种技术的优点在于制作速度快、价格低廉。随后，Z Corporation公司获得美国麻省理工大学的许可，利用该技术推出增材制造商品机，“三维打印机”的称谓由此而来。此后，以色列人Hanan Gothait于1998年创办了Objet Geometries公司，并于2000年在北美推出了可用于办公室环境的商品化增材制造机。国内自20世纪90年代初开始三维打印技术研发，其中华中科技大学研制的(Laminated Object Manufacturing，LOM)装备和SLS装备、西安交通大学研制的光固化成型(Stereo Lithography，SLA)装备、北京航空航天大学研制的激光熔化沉积LDM装备及清华大学研制的熔融沉积FDM装备最具代表性。

6.1.2 增材制造技术原理与技术分类

1. “叠层累加”方式

自从20世纪80年代增材制造技术(AM)的兴起并用于模型制造和快速原型制造技术，增材制造技术经历了三十多年的发展，并已成为世界快速发展的先进制造技术之一。AM技术不同于传统的加工过程，它是基于一个完全相反的原理——“离散-堆积”的成形过程，采用材料逐点或逐层累积的方法制造实体零件或者零件原型，即材料增量制造。增材制造技术的工作原理类似喷墨打印机，不过喷出的不是墨水，而是粉状或丝状材料。该技术采用计算机生成零件的三维CAD模型，然后将该模型按一定的厚度分层“切片”，即将零件的三维数据信息转换成一系列的二维轮廓信息，再利用计算机控制的热源，将材料(一般指粉体材料)按照轮廓轨迹逐层堆积，最终形成三维实体零件。因此，AM也称固体无模成形技术、数字化制造技术、智能制造技术。增材制造技术将材料科学、机械加工和激光技术集合为一体，被视为制造业的一个重要变革。其技术原理与基本过程如图6.3及图6.4所示。

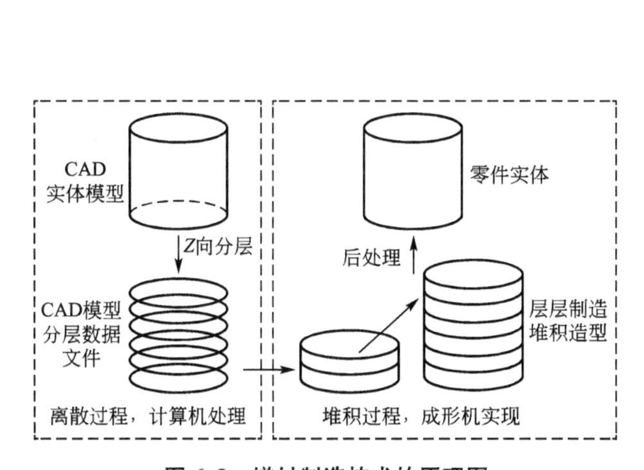

图6.3 增材制造技术的原理图

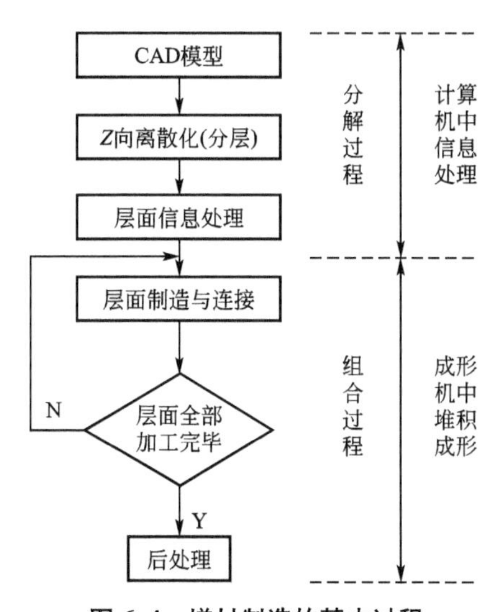

图6.4 增材制造的基本过程

增材制造的工艺过程包括前处理、分层叠加成形和后处理三个方面。

(1) 前处理。零件三维CAD模型的构造及近似处理、成型方向的选择和模型的离散切片处理。建立三维模型的方法主要有两种：一是应用AutoCAD、3DS MAX、Blender等三维建模软件直接建立三维数字化模型；二是应用Polhemus、3D CaMega、Z Corp等三维扫描仪获取对象的三维数据，而后经处理，生成数字化三维模型。三维数字模型分切为相应的二维图形信息，其中分割形成薄片的厚度由材料的属性和设备的精度决定。

(2) 分层叠加成形。三维模型成形的方式有两种：一种是将打印材料和特殊胶水按照不同的二维图形信息，层层叠加形成三维物体；另一种是使用高能束(激光、电子束等)熔化合金粉末等材料，层层熔结形成三维模型。

(3) 后处理。由于模型表面会存在残留材料或出现毛刺、截面粗糙等问题，需要人工清理去除多余的材料粉末，并针对毛刺和粗糙的表面进行打磨处理；然后在实物上涂覆增强硬度的胶水，以增加实物强度，最后进行上色处理得到成品。

2. 技术分类

通俗地讲，增材制造是相对传统制造业采用的减材制造、等材制造而言的。

减材制造就是指通过模具、车、铣等机械加工方式对原材料进行定型、切削、去除，从而最终生产出成品；锻造、铸造、粉末冶金等热加工方法，可粗略地看作是“等材制造”。增材制造则是采用材料逐渐累加的方法制造实体零件，它将三维实体变为若干个二维平面，通过对材料处理并逐层叠加进行制造，就好比用砖头砌墙，逐层增加材料，最终形成物件。它是一种“自下而上”的制造方法，大大降低了制造的难度，这种数字化制造模式不需要复杂的工艺、庞大的机床、众多的人力，可直接从计算机图形数据中生成任何形状的零件。

从技术上说，增材制造技术具有数字制造、降维制造、堆积制造、直接制造和快速制造五大技术特征。其核心是数字化、智能化制造与材料科学的结合。它是以计算机三维设计模型为蓝本，通过软件分层离散和数控成形系统，利用高能束、热熔喷嘴等方式将金属粉末、陶瓷粉末、塑料、细胞组织等特殊材料进行逐层堆积黏结，最终叠加成型，制造出实体产品。它形成了最能代表信息化时代特征的新型制造技术，即“以信息技术为支撑，以柔性化的产品制造方式”最大限度地满足无限丰富的个性化需求。增材制造技术的基本工艺分类见表6-1。

表6-1　增材制造技术工艺分类

类　型	累积技术	基本材料
挤压	熔融沉积式(FDM)	热塑性塑料，共晶系统金属，可食用材料
线	电子束自由成形制造/电子束熔丝沉积(EBF)	几乎任何合金
粒状	直接金属激光烧结(DMLS)	几乎任何合金
	电子束选区熔化成形(EBSM/EBM)	钛合金
	金属激光熔化沉积/激光立体成型(LMD/LSF)	几乎任何金属
	激光选区熔化成型(SLM)	钛合金，钴铬合金，不锈钢，铝
	选择性热烧结(SHS)	热塑性粉末
	选择性激光烧结(SLS)	热塑性塑料，金属粉末，陶瓷粉末
粉末层喷头三维印刷	石膏三维印刷(3DP)	石膏，陶瓷
层压	分层实体制造(LOM)	纸，金属膜，塑料薄膜
光聚合	立体平板印刷(SLA)	光固化树脂
	数字光处理(DLP)	光固化树脂

6.1.3 技术特点与影响

1. 技术特点

材料是增材制造技术发展的重要物质基础和核心，在某种程度上，材料的发展决定着增材制造能否有更广泛的应用。目前，增材制造材料主要包括工程塑料、光敏树脂、橡胶类材料、金属材料和陶瓷材料等。除此之外，彩色石膏材料、人造骨粉、细胞生物原料以及砂糖等食品材料也在增材制造领域得到了应用。增材制造所用的这些原材料都是专门针对增材制造设备和工艺而研发的，与普通的塑料、石膏、树脂等有所区别，其形态一般有粉末状、丝状、层片状、液体状等。通常，根据打印设备的类型及操作条件的不同，所使用的粉末状增材制造材料的粒径为1～100μm不等，而为了使粉末保持良好的流动性，一般要求粉末具有高球形度。

与传统的加工技术相比，增材制造技术有如下特点。

(1) 增材制造技术柔性化程度高。由于制造过程不需要模具、卡具约束，而且修改只需改变计算机文件，尤其适用于各种难熔“高活性”“高纯净”“易污染”高性能金属材料及复杂结构件的制备，是材料制备与成形国际前沿热点研究课题之一。

(2) 增材制造技术产品研制周期短。与传统制造技术相比，增材制造不必事先制造模具，不必在制造过程中去除大量的材料，省去了传统加工技术的许多工序，加工速度快。在生产上可以实现结构优化、节约材料和节省能源，原材料利用率高，符合绿色制造理念。因此，增材制造技术适合于新产品开发、快速单件及小批量零件制造、复杂形状零件的制造、模具的设计与制造等，也适合于难加工材料的制造、外形设计检查、装配检验和快速反求工程等。

(3) 增材制造技术是真正意义上实现数字化、智能化制造。增材制造技术尤其适合难加工材料、复杂结构零件的研制生产。

(4) 增材制造技术所制造的零件具有致密度高、强度高等优异的性能，还可以实现结构减重。

(5) 因为增材制造技术是逐层累积成形，因此不受零件尺寸和形状限制。

(6) 增材制造技术可实现多种材料任意配比复合材料零件的制造。

(7) 由于具有高能束源和逐层制造的特点，使增材制造技术非常适合金属零件的立体修复。

增材制造技术相对传统制造技术还面临许多新挑战和新问题。目前三维打印主要应用于产品研发，其使用成本高，国内有能力生产增材制造材料的企业很少，特别是金属材料主要依赖进口；相关数据、标准/认证尚不完备；制造效率低，如金属材料成形为10～3000g/h；制造精度尚不能令人满意；供应链薄弱；工艺与装备研发尚不充分，尚未进入大规模工业应用。应该说目前增材制造技术是传统大批量制造技术的一个补充。任何技术都不是万能的，传统技术仍有强劲的生命力，增材制造应该与传统技术优选、集成，以形成新的发展增长点。

2. 意义与影响

增材制造技术以其制造原理的优势成为具有巨大发展潜力的制造技术。随着材料适用范围的增大和制造精度的提高，增材制造将给制造技术带来革命性的发展。

(1) 新的生产模式。作为一种“无需工具”的数字化制造技术，增材制造将有可能改变某些产品的生产模式，给企业和消费者带来巨大的经济和社会效益。

(2) 新的设计理念。由于增材制造技术是通过层层堆积的方式来进行生产，可以制造出形状高度复杂的产品。这使得过去受到传统加工方式的约束而无法实现的复杂结构制造变为可能。这将大大简化产品设计，提高零部件的集成度，加快产品开发周期。

(3) 新的商业模式。随着数字技术的发展，增材制造与互联网结合起来还将使消费者直接参与到产品生命周期当中，从最初的设计过程、到生产制造、再到后期产品的维修，并借助网络实现数字化文件的共享和交易。这大大规避了传统制造业和零售业的价值链，刺激了新的产品设计模式、销售商业模式和供应链管理模式的产生，使相关企业受益。

(4) 实现个性化产品制造。由于具有“自由设计”和“无需工具”的优点，增材制造将使得商业化个性制造成为可能，如可运用X线电子计算机断层扫描(Computed Tomography，CT)和核磁共振成像(Magnetic Resonance Imaging，MRI)扫描数据打印出百分百符合患者需求的植入物，通过三维扫描、定制APP等个性化的消费品如鞋子、珠宝和家庭用品。

(5) 顺应绿色经济发展模式。相对于利用切削机床对毛坯进行加工的“减材制造”，增材制造减少了原材料的使用量，降低了对自然资源和环境的压力。

6.2 增材制造技术的典型工艺与应用

自1986年第一台增材制造设备SLA-1出现至今，世界上已有大约二十多种不同的成形方法和工艺，而且新方法和工艺不断地出现，各种方法均具有自身的特点和适用范围。比较成熟的典型工艺有光固化快速成形(SL)、激光选区烧结(SLS)、叠层实体制造(LOM)、熔融沉积制造(FDM)、三维印刷成形(3DP)等。

6.2.1 光固化成形工艺

1. 光固化成形基本原理

光固化成形，又称为立体光刻、光成形等，是一种采用激光束逐点扫描液态光敏树脂使之固化的AM工艺。该工艺是美国的Charles W. Hull于1986年研制成功的，称为SLA(Stereo Lithography Apparatus)工艺。1988年，美国3D Systems公司推出第一台商用样机SLA-1。

【光固化成形工艺】

光固化成形工艺的基本原理如图6.5所示。树脂槽中储存了一定量的光敏树脂，由液面控制系统使液体上表面保持在固定的高度，紫外激光束在振镜控制下按预定路径在树脂表面上扫描。扫描的速度和轨迹及激光的功率、通断等均由计算机控制。激光扫描之处的光敏树脂由液态转变为固态，从而形成具有一定形状和强度的层片；扫描固化完一层后，未被照射的地方仍是液态树脂，然后升降台带动加工平台下降一个层厚的距离，通过涂覆机构使已固化表面重新充满树脂，然后进行下一层固化，新固化的一层粘结在前一层上。如此重复，直至固化完所有层片，这样层层叠加起来即可获得所需形状的三维实体。

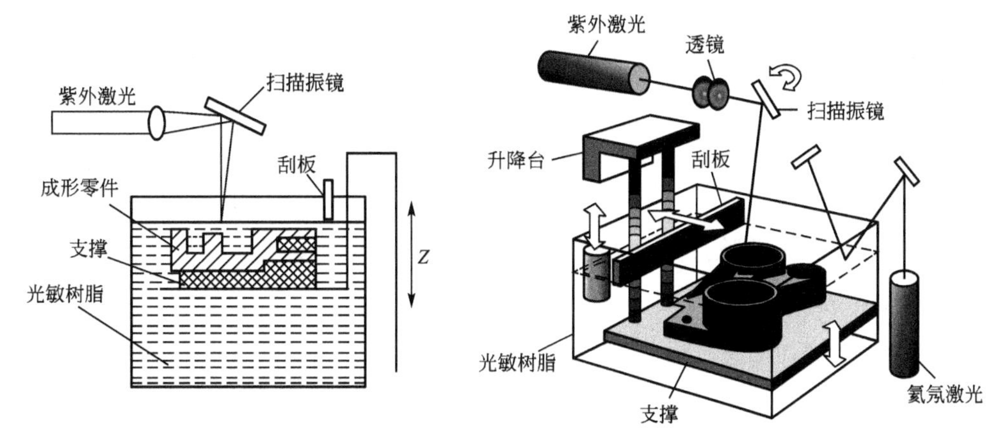

图 6.5　光固化成形工艺的基本原理

完成的零件从工作台取下后，为了提高零件的固化程度，增加零件强度和硬度，可以将其置于阳光下，或者专门的容器中进行紫外光照射。最后，对零件进行打磨或者上漆，以提高其表面质量。

2. 光固化成形工艺的特点

光固化成形工艺作为增材制造技术的一种，所依据的仍然是“离散一堆积”成形原理。但是，由于层片成形机理的特点，导致光固化成形工艺具有如下特点。

(1) 成形精度高。由于光固化工艺的扫描机构通常都采用振镜扫描头，光点的定位精度和重复精度非常高，成形时扫描路径与零件实际截面的偏差很小；另一方面，激光光斑的聚焦半径可以做得很小，目前光固化工艺中最小的光斑直径可以做到 $\phi 25\mu m$，所以与其他增材制造工艺相比，光固化工艺成形细节的能力非常好。

(2) 成形速度较快。美国、日本、德国和我国的商品化光固化成形设备均采用振镜系统来控制激光束在焦平面上的扫描。波长为 325～355nm 的紫外激光热效应很小，无需镜面冷却系统，轻巧的振镜系统可保证激光束获得极大的扫描速度，加之功率强大的半导体激励固体激光器(功率在 1000mW 以上)使目前商品化的光固化成形机最大扫描速度可达 10m/s 以上。

(3) 扫描质量好。现代高精度的焦距补偿系统可以实时地根据平面扫描光程差来调整焦距，保证在较大的成形扫描平面(可达 600mm×600mm)内具有很高的聚焦质量，任何一点的光斑直径均限制在要求的范围内，较好地保证了扫描质量。

(4) 成形件表面质量好。由于成形时加工工具与材料不接触，成形过程中不会破坏成形表面或在上面残留多余材料，因此光固化工艺成形的零件表面质量很高；另一方面，光固化成形可采用非常小的分层厚度，目前的最小层厚达 $25\mu m$，因而成形零件的“台阶效应”非常小，成形件表面质量非常高。

(5) 成形过程中需要添加支撑。由于光敏树脂在固化前为液态，所以成形过程中，对于零件的悬臂部分和最初的底面都需要添加必要的支撑。支撑既需要有足够的强度来固定零件本体，又必须便于去除。由于支撑的存在，零件的下表面质量通常都比没有支撑的上表面差。

(6) 成形成本高。一方面光固化设备中的紫外线固体激光器和扫描振镜等组件价格都比较昂贵，从而导致设备的成本较高；另一方面，成形材料光敏树脂的价格也非常高，所以与熔融挤压成形、分层实体制造等其他快速成形工艺相比，光固化工艺的成形成本要高得多。但光固化成形设备的结构与系统比较简单。振镜扫描系统与绘图机式扫描系统相比，既简单高效又十分可靠。

光固化成形工艺的优点是精度较高，一般尺寸精度可控制在0.01mm；表面质量好；原材料利用率接近100%；能制造形状特别复杂、精细的零件；设备市场占有率很高。光固化成形的缺点是需要设计支撑；可以选择的材料种类有限；制件容易发生翘曲变形；材料价格较昂贵。光固化成形工艺适合比较复杂的中小型零件的制作。

3. 光固化成形设备与应用

光固化成形工艺作为最早商品化的增材制造工艺之一，其设备制造商遍布世界各地，其中具有代表性的制造商如美国的3D Systems公司、日本的CMET公司、以色列的Cubital公司、中国的北京殷华快速成形与模具有限公司、西安科技大学、华中科技大学等。

美国的3D Systems公司于1987年推出了第一台商品化的光固化成形设备SLA-1，1989年又推出了类似的设备SLA-250，1990年推出了成形空间更大、速度更快的光固化成形设备SLA-500。至今，3D Systems公司的光固化成形设备型号包括ProJet系列、iPro系列等。其中，SLA-3500和SLA-5000使用半导体激励的固体激光器，扫描速度分别达到2.54m/s和5m/s，成形层厚最小可达0.05mm。此外，还采用了一种称为Zephyr recoating的新技术，该技术是在每一成形层上，用一种真空吸附式刮板在该层上涂一层0.05～0.1mm的待固化树脂，大大改善了涂覆的质量，且使成形时间平均缩短了20%。图6.6和图6.7所示为3D Systems公司推出的SLA商业设备iPro系列，图6.8所示为利用SLA技术制造的零件和模型。

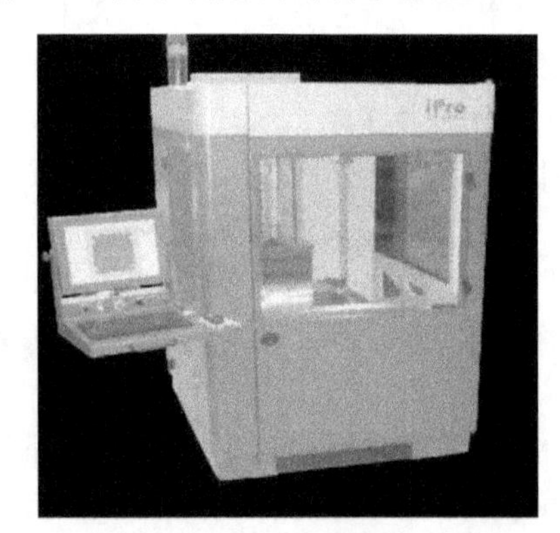

图6.6 iPro 8000

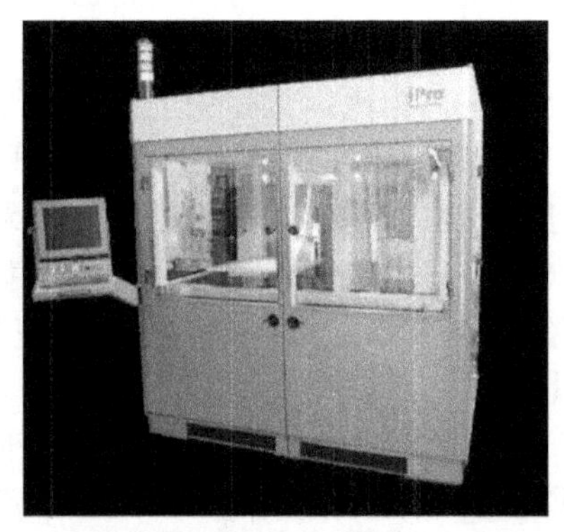

图6.7 iPro 9000

图6.8 利用SLA技术制造的零件和模型

在当前应用较多的几种增材制造工艺方法中，光固化成型由于具有成形过程自动化程度高、制作零件表面质量好、尺寸精度高及能够实现比较精细的尺寸成型等特点，使之得到最为广泛的应用。在概念设计的交流、单件小批量精密铸造、产品模型、快速工模具及直接面向产品的模具等诸多方面广泛应用于航空、汽车、电器、消费品及医疗等行业。在航空航天领域，SLA模型可直接用于风洞试验，进行可制造性、可装配性检验。航空航天零件往往是在有限空间内运行的复杂系统，在采用光固化成形技术以后，不但可以基于SLA模型进行装配干涉检查，而且可以进行可制造性评估，确定最佳的合理制造工艺。通过快速熔模铸造、快速翻砂铸造等辅助技术进行复杂零件(如涡轮、叶片、叶轮等)的单件、小批量生产，并进行发动机等部件的试制和试验。

光固化成形工艺除了在航空航天领域有较为重要的应用之外，在其他制造领域的应用也非常广泛，如在汽车领域、模具制造、电器和铸造领域等。

现代汽车生产的特点就是产品多型号、周期短。为了满足不同的生产需求，就需要不断地改型。虽然现代计算机模拟技术不断完善，可以完成各种动力、强度、刚度分析，但研究开发中仍需要做成实物以验证其外观形象、工装可安装性和可拆卸性。对于形状、结构十分复杂的零件，可以用光固化成形工艺制作零件模型，以验证设计人员的设计思想，并利用零件模型做功能性和装配性检验。

光固化成形工艺还可在发动机的试验研究中用于流动分析。流动分析技术是用来在复杂零件内确定液体或气体的流动模式。将透明的模型安装在一简单的试验台上，中间循环某种液体，在液体内加一些细小粒子或细气泡，以显示液体在流道内的流动情况。该技术已成功地用于发动机冷却系统(气缸盖、机体水箱)、进排气管等的研究。问题的关键是透明模型的制造，用传统方法制造时间长、花费大且不精确，而用SLA技术结合CAD造型仅仅需要4～5周的时间，且花费只有之前的1/3，制作出的透明模型能完全符合机体水箱和气缸盖的CAD数据要求，模型的表面质量也能满足要求。

光固化成型技术在汽车行业除了上述用途外，还可以与逆向工程技术、快速模具制造技术相结合，用于汽车车身设计、前后保险杆总成试制、内饰门板等结构样件、功能样件试制、赛车零件制作等。

在铸造生产中，模板、芯盒、压蜡型、压铸模等的制造往往是采用机加工方法，有时还需要钳工进行修整，费时耗资，而且精度不高。特别是对于一些形状复杂的铸件(例如飞机发动机的叶片、船用螺旋桨，汽车、拖拉机的缸体、缸盖等)，模具的制造更是一个巨大的难题。虽然一些大型企业的铸造厂也备有数控机床、仿型铣等高级设备，但除了设备价格昂贵外，模具加工的周期也很长，而且由于没有很好的软件系统支持，机床的编程也很困难。光固化成形工艺的出现，为铸造的铸模生产提供了速度更快、精度更高、结构更复杂的保障。

6.2.2 激光选区烧结工艺

【激光选区烧结】

1. 激光选区烧结的基本原理

激光选区烧结工艺又称为选择性激光烧结(Selective Laser Sintering，SLS)，它是采用红外激光作为热源来烧结粉末材料，并以逐层堆积方式成形三维零件的一种增材制造技术。

SLS工艺的基本思想是基于“离散一堆积”成形的制造方式，实现从三维CAD模型到实体零件或模型的转变。利用SLS工艺制造实体零件或模型的基本过程(图6.9)如下：

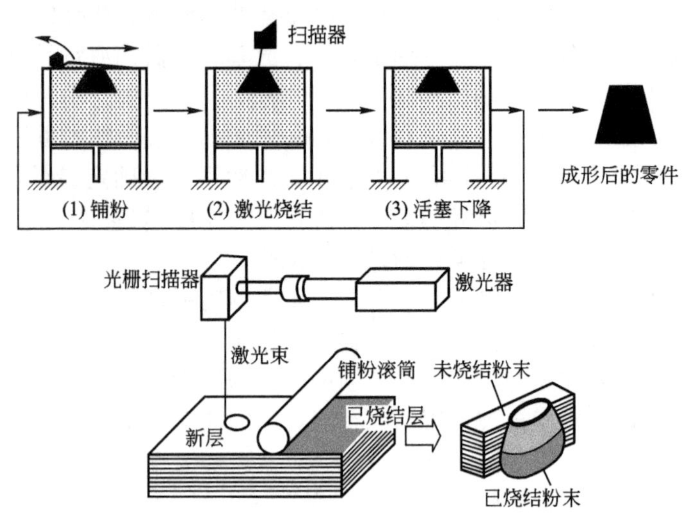

图6.9　SLS工艺原理图

第一步，在计算机上实现零件模型的离散过程。首先利用CAD技术构建被加工零件的三维实体模型；然后利用分层软件将三维CAD模型分解成一系列的薄片，每一薄片称为一个分层，每个分层具有一定的厚度，并包含二维轮廓信息，即每个分层实际上是2.5维的；再用扫描轨迹生成软件将分层的轮廓信息转化成激光的扫描轨迹信息。

第二步，在SLS成形机上实现零件的层面制造。堆积成形的过程：首先在成形缸内将粉末材料铺平，预热之后，在控制系统的控制下，激光束以一定的功率和扫描速度在铺好的粉末层上扫描，被激光扫描过的区域内，粉末烧结成具有一定厚度的实体结构，激光未扫描到的地方仍是粉末，可以作为下一层的支撑并能在成形完成后去除，这样得到零件的第一层；当第一层截面烧结完成后，供粉活塞上移一定距离，成形活塞下移一定距离，通过铺粉操作，铺上一层粉末材料，继续下一层的激光扫描烧结，新的烧结层与前面已成形的部分连接在一起。如此逐层地添加粉末材料、有选择地烧结堆积，最终生成三维实体原型或零件。

第三步，全部烧结完成后，要做一些后处理工作，如去掉多余的粉末，再进行打磨、烘干等处理，便获得实体模型或零件。

2. 激光选区烧结的特点

与其他增材制造工艺相比，SLS工艺具有如下特点。

(1) SLS工艺可以成形几乎任意几何形状结构的零件，尤其适于生产形状复杂、壁薄、带有雕刻表面和内部带有空腔结构的零件，对于含有悬臂结构、中空结构和槽中套槽结构的零件制造特别有效，而且成本较低。

(2) SLS工艺无须支撑。SLS工艺中在烧结层之前各层没有被烧结的粉末起到了自然支撑烧结层的作用，所以省时省料，同时降低了对CAD设计的要求。

(3) SLS工艺可使用的成形材料范围广。任何受热粘结的粉末都可能被用作SLS原材料，包括塑料、陶瓷、尼龙、石蜡、金属粉末及它们的复合粉。

(4) 可快速获得金属零件。易熔消失模料可代替蜡模直接用于精密铸造，而不必制作模具和翻模，因而可通过精铸快速获得结构铸件。

(5) 未烧结的粉末可重复使用，材料浪费极小。

(6) 应用面广。由于成形材料的多样化，使得SLS工艺适合于多种应用领域，如原型设计验证、模具母模、精铸熔模、铸造型壳和型芯等。

SLS工艺的优点是成形件机械性能相对较好，强度相对较高；无需设计和构建支撑；可选材料种类多且利用率高(接近100%)。SLS工艺的缺点是制件表面粗糙，疏松多孔，需要进行后处理。

3. 激光选区烧结设备与应用

1) 设备

SLS工艺最早由美国的DTM公司商品化。2001年，3D Systems公司并购DTM公司后，SLS设备进入3D Systems公司的产品序列。图6.10所示为3D Systems公司的sPro系列成形设备，图6.11所示为采用sPro系列设备制造的各类零件。

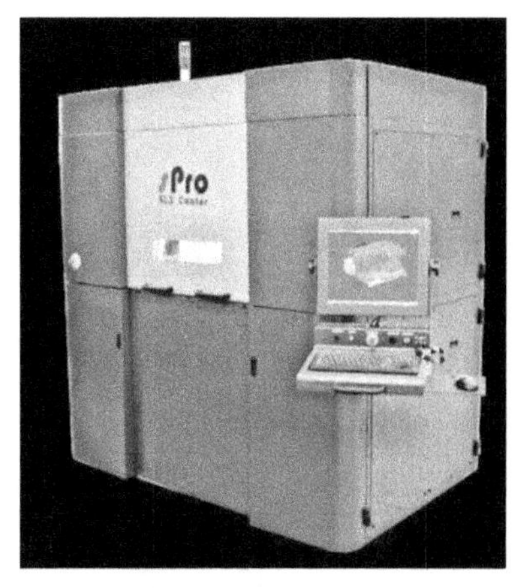

图6.10 sPro系列成形设备

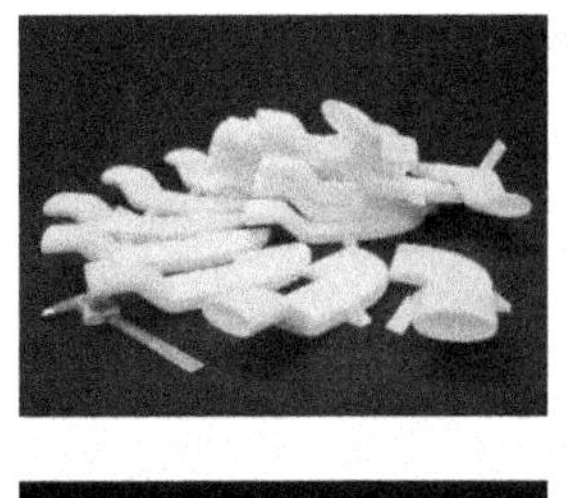
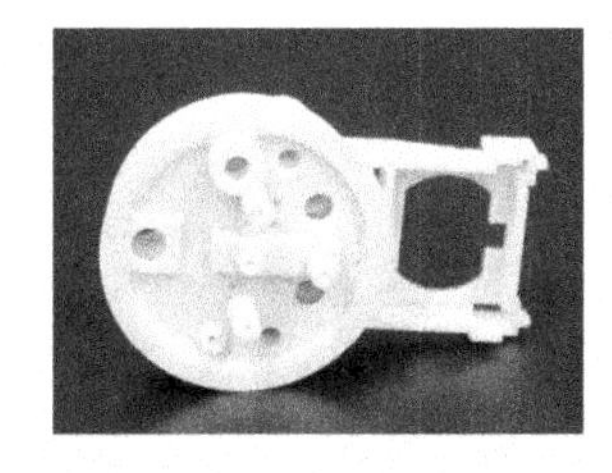

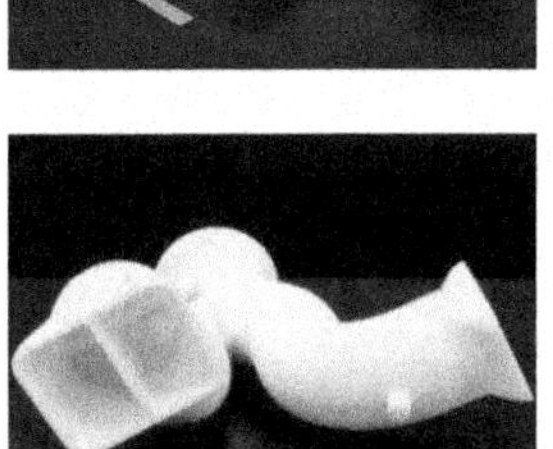
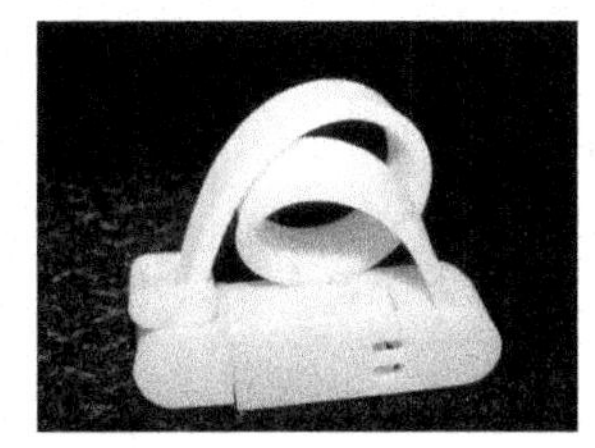
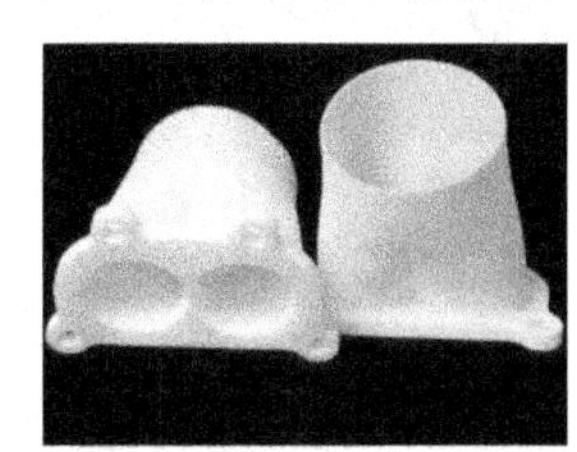

图6.11 采用sPro系列成形设备制造的各类零件

德国EOS公司自1989年进入AM领域，一直专注于SLS设备的研发，目前共有5种型号的产品。EOS产品最大的特点是一机一材，其EOSINT P系列产品针对热塑性树脂材料的成形；EOSINT S系列针对铸造树脂砂的成形；EOSINT M系列适用于金属零件的直接成形。一机一材的好处是可以使设备结构最大限度地适应材料和工艺要求，利于工业上的连续生产。图6.12所示为EOS公司EOSINT P800设备，图6.13所示为采用EOSINT P系列设备制造的成形产品。

国内主要的SLS设备制造商主要有北京隆源自动成形系统有限公司和武汉滨湖机电技术产业有限公司。图6.14所示为北京隆源公司的AFS-500设备，图6.15所示为采用北京隆源公司AFS-500设备制造的成形产品，图6.16所示为武汉滨湖机电公司生产的HPRS设备，图6.17所示为采用HPRS设备制造的成形产品。

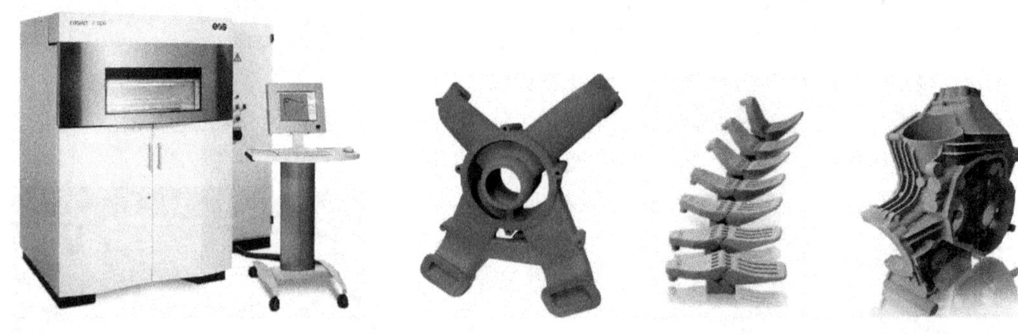

图 6.12　EOS 公司 EOSINT P800 设备　　图 6.13　采用 EOSINT P 系列设备制造的成形产品

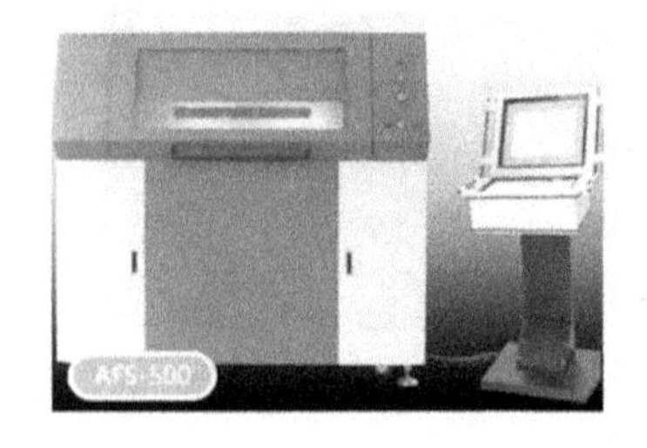

图 6.14　北京隆源公司的 AFS－500 设备

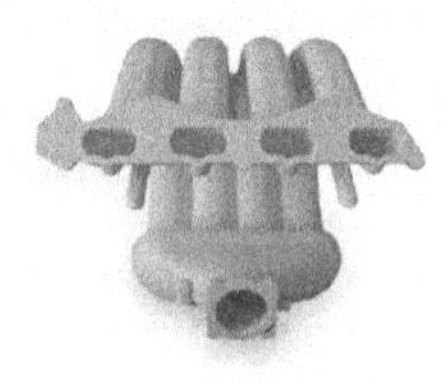

图 6.15　采用北京隆源公司 AFS－500 设备制造的成形产品

图 6.16　武汉滨湖机电公司生产的 HPRS 系列设备

图 6.17　采用 HPRS 设备制造的成形产品

2）应用

SLS 工艺已经成功应用于汽车、造船、航天、航空、通信、微机电系统、建筑、医疗、考古等诸多行业，为许多传统制造业注入了新的创造力，也带来了信息化的气息。总之，SLS 工艺可以应用于以下场合。

（1）模型快速制造。SLS 工艺可快速制造所设计零件的实体模型，并对产品及时进行评价、修正以提高设计质量；可使客户获得直观的零件模型；能制造教学、试验用复杂模型。

（2）新型材料的制备及研发。利用 SLS 工艺可以开发一些新型的颗粒以增强复合材料和硬质合金性能。

(3) 小批量、特殊零件的制造加工。在制造业领域，经常遇到小批量及特殊零件的生产，这类零件加工周期长，成本高，对于某些形状复杂，甚至无法制造的零件。采用SLS技术可经济地实现小批量和形状复杂零件的制造。

(4) 快速模具和工具制造。SLS制造的零件可直接作为模具使用，如熔模铸造、砂型铸造、注塑模型、高精度形状复杂的金属模型等；也可以将成形件经后处理后直接作为功能零件使用。

(5) 在逆向工程方面的应用。SLS工艺可以在没有设计图纸或者图纸不完全以及没有CAD模型的情况下，按照现有的零件原型，利用各种数字技术和CAD技术重新构造出原型的CAD模型。

(6) 在医学上的应用。SLS工艺烧结的零件由于具有很高的孔隙率，可用于人工骨的制造。根据国外对于用SLS技术制备的人工骨进行的临床研究表明，人工骨的生物相容性良好。

6.2.3 叠层实体制造工艺

【叠层实体制造工艺】

1. 叠层实体制造的基本原理

叠层实体制造(Laminated Object Manufacturing, LOM)工艺是增材制造技术中具有代表性的技术之一。其系统原理如图6.18所示，由CO_2激光器及扫描机构、热压辊、升降台、送纸辊、收纸辊和控制计算机等组成。

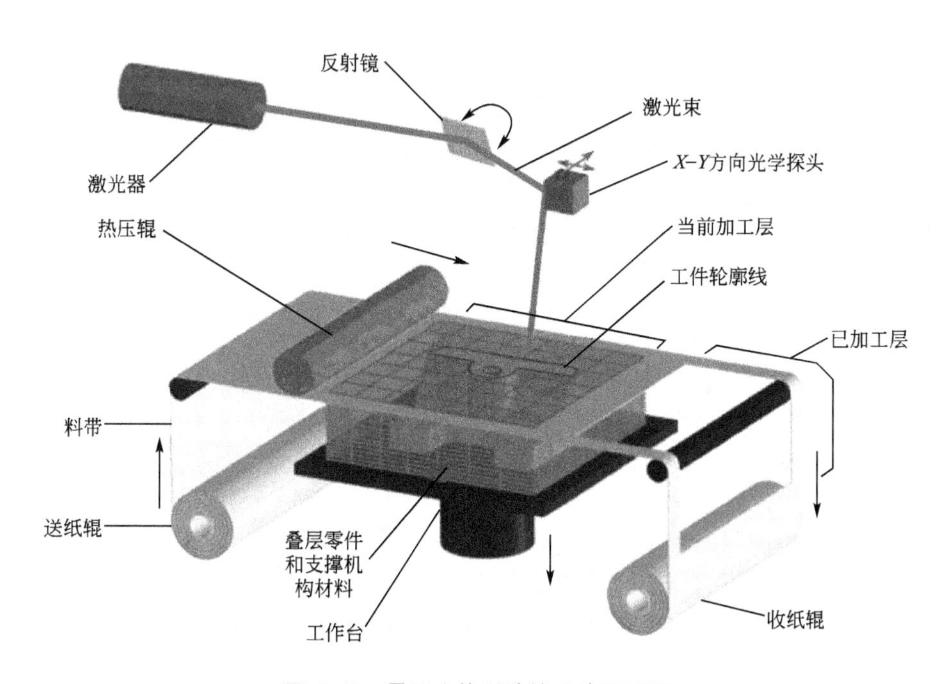

图6.18 叠层实体制造的系统原理图

LOM的成形工艺基于激光切割薄片材料、由粘结剂粘结各层成形，其具体过程如图6.19所示。

(1) 料带移动，使新的料带移到工件上方。

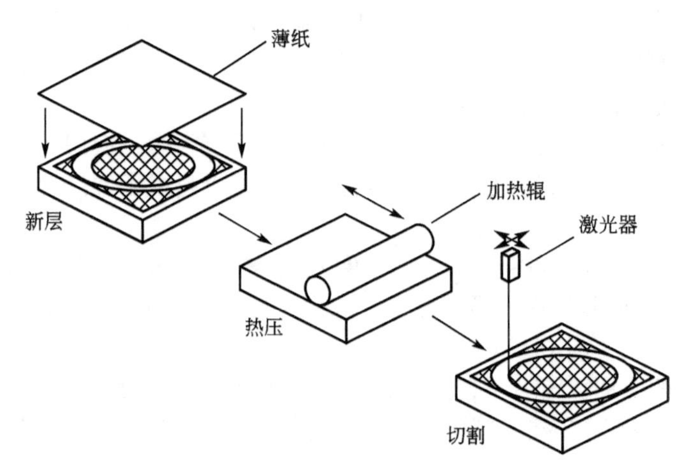

图 6.19 LOM 及工艺制造过程

(2) 工作台上升，同时热压辊移到工件上方；当工件顶起新的料带，并触动安装在热压辊前端的行程开关时，工作台停止移动；热压辊来回碾压新的堆积材料，将最上面的一层新材料与下面的工件粘结起来，添加一层新层。

(3) 系统根据工作台停止的位置，测出工件的高度，并反馈回计算机。

(4) 计算机根据当前零件的加工高度，计算出三维形体模型的交截面。

(5) 将交截面的轮廓信息输入到控制系统中，控制 CO_2 激光沿截面轮廓切割。激光的功率设置在只能切透一层材料的功率值上。轮廓外面的材料用激光切成方形的网格，以便在工艺完成后分离。

(6) 工作台向下移动，使刚切割的新层与料带分离。

(7) 料带移动一段比切割下的工件截面稍长的距离，并绕在收料轴上。

(8) 重复上述工艺过程，直到所有的截面都切割并粘结上，所得到的是一个包含零件的立方体。零件周围的材料由于激光的网格式切割，而被分割成一些小的方块条，能容易地从零件上分离，最后得到三维的实体零件。

2. 叠层实体制造成形的特点

从叠层实体制造的工艺过程可以看出其具有以下特点。

(1) 用 CO_2 激光进行切割。

(2) 零件交截面轮廓外的材料用打网格的办法使之成为小的方块条，便于去除。

(3) 采用成卷的带料供材。

(4) 用行程开关控制加工平面位置。

(5) 热压辊对最上面的新层加热加压。

(6) 先进行热压、粘结，再切割截面轮廓，以防止定位不准和错层问题。

LOM 工艺优点是无须设计和构建支撑；只须切割轮廓，无须填充扫描；制件的内应力和翘曲变形小；制造成本低等。LOM 工艺的缺点是材料利用率低，种类有限；表面质量差；内部废料不易去除，后处理难度大。LOM 工艺适合于制作大中型、形状简单的实体零件，特别适用于直接制作砂型铸造模。

3. 叠层实体制造工艺设备与应用

具有代表性的叠层实体制造设备有美国 Helisys 公司的 LOM 系列、日本 Kira 公司的 PLT 系列、新加坡 Kinergy 公司的 ZIPPY 系列、中国的华中科技大学的 HRP 系列、清华大学激光快速成形中心的 SSM 系列等。

图 6.20 所示为 Helisys 公司的 LOM 系列设备外形，图 6.21 所示为采用 LOM 2030 E 制造的新型发动机部件模型。图 6.21(a)所示为机轴部件，长度为 40cm；图 6.21(b)所示为机壳部件；图 6.22 所示为加州大学 San Diego 分校采用 LOM 1015 制造的连环等异形及复杂机构。

(a) LOM 2030E设备外观

(b) LOM 1015设备外观

图 6.20 Helisys 公司的设备外形图

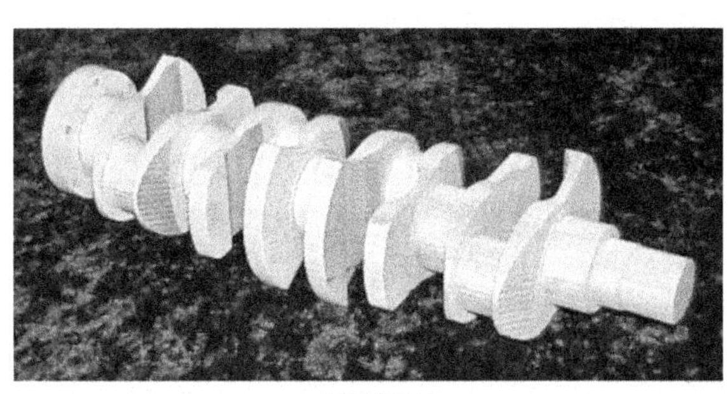

(a) 机轴部件

(b) 机壳部件

图 6.21 采用 LOM 2030 E 制造的新型发动机部件模型

(a) 剥离连环周围无用材料

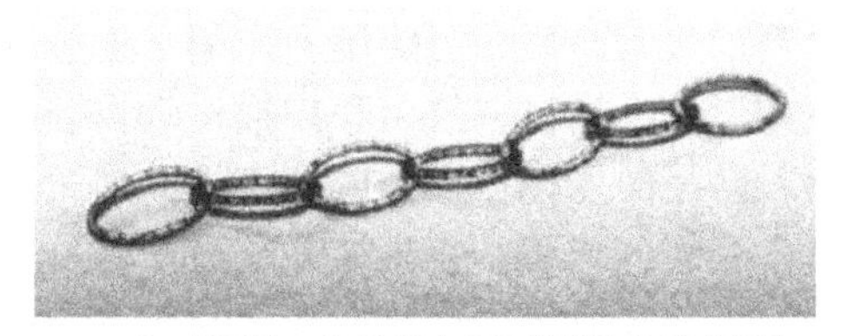

(b) 表面进一步抛光处理后获得的连环成形件

图 6.22 采用 LOM 1015 制造的连环等异形及复杂机构

图 6.23(a)所示为日本 Kira 公司的 PLT 系列设备，该设备具有体积小、成本低、输出质量高等优点。图 6.23(b)及图 6.23(c)所示为采用 PLT 设备制造出的零件。

【熔融沉积成形工艺】

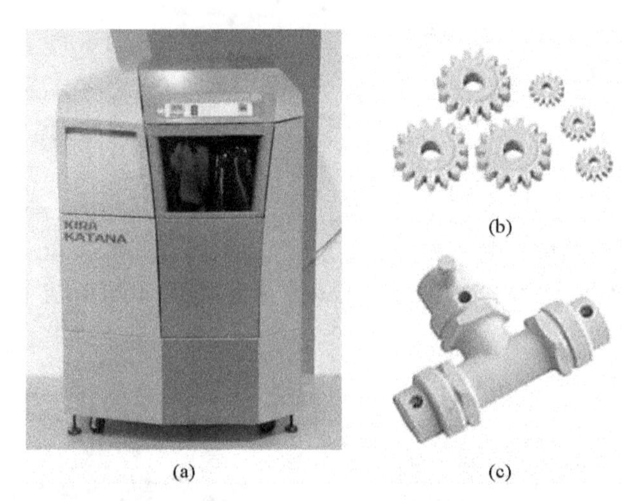

(a)　(b)　(c)

图 6.23　日本 Kira 公司的 PLT 成形设备及零件

6.2.4　熔融沉积成形工艺

1. 熔融沉积成形的基本原理

熔融沉积成形(Fused Deposition Modeling，FDM)工艺，是一种利用喷嘴熔融、挤出丝状成形材料，并在控制系统的控制下，按一定扫描路径逐层堆积成形的一种增材制造工艺，其工艺原理如图 6.24 所示。

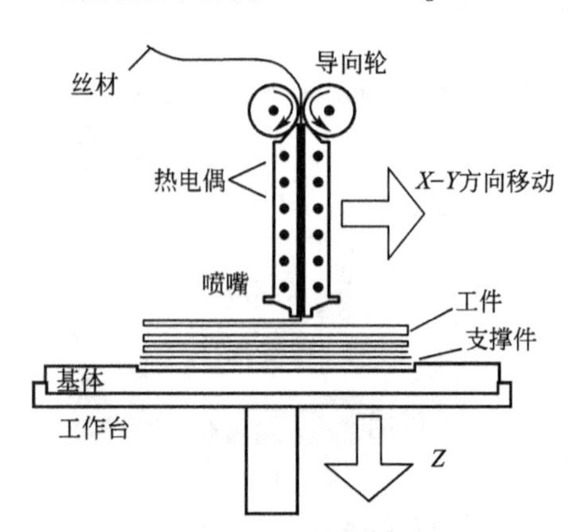

图 6.24　熔融沉积成形技术原理图

该工艺中，喷嘴将丝状材料加热熔融、挤出，喷嘴在 X、Y 扫描机构的带动下沿层面模型规定的路线进行扫描、堆积熔融的成形材料。一层扫描完毕后，底板下降或者喷嘴升高一个层厚高度，重新开始下一层的成形。依此逐层成形直至完成整个零件的成形。

FDM 工艺的典型特征是使用喷嘴熔化、挤出成形材料进行堆积成形，层与层之间仅靠堆积材料自身的热量进行扩散粘结。成形过程中，成形材料加热熔融后在恒定压力作用下连续地从喷嘴挤出，而喷嘴在扫描系统带动下进行二维扫描运动。当材料挤出和扫描运动同步进行时，由喷嘴挤出的材料丝堆积形成材料路径，材料路径的受控积聚形成了零件的层片。堆积完一层后，成形平台下降一层的厚度，再进行下一层的堆积，直至零件完成。

2. 熔融沉积成形的特点

熔融沉积成形技术是增材制造诸多工艺中发展最快的增材制造工艺之一。与其他增材制造工艺相比，FDM 工艺具有如下特点。

(1) 材料广泛。一般的热塑性材料如塑料、蜡、尼龙、橡胶等，做适当改性后都可用于熔融挤出堆积成形。目前已经成功应用于 FDM 工艺的材料有蜡、ABS、PC、ABS/PC

合金及 PPSF 等。其中 ABS 工程塑料是目前 FDM 工艺中应用最广泛的成形材料，也是成形工艺中最成熟、最稳定的一类成形材料。即使同一种材料也可以做出不同的颜色和透明度，从而制出彩色零件。该工艺也可以堆积复合材料零件，如把低熔点的蜡或塑料熔融后与高熔点的金属粉末、陶瓷粉末、玻璃纤维、碳纤维等混合作为多相成形材料。FDM 工艺成形时需要支撑结构，支撑材料可与成形材料异类异种也可以是同种材料。随着可溶解性支撑材料的引入，使得 FDM 工艺支撑结构去除的难度大大降低。

(2) 成形零件具有优良的综合性。采用 FDM 工艺成形 ABS、PC 等常用工程塑料的技术已经成熟，经检测使用 ABS 材料成形的零件力学性能可达到注塑模具零件的 60%～80%。使用 PC 材料制作的零件，其机械强度、硬度等指标已经达到或超过注塑模具生产的 ABS 零件的水平。因此可用 FDM 工艺直接制造能满足实际使用要求的功能零件。此外 FDM 工艺制作的零件在尺寸稳定性、对湿度等环境的适应能力上要远远超过 SLA、LOM 等其他成形工艺成形的零件。

(3) 设备简单、成本低廉，可靠性高。FDM 成形工艺是靠材料熔融实现连接成形。由于不使用激光器及其电源，大大简化了设备，使之尺寸减小、成本降低。一台熔融挤出堆积成形设备一般为几千到十几万美元，而其他增材制造设备一般要十几万至几十万美元。熔融堆积成形设备运行、维护也十分容易，工作可靠。

(4) 成形过程对环境无污染。熔融堆积成形所用材料一般为无毒、无味的热塑性材料，因此对周围环境不会造成污染。设备运行时噪声很小，适合于办公应用。

(5) 容易制成桌面化和工业化增材制造系统。桌面制造系统是增材制造领域产品开发的一个热点，增材制造系统作为三维 CAD 系统输出外部设备而广泛被人们接受。由于是在办公室环境中使用，因此要求桌面制造系统体积小，操作、维护简单，噪声、污染少，而且成形速度快，但精度要求可适当降低。

FDM 的缺点是精度低；复杂构件不易制造，悬臂件需加支撑；表面质量差。该工艺适合于产品的概念建模及形状和功能测试，中等复杂程度的中小原型成形；不适合制造大型零件。

3. 熔融沉积成形设备与应用

1) 设备

FDM 最先由美国公司 Stratasys 公司在 1980 年中后期提出并推出商品化设备。该公司从 1991 年起，先后推出了基于熔融沉积工艺的 FDM 系列成形机。长期以来，该公司在 FDM 工艺设备方面一直处于领先地位。目前 Stratasys 公司推出的 FDM 系统的主要型号有 Prodigy Plus、FDM3000、Dimension 等。图 6.25 所示为 Dimension 系列 FDM 设备。

图 6.25　Stratasys 公司的 Dimension 系列 FDM 设备

北京殷华激光快速成形及模具技术有限公司，是国内最早从事增材制造设备及工艺研究开发的单位。该公司研制的熔融沉积成形设备主要有 MEM 系列产品，图 6.26 所示为 MEM350 熔融挤出成形设备。

如今，FDM 设备凭借其低廉的价格，宽松的生产环境，简单的操作，桌面级的FDM设备已经发展成最为大众所熟知和使用的增材制造设备，其在DIY模型、教育、工艺品、装饰、珠宝领域都有着广泛的应用。图6.27所示为Makerbot公司最新款桌面级FDM设备Makerbot Replicator。Makerbot Replicator是美国Makerbot公司于2014年1月在CES大会上发布的MakerBot第五代产品之一，在可打印体积上比第四代大11%，并加入了无线和以太网功能，融合了云计算技术，不仅支持移动APP应用程序，而且能通过APP应用程序实现打印的远程监控。

图6.26　北京殷华MEM350 FDM设备

图6.27　Makerbot公司最新款桌面级FDM设备

2）应用

实例1：韩国的起亚汽车使用Stratasys公司的Fortus三维成形系统为Spectra汽车制造仪表板。首先进行仪表板的三维CAD造型，然后使用FDM成形实际零件，并且用CMM(三坐标测量机)扫描检测成形零件是否符合设计公差要求，如图6.29所示；最后对成形零件进行表面打磨、喷漆等处理后，进行实际装配，如图6.30所示。

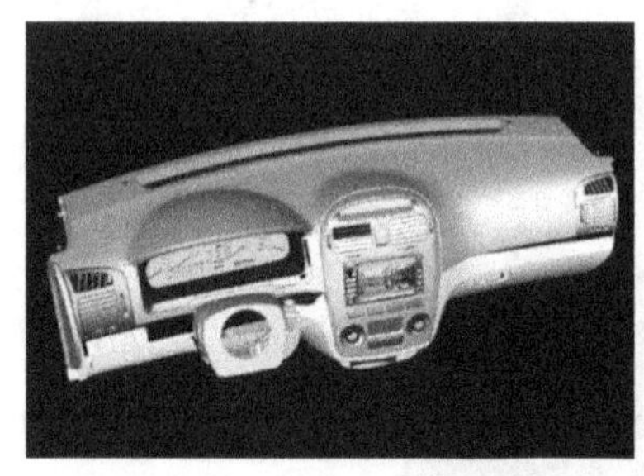

图6.28　三维CAD造型

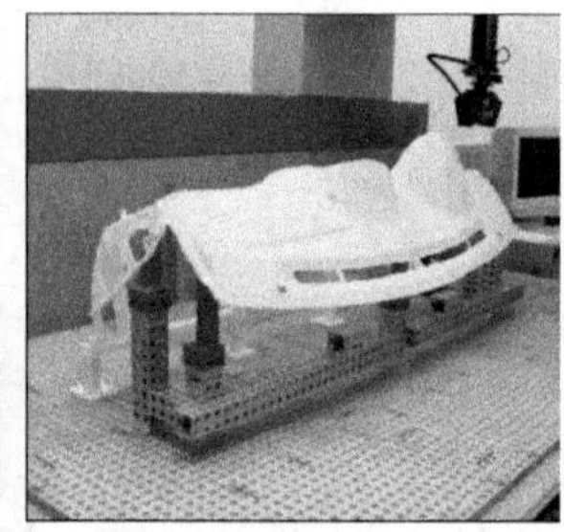

图6.29　成形、测试

图6.30　后处理、装配

实例2：罗技(Logitech)公司在开发蓝牙移动电话的过程中也使用了FDM技术。为了使蓝牙移动电话能适应更高的使用环境要求，必须对该电话进行结构优化设计，使其较传统产品具有优良的力学性能。因此，罗技公司使用Stratasys的Vantage SE成形设备，用ABS材料设计出了一款力学性能较原款有273%提升的新产品，如图6.31所示。这其中，FDM技术使得研发时间大大缩短。

实例3：美国TORO公司在开发排灌设备时也使用FDM技术。为使排灌设备达到更高的使用要求，必须对设计的排灌喷嘴进行力学性能优化设计，并进行水压测试等。由于排灌设备零件繁多、结构复杂，因此非常适合增材制造。TORO公司采用ABS材料，在FDM技术的基础上制造出了符合要求的排灌设备，如图6.32所示，并通过了水压测试性能优良。

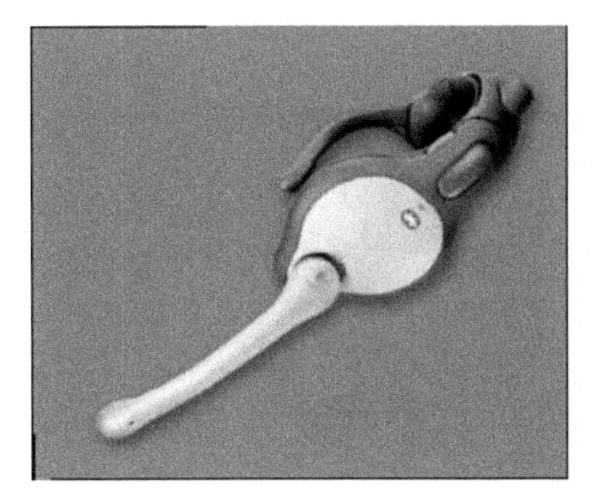

图 6.31　罗技公司开发的蓝牙移动电话

图 6.32　TORO 公司开发的排灌设备

6.2.5　三维印刷工艺

【三维印刷成形工艺】

1. 三维印刷工艺的基本原理

三维印刷(Three Dimension Printing，3DP)成形工艺是美国麻省理工大学 Emanual Sachs 教授等学者开发的一种增材制造工艺，并于 1993 年申请了 3 个专利。与选区激光烧结工艺一样，该工艺的成形材料也需要制备成粉末状，所不同的是，3DP 成形工艺是采用喷射粘结剂粘结粉末的方法来完成成形过程。其具体过程如下：首先，底板上铺一层具有一定厚度的粉末；接着用微滴喷射装置在已铺好的粉末表面根据零件几何形状的要求在指定区域喷射粘结剂，完成对粉末的粘结；然后，工作平台下降一定的高度(一般与一层粉末厚度相等)，铺粉装置在已成形粉末上铺设下一层粉末，喷射装置继续喷射以实现粘结；周而复始，直到零件制造完成。没有被粘结的粉末在成形过程中起到了支撑的作用，使该工艺可以制造悬臂结构和复杂内腔结构而不需要再单独设计添加支撑结构。造型完成后清理掉未粘结的粉末就可以得到需要的零件。其工艺流程如图 6.33 所示。在某些情况下，还需要进行类似于烧结的后处理工作。该工艺是目前唯一可打印全彩色样件的增材制造工艺。

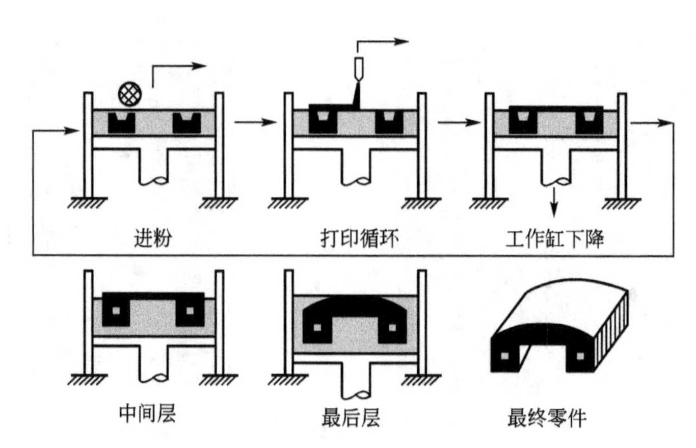

图 6.33　3DP 成形工艺流程图

2. 三维印刷工艺的特点

3DP 成形工艺最大的特点是采用了数字微滴喷射技术。数字微滴喷射技术是指在数字信号的控制下，采用一定的物理或者化学手段，使工作腔内的流体材料的一部分在短时间内脱离母体，成为一个(组)微滴或者一段连续丝线，以一定的响应率和速度从喷嘴流出，并以一定的形态沉积到工作台上的指定位置。图 6.34 所示为数字微滴喷射技术示意图，一次数字脉冲的激励得到一个射流脉冲，射流脉冲的大小与激励信号的脉宽有关，当这个激励信号的脉宽极小的时候，射流(实际上已被离散尺度为数十至数百微米大小的微滴)成为一个微单元(即一个微滴)，可用数字技术中“位”的概念来描述，此时模型成为一种新的数字执行器的原型，喷嘴的流量由数字激励信号的频率和脉宽来进行控制。当射流连续喷射时，可视为是激励信号输出全为“1”的特例。

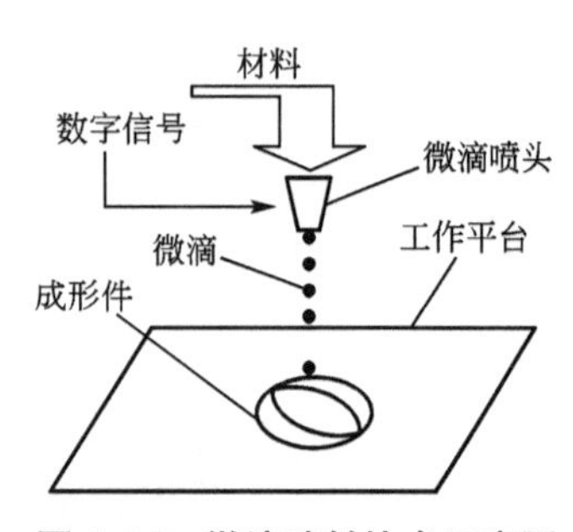

图 6.34　微滴喷射技术示意图

基于数字微滴喷射技术的 3DP 成形工艺具有如下特点。

(1) 成形效率高。由于可以采用多喷嘴阵列，因此能够大大提高造型效率。

(2) 成本低，结构简单，易于小型化。微滴喷射技术无须使用激光器等高成本设备，因此成本相对较低，而且结构简单，可以进一步结合微机械加工技术，使系统集成化、小型化，是实现办公室桌面化系统的理想选择。

(3) 可适用的材料非常广泛。从原理上讲，只要一种材料能够被制备成粉末，就可能应用到 3DP 成形工艺中。在所有增材制造工艺中，3DP 成形工艺最早实现了陶瓷材料的增材制造。目前，其成形材料包括塑料、石膏粉、陶瓷和金属材料等。

(4) 可以制作彩色原型，粉末在成形过程中起支撑作用，并且在成形结束后，比较容易去除。

3. 三维印刷设备与应用

1) 设备

美国麻省理工大学(MIT)在完成 3DP 工艺原理性研究后，先后将其授权给了多个公司在不同的应用领域进行后续研究开发，包括 Soligen 公司、Z Corp. 公司、Extrude

Hone(ProMetal)公司、Therics公司等。其中，Z Corp. 公司的主要设备有Z系列(包括Z310、Z510等)，ProMetal公司也推出了R系列(包括R2、R4、R10等)。图6.35、图6.36所示分别为Z Corp. 公司的Z310、Z510。

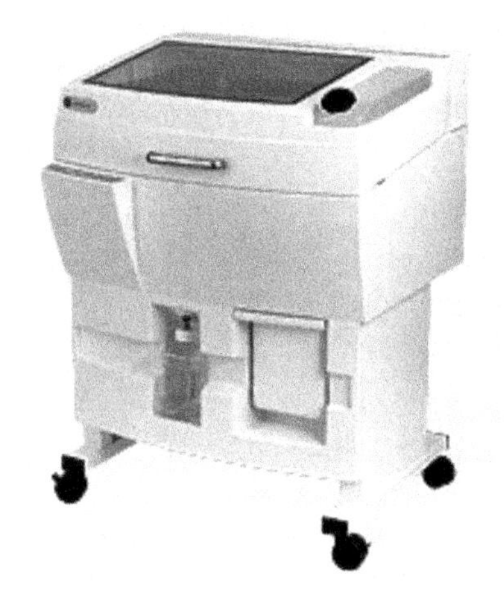

图6.35 Z Corp. 公司的Z310

图6.36 Z Corp. 公司的Z510

如今仍活跃在消费市场上的3DP设备多为3DP全彩打印机，其可以提供全彩、高分辨率、效果逼真的概念模型，销售、营销展示模型，教学模型等。图6.37、图6.38所示为3D system公司推出的全彩色3DP设备ProJet © 660Pro及其打印的全彩汽车组件。该设备是最为简便高效的大型、全彩模型的三维打印机，成形空间最大范围是254cm×381cm×203cm(10in×15in×8in)。它融合了4个通道的CMYK全彩打印，生产优异的高分辨率模型，是定格动画、专业模型、顾客产品、数字制造、艺术产品等的理想打印仪器。

图6.37 3D System公司推出的全彩色3DP设备ProJet © 660Pro

图6.38 ProJet © 660Pro打印的汽车组件模型

2) 应用

实例1：Timberland制鞋设计。

Timberland(天木蓝)公司利用三维模型直接制备鞋模，取代了传统制备方法并取得了极高的效益。鞋底模型传统加工方法是：由模型造型技术人员根据二维CAD绘图制造出木头和泡沫的三维模型。每一个模型不但要花费1200多美元，而且要花费几天时间。如果制造时稍有不慎和设计有偏差，还需返工，拉长了研发周期。使用Z510三维打印机制造鞋底模型，不仅使成本降低至每个约30美元，而且使时间缩短至2h以内。通过不同色彩的喷涂打印，不但可以使产品模型栩栩如生，而且可以显示内底的压力点和干涉情况。更为重要的是，快速成形模型与原三维CAD模型完全吻合。图6.39所示为Z510成形设备快速制造的鞋底模型。

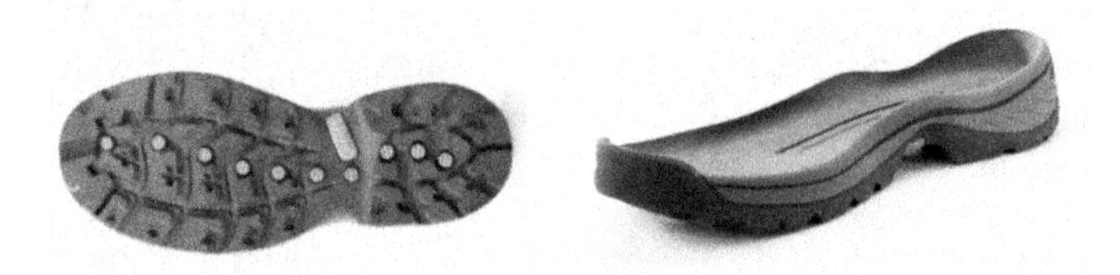

图6.39　Z510成形设备制造的鞋底模型

实例2：WhiteClouds公司建筑模型的快速制作。

制作一个逼真的建筑模型是一项艰巨的任务。三维效果图可以帮助客户理解设计的美观和功能，但没有什么比得上一个实体模型可以让客户了解得更快更全面。“在过去，模型制造商需要花费几个星期，甚至几个月的时间来制作、雕刻、上色而得到一个逼真的模型。”WhiteClouds公司的业务发展部副总Kerry Parker说到，“今天我们使用ProJet © 660，仅花费几个小时就可以创造出了一个逼真的全彩色的建筑模型。”图6.40所示为ProJet © 660打印的全彩色别墅模型。

图6.40　ProJet © 660打印的全彩色别墅模型

6.2.6　其他增材制造工艺

1. DLP三维打印技术

DLP三维打印技术即数字化光处理(Digital Light Processing，DLP)成形技术，其和立体平版印刷技术比较相似，不过它是使用高分辨率的数字光处理器(DLP)投影仪来固化液态光聚合物，逐层的进行光固化。由于每层固化时通过幻灯片似的片状固化，因此速度比同类型的SLA立体平版印刷技术速度更快。该技术成型精度高，在材料属性、细节和表面粗糙度方面可与注塑成型的耐用塑料部件相媲美。其技术原理如图6.41所示。

【其他增材制造工艺】

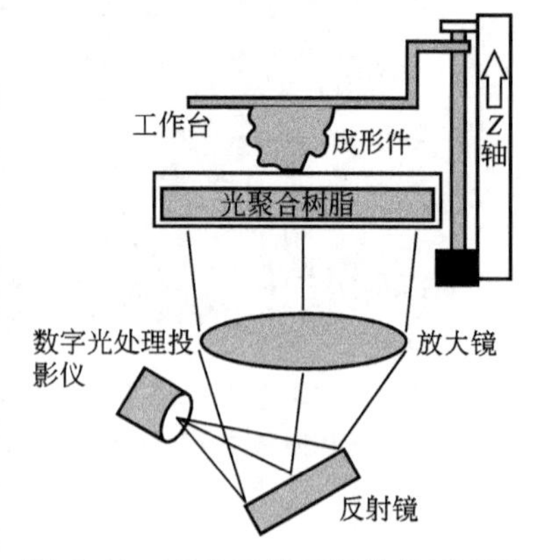

图6.41　DLP三维打印技术原理图

2013年，位于美国佛罗里达的初创企业Tangible Engineering推出了一款基于DLP技术的桌面型三维打印机“Solidator”，如图6.42所示。Solidator利用光固化和投影仪

DLP技术通过可见光将光敏树脂逐层固化成的三维对象，并从上到下逐层创建堆积而成。该机器能够快速打印较大的对象或零部件，具有较高的分辨率和打印速度。据 Tangible Engineering 公司介绍，Solidator 的最小打印层厚度为 270μm，它能够以 100μm 的分辨率每 10s 构建打印对象的一个单层，这个速度和在构建物体的大小以及多少没有关系。

图 6.42 桌面型 DLP 三维打印机“Solidator”及其打印的模型样品

2. CLIP 技术

所有的 AM 技术，无论是金属还是非金属工艺，都存在两个共同的缺点：制造一个部件消耗大量时间和制造部件所用的多层材料导致的力学性能的各向异性。为克服该缺点，美国北卡罗来纳大学的研究人员开发了一种新的增材制造技术，称为连续液态界面制造(Continuous Liquid Interface Production，CLIP)，技术原理如图 6.43 所示。

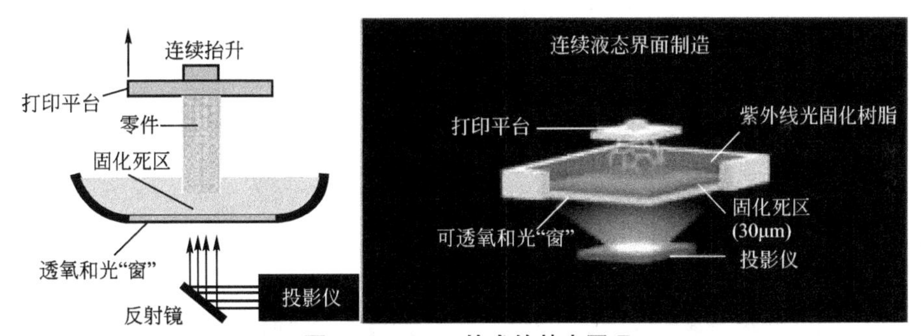

图 6.43 CLIP 技术的基本原理

这种工艺不是基于片层材料，而是用连续法制造。树脂储存在一个特质的储罐内，储罐底部的窗口由可以透过氧气和光的聚四氟乙烯材料制成，CLIP 利用氧气阻聚物的效果，氧气通过窗口与树脂底部液面接触，形成了极薄的一层不能被紫外线固化的区域，称为“死区”(Dead Zone)。而紫外线仍然可以透射通过死区，在上方继续产生聚合作用。这样一来，避免了固化的树脂与底部窗口粘连；紫外线可以连续照射树脂，而打印平台也是连续上升的，这样也大大加快了打印速度。传统光固化技术与 CLIP 技术的区别就在于避免了停顿和重启的过程，CLIP 技术是连续打印的。

CLIP 技术打破了以往增材制造精度与速度不可兼得的困境，如图 6.44 所示。连续的照射过程，令打印速度不再受切片层数量的影响，而仅仅取决于紫外线照射时的聚合速度以及聚合的粘性，而切片层厚决定了最终成品的表面精度。经试验验证，在 1μm 的切片精度下，打印出了肉眼难以辨识的光滑表面。目前，CLIP 技术原型增材制造机可打印

50μm～25cm 的物体，前景不可限量。

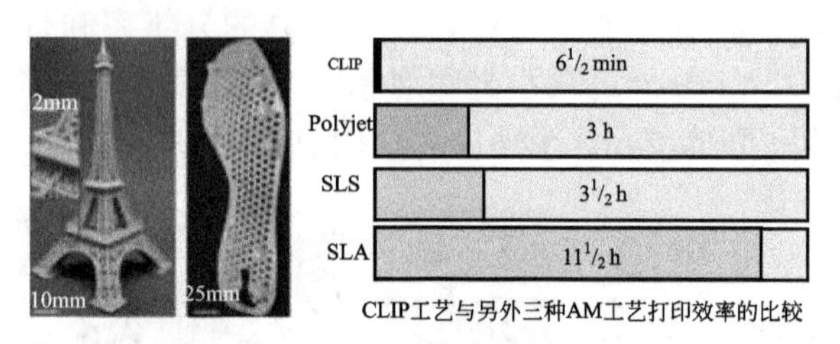

图 6.44　CLIP 技术高精度和高效率的结合

3. 基于均匀金属微滴喷射的三维打印技术

基于均匀金属微滴喷射的三维打印技术是由美国加州大学的 Orme M 教授在 1993 年提出并发展起来的一种增材制造技术。它是基于"离散一叠加"的成形原理，通过液滴喷射器产生均匀金属微滴，同时控制三维基板运动，使金属微滴精确沉积在特定位置并相互融合、凝固，逐点逐层"堆积"，而实现复杂三维结构的快速打印。根据均匀金属液滴产生原理和控制方式的不同，金属液滴喷射技术可以分为连续式喷射(Continuous-ink-jet，CIJ)和按需式喷射(Drop-on-demand，DOD)两大类，分别如图 6.45(a)、6.45(b)所示。连续式均匀金属微滴喷射是在持续压力的作用下，使喷射腔内流体经过喷孔形成毛细射流，并在激振器的作用下断裂成为均匀液滴流。图 6.45(a)所示为典型的连续式微滴产生装置，坩埚内熔体先在气压作用下流出喷嘴形成射流，并同时由压电陶瓷产生周期性扰动。当施加扰动的波长大于射流径向周长时，射流内部产生压力波动，结合表面张力的作用，射流半径发生变化。射流表面扰动随时间成指数变化，当扰动幅度等于射流初始半径时，射流断裂形成微滴。

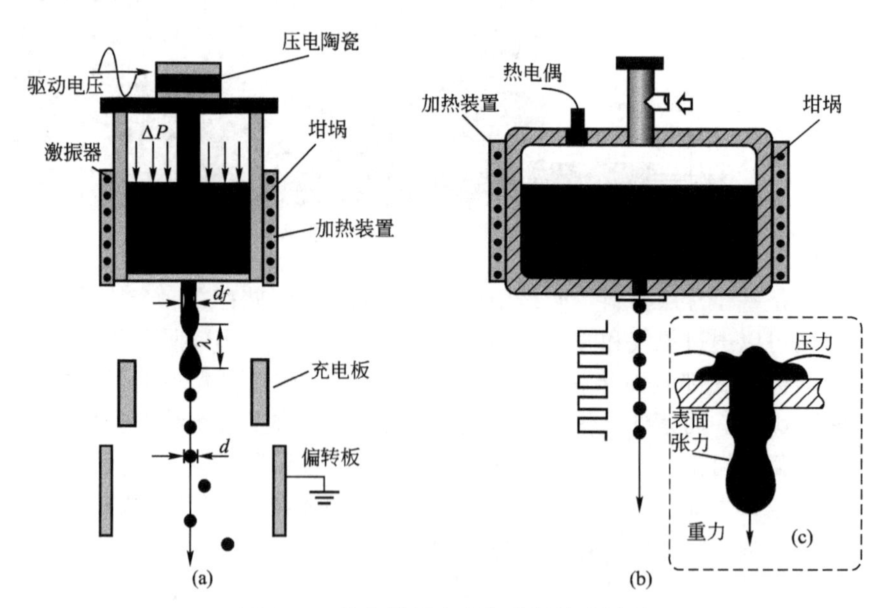

图 6.45　均匀微滴产生和喷射技术原理

按需式金属微滴喷射是利用激振器在需要时产生压力脉冲，改变腔内熔体的体积，迫使流体内部产生瞬间的速度和压力变化驱使单颗熔滴形成。图 6.45(b)所示为按需式喷射金属微滴形成的过程，驱动器按需产生脉冲压力挤压腔内熔液，熔液受迫向下流动形成液柱，在腔内压力、表面张力作用下，更多的熔液流出，液柱伸长，逐渐形成近似球形。当腔内压力减小后，喷嘴出口处流体的速度将小于先期流出流体的速度，导致液柱发生颈缩，并断裂成单颗熔滴。

基于均匀金属微滴喷射的三维打印技术具有喷射材料范围广、无约束自由成形和无需昂贵专用设备等优点，在微小复杂金属件制备、电路打印与电子封装及结构功能一体化零件制造等领域具有广泛应用前景。微滴喷射技术产生的金属熔滴尺寸均匀、飞行速度相近。通过对工艺参数有效控制，可以实现沉积制件形状和内部组织控制，因此在复杂金属件直接成型方面具有独特优势。连续式微滴喷射技术可高效率制备均匀细小金属颗粒，在充电偏转装置控制下，沉积精度可达±12.5μm，但是由于其不能按需产生液滴，所以多用于焊球制备和简单形状电路打印。而按需式喷射技术可实现微滴定点沉积，因此在焊球打印、电子封装、复杂结构电路打印方面更具优势。美国 Microfab 公司已实现焊点打印商业化应用。

微滴喷射技术无需用到激光器等高成本设备，故其成本相对较低，而且其结构简单，可以进一步结合微机械加工技术，使系统集成化、小型化，随着微滴喷射技术广泛应用于微电子封装、微电子机械制造、生物医药、航空航天、材料成型等领域，人们的生活方式将不断发生改变，但由于微滴尺寸微小、沉积速度快，故实现对微滴形成的精度和喷射状态的实时检测与控制是实现微滴稳定喷射需要解决的技术难题，而进一步提高微滴沉积精度、实现零件的精确制备是微滴喷射技术成形微小件需要突破的关键技术之一。

6.3 金属增材制造技术

【激光熔化沉积】

6.3.1 激光熔化沉积技术

激光熔化沉积(Laser Melting Deposition，LMD)或激光立体成形(Laser Solid Forming，LSF)都是从激光熔覆技术发展而来的金属增材制造工艺。在学术领域，一般更加认可“激光熔化沉积”这个称谓。

LMD 技术作为激光金属增材制造技术的一种典型工艺，是将三维打印的“叠层-累加”原理和激光熔覆(Laser Cladding)技术有机结合，以金属粉末为加工原料，通过“激光熔化-快速凝固”逐层沉积，从而形成金属零件的制造技术。其原理如图 6.46 所示，利用激光的高能量使得金属粉末和基材发生熔化，在基材上形成熔池，熔化的粉末在熔池上方沉积，冷却凝固后在基材表面形成熔覆层。根据成形件 CAD 模型的分层切片信息，运动控制系统控制 $X-Y$ 工作台、Z 轴上的激光头和送粉喷嘴运动，逐点、逐线、逐层形成具有一定高度和宽度的金属层，最终形成整个金属零件。

激光熔化沉积技术具有以下特点：无需零件毛坯制备，无需锻压模具加工，无需大型或超大型锻铸工业基础设施及相关配套设施；材料利用率高，机加工量小，数控机加工时间短；生产制造周期短；工序少，工艺简单，具有高度的柔性与快速反应能力；采用该技术还可根据零件不同部位的工作条件与特殊性能要求实现梯度材料高性能金属零件的直接制造；适用于大型结构件或者结构不是特别复杂的功能性零件的加工制造。图 6.47 所示

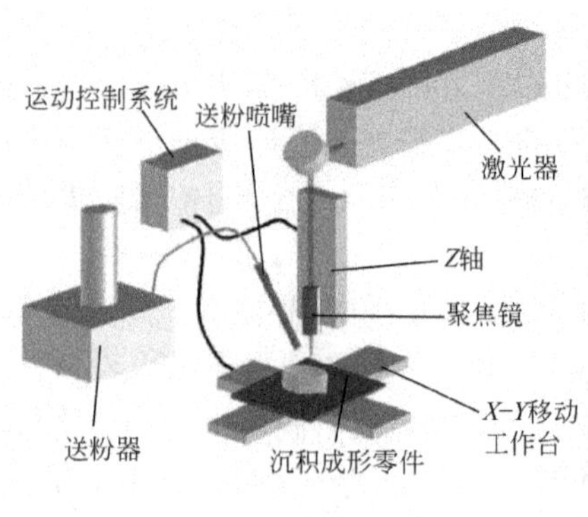

(a)

(b)

图 6.46　LMD 工作原理和实际加工效果

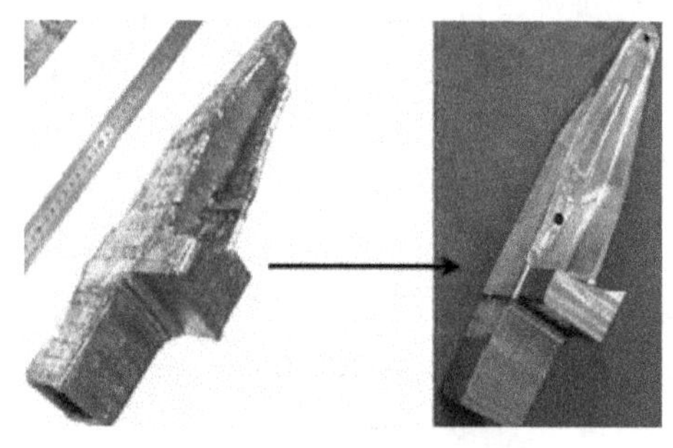

图 6.47　LMD 成形结构件与机加工修整前后对比

为 LMD 成形的结构件与机加工修整结构对比。

激光熔化沉积制造技术在新型汽车制造、航天、航空、新型武器装备中的高性能特种零件和民用工业中的高精尖零件的制造领域具有极好的应用前景，尤其是在常规方法很难加工的梯度功能材料、超硬材料和金属间化合物材料零件快速制造及大型模具的直接快速制造方面应用前景广阔。激光熔化沉积制造技术的应用领域主要包括以下几个方面。

(1) 难加工特种材料金属零件的直接制造。

(2) 含内流道和高热导率部位的模具。

(3) 模具快速制造、修复与翻新，表面强化与高性能涂层。

(4) 敏捷金属零件和梯度功能金属零件制造。

(5) 航空航天重要零件的局部制造与修复。

(6) 特种复杂金属零件制造。

(7) 医疗器械等。

激光熔化沉积制造金属零件有两个主要的发展方向：大型零件的毛坯制造；小型功能梯度复杂零件或多材料复杂零件的制造。

【激光选区熔化】

对于大型零件的毛坯制造，用直接金属制造可以节约昂贵的大型模具开发费用，缩短制造时间，而且成形的零件性能能够达到要求。这种制造一般不需要太高的成形精度，要留有足够的加工余量在后续处理中加工，以达到精确的零件尺寸。根据这一要求，激光熔化沉积制造系统不必采用闭环控制方式，但激光器的功率要大，以保证提高每层成形高度和扫描速度，达到较高的成形速度。

6.3.2　激光选区熔化、直接金属激光烧结技术和电子束选区熔化成形

1. 激光选区熔化和直接金属激光烧结技术

激光选区熔化(Selective Laser Melting，SLM)技术是由德国 Frauhofer 研究所于 1995

年最早提出，和直接金属激光烧结(Direct Metal Laser Sintering，DMLS)技术一样都是在选择性烧结基础上发展起来的。

SLM、DMLS与激光熔化沉积成形(LMD)主要不同点在于激光功率和加工原料供给方式。LMD技术的原料进给方式一般为同轴送粉或者侧向送粉，而SLM、DMLS技术是粉床铺粉方式。其技术原理如图6.48所示，根据成形件的三维CAD模型的分层切片信息，扫描振镜控制激光束作用于成形缸内的粉末；一层扫描完毕后，活塞缸内的活塞下降一个层厚距离；接着送粉缸上升一个层厚的距离，铺粉系统的辊筒铺展一层厚的粉末沉积于已成形层之上；然后，重复上述两个成形过程，直至所有三维CAD模型的切片层全部扫描完毕。这样三维CAD模型经逐层累积方式直接成形金属零件。

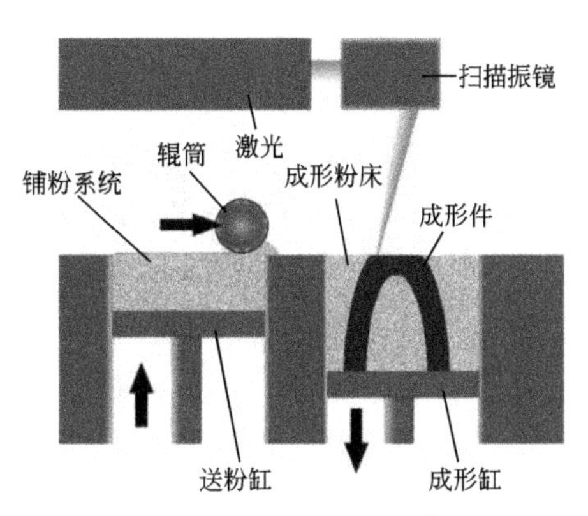

图6.48 SLM、DMLS工艺原理

SLM技术是极具发展前景的金属零件三维打印技术，为了保证金属粉末材料的快速熔化，SLM技术需要高功率密度激光器，光斑聚焦到几十微米到几百微米。SLM技术成形材料多为单一组分金属粉末，包括奥氏体不锈钢、镍基合金、钛基合金、钴-铬合金和贵重金属等。DMLS技术和SLM技术的不同点在于DMLS技术使用材料多为不同金属组成的混合物，各成分在烧结过程中相互补偿，有利于保证制作精度。激光束快速熔化金属粉末并获得连续的熔道，可以直接获得几乎任意形状、具有完全冶金结合、高精度的近乎致密的金属零件。其应用范围已经扩展到航空航天、微电子、医疗、珠宝首饰等行业。SLM技术成形过程中产生的主要缺陷是会形成单层球化效应及翘曲变形。

目前国内外对SLM技术研究的关注度都比较高。对SLM工艺开展研究的国家主要集中在德国、英国、日本、法国等。其中，德国是从事SLM技术研究最早与最深入的国家。第一台SLM系统是1999年由德国的Fockele和Schwarze(F&S)与德国弗朗霍夫研究所一起研发的基于不锈钢粉末的SLM成形设备。目前国外已有多家知名SLM设备制造商，如德国的EOS公司、SLM Solutions公司和Concept Laser公司。在国内，华南理工大学于2003年开发出国内的第一套选区激光熔化设备Dime-tal-240，并于2007年开发出设备Dime-tal-280，2012年开发出设备Dime-tal-100，其中Dime-tal-100设备已经进入预商业化阶段。

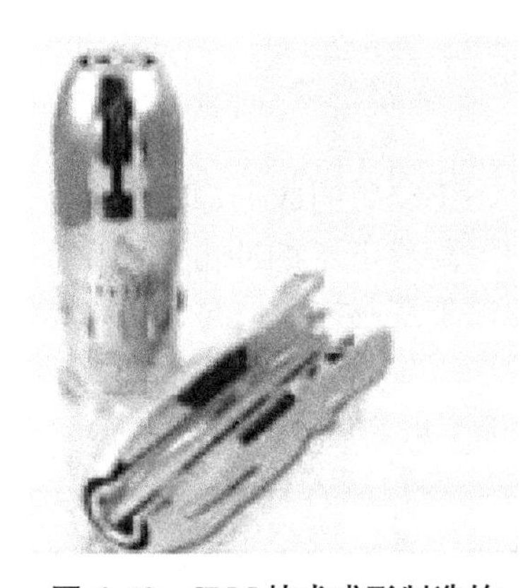

图6.49 SLM技术成形制造的航空发动机喷油嘴

激光选区熔化技术可直接制成终端金属产品，省掉中间过渡环节；零件具有很高的尺寸精度以及好的表面粗糙度(Ra10～30μm)；适合各种复杂形状的工件，尤其适合内部有复杂异型的结构、用传统方法无法制造的复杂工件；适合单件和小批量复杂结构件无模、快速响应制造。图6.49所示为EOS公司使用SLM成形设备制造的航空发动机喷油嘴，采用整体化设计，避免了多零件组装带来的成本消耗。

目前激光选区熔化快速制造技术的主要应用领域如下。

(1) 超轻航空航天零部件的快速制造。在满足各种性能要求的前提下，与传统方法制造的零件相比，用 SLM 技术制造的零件的质量可以减轻 90%左右，如图 6.50 所示。

(2) 刀具的快速制造。用 SLM 技术可以快速制造具有随形冷却流道的刀具和模具，如图 6.51 所示，使其冷却效果更好，从而减少冷却时间，提高生产效率和产品质量。

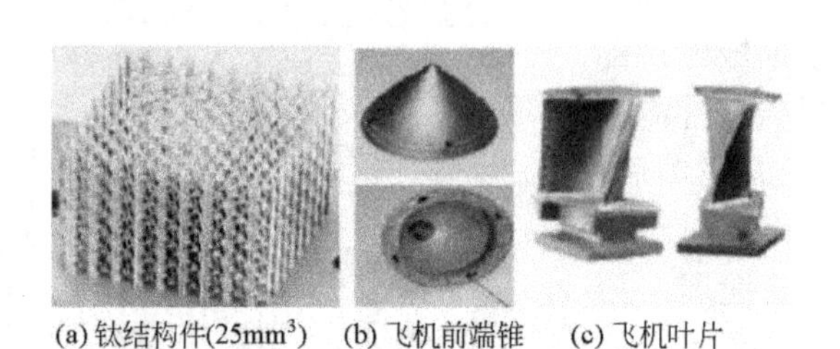

(a) 钛结构件($25mm^3$) (b) 飞机前端锥 (c) 飞机叶片

图 6.50 超轻航空航天零部件的快速制造

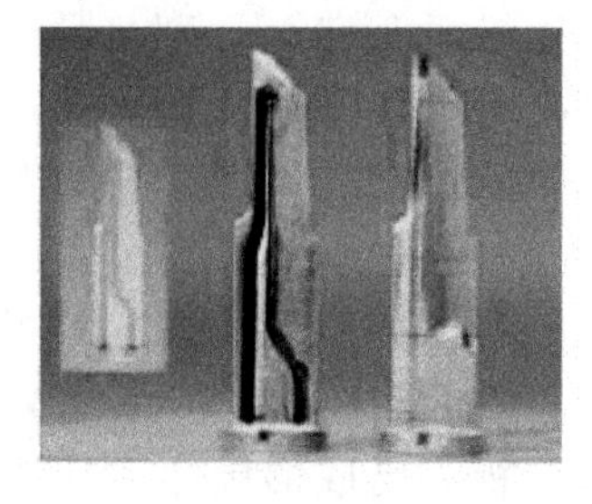

图 6.51 用 SLM 技术制造的具有随形冷却流道的刀具

(3) 微散热器的快速制造。用 SLM 技术可以快速制造出具有交叉流道的散热器，流道结构尺寸目前可以做到 0.5mm，表面粗糙度可以达到 $Ra8.5\mu m$。这种微散热器(图 6.52)可以用于冷却高能量密度的微处理器芯片、激光二极管等具有集中热源的器件，主要应用于航空电子领域。

(4) 生物制造。将 SLM 技术用于生物制造，具有下列优点：能够制造多孔生物构件，如图 6.53 所示；生物构件的密度可以任意变化；构件体积孔隙度可以达到 75%～95%。

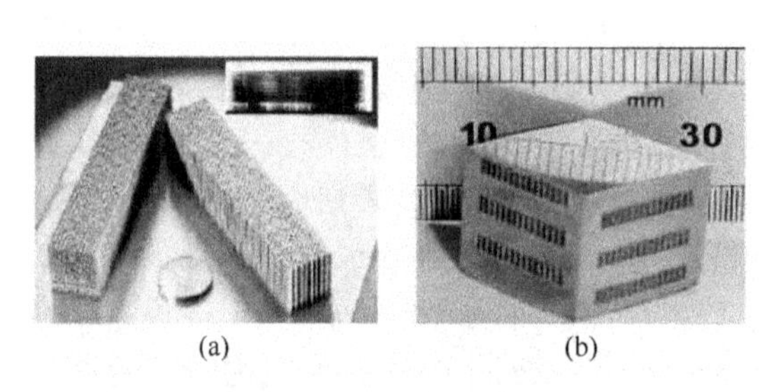

(a) (b)

图 6.52 金属微热交换器

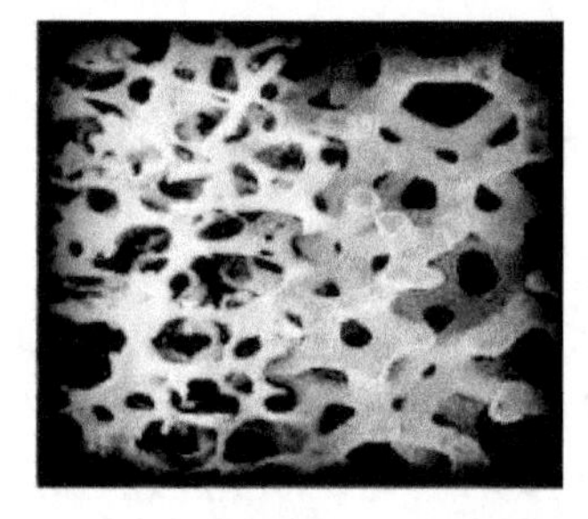

图 6.53 用 SLM 技术制造的多孔生物构件的 SEM 照片

2. 电子束选区熔化成形

电子束选区熔化成形(Electron Beam Selective Melting，EBSM)的成形原理和激光选区熔化技术本质是一样的，只是加工热源换成了电子束，利用高速电子的冲击动能来加工工件。在真空条件下，将具有高速度和能量的电子束聚焦到被加工材料上，电子的动能绝大部分转变为热能，使材料局部瞬时熔融，从而实现材料的层层堆积，最终成形出完整的零件。图 6.54 所示为西北有色金属研究院利用 EBSM 技术加工的多孔零件。

电子束选区熔化技术在国际上比较领先的是瑞典的金属三维打印公司 Arcam AB，他们更习惯将这种技术称为电子束熔融(Electron Beam Melting)技术。该公司已经推出了一系列商业化电子束熔融设备，图 6.55 所示为电子束熔融设备 Q20 及其加工的外框内嵌晶格状结构的功能性零件。

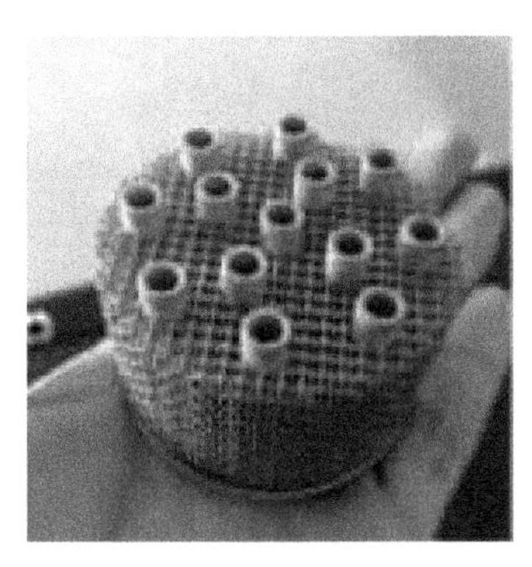

图 6.54 EBSM 成形多孔件

(a) Q20 EBM设备

(b) Q20加工的零件

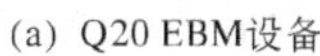

图 6.55 Arcam AB 公司推出的 Q20 EBM 设备及其加工的零件

6.3.3 电子束熔丝沉积成形

【电子束增材制造技术】

电子束熔丝沉积快速制造(Electron Beam Free Form Fabrication，EBF)技术是近年来发展起来的一种新型增材制造技术，其技术原理如图 6.56 所示。与其他增材制造技术一样，需要对零件的三维 CAD 模型进行分层处理，并生成加工路径。利用电子束作为热源，熔化送进的金属丝材，按照预定路径逐层堆积，并与前一层面形成冶金结合，直至形成致密的金属零件。该技术具有成型速度快、保护效果好、材料利用率高、能量转化率高等特点，适合大中型钛合金、铝合金等活性金属零件的成形制造与结构修复。

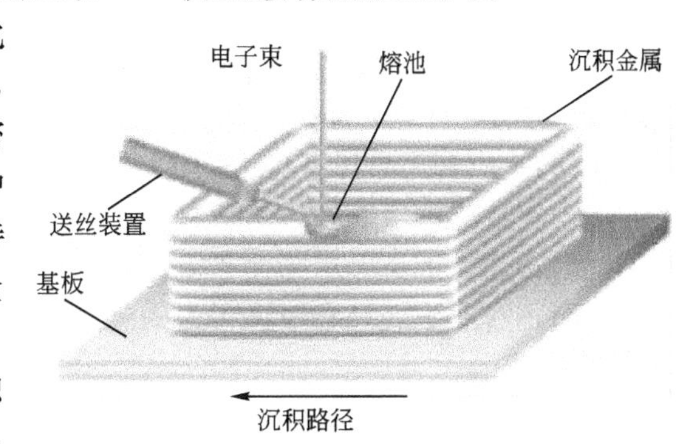

图 6.56 电子束熔丝沉积成形原理

金属增材制造最常见的是粉末床熔融技术，而实际上还有基于金属丝熔化的电子束熔丝沉积成形技术，它将丝状打印材料直接送进打印头，用电子束直接在机头熔融并打印，可以说是一滴一滴地打印金属物品，其物品制作的精度和质量也都非常高，更关键在于它基本不产生任何废料，节省了大量的原材料，这对降低成本有非常大的作用，尤其是相对于金属粉末，金属丝的价格更具有优势。另外对于容易被氧化的金属，金属丝在打印过程中的质量就更稳定了。再加上金属丝增材制造的产品尺寸范围要比粉末熔融技术大得多，这使得金属丝增材制造的应用空间会更大。

美国麻省理工大学的 V. R. Dave 等人最早提出该技术并试制了 Inconel 718 合金涡轮盘。2002 年，在美国航空航天局(NASA)支持下，美国 Sciaky 公司联合 Lockheed Martin、Boeing 公司等也在同时期合作展开了 EBF 的相关研究，主要致力于大型航空金属零件的制造，如图 6.57 所示。成形钛合金时，最大成形速度可达 18kg/h，力学性能满足 AMS4999 标准要求。

电子束选区熔化成形和电子束熔丝沉积成形技术可以概括为电子束增材制造技术，其技术原理如图 6.58 所示。

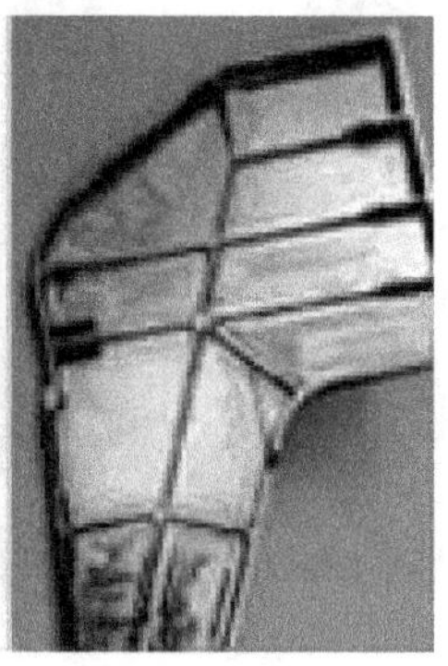

图 6.57　美国 Sciaky 公司生产的钛合金飞机零件

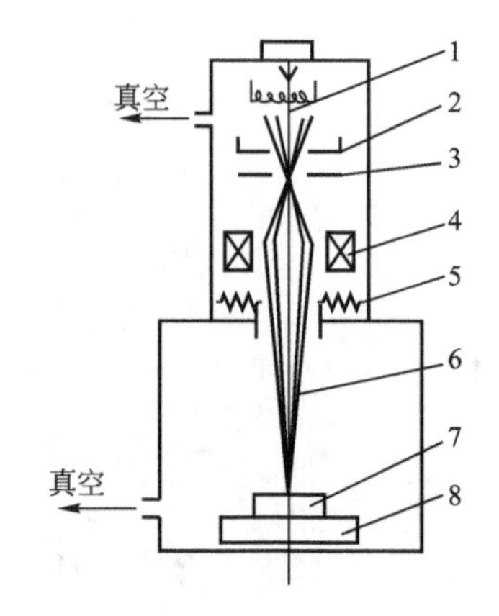

图 6.58　电子束成形加工原理图

1—阴极；2—控制栅极；3—阳极；
4—电磁透镜；5—偏转器；6—电子束；
7—工件；8—工作台及驱动系统

高能量密度电子束加工时将电子束的动能在材料表面转换成热能，能量密度高达 100^{6-9} W/cm^2，功率可达 100kW。由于能量与能量密度都非常高，电子束足以使任何材料迅速熔化或者气化，因此电子束可以加工钨、钼、钽等难熔金属及其合金，而且电子束无反射影响，可以加工铜、铝等对激光高反射的材料。此外，其高能量密度使得电子束的加工效率也非常高。

相对于激光来讲，电子束成形有如下特点。

(1) 电子束能够极其微细地聚焦(可达 $\phi 1\sim 0.1\mu m$)，故成形精度更高。

(2) 加工材料的范围广，由于电子束能量密度高，可使任何材料瞬时熔化。

(3) 可通过磁场或电场对电子束的强度、位置、聚焦等进行控制，所以整个加工过程便于实现自动化。

(4) 加工在真空中进行，污染少，加工表面不易被氧化。

(5) 电子束加工需要整套的专用设备和真空系统，价格较高，故在实际生产中受到一定程度的限制。

6.3.4　超声波增材制造技术

【超声波增材制造技术】

超声波增材制造(Ultrasonic Additive Manufacturing，UAM)技术是目前一种相对冷门的三维打印技术，该技术主要用于为机器设备上的传感器打造金属保护壳。UAM 技术是由德国一家工业级三维打印机生产商 Fabrisonic 提出并推广的。它的独特之处在于使用了一种将超声波焊接与 CNC 结合起来的技术。UAM 的制造过程包括通过使用频率高达 2×10^4 Hz 的超声波施加在金属片上，用超声波的振荡能量使两个需焊接的表面摩擦，构成分子层间的熔合，然后以同样的原理逐层连续焊接金属片，并同时通过机械加工来实现精细的三维形状，从而形成坚实的金属物体。UAM 技术有点像爱尔兰 Mcor 公司的纸质三维打印技术，只不过 Mcor 使用的是复写纸和粘合剂，而 UAM 技术则是使用金属片和超声波。UAM 技术原理如图 6.59 所示。

UAM 技术主要使用超声波熔融用普通金属薄片拉出的金属层，从而完成三维打印。

UAM 技术能够实现真正冶金学意义上的粘合，并可以使用各种金属材料如铝、铜、不锈钢和钛等；可以同时“打印”多金属材料，而且不会产生不必要的冶金变化。UAM 技术能够使用成卷的铝或铜质金属箔片制造出带有高度复杂内部通道的金属部件。图 6.60 所示为 UAM 技术设备及其加工的多材料复合零件。

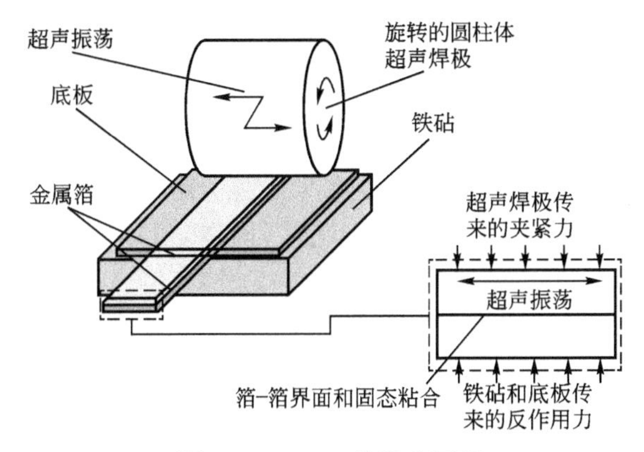

图 6.59 UAM 的技术原理

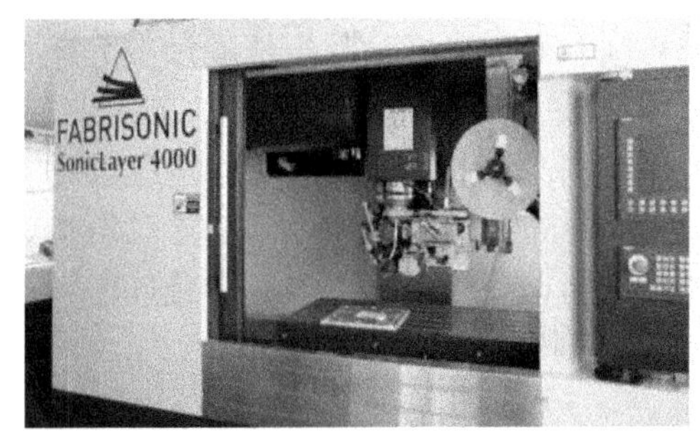

图 6.60 UAM 设备及其加工的多材料复合零件

通过结合增材和减材处理能力，UAM 技术可以制造出深槽、中空、栅格状或蜂窝状内部结构，以及其他复杂的几何形状，这些结构和形状是无法使用传统的减材制造工艺完成的。另外，因为金属没有被加热焊接，所以许多电子装置可以嵌入而不损坏。据了解，过去使用常规焊接技术加工智能材料所面临的最大挑战就是，材料融化往往会大大降低智能材料的性能。因为 UAM 工艺是固态的，不涉及熔化，所以该工艺可以将导线、带、箔和所谓的“智能材料”如传感器、电子电路和致动器等完全嵌入密实的金属结构中，而不会导致任何损坏。

一般来说“智能”材料可以将能量从一种形式转换成另一种。最常见的智能材料是压电体、电致伸缩和电活性聚合物(机电耦合)、磁致伸缩(磁耦合)和形状记忆合金(热机械耦合)等。UAM 技术能够使这些“智能结构”作为无源传感器或有源元件，随时改变零部件的材料特性。在形状记忆合金材料方面的许多应用往往只能使用 UAM 技术。此外，在航空航天领域，它还能有效解决材料的热膨胀问题。

总的来说，UAM 技术具有以下几个优点。

(1) 高速金属增材制造。

(2) 固态焊接可以实现异种金属的接合、包层、金属基复合材料、“智能”或反应式结构。

(3) 低温工艺可以实现电子嵌入防篡改结构、非破坏性、完全封装的光纤嵌入。

(4) 成形复杂的几何形状。

由于 UAM 技术在增材制造每一层的同时还要进行 CNC 的操作，所以和其他增材制造工艺相比，它不能加工结构过于复杂的零件，给适用零件的合集带来了一定得局限性，但就其功能而言，还是要比像 CNC 这样纯的机加工设备要强大得多。

6.3.5 复合制造

6.3.4 节主要介绍的超声波增材制造技术其实是一种典型的组合制造加工方式，超声增材制造和钻削、铣削组合加工，可以实现异种材料复合和结构特征精细加工。

【复合制造】

复合制造的“复合”主要体现在以下两个方面。

(1) 增材制造技术进行精密毛坯的制造，传统加工保证较好的表面质量和尺寸精度。对于大型结构件或者承力件，尤其是难加工的航空航天材料，传统的加工方式是采用数十万吨的水压锻模锻造，模具费用高达上千万美元，生产周期至少半年以上。而如果先采用增材制造的方法，利用粉末冶金技术，可以直接制造出大型结构件或者承力件的精细毛坯，再采用高速车削、铣削或者钻削等传统加工方法来实现优良的表面质量和尺寸精度，节省了高昂的模具开发费用，大大缩短了加工周期。图 6.61 所示为采用激光熔化沉积技术制造的毛坯，再利用高速铣削加工进行修整所得到的零件。

(2) 金属增材制造技术可以实现异质材料的高性能结合，可以在通过铸造、锻造和机械加工等传统技术制造出来的零件上添加精细结构，并且使其具有与整体制造相当的力学性能。图 6.62 所示即为采用激光熔化沉积技术制造的精细凸台结构。

图 6.61 采用“LMD+高速铣削”组合制造的零件

图 6.62 LMD 制造的凸台结构

【增材制造技术的应用】

6.4 增材制造技术的应用

6.4.1 增材制造技术在航空航天领域的应用

目前航空航天飞行器越来越先进、越来越轻、机动性也越来越好，这就对结构件提出了如下要求：轻量化、整体化、长寿命、高可靠性、结构功能一体化、低成本运行。而增材制造技术就恰能满足这些要求。具体地说，增材制造在航空领域的具体应用主要包括以下几个方面。

(1) 大型整体结构件、承力件的加工，缩短加工周期，降低加工成本。为提高结构效率、减轻结构质量、简化制造工艺，国内外飞行器越来越多地采用了大型整体钛合金结构。但这类结构设计给加工带来了极大的困难。美国，目前F35飞机的主承力构架首先要靠几万吨级的水压机压制成型，然后还再进行切削、打磨，不仅制作周期长，而且浪费了大量的原材料，约70%的钛合金在加工过程中作为边角废料损耗了，将来在构件组装时还要消耗额外的连接材料，导致最终成型的构件比三维打印出来的构件重将近30%。图6.63(a)所示为北京航空航天大学在2013年北京科博会现场展示的飞机钛合金大型复杂整体构件，是歼-31战机“眼镜式”钛合金主承力构件加强框，与锻造相比，零件材料利用率提高了5倍、制造周期缩短了2/3、制造成本降低了1/2以上。该大型整体钛合金飞机主承力结构件通过了装机评审，使我国成为目前世界上唯一掌握飞机钛合金大型主承力结构件激光增材制造技术并实现装机应用的国家。图6.61(b)所示为西北工业大学采用激光立体成形技术成功制造的C919大飞机中央翼缘条(450mm×350mm×3000mm)。

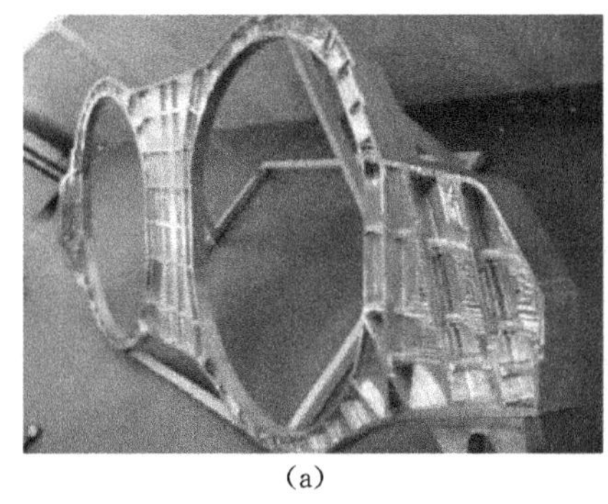
(a)

(b)

图6.63 钛合金主承力构件加强框和C919大飞机中央翼缘条

(2) 优化结构设计，显著减轻结构质量，节约昂贵的航空材料，降低加工成本。结构质量的减轻是航空航天器最重要的技术需求，目前传统制造技术已经被发挥到接近极限，难以再有更大的作为。而金属三维打印高性能增材制造技术则可以在获得同样性能或更高性能的前提下，通过最优化的结构设计显著减轻金属结构件的质量。根据EADS公司介绍，飞机每减重1kg，每年就可以节省3000美元的燃料费用。图6.64所示为EADS公司为空客公司进行结构优化后采用金属三维打印制造的机翼支架(前)，比之前使用的铸造的支架减重约40%，而且应力分布更加均匀。

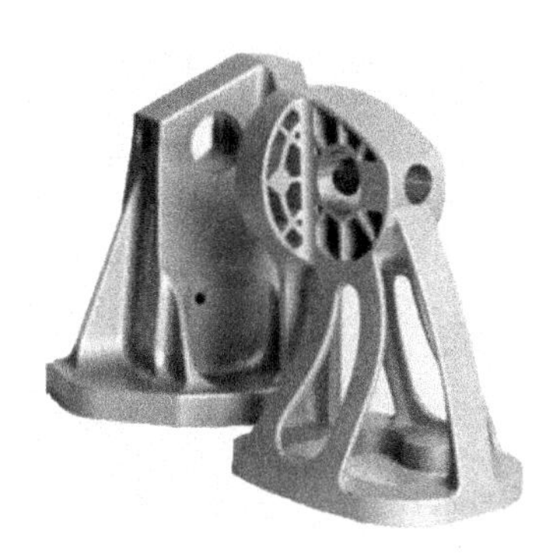

图6.64 激光三维打印(前)及铸造的(后)空客机翼支架

(3) 加工形状复杂、具有薄壁特征的功能性部件，突破传统加工技术带来的设计约束。新型航空航天器中常需制造出复杂内流道结构以利于更理想的温度控制、更优化的力学结构以避免危险的共振效应，并使同一零件不同部位承受不同的应力状态。增材制造区别于传统的机械加工手段，可以几乎不受限于零件的形状，获得最合理的应力分布结构，并通过最合理的复杂内流道结构以实现最理想的温度控制手段，还可以通过不同的材料复合实现同一零件不同部位的功能需求等。图 6.65(a)所示为通用航空公司设计的复杂形状的发动机燃烧室，图 6.65(b)所示为内置流道的航空发动机叶片。

(a) (b)

图 6.65 复杂形状的发动机燃烧室和内置流道的航空发动机叶片

(4) 加速新型航空航天器的研发。金属三维打印高性能增材制造技术摆脱了模具制造这一迟滞研发时间的关键环节，兼顾了高精度、高性能、高柔性，可以快速制造结构十分复杂的金属零件，为先进航空航天器的快速研发提供了有力的技术手段。

(5) 零件简约化、一体化，缩短加工周期，提高零件性能。激光增材制造可以一次性整体成形出过去需由众多零件装配而成的结构件，还可以快速制造出镍基高温合金单晶叶片、整体叶盘、增压涡轮等发动机关键部件，实现“去连接件化”，有效地减少机身及发动机的质量，缩短加工周期，提高零件的整体性能。图 6.66(a)所示为西安铂力特激光成形技术有限公司展出的 LMD 成形的整体叶盘，图 6.66(b)所示为 2015 年 4 月通过美国联邦航空管理局(FAA)认证的 GE 公司制造的喷气发动机零件——压缩机入口温度传感器 T25 外壳。

(a) (b)

图 6.66 激光增材制造的整体叶盘和一体式传感器 T25 外壳

(6) 航空功能性零件的快速修复。飞机修复中常需要更换零部件，仅拆机时间就长达 1～3 个月。而利用增材制造将受损部件视为基体并增长材料，不仅可以实现在线修复，修复后的零件性能仍然可以达到甚至超过锻件的标准。以制造成本高昂的整体叶盘为例，近几年来包括美国 GE 公司、美国 H&R Technology 公司、美国 Optomec 公司及德国

Fraunhofer激光技术研究所在内的多个研究机构开展了整体叶盘的激光成形修复技术研究。2009年3月，作为美国激光修复技术商用化推进领头羊的Optomec公司宣称其采用激光成形修复技术修复的T700整体叶盘通过了军方的振动疲劳验证试验。图6.67所示为Fraunhofer研究所采用激光增材制造修复叶片的照片。

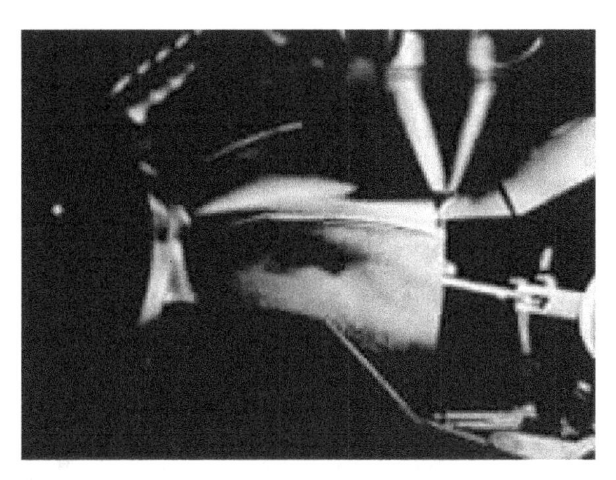

图6.67 激光增材制造叶片修复

增材制造技术，依靠自身的技术特点尤其在金属成形方面，在航空航天工业制造中展现了无与伦比的优越性。美国和欧盟等国家均开始大力发展增材制造，以将其应用于航空航天领域。2012年8月，美国增材制造创新研究所成立，联合了宾夕法尼亚州、俄亥俄州和弗吉尼亚州的14所大学、40余家企业、11家非营利机构和专业协会。欧洲航天局则于2013年10月公布了“惊奇”计划，该计划将汇集28家机构来开发新的金属零部件，新部件要比常规部件更轻、更坚固、更廉价，旨在将“三维打印带入金属时代”。此外，美国Boeing公司、Lockheed Martin公司、GE航空发动机公司、Sandia国家实验室和Los Alomos国家实验室、欧洲EADS公司、英国Rolls-Royce公司、法国SAFRAN公司、意大利AVIO公司、加拿大国家研究院、澳大利亚国家科学研究中心等大型公司和国家研究机构都对增材制造在航空航天领域的应用开展了大量研究工作。

我国在金属材料激光增材制造领域处于世界先进水平，但是仍和欧美等发达国家存在一定的差距。西北工业大学、北京航空航天大学、南京航空航天大学等团队针对航空航天等高技术领域对结构件高性能、轻量化、整体化、精密成形技术的迫切需求，开展了钛合金、高温合金、超高强度钢和梯度材料激光立体成形的工艺研究，在突破结构件的轻质、高刚度、高强度、整体化成形，应力变形与冶金质量控制，成形件组织性能优化等关键技术方面已经取得了成效。

6.4.2 增材制造技术在生物医学领域的应用

增材制造技术可以直接将三维模型转化为现实的产品，相较于传统制造方式，更适合制作小批量定制化及复杂形状的产品。由于人体的个体差异，假肢、助听器等辅助器械以及外科植入物等对个性化定制的要求很高，因此“个性化”为增材制造技术与医疗行业搭建了深度结合的桥梁。增材制造在医学行业的主要“个性化”的应用，除了三维打印医疗模型、骨科、牙科植入物、手术导板、假肢等应用，还包括很多未来可能在临床应用的技术、产品，例如：可替代人体器官的人造器官等。增材制造技术在生物医学工程中应用广泛，其应用领域主要分为以下几个方面。

1. 体外医疗器械的制造

增材制造产品最突出的特点是精准、复杂成形、个性化，这正好迎合了一些医疗器械用品不仅要精准、复杂，甚至于一次性、量身定做的要求。例如增材制造技术加工个性化手术工具方面就得到了广泛的应用。个性化手术工具中最为典型的是手术导板，包括关节类导板、脊柱导板、口腔种植体导板等，图 6.68 所示为三维打印技术加工的膝关节手术导板。此外，还可以制作肿瘤内部内照射源粒子植入的导向定位导板，以解决放射剂量分布不均、容易造成热点(过高剂量区)和冷点(过低剂量区)从而增加肿瘤残留和复发危险的缺陷。个性化手术导板是在术前依据患者手术需要而专门定制的个性化手术辅助工具，是将术前设计与手术操作联接在一起的定制化桥梁。应用个性化手术导板能将患者的解剖特征与植入体的设计进行良好的对接，并将设计参数准确地转化到手术操作中，从而在手术中实现植入体的准确植入。

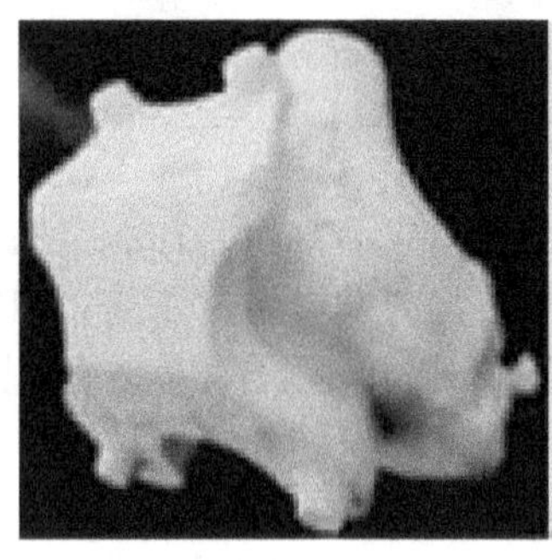

(a) 股骨导板　　(b) 胫骨导板

图 6.68　膝关节手术导板

另外一个典型的案例就是优化原有的医疗辅助工具，提高其使用舒适度。根据媒体报道，维多利亚大学的 Jake Evill 通过三维打印技术制造出了一款专门用于治疗骨折的工具。其中骨骼固定架由聚酰胺构成，具有轻质、透气、可清洗的特点，如图 6.68(a)所示。病人首先经过 X 射线和三维扫描确定断裂的确切位置和骨折的肢体尺寸，然后将数据输入计算机，生成最适合患者体型的最佳支撑。当然最常用的假肢也可以实现个性化定制，美观而且拥有更高的使用舒适度，如图 6.69(b)所示。

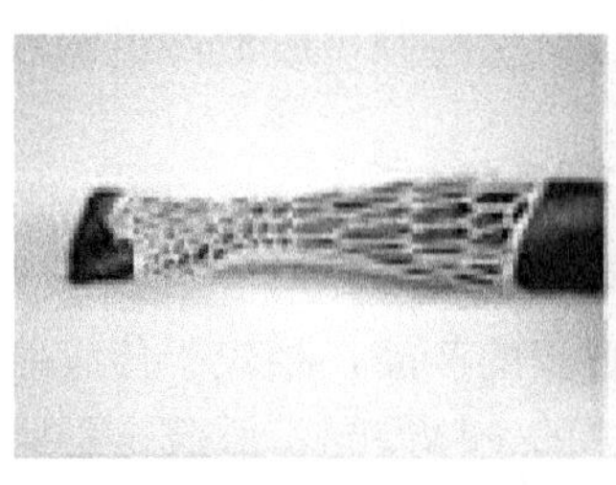

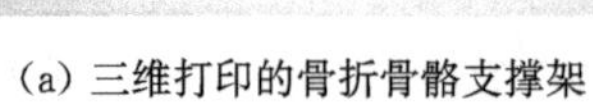

(a) 三维打印的骨折骨骼支撑架　　(b) 个性化的定制假肢

图 6.69　三维打印技术优化医疗辅助工具

2. 医学模型、医疗模型的制造

医学模型在基础医学和临床实验教学中用途十分广泛，用量也大，但是用传统方法制作医学模型程序复杂、周期长，同时由于部分模型的原材料多为石膏等，在使用过程中极易损坏。利用三维打印制作医学教学用具、医疗实验模型等用品不仅避免了上述问题的出现，同时还可以根据实际需要对一些特殊模型实现个性化制造。如图6.70(a)所示为普通光敏树脂固化成形的心脏模型，图6.70(b)所示为英国伦敦三维打印艺术展上展出采用特殊光聚合树脂材料打印的透明肝脏模型。

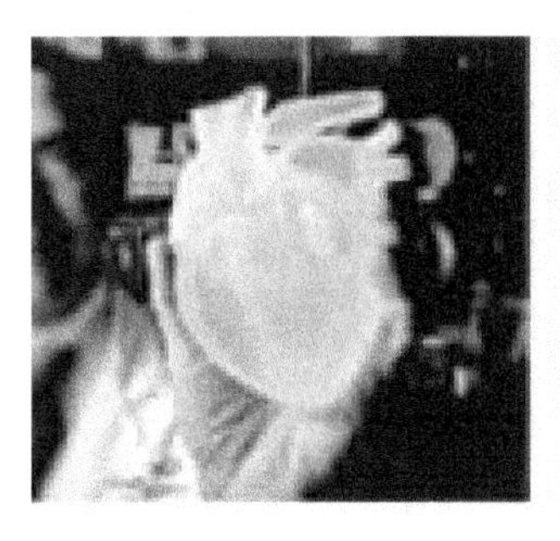

(a) SLA成形心脏模型

(b) SLA成形肝脏的模型

图6.70 SLA成型医学模型

医疗模型的作用在于高精度模拟外科手术环境，实现可视化手术规划。增材制造技术可以快速制造出需要进行手术的器官组织，供医生进行手术演习，和患者商讨医疗方案。一位日本医生在欧洲泌尿科学会(EAU)大会上宣布，他们首次使用三维打印技术制作了含有肿瘤肾脏的精确模型，并将其用于模拟癌症手术，如图6.71所示。利用计算机断层扫描(CT)，外科医生可以生成病人肾脏的三维模型，然后将数据发送到Stratasys公司的Objet Connex三维打印机上，打印出肾脏的三维实物模型。透明模式使得医生能够清楚地看到病人肾脏上的血管位置。外科医生可以在真正进行手术前用打印出来的肾脏模型进行演练，提升手术的成功率。

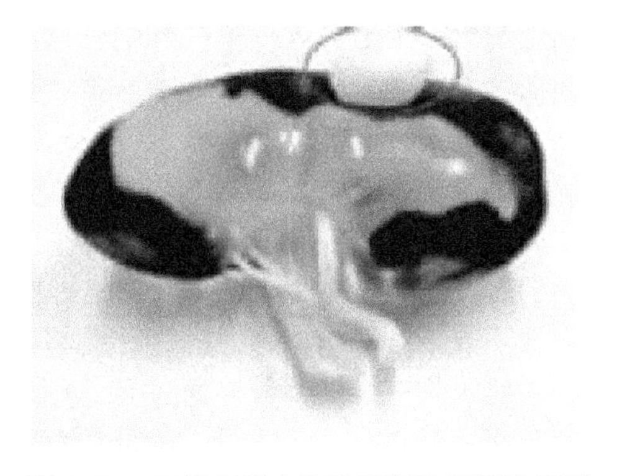

图6.71 三维打印含有肿瘤肾脏的精确模型

3. 生物组织工程的三维构建

组织工程指的是个性化定制、永久植入假体及体内辅助器械的制造等。

经典的组织工程构建需要种子细胞和支架材料。支架材料定义是：可以为种子细胞提供适合其生长的场所和发挥生物学功能的一种生物学材料，具有能模仿天然组织的构建性能。作为种子细胞的生物学载体，理想的支架材料应具如下特征：①良好的生物相容性；②适中的生物降解性；③具有诱导或引导组织再生的能力；④具有一定的生物力学强度与可塑形性；⑤无毒性与无免疫原性；⑥具有合适的孔径，利于细胞黏附生长等特点。

早期的支架构建采用单纯的铸造技术，尽管可以形成多孔，但孔径的大小无法与细胞相匹配，无法事先确定支架内部结构及细胞与孔径间的连接。随着数字化技术的成熟和三维打印技术的发展，临床上已经开始使用电子束熔融和激光选区熔化这样的三维打印技术直接进行金属植入物的制造。其中，EBM 技术虽然在精度上略逊于 SLM 技术，但成型效率高，高温环境下一次成型，残余应力低，无需二次热处理，钛合金成型件生物相容性良好，适用于骨科植入物的直接制造，相关产品已经通过了美国 FDA 及欧盟 CE 认证，图 6.72 所示为 EBM 成形的多孔钛合金植入假体——金属骨小梁髋臼假体。

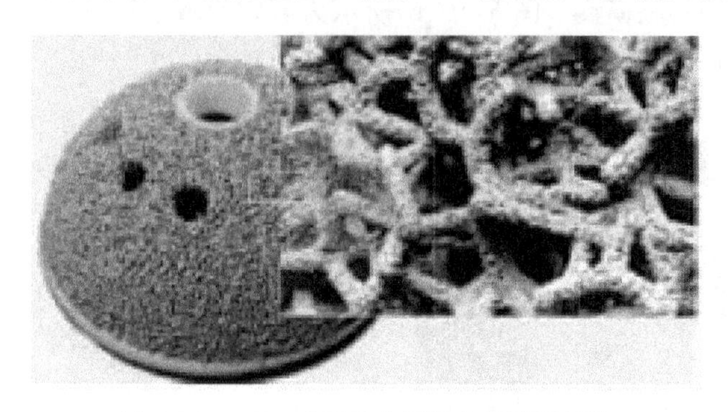

图 6.72　EBM 成形的金属骨小梁髋臼假体

三维打印个性化的骨科植入物假体是目前三维打印技术在医学领域中最成功的技术之一。在骨外科中，骨病损状态形式多样、千差万别，因此用于骨缺损修复的植入物也只能是个体化的，必须“量体裁衣，度身定做”。过去，在骨盆肿瘤手术等高难度骨科手术中，定制化设计只能根据平面 X 线片，数据的准确性也受到严重质疑，而依托三维打印机，可精确定制出一个与患者一模一样的骨盆。

医学上对颅骨植入物的要求非常严格。2015 年，Novax DMA 公司和德国三维打印服务商 Alphaform 公司合作，使用 EOS 增材制造技术帮助一名需要颅骨植入手术的病人成功定制了颅骨植入物，如图 6.73 所示。

2011 年，比利时和荷兰的科学家们为一名 83 岁女性移植三维打印下颌骨的手术。植入物的研发团队依据患者的 CT 扫描图像，生成三维模型，并通过计算机在植入物模型表面设计了数千条沟槽。这样的设计能够促进患者血管、肌肉及神经与植入物尽快长合。设计好的植入物三维模型最终通过 SLM 技术打印出来。打印过程通过激光对钛合金粉末进行融化并进行 3000 层的叠加，打印完成后再对植入物进行陶瓷涂层处理。植入的下颌骨如图 6.74 所示。

图 6.73　SLM 成形多孔组织结构的颅骨植入物

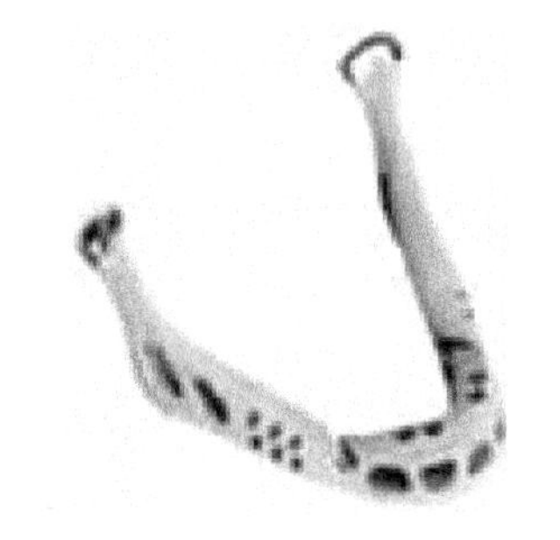

图 6.74　SLM 成形的下颌骨

4. 细胞增材制造

细胞增材制造是利用增材制造技术制造具有个性化结构的功能性人工器官和组织。直接将细胞、蛋白及其他具有生物活性的材料作为增材制造的基本单元，利用增材制造技术直接进行细胞打印，以构建体外生物结构体、组织、器官模型。构建的体外生物结构体可以应用于药物筛选，极大地加快了药物开发进程，更能在未来实现组织器官再生。这也是增材制造学科的最新发展方向之一。

如图6.75所示的PrintAlive三维生物打印机是由多伦多大学的生物医学和机械工程研究生团队发明，其能够制造人造皮肤移植物，避免传统皮肤移植的所有不良后果。自项目开始以来，其合理性和实用性已通过多伦多大学的科学家和加拿大最大的烧伤患者治疗中心——多伦多Ross Tilley烧伤中心专家的实验验证。值得注意的是，他们的PrintAlive生物打印机与传统的挤出式三维打印技术还是有一些相似之处的。但是，这台三维生物打印机并不是像FDM三维打印机那样一层层地堆积可移植皮肤，而是挤出一种被称为“活绷带”的水凝胶。该凝胶是由生物聚合物、角质细胞(一种皮肤细胞)和纤维原细胞(即在伤口愈合中起关键作用的蜂窝结构体)混合而成的。

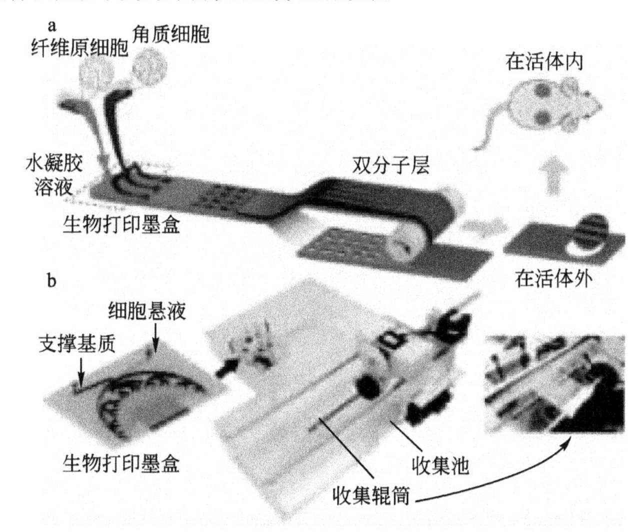

图6.75 PrintAlive三维原理以及生物打印机

BioBots是一家美国生物技术创业公司，他们的业务涉及计算机科学和化学两大领域。该公司的第一款产品是可以打印生物材料的三维打印机，普通的三维打印机利用塑料进行打印，而BioBots公司的三维打印机则是利用特殊的墨水。这种墨水由生物材料和活体细胞组成，可以用来打印三维活体生物组织和微型人体器官，如图6.76所示。目前，他们打印出来的产品可以用于科研和临床阶段之前的筛查，比如替代动物完成药物检测。

美国康奈尔大学三维打印出一种人造耳，可以植入牛的身体，与牛的细胞结合在一起；英国普林斯顿大学科学家已经成功制造出能够接收无线电波的仿生耳，未来的仿生耳有望能够听到真正的声音；英国爱丁堡赫瑞-瓦特大学专家研发出的三维打印技术，可以用胚胎干细胞，并成功制造出首个三维打印微型人体肝脏。具有生命特征的活性人造器官的三维打印的发展有赖于生物材料、干细胞、组织培养等多学科的科技突破，目前的成果表明在不远的将来急需器官移植的病人有可能轻易获得三维打印的人造肝脏。

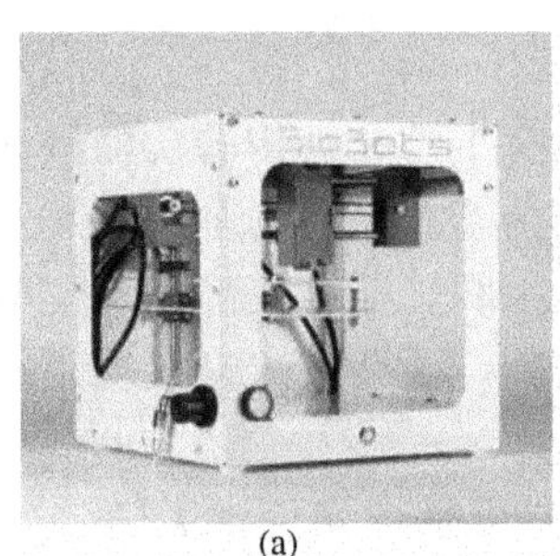

(a)

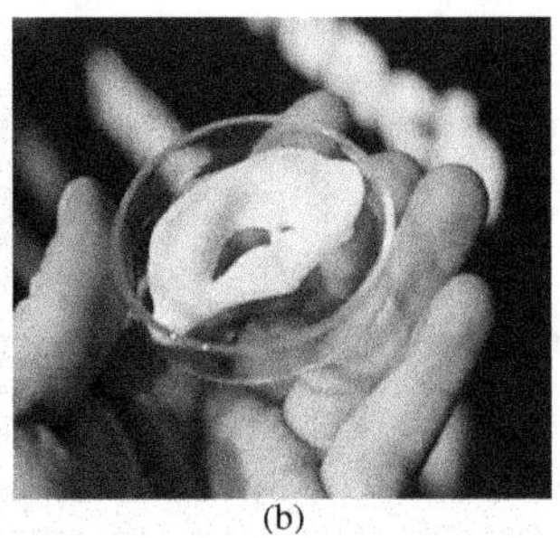
(b)

图 6.76 BioBots公司的三维打印机和打印出来的具有生物活性的耳朵

6.4.3 增材制造技术在汽车行业的应用

随着三维打印(增材制造)的不断发展，这种技术也越来越多地用于汽车行业。三维打印技术在汽车行业的应用技术优势是十分明显的，包括复杂形状和结构部件、新材料组合、增进汽车轻量化以及优化汽车设计等方面。三维打印在汽车领域的应用从简单的概念模型到功能型原型均朝着更多的功能部件方向发展，渗透到发动机等核心零部件领域的设计。

三维打印技术对于汽车制造而言能更好地缩短设计与研发的过程，将设计师的想法更迅速地转化成现实产品。可以利用三维打印来改善制造环节，例如，缩短研发生产时间、加速开发新型转向盘和仪表面板等，及定制概念车。因此，几乎所有的整车厂都采用不同工艺的增材制造设备用于满足设计不同阶段的需要，如通用、福特、保时捷、本田、丰田、克莱斯勒、奔驰、奥迪、宝马、一汽大众等。三维打印在汽车领域的应用可以概括为以下几个方面。

1. 造型评审

汽车造型设计是创意驱动的概念设计，而汽车造型设计评审既是设计决策的重要节点也是设计流程的重要控制节点，决定了汽车造型流程的节点和设计迭代的进程。

在整车开发过程中需要对汽车的外形、内饰等外观造型进行设计、评审和确定，因此需要在小比例或者等比例油泥模型的基础上，制作安装车灯、座椅、方向盘和轮胎轮毂等零件。三维打印技术在这一领域的应用包括 1∶1 全尺寸模型、前格栅、轮毂等制作，其关键技术包括 POLYJET 技术、塑料和橡胶复合、塑料件和不透明件复合、三维打印表面涂装。

2. 设计验证

在整车产品开发中通常需要对产品的设计可靠性(安装结构、零件匹配、结构强度等)进行验证，同时为了弥补处于整车开发中后期的整车试验带来的设计风险，需要在设计前期制作样件进行验证。

例如，福特利用三维打印技术设计修正版的进气歧管。在设计出一个全新的进气歧管之后，只需一个星期就能把制造好的产品拿在手上。这就能够让福特的汽车开发工程师(包括普通汽车和赛车)能有更多的时间测试、调整和完善，如图 6.77 所示。

图 6.77 Ford 三维打印进气歧管并用于 Target Ford EcoBoost - Riley 赛车

3. 复杂结构零件制造

在整车产品开发过程中，往往为了保证零件的功能性，会设计出结构复杂，难加工，或者在没有形成批量生产前加工成本非常高的零件。增材制造技术恰恰可以很好地解决这个问题，其去模具化、可加工高度复杂型腔、周期短、不受批量影响的特点很适合加工复杂结构零件。

汽车管道件的加工充分说明了增材制造技术在结构复杂零件方面的制造优势。汽车管道要求灵活的空气流控制、内置的阀门、内置的泵等结构。在标准的简单产品制造中，传统制造方法的单件成本低于增材制造，但是在小批量的复杂产品制造中，产品的设计越是复杂，增材制造的单件成本相比于传统制造方法就越具有优势。如再考虑到增材制造满足按需定制而无需占用库存，那么整体成本的优势就更加明显了。此外，金属三维打印技术还可以帮助模具厂商优化生产汽车零件的模具，以提高其生产零件的使用性能。

例如，使用激光选区熔化技术 SLM 三维打印水泵轮，如图 6.78 所示。早在 2010 年，宝马公司采用制造一个单件的轻金属水泵轮以替代原采用塑料部件生产的水泵轮并成功应用到 DTM 赛车上，提高了赛车动力系统的性能，而这种水泵轮的生产使用激光选区熔化技术制造似乎是最佳的解决方案。

4. 多材料组合零件直接制造

在整车产品开发的过程中，难免会遇到多种不同材料的复合，如橡胶和塑料；不同颜色的材料复合，如尾灯外配光镜；透明与不透明材料复合，如前照灯饰圈等。相比传统的二次注塑、双色注塑工艺，三维打印技术在模具成本、零件结合结构、零件美观与可靠性方面都有着明显的优势。图 6.79 所示为采用双头多材料 FDM 打印机一次性成形的塑料与橡胶组合的汽车零件。

图 6.78 SLM 三维打印水泵轮

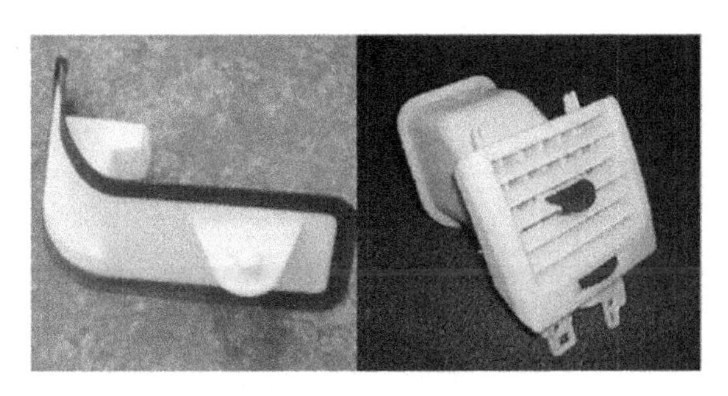

图 6.79 塑料与橡胶组合的汽车零件

5. 轻量化结构设计

汽车轻量化在产品开发中占据了越来越重要的位置。一方面，在保证零件结构强度的条件下，对零件进行减重优化，使得塑料和金属零件大量采用中空、多孔结构；另一方面，对于多数的结构件，可以使用高比强度的新型材料来代替金属材料以减重，从而提高整车性能，如采用碳纤维材料。然而，目前最吸引人注意的材料是钛汽车产品开发，主要是由于钛合金具有低密度、高强度和耐腐蚀等特性。

6. 定制专用工装

三维打印还有一个特别有价值的应用领域是三维打印工装夹具——定制化、节省时间和适合具体的工作需求的夹具。工装夹具的设计质量，对生产效率、加工成本、产品质量及生产安全等有直接的影响。在一套较为复杂的工装夹具中，往往设有多处压紧、辅助支撑、调节支撑等元件。由于受空间位置、夹紧力大小等因素的影响，不同部位所用的夹具结构、外形、大小等会不尽相同，因此工装夹具往往呈现多品种、小批量的特点，如果用传统开模具制造的方式，成本太高，效率太低，即使借助数控加工中心来快速制造，有时候也会受制于各种加工限制(如边角加工不到位，孔洞结构不到位等)而无法直接得到所需的夹具，后处理很麻烦。

随着三维打印技术的出现，工装夹具的制造找到了新的解决方案。三维打印特别适合小批量、复杂产品的制造，而且可以与前端的夹具CAD设计无缝衔接，实现无模化制造，对于需要用到夹具的企业来说，用三维打印技术定制夹具，成本最低、效率最高、效果最好。如今，定制的三维打印夹具和固定装置在汽车生产线的应用已成为普遍现象。

例如，沃尔沃发动机厂用三维打印生产工装(图6.80)，生产周期和成本显著削减。沃尔沃发动机厂在引入三维打印技术之后，其关键流水线的制造工装的生产周期缩短了94%，已经使设计和制造工装的时间由36天缩减为2天。原来这些工装都是用金属制造的，而如今改成了热塑性材料，由于工装工具通常是非标准件，按照传统开模具的方式进行小批量定制，成本高昂，但是用三维打印技术，可以从设计文件直接打印出成品。

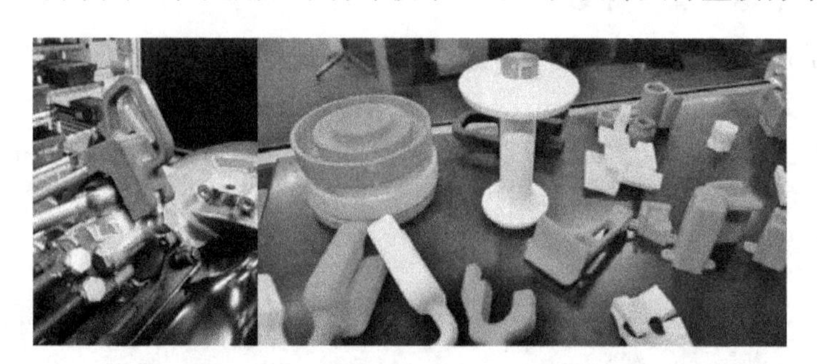

图6.80　沃尔沃发动机厂FDM成形的生产工装

7. 个性化汽车零件定制

个性化的车身外覆盖件和汽车内饰(保险杠、扰流板、座椅、仪表板等)零件越来越吸引有个性的年轻人，当然最有可能率先实现“定制汽车”概念的无疑是售后市场。三维打印特别适合这种个性化、小批量零件的制造。

随着汽车更新换代频率的加快、人们对汽车功能的选择权需求也逐步加深，或许在不久的将来，汽车就可以实现更深层次的个性化定制而非目前简单的外观区分。自定义汽车的销售方式之中，最大的难题莫过于个性化定制将拖长生产环节的效率，并带来规模生产的难度。此时，三维打印技术的应用或许就能够带来更大的想象空间，人们可以在个性化定制硬件平台上得到自己所喜欢的汽车零部件，比如汽车保险杠、后视镜等内外饰件，来组装成自己的定制化汽车。再者，利用三维打印技术生产的零部件也可以降低维修成本，将损坏的、紧缺的零部件打印出来，也降低了库存成本。图 6.81 所示为三维打印的用户定制个性化汽车座椅。

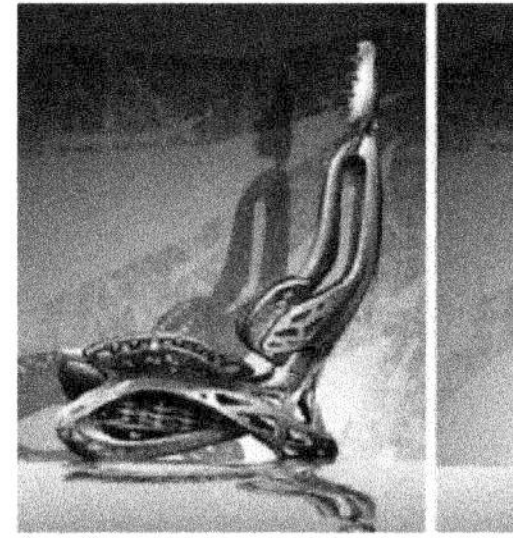

图 6.81　三维打印个性化定制座椅

8. 三维打印汽车

随着世界第一款三维打印汽车 Urbee 2 在 2013 年正式推出，以及 2014 年芝加哥机床展会期间打印出来的 Strati 行驶到大街上，再到法拉利和兰博基尼，以及阿古斯塔和杜卡迪等顶级豪车开始逐渐使用三维打印技术实现私人化定制，三维打印以前所未有的速度向人们展示其蕴含的巨大潜力。

Urbee 2(图 6.82)包含了超过 50 个三维打印组件，除了底盘、动力系统和电子设备等，超过 50%的部分都是由 ABS 塑料打印出来的。

图 6.82　世界第一款三维打印汽车 Urbee 2

Strati 是 LOCAL MOTORS 公司推出的一款三维打印汽车，号称是全球第一辆全三维打印汽车，如图 6.83 所示。Strati 不仅三维打印的应用率更高，而且已经接受媒体试驾。Strati 诞生于 2014 年，它的底盘部分也采用了三维打印技术制造，它的打印时间仅为 44h，如果加上组装时间，只需要三天就能造出 Strati。

图 6.83　LOCAL MOTORS 公司推出的三维打印汽车 Strati

美国能源部设在ORNL(橡树岭实验室)里的增材制造展示中心，通过BAAM(大面积增材制造)机器打印制成传奇超跑——Shelby Cobra(图6.84)，仅用时6个星期打造完成。因其使用了先进的复合材料，使整车质量减轻一半，同时提高了汽车的安全性能。三维打印可以花几个星期或几天打印出一个可用的原型车，并可以接受人们的反馈、测试它的外形、部件组合和功能，这样人们的快速创新能力就能获得脱胎换骨的改变。

图6.84　三维打印传奇超跑Shelby Cobra

总之，三维打印在汽车零部件的开发和赛车的零部件制造方面得到了广泛的应用。这些应用包括汽车仪表板、动力保护罩、装饰件、散热器、车灯配件、油管、进气管路、进气歧管等零件。尤其是ABS材料、尼龙等的材料性能，接近于汽车绝大部分部件原始材料的性能，能够更好地展现该部件的物理性能，配合产品测试和实际使用。

当然，真正实现定制化生产并将其商业化，三维打印汽车还有不少路要走。首先要设计好不同部件的兼容性，消费者选择选装件时也能快速完成拼装；另外，之前提到的安全性，不光是碰撞安全，还要兼顾个性化外观可能对行人的伤害等；最后还要考虑到法律因素，繁杂的样式对于合法上路提出了严峻的挑战。可以看出，三维打印技术的发展的确为汽车生产的发展带来了积极的影响，但因其受到成本、材料等方面的制约，三维打印技术从目前到很长一段时间内，应用的范围仍将朝着小规模定制化发展，至于三维打印在汽车领域的大规模商业化应用，或许还需要很长时间。

6.4.4　增材制造技术在其他领域的应用

作为一种先进的加工方法，增材制造技术不仅在工业制造业中扮演着着愈来愈重要的角色，而且也在逐渐深入到人们日常生活的方方面面。下面将从以下几个方面进行简要的介绍。

1. 建筑

一方面，随着城市化水平的提高，建筑模型的设计造型也越来越受人们的重视。建筑模型的设计者为了更好地表达出设计意图及展示设计结构，以往需要通过手工雕塑将设计模型制作出来，但制作的模型往往精度不足，无法完整地表达出设计者的思想。增材制造技术能够将建筑设计师的设计理念迅速转化为可以看得见、摸得着的建筑模型，使建筑设计表现的更加立体、更加直接。图6.85(a)所示为采用FDM工艺打印的建筑模型，图6.85(b)所示为采用3DP工艺打印的建筑模型。

另一方面，用增材制造技术建造实体房子也变成了可能。增材制造技术建造房子可以有效缩短工期，降低成本。图6.86所示为加入强化材料的混凝土打印细节及打印的城堡建筑。

(a) 采用FDM工艺打印的建筑模型

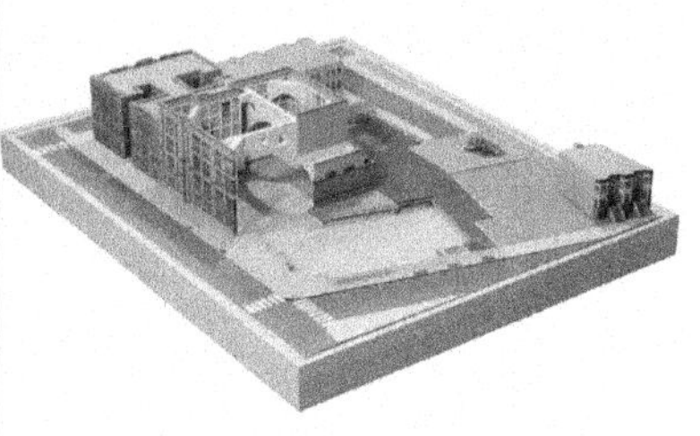

(b) 采用3DP工艺打印的建筑模型

图6.85 增材制造技术在建筑模型上的应用

(a) 房子打印细节　　(b) 三维打印城堡

图6.86 利用增材制造技术建造实体房屋

2. 艺术造型与服装

增材制造技术给艺术创作注入了新的活力，三维打印技术其无模具化、任意形状成形的特点让艺术的创作更进一步得到解放。增材制造技术可使产品兼顾艺术美感和实用性。

三维打印的时尚元素在T台上曝光的机会越来越多，增材制造技术日益受到服装、时尚界的追捧，图6.87所示为三维打印的精美礼服。

当前主流的鞋类制造是一种工业化的规模制造方式，这种方式已经存在了几十年。但受传统制造技术的制约，设计师的一些天马行空的设计很难实现。得益于日益成熟的增材制造技术，设计师们可以打破模具的限制，充分释放设计灵感，图6.88所示为采用三维打印技术制造的时尚鞋类。

图6.87 精美华贵的三维打印礼服

图6.88 三维打印技术制造的时尚鞋类

图 6.89 所示为 NIKE 公司推出的全球首款采用增材制造技术生产的运动鞋，这款鞋底主要针对美式橄榄球运动员而设计，其质量只有 28.3g，在草坪场地上的抓地力表现非常优秀，此外还能加长运动员最原始驱动状态的持续时间。这种采用选择性激光烧结技术通过大功率激光器将热塑性颗粒熔解成预想中的形状，不仅减轻了鞋底的质量，而且还减少了加工成型的时间。

图 6.90 所示为在纽约举办的三维打印设计展(3D Print Design Show)上展出的前所未见的三维打印乐器。

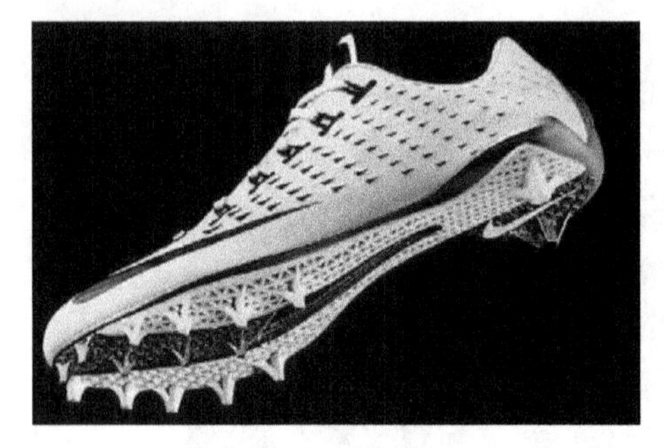

图 6.89 NIKE 推出的全球首款三维打印运动鞋

图 6.90 极富现代感的三维打印提琴

3. 食品

在食物三维打印模式下，人们只需在电脑上设计好食品的样式并配好原料，就可以等着享受打印机打印出来的香喷喷的食物。

图 6.91(a)所示为 3D Systems 公司打印的巧克力糖果，图 6.91(b)所示为 Choc Edge 公司打印的雪花状巧克力。图 6.92 所示为西班牙初创公司(Natural Machines)推出的三维食物打印机 Foodini 打印的披萨。图 6.93 所示为德国科技公司 Biozoon 推出了一种叫“Smoothfood”的三维打印食品，以解决老人进食困难的问题。所谓的“Smoothfood”，就是将食品原料液化并凝结成胶状物，然后通过三维打印技术制造出各种各样的食物。这种食物很容易咀嚼和吞咽，很可能成为老人护理行业的革新者。

(a) (b)

图 6.91 三维打印巧克力

图 6.92　三维打印披萨

图 6.93　三维打印的南瓜、猪肉、卷心菜和土豆

4. 珠宝首饰

增材制造技术的迅猛发展给珠宝首饰设计制造业带来了意义非凡的影响和变革。一方面增材制造可加工任意复杂形状的优势将设计师从传统的设计束缚中解放出来，实现了“只有画不出的图纸，没有做不出的设计”；另一方面，使得首饰加工的好坏不再过分地依赖制作原模者的技术水平，甚至可以实现去模具化和较高的可重复性。而且增材制造技术还可以实现珠宝首饰的个性化定制，充分表达个人创意与灵感。

图 6.94 所示为 Shapeways 公司推出的黄金首饰定制服务。该首饰制造工艺融合了三维打印与传统的制造技术，它首先用高分辨率三维打印机制造出蜡模，然后用失蜡法浇注，最后进行清洗，并手工打磨成型。图 6.95 所示为 Nervous System 使用贵金属三维打印设备制造的 Kinematics 系列手链，由互锁组件构成的，虽然在设计上是由许多不同的部分组成，但在制造中，这些设计不需要组装，整体直接进行三维打印，一次从机器中取出完整的首饰。

图 6.94　失蜡法浇铸成型的黄金首饰

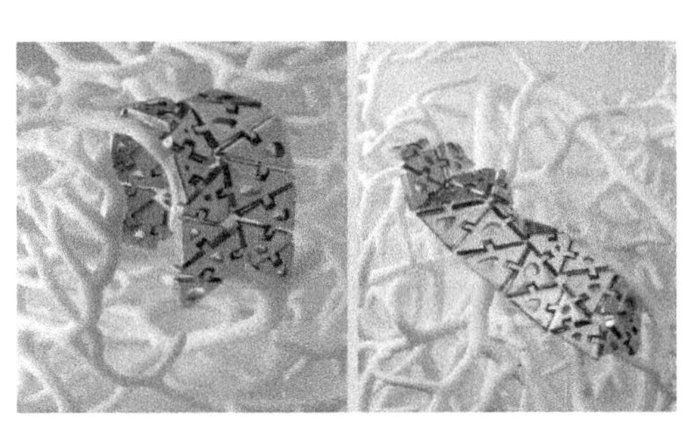

图 6.95　为增材制造直接成形的 18K 金黄金手链

1. 简述增材制造技术名称的演变过程及相关重要事件。
2. 增材制造技术的基本原理是什么?
3. 增材制造技术与传统机械加工技术有什么区别?
4. 增材制造技术能给制造业带来什么样的影响和变革?
5. 增材制造技术的五种典型工艺是什么?各自有什么特点?
6. 可进行金属增材制造的工艺有哪些?你还有哪些补充?
7. DLP 和 CLIP 的区别是什么?请从相关视频查找分析。
8. SLM 和 DMLS 有什么不同点?
9. 电子束成形加工有哪些典型工艺?各有什么优势?
10. 除了本书中介绍的增材制造应用,请再举出几个应用实例(三个)。

第7章 微细特种加工技术

知识要点	掌握程度	相关知识
MEMS系统	了解MEMS系统概念	MEMS系统概念、应用领域
光刻技术的基本工艺流程	掌握光刻技术的基本工艺流程	光刻技术流程，面微结构和体微结构加工流程
LIGA技术	掌握LIGA技术的基本原理及工艺流程	LIGA技术、准LIGA技术和多层光刻胶技术基本流程
微细电火花加工技术	掌握微细电火花加工技术的原理	微细电火花加工技术的特点，微细电极制造工艺及关键技术
微细电解加工技术	了解微细电解加工技术	脉冲电解、电解线切割、电液束流微细电解加工

导入案例

各种微加速度计目前已经广泛应用在汽车安全气囊控制系统中(图 7.1)，用于检测和监控前面和侧面的碰撞，并且已经开发出了多种类型的微加速度计，如压阻型、电容型、隧道型、共振型、热敏型等。微加速度计具有测试功能，可靠性很高，能检测到十分微小的加速度。微加速度计就是一个典型的微机电系统。微机电系统是指集微型传感器、执行器以及信号处理和控制电路、接口电路、通信和电源于一体的微型机电系统，是一个独立的智能系统。微机电系统的大小一般在微米到毫米之间。它们一般是由类似于生产半导体的技术如表面微加工、体型微加工等技术制造的，其中还包括 LIGA 技术、微细电火花加工、微细电解加工等微细特种加工技术。本章以微机电系统为引导，简要地介绍几种微细特种加工技术的概念、原理、工艺流程及应用。

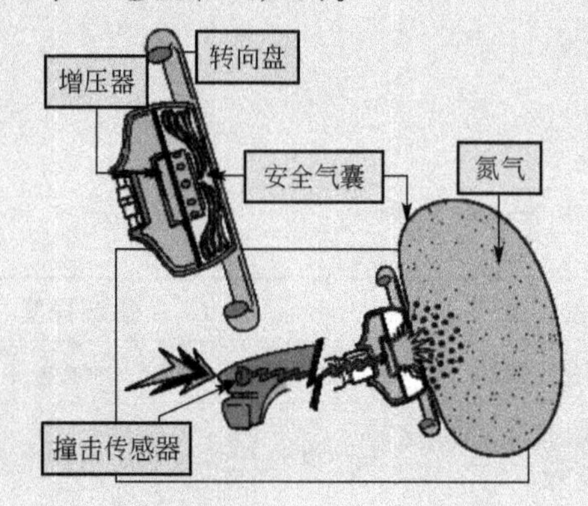

图 7.1　加速传感器在汽车安全气囊的应用

【微机电系统】

7.1　MEMS 系统简介

MEMS 是 Micro Electro Mechanical System 的简写，即微机电系统，专指外形轮廓尺寸在毫米级以下，构成它的机械零件和半导体元器件尺寸在微米至纳米级，可对声、光、热、磁、压力、运动等自然信息进行感知、识别、控制和处理的微型机电装置。

MEMS 是微电子技术的拓宽和延伸，它是将传统机电一体化系统中的控制部分通过微电子技术微型化，并将精密机械加工技术应用到机械与传感执行机构，从而构成微电子与机械融为一体的系统，如图 7.2 所示。MEMS 将电子系统和外部世界有机地联系起来，它不仅能感受运动、光、声、热、磁等自然界的外部信号，使之转换成电子系统可以识别的电信号，而且还能通过电子系统控制这些信号，进而发出指令，控制执行部件完成所需的操作。完整的 MEMS 是由微传感器、微执行器、信号处理单元和控制电路、通信接口和电源等部件组成的一体化的微型器件系统，如图 7.3 所示。其目标是把信息的获取、处理和执行集成在一起，组成具有多功能的微型系统，集成于功能系统中，从而大幅度地提高系统的自动化、智能化和可靠性水平。

图7.2　MEMS与机电一体化系统差异图　　　　图7.3　MEMS系统组成

MEMS技术是一种典型的多学科交叉的前沿性研究课题，几乎涉及自然及工程科学的所有领域，如电子技术、机械技术、光学、物理学、化学、生物医学、材料科学、能源科学等。MEMS技术是通过系统的微型化、集成化来探索具有新原理、新功能的元件和系统，它的发展开辟了一个全新的技术领域和产业。采用MEMS技术制作的微传感器、微执行器、微型构件、微机械光学器件、真空微电子器件、电力电子器件等在航空、航天、汽车、生物医学、环境监控、军事以及几乎人们所接触到的所有领域中都有着十分广阔的应用前景。MEMS技术正发展成为一个巨大的产业，就像近30年来微电子产业和计算机产业给人类带来的巨大变化一样，MEMS技术也正在孕育着一场深刻的技术变革并对人类社会产生新一轮的影响。

目前MEMS市场的主导产品为压力传感器、加速度计、微陀螺仪、墨水喷嘴和硬盘驱动头等。MEMS器件的销售额已在呈迅速增长之势，这对机械电子工程、精密机械及仪器、半导体物理等学科的发展提供了极好的机遇和严峻的挑战。MEMS从早期喷墨式打印机喷头与汽车电子为最大应用市场，到任天堂Wii推出后，MEMS应用正式跨入消费性电子领域。Apple的iPhone采用MEMS麦克风、加速器等MEMS元件后，更让市场看到了MEMS应用无限宽广的可能性。

MEMS应用领域的拓展如图7.4所示，目前主要的应用领域与厂商见表7-1。

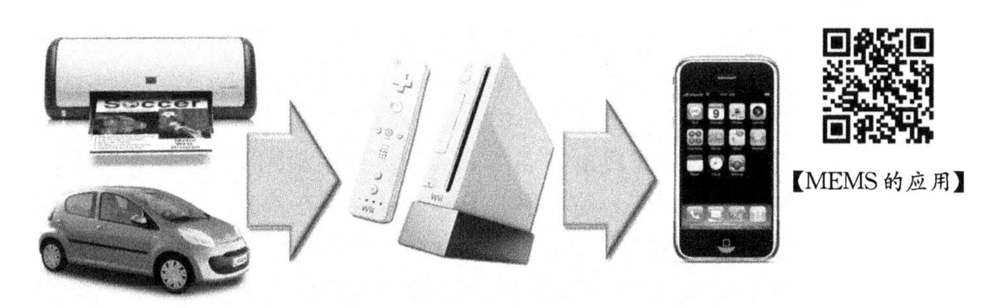

图7.4　MEMS元件应用领域的拓展

表 7-1　MEMS 产品应用领域及主要厂商

产　　品	主要应用领域	主要厂商
加速器	安全气囊、主动式悬吊系统、GPS、硬盘防振应用	STM、Bosch、Freescale
陀螺仪	数码相机防振系统、卫星导航系统、游戏机运动感测方案	ADI、Murada、Invensense
打印机喷头	打印机与多功能打印机喷头	HP、Seiko、Epson、Lexmark
压力测试仪	医疗电子、轮胎用气压传感器	Canon
MEMS 麦克风	手机麦克风、免提听筒、网络电话、助听器、脉搏传感器	Knowles、Omron、ADI
光学 MEMS	家用投影机、微投影机	TI、Microvision
RF MEMS	手机与无线网络	RFDM、Seiko、Epson

MEMS 是美国的叫法，在欧洲被称为微系统，在日本被称为微机械。对应的技术主要有三种：第一种是以美国为代表的利用化学腐蚀或集成电路工艺技术对硅材料进行加工，形成硅基 MEMS 器件；第二种是以德国为代表的 LIGA(即光刻、电铸和注塑)技术，利用 X 射线光刻技术，通过电铸成型和注塑形成深层微结构，它是进行非硅材料三维立体微细加工的首选工艺；第三种是以日本为代表的利用传统精密机械加工手段，即利用大机器制造小机器，再利用小机器制造微机器。第一种方法与传统 IC 工艺兼容，可以实现微机械和微电子的系统集成，而且适合于批量生产，目前已经成为 MEMS 的主流技术。LIGA 技术可用来加工各种金属、塑料和陶瓷等材料，并可用来制作大深宽比的精细结构(加工深度可以达到几百微米)，自 20 世纪中期由德国开发出来以后得到了迅速发展，人们已利用该技术开发和制造出了微齿轮、微马达、微加速度计、微射流计等。第三种加工方法可以用于加工一些在特殊场合应用的微机械装置，如微型机器人、微型手术台等。

【光刻技术】

7.2　光刻技术

光刻(lithography)来源于两个希腊词：石版(litho)和写上(graphein)。光刻技术源于微电子集成电路制造技术，是在微结构制造领域应用较早并仍被广泛采用且不断发展的一类加工方法。光刻是加工集成电路和 MEMS 器件微细图形结构的关键工艺技术，也是刻蚀技术的关键技术。光刻工艺是利用成像和光敏胶膜在基底上图形化，即将掩膜上的图形经过曝光后转移到薄膜或基底表面上，通过选择性刻蚀获得所需微结构的方法。在微电子方面，光刻主要用于集成电路的 PN 结、二极管、晶体管、整流器、电容器等元器件的制造，并将它们连接在一起构成集成电路。而在 MEMS 方面，光刻技术主要用来制作掩膜版、体硅工艺的空腔腐蚀、表面工艺中牺牲层薄膜的淀积和腐蚀，及传感器和执行器初级电信号处理电路的图形化处理。

7.2.1 光刻胶

在集成电路的生产中，每层薄膜以及不同的区域都有不同的电特性。电特性的不同可通过改变硅基片的性质而得到，如采用掺杂、氧化、蒸发、溅射等方法。但这些工艺方法必须首先通过光刻技术产生所需要的图形，即把设计好的图形投影到涂有光刻胶的表面层上。根据光刻胶在曝光前后溶解特性的变化不同，可分为负胶和正胶两种：对于负胶而言，被曝光部分的光刻胶变成坚硬的抗蚀剂层，而未被曝光的光刻胶则在某一溶剂中被溶解；对于正胶而言，情况则刚好相反。光刻胶是树脂、感光剂及溶剂等材料的混合物。其中，树脂是粘结剂，感光剂是一种光活性极强的化合物，它在光刻胶里的含量和树脂相当，两者同时溶解在溶剂中，以液态形式保存。

7.2.2 光刻工艺流程

在集成电路生产中，要经过数百次光刻，虽然每次光刻的目的、要求和工艺条件有所不同，但其工艺过程基本相同。光刻工艺一般都要经过涂胶、前烘、曝光、显影、坚膜、刻蚀和去胶7个步骤，下面以负胶光刻为例来说明光刻工艺的流程(图7.5)。

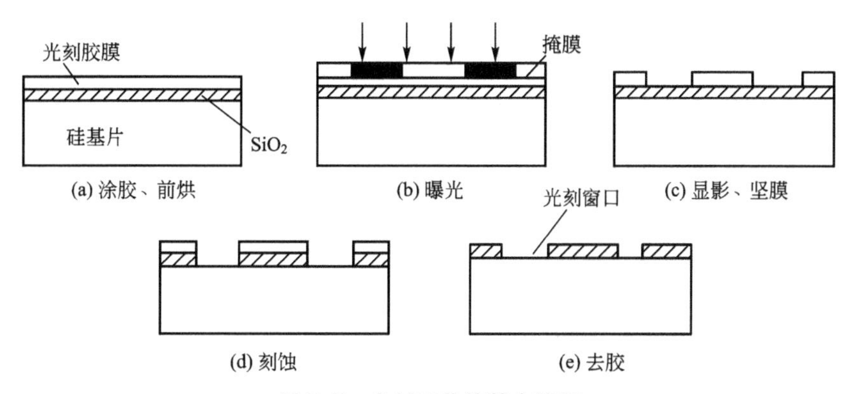

图7.5 光刻工艺的基本流程

1. 涂胶

涂胶就是在SiO_2或其他待加工薄膜表面涂一层粘附性良好、厚度适当、厚薄均匀的光刻胶膜。涂胶前的基片表面必须清洁干燥。生产中最好在硅基片氧化或蒸发后立即涂胶，此时基片表面清洁干燥，光刻胶的粘附性较好，涂胶的厚度要适当，胶膜太薄，针孔多，抗蚀能力差；胶膜太厚，则分辨率低。一般情况下，可分辨线宽为膜厚的5～8倍。

2. 前烘

前烘就是在一定温度下，使胶膜里的溶剂缓慢挥发出来，使胶膜干燥，并增加其粘附性和耐磨性。前烘的时间和温度随胶的种类及膜厚的不同而有所差别，一般由实验确定。

3. 曝光

曝光就是对涂有光刻胶的基片进行选择性的光化学反应，使曝光部分的光刻胶在显影液中的溶解性改变，经显影后在光刻胶膜上得到和掩模相对应的图形。曝光一般用紫外光(波长200～400nm)，采用接触曝光、接近曝光或投影曝光的方法进行。由于光学曝光系统的分辨率受光衍射的限制，有效分辨率的极限只能达到400～800nm。所以采用波长更短的曝光源是提高曝光分辨率的主要渠道之一，虽然电子束、离子束、X射线的波长更短，但也受到诸如电子束产生散射的影响，分辨率并未有大幅度的提高，目前采用工作波长为11～14nm的极紫外光是提高分辨率的一种有效途径。

4. 显影

显影是把曝光后的基片放在适当的溶剂里，将应去除的光刻胶膜溶解干净，以获得刻蚀时所需要的光刻胶膜的保护图形。显影液的选择原则是：需要去除的胶膜溶解得快，溶解度大；需要保留的胶膜溶解度极小；显影液内所含有害的杂质少，毒性小。显影时间随胶膜的种类、膜厚、显影液种类、显影温度和操作方法不同而异，一般由实验确定。

5. 坚膜

坚膜是在一定温度下对显影后的基片进行烘焙，除去显影时胶膜所吸收的显影液和残留水分，改善胶膜与基片的粘附性，增强胶膜的抗蚀能力。

【化学刻蚀工艺过程】

6. 刻蚀

刻蚀就是用适当的刻蚀剂，对未被胶膜覆盖的SiO_2或其他待加工薄膜进行刻蚀，以获得完整、清晰、准确的光刻图形，达到为选择性扩散或金属布线做准备的目的。光刻工艺对刻蚀剂的要求是：只对需要除去的物质进行刻蚀，而对胶膜不刻蚀或刻蚀量很小；要求刻蚀图形的边缘整齐、清晰，刻蚀液毒性小，使用方便。刻蚀分为湿法和干法两种：湿法刻蚀是利用化学溶液，通过化学反应将不需要的薄膜去掉的图形转移方法；而干法刻蚀是利用具有一定能量的离子或原子通过物理轰击、化学腐蚀，或者两者的协同作用，以达到刻蚀的目的。

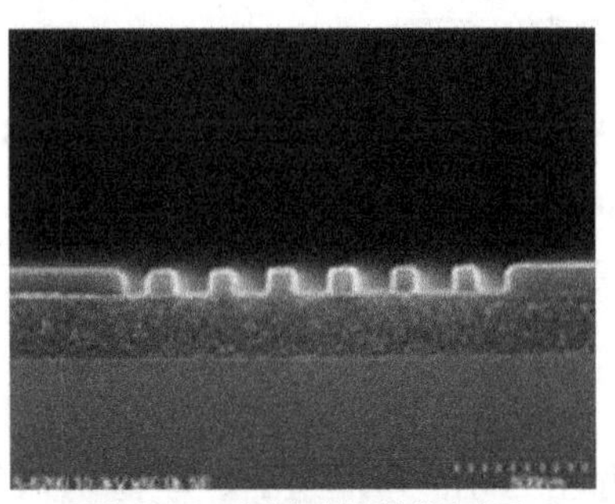

图7.6　光刻后的基片侧面

7. 去胶

去胶就是把在SiO_2或其他薄膜上的图形刻蚀出来后，将覆盖在基片上的胶膜去除干净。经过光刻以后的硅基片上的SiO_2薄膜已经按设计要求选择性的被去除，而将对应的基片部分暴露出来，此后就可以通过采用掺杂、氧化、蒸发、溅射及外延等工艺方法，在硅基片的指定区域形成不同电特性的薄膜，从而完成基本元器件的制造。光刻后的基片侧面如图7.6所示。

【集成电路芯片制造流程】

7.3　硅微结构加工技术

硅具有优良的机械、物理性质，具有机械品质因数高、机械稳定性好、密度小等优点。目前大部分的微结构器件都是用硅制造的，这不仅是因为硅有着良好的机械性能和电性能，更重要的是可以利用硅的微加工技术制作出从亚微米到纳米级的微型组件和结构。硅微结构加工技术主要包括面微结构加工技术(面加工)和体微结构加工技术(体加工)。面加工是指各种薄膜的制备及其加工技术，主要是物理气相沉积(Physical Vapor Deposition，PVD)和化学气相沉积(Chemical Vapor Deposition，CVD)；而体加工主要指各种硅刻蚀技术，分为湿法刻蚀和干法刻蚀两类。面微结构及体微结构加工技术比较见表7-2。

表7-2 硅面微结构及体微结构加工技术对比

	面微结构	体微结构
核心材料	多晶硅	硅
牺牲层	磷硅玻璃(PSG)或二氧化硅(SiO_2)	无
尺寸	小(精确控制膜厚，典型尺寸为几微米)	大(典型的空腔尺寸为几百微米)
工艺要素	单面工艺(正面) 选择性刻蚀，各向同性 残余应力(取决于淀积、掺杂、退火)	单或双面工艺(正面或反面) 材料选择性刻蚀，各向异性(取决于晶体结构)，刻蚀停止 图形加工

面微结构加工与体微结构加工的区别主要有以下几点。

(1) 面微结构加工对象是沉积在基体上的附加材料，不去除基体材料。

(2) 体微结构加工的对象是基体材料，表面沉积附加的材料是掩膜。

(3) 面微结构加工通过牺牲层技术的去除，可以实现微细活动部件的制造，如微型桥、悬臂梁及悬臂块等。

7.3.1 面微结构加工技术

面微结构加工以硅片为基体，通过薄膜淀积和图形加工制成三维微结构，硅片本身不被加工，器件的结构部分由淀积的薄膜层加工而成。面微结构加工器件由三种典型的部分组成：牺牲层部分、结构层部分和隔离层部分。其基本过程是：首先在硅片上淀积一层隔离层，用于电绝缘或基体保护层；然后淀积牺牲层并进行图形加工，再淀积结构层并加工图形；最后溶解牺牲层，形成一个悬臂的微结构。

利用面微结构加工技术，可以加工制造各种悬臂式微结构，如微型悬臂梁、微型桥、微型腔等，这些结构可以用于微型谐振式传感器、加速度传感器、流量传感器和电容式、应变式传感器中(图7.7)。利用面微结构加工技术还可以加工制造各种执行器，如静电式微电动机、多晶硅步进执行器等。

(a) 加速度传感器

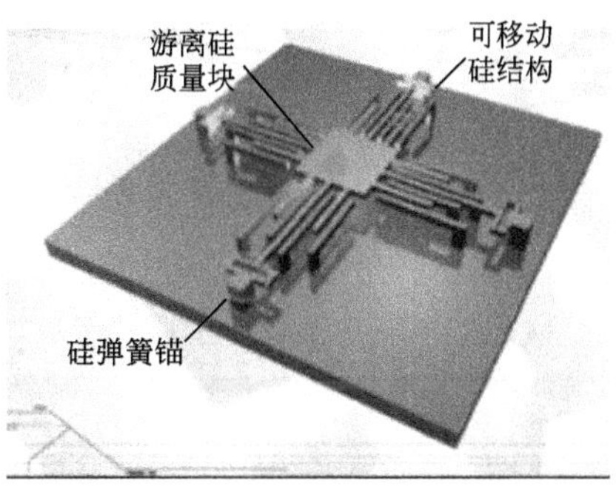

(b) 应变式传感器

图7.7 面微结构加工实体

下面以单自由度微细梁的加工为例，说明面微结构加工的一般工艺过程(图 7.8)，主要包括以下 5 个步骤。

(1) 在基片上沉积一层隔离层后再淀积一层磷硅玻璃作为牺牲层。

(2) 利用光刻技术在牺牲层上刻蚀出窗口，由于磷硅玻璃牺牲层在氢氟酸中的刻蚀速率比二氧化硅要高，可以用二氧化硅作为光刻掩膜。

(3) 在刻蚀出的窗口及牺牲层上生长一层多晶硅(或金属、合金、绝缘材料)作为结构层。

(4) 用化学或物理腐蚀方法在结构层上进行第二次光刻，进一步加工微细结构。

(5) 腐蚀牺牲层获得与硅基片略微连接或者完全分离的悬臂式结构。

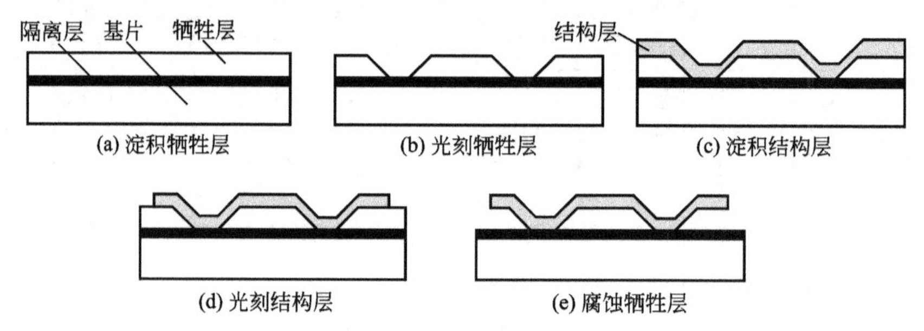

图 7.8　多晶硅梁的工艺过程示意图

7.3.2　体微结构加工技术

硅体微结构加工技术是指利用腐蚀工艺，选择性去掉硅衬底，对体微结构进行三维加工，形成微结构元件(如槽、平台、膜片、悬臂梁、固支梁等)的一种工艺。目前，体微结构加工主要用来制作微传感器和微执行器，如压力传感器、加速度传感器、触觉传感器、微热板、红外源、微泵、微阀等(图 7.9)。

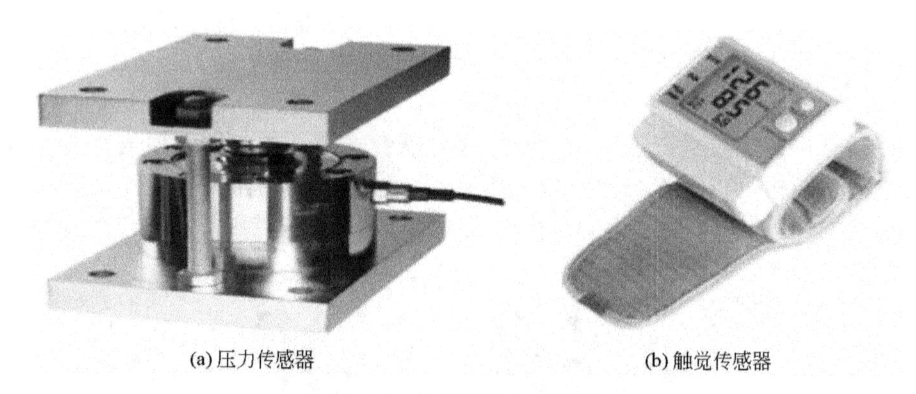

图 7.9　体微结构加工实体

体微结构加工技术包括腐蚀和自停止腐蚀两种关键技术。腐蚀又分为采用液体腐蚀剂的湿法腐蚀和采用气体腐蚀剂的干法腐蚀，对应有不同的自停止腐蚀方法。

1. 湿法腐蚀

湿法腐蚀是一个纯粹的化学反应过程，根据腐蚀剂的不同，可分为各向同性腐蚀和各向异性腐蚀。各向同性腐蚀是指硅在各个晶向有相同的腐蚀速率，因而适用于圆形结构的加工，为了去掉结构下的牺牲层，也常常采用各向同性腐蚀。各向同性自停止腐蚀技术系统在高稀释情况下，对掺杂浓度不同的硅进行选择性腐蚀，可实现硅的各向同性自停止腐蚀，图7.10所示为各向同性腐蚀。

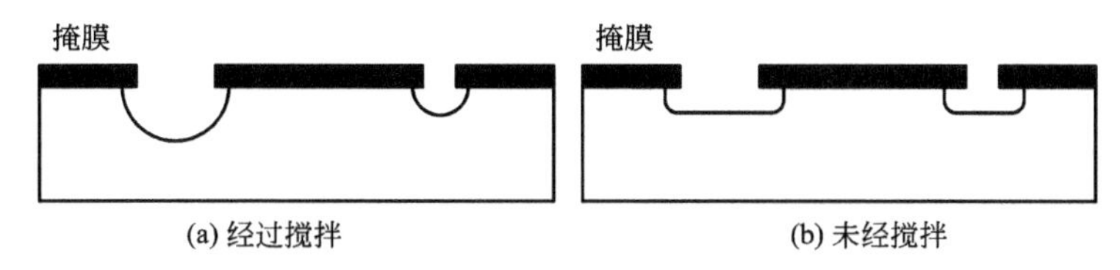

图7.10 各向同性湿法腐蚀形成的结构

各向异性腐蚀是指硅的不同晶向具有不同的腐蚀速率。基于这种腐蚀特性，靠调整器件结构面，使它和快刻蚀的晶面或慢刻蚀的晶面方向相对应，而刻蚀速率依赖于杂质浓度和外加电位这一特点又可用于控制适时停止刻蚀，从而可在硅衬底上加工出各种各样的微结构，如悬臂梁、齿轮等微型传感器和微型执行器的精密三维结构。例如，硅材料的(111)晶面的腐蚀速率最低，如果选用的硅晶片是(100)，则腐蚀后所显露出来的是腐蚀速率最低的(111)面，与表面成54.74°。在(100)晶面或(110)晶面的硅材料上，以及不同的晶面上开出腐蚀窗口，可以腐蚀出不同形状的微细结构，如图7.11所示。

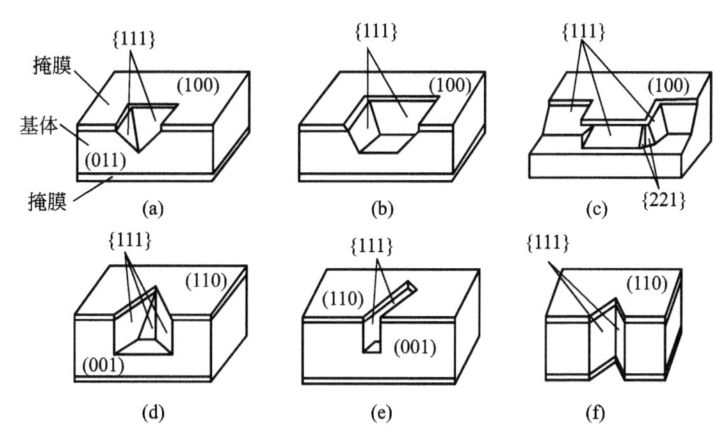

图7.11 在(100)和(110)衬底上的各项异性腐蚀图形

2. 干法腐蚀

干法腐蚀不需要大量的有毒化学试剂，不需要清洗，而是利用气体腐蚀剂来进行基底材料的去除，而且具有分辨率高、各向异性腐蚀能力强、腐蚀的选择比大、可得到较大深宽比以及进行自动控制等优点。干法腐蚀包括以物理作用为主的离子腐蚀(Ion Etching，IE)，以化学反应为主的等离子体腐蚀(Plasma Etching，PE)，以及兼有物理、化学作用的反应离子腐蚀(Reactive Ion Etching，RIE)。

1) 离子腐蚀技术

离子腐蚀是利用纯物理作用进行的蚀刻，等离子体内的离子轰击固体表面，其组成物质以“溅射”原子的形式抛射出来，从而实现蚀刻作用，因此也称为溅射(阴极溅射)蚀刻。溅射装置如图7.12(a)所示，将硅晶放置在气体放电等离子体中，作为气体放电的阴极。气体放电形成电子和正离子，等离子体区域内的正离子在阴极极区电场的加速作用下，以较高的能量(和动量)轰击硅晶，与硅晶物质的原子及离子碰撞后，由于动量的交换发生硅晶物质原子的反冲，在适当条件下反冲的原子获得向外运动的动量而被抛射出来，其溅射的物理过程如图 7.12(b)所示。

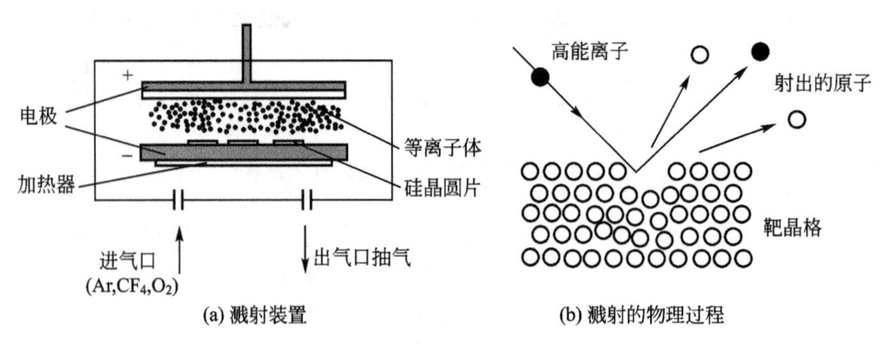

图 7.12　离子溅射蚀刻过程示意图

离子腐蚀的方向是纵向的，各向异性性能好，易于获得小的特征尺寸和良好的纵横比，其过程可以由气体放电的电参数控制，蚀刻产生的结构质量较好，均匀度达到±1%～±2%，重复性较好，并且没有液相腐蚀的废液和废渣颗粒等问题，故环境洁净、污染少。其主要缺点是蚀刻选择性较差，因为对掩膜同样有一定的蚀刻作用，所以加工深度较大的结构时，需要很厚的掩膜。

2) 等离子体腐蚀技术

等离子体腐蚀是化学腐蚀，过程气体在高频或直流电场中受到激发并分解，然后与被腐蚀材料起反应形成挥发物质，再由抽气泵排出。在等离子体腐蚀中，化学过程是主要的，有较好的选择性，并且物理过程中高的过程压力减少了各向异性，腐蚀过程一般为各向同性，腐蚀速率也比离子腐蚀高。为了提高腐蚀物质排出速度，在腐蚀过程中，所选择的气体压力一般为 10～100Pa。

3) 反应离子腐蚀技术

由于物理腐蚀所具有的各向异性和化学腐蚀所具有的高选择性，目前主要将这两种方法结合起来使用，它可以兼具物理腐蚀和化学腐蚀的优点。反应离子腐蚀是干法腐蚀技术中的重点，兼有离子腐蚀和等离子体腐蚀的优点，腐蚀方向强，掩膜选择性高，腐蚀速率良好，应用极为广泛。

在反应离子腐蚀过程中，既有化学反应发生，又有离子的轰击效应，其过程主要如下：离子轰击表面产生物理溅射；引起表面晶格损伤而形成化学活性点，加速化学反应；轰击加速表面反应产物脱离；轰击破坏了表面阻挡层；引起化学溅射。

在反应离子腐蚀中，被腐蚀样品放在小的电极上，气体压力选择为 0.1～1Pa。

7.3.3　键合技术

MEMS 是将微传感器、微执行器及处理器集成于一体的复杂智能微系统。当这个智能微系统按照不同工艺要求制作在同一个芯片上时，复杂结构的实现有时是十分困难的。因此，要把整个 MEMS 按结构、材料、微加工工艺的不同，分别在不同基片上进行微加工，然后将两片或者多片基片，在超精密装配设备上对准，通过键合手段，把它们连接成一个完整的微系统。这是 MEMS 获得低成本、高合格率、质量可靠的复杂微结构的有效途径。

键合技术是指不利用任何粘合剂，只是通过化学键和物理作用将硅片与硅片、硅片与玻璃或其他材料紧密地结合起来的方法。键合技术虽然不是微结构加工的直接手段，却在微结构加工中有着重要的地位。它往往与其他手段结合使用，既可以对微结构进行支撑和保护，又可以实现微结构之间或微结构与集成电路之间的电学连接。在 MEMS 工艺中，最常用的是硅-硅直接键合和硅-玻璃阳极键合技术，近年来又发展了多种新的键合技术，如硅化物键合、有机物键合等。

阳极键合又称静电键合或协助键合，在强大的静电力作用下，将两被键合的表面紧压在一起；在一定温度下，通过氧-硅化学价键合，将硅及淀积有玻璃的硅基片牢固地键合在一起。设备简单、键合温度较低、与其他工艺相容性较好、键合强度及稳定性较高。

硅-硅阳极键合技术在微电子器件中制造 SOI(Silicon On Insulate)结构有许多应用，以下介绍一种具体工艺流程，如图 7.13 所示。

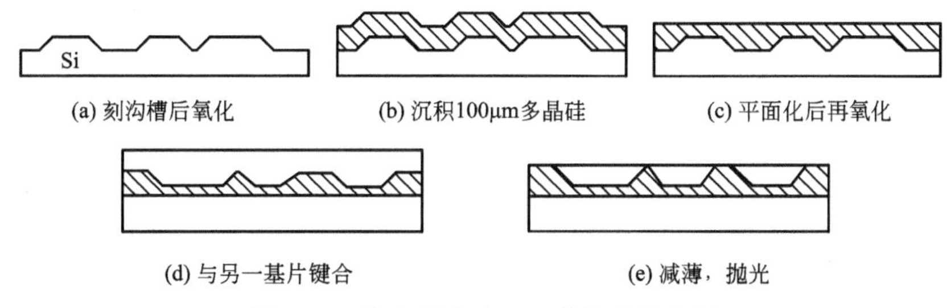

图 7.13　阳极键合在 SOI 结构中的应用

(1) 在第一块 Si 基片上用各向异性刻蚀技术刻出构槽，并作氧化处理。

(2) 在上述氧化处理的表面上淀积 100μm 厚的多晶硅。

(3) 将多晶硅表面磨平，抛光后再氧化。

(4) 选择合适的阳极键合工艺参数，将该基片与另一硅基片进行阳极键合。

(5) 对第一块硅片进行减薄，SOI 结构基本完成，可用作专用器件的制造。

阳极键合技术还大量应用于微结构的制造技术，如微泵、微阀、微压力传感器和加速度传感器，以及微机电系统的组封装技术。图 7.14 为利用直接键合技术制造微压力传感器芯片的示意图。图中两片晶体硅，其中一片为 P 型硅，在衬底上外延一层 N 型硅膜；另一片 N 型硅用各向异性腐蚀法腐蚀出锥形槽；将两片硅直接键合在一起；腐蚀掉第一片硅的 P 型衬底(即减薄了第一个硅片)，并在其上制作(离子注入)电阻；用抛光的方法，按照设计的尺寸减薄第二片硅，最后形成压力传感器芯片。

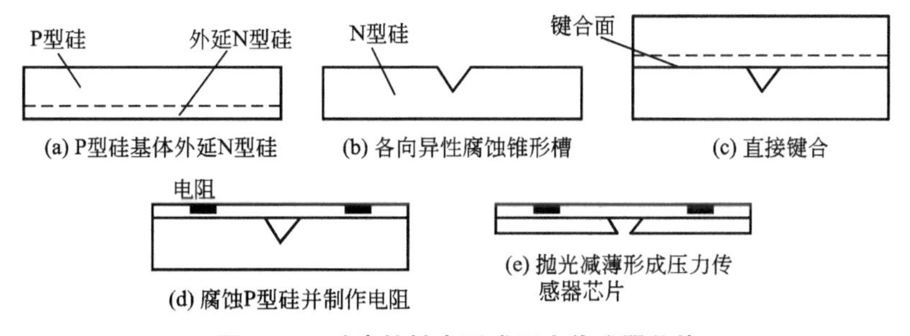

图 7.14　硅直接键合形成压力传感器芯片

7.4 LIGA 技术

7.4.1 LIGA 技术原理

LIGA 是德文 Lithographie、Galanoformung 和 Abformung 三个词，即光刻、电铸和注塑的缩写。LIGA 技术是一种基于 X 射线光刻技术的 MEMS 加工技术。由于 X 射线有非常高的平行度、极强的辐射强度和连续的光谱，使 LIGA 技术能够制造出高宽比达到 500∶1、厚度大于 1500μm、结构侧壁光滑且平行度偏差在亚微米范围内的三维立体结构。利用 LIGA 技术，不仅可以制造出微纳尺度结构，而且还能加工微观尺度的结构(尺寸为毫米级的结构)，因此被视为微纳米制造技术中最有生命力、最有前途的加工技术。

【LIGA 技术的工艺流程】

LIGA 技术利用 X 射线进行光刻，能够制作出形状复杂的大深宽比微结构，可加工的材料也比较广泛，如金属及其合金、陶瓷、塑料、聚合物等，是非硅微细加工技术的首选方法。用 LIGA 技术可以制作各种各样的微器件、微结构和微装置。目前用 LIGA 技术已开发和制造了微传感器、微电机、微执行器、微机械零件、集成光学和微光学元件、微波元件、真空电子学元件、微型医疗器械和装置、流体技术微元件、纳米技术元件及系统、各种层状和片状微结构等。

LIGA 技术由多道工序组成，可以进行三维微器件的大批量生产，主要包括溅射隔离层、涂光刻胶、同步辐射 X 光曝光、显影、微电铸、去除光刻胶、去除隔离层、以及制造微塑铸模具、微塑铸和第二次微电铸等。LIGA 工艺的基本工艺步骤共分八步，其工艺流程如图 7.15 所示。

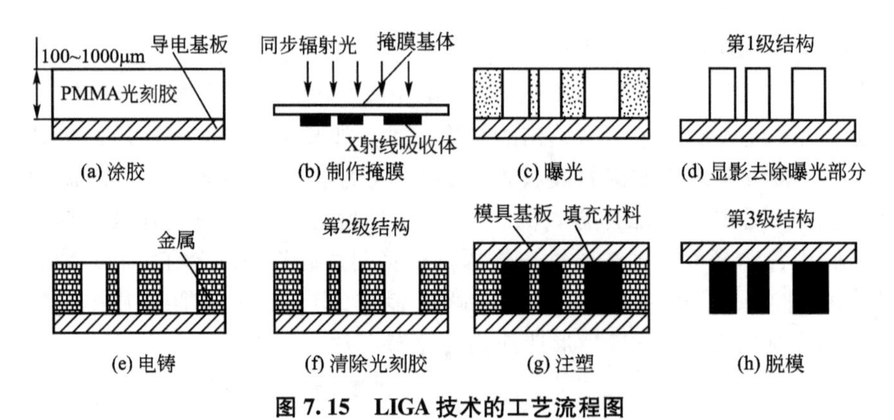

图 7.15 LIGA 技术的工艺流程图

(1) 涂胶工艺。在金属衬底的导电基板上聚合一层 PMMA 胶(聚甲基丙烯酸甲酯)，厚度为几百至一千微米。

(2) LIGA 掩膜版制造工艺。LIGA 掩膜版必须有选择地透过和阻挡 X 光，一般的紫外光掩膜版不适合做 LIGA 掩膜版。

(3) X 光深层光刻工艺。该工艺需平行的 X 光源，由于需要曝光的光刻胶的厚度要达到几百微米，用一般的 X 光源需要很长的曝光时间，而同步辐射 X 光源不仅能提供平行的 X 光(波长0.2～0.5nm)，并且强度是普通X光的几十万倍，这样就可以大大缩短曝光时间。

(4) 形成第1级结构。对已受X射线照射的PMMA进行显影，将曝光部分溶解而形成第1级结构。

(5) 微电铸工艺。对显影后的样件进行微电铸，就可获得由各种金属组成的微结构器件。微电铸的原理是在电压的作用下，阳极的金属失去电子，变成金属离子进入电铸液，金属离子在阴极获得电子，沉积在阴极上。当阴极的金属表面有一层光刻胶图形时，金属只能沉积到光刻胶的空隙中，形成与光刻胶相对应的金属微结构。

(6) 形成第2级结构。将第1级结构清除，从而得到一个全金属的第2级结构。

(7) 微复制工艺。由于同步辐射X光深层光刻代价较高，无法进行大批量生产，所以LIGA技术的产业化只有通过微复制技术来实现。将聚合物注入到第2级结构中进行模塑。

(8) 从金属模子中抽出模塑的聚合物从而形成第3级结构。

与其他微细加工方法相比，LIGA技术具有如下特点。

(1) 可制作任意截面形状图形结构，加工精度高，可制造高宽比500∶1以上的微细结构，其厚度可达到几百微米，并且侧壁陡峭，表面光滑。

(2) 通过注塑工艺形成的第3级结构，注塑不同的材料可以形成金属、陶瓷、玻璃等微细结构。

(3) 第2级和第3级结构通过电铸和注塑工艺可以重复复制，符合工业化大批量生产要求，制造成本相对较低等。

(4) LIGA工艺与牺牲层技术相结合可在一个工艺步骤中同时加工出固定的和活动的金属微结构，省去了调整和装配的步骤，特别适合于制作电容式微加速度传感器这样带有活动结构的三维金属微器件。

7.4.2 准LIGA技术

LIGA技术可加工出有较大高宽比和很高精度的微结构产品，而且加工温度较低，使得其在微传感器、微执行器、微光学器件及其他微结构产品加工中显示出突出的优点。然而，LIGA技术需要用的高能量X射线来自于同步回旋加速器，这一昂贵的设备和复杂的掩膜制造工艺限制了其广泛应用。为此，人们研究了便于推广的准LIGA技术。

准LIGA技术是利用常规光刻机上的深紫外光对厚胶或光敏聚酰亚胺光刻，形成电铸模，结合电镀、化学镀或牺牲层技术，由此获得固定的或可转动的金属微结构。准LIGA技术不像LIGA技术需要昂贵的设备，却制作方便，故是微结构加工的一项重要技术，准LIGA技术与LIGA技术的特点列于表7-3。

表7-3 LIGA和准LIGA技术的特点

	LIGA技术	准LIGA技术
光源	同步辐射X光	常规紫外光(波长为350～450nm)
掩膜版	以Au为吸收体的X射线掩膜版	标准Cr掩膜版
光刻胶	常用聚甲基丙烯酸甲酯PMMA	正性或负性光刻胶、聚酰亚胺、SU-8胶
深宽比	一般≤100，最高可达500	一般≤10，最高可达50
胶膜厚度	几十微米至一千微米	几微米至几十微米

（续）

	LIGA 技术	准 LIGA 技术
生产成本	很高	较低，约为 LIGA 技术的 1%
侧壁垂直度	可大于 89.9°	可达 88°
最小尺寸	亚微米	一微米至数微米
加工温度	常温至 5℃左右	常温至 5℃左右
加工材料	多种金属、陶瓷及塑料等	多种金属、陶瓷及塑料等

从 20 世纪 90 年代以来，MEMS 研究者们就一直在努力开发准 LIGA 工艺，其目的在于降低微结构器件的生产成本和缩短器件生产周期。目前，利用准 LIGA 技术已制作出微齿轮、微线圈、光反射镜、磁传感器、加速度传感器、射流元件、微陀螺、微电机等多种微结构。图 7.16 所示为利用准 LIGA 技术制备的微型线圈和微接触探针。

(a) 电铸镍微型线圈

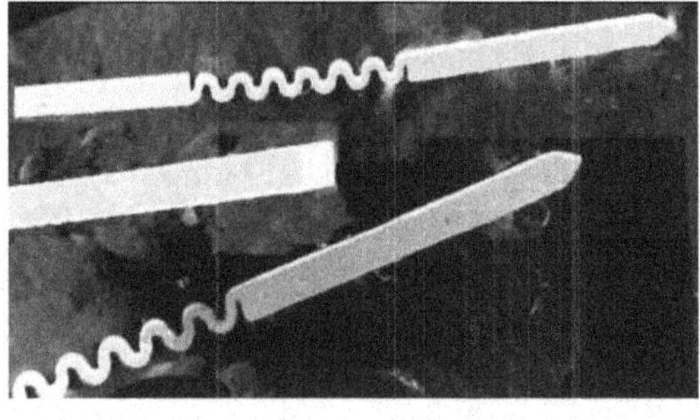

(b) 电铸镍微接触探针

图 7.16　利用准 LIGA 技术制备的微型零件

7.4.3　多层光刻胶工艺

由于一般情况下用紫外光对光刻胶进行大剂量的曝光时，光刻胶不能太厚，而且显影后光刻胶图形的侧壁陡峭度不好。为此，将多层光刻胶工艺应用于准 LIGA 技术上进行光刻，可以得到较高的光刻分辨率，光刻后光刻胶的侧面陡直，截面形状近似为矩形。多层光刻胶工艺有多种，如两层光刻胶工艺、三层光刻胶工艺等。其中，三层光刻胶工艺是应用最多的一种多层光刻胶工艺。

三层光刻胶工艺包括上层光刻胶层、中间介质层及下层光刻胶层三层结构。下层光刻胶层一般应足够厚以使其表面平整，有利于光刻分辨率的提高。中间介质层一方面将上下两层光刻胶分离开来；另一方面还为采用干法腐蚀工艺中的反应离子刻蚀技术(RIE)刻蚀下层光刻胶来转移图形提供阻挡作用。因此中间介质层不宜太厚，可足以阻挡对下层光刻胶的 RIE 刻蚀即可(如 100nm)。中间介质层可以用等离子体增强化学气相沉积法(PECVD)方式形成，也可以用溅射、涂敷等方式生成，但中间介质层生长时温度一定要低，以防下层光刻胶发生龟裂。由于此时的表面已经相当平整，上层光刻胶可以涂得很薄(如 600nm)以提高紫外光刻的分辨率。图 7.17 给出了三层光刻胶光刻工艺的流程。

三层光刻胶光刻具体的工艺流程如下。

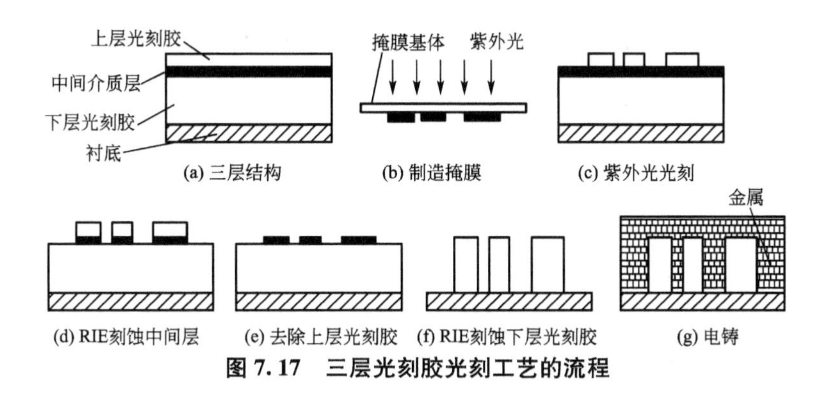

图 7.17　三层光刻胶光刻工艺的流程

(1) 在硅衬底上涂敷较厚的下层光刻层并进行烘干，然后在其上形成中间介质层，在中间介质层上涂敷较薄的上层光刻胶层并进行前烘，形成三层结构。

(2) 制造用于紫外光光刻的掩膜。

(3) 对上层光刻胶进行光刻，得到光刻后的图形。

(4) 以上层光刻胶的图形作掩蔽，RIE 刻蚀下面的中间介质层。

(5) 去除上层光刻胶。

(6) 用中间介质层的图形作掩蔽，RIE 刻蚀下层光刻胶，从而实现光刻图形向下层光刻胶的转移，从而得到适合于进行电铸的结构。

(7) 利用 LIGA 工艺中相应的电铸、制模、脱模等工艺步骤制作高质量低成本的微机械结构。

在利用三层光刻胶工艺的准 LIGA 技术中，RIE 刻蚀下层光刻胶工艺步骤很关键，其直接影响着下层光刻胶的刻蚀深度和刻蚀的深宽比。只要 RIE 刻蚀的各向异性足够好，刻蚀的深宽比就可以做得很大，下层光刻胶的刻蚀深度也就可以做得较大。

三层光刻胶工艺有如下的优点：①由于表面较平整而使光刻分辨率较高；②光刻胶图形的侧壁几乎是垂直的，其截面为矩形；③仅有对上层光刻胶的一次曝光。

图 7.18 是利用准 LIGA 工艺制造的微电容加速度传感器的结构示意图。质量块用悬臂梁支持，并被固支在基片上，它可以在两个固定于基片的静电极之间摆动，从而与两个静电极之间形成电容，电容量随着加速度大小的变化而变化。

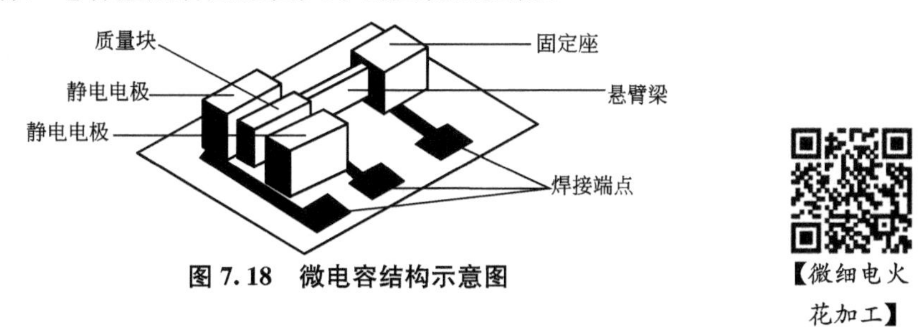

图 7.18　微电容结构示意图

【微细电火花加工】

7.5　微细电火花加工

在电火花加工应用中，通常把尺寸特别小的加工称作微细电火花加工（Micro

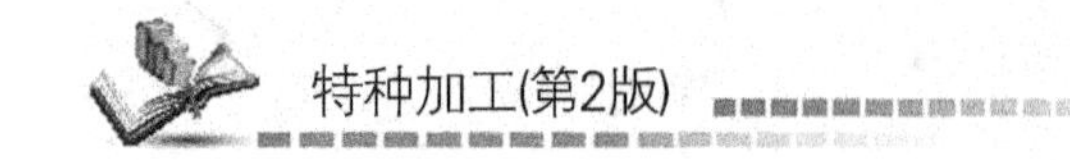

Electrical Discharge Machining，MEDM)。微细电火花的加工原理与普通电火花加工并无本质区别，不同之处在于其使用微小成形电极，利用传统的电火花成形加工方法无法进行微细三维轮廓加工。形状复杂的微小电极本身就极难制作，而且加工过程中电极损耗严重，成形电极的形状很快改变而无法进行高精度的三维曲面加工。因此，人们开始探索使用简单形状的电极，借鉴数控铣削的方法进行微细三维轮廓的电火花加工。

7.5.1 微细电火花加工特点

由于微细电火花加工对象的尺寸通常在数十微米以下，为了达到加工尺寸精度和表面质量要求，对微细电火花加工有一些特殊的要求。微细电火花加工呈现以下一些特点。

1. 放电面积很小

微细电火花加工的电极一般在 $\phi 5\sim 100\mu m$ 之间，对于一个 $\phi 5\mu m$ 的电极来说，放电面积不到 $20\mu m^2$。在这样小的面积上放电，放电点的分布范围十分有限，极易造成放电位置和时间上的集中，增大了放电过程的不稳定，微细电火花加工变得困难。

2. 单个脉冲放电能量很小

为适应放电面积极小的放电状况要求，保证加工的尺寸精度和表面质量，每个脉冲的去除量应控制在 $0.10\sim 0.01\mu m$ 的范围内，因此必须将每个放电脉冲的能量控制在 $10^{-6}\sim 10^{-7}J$ 之间，甚至更小。

3. 放电间隙很小

由于电火花加工是非接触加工，工具与工件之间有一定的加工间隙。该放电间隙的大小随加工条件的变化而变化，数值从数微米到数百微米不等。放电间隙的控制与变化规律直接影响加工质量、加工稳定性和加工效率。

4. 工具电极制备困难

要加工出尺寸很小的微小孔和微细型腔，必须先获得比其更小的微细工具电极。线电极电火花磨削(Wire Electrical Discharge Grinding，WEDG)出现以前，微细电极的制造与安装一直是制约微细电火花加工技术发展的瓶颈。从目前的应用情况来看，采用 WEDG 技术能很好地解决微细工具电极的制备问题。为了获得极细的工具电极，要求具有高精度的 WEDG 系统，同时还要求电火花加工系统的主轴回转精度达到极高的水准，一般应控制在 $1\mu m$ 以内。

5. 排屑困难，不易获得稳定火花放电状态

由于微细电火花加工时放电面积、放电间隙很小，极易造成短路，因此欲获得稳定的火花放电状态，其进给伺服控制系统必须有足够的灵敏度，在非正常放电时能快速地回退，消除间隙的异常状态，提高脉冲利用率，保护电极不受损坏。

7.5.2 微轴电极制造方法

1. 电极的反拷加工

用机械加工方法制造直径很小的细长电极很困难，电火花反拷加工是一种行之有效的

工艺。在机床工作台上用一块长约 50mm、厚 5mm 耐电火花腐蚀的铜钨合金或硬质合金块作为反拷电极，其工作面必须研磨过，并校正到与坐标方向平行。要修拷的电极夹在主轴夹头内，可随主轴旋转和上下运动。然后用图 7.19 所示的方法进行粗拷、开空刀槽和精拷加工，最后为给加工区域留出一定的排屑空间，还需要把圆形电极进行拷扁处理。

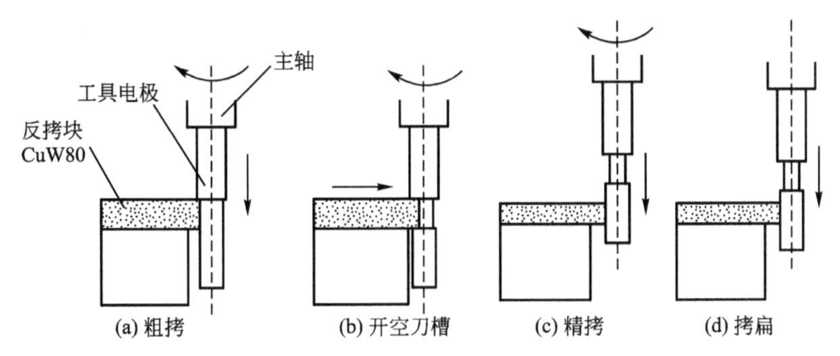

图 7.19　反铸加工原理图

2. 原位孔微细电火花磨削法

原位孔微细电火花磨削法是利用圆柱形电极自钻原位孔，并利用该孔加工微细圆柱电极的加工方法，如图 7.20 所示，具体方法是：首先，将圆柱电极作为电火花加工的负极，在板状工件上利用火花放电加工出一个孔；然后，电极返回到加工前的初始位置，并将电极轴线相对于已加工出的孔中心偏离一定距离；第三，改变圆柱电极和工件的极性，利用原位孔对回转的圆柱工具电极进行电火花反拷加工。如果利用过进给方式加工孔，孔的圆柱度较好，就能获得笔直的圆柱微细电极。只要事先测量出电极与孔壁之间的放电间隙就能加工出任意直径的圆柱微细电极。这种方法的优点是不用附加任何工具电极制备装置，简便易行，具有较高的加工效率、尺寸精度，形状重复精度容易保证。

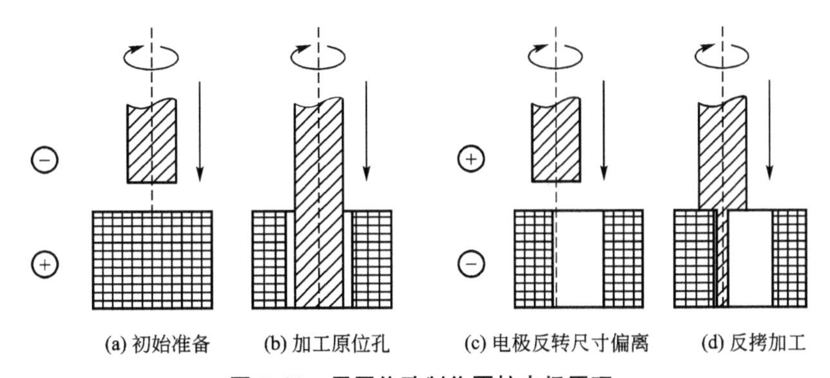

图 7.20　用原位孔制作圆柱电极原理

3. 线电极电火花磨削

与金属丝矫直、毛细管拉拔或金属块反拷等方法相比，采用精密旋转主轴头与线电极放电磨削相结合制作微小轴(工具电极)的方法［图 7.21(a)］，更容易得到更小尺寸的电极轴，并且易保证较高的尺寸和形状精度。

微小轴的成形是通过线电极丝和被加工轴之间的放电加工来实现的。线电极磨削丝缓

慢沿走丝导块上导槽面滑移，被加工轴随主轴头旋转沿轴向进给。如图 7.21(b)所示的微小电机轴是纯铜材料，其加工电压为 100V，放电电容为 1000pF，正极性加工，浇注的工作液为煤油。

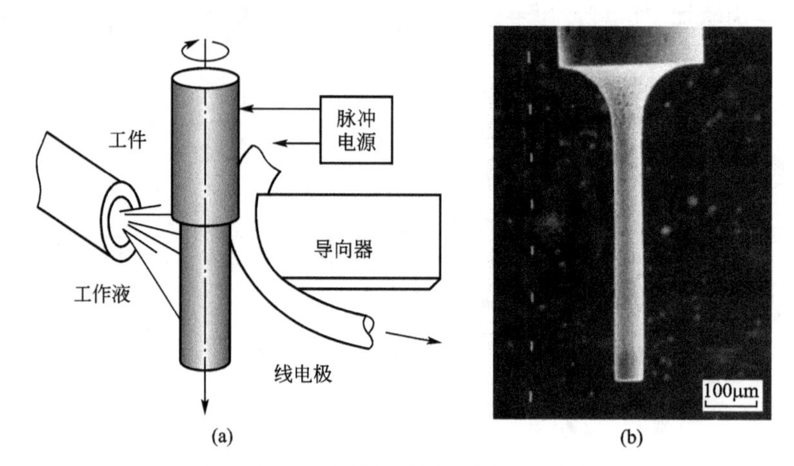

图 7.21 微小轴(工具电极)的加工原理

4. 削边电极的加工

工具电极随主轴旋转时，利用微小圆轴($\phi \leqslant 0.1$mm)进行微小圆孔的加工一般可顺利达到 0.4mm 左右的深度。但当孔深达到约 0.5mm 以上时，由于排屑不畅，加工状态趋于不稳定，加工效率急剧下降，甚至加工无法继续进行。加工微小孔时利用工作液循环强制排屑很难奏效，排屑须依靠放电时产生的压力和小气泡自动带出。工具电极的旋转虽然有助于排屑和提高加工稳定性，但由于侧向放电间隙较小，使得能够加工的孔深受限。

为实现高深径比微小孔的高效率加工，可采取修扁工具电极的方法，如图 7.22 所示。利用线电极放电磨削机构将(电极轴二边对等削去一部分，实际单侧削去部分约为轴径的 1/5～1/4，既不过分削弱轴的刚度和端面放电面积，又造成足够的排屑空间。用这种削边电极加工微小孔时，电极随主轴旋转，排屑效果显著改善，在加工深径比达 10 以上的微小孔时，能够保持稳定的加工状态和较高的进给速度。用煤油作为工作液在不锈钢材料上贯穿 1mm 的微小孔所用加工时间为 3～4min。

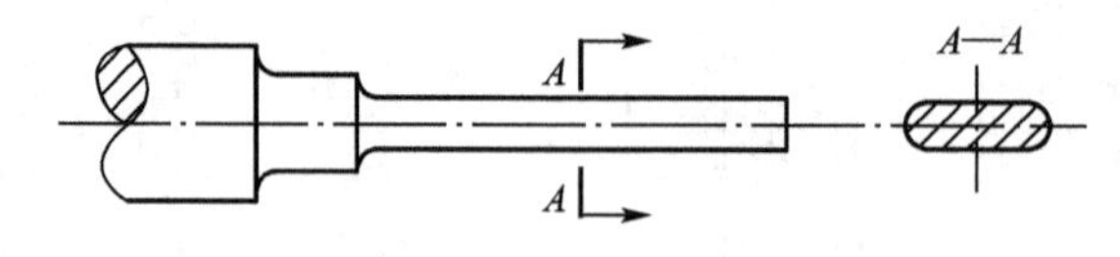

图 7.22 削边电极示意图

7.5.3 微细电火花加工关键技术

1. 超低电压微细电火花加工方法

进一步缩小单脉冲去除量是微细电火花加工向更加微细乃至纳米尺度加工方向发展的重要一环。然而，由于分布电容的存在，实际能够获得的加工间隙等效电容很难做得很小，因此难于获得更小的单个脉冲放电能量。采用超低压的脉冲电源进行微细电火花加工是降低放电能量的较好方法。实践表明，电源电压在5V以上时，用直径$\phi15\mu m$或$\phi7\mu m$的钨金属电极，可以进行平均电极进给速度为$5\mu m/min$的放电加工，加工出的微细孔直径$\phi20\mu m$和$\phi8.5\mu m$；电源电压为2V时也可进行放电加工；采用20V的电源电压，可以加工出直径$\phi1\mu m$的微细轴。

2. 等损耗电极补偿技术

电火花加工中，不可避免的存在电极消耗问题。在微细电火花加工中，由于电极尺寸小，电极损耗比传统的电火花加工中的损耗率大，特别是电极的边角部分，由于损耗会迅速变圆，如图7.23(a)所示。使用尺寸与形状在加工中都发生变化的电极无法精确加工微细形状。如果电极的损耗是沿着轴向，而电极的形状不变，如图7.23(b)所示，这样，通过对电极损耗长度的补偿，可以准确加工三维微细形状。

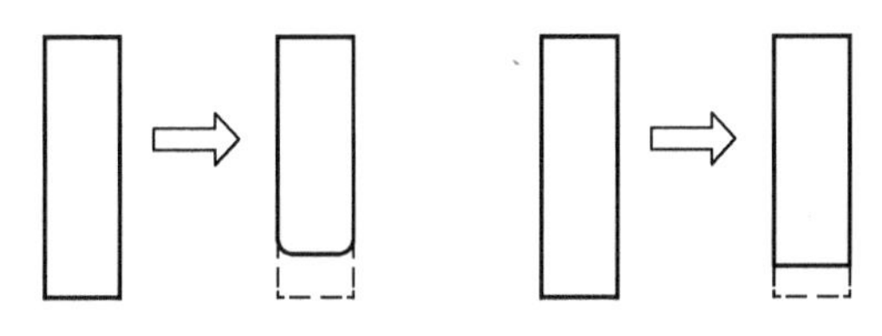

(a) 传统铣削存在侧边损耗　(b) 分层铣削只存在断面损耗

图7.23　传统电火花加工的电极损耗和电极均匀损耗

采用均匀损耗法(又称层状加工法)可以实现微细电火花加工过程的电极均匀损耗，保持电极形状不变。其基本原理是在一定的条件下，电极每次进给距离小于放电间隙，因此放电只在电极端面进行，侧面不产生放电，完成一层加工后，只存在端面损耗，通过电极补偿方法可以使由于损耗而变形的工具恢复其原先的形状。

复杂微细三维结构的电火花加工技术在实际加工中，往往电极的损耗很大，严重地影响加工精度。因此，采用分层加工技术，合理地进行加工轨迹的规划并进行电极损耗的补偿是提高微细三维结构电火花加工精度的核心技术。

3. 微量进给机构

电火花微细加工正常的放电间隙只有数微米左右，在这样微小的放电间隙条件下，排屑和电介质的消电离都很差，放电过程不易稳定。这就要求伺服系统具有较高的灵敏度以适应状态的变化，遇到放电异常时能迅速采取相应的动作使放电恢复正常。此外，放电间隙小可供伺服系统调节的稳定放电间隙范围也很窄，这又要求伺服系统在跟踪间隙正常变化时必须有足够高的微进给分辨率和低速性能，使调节过程趋于稳定，以保证最大限度地发挥脉冲电源和加工装置的功能，提高脉冲利用率使微细加工能获得较高的速度。

压电陶瓷在两端加载一定的电压之后，将产生微量的变形，电压越大，变形量越大。多片压电陶瓷堆叠在一起，在一定电压的作用下，可以产生最大数微米的变形量，这种器件称为电致伸缩器件。例如，一种材料为PZT晶体的压电陶瓷，多片堆叠成45mm厚的电致伸缩器件后，在300V外加电压的时候，变形量为$20\mu m$，分辨率可以达到$0.08\mu m/V$。利用这种器件与步进电动机进给系统结合，形成的进给机构具有微步距分辨率高、传动链短、系统刚度高、响应速度快的特点，可显著提高微细电火花加工伺服系统的控制性能。

这种微进给伺服系统执行件方案如图7.24所示，它由两层工作台构成。下层工作台进给由步进电动机直接驱动，只做大步距的进给或回退动作，它的运动范围是整个加工行程。安装在下层工作台上面的是装有电致伸缩器件的弹性工作台，它是执行微步距伺服控制的元件，弹性工作台也可以装在主轴头上，其工作原理与装在下面一样。

微进给机构的工作原理：将电火花微细加工的总工作行程分为几个小行程，在每一个小行程(20μm)内由电致伸缩器件构成的执行件做微步距伺服进给，在它的输出总位移达到20μm的满量程后，让它快速回退到起始位置。然后，由步进电动机驱动下层工作台做一相同距离的大步距进给，到位后再由微进给部件执行伺服进给，整个加工行程就由两种进给方式交替进行完成。图7.25是加工工作行程的计算机控制次序图。

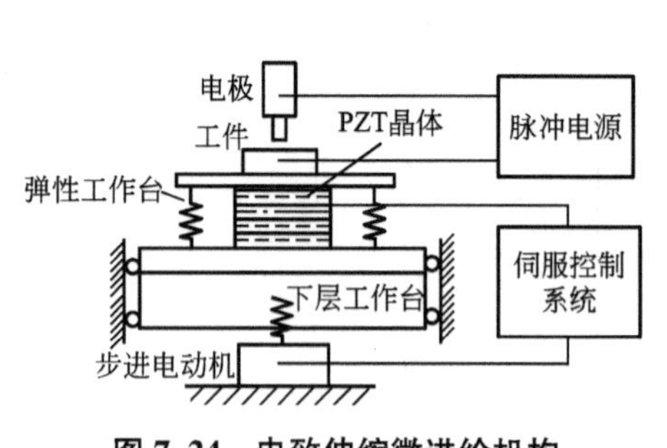

图7.24　电致伸缩微进给机构

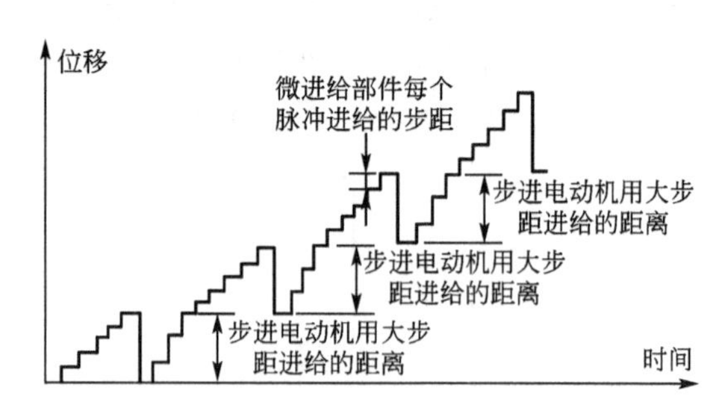

图7.25　微进给机构的进给控制次序

采用这种方法后微进给部件换到步进电动机驱动下层工作台进给时有较大的回退动作，这在电火花微细孔加工时很有利。因为电火花微细孔加工放电间隙小，工作区工作液循环困难，间隙状态恶劣，在伺服进给中经常地出现上述的回退动作相当于常规电火花成形加工中的抬刀作用，可以抽吸放电区域的工作液，促进排屑循环，改善间隙状态。

7.5.4　微细电火花加工实例

1. 轴、销、棒的加工

利用WEDG或电火花反拷块加工方法可制成直径为ϕ5.0μm左右的微细轴及单边为10.0μm左右的异形销等工件，如图7.26所示。如果用CNC控制线电极的导向器位置，还能加工出带有锥度、斜面及螺旋面等复杂形状的凸形工件。此外，只要加工装置的行程允许，能制成很长的棒形件。

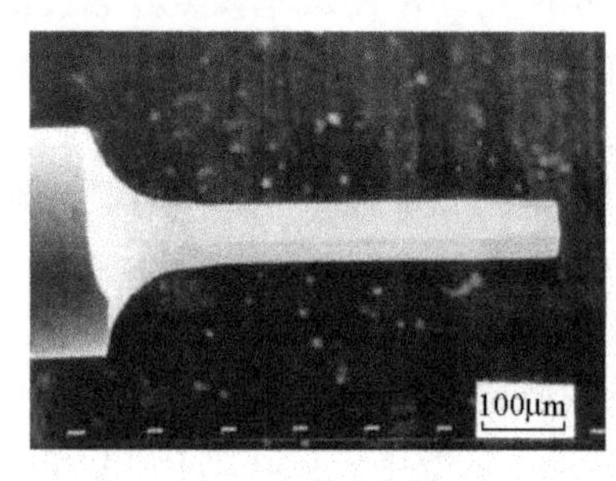

(a) 矩形电极

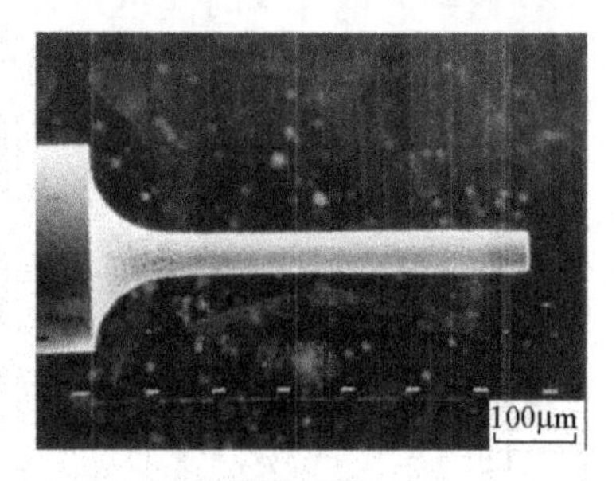

(b) 圆柱形电极

图7.26　轴类电极加工

2. 孔、2.5 维形状、3 维形状加工

利用 WEDG 加工出的微细电极，已能加工出圆、方、三角形以及各种剖面形状的微细孔，如图 7.27 所示。目前其应用范围是：圆孔直径为 ϕ5.0μm 左右，方孔单边为 10.0μm 左右；可加工材料为金属、合金、导电性陶瓷等；在加工深度上，可以加工出微孔深度超过直径 2 倍或在直径超过 ϕ50μm 加工出孔深达到直径 5 倍的深孔。利用微细电火花线切割(MWEDM)能很容易加工出 2.5 维形状的工件，但是在其拐角处会带有超出线电极半径的圆弧，三维型腔加工困难更大，但是利用简单的棒状电极，边借助于 CNC 扫描，边进行加工的方法已使三维型腔加工成为可能。特别是当与 WEDG 方法相结合时，能加工出拐角锐利的三维微细型腔，如图 7.28 所示。

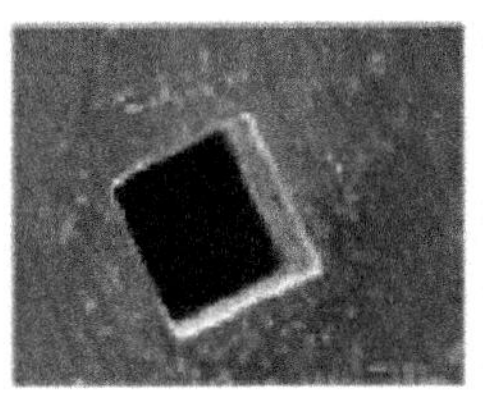
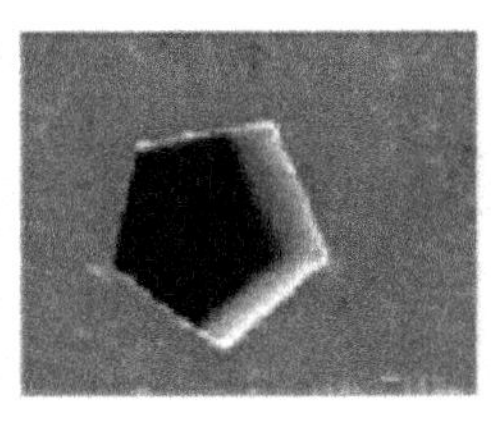

图 7.27　各种截面细微孔

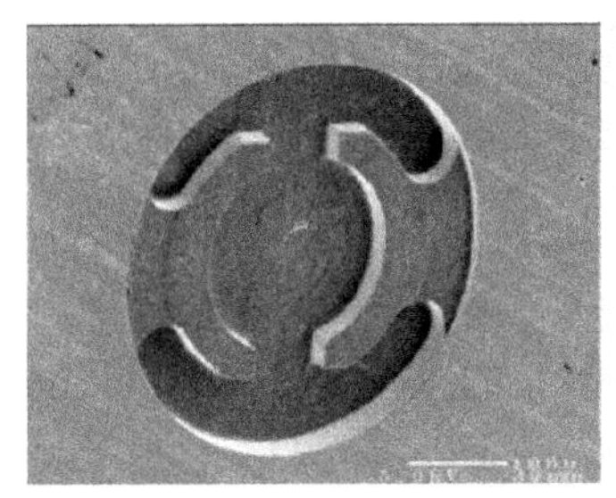
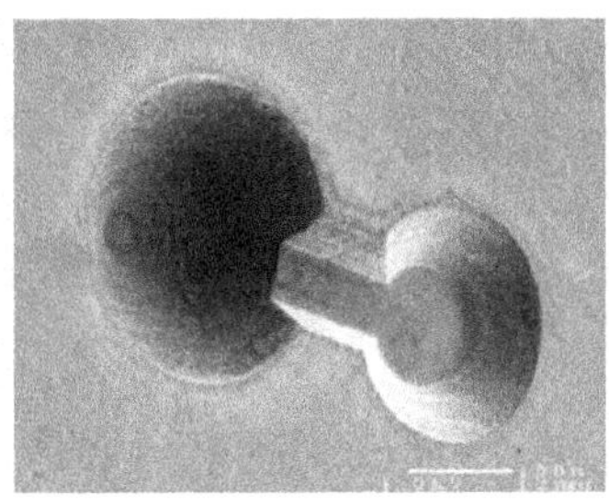

图 7.28　三维微细型腔

3. 微小模具加工

模具制造已成为电火花加工最大的应用领域，随着一部分模具的微细化，微细电火花加工是必然趋势。以往与微细加工相关的，多数为孔或狭缝加工，而现在已扩大到加工 3 维形状的型腔及凸形零件，同时还能直接用于加工微细凸透镜及表面装饰用铸模、压印模等模具。图 7.29 所示为一个微型汽车模具。

图 7.29　微型汽车模具

7.6 微细电火花线切割技术

随着微型机械对制造技术的需要，微细电火花线切割(细丝切割)技术近年来取得了迅速的发展，在国防、医疗、化学、仪器仪表工业等许多生产领域发挥了重要的作用。细丝切割技术加工成本相对低廉、生产效率较高和加工精度较好，特别适用于微小零件窄槽、窄缝的加工。细丝切割加工中，轴向移动的微细电极丝可自动补偿电极损耗，可以获得很高的加工精度。其广泛应用于微小齿轮、微小花键、微小异形孔，以及半导体模具、钟表模具等具有复杂形状的二维微小零件的加工。图 7.30 所示为微细电火花线切割加工的典型零件。

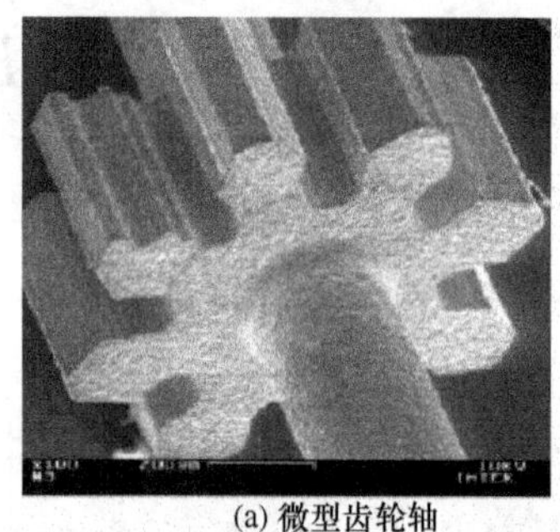

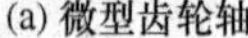

(a) 微型齿轮轴

(b) 大长径比领奖

图 7.30 微细电火花线切割加工的典型零件

细丝切割技术是指加工过程中采用微细的钨或其他材料的电极丝(ϕ0.01～0.05mm)进行切割，主要用于加工尺寸为 0.1～1mm 的零件。在细丝加工时，放电能量非常微弱，随着电极丝直径与放电能量的大幅度减小，放电过程及其作用机理都发生了本质上的变化，对走丝系统、微精电源、加工过程控制策略等提出了极大的要求。

目前的细丝切割领域，以低速单向走丝电火花线切割为主。采用双丝自动交换技术可以实现在一台机床上用不同直径的电极丝进行粗、精切割加工。粗加工时使用加工效率高的直径 ϕ0.20～0.25mm 的粗丝，以提高加工效率，并可无芯切割；精加工时自动切换为适合于微细形状加工的直径 ϕ0.02～0.15mm 细丝进行修整，切割出小圆角，并可提高精度。通过这一技术，可使得加工效率提高 30%～50%。

高速往复走丝细丝切割技术走丝速度较快，电极丝获得的冷却更加及时，其切割的持久性、稳定性、切割效率以及性价比等指标在某些细丝加工区域(如电极丝直径 ϕ0.05～0.1mm)大大高于低速单向细丝切割。

微细电极丝是实现微细电火花线切割加工的关键工艺条件。随着微细电极丝张力控制系统的不断改进，微细电火花线切割所能使用的电极丝直径不断的减小。利用磁力控制的电极丝张力控制系统，采用最小直径仅为 ϕ13μm 钨电极丝，实现了 15μm 窄缝的切割加工，如图 7.31(a)所示。采用直径 ϕ30μm 的电极丝，加工出节圆直径 ϕ350μm 的微小齿轮，如图 7.31(b)所示。

高灵活性、多自由度是细丝切割的发展方向，桌面式高精度、多功能细丝切割机床成为加工复杂微三维零件的较好一种实用工具。该机床可以使电极丝和工件的相对位置进行

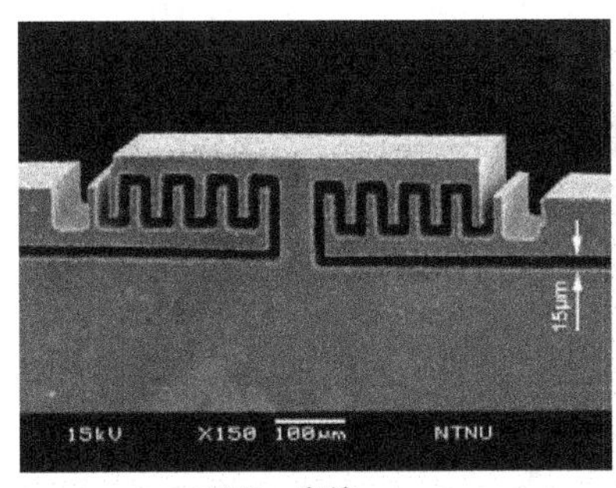

(a)15μm窄缝

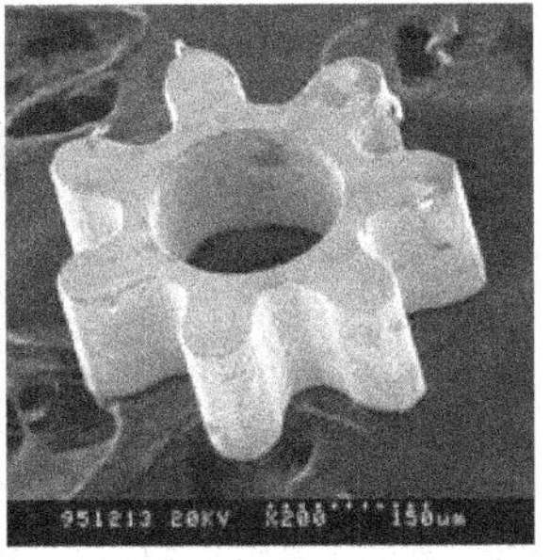

(b) 微齿轮

图 7.31 微细电火花线切割加工微结构

调整，能方便灵活地实现平行切割、垂直切割甚至斜面切割，如图 7.32(a)所示。利用该设备在铝合金材料上可以加工出具有复杂三维形状的微型宝塔结构，如图 7.32(b)所示。可见，对复杂微小零件的加工，微细电火花线切割加工表现出高精度、高效率和高灵活性的特点。但是，微细电火花线切割仅能加工准三维零件，无法加工具有自由曲面的微小零件。此外，微细电极丝直径不可能无限制地减小，也会在微细电火花加工的工件上出现切割圆角，这些缺点也限制了微细电火花线切割的应用。

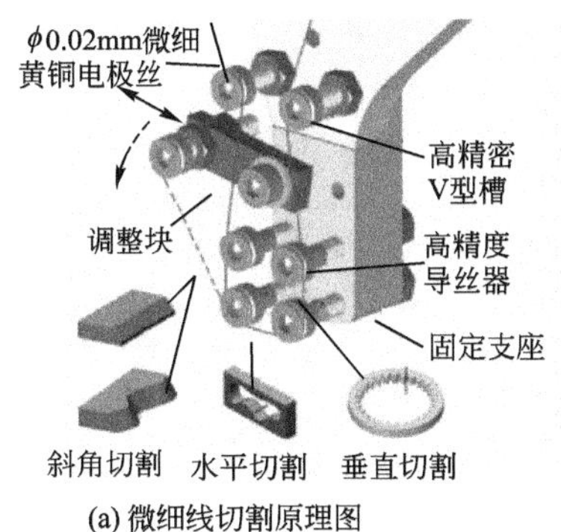

(a) 微细线切割原理图

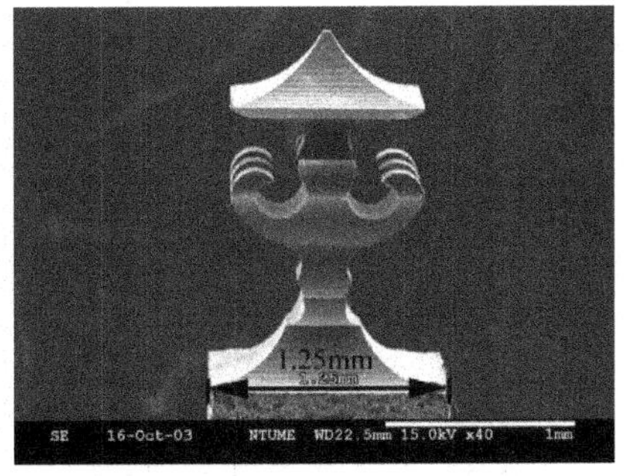

(b) 微细线切割加工的宝塔

图 7.32 微细电火花线切割复杂零件加工装置及样件

7.7 微细电解加工

微细电解加工(Electro Chemical Micro - Machining，ECMM)是指在微细加工范围(1μm～1mm)内应用电解加工得到高精度、微小尺寸零件的加工方法。在微细电解加工中，工件材料以离子的形式被蚀除，理论上可达到微米甚至纳米级加工精度，大量的研究和实验表明微细电解加工在微机电系统和先进制造领域非常有发展前景。除具有电解加工的优点外，微细电解加工也具有对装备要求高、加工间隙小、加工效率低等特点。虽然微细电解加工技术已成功应用于医疗、电子、航天等多个领域，但其发展仍面临着许多新的挑战。

在微细电解加工过程中，阴、阳极间电位差在间隙电解液中形成的电场会对工件造成杂散腐蚀，这在很大程度上影响了电解加工的精度。约束电场、改善流场将是提高电解加工蚀除能力和加工精度的基本技术途径。因此，在微细电解加工中，通常通过以下途径来提高加工精度：选择合适的电解液；控制极间间隙电场；合理设计电极结构和流场。微细电解加工材料去除量微小，加工精度要求很高，因此微细电解加工必须在低电位、微电流密度下进行。另外，加工精度的提高也可以通过对电解液流场分布的修整来实现。

常见的微细电解加工有脉冲微细电解加工、微细电解线切割、电液束流电解加工三类。

7.7.1 脉冲微细电解加工

脉冲微细电解加工(Pulse Electro Chemical Micro - Machining)是一种采用脉冲电流代替传统连续直流电流的电解加工技术。高频的脉冲电流相对于低频的脉冲电流而言，加工过程更加稳定。因为在加工过程中，不仅有电化学作用的产生，高频脉冲电流所形成压力波会对电解液起到搅拌的作用，使电解液及时得到更新和补充，加工的产物也可以更好的被清理出加工间隙，从而解决了在小加工间隙下排热、排屑不好等问题。

超短(纳秒)脉冲电源与低浓度电解液、加工间隙的实时检测及调整等技术结合后，加工间隙可缩小到几微米，从而实现亚微米级精度的加工。图 7.33 所示为采用斩波方式制作的纳秒级脉冲电源进行的微细电解加工所加工的微细结构。

图 7.33　微细电解加工的微细结构

7.7.2 微细电解线切割

微细电解线切割是微细电解和线切割技术相结合的一种加工方法，其原理如图 7.34 所示。该技术不但继承了微细电解加工的优点，而且还有其自身的特点：采用简单的线电极，结合二维平面运动，能够简单地实现复杂微结构的加工；不用制造复杂的成形电极，加工准备时间短，成本低。由于电解线切割的工具电极为线电极，因而更容易加工出普通加工方法很难加工的高深宽比结构。

在微细电解线切割加工中，电解产物排除能力的加强要求电解液的流速增加，而提高精度要求减小加工间隙，两者互相矛盾。针对此种情况，采用使丝电极沿轴向微小振动的工艺手段使线电极和工件之间进行相对运动，改善了微尺度间隙的流场，进而提高加工的稳定性。通过在线制作钨工具电极丝的方法，可切割出如图 7.35 所示的群缝及微五角星。

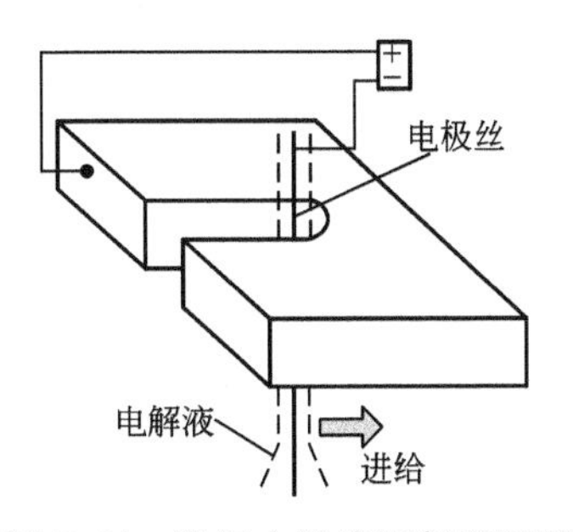

图 7.34　微细电解线切割原理图

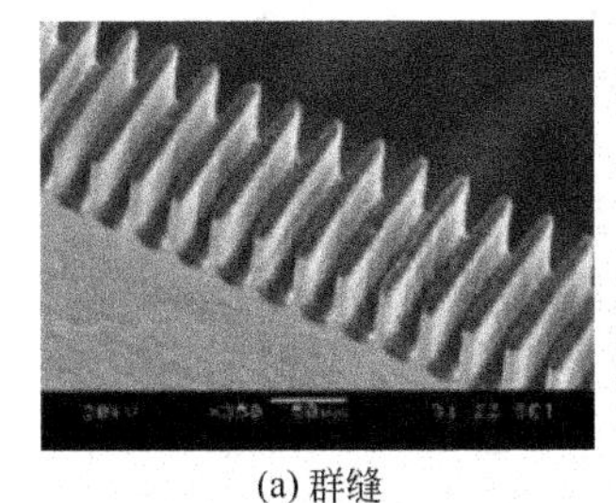

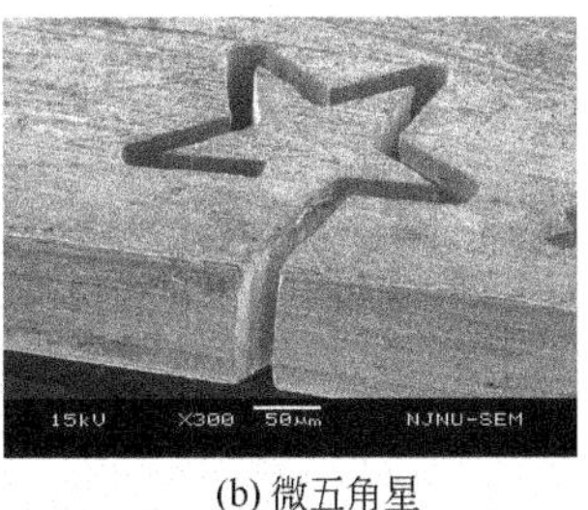

图 7.35　微细电解线切割实物

7.7.3　电液束流微细电解加工

电液束流微细电解加工(图 7.36)是在金属管电极中进行微细电解加工的方法，主要用于加工航空工业中的各种小孔结构，是高电压和大电流密度导致的强烈化学反应与阳极金属溶解反应二者复合作用的结果，故加工效率较高。该技术具有以下优点：①加工可行性好；②可实现无再铸层、无微裂纹的小孔加工；③加工的孔进出口光滑、无毛刺，可省去后续工艺；④可实现对薄壁零件的切割。电液束流加工时的电流密度和加工去除率是普通电解加工的数十倍，具有非常强的蚀除能力，加工的孔深径比可达 100∶1。

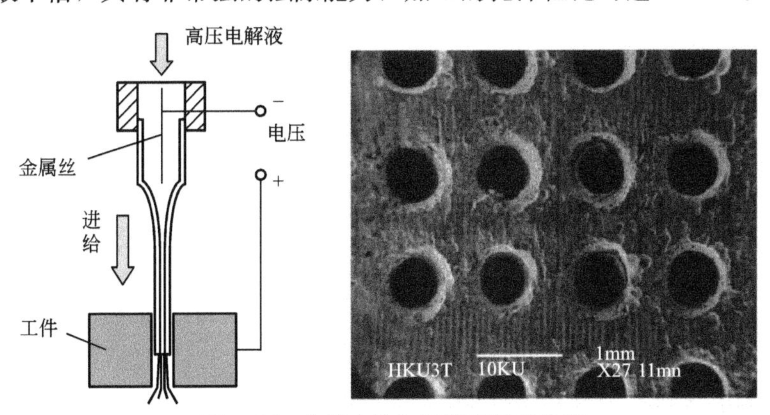

图 7.36　电液束流加工原理及实物图

7.7.4　微小阵列结构电解加工

在航空航天、电子、仪器、纺织、印刷、医疗器械、图像显示器、汽车等工业领域中，以微细阵列孔为关键结构的零部件越来越多，如光纤连接器(图 7.37)、化纤喷丝板、打印机喷墨孔、电子显微光栅、微喷嘴、过滤板等结构，其孔径尺寸越来越小，精度要求也越来越高。因此对微细孔阵列加工的研究提出了越来越高的要求，如何实现微细孔阵列的高质量、低成本、批量化的工艺和装备成为现代制造加工技术最迫切需要的技术之一。

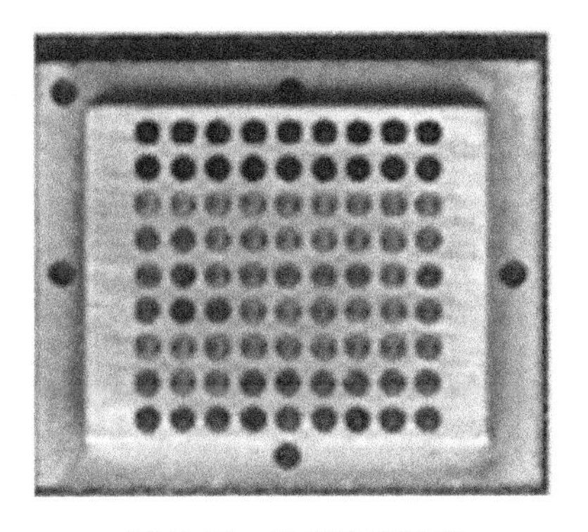

图 7.37　光纤连接器图

目前，加工微小群孔的方法除了有传统机械加工外，特种加工小孔也发展很快，例如成型管电解加工法、毛细管电解法、掩膜电解加工法、激光微细加工法等。

1. 成型管电解加工法(STEM法)

STEM法加工群孔原理如图7.38所示，用外表面均匀涂覆有绝缘层的金属管(常用钛管)作工具阴极，在其中通以酸性电解液，随着阴极的伺服进给，阳极离子不断溶解，从而实现群孔的加工。该方法大幅度降低了杂散腐蚀和电解产物堵塞的影响，提高了加工过程的稳定性。其加工微孔的深径比高达300∶1，孔径精度可控制在±0.025～±0.05mm的范围。将该方法用于群孔加工时效率高、成本低，航空发动机燃烧室和涡轮叶片上的近万个微细孔的加工，可以采用该项技术实现。

2. 毛细管电解法(CD法)

CD法加工孔原理如图7.39所示。该加工技术是在玻璃毛细管中放置一根极细的金属丝作为阴极，加工时通过毛细管的酸性电解液产生带电的液流，该液流射向工件进行孔的电解加工。由于毛细管电极非常细，它能加工出比STEM法孔径更小的微细孔，其加工的最小孔径为ϕ0.2mm，深径比高达100∶1，用于群孔加工的孔径精度可达±0.03mm。

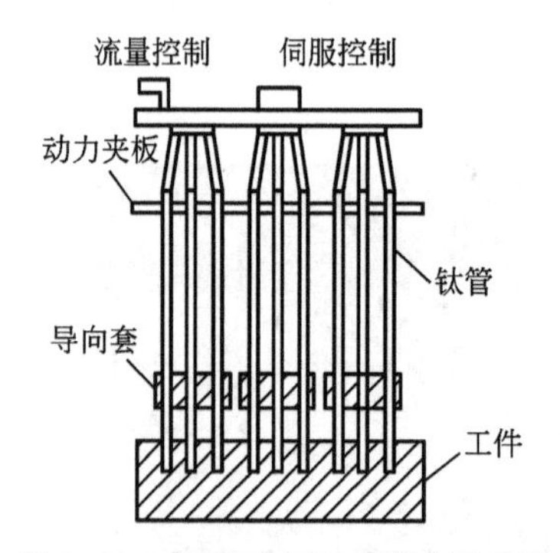

图7.38　STEM法加工群孔原理图

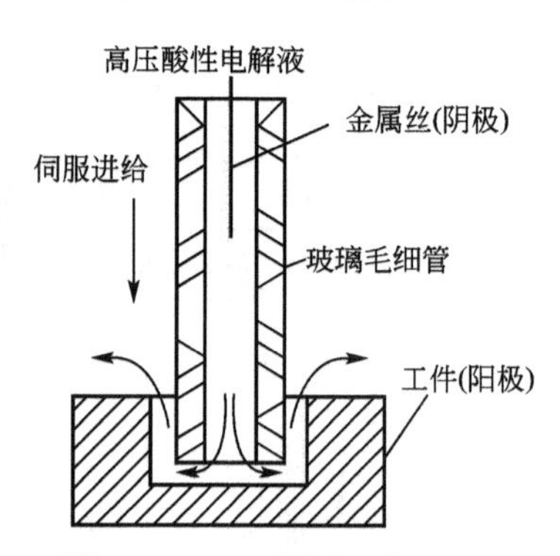

图7.39　CD法加工孔原理图

3. 掩膜电解加工方法

掩膜电解加工方法是通过将带有某种贯穿图案的模板贴覆在阳极加工表面，从而使工件阳极上刻蚀出与模板相似的图形。它大大减少了阴极制作和加工过程中的短路问题，降低了加工成本，提高了加工效率。

掩膜是具有特定镂空图案的绝缘材料薄板，与工件相互独立，两者可分离，因此不存在去胶的问题。该技术通过模板限制工件蚀除区域，在工件上加工出与模板上图案相似的结构，是一种简单易行、低成本的金属微结构制造技术。加工时，将具有群孔结构的模板紧贴于阳极，并保持模板与阳极之间无缝隙，金属板(阴极)置于模板上方并保持一定间隙，电解液从间隙中高速流动以排除电解产物并带走加工过程中产生的热量，图7.40所示为掩膜电解加工方法原理图。为提高加工厚度，降低孔的出口斜度，可以在金属两边同时刻蚀，进行双面刻蚀加工，图7.41所示为采用掩膜

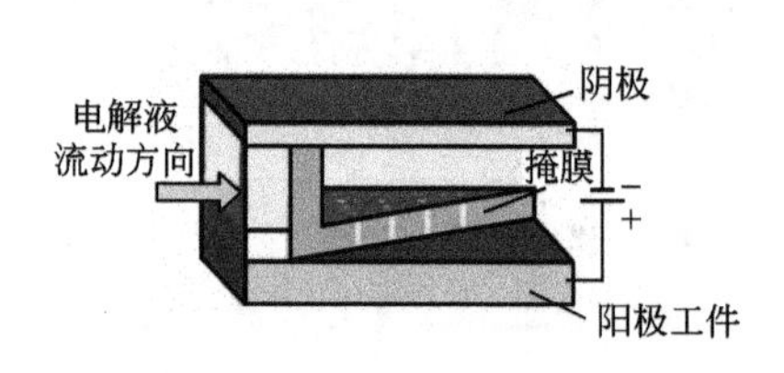

图7.40　掩膜电解加工方法原理图

电解加工方法制造的零件。

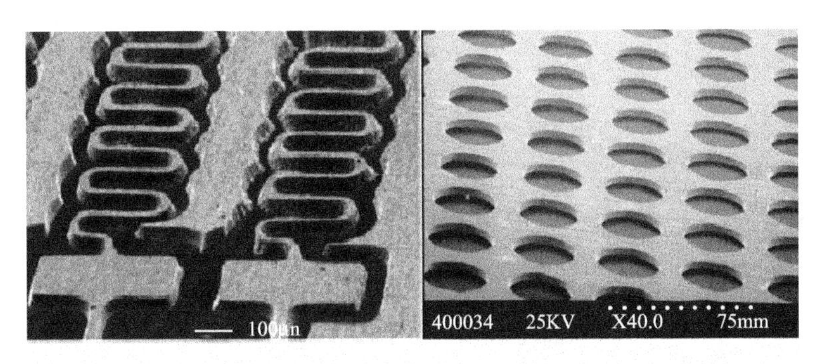

(a) 单面掩膜加工的微型传感器　　(b) 双面掩膜加工的群孔结构

图 7.41　掩膜微细电解加工的微细结构

思考题

1. 请举例说明 MEMS 技术常见的应用场合。
2. 光刻加工技术的基本过程通常包括哪些步骤？如何提高加工精度？
3. 简述光刻加工的原理、工艺过程、特点及应用。
4. 说明键合技术的作用及特点。
5. 简述 LIGA 技术的工艺流程，并说明准 LIGA 技术产生的原因。
6. 微细电火花加工电极的制备方法有哪些？关键技术是什么？
7. 微细电解加工有哪些常用方法。
8. 微细电解加工过程中为什么要采用脉冲电源？

第 8 章 其他特种加工方法

知识要点	掌握程度	相关知识
超声辅助加工	熟悉超声辅助加工原理	超声辅助加工的原理、特点及复合加工形式
气体切割	了解气体切割原理	气体切割原理、特点
等离子体加工	掌握等离子体加工原理及形式	等离子体加工原理、等离子弧切割、等离子喷涂、等离子电弧焊
喷射加工	了解喷射加工的特点	喷射加工的原理和应用
其他特种加工方法	了解其他特种加工方法	磁化切削、磁性磨料研磨加工、磨料流加工、激光预热辅助加工、爆炸成形加工

导入案例

特种加工除了已经介绍的主要方法外，还有许多其他的加工方法，如超声加工、液体喷射加工、磨料流加工等，它们在各个领域都发挥着重要的作用。图8.1所示为采用等离子喷涂技术对材料表面进行强化和改性，使零件表面具有耐磨、耐蚀、耐高温氧化、电绝缘、隔热和防辐射等性能；等离子喷涂也可用于医疗用途，如在人造骨骼表面喷涂一层数十微米的涂层，作为强化人造骨骼及加强其亲和力的方法。

图8.1 等离子喷涂表面改性技术

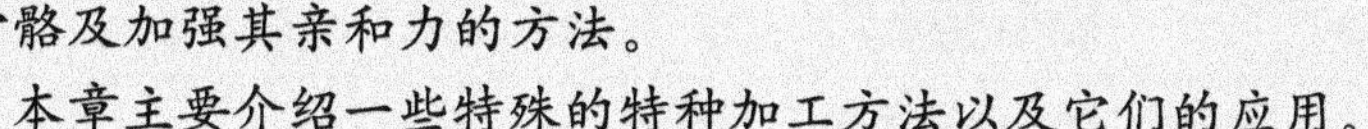

本章主要介绍一些特殊的特种加工方法以及它们的应用。

8.1 超声复合加工

8.1.1 超声波加工原理

声波是人耳能感受的一种纵波，它的频率范围为16Hz～16kHz内。当频率超过16kHz就称为超声波。超声波和普通声波一样，可以在气体、液体和固体介质中传播。由于超声波频率高、波长短、能量大，所以传播时反射、折射、共振及损耗等现象更显著。

【超声加工】

超声波加工(Ultrasonic Machining，USM)是利用工具端面做超声频振动，通过磨料悬浮液加工硬脆材料的一种加工方法，如图8.2所示。加工时，在工具头与工件之间加入液体与磨料混合的悬浮液，并在工具头振动方向加上一个不大的压力，超声波发生器产生的超声频电振荡通过换能器转变为超声频的机械振动，变幅杆将振幅放大到0.01～0.15mm，再传给工具，并驱动工具端面做超声振动，迫使悬浮液中的悬浮磨料在工具头的超声振动下以很大速度不断撞击、抛磨被加工表面，把加工区域的材料粉碎成很细的微粒从材料上打击下来。虽然每次打击下来的材料不多，但由于每秒钟打击16000次以上，所以仍具有一定的加工速度。与此同时，悬浮液受工具端部的超声振动作用而产生的液压冲击和空化现象促使液体钻入加工材料的隙裂处，加速了破坏作用，而液压冲击也使悬浮工作液在加工间隙中强迫循环，使变钝的磨料及时得到更新。

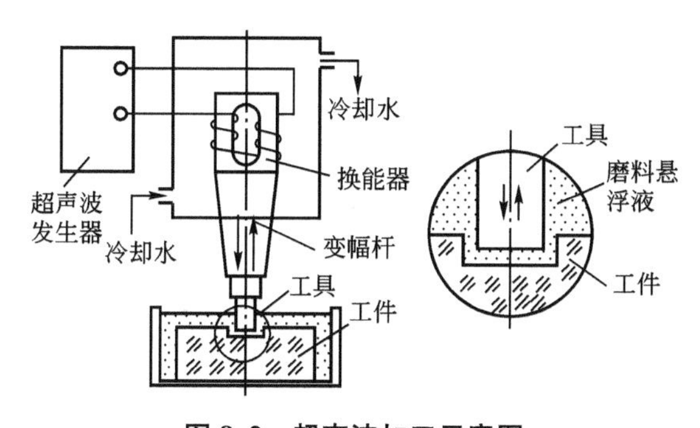

图8.2 超声波加工示意图

由此可见，超声加工去除材料的机理主要为：①在工具超声振动的作用下，磨料对工件表面的直接撞击；②高速磨料对工件表面的抛磨；③磨料悬浮液的空化作用对工件表面的侵蚀。其中磨料的撞击作用是主要的。

目前超声波加工主要用于对脆硬材料圆孔、型孔、型腔、套料、微细孔等进行加工，如图8.3所示。

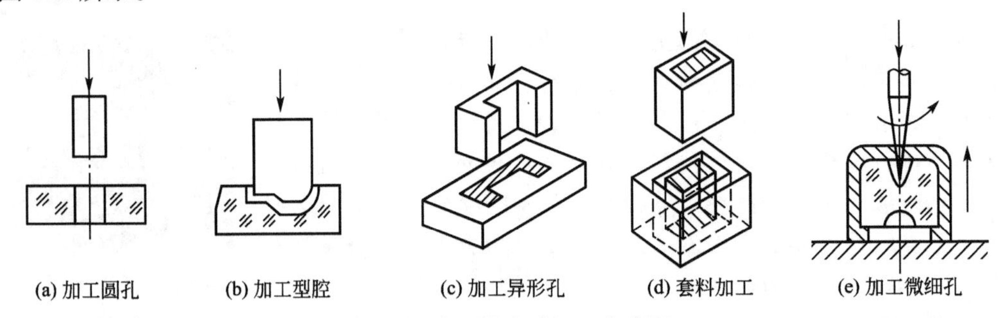

图8.3 常见超声波加工方式图

8.1.2 超声加工特点

根据超声加工的原理，可以得出超声加工的特点如下。

(1) 适合加工各种硬脆材料，特别是不导电非金属材料，如玻璃、陶瓷、石英、石墨、玛瑙、宝石、金刚石等。

(2) 由于工具可用较软的材料做成复杂的形状，不需要使工具和工件做比较复杂的相对运动，因此机床结构简单。

(3) 由于去除加工材料是靠磨料瞬时局部撞击的作用，工件表面的宏观切削力很小，切削应力、切削热也很小，不会引起工件的热变形和烧伤，加工出的表面质量好。

超声加工的精度，除受机床、夹具精度影响之外，主要与磨料粒度、工具精度及其磨损情况、工具横向振动大小、加工深度、被加工材料性质等有关。一般加工孔的尺寸精度可达±0.02～±0.05mm。

1. 孔的加工范围

在通常加工速度下，超声加工最大孔径和所需功率的大致关系见表8-1。一般超声加工的孔径范围为ϕ0.1～90mm，深度可达直径10～20倍以上。

表8-1 超声加工功率和最大加工孔径的关系

超声电源输出功率/W	50～100	200～300	500～700	1000～1500	2000～2500	4000
最大加工盲孔直径/mm	5～10	15～20	25～30	30～40	40～50	>60
用中空电极加工最大通孔直径/mm	15	20～30	40～50	60～80	80～90	>90

2. 加工孔的尺寸精度

当工具尺寸一定时，加工出孔的尺寸将比工具尺寸有所扩大，加工出孔的最小直径D_{min}约等于工具直径D_t加所用磨料磨粒平均直径d_s的两倍。表8-2列出了几种磨料粒度及其基本磨粒尺寸范围。

超声加工孔的精度，在采用240#～280#磨粒时，一般可达±0.05mm，采用W28～W7磨粒时，可达±0.02mm或更高。此外，对于加工圆形孔，其形状误差主要有椭圆度和锥度，椭圆度大小与工具横向振动大小和工具沿圆周磨损不均匀有关；锥度大小与工具磨损量有关。如果采用工具或工件旋转的方法，可以提高孔的圆度和生产率。

表8-2 磨料粒度及其基本磨粒尺寸范围

磨料粒度	120#	150#	180#	240#	280#	W40	W28	W20	W14	W10	W7
基本磨粒尺寸范围/μm	125～100	100～80	80～63	63～50	50～40	40～28	28～20	20～14	14～10	10～7	7～5

8.1.3 常见超声复合加工

1. 超声-电火花加工

超声一电火花加工是将超声部件夹固在电火花加工机床主轴头下部，电火花加工用的方波脉冲电源(或RC脉冲电源)加到工具和工件上(精加工时，工件接正极)，加工时主轴做伺服进给，工具端面做超声振动。如果仅利用电火花对小孔、窄缝进行微细加工，当蚀除产物逐渐增多时，电极间隙状态变得十分恶劣，电极间搭桥、短路屡屡发生，进给系统一直处于进给-回退的非正常振荡状态，加工不能正常进行。因此，及时排除加工区的蚀除产物成了保证电火花微细加工能顺利进行的关键所在。如果在工具电极上引入超声振动(图8.4)，则有利于火花放电效率的提高和放电蚀除产物的排除。引入超声振动后，电火花加工间隙状况得到改善，加工更加平稳，有效放电脉冲比例将由5%增加到50%或者更高，从而达到提高生产率的目的。

2. 超声-电火花抛光

超声抛光是以高频率、小振幅振动的工具，配合以适当压力与工件接触，磨粒在超声波的振动作用下，使加工表面达到抛光的目的。这种方法特别适用于电火花加工工件表面的抛光，因为电火花加工表面淬火层非常坚硬。

超声一电火花抛光是依靠超声抛磨和火花放电的综合效应来达到光整工件表面的目的。抛光时，工件接电源正极，工具接电源负极；在工具和工件之间通入工作液，抛光过程中工具对工件表面的抛磨和放电腐蚀是连续而交错进行的。由于超声抛磨的空化作用使工件表面软化并加速分离剥落；与此同时，促使电火花放电的分散性大大增加，其结果是进一步加快工件表面的均匀蚀除。此外，由于空化作用，还会增强介质液体的搅动作用，及时排除抛光产物，从而减少金属产物二次放电的机会，提高了放电能量的利用率。图8.5所示为超声-电火花抛光的示意图。

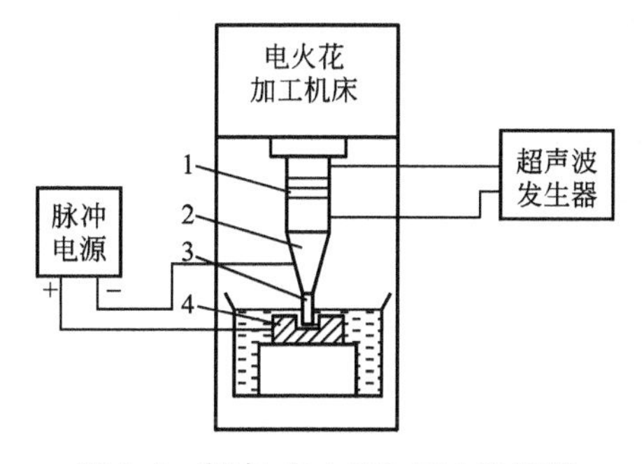

图8.4 超声-电火花加工小孔装置

1—压电陶瓷；2—变幅杆；3—工具电极；4—工件

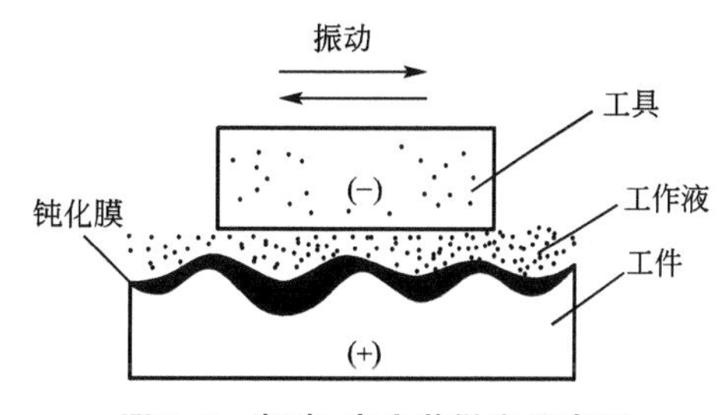

图8.5 超声-电火花抛光示意图

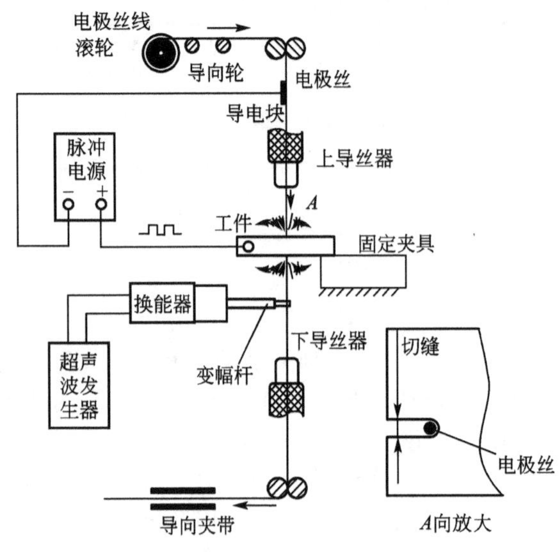

图 8.6　超声-电火花线切割示意图

3. 超声-电火花线切割加工

超声-电火花线切割加工的原理如图 8.6 所示：超声波发生器产生超声脉冲电压并传输给压电陶瓷，压电陶瓷把电能转化为超声频的机械伸缩振动能传给变幅杆，通过变幅杆的放大作用，振动装置输出满足加工所需的振幅，并最终由工具杆传输给电极丝，在电极丝上产生高频受迫振动，从而影响电极丝振动状态。由于线切割加工中的电极丝是工具电极，因此其振动形态的改变必然对极间放电状态产生影响，使得放电形式发生变化，同时，超声振动在工作液中产生空化作用，也影响到放电加工废屑的排出和切缝中工作液的循环状态，并最终改变放电加工状态，提高电火花线切割加工的效率。

4. 超声-电解加工

超声-电解加工是同时利用超声振动磨粒的机械作用和金属在电解液中的阳极溶解作用进行加工的，与单纯的超声加工相比具有更大的加工速度，而工具损耗明显降低。超声一电解加工适用于加工导电材料，如超硬合金、耐热工具钢等。

超声-电解加工的原理如图 8.7 所示。工件 2 接电解电源 7 的阳极，工具 3(图中为小孔加工工具，用银丝、钨丝或铜丝做成)接阴极，工作液 1 由电解液和一定比例的磨料混合而成。加工时工件的被加工表面在电解作用下，产生阳极溶解而生成阳极薄膜，此薄膜随即在超声振动的工具及磨料作用下被刮除，露出新的材料表面而继续发生溶解。超声振动引起的空化作用加速了薄膜的破坏和工作液的循环更新，加速了阳极溶解过程的进行，从而大大提高了加工速度和质量。

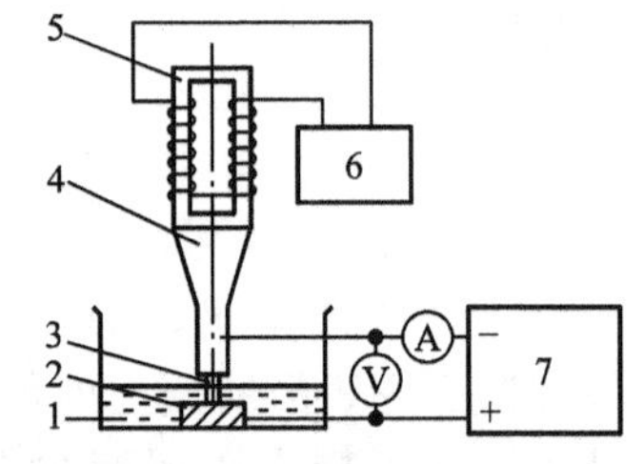

图 8.7　超声电解加工原理图

1—电解液和磨料；2—工件；3—工具；4—变幅杆；5—换能器；6—超声发生器；7—电解电源

在超声-电解加工间隙内，由于磨料同时也对工具阴极进行撞击和抛磨，因此工具阴极不会像单一电解加工那样理论上没有损耗，随着加工工件数量增多或加工深度增加，工具阴极损耗将加大。例如，加工硬质合金时，工具阴极的最大体积损耗在 15%～20%，加工钢时，工具阴极的最大体积损耗则在 5%～10%。但是，超声-电解加工的工具阴极损耗要比单一超声加工的工具损耗低的多。

5. 超声-电解抛光

超声-电解抛光是超声加工和电解加工组成的一种复合加工方法。它可以获得优于靠单一电解或单一超声抛光的效率和表面质量。超声-电解抛光的加工原理如图 8.8 所示。抛光时工件连接直流电源阳极，工具连接阴极，工件与工具间通入钝化性电解液。高速流动的电解液不断在工件待加工表层生成钝化膜，工具则以极高的频率进行抛磨，不断将工件表面凸起部位的钝化膜去掉。被去掉钝化膜的表面迅速产生阳极溶解，溶解下来的产物不断地被电解液带走。而工件凹下去部位的钝化膜，工件抛磨不到，因此不溶解。这个过程一直持续到将工件表面整平时为止。

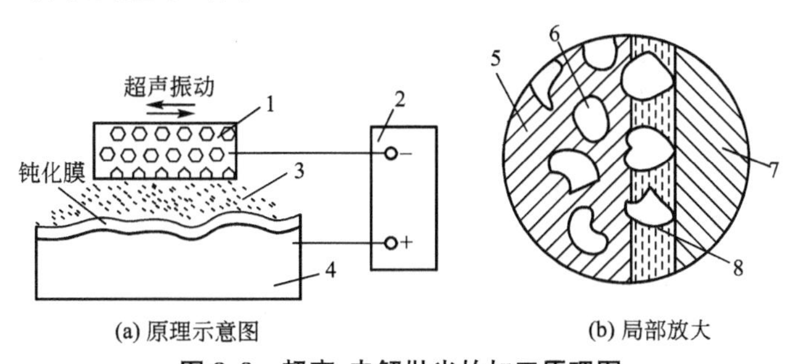

(a) 原理示意图　　(b) 局部放大

图 8.8　超声-电解抛光的加工原理图

1—工具；2—电解电源；3—电解液；4—工件；5—结合剂；
6—磨料；7—工件；8—阳极薄膜

工件在超声波振动下，不但能迅速去除钝化膜，而且在加工区域内产生的空化作用可增强电化学反应，进一步提高工件表面凸起部位金属的溶解速度。

6. *超声振动切割*

用普通机械方法切割脆硬的半导体材料是很困难的，采用超声切割则较为有效。图 8.9 所示为采用超声振动切割法切割单晶硅片示意图。用锡焊或铜焊将工具(薄钢片或磷青铜片)焊接在变幅杆的端部。加工时喷注磨料液，一次可以切割 10～20 片。

图 8.10(a)所示为成批切块刀具，它采用了一种多刃刀具，即包括一组厚度为 0.127mm 的软钢刃刀片，间隔 1.14mm，铆合在一起，然后焊接在变幅杆上。刀片伸出的高度应足够在磨损后可作几次重磨。在最外边的刀片应高出其他刀片，切割时插入坯料的导槽中，起定位作用。加工时喷注磨料液，将坯料片先切割成宽的长条，然后将刀具转过 90°，使导向片插入另一导槽中，进行第二次切割以完成模块的切割加工，图 8.10(b)所示为已切成的陶瓷模块。

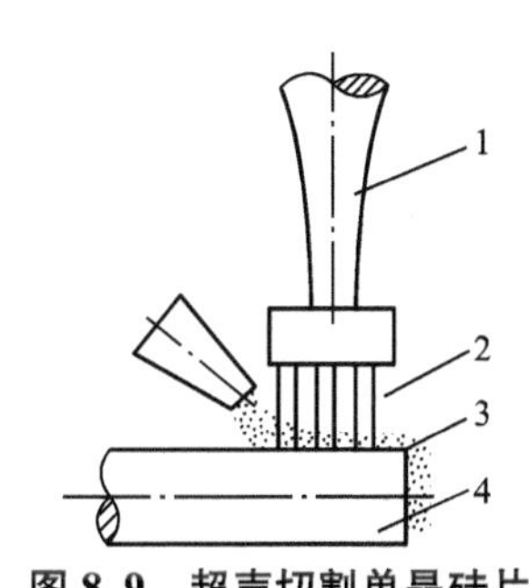

图 8.9　超声切割单晶硅片

1—变幅杆；2—工具(薄钢片)；
3—磨料液；4—工件(单晶硅)

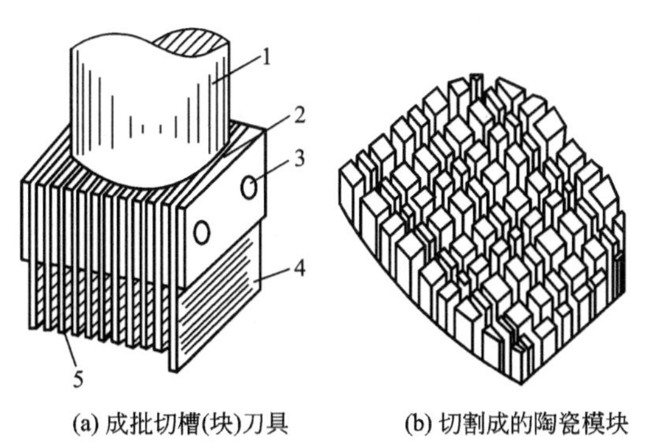

(a) 成批切槽(块)刀具　　(b) 切割成的陶瓷模块

图 8.10　超声振动成批切块

1—变幅杆；2—焊缝；3—铆钉；
4—导向片；5—软钢刀片

7. 超声振动切削

超声振动切削，是指刀具以 20～50kHz 的频率、沿切削方向高速振动的一种特种切削技术。超声振动切削从微观上看是一种脉冲切削。在一个振动周期中，刀具的有效切削时间很短，大于 80%时间里刀具与工件、切屑完全分离。刀具与工件、切屑断续接触，这就使得刀具所受到的摩擦变小，所产生的热量大大减少，切削力显著下降，避免了普通切削时的“让刀”现象，并且不产生积屑瘤。利用这种振动切削，在普通机床上就可以进行精密加工。与高速硬切削相比，不需要高的机床刚性，并且不破坏工件表面金相组织。在曲线轮廓零件的精加工中，可以借助数控车床、加工中心等进行仿形加工。图 8.11 所示为超声振动车削加工示意图。

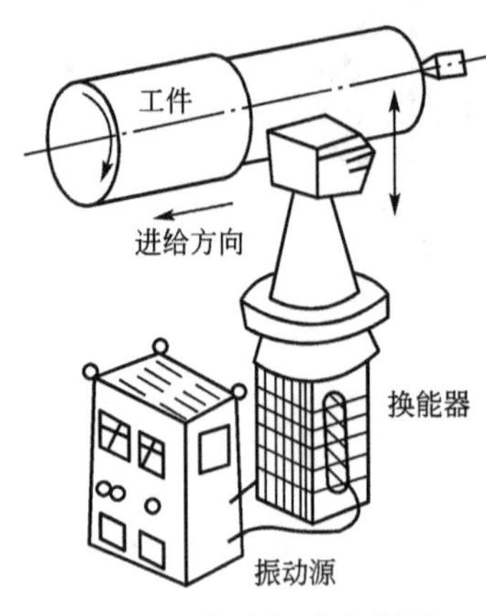

图 8.11　超声振动车削原理

超声加工的生产率虽然比电火花、电解加工等低，但其加工精度和表面粗糙度都比它们好，而且能加工半导体、非导体的脆硬材料，如玻璃、石英、宝石、锗、硅甚至金刚石等。即使是电火花加工后的一些淬火钢、硬质合金冲模、拉丝模、塑料模具，最后还常用超声抛磨进行光整加工。

8.2　气体切割

8.2.1　气体切割原理

气体切割是利用气体火焰的热能将工件切割处预热到燃烧温度(燃点)，再向此处喷射高速切割氧气流，使金属燃烧，生成金属氧化物(熔渣)，同时释放出热量，熔渣在高压切割氧的吹力下被吹掉；所释放出的热和预热火焰又将下层金属加热到燃点，这样持续下去逐步将金属切开。所以，气割是一个预热—燃烧—吹渣的连续过程，其实质是金属在纯氧中的燃烧过程。切割示意如图 8.12 所示。

【火焰切割】

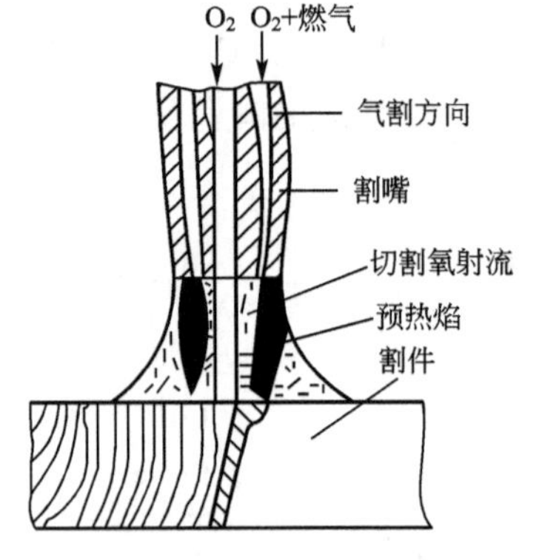

图 8.12　气割示意图

在气割过程中，切割氧气的作用是使金属燃烧，并吹掉熔渣形成切口。因此，切割氧气的纯度、压力、流速及切割氧气射流(风线)形状，对切割速度、切割质量和气体消耗量都有较大的影响。

8.2.2　气体切割特点

气体切割是一种常见的切割方法，其最大的优点是设备简单，使用灵活。缺点也很明显，切割对切口两侧金属的组分和组织产生一定的影响，并且会引起工件的变形等。不同材料对切割特点有所不同，几种材料的气割特点，见表 8-3。

表8-3 几种材料的气割特点

材料	气割特点
碳钢	低碳钢的燃点(约1350℃)低于熔点，易于气割，但随着碳含量的增加，燃点趋近于熔点，淬硬倾向增大，气割过程恶化
铸铁	碳、硅含量较高，燃点高于熔点，气割时生成的SiO_2熔点高、黏度大，流动性差；碳燃烧生成的CO和CO_2会降低氧气流的纯度。不能用普通气割方法，可采用振动气割法切割
高铬钢和铬镍钢	生成高熔点和氧化物(Cr_2O_3，NiO)覆盖在切口表面，阻碍气割过程的进行，不能用普通气割方法，可采用振动气割法切割
铜、铝及其合金	导热性好，燃点高于熔点，其氧化物熔点很高，金属在燃烧(氧化)时放热量少，不能气割

8.2.3 应用气割的条件

气割的实质是被切割材料在纯氧中燃烧的过程，不是熔化过程。为使切割过程顺利进行，被切割金属材料一般应满足以下条件。

(1) 金属在氧气中的燃点应低于金属的熔点。气割时金属在固态下燃烧，才能保证切口平整。如果燃点高于熔点，则金属在燃烧前已经熔化，切口质量很差，严重时切割无法进行。

(2) 氧化物熔点应低于金属熔点，并且氧化物的流动性要好，加工时以液体状态从切口中被纯氧吹除。否则，氧化物会比液体金属先凝固，而在液体金属表面形成固态薄膜，黏度很大，不易吹除，而且阻碍下层金属与氧气接触，使切割过程发生困难。铸铁、铝、铜等氧化物的熔点均高于材料本身的熔点，铸铁中的硅及铜、铝氧化物黏度都很大，所以，它们很难气割。几种金属及其氧化物的熔点见表8-4。

表8-4 几种金属及其氧化物的熔点

金属	熔点/℃	
	金属	氧化物
纯铁	1535	1300～1500
低碳钢	≈1500	
高碳钢	1300～1400	
铸铁	≈1200	
纯铜	1083	1236
黄铜、锡青铜	850～900	
铝	657	2050
锌	419	1800
铬	1550	≈1900
镍	1452	

(3) 金属在氧气中燃烧时，能释放出较多的热量，且金属的导热性要低，这样才能保证切口处下层金属的燃烧。否则，生成热低，导热好，热量不足，气割不能正常进行。

(4) 金属中含阻碍气割过程进行和提高金属淬硬性的成分及杂质要少。一些合金元素对钢的气割性能的影响，见表 8－5。

表 8－5　合金元素对钢的气割性能的影响

元素	影　响
C	$w_C<0.25\%$，气割性能良好； $w_C<0.4\%$，气割性能尚好； $w_C>0.5\%$，气割性能显著变坏； $w_C>1\%$，则不能切割
Mn	$w_{Mn}<4\%$，对气割性能没有明显影响； 含量增加，气割性能变坏； 当 $w_{Mn}\geqslant14\%$时，不能气割
Si	硅的氧化物使熔渣的黏度增加，钢中硅的一般含量，对气割性能没有影响； $w_{Si}<4\%$时，可以气割； 含量增大，气割性能显著变坏
Cr	铬的氧化物熔点高，使熔渣的黏度增加，$w_{Cr}<5\%$时，气割性能尚可； 含量大时，应采用特种切割方法
Ni	镍的氧化物熔点高，熔渣黏度增加，$w_{Ni}<7\%$，气割性能尚可； 含量较高时，应采用特种气割方法
Mo	钼提高钢的淬硬性； $w_{Mo}<0.25\%$，对气割性能没有影响
W	钨增加钢的淬硬倾向，氧化物熔点高，一般含量对气割性能影响不大； 含量接近 10%时，气割困难；超过 20%时，不能切割
Cu	$w_{Cu}<0.7\%$时，对气割性能没有影响
Al	$w_{Al}<0.5\%$时，对气割性能影响不大； w_{Al}超过 10%，则不能气割

注：w 表示质量分数。

当被切割材料不能满足上述条件时，则应对气割进行改进，如采用振动气割、氧熔剂切割等，或采用其他切割方法，如等离子弧切割来完成材料的切割。

8.3　等离子体加工

8.3.1　等离子体加工原理

等离子体加工又称等离子弧加工(Plasma Arc Machining，PAM)，是利用电弧放电使气体电离成过热的等离子气体流束，靠局部熔化及气化去除工件材料。等离子弧是高能量密度的压缩电弧，是近代发展起来的一种高温新热源，它的温度高达15000～30000℃，现有的任何高熔点金属和非金属材料都可被等离子弧熔化。等离子弧切割是一种常用的金属与非金属材料切割工艺方法，其切割原理与一般气割原理有本质的区别。图8.13所示为等离子体加工原理。当对两个电极施加一定的电压时，空气中的分子将发生放电电离，形成等离子区，在此区域电子和离子高速对流，相互碰撞，产生大量的热能。常见的方法有等离子体射流和等离子体电弧。

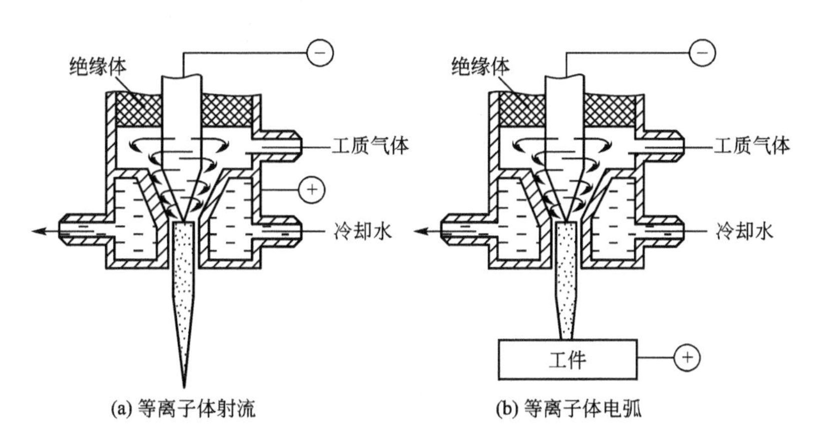

图8.13　等离子体加工原理图

图8.13(a)所示为等离子体射流。它是由进气口向喷枪吹入工质气体，形成回旋气流，使阴极和阳极喷嘴之间产生电弧放电，导致气体受热膨胀，从喷嘴喷出射流。其中心部位温度约为20000℃，平均温度可达10000℃，但由于是靠热传导作用加热，效果较差，所以多用于各种材料的喷涂及材料的球化等。

图8.13(b)所示为等离子体电弧。它是通过阴极喷嘴直接向阳极工件进行电弧放电。由于在喷嘴的内侧面流过的工质气流形成与电弧柱相应的气体鞘，压缩电弧，使电流密度大大提高。因为等离子体电弧是电弧直接对材料加热，其效果要比等离子体射流好得多，故多用于对金属材料的切割、焊接和熔化等方面。

8.3.2　等离子弧切割

【等离子切割技术】

等离子弧切割是利用高速、高温和高能量的等离子焰流来加热、熔化被切割材料，并借助内部或外部的高速气流或水流将熔化材料吹离基体，随着等离子弧割炬的移动而形成切割，同时被高速焰流吹除而形成切口的过程。

常见的水压缩等离子弧切割原理如图8.14所示。高压水从枪体通入，由喷嘴孔道喷出，与等离子弧直接接触。一方面强烈压缩等离子弧，使其能量密度提高；另一方面是由于等离子弧的高温而分解成氢和氧，也构成切割气体的一部分。分解成的氧气对切割碳钢更有利，加强了碳钢的燃烧。高速水流冲刷切割处，对工件有强烈冷却作用。割口倾斜角度小，割口质量好。这种方法应用于水中切割工件，可以大大降低切割噪声、烟尘和烟气。

等离子弧切割具有以下特点。

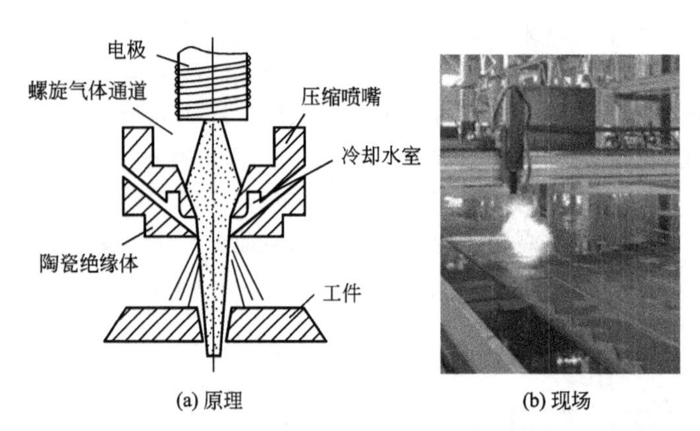

(a) 原理　　(b) 现场

图 8.14　水压缩等离子弧切割原理及现场图

(1) 等离子弧温度高，能量密度大。弧柱的稳定性、挺直度好，焰流有很大的冲刷力，割件的切口窄、整齐、光洁、无挂渣，割件变形和热影响区较小，并且切口边缘的硬度及化学成分变化不大，一般切割后可以直接焊接而无需再清理。

(2) 切割速度快、生产率高。如对厚 25mm 以下的碳钢板切割时，等离子弧切割比氧-乙炔切割要快，而对大于 25mm 的板切割时，氧-乙炔切割速度则快些。

(3) 可以切割绝大多数金属和非金属。采用等离子体电弧可切割钛、钼、钨、铸铁、不锈钢、铜及铜合金、铝及铝合金等。采用等离子体射流，还可以切割花岗石、碳化硅等各种非金属材料。

(4) 切割用等离子弧，使用时，其电源空载电压高，等离子流速高，热辐射强，噪声、烟气和烟尘严重，工作卫生条件较差，使用时应注意加强安全防护。

8.3.3　等离子喷涂

等离子喷涂是利用等离子弧的高温，将难熔的金属或非金属粉末快速熔化，并以很高的速度将其喷射成很细的颗粒，随等离子焰流一起喷射到工件上，产生塑性变形后粘结在工件表面形成一层结合牢固的具有特殊性能的涂层。加工原理和现场如图 8.15 所示。

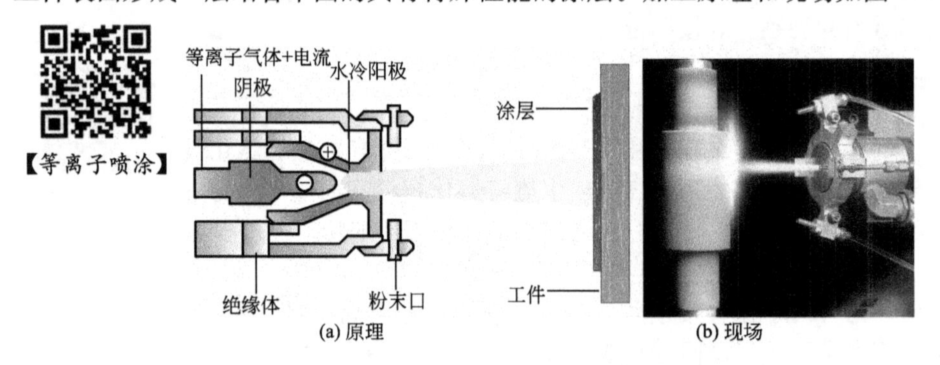

(a) 原理　　(b) 现场

图 8.15　等离子喷涂原理及现场

目前常用的等离子喷枪功率可达 60～80kW。等离子喷涂可用于喷涂氧化铝、钼粉等作为耐热层用；也可喷涂碳化钨、碳化钛、碳化硼粉等作为耐磨层用；还可喷涂铜粉或氧化铝、铝矾土等作为导电或介电层用。

等离子喷涂中的一个很有前途的应用是陶瓷喷涂。因多种陶瓷材料的共同特点是熔点高、硬度高、耐高温、耐磨损、耐腐蚀、化学稳定性好，而且成本较低。常用的喷涂材料有：Al_2O_3（熔点 2030℃）、Cr_2O_3（熔点 2265℃）、ZrO_2（熔点 2677℃）、TiO_2（熔点 1950℃）。图 8.16 是在叶片表面喷涂陶瓷材料，提高叶片的耐高温性能。

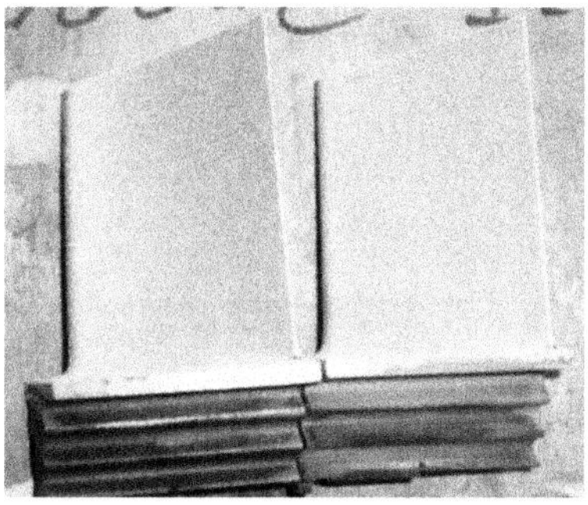

图 8.16 叶片表面等离子喷涂陶瓷涂层

8.3.4 等离子电弧焊

等离子电弧焊是一种惰性气体的保护焊，特别在薄板焊接及纲丝焊接方面，更能发挥其优越性；同时也可高效地焊接中等厚度的板料。中厚板等离子体电弧焊以高效焊接为目的，而薄板等离子体电弧焊是以精密焊接为目的。图 8.17 所示为等离子电弧焊的原理图以及加工现场。

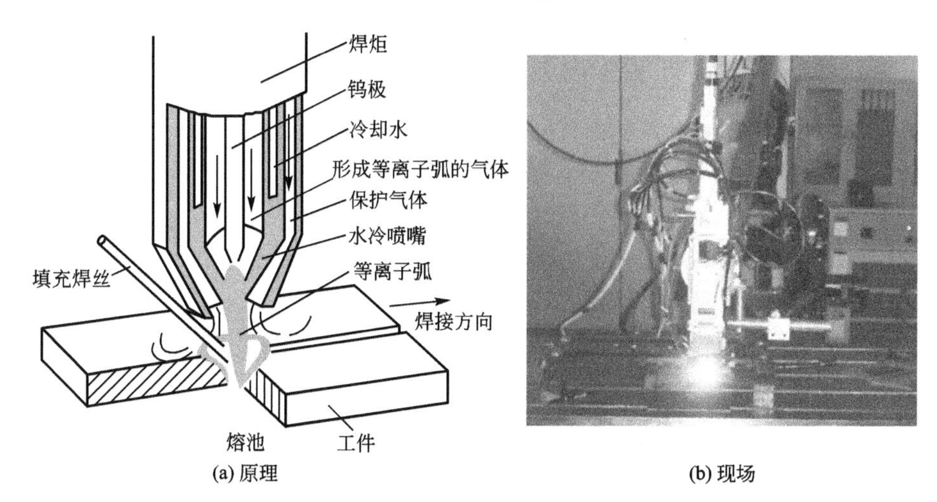

(a) 原理　　(b) 现场

图 8.17 等离子电弧焊接原理及加工现场

通常将 2～12mm 厚的板材焊接，称为中厚板焊接；小于 2mm 厚的板材焊接，称为薄板焊接。中厚板对接焊是伴随着穿孔过程的进展而进行的，即焊接开始时，在材料的对接处，先由等离子电弧喷熔出一个小孔，等离子体射流便将小孔中的材料从下部喷出，随着等离子电弧沿着焊缝向前移动，熔孔也随之移动，而孔中被熔金属便围绕熔化的孔壁向后方依次填充，一边移动，一边凝固，逐步形成焊缝金属结构。薄壁板焊接则不会产生穿孔现象，只是熔入焊缝。

等离子电弧焊具有如下特点。

(1) 中厚板焊接具有较深的焊缝，焊透性好，焊速快，热影响区小，精度高。

(2) 等离子电弧喷射方向性好，工作稳定可靠。

(3) 焊接过程污染少，焊缝金属纯度高。

(4) 焊缝机械性能良好。

8.4 液体喷射加工

8.4.1 液体喷射加工原理

【液体喷射加工】

液体喷射加工(Liquid Jet Machining，LJM)是利用水或水加添加剂，经水泵和增压器，达到7000MPa的压力，再经储液蓄能器，使高压液流平稳流动，最后通过人工宝石做的喷嘴以高速液流束，从孔径为ϕ0.1～0.5mm的喷嘴喷射到工件，而达到去除材料的目的。加工深度取决于液压喷射的速度、压力和喷射距离。被液体冲刷下来的切屑被液体带走。入口处射流的功率密度可达10^6 W/mm^2。图8.18所示为液体喷射加工的原理示意图，图8.19所示为相应的机床和加工现场。

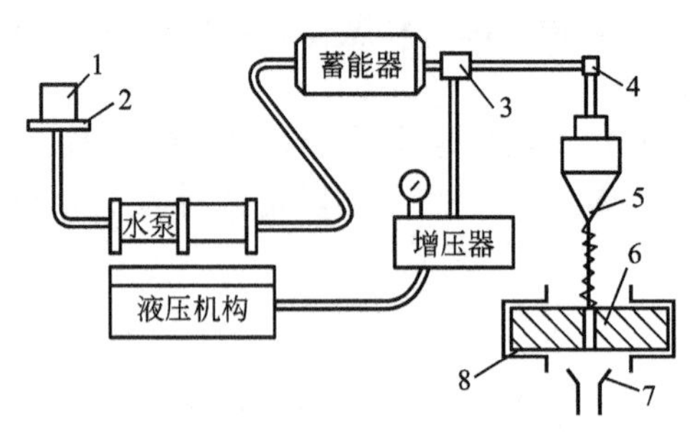

图8.18 液体喷射加工的原理图

1—水箱；2—过滤器；3—控制器；4—阀门；5—喷嘴；6—工件；7—水槽；8—夹具

液体喷射加工需要液压系统和机床本体，但机床本体应根据加工要求具体设计。液压系统包括控制器、过滤器、密封装置、泵、阀、增压器、储液槽等。

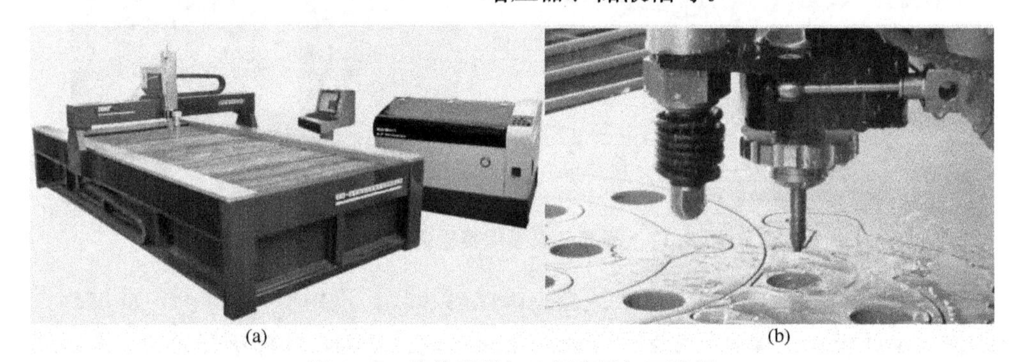

图8.19 液体喷射加工机床及加工现场

8.4.2 液体喷射加工的特点

液体喷射加工在切割过程中，切屑混入液体，所以不存在扬灰，不会有爆炸和火灾的危险。在加工某些材料时，由于射流中夹杂着空气，将会增大噪声，减小喷嘴距离和调节适当的角度能够减小噪声。液体喷射加工时，作为工具的射流是不会变钝的，喷嘴的寿命也长。液体要经过很好的过滤(内含微粒直径小于ϕ0.5μm)，液体经脱矿质和去离子处理后，可以减少对喷嘴的腐蚀作用。切割时可以多个喷嘴同时工作，达到多路切割的效果。

切割精度主要受喷嘴精度的影响，切缝比所采用的喷嘴孔径约大0.025mm，加工复合材料时采用的射流速度要高、喷嘴直径要小、喷射距离要短。喷嘴越小，加工精度越高，但材料去除速度降低。切边质量受材料性能影响很大，软材料可以获得光滑表面，塑性好的材料可以切割出高质量的切边。液体压力过低会降低切边质量，尤其对复合材料，容易引起材料的离层和起鳞。进给速度低可以改善切边质量，因此切割复合材料时应用小的进给速度，这样可以避免切割过程中产生离层现象。

水中加入添加剂可以改善切割性能和减小切割宽度。另外，喷嘴距离对切口斜度的影响很大，距离越小，切口斜度越小。有时为了提高切割速度和厚度，在水中混入磨料细粉。

液体喷射加工有以下特点。

(1) 加工精度高，切边质量好，加工精度可达0.005～0.075mm。

(2) 可切割多种材料，不但可切割钢、铝、铜等金属，还可切割塑料、皮革、纸张等非金属材料。

(3) 加工速度快。

(4) 切缝窄，切缝一般可达0.04～0.075mm。

(5) 不产生热量，适合于木材等易燃材料的加工。

(6) 加工产物混入液流排出，无尘、无污染，喷嘴寿命长，设备简单，加工成本低。

8.4.3 液体喷射加工的应用

液体喷射加工按工作介质分为纯水喷射加工和在水中加磨料的磨料水喷射加工两个基本类型。纯水喷射加工由于仅利用水的高压动能，切割能力较差，适用于切割质地较软的材料，可以切割和打孔很薄、很软的金属或非金属，如铜、铝、铅、塑料、木材、橡胶、纸张等。而磨料水喷射加工由于液体喷射中磨料的冲击作用远大于纯水，所以加工能力大大提高，可以代替硬质合金切槽刀具，而且切边质量很好，特别适合加工硬质材料，各种金属材料、合金、陶瓷和复合材料都可以进行加工。如切割19mm厚的吸声天花板，采用水压为310MPa，切割速度达到76m/min。

液体喷射加工的速度取决于工件材料，并与功率大小成正比，与材料厚度成反比，不同材料的切割速度见表8-6，常见的水射流加工参数见表8-7。

表8-6 不同材料的切割速度

材料	厚度/mm	喷嘴直径/mm	压力/MPa	切割速度/(mm/s)
吸声板	19	0.25	310	1250
玻璃钢	3.55	0.25	412	2.5
环氧树脂	6.9	0.35	412	27.5
皮革	4.45	0.05	303	9.1
胶质玻璃	10	0.38	412	70
聚碳酸酯	5	0.38	412	100
聚乙烯	3	0.05	286	9.2
苯乙烯	3	0.075	248	6.4

表 8-7 水射流切割常用的加工参数

液体	种类：水、水加添加剂(添加剂：甘油、聚乙烯、其他长链聚合物) 压力：70～415MPa 射流速度：300～900m/s；流量：7.5L/min；对工件作用力：45～134N
喷嘴	材料：人造金刚石、淬火钢、不锈钢；直径：ϕ0.05～0.38mm 角度：与工件表面法线成 0°～30°
性能	功率：38kW；切割速度：见表 8-6 切缝宽度：0.075～0.41mm；喷射距离：2.5～90mm

汽车工业中用水射流切割石棉制动片、橡胶地毯、复合材料板、玻璃纤维等。航天工业中也常用于切割复合材料、蜂窝夹层板、钛合金元件和印制电路板等。在机械工业中还常用于铸件的清砂、钢板的除锈、去毛刺、代替喷丸处理等。图 8.20 所示为液体喷射加工生产的零件。

图 8.20 液体喷射加工生产的零件

8.5 磁化切削

8.5.1 磁化切削原理

所谓磁化切削，就是在切削过程中对切削区外加一个磁场，使之对切削加工产生有利作用的特种切削加工方法。试验研究与实践证明：其他特种切削加工方法如超声振动切削，等离子加热切削等对切削加工均卓有成效，但唯一的不足是设备比较昂贵、操作维护有一定困难，要推广应用往往受到条件的限制。但是磁化切削却是一种可以使用一般切削刀具，利用现有的机床设备，而又能获得良好切削效果的切削加工方法。具体地说，只要使刀具或工件，或两者同时处于被磁化的条件下进行切削，就可提高刀具的耐用度与切削效率。

1. 磁化形式

按磁化对象可分为刀具磁化、工件磁化与刀具-工件一体磁化三种形式。

1）刀具磁化

刀具磁化是在刀杆上套上线圈，通以电流产生磁场进行切削，如图8.21所示。为了不使线圈受到切屑的破坏，可在线圈前加一不导磁的铜板或铝板作为防护。此法缺点是刀具因伸出较长而影响刚度；优点是切削区磁场强，通用性好，应用范围广。

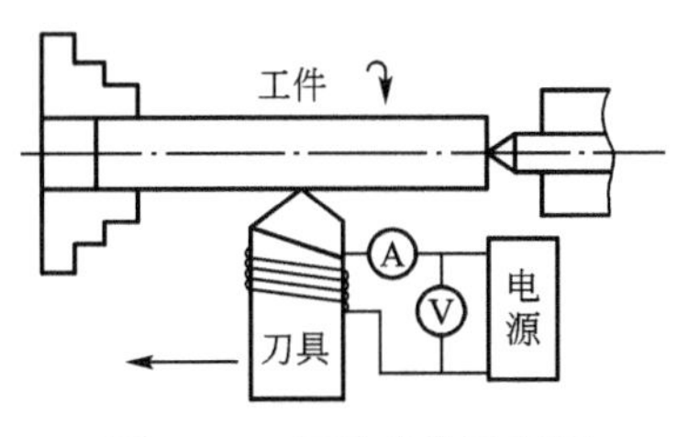

图8.21 刀具磁化示意图

2）工件磁化

工件磁化可以在工件一端套上线圈，通以电流产生磁场进行切削，如图8.22所示。此法缺点是消耗的电能较多。此外，也可在机床上装一套电磁铁，通电后产生磁场，将工件置于磁场中进行切削，但它的缺点是工件刚度受到减弱，实施上较前一种方法困难，因而应用较少。

3）刀具-工件一体磁化

刀具-工件一体磁化是切削时同时可对刀具与工件进行磁化，例如磁化钻削加工，如图8.23所示，不过此时主要磁化对象仍是工件。

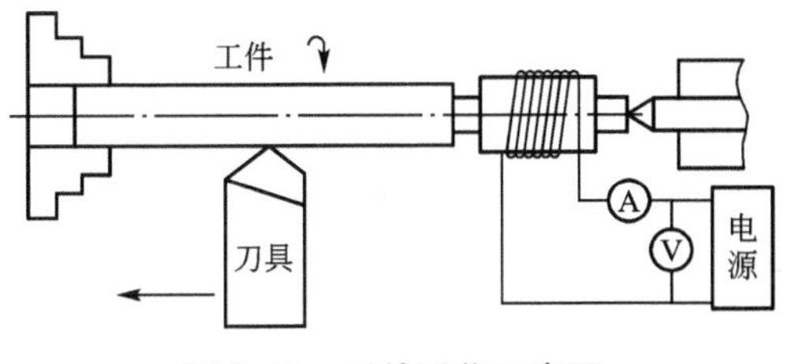

图8.22 工件磁化示意图

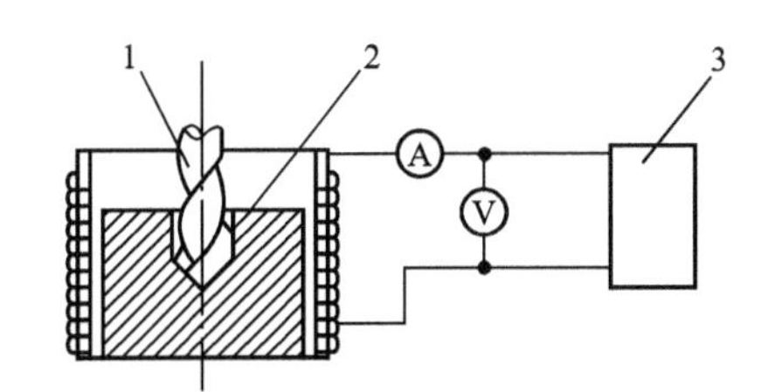

图8.23 刀具-工件一体磁化示意图

1—工具；2—工件；3—电源

8.5.2 磁化切削的工艺效果

根据国内外的试验研究和应用表明，磁化切削具有如下效果。

(1) 能减小切削力与功率消耗。用白刚玉砂轮磨削高强度白口铸铁轧辊与其他铸铁零件时，在磁场中磨削时切削力较小，采用交变磁场时切削力降低最大。一般磁化切削比普通切削可使功率消耗减少25%。

(2) 能减小刀具的磨损与提高刀具的耐用度。由于磁化切削能降低高速钢刀具的切削温度，从而可提高刀具的耐用度。例如，用高速钢车刀车削45钢时(切削用量为：转速$n=79\text{r/min}$，进给量$f=0.4\text{mm/r}$，吃刀量$a_p=1.2\text{mm}$)，测得切削液实际升高的温度，普通切削时为12.5℃，磁化切削时却仅为9.3℃。

(3) 能减小加工表面粗糙度与提高加工精度。磁化切削可使零件的加工表面粗糙度减小(相当于原标准提高光洁度1～2级)。其主要原因在于磁场能减小切削振动，在一定切削条件下磁场可使振幅减小一半。同时，工件会受到磁场的引力作用，此引力与径向切削力方向相反，从而能减小或消除由径向切削力产生的变形，减小或消除工件的鼓形度误差。在车削细长轴时，磁化切削相当于给工件加了一个磁力跟刀架，收效大，使用方便，为加工细长轴开辟了一条新路。

(4) 使用方便，安全可靠。由于磁化切削时刀具的磁场强度仅有10^2高斯($1\text{T}=10^4\text{Gs}$)级，故对使用机床、被加工工件与操作工人均无不良影响，因此安全可靠，易于在生产中推广。

【磁性磨料研磨加工】

8.6 磁性磨料研磨加工

磁性磨料研磨加工(Magnetic Abrasive Machining，MAM)是一种光整加工技术，将磁性研磨材料放入磁场中，磨料在磁场力的作用下将沿磁力线方向有序地排列形成磁力刷。这种磁力刷具有很好的研磨抛光性能，同时还具有很好的可塑性。当切削阻力大于磁场的作用力时，磨料会产生滚动或滑动，不会对工件产生严重的划伤，适用于对精密零件进行抛光和去毛刺。

8.6.1 磁性磨料研磨加工原理

磁力研磨的原理如图 8.24 所示。把磁性磨料放入磁场中，磁性磨料在磁场中将沿着磁力线的方向有序地排列成磁力刷。把工件放入 N—S 磁极中间，并使工件相对 N 极和 S 极保持一定的距离，当工件相对磁极做相对运动时，磁性磨料将对工件表面进行研磨加工。磁力的大小与磁场强度的平方成正比。磁场强度的大小又与直流电源的电压有关，增加电压，磁场强度增强，因此，只要调节外加电压，就可以调节磁场强度的大小。

磁性磨料的加工工艺虽不完全相同，但使用的原材料是基本相同的。常用的原料是铁加普通磨料(如 Al_2O_3、SiC 等)。一般的制造方法是将一定粒度的 Al_2O_3 或 SiC 与铁粉混合、烧结，然后粉碎、筛选，制成一定尺寸的磁性磨料，如图 8.25 所示。

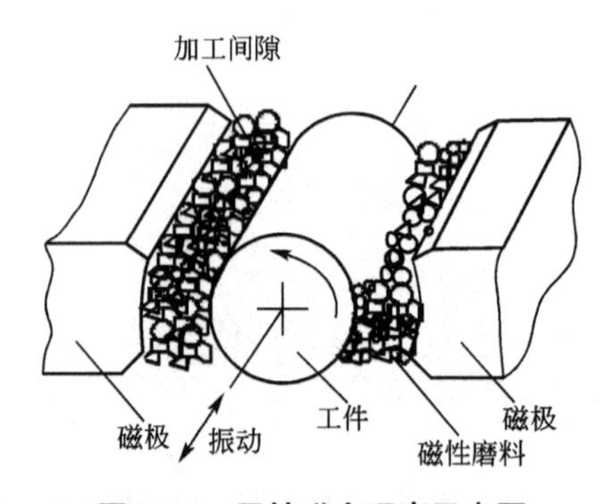

图 8.24 干性磁力研磨示意图

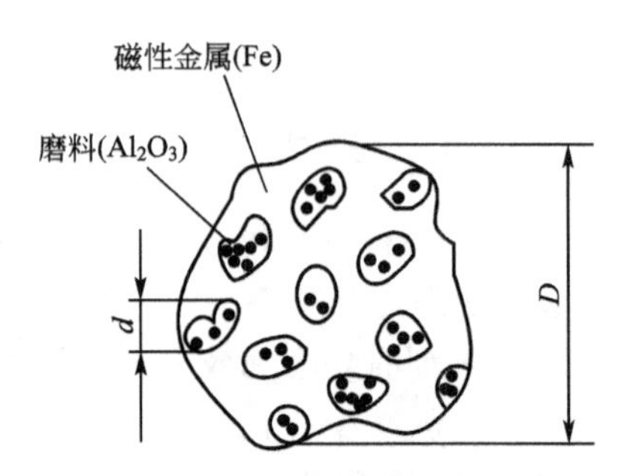

图 8.25 磁性磨料结构示意图

磁性磨粒的尺寸较大时，其受到磁场的作用力大，研磨抛光加工效率高；磁性磨粒的尺寸较小时，研磨过程容易控制，易于保证工件的加工表面质量，但加工效率较低。

8.6.2 磁性磨料研磨加工应用实例

磁性磨料研磨加工技术主要用于精密机械零件的表面精整和去毛刺。去毛刺的高度不能超过 0.1mm。通常用于液压元件的阀体内腔抛光及去毛刺，效率高、质量好，棱边倒角可以控制在 0.01mm 以下，这是其他加工方法难以实现的。磁性磨料研磨加工技术还可以用于油泵齿轮、轴瓦、轴承、异形螺纹滚子等的研磨抛光。常见的两种应用方法如下。

1. 利用回转磁极研磨球面

如图8.26所示，工具磁极的端面为球面，两个工具磁极绕同一轴线转动，转动方向相反。研磨时，工件不仅转动，而且摆动，但球心始终不动。利用这种方法研磨，可以在几分钟内将球面从 $Ra\,6\mu m$ 研磨抛光成为 $Ra\,0.1\mu m$。

2. 磁力研磨阶梯形零件

如图8.27所示，利用磁力研磨方法抛光圆柱阶梯形零件，可以将棱边上20～30μm高度的毛刺在几分钟内去除，研磨成的棱边圆角半径为0.01mm，这是其他方法无法或者很难实现的，在精密偶合件中用来抛光和去毛刺十分有效。

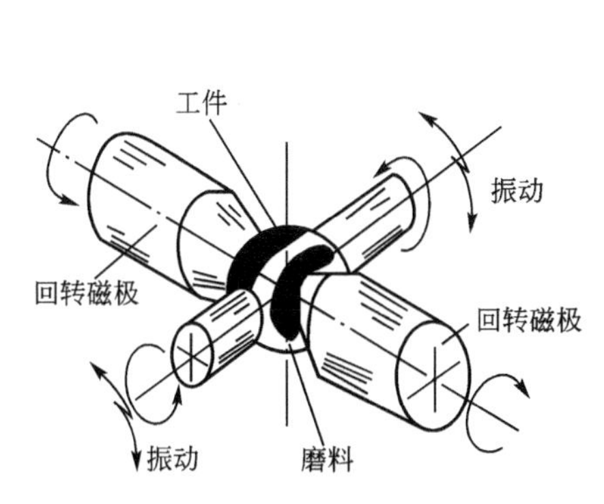

图8.26 球面的磁力研磨

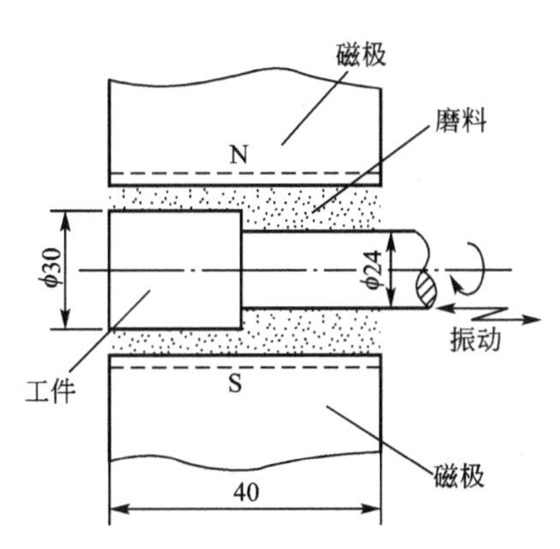

图8.27 阶梯形零件的磁力研磨

8.7 磨料流加工

【磨料流加工】

8.7.1 磨料流加工原理

磨料流加工也称为挤压珩磨，是利用一种含磨料的半流动状态的粘弹性磨料介质，在一定压力下强迫在被加工表面上流过，由磨料颗粒的刮削作用去除工件表面微观不平材料的工艺方法。它可以适应各种复杂表面的抛光和去毛刺，如齿轮、叶轮、交叉孔、喷嘴小孔、液压部件、各种模具等，而且几乎能加工所有的金属材料，同时也能加工陶瓷、硬塑料等。图8.28为磨料流加工过程的示意图，工件安装并被压紧在夹具中，夹具与上、下磨料室相连，磨料室内充以粘弹性磨料，由活塞在往复运动过程中通过粘弹性磨料对所有表面施加压力，使粘弹性磨料在一定压力作用下反复在工件待加工表面上滑移通过，类似用砂布均匀地压在工件上慢速移动那样，从而达到表面抛光或去毛刺的目的。

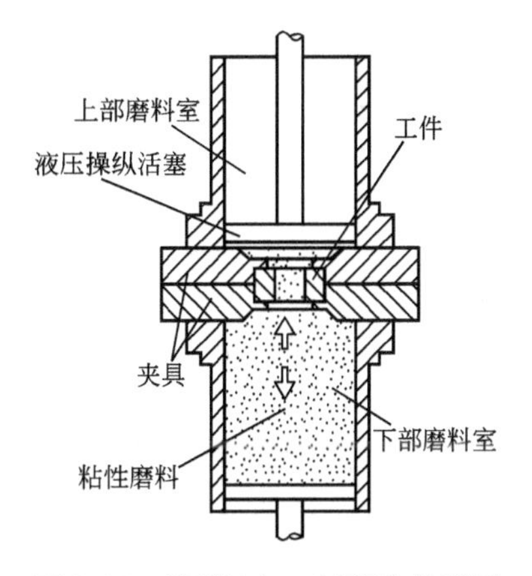

图8.28 磨料流加工过程的示意图

8.7.2 磨料流加工特点

1. 适用范围

由于磨料流加工介质是一种半流动状态的粘弹性材料，它可以适应各种复杂表面的抛光和去毛刺，如各种型孔、型面、齿轮、叶轮、交叉孔、喷嘴小孔、液压部件、各种模具等等，所以其适用范围很广，而且几乎能加工所有的金属材料，同时也能加工陶瓷、硬塑料等。

2. 抛光效果

磨料流加工后的表面粗糙度与原始状态和磨料粒度等有关，一般可降低到加工前表面粗糙度值的十分之一，最佳的表面粗糙度可以达到 $Ra0.025\mu m$ 的镜面。磨料流加工可以去除在 0.025mm 深度的表面残余应力，可以去除前面工序(如电火花加工、激光加工等)形成的表面变质层和其他表面微观缺陷。

3. 材料去除速度

磨料流加工的材料去除厚度一般为 0.01～0.1mm，加工时间通常为 1～5min，最多十几分钟即可完成，与手工作业相比，加工时间可减少 90%以上，对一些小型零件，可以多件同时加工，效率可大大提高。对多件装夹的小零件的生产率每小时可达 1000 件。

4. 加工精度

磨料流加工是一种表面加工技术，因此它不能修正零件的形状误差。切削均匀性可以保持在被切削量的 10%以内，因此，也不致于破坏零件原有的形状精度。由于去除量很少，可以达到较高的尺寸精度。一般尺寸精度可控制在微米数量级。

磨料流加工可用于边缘光整、倒圆角、去毛刺、抛光和少量的表面材料去除，特别适用于难以加工的内部通道的抛光和去毛刺，从软的铝到韧性的镍合金材料均可进行磨料流加工。磨料流加工已用于硬质合金拉丝模、挤压模、拉深模、粉末冶金模、叶轮、齿轮、燃料旋流器等零件的抛光和去毛刺；还用于去除电火花加工、激光加工或渗氮处理这类热能加工产生的变质层。

【激光预热辅助加工】

8.8 激光预热辅助加工

由于激光的能量密度高，可对工件局部进行预热，降低工件的硬度和强度，从而减小机械力，实现由脆性破坏向塑性去除的转变，并可以延长刀具的使用寿命，因而逐渐应用于辅助难导电硬脆材料的切削、磨削和打孔等机械加工技术。

激光预热辅助切削的原理如图 8.29 所示，通过试验证明，随加工温度的上升，切削力与刀具磨损均减小，并且无裂纹和热损伤的产生，加工效率提高了 50%。对氧化铝陶瓷、氧化锆陶瓷和氮化硅陶瓷的磨削试验表明，在同样加工条件下，采用激光预热后的表面粗糙度值下降明显。

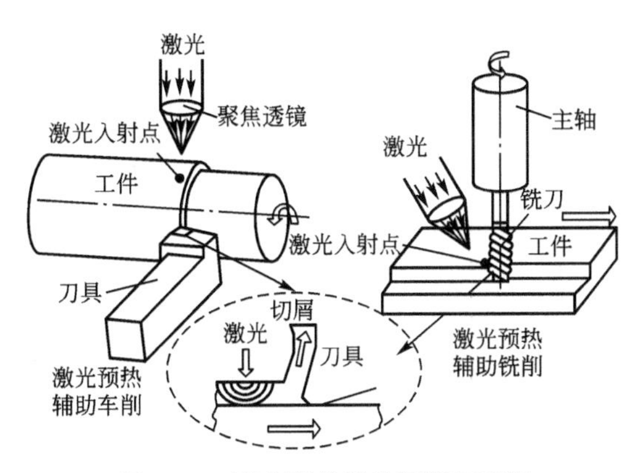

图 8.29 激光预热辅助切削示意图

8.9 爆炸成形加工

爆炸成形是利用爆炸物质在爆炸瞬间释放出巨大的化学能对金属坯料进行成形加工的高能率成形加工方法。典型的爆炸成形系统由四个基本部分组成(图 8.30)。

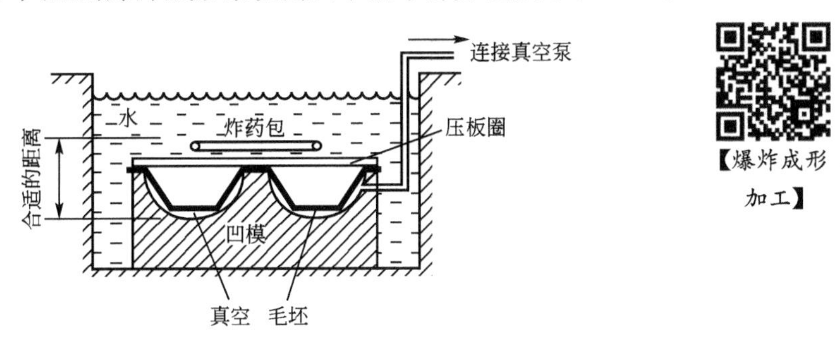

图 8.30 爆炸拉深成形加工原理图

【爆炸成形加工】

(1) 炸药或火药(用火药时可以采用接触装药爆炸成形)。

(2) 能量传递的介质(水、油、砂或空气等)。

(3) 模具。

(4) 工件。

在有些加工过程中还需要成形水槽、空气压缩机、真空泵、液压机和搬运模具及工件用的起重机等辅助设备。

爆炸成形时，爆炸物质爆炸产生的高温高压气团剧烈膨胀，通过水介质产生冲击波，瞬间传递到放在凹模内的毛坯上，冲击波的冲量转化为成形毛坯的动量；高温高压气团剧烈膨胀所引起的水流动压又对毛坯施加比较持久的第二次压力，使毛坯塑性变形，紧贴在凹模内表面，制成工件。爆炸成形的模具只有凹模，不需要冲压设备，能提高材料的塑性变形能力，能加工塑性差的难成形材料及生产常规方法难以生产的大型零件。目前，爆炸成形主要用于板材的拉深、胀形、校形等成形工艺。在一些应用中，价值几美元的炸药可以完成价值百万美元冲床的工作。

爆炸成形加工的主要特点如下。

(1) 能提高材料的塑性变形能力，适用于塑性差的难成形材料。

(2) 一般情况下，爆炸成形不需要使用冲压设备，生产条件简单。

(3) 模具简单，仅用凹模即可，节省模具材料，降低成本。

(4) 适于大型零件成形，爆炸成形不需专用设备，且模具及工装制造简单，周期短，成本低。爆炸成形特适用于单件、小批量生产的大型、复杂件的板料胀形、拉深和校形。爆炸成形的介质一般用水，也可以用砂。为了提高爆炸效率，保证生产安全，一般在井下爆炸。

1. 什么是超声加工？主要应用于加工哪些材料？
2. 超声加工机床主要由哪些部分组成？各有什么功能？
3. 试列表归纳、比较本章中各种特种加工方法的优缺点和适用范围。
4. 在等离子体加工过程中，为什么可以获得极高的能量密度？
5. 磨料流加工技术有哪些特点？举例说明其实际应用情况。
6. 说明磨料喷射加工的工作原理。其设备主要由哪几部分组成？
7. 在磁性磨料研磨加工过程串，影响加工质量的因素主要有哪些？
8. 简述爆炸成形加工的特点及使用范围。

参 考 文 献

[1] 王至尧. 电火花线切割工艺 [M]. 北京：原子能出版社，1987.

[2] 李明辉. 电火花加工理论基础 [M]. 北京：国防工业出版社，1989.

[3] 赵万生，刘晋春. 电火花加工技术 [M]. 哈尔滨：哈尔滨工业大学出版社，2000.

[4] 王先逵. 精密加工技术实用手册 [M]. 北京：北京机械工业出版社，2001.

[5] Wilfried Konig，Fritz Klocke，Rainer Lenzen. The Electrical Machining Processes - What Demands will They Face in the Future [J]. International Journal of Electrical Machining，1996 (1)：3 -8.

[6] [日] 井上洁. 放电加工的原理：模具加工技术 [M]. 帅元伦，于文学，译. 北京：国防工业出版社，1983.

[7] [日] 斋藤长男. 实用放电加工法 [M]. 于文学，译. 北京：中国农业机械出版社，1984.

[8] Elman C Jameson. Electrical Discharge Machining [M]. Society of Manufacturing Engineers，2001.

[9] Carl Sommer，Steve Sommer M E. Complete EDM Handbook [M]. Houston：Advance Publishing Inc.，2005.

[10] 赵万生. 先进电火花加工技术 [M]. 北京：国防工业出版社，2003.

[11] [日] 井上煛. 数控电火花线切割加工 [M]. 张耀中，姚汝彬，译. 北京：国防工业出版社，1986.

[12] [俄] Γ A 米夏兹. 真空放电物理和高功率脉冲技术 [M]. 李国政，译. 北京：国防工业出版社，2007.

[13] 罗学科，李跃中. 数控电加工机床 [M]. 北京：化学工业出版社，2003.

[14] 张学仁，高云峰，白基成. 低速走丝数控电火花线切割机床的应用 [M]. 哈尔滨：哈尔滨工业大学出版社，2008.

[15] 刘志东. 高精度高速走丝线切割机床大锥度机构的实现 [J]. 航空精密制造技术，2007(5)：45 - 47.

[16] 刘志东，高长水. 电火花加工工艺及应用 [M]. 北京：国防工业出版社，2011.

[17] 徐家文，云乃彰，王建业，等. 电化学加工技术 [M]. 北京：国防工业出版社，2008.

[18] 刘晋春，赵家齐，赵万生，等. 特种加工 [M]. 4 版. 北京：机械工业出版社，2004.

[19] 金庆同. 特种加工 [M]. 北京：航空工业出版社，1988.

[20] 徐家文，王建业，田继安. 21 世纪初电解加工的发展和应用 [J]. 电加工与模具，2001(6).

[21] R Poprawe，P Loosen，F Bachmann. High Power Diode Lasers - Technology and Applications [M]. Berlin：Springer - Verlag，2007.

[22] Reinhart Poprawe. Tailored Light 2：Laser Application Technology [M]. Berlin：Springer - Verlag，2011.

[23] 白基成，郭永丰，刘晋春. 特种加工技术 [M]. 哈尔滨：哈尔滨工业大学出版社，2006.

[24] 周炳琨，高以智，陈倜嵘，等. 激光原理 [M]. 6 版. 北京：国防工业出版社，2009.

[25] 王至尧. 中国材料工程大典第 25 卷(上) [M]. 北京：化学工业出版社，2004.

[26] 王至尧. 中国材料工程大典第 25 卷(下) [M]. 北京：化学工业出版社，2004.

[27] 颜永年，张伟，卢清萍，等. 基于离散—堆积成形概念的 RPM 原理与发展 [J]. 中国机械工程，1994，5(4)：64 - 66.

[28] 颜永年，张人佶. 快速成形技术国内外发展趋势 [J]. 电加工与模具，2001(1)：5 - 9.

[29] 朱林泉，白培康，朱江淼. 快速成形与快速制造技术 [M]. 北京：国防工业出版社，2003.

[30] 罗宏杰，王秀凤. 快速原型制造技术 [M]. 北京：中国轻工业出版社，2001.

[31] 张伟. 快速成形系统设计与工艺控制的原理与应用 [D]. 北京：清华大学，1997.

[32] 张定军. 光固化成形涂层工艺研究及其在功能陶瓷材料中的应用 [D]. 北京：清华大学，2004.
[33] 杨森，钟敏霖，张庆茂，等. 金属零件的激光直接快速制造 [J]. 粉末冶金技术，2002，20(4)：234-238.
[34] 张海鸥，徐继鹏. 金属零件和模具的快速制造技术发展动向 [J]. 航空制造技术，2000(4)：22-24.
[35] 郑卫国，颜永年，周赫赫，等. 快速成形技术在临床外科手术中的潜在应用 [J]. 清华大学学报，2002，42(8)：1038-1041.
[36] 杨洪义. 生物制造及其在器官再制造中的应用 [D]. 北京：清华大学，2003.
[37] 章吉良，杨春生. 微机电系统及其相关技术 [M]. 上海：上海交通大学出版社，2000.
[38] 黄庆安. 硅微机械加工技术 [M]. 北京：科学出版社，1996.
[39] 孙自敏，刘理天，李志坚. 利用多层光刻胶工艺的准 LIGA 技术 [J]. 微细加工技术，1999(2)：52-56.
[40] 李德胜. MEMS 技术及其应用 [M]. 哈尔滨：哈尔滨工业大学出版社，2002.
[41] 王昆. 微细电解线切割加工技术的基础研究 [D]. 南京：南京航空航天大学，2007.

北京大学出版社教材书目

✧ 欢迎访问教学服务网站www.pup6.com，免费查阅已出版教材的电子书(PDF版)、电子课件和相关教学资源。

✧ 欢迎征订投稿。联系方式：010-62750667，童编辑，13426433315@163.com，pup_6@163.com, 欢迎联系。

序号	书　名	标准书号	主　编	定价	出版日期
1	机械设计	978-7-5038-4448-5	郑　江，许　瑛	33	2007.8
2	机械设计(第2版)	978-7-301-28560-2	吕　宏　王　慧	47	2018.8
3	机械设计	978-7-301-17599-6	门艳忠	40	2010.8
4	机械设计	978-7-301-21139-7	王贤民，霍仕武	49	2014.1
5	机械设计	978-7-301-21742-9	师素娟，张秀花	48	2012.12
6	机械原理	978-7-301-11488-9	常治斌，张京辉	29	2008.6
7	机械原理	978-7-301-15425-0	王跃进	26	2013.9
8	机械原理	978-7-301-19088-3	郭宏亮，孙志宏	36	2011.6
9	机械原理	978-7-301-19429-4	杨松华	34	2011.8
10	机械设计基础	978-7-5038-4444-2	曲玉峰，关晓平	27	2008.1
11	机械设计基础	978-7-301-22011-5	苗淑杰，刘喜平	49	2015.8
12	机械设计基础	978-7-301-22957-6	朱　玉	38	2014.12
13	机械设计课程设计	978-7-301-12357-7	许　瑛	35	2012.7
14	机械设计课程设计(第2版)	978-7-301-27844-4	王　慧，吕　宏	42	2016.12
15	机械设计辅导与习题解答	978-7-301-23291-0	王　慧，吕　宏	26	2013.12
16	机械原理、机械设计学习指导与综合强化	978-7-301-23195-1	张占国	63	2014.1
17	机电一体化课程设计指导书	978-7-301-19736-3	王金娥　罗生梅	35	2013.5
18	机械工程专业毕业设计指导书	978-7-301-18805-7	张黎骅，吕小荣	22	2015.4
19	机械创新设计	978-7-301-12403-1	丛晓霞	32	2012.8
20	机械系统设计	978-7-301-20847-2	孙月华	39	2012.7
21	机械设计基础实验及机构创新设计	978-7-301-20653-9	邹旻	28	2014.1
22	TRIZ理论机械创新设计工程训练教程	978-7-301-18945-0	蒯苏苏，马履中	45	2011.6
23	TRIZ理论及应用	978-7-301-19390-7	刘训涛，曹　贺等	35	2013.7
24	创新的方法——TRIZ理论概述	978-7-301-19453-9	沈萌红	28	2011.9
25	机械工程基础	978-7-301-21853-2	潘玉良，周建军	34	2013.2
26	机械工程实训	978-7-301-26114-9	侯书林，张　炜等	52	2015.10
27	机械CAD基础	978-7-301-20023-0	徐云杰	34	2012.2
28	AutoCAD工程制图	978-7-5038-4446-9	杨巧绒，张克义	20	2011.4
29	AutoCAD工程制图	978-7-301-21419-0	刘善淑，胡爱萍	38	2015.2
30	工程制图	978-7-5038-4442-6	戴立玲，杨世平	27	2012.2
31	工程制图	978-7-301-19428-7	孙晓娟，徐丽娟	30	2012.5
32	工程制图习题集	978-7-5038-4443-4	杨世平，戴立玲	20	2008.1
33	机械制图(机类)	978-7-301-12171-9	张绍群，孙晓娟	32	2009.1
34	机械制图习题集(机类)	978-7-301-12172-6	张绍群，王慧敏	29	2007.8
35	机械制图(第2版)	978-7-301-19332-7	孙晓娟，王慧敏	38	2014.1
36	机械制图	978-7-301-21480-0	李凤云，张　凯等	36	2013.1
37	机械制图习题集(第2版)	978-7-301-19370-7	孙晓娟，王慧敏	22	2011.8
38	机械制图	978-7-301-21138-0	张　艳，杨晨升	37	2012.8
39	机械制图习题集	978-7-301-21339-1	张　艳，杨晨升	24	2012.10
40	机械制图	978-7-301-22896-8	臧福伦，杨晓冬等	60	2013.8
41	机械制图与AutoCAD基础教程	978-7-301-13122-0	张爱梅	35	2013.1
42	机械制图与AutoCAD基础教程习题集	978-7-301-13120-6	鲁　杰，张爱梅	22	2013.1
43	AutoCAD 2008 工程绘图	978-7-301-14478-7	赵润平，宗荣珍	35	2009.1
44	AutoCAD实例绘图教程	978-7-301-20764-2	李庆华，刘晓杰	32	2012.6
45	工程制图案例教程	978-7-301-15369-7	宗荣珍	28	2009.6
46	工程制图案例教程习题集	978-7-301-15285-0	宗荣珍	24	2009.6
47	理论力学(第2版)	978-7-301-23125-8	盛冬发，刘　军	49	2016.9
48	理论力学	978-7-301-29087-3	刘　军，阎海鹏	45	2018.1
49	材料力学	978-7-301-14462-6	陈忠安，王　静	30	2013.4
50	工程力学(上册)	978-7-301-11487-2	毕勤胜，李纪刚	29	2008.6
51	工程力学(下册)	978-7-301-11565-7	毕勤胜，李纪刚	28	2008.6
52	液压传动(第2版)	978-7-301-19507-9	王守城，容一鸣	38	2013.7
53	液压与气压传动	978-7-301-13179-4	王守城，容一鸣	32	2013.7

序号	书　　名	标准书号	主　编	定价	出版日期
54	液压与液力传动	978-7-301-17579-8	周长城等	34	2011.11
55	液压传动与控制实用技术	978-7-301-15647-6	刘　忠	36	2009.8
56	金工实习指导教程	978-7-301-21885-3	周哲波	30	2014.1
57	工程训练(第4版)	978-7-301-28272-4	郭永环，姜银方	42	2017.6
58	机械制造基础实习教程(第2版)	978-7-301-28946-4	邱　兵，杨明金	45	2017.12
59	公差与测量技术	978-7-301-15455-7	孔晓玲	25	2012.9
60	互换性与测量技术基础(第3版)	978-7-301-25770-8	王长春等	35	2015.6
61	互换性与技术测量	978-7-301-20848-9	周哲波	35	2012.6
62	机械制造技术基础	978-7-301-14474-9	张　鹏，孙有亮	28	2011.6
63	机械制造技术基础	978-7-301-16284-2	侯书林　张建国	32	2012.8
64	机械制造技术基础(第2版)	978-7-301-28420-9	李菊丽，郭华锋	49	2017.6
65	先进制造技术基础	978-7-301-15499-1	冯宪章	30	2011.11
66	先进制造技术	978-7-301-22283-6	朱　林，杨春杰	30	2013.4
67	先进制造技术	978-7-301-20914-1	刘　璇，冯　凭	28	2012.8
68	先进制造与工程仿真技术	978-7-301-22541-7	李　彬	35	2013.5
69	机械精度设计与测量技术	978-7-301-13580-8	于　峰	25	2013.7
70	机械制造工艺学	978-7-301-13758-1	郭艳玲，李彦蓉	30	2008.8
71	机械制造工艺学(第2版)	978-7-301-23726-7	陈红霞	45	2014.1
72	机械制造工艺学	978-7-301-19903-9	周哲波，姜志明	49	2012.1
73	机械制造基础(上)——工程材料及热加工工艺基础(第2版)	978-7-301-18474-5	侯书林，朱　海	40	2013.2
74	制造之用	978-7-301-23527-0	王中任	30	2013.12
75	机械制造基础(下)——机械加工工艺基础(第2版)	978-7-301-18638-1	侯书林，朱　海	32	2012.5
76	金属材料及工艺	978-7-301-19522-2	于文强	44	2013.2
77	金属工艺学	978-7-301-21082-6	侯书林，于文强	32	2012.8
78	工程材料及其成形技术基础(第2版)	978-7-301-22367-3	申荣华	58	2016.1
79	工程材料及其成形技术基础学习指导与习题详解(第2版)	978-7-301-26300-6	申荣华	28	2015.9
80	机械工程材料及成形基础	978-7-301-15433-5	侯俊英，王兴源	30	2012.5
81	机械工程材料(第2版)	978-7-301-22552-3	戈晓岚，招玉春	36	2013.6
82	机械工程材料	978-7-301-18522-3	张铁军	36	2012.5
83	工程材料与机械制造基础	978-7-301-15899-9	苏子林	32	2011.5
84	控制工程基础	978-7-301-12169-6	杨振中，韩致信	29	2007.8
85	机械制造装备设计	978-7-301-23869-1	宋士刚，黄　华	40	2014.12
86	机械工程控制基础	978-7-301-12354-6	韩致信	25	2008.1
87	机电工程专业英语(第2版)	978-7-301-16518-8	朱　林	24	2013.7
88	机械制造专业英语	978-7-301-21319-3	王中任	28	2014.12
89	机械工程专业英语	978-7-301-23173-9	余兴波，姜　波等	30	2013.9
90	机床电气控制技术	978-7-5038-4433-7	张万奎	26	2007.9
91	机床数控技术(第2版)	978-7-301-16519-5	杜国臣，王士军	35	2014.1
92	自动化制造系统	978-7-301-21026-0	辛宗生，魏国丰	37	2014.1
93	数控机床与编程	978-7-301-15900-2	张洪江，侯书林	25	2012.10
94	数控铣床编程与操作	978-7-301-21347-6	王志斌	35	2012.10
95	数控技术	978-7-301-21144-1	吴瑞明	28	2012.9
96	数控技术	978-7-301-22073-3	唐友亮　佘　勃	45	2014.1
97	数控技术(双语教学版)	978-7-301-27920-5	吴瑞明	36	2017.3
98	数控技术与编程	978-7-301-26028-9	程广振　卢建湘	36	2015.8
99	数控技术及应用	978-7-301-23262-0	刘　军	49	2013.10
100	数控加工技术	978-7-5038-4450-7	王　彪，张　兰	29	2011.7
101	数控加工与编程技术	978-7-301-18475-2	李体仁	34	2012.5
102	数控编程与加工实习教程	978-7-301-17387-9	张春雨，于　雷	37	2011.9
103	数控加工技术及实训	978-7-301-19508-6	姜永成，夏广岚	33	2011.9
104	数控编程与操作	978-7-301-20903-5	李英平	26	2012.8
105	数控技术及其应用	978-7-301-27034-9	贾伟杰	46	2016.4
106	数控原理及控制系统	978-7-301-28834-4	周庆贵，陈书法	36	2017.9
107	现代数控机床调试及维护	978-7-301-18033-4	邓三鹏等	32	2010.11
108	金属切削原理与刀具	978-7-5038-4447-7	陈锡渠，彭晓南	29	2012.5
109	金属切削机床(第2版)	978-7-301-25202-4	夏广岚，姜永成	42	2015.1
110	典型零件工艺设计	978-7-301-21013-0	白海清	34	2012.8
111	模具设计与制造(第2版)	978-7-301-24801-0	田光辉，林红旗	56	2016.1
112	工程机械检测与维修	978-7-301-21185-4	卢彦群	45	2012.9
113	工程机械电气与电子控制	978-7-301-26868-1	钱宏琦	54	2016.3

序号	书　　名	标准书号	主　编	定价	出版日期
114	工程机械设计	978-7-301-27334-0	陈海虹，唐绪文	49	2016.8
115	特种加工(第 2 版)	978-7-301-27285-5	刘志东	54	2017.3
116	精密与特种加工技术	978-7-301-12167-2	袁根福，祝锡晶	29	2011.12
117	逆向建模技术与产品创新设计	978-7-301-15670-4	张学昌	28	2013.1
118	CAD/CAM 技术基础	978-7-301-17742-6	刘　军	28	2012.5
119	CAD/CAM 技术案例教程	978-7-301-17732-7	汤修映	42	2010.9
120	Pro/ENGINEER Wildfire 2.0 实用教程	978-7-5038-4437-X	黄卫东，任国栋	32	2007.7
121	Pro/ENGINEER Wildfire 3.0 实例教程	978-7-301-12359-1	张选民	45	2008.2
122	Pro/ENGINEER Wildfire 3.0 曲面设计实例教程	978-7-301-13182-4	张选民	45	2008.2
123	Pro/ENGINEER Wildfire 5.0 实用教程	978-7-301-16841-7	黄卫东，郝用兴	43	2014.1
124	Pro/ENGINEER Wildfire 5.0 实例教程	978-7-301-20133-6	张选民，徐超辉	52	2012.2
125	SolidWorks 三维建模及实例教程	978-7-301-15149-5	上官林建	30	2012.8
126	SolidWorks 2016 基础教程与上机指导	978-7-301-28291-1	刘萍华	54	2018.1
127	UG NX 9.0 计算机辅助设计与制造实用教程(第 2 版)	978-7-301-26029-6	张黎骅，吕小荣	36	2015.8
128	CATIA 实例应用教程	978-7-301-23037-4	于志新	45	2013.8
129	Cimatron E9.0 产品设计与数控自动编程技术	978-7-301-17802-7	孙树峰	36	2010.9
130	Mastercam 数控加工案例教程	978-7-301-19315-0	刘　文，姜永梅	45	2011.8
131	应用创造学	978-7-301-17533-0	王成军，沈豫浙	26	2012.5
132	机电产品学	978-7-301-15579-0	张亮峰等	24	2015.4
133	品质工程学基础	978-7-301-16745-8	丁　燕	30	2011.5
134	设计心理学	978-7-301-11567-1	张成忠	48	2011.6
135	计算机辅助设计与制造	978-7-5038-4439-6	仲梁维，张国全	29	2007.9
136	产品造型计算机辅助设计	978-7-5038-4474-4	张慧姝，刘永翔	27	2006.8
137	产品设计原理	978-7-301-12355-3	刘美华	30	2008.2
138	产品设计表现技法	978-7-301-15434-2	张慧姝	42	2012.5
139	CorelDRAW X5 经典案例教程解析	978-7-301-21950-8	杜秋磊	40	2013.1
140	产品创意设计	978-7-301-17977-2	虞世鸣	38	2012.5
141	工业产品造型设计	978-7-301-18313-7	袁涛	39	2011.1
142	化工工艺学	978-7-301-15283-6	邓建强	42	2013.7
143	构成设计	978-7-301-21466-4	袁涛	58	2013.1
144	设计色彩	978-7-301-24246-9	姜晓微	52	2014.6
145	过程装备机械基础(第 2 版)	978-301-22627-8	于新奇	38	2013.7
146	过程装备测试技术	978-7-301-17290-2	王毅	45	2010.6
147	过程控制装置及系统设计	978-7-301-17635-1	张早校	30	2010.8
148	质量管理与工程	978-7-301-15643-8	陈宝江	34	2009.8
149	质量管理统计技术	978-7-301-16465-5	周友苏，杨　飒	30	2010.1
150	人因工程	978-7-301-19291-7	马如宏	39	2011.8
151	工程系统概论——系统论在工程技术中的应用	978-7-301-17142-4	黄志坚	32	2010.6
152	测试技术基础(第 2 版)	978-7-301-16530-0	江征风	30	2014.1
153	测试技术实验教程	978-7-301-13489-4	封士彩	22	2008.8
154	测控系统原理设计	978-7-301-24399-2	齐永奇	39	2014.7
155	测试技术学习指导与习题详解	978-7-301-14457-2	封士彩	34	2009.3
156	可编程控制器原理与应用(第 2 版)	978-7-301-16922-3	赵　燕，周新建	33	2011.11
157	工程光学(第 2 版)	978-7-301-28978-5	王红敏	41	2018.1
158	精密机械设计	978-7-301-16947-6	田　明，冯进良等	38	2011.9
159	传感器原理及应用	978-7-301-16503-4	赵　燕	35	2014.1
160	测控技术与仪器专业导论(第 2 版)	978-7-301-24223-0	陈毅静	36	2014.6
161	现代测试技术	978-7-301-19316-7	陈科山，王　燕	43	2011.8
162	风力发电原理	978-7-301-19631-1	吴双群，赵丹平	33	2011.10
163	风力机空气动力学	978-7-301-19555-0	吴双群	32	2011.10
164	风力机设计理论及方法	978-7-301-20006-3	赵丹平	32	2012.1
165	计算机辅助工程	978-7-301-22977-4	许承东	38	2013.8
166	现代船舶建造技术	978-7-301-23703-8	初冠南，孙清洁	33	2014.1
167	机床数控技术(第 3 版)	978-7-301-24452-4	杜国臣	49	2016.8
168	工业设计概论(双语)	978-7-301-27933-5	窦金花	35	2017.3
169	产品创新设计与制造教程	978-7-301-27921-2	赵　波	31	2017.3

如您需要免费纸质样书用于教学，欢迎登陆第六事业部门户网(www.pup6.com)填表申请，并欢迎在线登记选题以到北京大学出版社来出版您的大作，也可下载相关表格填写后发到我们的邮箱，我们将及时与您取得联系并做好全方位的服务。